国之重器出版工程
网络强国建设

学术中国·网络空间安全系列

U0377376

密文策略属性加密技术

The Technology of Ciphertext Policy Attribute Based Encryption

王建华　王光波　赵志远　编著

人民邮电出版社
北京

图书在版编目（CIP）数据

密文策略属性加密技术 / 王建华，王光波，赵志远编著. -- 北京 : 人民邮电出版社，2020.8
（学术中国. 网络空间安全系列）
国之重器出版工程
ISBN 978-7-115-53955-7

Ⅰ. ①密… Ⅱ. ①王… ②王… ③赵… Ⅲ. ①加密技术 Ⅳ. ①TN918.4

中国版本图书馆CIP数据核字(2020)第074952号

内 容 提 要

本书围绕密文策略属性加密（Ciphertext-Policy Attribute Based Encryption, CP-ABE）技术展开研究与分析，介绍了CP-ABE技术的研究背景、研究现状和理论知识，并系统地阐明了当前CP-ABE方案的主要研究分支，介绍了几个典型CP-ABE方案的具体构造。同时介绍了几个功能扩展的CP-ABE方案构造，包括访问控制策略隐藏、可撤销存储、属性级用户撤销、多授权机构以及计算外包等，满足不同用户在不同应用领域和场景下的实际需求。

本书既可作为对CP-ABE技术感兴趣的读者的入门教材，也可作为研究工作者的参考用书，同时适合密码学、信息安全、计算机及相关学科的高年级本科生、研究生、教师和科研人员阅读。

◆ 编　　著　王建华　王光波　赵志远
　责任编辑　邢建春
　责任印制　杨林杰
◆ 人民邮电出版社出版发行　　北京市丰台区成寿寺路 11 号
　邮编　100164　　电子邮件　315@ptpress.com.cn
　网址　https://www.ptpress.com.cn
　固安县铭成印刷有限公司印刷
◆ 开本：720×1000　1/16
　印张：27　　　　　　　　2020 年 8 月第 1 版
　字数：500 千字　　　　　2020 年 8 月河北第 1 次印刷

定价：218.00 元

读者服务热线：(010)81055493　印装质量热线：(010)81055316
反盗版热线：(010)81055315

《国之重器出版工程》
编辑委员会

专家委员会委员（按姓氏笔画排列）：

于　全　中国工程院院士
王　越　中国科学院院士、中国工程院院士
王小谟　中国工程院院士
王少萍　“长江学者奖励计划”特聘教授
王建民　清华大学软件学院院长
王哲荣　中国工程院院士
尤肖虎　“长江学者奖励计划”特聘教授
邓玉林　国际宇航科学院院士
邓宗全　中国工程院院士
甘晓华　中国工程院院士
叶培建　人民科学家、中国科学院院士
朱英富　中国工程院院士
朵英贤　中国工程院院士
邬贺铨　中国工程院院士
刘大响　中国工程院院士
刘辛军　“长江学者奖励计划”特聘教授
刘怡昕　中国工程院院士
刘韵洁　中国工程院院士
孙逢春　中国工程院院士
苏东林　中国工程院院士
苏彦庆　“长江学者奖励计划”特聘教授
苏哲子　中国工程院院士
李寿平　国际宇航科学院院士

李伯虎　中国工程院院士
李应红　中国科学院院士
李春明　中国兵器工业集团首席专家
李莹辉　国际宇航科学院院士
李得天　国际宇航科学院院士
李新亚　国家制造强国建设战略咨询委员会委员、中国机械工业联合会副会长
杨绍卿　中国工程院院士
杨德森　中国工程院院士
吴伟仁　中国工程院院士
宋爱国　国家杰出青年科学基金获得者
张　彦　电气电子工程师学会会士、英国工程技术学会会士
张宏科　北京交通大学下一代互联网互联设备国家工程实验室主任
陆　军　中国工程院院士
陆建勋　中国工程院院士
陆燕荪　国家制造强国建设战略咨询委员会委员、原机械工业部副部长
陈　谋　国家杰出青年科学基金获得者
陈一坚　中国工程院院士
陈懋章　中国工程院院士
金东寒　中国工程院院士
周立伟　中国工程院院士

郑纬民　中国工程院院士

郑建华　中国科学院院士

屈贤明　国家制造强国建设战略咨询委员会委员、工业和信息化部智能制造专家咨询委员会副主任

项昌乐　中国工程院院士

赵沁平　中国工程院院士

郝　跃　中国科学院院士

柳百成　中国工程院院士

段海滨　“长江学者奖励计划”特聘教授

侯增广　国家杰出青年科学基金获得者

闻雪友　中国工程院院士

姜会林　中国工程院院士

徐德民　中国工程院院士

唐长红　中国工程院院士

黄　维　中国科学院院士

黄卫东　“长江学者奖励计划”特聘教授

黄先祥　中国工程院院士

康　锐　“长江学者奖励计划”特聘教授

董景辰　工业和信息化部智能制造专家咨询委员会委员

焦宗夏　“长江学者奖励计划”特聘教授

谭春林　航天系统开发总师

序

现代密码学是以数论、近世代数、计算复杂论等为基础理论的综合学科，为各种实际环境应用提供了安全可靠的解决方案。密文策略属性加密方案（Ciphertext-Policy Attribute Based Encryption，CP-ABE）作为身份加密方案（Identity Based Encryption，IBE）的扩展，不仅实现了一对 n 的数据访问控制，而且可以由数据拥有者自己定义相应的访问控制策略，因此被广泛应用于访问控制类的应用，如云存储系统、社交网络的访问、电子医疗系统和教育系统等。

作者从事信息安全工作 30 多年，主导并参与了多项国家重大研究课题，积累了丰富的理论知识和实践经验，能够将先进的前沿理论转变为实际的工作应用，有效推进了国家信息安全技术的发展。作者针对云存储环境中存在的隐私数据保护难题，研究并查阅了大量的国内外先进理论和技术文献，找到了当前解决该难题切实可行的办法，即使用 CP-ABE 方案实现数据的安全访问控制，且该方案支持数据用户自定义访问控制策略，让数据用户可以放心地将数据托管到云存储中心。

本书首先详细介绍了 CP-ABE 方案所涉及的研究背景和理论知识，让读者对 CP-ABE 方案的发展过程、应用场景以及基础知识有大概的了解和熟悉；然后，介绍了几个经典的 CP-ABE 方案，包括方案的定义、构造和安全性证明，让读者可以快速地学习如何进行 CP-ABE 方案构造；最后，根据不同的应用需求，对几个功能扩展的 CP-ABE 方案进行了研究和分析，不仅介绍了经典的方案构造，而且结合经典方案存在的问题，对方案进行了修改完善。

中国科学院院士

前　言

云存储作为一种新兴的数据存储方式，通过集群应用、虚拟化、分布式系统等关键技术将各种不同类型的网络存储设备组织起来，协同对外提供存储业务。云存储不仅可以节省成本，而且可以方便地实现数据的存储与共享，让用户可以在任何时刻、任何地点，通过任何网络设备进行数据的存取操作，云存储得到了越来越广泛的应用。

然而，数据的外包存储也带来了一定的安全隐患。因为用户一旦将数据提交给云存储中心，便失去了对数据的实际控制。最重要的是，云存储中心目标明显，不仅容易成为外部黑客攻击的对象，而且云存储中心内部员工也可能窃取用户的隐私数据。因此，如何解决云存储环境下数据的安全访问控制成为当前亟待解决的关键问题。

笔者根据多年的学习和工作经验，研究了当前最新的密码学理论，提出基于密文策略属性加密（Ciphertext-Policy Attribute Based Encryption，CP-ABE）技术实现云存储环境下的数据保护，并循序渐进地为读者讲解了相关的理论知识和具体方案。本书旨在为读者提供一个学习的方法，其中部分方案构造可能存在一定的局限性，需要读者在学习时参考查阅相关文献。

本书共分为三部分，共 10 章，具体章节安排如下。

第一部分（第 1～2 章）：密文策略属性加密方案。

第 1 章介绍了 CP-ABE 方案的研究背景及现状，包括基本 CP-ABE 方案的研究现状、追踪性 CP-ABE 方案的研究现状、撤销性 CP-ABE 方案的研究现状、计算外包 CP-ABE 方案研究现状和多机构 CP-ABE 方案研究现状。第 2 章介绍 CP-ABE 方案涉及的相关知识，包括双线性映射、访问结构、可证明安全理论、困难问题假设以及规约论断，并给出了基本 CP-ABE 方案的形式化定义和安全模型。

第二部分（第 3～5 章）：经典的密文策略属性加密方案。

本部分对几个经典的 CP-ABE 方案进行了介绍。第 3 章对 CP-ABE 方案的初始形式模糊身份加密方案进行了介绍，包括相关定义、方案设计和安全性证明。CP-ABE 方案根据属性集合规模可以分为小规模属性集合和大规模属性集合。第 4 章对小规模属性集合下的 CP-ABE 方案进行了介绍，包括一般群模型下可证明安全的 CP-ABE 方案、标准模型下可证明安全的 CP-ABE 方案、标准模型下可证明安全的支持任意访问结构的 CP-ABE 方案和标准模型下适应性安全的 CP-ABE 方案。第 5 章对大规模属性集合下的 CP-ABE 方案进行了介绍，包括 Waters 提出的支持大规模属性集合的 CP-ABE 方案和 Rouselakis-Waters 等提出的支持大规模属性集合的 CP-ABE 方案。

第三部分（第 6～10 章）：功能扩展的密文策略属性加密方案

本部分对几个功能扩展的 CP-ABE 方案进行了介绍。第 6 章对访问策略隐藏的 CP-ABE 方案进行了介绍，包括几个经典的访问策略隐藏的 CP-ABE 方案以及作者提出的改进的访问策略隐藏的 CP-ABE 方案。第 7 章对支持可撤销存储的 CP-ABE 方案进行了介绍，包括几个经典的支持可撤销存储的 CP-ABE 方案以及作者提出的改进的支持可撤销存储的 CP-ABE 方案。第 8 章对支持属性级用户撤销的 CP-ABE 方案进行了介绍，包括几个经典的支持属性级用户撤销的 CP-ABE 方案以及作者提出的改进的基于广播加密的支持属性级用户撤销的 CP-ABE 方案和基于 KEK 树的支持属性级用户撤销的 CP-ABE 方案。第 9 章对多授权机构的 CP-ABE 方案进行了介绍，包括几个经典的多授权机构的 CP-ABE 方案以及作者提出的单中央机构多授权机构的 CP-ABE 方案，多中央机构多授权机构的 CP-ABE 方案。第 10 章对支持计算外包的 CP-ABE 方案进行了介绍，包括几个经典的支持计算外包的 CP-ABE 方案以及作者提出的支持加解密外包的 CP-ABE 方案和支持完全外包的 CP-ABE 方案。

本书通过系统地介绍 CP-ABE 方案的相关理论以及构造方案，为云存储环境下的安全数据共享问题提供了切实可行的解决方案和依据。

目　录

第一部分　密文策略属性加密方案

第二部分 经典的密文策略属性加密方案

第一部分

密文策略属性加密方案

第 1 章

研究背景及现状

属性加密（Attribute Based Encryption，ABE）技术由 Sahai 等于 2005 年提出，其核心思想是将用户身份用一系列的属性集合进行表示，可以实现更加细粒度的访问控制。特别是密文策略属性加密（Ciphertext Policy Attribute Based Encryption，CP-ABE）技术将密文与属性集合进行绑定，可以实现以数据用户为中心的访问控制。本章主要对 CP-ABE 技术的研究背景和现状进行简要介绍。

云存储作为云计算的分支，在用户数据托管方面得到了广泛的应用，但同时带来了严重的数据隐私问题。属性加密（Attribute Based Encryption, ABE）方案作为身份加密（Identity Based Encryption, IBE）方案的扩展，可以实现细粒度的访问控制，特别是密文策略属性加密（Ciphertext Policy Attribute Based Encryption, CP-ABE）方案可以由数据拥有者根据需要自己制定相应的访问控制策略，使用简便灵活。因此，CP-ABE 方案非常适用于云存储环境下用户数据的安全保护问题。本章对 CP-ABE 方案的研究背景及研究现状进行相关介绍。

1.1 背景介绍

云计算[1]作为当前信息领域[2]一种全新的资源应用、组织模式，正在不断地改变人们的生活、工作和学习方式，如上网购物、视频聊天、网络游戏等。随着网络应用和信息技术的不断发展，出现了越来越多的用户数据，“大数据”的概念由此产生。国家更是在“十三五”规划中将“大数据”发展提升到战略层次。面对大量的用户数据，如何实现高效的存储与共享成为亟待解决的一个关键问题。云存储[3]作为云计算的延伸与发展，通过集群应用[4]、虚拟化[5]、分布式系统[6]等关键技术将各种不同类型的网络存储设备组织起来，协同对外提供存储业务。云存储不仅可以节省成本，而且可以方便地实现数据的存储与共享，让用户可以在任何时刻、任何地点，通过任何网络设备进行数据的存取操作。

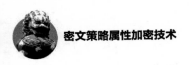

然而，数据的外包存储也带来了一定的安全隐患。因为用户一旦将数据提交给云存储中心（Cloud Center, CC），便失去了对数据的实际控制。最重要的是，CC 目标明显，不仅容易成为外部黑客攻击的对象，而且 CC 内部员工为了某些经济利益也经常窃取用户的隐私数据。例如，2013 年 6 月爆发的斯诺登事件，美国情报机构进入各个 CC 的服务器，监视民众的通话记录、电子邮件以及银行账户等秘密资料；2014 年由于恶意用户入侵产生的 Google 用户隐私文件泄露事件；2015 年底爆发的 CSDN、人人网等多家网站的用户口令泄露事件；2016 年，多家保险公司的用户隐私资料遭内部员工窃取并在网上进行大量贩卖，这些安全事故进一步加剧了人们对云存储应用的担忧。因此，如何既可以利用云存储提供的便利，又可以保证用户隐私数据的安全性，成为人们关注的焦点。

数据作为信息社会中人们的重要资产，历来都是被保护的关键对象，也是很多安全攻击的主要目标。云存储应用涉及大量的用户数据，而这些数据往往包含了用户重要的隐私信息，因此，保证数据的安全性与用户的隐私性被认为是云存储应用的首要安全目标[7-8]。密码学[9]作为信息安全的核心技术，可以提供数据的保密性[10]、完整性[11]以及不可抵赖性[12]。近年来，学术界经过大量研究，已经提出了各种针对不同应用场景的密码学方案，为解决当前云存储应用中存在的安全问题提供了有效途径。在云存储环境下，数据脱离了用户的实际控制，而且用户与 CC 之间缺乏完善的信任机制，因此，学术界普遍认为，实现用户数据隐私保护最直接有效的方法是将数据加密后以密文的形式进行存储。这样，用户既可以享受云存储带来的便利，又不必担心隐私数据被非法窃取。

现代密码学的研究主要分为两类：基于对称密码学的研究[13]和基于公钥密码学的研究[14]。在对称密码学方案中，数据的加密和解密使用同一个密钥，方案的安全性强弱主要取决于所用密钥的长短，而与密码方案本身的安全性无关。对称密码学方案的主要缺点[15]如下。（1）密钥数量大：每两个用户之间共享一对密钥，因此，密钥数量随着用户数量的增加而急剧增加。（2）密钥分发复杂：由于方案的加密和解密使用相同的密钥，因此，必须实现密钥在通信双方之间的安全共享，即将密钥通过安全的信道发送给另一方。

相对于对称密码学，公钥密码学的产生是信息安全领域的一次伟大进步，它的应用机制与对称密码学完全不同，主要表现在以下几个方面。（1）密码算法基于某个数学函数而不是代替和替换操作。（2）数据的加密和解密基于一对不同的密钥，即公钥和私钥，公钥是可以公开发布的密钥，而私钥则由用户秘密保存。在公钥密码学方案中，数据发送方使用数据接收方的公钥加密数据，数据接收方得到密文后，再使用自己的私钥进行解密。公钥密码学由 Diffie 等[16]于 1976 年第一次提出，解决了对称密码学中存在的密钥数量大以及密钥分发复杂问题。之后不久，Rivest 等[17]基于整数因子分解问题构造了一个高效的密码学方案，即 RSA 密码学方案。随后，越来越多的基于不同困难问题的公钥密码学方案相继被提出，如基于离散对数问题的 ElGamal 密码学方案[18]、基于整数分解困难问题的 Rabin 密码学方案[19]、基于有限域上离散对数问题的椭圆曲线密码学方案[20]等。

公钥密码学方案既可以实现数据的加密，又可以实现数据的认证。令 $(K_{\text{pub-A}}, K_{\text{priv-A}})$ 和 $(K_{\text{pub-B}}, K_{\text{priv-B}})$ 分别表示用户 Alice 和 Bob 的公私钥对。下面对数据的加密及认证过程进行简要描述。

（1）数据加密

当用户 Bob 想要发送数据 M 给用户 Alice 时，Bob 首先得到 Alice 的公开密钥 $K_{\text{pub-A}}$，然后，使用 $K_{\text{pub-A}}$ 加密 M，即 $\text{Enc}(K_{\text{pub-A}}, M)$，并将生成的密文 C 发送给 Alice。Alice 收到 C 后，使用自己的私钥 $K_{\text{priv-A}}$ 进行解密，即 $\text{Dec}(K_{\text{priv-A}}, C)$，最终得到明文数据 M。由此可见，数据解密时需要 Alice 的私钥，该私钥只有 Alice 自己知道，因此可以保证仅 Alice 才能成功地解密密文。

（2）数据认证

当用户 Bob 想要对数据 M 进行签名认证时，Bob 首先使用自己的私钥 $K_{\text{priv-B}}$ 对 M 进行签名，即 $\text{Sig}(M, K_{\text{priv-B}})$，并将生成的签名 s 发送给用户 Alice。Alice 收到 s 后，使用 Bob 的公钥 $K_{\text{pub-B}}$ 进行验证，即 $\text{Verify}(K_{\text{pub-B}}, s)$，最终确定数据 M 是否为用户 Bob 发送的。由此可见，数据验签时需要 Bob 的公钥，而对应的私钥只有 Bob 自己知道，因此可以保证若通过签名认证，那么数据 M 确实为 Bob 发送的。

然而，在数据的加密和认证过程中，必须保证用户公钥的真实性。若攻击者能够成功地伪造 Alice 的公钥，那么该攻击者就能够解密发送给 Alice 的密文，甚至伪造 Alice 的签名。因此，在公钥密码体制下，通信过程往往需要数字证书确认身份，而公钥证书的分发与维护都需要认证中心（Cerificate Authority, CA）服务器进行[21]。用户申请数字证书时，首先需要将自己的公钥与私钥证明发送给 CA 进行认证，若认证通过，CA 发放相应的公钥证书，证书的内容主要包括用户的公钥、身份以及 CA 对这些信息的签名。公钥证书绑定了用户的公钥与身份，当需要给某个用户发送数据时，只需要查询相应的 CA 证书，即可得到该用户的公钥，并用得到的公钥加密数据生成密文。但是，证书的分发、验证、保存和撤销等管理操作需要占用大量的通信、计算与存储资源，而且管理复杂，日常维护烦琐。为了解决这一问题，Shamir[22]在 1984 年提出了身份加密（Identity-Based Encryption, IBE）方案，将用户某个唯一的身份信息作为公钥，该方案不需要公钥证书的参与。

IBE 是一种特殊的公钥加密方案，它具有以下特性：用户的公钥可以由任意长度的字符序列来表示，如 E-mail 地址、银行卡号等，这些代表用户公钥的唯一标识，解决了公钥的真实性问题。IBE 的优势主要包括：

（1）用户的公钥可以用来描述某些特定的身份信息；

（2）不需要公钥证书的参与；

（3）加密数据与签名验证时，只需要得到用户的身份信息即可。

综上所述，在 IBE 方案中，用户的公钥与某个唯一标识关联，基于公钥加密的密文可由公钥唯一对应的私钥解密得到。由此可见，IBE 实现的是用户之间一对一的数据通信。随着信息技术的不断发展，出现了大量的新型应用，如 QQ、微博等社交软件，在这些社交软件中，往往需要对某个群组中的多个用户发送消息。如果使用 IBE 方案，则需要得到群组中每个用户的公钥，并分别对消息进行加密，这大大加重了数据发送者的计算负担。另外，在云存储环境下，存在着大量的用户数据，对数据实施细粒度的访问控制是实现系统应用及安全的重要保障。而 IBE 方案不能满足这样的需求，也难以实施复杂的访问策略。

2005 年，针对基于生物特征进行加密的容错性问题，Sahai 等[23]提出了一个模糊身份加密（Fuzzy Identity-Based Encryption, FIBE）方案，该方案将身份标识泛化为某些属性的集合，如性别、籍贯、工作单位等，而密钥和密文则分别与某个属性集合相关，只有两个集合的共有属性个数大于某个预设阈值时，密钥才能成功地解密密文。FIBE 方案可以看作基于属性加密（Attribute-Based Encrtyption, ABE）方案的最初形式，并由此开启了人们对 ABE 方案的广泛研究。

IBE 方案使用唯一标识表示用户身份，而 ABE 方案使用属性集合表示用户身份，因此，从表达用户身份的方式看，ABE 方案比 IBE 方案的表达能力更强。另外，属性集合不仅可以方便地与某个访问结构相关联，实现对数据细粒度的访问控制，而且可以方便地表示某个群组的用户，实现加密者与解密者之间一对多的通信。

ABE 方案包括密钥策略的 ABE（Key-Policy ABE, KP-ABE）方案和密文策略的 ABE（Ciphertext-Policy ABE, CP-ABE）方案。在 KP-ABE 方案中，密钥与某个访问结构相关，密文与某个属性集合相关，只有属性集合满足访问结构解密才能够成功。而 CP-ABE 方案刚好相反，密钥与某个属性集合相关，而密文则与某个访问结构相关，只有属性集合满足访问结构解密才能够成功。

CP-ABE 方案中的管理机构根据用户的属性集合分发用户私钥，数据拥有者根据实际访问需求自己定义访问结构并加密明文数据，其与基于角色的访问控制相似，较 KP-ABE 方案更加适用于云存储中密文的访问控制，成为一种解决云存储数据机密性和细粒度访问控制的理想方案[24]，具体体现在以下 4 个方面[25]。

（1）数据拥有者无须关心用户的数量和身份，只需要根据属性信息加密明文消息，有效减少了加密负担并保证了用户隐私。

（2）只有在数据用户的属性集合满足密文的访问结构时，用户才能够正确解密密文数据，保证数据机密性。

（3）用户的密钥与某个随机多项式或者随机数相关，不同用户无法联合他们的密钥进行合谋攻击。

（4）基于属性可以自定义灵活的访问结构，实现属性的与、或、非和门限操作。

下面通过一个实例简要说明 CP-ABE 方案的具体应用模式。假设系统总的属性集合为 $a,b,\cdots,n$，若系统中存在 3 个数据访问者，其拥有的属性集合分别为 $A(a,b,c,d,e,i)$、$B(b,c,d,f,i,j)$ 和 $C(b,c,d)$，同时系统中存在某个使用访问策略 $(a \text{ or } b) \text{ and } (c \text{ and } i)$ 加密的密文，即要求必须同时拥有 (a,c,i) 或 (b,c,i) 的属性集合才能成功地解密密文。因此，只有用户 A 和 B 满足条件，能够解密密文，而用户 C 不满足条件，不能解密密文。通过上述实例，可以发现 CP-ABE 方案的加解密具有灵活、动态的优点。

综上所述，越来越多的企业及个人将私密数据存储至云端，由于云服务商不可信赖，必须采取有效措施保证数据的安全性，同时要实现数据的安全共享。CP-ABE 方案可以实现一对多的加密模式，在确保数据安全性的同时支持数据的细粒度访问控制，有效地解决了云端数据的存储及访问控制灵活性问题，成为当前基于密码技术解决云存储密文访问控制的重要研究方向。因此，开展针对 CP-ABE 方案的研究与分析，为安全的云存储提供必要的理论支撑和技术保障，不仅具有重要的理论意义，而且具有实际的应用价值。

1.2 基本 CP-ABE 方案的研究现状

2005 年，针对基于生物特征进行加密的容错性问题，Sahai 等在文献[23]中利用双线性对知识，首次提出了模糊基于身份加密的概念，并将其进一步扩展，引申出了 ABE 的概念。为了适应不同的应用场景，文献[23]分别提出了小规模属性集合下的 ABE 方案和大规模属性集合下的 ABE 方案，并基于确定性的 Modified Bilinear Diffie - Hellman 假设对小规模属性集合下的 ABE 方案进行了证明，基于判定性的 Bilinear Diffie - Hellman 假设对大规模属性集合下的 ABE 方案进行了证明。但该文献提出的 ABE 方案表达能力非常弱，只能支持门限访问结构，限制了 ABE 方案的广泛应用。2006 年，Goyal 等[26]在 Sahai 等的基础上，首次将 ABE 分为 KP-ABE 和 CP-ABE，并提出了第一个实用的 KP-ABE 方案，在该方案中，用户密钥与某个访问结构相关，而密文则与某个属性集合相关，只有属性集合满足访问结构，用户才能成功地解密密文。Goyal 在方案中，引入了访问树结构，与文献[23]方案相比表达能力更强。同时，文献[26]提出了大规模属性集合下的 KP-ABE 方案，实现了选择性安全模型下的可证明安全性。为了进一步增强逻辑表达能力，Ostrovsky 等[27]在 2007 年提出了第一个支持非（NOT）操作的 KP-ABE 方案，实现了对非单调访问结构的支持，该方案使用线性共享方案（Linear Secret Sharing Scheme,LSSS）表示访问结构，实现了选择性安全模型下的可证明安全性。随后，Bethencour 等[28]将访问树结构引入密文中，提出了第一个 CP-ABE 方案，在该方案中，密钥与某个属性集合相关，而密文则与某个访问结构相关，只有属性集合满足访问结构，用户才能成功地解密密文。但是该方案只实现了一般群模型下的可证明安全性，而一般群模型下的安全性被认为是启发式的安全，并不是可证明安全，很多一般群模型下可证明安全的方案在实际应用中被发现并不安全。为了增强方案的安全性，Cheung 等[29]提出了第一个标准模型下可证明安全的 CP-ABE 方案，并使用 CHK 技术[30]对其进行扩展，提出了选择密文攻击下仍然安全的 CP-ABE 方案。但是该方案支持的访问结构比较简单，仅支持属性的与操作，并且方案的密文和系统公钥较长，导致方案的效率较低。2008 年，Waters[31]在文献[28]的基础上，使用 LSSS 表示单调访问结构，提出了一个高效的支持通用访问结构的 CP-ABE 方案，该方案实现了标准模型下的选择安全性。相比其他

CP-ABE 方案，该方案在安全性、效率以及表达能力方面都达到了较好的效果，相应结果[32]发表在 2011 年 PKC 会议上。

事实上，构造标准模型下适应性安全的 CP-ABE 方案极具挑战性，上述提出的 CP-ABE 方案只实现了较弱安全目标下的可证明安全，即选择性安全。在选择性安全模型中，攻击者在系统参数设置前需要公开所攻击的目标，即在 CP-ABE 方案中公开需要攻击的访问结构。如果允许攻击者适应性地提出攻击目标，即在系统参数设置之后再确定需要攻击的访问结构或者属性集合，那么这样的安全性称为适应安全性。显然，适应安全性更加准确地反映了现实环境的应用要求，而选择性安全弱化了安全目标，限制了模型的应用。

直至 Waters[33]提出对偶系统加密技术后，构造标准模型下适应性安全的 CP-ABE 方案才开始得到进一步的发展。2010 年，Lewko 等[34]首次将对偶系统加密技术应用到 CP-ABE 方案，提出了实现标准模型下适应性安全的 CP-ABE 方案，该方案的构造与文献[32]提出的方案构造非常类似，都支持任意的单调访问结构。与之前 CP-ABE 方案不同的是，该方案基于合数阶双线性群进行构造，而合数阶群下的困难问题假设需要依赖于大整数分解的困难性，因此，为了实现相同的安全等级，群元素长度要远远大于素数阶双线性群中相应元素的长度，导致效率较低。为了解决该问题，Okamoto 和 Takashima[35]使用对偶配对向量空间（Dual Pairing Vector Space, DPVS）技术，基于素数阶双线性群提出了标准模型下适应性安全的 CP-ABE 方案，该方案在安全性、表达力和效率方面都达到了令人满意的效果。

最近，Lewko 和 Waters[36]进一步研究了如何基于素数阶双线性群构造标准模型下适应性安全的 CP-ABE 方案，该方案对密文中的访问策略进行了改进，去除了每个属性最多使用一次的限制。此外，Lewko 和 Waters 研究了 DPVS 在合数阶双线性群与素数阶双线性群下的内在联系，提出了将标准模型下选择性安全的 CP-ABE 方案转换为标准模型下适应性安全的通用方法。

表 1.1 对目前具有代表性的 CP-ABE 方案在类型、安全性以及表达能力等方面进行了相关比较。按照表达能力，从低到高依次为单一与门、单一门限门、任意单调访问结构和任意非单调访问结构。其中，单一与门也可看作特殊格式的单一门限门，即 (n,n) 门限。访问树和线性秘密共享方案具有相同的表达能力，都支持任意单调的访问结构。而任意非单调访问结构允许进行属性的“非”操作，表达能力更强。

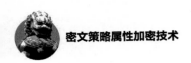

表 1.1　基本 CP-ABE 方案的发展

方案	类型	安全性	表达能力
SW[23]	FIBE	选择性安全	门限访问结构
GPSW[26]	CP(KP)-ABE	选择性安全	任意单调访问结构
BSW[28]	CP-ABE	启发式安全	任意单调访问结构
CN[29]	CP-ABE	选择性安全	单一与门
W[31]	CP-ABE	选择性安全	任意单调访问结构
LOSTW[34]	CP(KP)-ABE	完全安全	任意单调访问结构
OT[35]	CP(KP)-ABE	完全安全	非单调访问结构
LW[36]	CP-ABE	完全安全	任意单调访问结构

1.3　追踪性 CP-ABE 方案的研究现状

CP-ABE 方案能够实现高性能以及细粒度访问控制的主要原因是其访问策略的实现不需要包含任何与身份有关的属性，而是基于以角色为导向的属性，这意味着与某个属性集合有关的解密密钥不包含用户的任何身份信息，即解密密钥本身不具有追踪性。例如，用户 Alice 拥有属性集合{Alice, Ph.D, System}，而用户 Tom 拥有属性集合{Tom, Ph.D, System}，即 Alice 与 Tom 共享属性集合{Ph.D, System}的解密能力。因此，若属性集合{Ph.D, System}对应的解密密钥被泄露给了恶意第三方，但是由于解密密钥不包含任何可以确认用户身份特征的信息，因此很难确定到底是 Alice 还是 Tom 泄露了该密钥。这种追踪的困难性，导致在当前的 CP-ABE 方案中，存在大量的密钥泄露问题。因此，如何确认泄露密钥的恶意用户，是 CP-ABE 方案亟待解决的关键问题。

CP-ABE 方案的恶意用户追踪主要包括两个方面：一个是针对解密设备的 CP-ABE 追踪方案，即得到包含泄露密钥的解密设备，但是无法打开设备得到具体的解密密钥和解密算法，只能通过解密设备的输入输出特性对恶意用户进行追踪；另一个是针对解密密钥的 CP-ABE 追踪方案，即得到被泄露的解密密钥，并根据该密钥的具体组件对恶意用户进行追踪，其分类如图 1.1 所示。

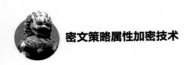

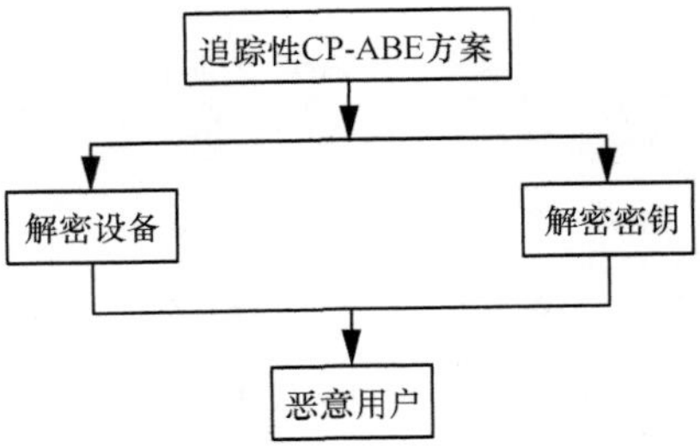

图 1.1 追踪性 CP-ABE 方案分类

针对解密设备的恶意用户追踪，Li 等在 2011 年基于匿名性 CP-ABE[37]方案提出了多授权的 CP-ABE 方案[38]，该方案将密文策略分为两部分：一部分密文的构造与匿名性 CP-ABE 方案相同；而另一部分密文的构造则与用户的身份信息有关，而用户的身份或者是某个全局身份标识，或者某个通配符的列表。但是该方案只支持“与”操作，表达能力非常弱，而且该方案不能抵抗恶意用户的合谋攻击，即若多个恶意用户共同参与了解密设备的制造，追踪算法将无法进行追踪。为了解决这一问题，Liu 等[39]在 2013 年提出了一个追踪性的 CP-ABE 方案，该方案不仅能够抵抗恶意用户的合谋攻击，而且可以实现公开追踪，即追踪算法不需要任何密钥或属性授权的参与，只需要使用公开密钥就可以实现追踪。同时该方案支持任意单调的访问结构，表达能力非常强。Fu 等[40]在 2015 年提出了一个标准 DBDH 假设下可证明安全的追踪性 CP-ABE 方案，该方案通过属性授权和用户之间的透明交互协议[41]来生成用户的解密密钥，不仅实现了对恶意用户的追踪，而且实现了对恶意属性授权的追踪，功能性更强。需要注意的是，针对解密设备追踪构造的 CP-ABE 方案，算法的设计非常复杂，由于需要不断地进行输入输出测试而耗费大量的计算存储资源，而且此类追踪性在日常生活中的需求相对较小。

针对解密密钥的恶意用户追踪，Hinek 等[42]在 2008 年首次提出了使用身份标号实现密钥追踪的 CP-ABE 方案，该方案的解密算法需要在线的可信第三方代理参与，使代理具有暴露恶意用户隐私信息的能力，可以在一定程度上对密钥泄露行为起到威慑作用。但是该方案无法追踪到密钥泄露者的真实身份，而且需要在线第三方代理的参与，在实际的应用中不太现实。随后，Li 等[43]在 2009 年提出了能够阻止合谋用户之间共享非法密钥的追踪性 CP-ABE 方案，该方案不仅可以实现对恶意用户的追踪，而且可以实现对恶意属性授权的追踪。为了实现对恶意用户的追踪，属性机构生成属性密钥时，在密钥中嵌入了用户特定的身份信息；而为了实现对恶意属性授权的追踪，用户在属性密钥中嵌入了对属性授权隐藏的秘密信息。该方案能够实现追踪的关键是将用户特定的身份或秘密表示成某个默认的属性，但是该方案只能在具有匿名性的特定环境下实现对恶意用户的追踪，一旦涉及云存储这样开放的环境，该方案的追踪性将彻底失效。Wang 等[44]在 2011 年提出了一个基于联合安全编码和叛逆追踪技术实现恶意用户追踪的 CP-ABE 方案，但是联合编码导致方案的密文和公钥较长，因此方案的性能较差，且该方案只实现了选择性模型下的可证明安全，即攻击者需要在公开密钥生成之前选择将要攻击的目标，而在实际的 CP-ABE 方案应用中，攻击者应该在公开密钥生成之后，适应性地选择将要攻击的目标，因此该方案不符合实际需求。2013 年，Liu 等基于 Boneh 和 Boyen 的短签名[45]提出了一个追踪性的 CP-ABE 方案[46]，该方案不仅支持任意单调的访问结构，表达能力非常强，而且实现了标准模型下的适应性安全。但是该方案还存在以下两个问题：一是方案密文中的访问策略以明文的形式存在，容易泄露用户的敏感信息，而且，用户的解密密钥由属性授权独自生成，产生密钥托管问题；二是方案的解密成本随满足访问策略的属性个数呈线性增长，若匹配的属性个数较多，将占用大量的计算资源，大大降低方案的解密性能。

1.4　撤销性 CP-ABE 方案的研究现状

云存储环境具有大量用户，若系统中部分用户因身份变化等而导致其相关属性发生变化或部分用户私钥丢失而导致泄露等情况，此时为确保系统安全及用户正确解密，需要撤销并更新相关属性的私钥组件。CP-ABE 系统中每个属性可能同时被多个用户共享，导致撤销任何属性都有可能影响其他用户。抵抗用户合谋攻击是 CP-ABE 方案的基本要求，而抵抗撤销用户与未撤销用户的合谋攻击是可撤销 CP-ABE 方案的另一个安全需求。

基于撤销属性影响范围，可以将属性撤销分为用户撤销、用户部分属性撤销和系统属性撤销三种情形。其中，用户撤销即撤销某一用户的所有属性，而不影响未撤销用户；用户部分属性撤销即撤销该用户属性集合中的一些属性，撤销后该用户失去该属性所对应的权限，但不影响其他属性的权限；系统属性撤销即撤销所有用户的与该属性有关的访问权限，而不影响其他合法属性的正常访问。上述三种撤销方式中，用户部分属性撤销也被称作属性级用户撤销，为最细粒度的撤销方式。

根据撤销执行者的不同，可以将属性撤销分为直接撤销和间接撤销两类。直接撤销由数据拥有者在加密明文时，直接列举出被撤销用户的信息，实现属性撤销；间接撤销由授权机构周期性地更新未被撤销用户的密钥，并且只有未被撤销的用户才能更新密钥，然后通过更新的密钥解密新密文，而撤销用户无法接收到更新的密钥，进而不能解密新密文。直接撤销与间接撤销相比，直接撤销方法的优点是，所有未撤销用户与授权机构不需要在密钥更新阶段交互。直接撤销方法的缺点是它需要数据拥有者来管理当前的撤销列表，对于数据拥有者来说，这是一个烦扰的问题。间接撤销方法的优点是数据拥有者不需要知道撤销列表。间接撤销方法的缺点是在密钥更新阶段，授权机构和未撤销用户需要通信。

从不同方面对可撤销 CP-ABE 的分类情况如图 1.2 所示。

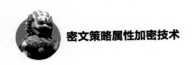

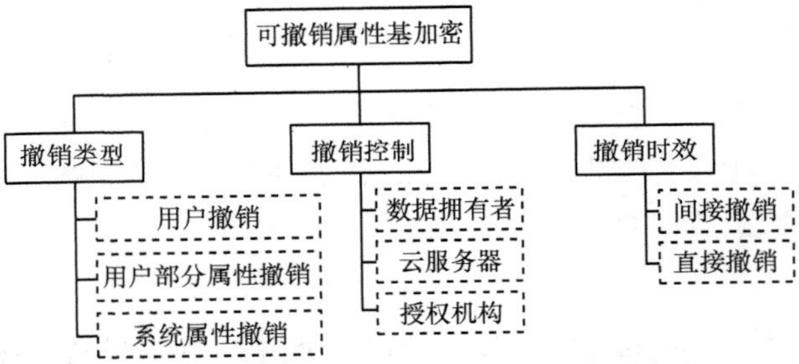

图 1.2 可撤销 CP-ABE 方案分类

直接撤销方式一般由数据拥有者维护一个属性撤销列表。Ostrovsky 等[27]于 2007 年提出一种直接撤销 CP-ABE 方案。该方案中，在被撤销用户中加入标识“非”，然后通过该标识与密文相关联使被撤销用户不能解密相对应的密文。但该方案密文和用户私钥较大，方案效率不高。Attrapadung 等[47]在 2009 年基于广播加密机制构造了一种直接撤销 CP-ABE 方案，其密文和密钥大小和当前最好的不可撤销的 CP-ABE 方案大致相同，相较之前的属性撤销方案具有更高的计算效率。随后，Attrapadung 等[48]首次提出一种混合撤销的 CP-ABE 方案，其允许数据拥有者在加密时选择直接或者间接撤销方式，但是选定撤销方式后无法更改。为解决效率问题，Zhang 等[49]提出一种支持与门的 CP-ABE 方案，该方案具有恒定大小的密文并且支持直接的属性撤销机制。但是该方案与门策略仅仅支持属性的正负取值和通配符，表达能力有限。张应辉等[50]于 2014 年基于与门访问结构提出了一种密文长度恒定的可撤销 CP-ABE 方案。虽然该方案实现了密文长度恒定，解密所需双线性对数量为常数值，但该方案的表达能力有待进一步提高。Wang 等[51]于 2017 年基于合数阶群提出了一个直接撤销 CP-ABE 方案，在标准模型下基于双系统加密技术证明了该方案的适应性安全。Liu 等[52]于 2018 年提出一种有效的直接撤销 CP-ABE 方案，其通过在密文中嵌入撤销列表来实现属性撤销的目的。该方案的撤销列表仅包含撤销用户的未过期私钥，因此方案的撤销列表较短。

针对用户的间接撤销，Pirretti 等[53]在 2006 年提出了第一个实现用户间接撤销的 CP-ABE 方案，该方案为用户的每个属性设置一个有效期，并且属性授权周期性地发布密钥更新参数。若某个属性到了设置的有效期，那么属性授权停止继续发布该属性对应的密钥更新参数，从而实现对该属性的撤销。但是该方案需要数据加密者提前与属性授权协商属性的有效期，而且属性授权需要时刻保持在线以周期性地进行密钥更新。随后，2007 年，Bethencourrt 等提出了一个相似的 CP-ABE 方案[28]，该方案用属性的终止日期代替有效期，将密文与某个具体的时间关联，解密时，只有用户拥有的属性集合满足密文的访问策略，并且与密钥关联的时间大于与密文关联的时间时，解密才能成功。该方案不需要数据加密者提前与属性授权协商属性的有效期，但是属性授权仍然需要时刻保持在线以周期性地进行密钥更新。为了解决属性授权必须保持在线的问题，Liang 等[54]在 2010 年基于二叉树结构实现了用户撤销的 CP-ABE 方案。该方案事先发布公钥参数实现密钥更新，因此不需要授权机构时刻在线。但是该方案只能在设定好的时间通过停止发布某些属性的更新参数实现撤销，无法实现实时撤销，产生一定的安全隐患，而且该方案需要属性授权实施用户撤销，增加了属性授权的通信与计算负载。

本书分别针对实现直接用户撤销的 CP-ABE 方案以及实现间接用户撤销的 CP-ABE 方案进行了相关研究，研究结果表明，目前提出的撤销性 CP-ABE 方案主要存在以下三个问题。（1）方案只能阻止用户继续访问密钥撤销之后的密文，不能阻止其继续访问密钥撤销之前的密文，产生一定的安全隐患，因此，方案必须对用户撤销后的密文进行更新，防止被撤销后的用户继续访问密文，该问题被称为可撤销存储。（2）不能实现实时的、属性级的用户撤销，系统级的用户撤销意味着一旦用户的某个属性被撤销，就失去了系统中所有其他合法属性对应的访问权限，不符合实际应用，因此，方案应该实现细粒度的用户撤销，即属性级的用户撤销。（3）大多数方案只针对性能、表达力和安全性其中一个问题展开研究与分析，无法在实现高性能的同时，实现强表达力和强安全性。

在可撤销存储方面，Sahai 等[55]在 2012 年提出了第一个可撤销存储的 CP-ABE 方案（Revocable-Storage CP-ABE, RS-CP-ABE），该方案实现用户撤销的同时，实现了基于时间机制的密文更新，即任一时间下的密文都可以被更新到下一时间下的密文。但是该方案将时间表示为属性的集合，灵活性不高，而且方案的密文较长，性能较差。为了解决这一问题，Lee 等[56]在 2013 年提出了一个全新的实现密文更新的密码学方案，即自我更新加密（Self-Updatable Encryption, SUE）方案，并基于 SUE 方案构造了一个同时实现用户撤销与密文更新的 RS-CP-ABE 方案。但是该方案在合数阶双线性群下进行构造，因此效率非常低。随后，Lee[57]在 2015 年提出了一个基于素数阶双线性群构造的 RS-CP-ABE 方案，但是该方案的安全性证明基于较强的 q-type 假设，因此方案的安全性具有很大的争议。本书针对这一问题展开研究，提出了一个弱假设下可证明安全的 RS-CP-ABE 方案，不仅实现了可撤销存储，而且安全性较强。

在属性级的用户撤销方面，Hur 等[58]于 2011 年提出一种具有属性撤销能力的 CP-ABE 方案，该方案增强了用户访问控制的前向安全和后向安全，具有属性级别的属性撤销能力。但因为该方案中属性群密钥 KEK 对于该群的用户完全通用，所以不能抵抗撤销用户和未撤销用户的合谋攻击。Yang 等[59]提出一种云存储环境下支持细粒度属性撤销的 CP-ABE 方案，该方案不需要服务器支持任何协作的访问控制，数据拥有者也不需要实时在线，在效率方面较 Hur 等[58]方案有所提高。但该方案只实现了随机预言模型下的安全性。Xue 等[60]于 2018 年基于非单调访问结构提出一种细粒度属性撤销的 CP-ABE 方案。该方案基于合数阶构建，效率较低。闫玺玺等[61]提出具有隐私保护且支持用户撤销的 CP-ABE 方案。该方案采用半策略隐藏方式实现隐私保护，并且能够实现属性级用户撤销。但是该方案与文献[58]方案类似，不能抵抗撤销用户与未撤销用户的合谋攻击。

1.5　计算外包 CP-ABE 方案的研究现状

目前，基于 CP-ABE 的密文访问控制方案的基本应用思想是：数据拥有者首先用一个对称加密算法加密数据产生数据密文，然后采用 CP-ABE 方案加密对称密钥产生密钥密文，再将二者一同上传至云服务中心。这种方式可以有效提高加密效率。但 CP-ABE 的加解密过程依然需要大量的群指数运算和双线性对操作，随着移动互联网和移动智能终端的快速发展，使用移动终端访问云存储系统中的数据成为一种趋势，而移动智能终端受限的计算资源和电量资源致使其不能承载过大的计算负担和通信负担。传统的 CP-ABE 在私钥生成、数据加密和解密阶段往往需要大量的计算，且计算量与属性集合或访问结构复杂度呈线性增长关系，这给属性机构和移动终端带来严重的计算负担和电量损耗。因此，研究基于计算外包的 CP-ABE 方案具有重要的意义。

计算外包技术可以有效减少属性机构和用户的计算负担。其基本思想是利用外部计算资源承担一定的计算量以减少本地的计算量。该技术虽然提高了计算效率，但也导致 CP-ABE 方案变得更加复杂。一方面，用户在计算外包过程中不希望云服务器知道用户数据的隐私；另一方面，云服务器可能是“懒惰”的，为了节省计算或带宽资源，只计算部分操作并返回错误的结果，而错误的解密结果可能会导致解密失败。因此，解决以下问题至关重要：如何防止云服务商获得用户数据隐私，如何验证云服务商返回结果的正确性。依据 CP-ABE 方案中哪些计算工作需要外包，可以将其外包工作分为私钥生成计算外包、加密计算外包和解密计算外包，如图 1.3 所示。

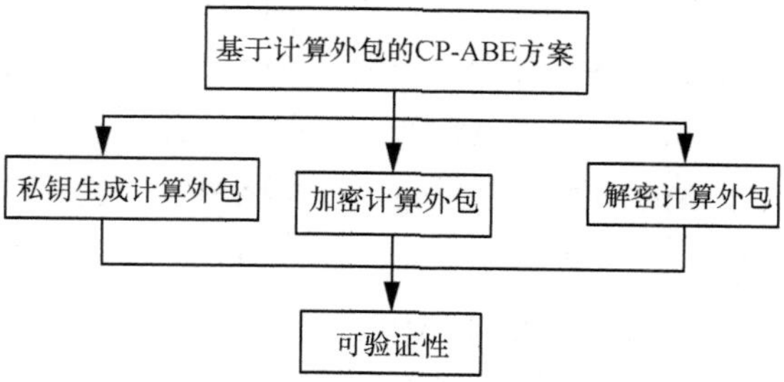

图 1.3　计算外包 CP-ABE 方案分类

针对解密计算外包技术，Green 等[62]于 2011 年构造一种解密计算外包的 CP-ABE 方案，该方案在解密过程中首先将密文发送给解密外包服务器，解密外包服务器对密文进行一次密文转换获得中间密文再发送给用户，实现降低本地解密计算量的目的。自 Green 等提出支持解密计算外包的 CP-ABE 方案后，一些改进的 CP-ABE 方案相继被提出。例如，Lai 等[63]于 2013 年提出的可验证外包解密的 CP-ABE 方案、Asim 等[64]提出的同时支持加密和解密计算外包的 CP-ABE 方案以及基于文献[62]提出的其他方案[65-68]。Li 等[40]在 2017 年提出一种新奇的可验证外包解密的 CP-ABE 方案[69]。该方案的密文长度恒定，与访问结构复杂度无关，但其表达能力有限。这些方案的解密外包思想为：在保证不泄露任何数据隐私的前提下，解密用户或授权机构通过用户私钥构造转换密钥和取回密钥，然后解密云服务商通过转换密钥解密原始密文，获得一个中间密文，完成部分解密工作，接下来，相应的用户通过取回密钥仅仅需要简单的计算就可以解密得到明文数据。上述方案中，只有文献[63]和文献[67]方案支持外包解密结果的可验证性，它们通过在需要加密信息的后面增加一系列冗余信息，并使用这些冗余信息检查解密结果的正确性。

针对私钥生成计算外包和加密外包，相关的研究方案较少。Li 等于 2012 年通过MapReduce实现了 CP-ABE方案[70]中数据加密的外包计算，且支持树形访问结构，具有丰富的表达能力。同年，Zhou 等[65]提出一种同时支持加密和解密计算外包的 CP-ABE 方案。这两种方案的加密外包思想是：将关联密文的访问结构分成“AND”门连接的两部分访问结构，然后将一部分访问结构的加密任务外包给加密服务提供商，用户只需完成一个属性的加密任务，通过该方法隐藏随机盲化因子完成加密外包。但是，上述方案的访问结构只能支持根节点为与门的访问树，与实际应用情况不符。Li 等于 2013 年提出一种支持私钥生成和解密外包的 CP-ABE 方案[66]，但其无法实现外包计算结果的可验证性。Li 等于 2014 年构造了一个支持可验证性的安全外包 CP-ABE 方案[67]，密钥生成服务提供商与属性机构联合为用户分发私钥。Asim 等[64]构建了一个外包加密和外包解密的 CP-ABE 方案。该方案的数据拥有者和数据用户都包含两个独立的代理方为其执行相关的计算工作。Fan 等[71]在 2017 年构造了一个支持验证外包的多机构 CP-ABE 方案。该方案将大部分加密和解密计算任务外包给第三方节点，以减轻用户的计算负担。

上述方案都没有实现完全外包，即将私钥生成、加密和解密计算同时外包给第三方。Zhang 等在 2017 年提出一种完全外包 CP-ABE 方案[72]，即将密钥生成、加密和解密都外包给云服务商。但该方案没有提出如何验证转换密文的正确性，即无法完成外包计算正确性的验证，而可验证性对于正确计算至关重要。

综上所述，目前所研究方案还不能同时支持三种计算任务安全的外包且能够验证计算结果的正确性。完全外包可以有效减少授权机构、数据拥有者和数据用户的计算任务，而正确性验证对于方案正确执行至关重要，因此，研究可验证的完全外包 CP-ABE 方案是一个重要的研究方向。

1.6　多机构 CP-ABE 方案的研究现状

传统的 CP-ABE 只有一个属性机构负责管控系统所有的属性，并且需要为每一个用户分发私钥，带来严重的计算负担；另外，单属性机构一般可以解密系统中所有的密文，因此需要无条件信任该属性机构[73]。分布式环境中，用户的属性一般归属于不同的属性机构，单属性机构方案不再适用。多机构 CP-ABE 系统中，属性被多个属性机构管理，多个属性机构合谋也不能破坏整个系统的安全性。一般而言，多机构 CP-ABE 方案中的每个属性机构都独自拥有一个主密钥，为了确保正确完成密文的解密工作，系统主私钥应该被设定为全部属性机构的主密钥之和。但该方法中每个属性机构的主私钥为固定值，其根据该值为用户生成私钥，因此拥有一定数量属性的用户可以通过其自身的私钥组件恢复出属性机构的主私钥。进一步，多个用户通过合谋能够重构出系统的主私钥，系统主私钥的泄露将导致方案不再安全。因此，CP-ABE 方案的正确性和安全性之间存在一个突出的矛盾，这正是多机构 CP-ABE 方案的研究难点。

多机构 CP-ABE 方案可以分为层次化机构和多授权机构，层次化机构方案一般存在一个解密权限过大的中央授权机构，无法适用于分布式环境，所以，本书主要研究多授权机构情形，其分类情况如图 1.4 所示。

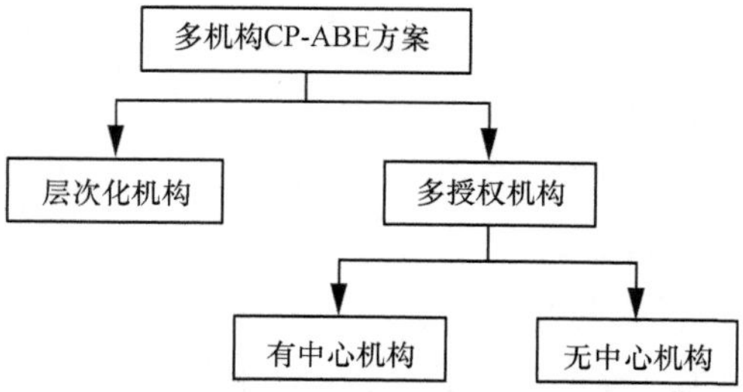

图 1.4　多机构 CP-ABE 方案分类

Sahai 和 Waters[23]在 2005 年欧洲密码年会上首次提出 ABE 概念时，他们就把如何建立多机构 ABE 系统作为急需解决的问题。Chase[74]在 2007 年首次实现了多机构 CP-ABE 方案，其授权机构由一个中央机构和多个属性机构组成。中央机构负责为用户分发身份相关的密钥，属性机构负责为用户分发属性相关的密钥。该方案中每个数据用户通过全局唯一身份标识（Global Identifier, GID）表示其唯一性，这样可以通过用户私钥与 GID 关联防止多个非法用户合谋攻击。但该系统中，中央机构负责为其他属性机构生成公钥和私钥，中央机构依然具有很强的解密能力。Muller 等[75]、Li 等[38]和 Yang 等[76]分别提出的多机构 CP-ABE 方案都存在中央机构解密权限过大的问题。

为解决中央机构解密权限过大给系统带来的安全威胁问题，Lin 等[77]基于密钥分发和联合秘密共享技术构造了一个无中央机构的多机构 CP-ABE 方案。但该方案只支持门限访问结构且系统所有属性机构必须在线通过交互来建立系统。Chase 和 Chow[78]在 2009 年构造了一种无中心的多机构 CP-ABE 方案。该方案通过一个分布式伪随机函数移除可信中央机构。但该方案需要所有属性机构必须在线通过交互才能建立系统，且只支持门限访问结构。Lewko 和 Waters[79]在 2011 年提出一种无中心的多机构 CP-ABE 方案。该方案的中央机构在系统建立后即可退出，属性机构互相独立地为用户分发私钥。但该方案是基于合数阶双线性群在随机预言机模型（Random Oracle Model，ROM）下构建的，导致其安全性差且效率较低。随后，Okamoto 和 Takashima[80]在素数阶双线性群下构造了适应性安全的分散式多机构 CP-ABE 方案，但该方案安全性证明中仍然需要借助 ROM。

Liu 等[81]于 2011 年首次在标准模型下基于合数阶双线性群构造了无中心的多机构 CP-ABE 方案。该方案中多个中央机构联合为用户分发只与身份相关联的密钥，多个属性机构联合为用户分发只与属性相关联的密钥，采用该方式可以防止任何单独的机构独立解密密文。但该方案初始化阶段需要多个机构一起合作，且方案因基于合数阶双线性群构建而具有较低的效率。针对此问题，李琦等[82]在素数阶群上提出一种改进的多机构 CP-ABE 方案。该方案在实现适应性安全的基础上，较文献[81]方案在计算效率方面有一定提高。

Rouselakis 和 Waters[83]于 2015 年构造了一种支持大属性集合的无中心多机构 CP-ABE 方案。该方案基于素数阶双线性群构建而使效率有所提高，但其依然是在 ROM 下完成安全证明的。Zhong 等[84]在 2016 年构建了一种无中心多机构 CP-ABE 方案，其基于 Lewko 和 Waters 方案完成安全证明，安全性依然有待提升。Wang 等[85]在 2016 年针对移动社交网络提出一个分布式多机构 CP-ABE 方案。该方案能够实现细粒度、灵活的访问控制。但该方案基于合数阶双线性群构建，效率较低而导致无法实际应用。Yang 等[86]在 2018 年基于合数阶双线性群构造了一个无中心的多机构 CP-ABE 方案。该方案加强了用户全局唯一身份标识的隐私性，且基于双系统加密技术完成安全证明。但该方案依然基于合数阶双线性群构造而具有较低的效率。

为适应移动云计算、分布式和软件定义网络[87-88]等环境，相关科研人员在多机构 CP-ABE 方案方面展开系列研究[89-91]。但上述方案有些是基于合数阶双线性群的，且方案中密文长度和解密双线性对运算与属性数量呈正相关，在实际应用过程中，效率过低导致无法实际应用[92]。

综上所述，目前基于合数阶群构建的多机构 CP-ABE 方案效率较低，即使基于素数阶群完成方案构建，其密文长度一般与访问结构复杂度呈线性正相关，也需要完成较繁重的计算任务。因此，提升多机构 CP-ABE 方案的计算效率、实现密文长度恒定依然是目前需要解决的关键问题。

参考文献

[1] 冯登国, 张敏, 张妍, 等. 云计算安全研究[J]. 软件学报, 2011, 22(1): 71-83.

[2] LEWIS P J. Information systems development: systems thinking in the field of information systems[J]. Pakistan Journal of Nematology, 1994(4):73-81.

[3] KAMARA S, LAUTER K. Cryptographic cloud storage[C]//Proceedings of the Financial Cryptography and Data Security. 2010:136-149.

[4] MADHYASTHA H V, MCCULLOUGH J C, PORTER G, et al. Cluster storage provisioning informed by application characteristics and SLAs[J]. ACM Ebooks, 2013.

[5] UHLIG R, NEIGER G, RODGERS D, et al. Intel virtualization technology[J]. Computer, 2005, 38(5):48-56.

[6] TANEMBAUM, ANDREWS. Distributed system : principle and paradigms[J]. Distributed System, 2002.

[7] SUBASHINI S, KAVITHAAL V. A survey on security issues in service delivery models of cloud computing[J]. Journal of Network and Computer Applications, 2011, 34(1): 1-11.

[8] PEARSON S. Taking account of privacy when designing cloud computing service[C]// Proceedings of the ICSE Workshop on Software Engineering Challenges of Cloud Computing. 2009: 44-52.

[9] MENEZES A J, OORSCHOT P V, VANSTONE S A. Handbook of applied cryptography[J]. Crc Press, 1997, 516(4):683-683.

[10] MCCALLISTER E, GRANCE T, SCARFONE K A. Guide to protecting the confidentiality of personally identifiable information [J]. Data Security, 2010, 25(1):58-78.

[11] SIMMONS G. Contemporary cryptology: the science of information integrity[M]. Wiley: IEEE Press, 1992.

[12] 沈昌祥, 张焕国, 曹珍富,等. 信息安全综述[J]. 中国科学 E 辑: 信息科学, 2007, 37(2): 129-150.

[13] KRUH L. Symmetric cryptography[M]//Security in Fixed and Wireless Networks: An Introduction to Securing Data Communications. Wiley: IEEE Press. 2006:31-52.

[14] CASOLA V. Asymmetric cryptography[J]. Computer Science & Communications Dictionary, 2007:68-68.

[15] YADAV S K. Some problems in symmetric and asymmetric cryptography[EB]. 2012.

[16] DIFFIE W, HELLMAN M E. New directions in cryptography[J]. IEEE Transactions on Information Theory, 1976, 22(6):644-654.

[17] RIVEST R, SHAMIR A, ADLEMAN L M. A method for obtaining digital signatures and public-key cryptosystems[J]. Communications of the ACM, 1983, 26(2):96-99.

[18] ELGAMAL T. A public key cryptosystem and a signature scheme based on discrete logarithms[J]. IEEE Transactions on Information Theory, 1985, 31(4):469-472.

[19] RABIN M O. Digitalized signatures and public-key functionas as intractable as factorization[M]// Massachusetts Institute of Technology, 1979.

[20] VASUNDHARA S, DURGAPRASAD D K V. Elliptic curve cryptosystems[J]. Mathematics of Computation, 1987, 48(48):203-209.

[21] TOMA C. Security issues of the digital certificates within public key infrastructures[J]. Informatica Economica Journal, 2009, 13(1):540-543.

[22] SHAMIR A. Identity-based cryptosystems and signature schemes[J]. Lecture Notes in Computer Science, 1984, 21(2):47-53.

[23] SAHAI A, WATERS B. Fuzzy identity based encryption[C]//Proceedings of the Advances in Cryptology. Springer, 2005: 457-473.

[24] 赵志远, 王建华, 朱智强, 等. 云存储环境下属性基加密综述[J]. 计算机应用研究, 2018, 35(4): 961-968,973.

[25] 苏金树, 曹丹, 王小峰, 等. 属性基加密机制[J]. 软件学报, 2011, 22(6): 1299-1315.

[26] GOYAL V, PANDEY O, SAHAI A, et al. Attribute-based encryption for fine-grained access control of encrypted data[J]. Proc of Acmccs', 2010, 89-98:89-98.

[27] OSTROVSKY R, SAHAI A, WATERS B. Attribute-based encryption with non-monotonic access structures[C]//Proceedings of the ACM Conference on Computer and Communication Security. 2007: 195-203.

[28] BETHENCOURT J, SAHAI A, WATERS B. Ciphertext-policy attribute-based encryption[C]// Proceedings of the IEEE Symposium on Secutiy and Privacy. 2007: 321-334.

[29] CHEUNG L, NEWPORT C. Provably secure ciphertext-policy ABE[C]//Proceedings of the ACM Conference on Computer and Communication Security. 2007: 456-465.

[30] CANETTI R, HALEVI S, KATZ J. A forward secure public key encryption scheme[C]//

Proceedings of the Advances in Cryptology. 2003: 255-271.

[31] WATERS B. Ciphertext-policy attribute based encryption: an expressive, efficient and provably secure realization[EB/OL].

[32] WATERS B. Ciphertext-policy attribute based encryption: an expressive, efficient and provably secure realization[C]//Proceedings of the Public Key Cryptology. 2011: 53-70.

[33] WATERS B. Dual system encryption: realizing fully secure IBE and HIBE under simple assumptions[C]// Proceedings of the Advances in Cryptology. 2009: 619-636.

[34] LEWKO A, OKAMOTO T, SAHAI A, et al. Fully secure functional encryption: attribute-based encryption and (hierarchical) inner product encryption[C]//Proceedings of the Advances in Cryptology. 2010: 62-91.

[35] OKAMOTO T, TAKASHIMA K. Fully secure functional encryption with general relations from the decisional linear assumption[C]//Proceedings of the Advances in Cryptology. 2010: 191-208.

[36] LEWKO A, WATERS B. New proof methods for attribute-based encryption: achieving full security through selective techniques[C]//Proceedings of the Advances in Cryptology. 2012: 180-198.

[37] LI J, REN K, ZHU B, et al. Privacy-aware attribute-based encryption with user accountability[M]// Information Security. Berlin: Springer, 2009:347-362.

[38] LI J, HUANG Q, CHEN X, et al. Multi-authority ciphertext-policy attribute-based encryption with accountability[C]//Proceedings of the ACM Symposium on Information, Computer and Communications Security. 2011:386-390.

[39] LIU Z, CAO Z, DUNCAN S. Expressive traceable ciphertext-policy attribute-based encryption[J]. Eprint, 2013.

[40] FU X, NIE X, LI F. Black traceable ciphertext policy attribute-based encryption scheme[J]. Information, 2015, 6(3):481-493.

[41] BRASSARD G, SALVAIL L, TAPP A. Oblivious transfer[C]//Proceedings of the Quantum, Nano, and Micro Technologies. 2009:102-108.

[42] HINEK M J, JIANG S, SAFAVI-NAINI R, et al. Attribute-based encryption with key cloning protection[J]. Bulletin of the Korean Mathematical Society,2008(4):803-819.

[43] LI J, REN K, KIM K. A2BE: accountable attribute-based encryption for abuse free access control[J]. Iacr Cryptology Eprint Archive, 2009.

[44] WANG Y T, CHEN K F, CHEN J H. Attribute-based traitor tracing[J]. Journal of Information Science & Engineering, 2011, 27(1):181-195.

[45] BONEH D, BOYEN X. Short signatures without random oracles[C]//Proceedings of the Advances in Cryptology. 2004: 56-73.

[46] LIU Z, CAO Z, WONG D. White traceable ciphertext-policy attribute-based encryption supporting any monotone access structures[J]. IEEE Transactions on Information Forensics and Security, 2013, 8(1): 76-88.

[47] ATTRAPADUNG N, IMAI H. Conjunctive broadcast and attribute-based encryption[C]// Proceedings of the International Conference on Pairing-Based Cryptography. 2009:248-265.

[48] ATTRAPADUNG N, IMAI H. Attribute-based encryption supporting direct/indirect revocation modes[C]//Proceedings of the International Conference on Cryptography and Coding. 2009: 278-300.

[49] ZHANG Y, CHEN X, LI J, et al. FDR-ABE: attribute-based encryption with flexible and direct revocation[C]//Proceedings of the 5th International Conference on Intelligent Networking and Collaborative Systems. 2013: 38-45.

[50] 张应辉, 郑东, 李进,等. 密文长度恒定且属性直接可撤销的基于属性的加密[J]. 密码学报, 2014, 1(5): 465-480.

[51] WANG H, ZHENG Z, WU L, et al. New directly revocable attribute-based encryption scheme and its application in cloud storage environment[J]. Cluster Computing, 2017, 20(3): 2385-2392.

[52] LIU J K, YUEN T H, ZHANG P, et al. Time-based direct revocable ciphertext-policy attribute-based encryption with short revocation list[C]//The International Conference on Applied Cryptography and Network Security. 2018: 516-534.

[53] PIRRETTI M, TRAYNOR P, MCDANIEL P, et al. Secure attribute-based systems[C]// Proceedings of the ACM Conference on Computer and Communications Security. 2006: 99-112.

[54] LIANG X, LU R, LIN X. Ciphertext policy attribute based encryption with efficient revocation[J]. IEEE Symposium on Security & Privacy, 2008:321-334.

[55] SAHAI A, SEYALIOGLU H, WATERS B. Dynamic credentials and ciphertext delegation for attribute-based encryption[C]// Advances in Cryptology. 2012:199-217.

[56] LEE K, CHOI S G, DONG H L, et al. Self-updatable encryption: time constrained access control with hidden attributes and better efficiency[C]//Advances in Cryptology. 2013: 235-254.

[57] LEE K. Self-updatable encryption with short public parameters and its extensions[J]. Designs Codes & Cryptography, 2015, 79(1):121-161.

[58] HUR J, NOH D K. Attribute-based access control with efficient revocation in data outsourcing systems[J]. IEEE Transactions on Parallel and Distributed Systems, 2011, 22(7): 1214-1221.

[59] YANG K, JIA X, REN K. Attribute-based fine-grained access control with efficient revocation in cloud storage systems[C]//Proc of the 8th ACM SIGSAC Symposium on Information, Computer and Communications Security. 2013: 523-528.

[60] XUE L, YU Y, LI Y, et al. Efficient attribute-based encryption with attribute revocation for assured data deletion[J]. Information Sciences, 2018.

[61] 闫玺玺, 叶青, 刘宇. 云环境下支持隐私保护和用户撤销的属性基加密方案[J]. 信息网络安全, 2017, (6):14-21.

[62] GREEN M, HOHENBERGER S, WATERS B. Outsourcing the decryption of ABE

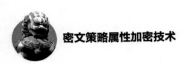

ciphertexts[C]//Proc of the 20th USENIX Conference on Security. 2011: 34-34.

[63] LAI J, DENG R H, GUAN C, et al. Attribute-based encryption with verifiable outsourced decryption[J]. IEEE Trans on Information Forensics and Security, 2013, 8(8): 1343-1354.

[64] ASIM M, PETKOVIC M, IGNATENKO T. Attribute-based encryption with encryption and decryption outsourcing[C]//Proc of the 19th Conference on Innovations in Clouds, Internet and Networks. 2014: 21-28.

[65] ZHOU Z, HUANG D. Efficient and secure data storage operations for mobile cloud computing[C]//Proc of the 8th International Conference on Network and Service Management. 2012: 37-45.

[66] LI J, CHEN X, LI J, et al. Fine-grained access control system based on outsourced attribute-based encryption[C]// European Symp on Research in Computer Security. 2013: 592-609.

[67] LI J, HUANG X, LI J, et al. Securely outsourcing attribute-based encryption with checkability[J]. IEEE Transactions on Parallel and Distributed Systems, 2014, 25(8): 2201-2210.

[68] 王皓，郑志华，吴磊，等. 自适应安全的外包 CP-ABE 方案研究[J]. 计算机研究与发展,2015, 52(10): 2270-2280.

[69] LI J, SHA F, ZHANG Y, et al. Verifiable outsourced decryption of attribute-based encryption with constant ciphertext length[J]. Security and Communication Networks, 2017: 3596205.

[70] LI J, JIA C, LI J, et al. Outsourcing encryption of attribute-based encryption with mapreduce[C]// International Conference on Information and Communications Security. 2012: 191-201.

[71] FAN K, WANG J, WANG X, et al. A secure and verifiable outsourced access control scheme in fog-cloud computing[J]. Sensors, 2017, 17(7): 1695-1710.

[72] ZHANG R, MA H, LU Y. Fine-grained access control system based on fully outsourced attribute-based encryption[J]. Journal of Systems and Software, 2017, 125: 344-353.

[73] 唐强，姬东耀. 多授权中心可验证的基于属性的加密方案[J]. 武汉大学学报(理学版), 2008, 54(5): 607-610.

[74] CHASE M. Multi-authority attribute based encryption[C]//Proc of the International Conference on Theory of Cryptography Conference. Berlin: Springer, 2007: 515-534.

[75] MÜLLER S, KATZENBEISSER R, ECKERT C, et al. Distributed attribute-based encryption[C]// Proc of the International Conference on Information Security and Cryptology. 2009:20-36.

[76] YANG K, JIA X, REN K, et al. DAC-MACS: effective data access control for multi-authority cloud storage systems[J]. IEEE Transactions on Information Forensics and Security, 2013, 8(11): 1790-1801.

[77] LIN H, CAO Z, LIANG X, et al. Secure threshold multi authority attribute based encryption without a central authority[C]//Proc of the International Conference on Cryptology. 2008: 426-436.

[78] CHASE M, CHOW S S M. Improving privacy and security in multi-authority attribute-based encryption[C]//Proc of the ACM Conference on Computer and Communications Security.

2009: 121-130.
[79] LEWKO A, WATERS B. Decentralizing attribute-based encryption[C]//Proc of the Annual International Conference on Theory and Applications of Cryptographic Techniques. 2011: 568-588.
[80] OKAMOTO T, TAKASHIMA K. Decentralized attribute-based signature[C]//Proc of the International Conference on Public Key Cryptology. 2013: 125-142.
[81] LIU Z, CAO Z, HUANG Q, et al. Fully secure multi-authority ciphertext-policy attribute-based encryption without random oracles[C]// European Symposium on Research in Computer Security. 2011: 278-297.
[82] 李琦, 马建峰, 熊金波, 等. 一种素数阶群上构造的自适应安全的多机构 CP-ABE 方案[J]. 电子学报, 2014, 42(4): 696-702.
[83] ROUSELAKIS Y, WATERS B. Efficient statically-secure large-universe multi-authority attribute-based encryption[C]//Proc of the International Conference on Financial Cryptography and Data Security. 2015: 315-332.
[84] ZHONG H, ZHU W, XU Y, et al. Multi-authority attribute-based encryption access control scheme with policy hidden for cloud storage[J]. Soft Computing, 2016: 1-9.
[85] WANG W, QI F, WU X, et al. Distributed multi-authority attribute-based encryption scheme for friend discovery in mobile social networks[J]. Procedia Computer Science, 2016, 80(C): 617-626.
[86] YANG Y, CHEN X, CHEN H, et al. Improving privacy and security in decentralizing multi-authority attribute-based encryption in cloud computing[J]. IEEE Access, 2018, 6: 18009-18021.
[87] 王蒙蒙, 刘建伟, 陈杰, 等. 软件定义网络:安全模型、机制及研究进展[J]. 软件学报, 2016, 27(4): 969-992.
[88] BLENK A, BASTA A, REISSLEIN M, et al. Survey on network virtualization hypervisors for software defined networking[J]. IEEE Communications Surveys and Tutorials, 2016, 18(1): 655-685.
[89] CHOW S. A framework of multi-authority attribute-based encryption with outsourcing and revocation[C]//Proc of the 21st ACM on Symposium on Access Control Models and Technologies. 2016: 215-226.
[90] LUO E, LIU Q, WANG G. Hierarchical multi-authority and attribute-based encryption friend discovery scheme in mobile social networks[J]. IEEE Communications Letters, 2016, 20(9): 1772-1775.
[91] 魏江宏, 胡学先, 刘文芬. 多属性机构环境下的属性基认证密钥交换协议[J]. 电子与信息学报, 2012, 34(2): 451-456.
[92] 冯登国, 陈成. 属性密码学研究[J]. 密码学报, 2014, 1(1): 1-12.

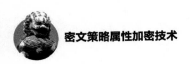

第2章
理论知识

密文策略属性加密技术是一种全新的密码学理论，与其他密码学研究类似，其方案构造和安全性证明需要基于数论、近世代数、计算复杂论等一系列的基础综合学科。本章主要对密文策略属性加密方案涉及的双线性映射、访问结构、可证明安全理论、困难问题假设以及规约论断等相关知识进行简要介绍。

现代密码学是以数论[1]、近世代数[2]、计算复杂论[3]等为基础理论的综合学科。密码学中算法的设计及安全性证明大多基于上述基础理论进行研究。因此，本章主要介绍 CP-ABE 方案经常涉及的相关知识，包括双线性映射、访问结构、可证明安全理论、困难问题假设以及规约论断，并给出了基本 CP-ABE 方案的形式化定义和安全模型。

2.1 双线性映射

双线性映射[4]是用来构建 CP-ABE 方案的关键技术，主要基于椭圆曲线上的 Tate 对[5]和 Weil[6]进行构造。本书主要基于两种类型的双线性映射进行方案构造：一是合数阶群下的双线性映射；二是素数阶群下的双线性映射，具体定义如下。

2.1.1 合数阶群下的双线性映射

定义 2.1 合数阶群下的双线性映射[7]。令 ψ 表示某个群生成算法，该算法以安全参数 λ 为输入，输出参数 $(p_1,p_2,p_3,\mathbb{G},\mathbb{G}_T,e)$，其中，$p_1,p_2,p_3$ 表示 3 个不同的大素数，$\mathbb{G}$ 和 $\mathbb{G}_T$ 表示两个 $N=p_1p_2p_3$ 阶循环群，$e:\mathbb{G}\times\mathbb{G}\to\mathbb{G}_T$ 表示一个满足下列条件的双线性映射。

1. 双线性：对于任意的 $u,v\in\mathbb{G}$ 和 $a,b\in\mathbb{Z}_N$，等式 $e(u^a,v^b)=e(u,v)^{ab}$ 成立。

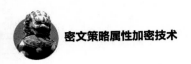

2. 非退化性：存在 $g \in \mathbb{G}$ 使 $e(g,g)$ 在 $\mathbb{G}_T$ 中的阶为 N。

3. 可计算性：对于任意的 $u,v \in \mathbb{G}$，存在计算 $e(u,v)$ 的多项式时间算法。

假设 $\mathbb{G}_{p_1}$、$\mathbb{G}_{p_2}$ 与 $\mathbb{G}_{p_3}$ 分别表示群 $\mathbb{G}$ 中阶为 p_1、p_2 与 p_3 的子群。若参数 $h_i \in \mathbb{G}_{p_i}$，$h_j \in \mathbb{G}_{p_j}$ 且 $i \neq j$，那么可以得出 $e(h_i,h_j)=1$。为了验证这一结果，假设 $h_1 \in \mathbb{G}_{p_1}$，$h_2 \in \mathbb{G}_{p_2}$。令 $g \in \mathbb{G}$ 为生成元，可以得出 $g^{p_1p_2}$ 生成群 $\mathbb{G}_{p_3}$，$g^{p_1p_3}$ 生成群 $\mathbb{G}_{p_2}$，$g^{p_2p_3}$ 生成群 $\mathbb{G}_{p_1}$。因此，对于参数 α_1 与 α_2，可以得出 $h_1=(g^{p_2p_3})^{\alpha_1}$、$h_2=(g^{p_1p_3})^{\alpha_2}$，然后，计算 $e(h_1,h_2)=e((g^{p_2p_3})^{\alpha_1},(g^{p_1p_3})^{\alpha_2})=e(g^{\alpha_1},g^{p_3\alpha_2})^{p_1p_2p_3}=1$。

2.1.2 素数阶群下的双线性映射

定义 2.2 素数阶群下的双线性映射。令 ψ 表示某个群生成算法，该算法以安全参数 λ 为输入，输出参数 $(p,\mathbb{G}_1,\mathbb{G}_2,\mathbb{G}_T,e,g,\tilde{g})$，其中，$p$ 表示大素数，$\mathbb{G}_1$、$\mathbb{G}_2$ 与 $\mathbb{G}_T$ 表示 3 个 p 阶循环群，g 与 $\tilde{g}$ 则分别表示群 $\mathbb{G}_1$ 与 $\mathbb{G}_2$ 的生成元。$e:\mathbb{G}\times\mathbb{G}\to\mathbb{G}_T$ 表示一个满足下列条件的双线性映射。

1. 双线性：对于任意的 $u \in \mathbb{G}_1$，$\tilde{u} \in \mathbb{G}_2$ 和 x，$y \in \mathbb{Z}_p$，等式 $e(u^x,\tilde{u}^y)=e(u,\tilde{u})^{xy}$ 成立。

2. 非退化性：存在 $g \in \mathbb{G}_1$ 与 $\tilde{g} \in \mathbb{G}_2$，使 $e(g,\tilde{g})$ 在 $\mathbb{G}_T$ 中的阶为 p。

3. 可计算性：对于任意的 $u \in \mathbb{G}_1$ 和 $\tilde{u} \in \mathbb{G}_2$，存在计算 $e(u,\tilde{u})$ 的多项式时间算法。

需要注意的是，若 $\mathbb{G}_1 \neq \mathbb{G}_2$，那么该映射为非对称双线性映射，否则为对称双线性映射。

2.2 访问结构

访问结构[8]是描述访问控制策略的逻辑结构，定义了授权集和非授权集，其最初概念起源于门限秘密共享方案。授权集中的多方参与者能够满足访问结构重构出共享秘密，非授权集中的多方参与者不满足访问结构而不能重构出共享秘密。属性基加密中的访问结构定义了用户访问权限和访问控制策略之间的一种内在联系，其在属性基加密方案中具有重要的意义。具体描述如下。

定义 2.3 访问结构：设 $P=\{P_1,\cdots,P_n\}$ 表示参与者的集合，令 $2^P=\{A \mid A\subseteq \{P_1,\cdots,P_n\}\}$。集合 $\mathbb{A}\subseteq 2^P$ 是单调的，当且仅当对于任意子集 $B,C\subseteq P$，如果 $B\in\mathbb{A}$ 且 $B\subseteq C$，则 $C\in\mathbb{A}$。若 $\mathbb{A}$ 是 $P=\{P_1,\cdots,P_n\}$ 中的非空子集（单调的），即

$\mathbb{A} \subseteq 2^{\{P_1,P_2,\cdots,P_n\}} \setminus \{\varnothing\}$，则称 $\mathbb{A}$ 是一个访问结构(单调的)。对于任意集合 D，若 $D \in \mathbb{A}$，则 D 为授权集，否则为非授权集。

在 CP-ABE 中，属性即为参与者。因此，能够满足关联密文访问结构的属性集合就是上文所定义的授权集，即能够合法且正确解密密文的用户的属性集合。现有的 CP-ABE 方案大多只考虑单调访问结构。因此，若无特殊声明，本书均采用单调访问结构。下面对本书所使用的三种访问结构分别进行介绍。

2.2.1 与门访问结构

与门访问结构又可以细分为普通与门、支持正负属性的与门、支持正负属性和通配符的与门、支持多值属性的与门、支持多值属性和通配符的与门。由于支持多值属性和通配符的与门访问结构相对其他与门访问结构更加灵活，且可以实现密文长度恒定，具有良好的特性，所以这里只介绍该访问结构。

假设 $U = \{att_1, att_2, \cdots, att_n\}$ 表示系统所有属性的集合，同时每一个属性 att_i 能够拥有多个属性值 $S_i = \{v_{i,1}, v_{i,2}, \cdots, v_{i,n_i}\}$，即 $n_i = |S_i|$。假设用户具有属性集 $L = [L_1, L_2, \cdots, L_n]$，并且访问结构为 $W = [W_1, W_2, \cdots, W_n] = \Lambda_{i \in I_W} W_i$，其中，$I_W$ 是下标索引集合 $I_W = \{i \mid 1 \leqslant i \leqslant n, W_i \neq *\}$。对于满足 $1 \leqslant i \leqslant n$ 的 i，若 $L_i = W_i$ 或者 $W_i = *$，则 L 满足 W，即 $L \models W$；否则 L 不满足 W，即 $L \not\models W$。访问结构 W 中的“*”表示该属性可以取任意值。

支持多值属性和通配符的与门结构如图 2.1 所示。该访问结构中 $n = 5$，其逻辑表达式为 $W = [A2, B1, C*, D4, E2]$。假设系统用户 Alice 的属性列表为 $L_{\text{Alice}} = [A2, B1, C1, D4, E2]$，Bob 的属性列表为 $L_{\text{Bob}} = [A1, B2, C1, D4, E2]$。由此可知，Alice 的属性列表 L_{Alice} 满足 W，而 Bob 的属性列表 L_{Bob} 不满足 W。所以，Alice 为授权用户，Bob 为非授权用户。

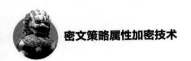

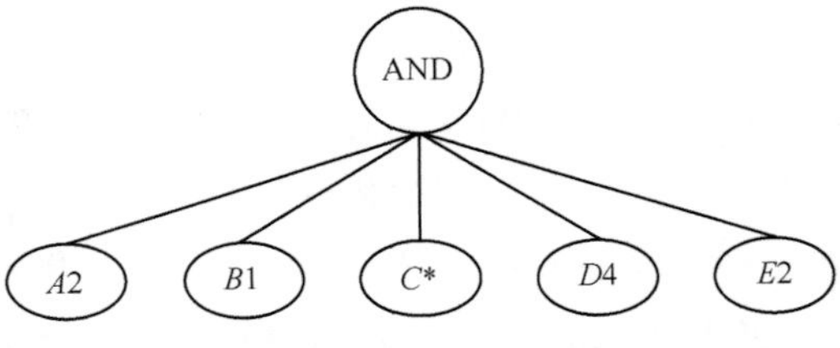

图 2.1 支持多值属性和通配符的与门结构

2.2.2　访问树结构

访问树结构[9]可看作由 (t,n) 门限在访问树上进一步扩展得到的更一般的访问结构。设 $\mathcal{T}$ 是一棵访问树，树中的节点可以分为叶子节点和非叶子节点。非叶子节点 x 用一个 (k_x,num_x) 门限结构表示其孩子节点的连接关系。当 $k_x=1$ 时，该节点表示或门；当 $k_x=num_x$ 时，该节点表示与门；否则其为门限。每个叶子节点用来表示一个属性，且满足 $k_x=num_x=1$。通过定义 $att(x)$、$parent(x)$ 和 $index(x)$ 三个函数来描述 $\mathcal{T}$。通过 $att(x)$ 索引出叶子节点 x 所对应的属性；通过 $parent(x)$ 索引出节点 x 的父亲节点；通过 $index(x)$ 索引出节点 x 在其父亲节点中的一个索引排序值。

这里定义 $\mathcal{T}_x$ 为访问树 $\mathcal{T}$ 中的一棵以节点 x 为根节点的子树。因此，当 r 为整棵树 $\mathcal{T}$ 的根节点时，可以得到 $\mathcal{T}_r=\mathcal{T}$。$\mathcal{T}_x(\omega)=1$ 表示 ω 满足 $\mathcal{T}_x$，$\mathcal{T}_x(\omega)=0$ 表示 ω 不满足 $\mathcal{T}_x$。通过如下递归方式计算 $\mathcal{T}_x(\omega)$ 的值。

1. 如果 x 为叶子节点，该叶子节点对应的属性若在属性集合 ω 中，即 $att(x)\in\omega$，则令 $\mathcal{T}_x(\omega)=1$；反之，$\mathcal{T}_x(\omega)=0$。

2. 如果 x 为非叶子节点，计算其子节点 x' 对应的 $\mathcal{T}_{x'}(\omega)$ 值。如果至少有 k_x 个子节点 x' 满足 $\mathcal{T}_{x'}(\omega)=1$，则令 $\mathcal{T}_x(\omega)=1$；反之，$\mathcal{T}_x(\omega)=0$。

通过上述递归过程，可以判定 ω 是否满足 $\mathcal{T}$。如果 ω 满足访问树 $\mathcal{T}$，则属性集合 ω 是授权集，否则 ω 是非授权集。

访问树结构如图 2.2 所示。该访问结构的逻辑表达式为 $\mathcal{T}=(A\,\mathrm{OR}\,B)\,\mathrm{OR}\,(C\,\mathrm{AND}\,D\,\mathrm{AND}\,E)$。假设系统用户 Alice 的属性集合为 $S_{\mathrm{Alice}}=(A,C,D)$，Bob 的属性集合为 $L_{\mathrm{Bob}}=(C,D)$。由此可知，Alice 的属性集合 S_{Alice} 满足 $\mathcal{T}$，而 Bob 的属性集合 S_{Bob} 不满足 $\mathcal{T}$。所以，Alice 为授权用户，Bob 为非授权用户。

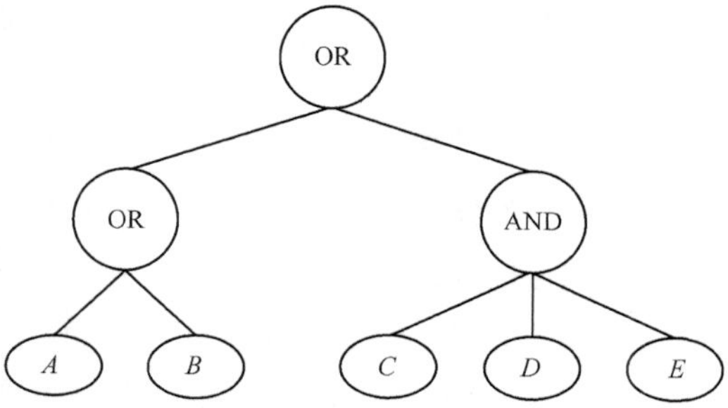

图 2.2　访问树结构

2.2.3 线性秘密共享方案

假设参与者集合为 $P=\{P_1,\cdots,P_n\}$，如果 Π 满足下述条件，则 Π 是定义在 P 上的一个线性秘密共享方案（Linear Secret Sharing Scheme, LSSS）[10]。

1. 对于每个参与者所持有的秘密份额都可以构成 $\mathbb{Z}_p$ 上的向量。

2. 每个 LSSS 方案 Π 都对应着一个生成矩阵 $\boldsymbol{M}(\ell\times n)$，且映射 $\rho:\{1,2,\cdots,\ell\}\to P$ 把 $\boldsymbol{M}$ 的每一行（$i=1,2,\cdots,\ell$）映射到参与者 $\rho(i)$，ρ 为单射函数。考虑向量 $\boldsymbol{v}=(s,y_2,\cdots,y_n)$，$s\in\mathbb{Z}_p$ 是共享秘密值，选择随机数 $y_2,\cdots,y_n\in\mathbb{Z}_p^*$ 隐藏共享秘密值 s，则共享秘密值 s 的 ℓ 个秘密份额可以记为 $\boldsymbol{Mv}$，其中，$\lambda_i=(\boldsymbol{Mv})_i$ 是共享秘密值 s 的第 i 个秘密份额，并将其分配给 $\rho(i)$。

LSSS 方案具有线性重构特性。对于访问结构 $\mathbb{A}$ 的任一授权集 S，即 $S\in\mathbb{A}$，定义 $I=\{i:\rho(i)\in S\}$，则存在一个算法能够在多项式时间内根据矩阵 $\boldsymbol{M}$ 计算出系数 $\{w_i\in\mathbb{Z}_p\}_{i\in I}$ 使 $\sum_{i\in I}w_i\boldsymbol{M}_i=(1,0,\cdots,0)$。因此，可以得到秘密值 $s=\sum_{i\in I}w_i\boldsymbol{M}_i\cdot\boldsymbol{v}=\sum_{i\in I}w_i\lambda_i$。对于非授权集，上述系数不存在，即不能得到秘密值 s，但存在一个多项式时间算法能够计算出向量 $\boldsymbol{w}=(w_1,\cdots,w_n)\in\mathbb{Z}_p^n$ 使 $w_1=-1$，并且对所有的 $i\in I$，都有 $\boldsymbol{M}_i\cdot\boldsymbol{w}=\sum_{i=1}^n w_i\boldsymbol{M}_i=(0,0,\cdots,0)$。

2.3 可证明安全理论

2.3.1 安全标准

目前的密码学方案可以实现的安全标准主要有 3 种：计算安全、可证明安全以及无条件安全[11]，其具体描述如下。

1. 计算安全：主要考虑攻破某个密码算法所需要的计算开销。若使用最优算法攻破某个密码算法至少需要 n 次操作，那么可以得出该密码算法是计算安全的。但是实现计算安全的密码算法到目前为止还没有具体的实例，只是局限于理论范畴。

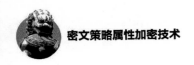

2. 可证明安全：其基本思想是利用数学中的反证法思想，采用一种“规约”方法，将密码算法的安全性规约到某个公认的数学困难问题，如大整数分解困难问题、

素数域上的离散对数困难问题等。若存在可以攻破该密码算法的攻击者，那么可以反过来利用该攻击者的能力攻破算法所基于的困难问题。简单来说，要给出某个密码算法的可证明安全，大致需要以下几个步骤。

（1）给出密码算法的形式化定义。

（2）给出密码算法的安全目标。

（3）给出密码算法的安全模型，即攻击者进行攻击的目标以及攻击者所具备的攻击能力。

（4）对攻击者的攻击过程进行规约，利用攻击者的能力来解决某个具体的困难问题假设。

3. 无条件安全：若攻击者拥有无限的计算能力、无穷的计算资源，但其仍然无法成功地攻破某个密码算法，那么可以得出该密码算法是无条件安全的。无条件安全也是一种理想化的安全。

可证明安全作为一种合理的、实际的方法在密码算法设计中，得到了越来越广泛的应用，其相关理论和应用的研究已经成为密码学的一个重要研究内容。

2.3.2　安全模型

在公钥密码算法的安全模型中，可证明安全主要依据攻击者的攻击目标以及攻击能力。对于某个密码算法，只要证明攻击者即使使用了自己最强的攻击能力，仍然无法实现最弱的攻击目标，那么可以称该算法是可证明安全的。密码算法的安全目标主要包括下列几类。

1. **不可区分性**（IND）

对某个密码算法进行可证明安全时，最终需要得出攻击者成功攻破该算法的优势是某个多项式时间内不可区分的函数。例如，对于输入 $(1^n, x, A, B)$，当 $x \in A$ 时结果为 1，当 $x \in B$ 时结果为 0。那么，对于任意多项式 $p(\cdot)$，如果存在足够大的 n，满足如下条件。

$$\Pr[D(1^n, x, A, B) = 1 \mid x \in A] - \\ \Pr[D(1^n, x, A, B) = 1 \mid x \in B] < 1/p(n)$$

可以得出 A 和 B 在多项式时间内不可区分。

Goldwasser 等[12]在 1989 年第一次提出了不可区分安全性的概念，即攻击者提交长度相等的两个明文消息 M_0 和 M_1，挑战者随机选择参数 $\beta \in \{0,1\}$，加密 M_β 生成挑战密文 C。最后，挑战者将 C 发送给攻击者。攻击者接收到 C 后，开始对 β 值进行猜测，并给出猜测结果 β'。定义攻击者 $\mathcal{A}$ 成功攻破某个密码算法的优势为

$$Adv(\mathcal{A}) = |2\Pr[\beta' = \beta] - 1|$$

若优势 $Adv(\mathcal{A})$ 是可忽略的，那么可以得出该密码算法实现了多项式时间内的不可区分性安全。

2. **非延展性安全**（NM）

NM 由 Dolve 等[13]第一次提出，其安全目标为：得到某个明文 M 对应的密文 C，要求攻击者 $\mathcal{A}$ 无法构造不同的密文 C'，使 C' 对应的明文 M' 与 M 存在某种关联，并且 $\mathcal{A}$ 可以得到这种关联关系。

3. **单向安全性**（OW）

这类安全性要求攻击者可以得到某些公开参数，但在给定某个密文 C 的情况下，无法成功解密得到对应的明文 M，公钥密码方案必须实现单向安全性。

在条件相同的情况下，OW 的要求比 NM 和 IND 低。在当前情况下，证明一个密码学算法具有 NM 安全性非常困难。因此，目前大多数密码算法的安全性基于 IND 进行证明。

另外，攻击者所具备的攻击能力主要包括以下几类。

1. **唯密文攻击**（COA）

此类攻击要求攻击者在只知道密文的情况下对密码算法进行攻击。

2. **已知明文攻击**（KPA）

此类攻击要求攻击者在得到一些明文–密文对 $(M_1,C_1),(M_2,C_2),\cdots,(M_i,C_i)$ 的情况下，对密码算法进行攻击。

3. **选择明文攻击**（CPA）

攻击前，攻击者可以选择一定数量的明文，并得到对应的密文，这样的攻击能力称为 CPA。更进一步，若攻击者在挑战阶段后仍然可以继续选择一定数量的明文，但是此时攻击者可以利用得到的信息对所做的选择进行修正，同样攻击者可以得到明文对应的密文，这样的攻击能力则称为适应性 CPA。

4. **选择密文攻击**（CCA）

攻击前，攻击者可以选择一定数量的密文，并得到对应的明文，这样的攻击能力称为 CCA。更进一步，若攻击者在挑战阶段后仍然可以继续选择一定数量的密文，

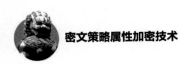

但是此时攻击者可以利用得到的信息对所做的选择进行修正，同样攻击者可以得到密文对应的明文，这样的攻击能力则称为适应性 CCA，即 CCA2。普通类型的 CCA 又称为 CCA1。

若对攻击目标和攻击能力两个方面同时进行衡量，则主要包括 6 种不同的安全组合（IND-CPA，IND-CCA1，IND-CCA2，NM-CPA，NM-CCA1，NM-CCA2）。其中，IND-CCA2 和 NM-CCA2 安全性最强。IND-CPA 即通常所说的语义安全，本书提出的 CP-ABE 算法主要基于 IND-CPA 进行安全性证明。需要注意的是，IND-CPA 下可证明安全的方案可以通过某些通用的方法转变成 IND-CCA 下可证明安全的方案。

2.4 困难问题假设

困难问题假设是进行密码学方案证明的理论基础，它基于学术界公认的数学难题，包括大整数分解、素数域上的离散对数等。下面对提出的 CP-ABE 方案所基于的困难问题假设进行具体描述。

2.4.1 合数阶群下的困难问题假设

2.4.1.1 静态假设

定义 2.4 静态假设。基于合数阶双线性群构造的密码算法的安全性证明大多基于群上的 3 个静态假设，具体描述如下。

假设 1[14]：令 N 表示合数阶群 $\mathbb{G}$ 和 $\mathbb{G}_T$ 的阶，ψ 表示群生成算法，给定如下分布。

$$\begin{gathered}(N=p_1p_2p_3,\ \mathbb{G},\ \mathbb{G}_T,\ e)\xleftarrow{R}\psi(\lambda),\\ g\xleftarrow{R}\mathbb{G}_{p_1},\ X_3\xleftarrow{R}\mathbb{G}_{p_3},\\ D=((N,\mathbb{G},\ \mathbb{G}_T,e),\ g,\ X_3),\\ T_1\xleftarrow{R}\mathbb{G}_{p_1p_2},\ T_2\xleftarrow{R}\mathbb{G}_{p_1}\end{gathered}$$

定义攻击者$\mathcal{A}$ 攻破假设 1 的优势为

$$Adv1_{\psi,\mathcal{A}}(\lambda)=|\Pr[\mathcal{A}(D,T_1)=1]-\Pr[\mathcal{A}(D,T_2)=1]|$$

假设 2[14]：令 N 表示合数阶群 $\mathbb{G}$ 和 $\mathbb{G}_T$ 的阶，ψ 表示群生成算法，给定如下分布。

$$(N=p_1p_2p_3,\ \mathbb{G},\ \mathbb{G}_T,e)\xleftarrow{R}\psi(\lambda),$$
$$g,X_1\xleftarrow{R}\mathbb{G}_{p_1},X_2,Y_2\xleftarrow{R}\mathbb{G}_{p_2},X_3,Y_3\xleftarrow{R}\mathbb{G}_{p_3},$$
$$D=((N,\mathbb{G},\mathbb{G}_T,e),g,X_1X_2,X_3,Y_2Y_3),$$
$$T_1\xleftarrow{R}\mathbb{G},\ T_2\xleftarrow{R}\mathbb{G}_{p_1p_3}$$

定义攻击者$\mathcal{A}$ 攻破假设 2 的优势为

$$Adv2_{\psi,\mathcal{A}}(\lambda)=|\Pr[\mathcal{A}(D,T_1)=1]-\Pr[\mathcal{A}(D,T_2)=1]|$$

假设 3[14]：令 N 表示合数阶群 $\mathbb{G}$ 和 $\mathbb{G}_T$ 的阶，ψ 表示群生成算法，给定如下分布。

$$(N=p_1p_2p_3,\ \mathbb{G},\ \mathbb{G}_T,e)\xleftarrow{R}\psi(\lambda),$$
$$\alpha,s\xleftarrow{R}\mathbb{Z}_N,\ g\xleftarrow{R}\mathbb{G}_{p_1},\ X_2,Y_2,Z_2\xleftarrow{R}\mathbb{G}_{p_2},X_3\xleftarrow{R}\mathbb{G}_{p_3},$$
$$D=((N,\mathbb{G},\mathbb{G}_T,e),g,g^{\alpha}X_2,X_3,g^sY_2,Z_2),$$
$$T_1\xleftarrow{R}e(g,g)^{\alpha s},\ T_2\xleftarrow{R}\mathbb{G}_T$$

定义攻击者$\mathcal{A}$ 攻破假设 3 的优势为

$$Adv3_{\psi,\mathcal{A}}(\lambda)=|\Pr[\mathcal{A}(D,T_1)=1]-\Pr[\mathcal{A}(D,T_2)=1]|$$

2.4.1.2 DBDH 假设

定义 2.5 合数阶双线性群下的 DBDH（Decisional Bilinear Diffie-Hellman）假设[15]。令 $e:\mathbb{G}\times\mathbb{G}\to\mathbb{G}_T$ 表示一个可有效计算的双线性映射，其中，$\mathbb{G}$ 和 $\mathbb{G}_T$ 表示两个阶为 $N=pp'$ 的循环群，$\mathbb{G}_p$ 和 $\mathbb{G}_{p'}$ 则分别表示群 $\mathbb{G}$ 下阶为 p 和 p' 的子群。选择生成元 $g_p\in\mathbb{G}_p$，$g_{p'}\in\mathbb{G}_{p'}$ 和随机参数 $a,b,c\in\mathbb{Z}_N$，那么合数阶双线性群 $\mathbb{G}$ 和 $\mathbb{G}_T$ 下的 DBDH 假设为：给定元组 $(g_p,g_{p'},g_p^a,g_p^b,g_p^c,Z)$ 作为输入来确定等式 $Z=e(g_p,g_p)^{abc}$ 是否成立。定义算法$\mathcal{B}$ 解决合数阶双线性群 $\mathbb{G}$ 和 $\mathbb{G}_T$ 下的 DBDH 问题的优势为

$$Adv_{\mathcal{A}}^{\text{DBDH}}=|\Pr[\mathcal{B}(g_p,g_{p'},g_p^a,g_p^b,g_p^c,e(g_p,g_p)^{abc})=1]-$$
$$\Pr[\mathcal{B}(g_p,g_{p'},g_p^a,g_p^b,g_p^c,e(g_p,g_p)^r)=1]|$$

若不存在多项式时间内的算法以不可忽略的优势来解决合数阶双线性群 $\mathbb{G}$ 和 $\mathbb{G}_T$ 下的 DBDH 问题，那么可以得出 DBDH 假设成立。

2.4.2 素数阶群下的困难问题假设

2.4.2.1 CDH 假设

定义 2.6 CDH（Computational Diffie-Hellman）假设[16]。给定三元组 $(g,g^a,$

$g^b) \in \mathbb{G}^3$，其中，$a,b \in \mathbb{Z}_p^*$ 且未知，要求计算 g^{ab} 的值。设攻击者 $\mathcal{A}$ 成功输出 g^{ab} 的概率为

$$Adv_{\mathcal{A}}^{\mathrm{CDH}} = |\Pr[\mathcal{A}(g^a, g^b) = g^{ab}]| \leqslant \varepsilon$$

其中，ε 是可忽略的，则 CDH 问题是 ε 困难的。

若不存在多项式时间内的算法以不可忽略的优势来解决素数阶双线性群 $\mathbb{G}$ 和 $\mathbb{G}_T$ 下的 CDH 问题，那么可以得出 CDH 假设成立。

2.4.2.2 DBDH 假设

定义 2.7 素数阶双线性群下的 DBDH 假设[17]。令 $e:\mathbb{G}\times\mathbb{G}\to\mathbb{G}_T$ 表示一个可有效计算的双线性映射，其中，$\mathbb{G}$ 表示阶为素数 p 的循环群，选择生成元 $g\in\mathbb{G}$ 和随机参数 $a,b,c\in\mathbb{Z}_p$，那么素数阶双线性群 $\mathbb{G}$ 和 $\mathbb{G}_T$ 下的 DBDH 假设为：给定元组 (g, g^a, g^b, g^c, Z) 作为输入来确定等式 $Z = e(g,g)^{abc}$ 是否成立。定义算法 $\mathcal{B}$ 解决素数阶双线性群 $\mathbb{G}$ 和 $\mathbb{G}_T$ 下的 DBDH 问题的优势为

$$\begin{aligned} Adv_{\mathcal{A}}^{\mathrm{DBDH}} = |&\Pr[\mathcal{B}(g, g^a, g^b, g^c, e(g,g)^{abc}) = 0] - \\ &\Pr[\mathcal{B}(g, g^a, g^b, g^c, e(g,g)^r) = 0]| \end{aligned}$$

若不存在多项式时间内的算法以不可忽略的优势来解决素数阶双线性群 $\mathbb{G}$ 和 $\mathbb{G}_T$ 下的 DBDH 问题，那么可以得出 DBDH 假设成立。

2.4.2.3 q-parallel BDHE 假设

定义 2.8 q-parallel BDHE（q-parallel Bilinear Diffie-Hellman Exponent）假设[18]。令 $e:\mathbb{G}\times\mathbb{G}\to\mathbb{G}_T$ 表示一个可有效计算的双线性映射，其中，$\mathbb{G}$ 表示阶为素数 p 的循环群，选择生成元 $g\in\mathbb{G}$ 和随机参数 $a, s, b_1,\cdots, b_q\in\mathbb{Z}_p$。那么素数阶双线性群 $\mathbb{G}$ 和 $\mathbb{G}_T$ 下的 q-parallel BDHE 假设如下。

给定元组 $\vec{y} =$

$$\begin{aligned} & g, g^s, g^a, \cdots, g^{a^q}, g^{a^{q+2}}, \cdots, g^{a^{2q}}, \\ \forall_{1\leqslant j\leqslant q} \quad & g^{sb_j}, g^{a/b_j}, \cdots, g^{a^q/b_j}, \cdots, g^{a^{2q}/b_j}, \\ \forall_{1\leqslant k,j\leqslant q, j\neq k} \quad & g^{asb_k/b_j}, \cdots, g^{a^q sb_k/b_j} \end{aligned}$$

算法 $\mathcal{B}$ 区分 $e(g,g)^{a^{q+1}s}$ 与 $\mathbb{G}_T$ 中的随机元素 $e(g,g)^r$。定义 $\mathcal{B}$ 解决素数阶双线性群 $\mathbb{G}$ 和 $\mathbb{G}_T$ 下的 q-parallel BDHE 问题的优势为

$$Adv_{\mathcal{A}}^{\text{q-parallel BDHE}} = |\Pr[\mathcal{B}(\vec{y}, e(g,g)^{a^{q+1}s}) = 0] - \Pr[\mathcal{B}(\vec{y}, e(g,g)^r) = 0]|$$

若不存在多项式时间内的算法以不可忽略的优势来解决素数阶双线性群 $\mathbb{G}$ 和 $\mathbb{G}_T$ 下的 q-parallel BDHE 问题，那么可以得出 q-parallel BDHE 假设成立。

2.4.2.4 q−type 假设

定义 2.9 q-type 假设[19]。令 $e:\mathbb{G}\times\mathbb{G}\rightarrow\mathbb{G}_T$ 表示一个可有效计算的双线性映射，其中 $\mathbb{G}$ 表示阶为素数 p 的循环群，选择生成元 $g\in\mathbb{G}$ 和随机参数 $a, s, b_1,\cdots, b_q\in\mathbb{Z}_p$，那么素数阶双线性群 $\mathbb{G}$ 和 $\mathbb{G}_T$ 下的 q-type 假设如下。

给定元组 $\vec{y}=$

$$\begin{array}{ll}
g, g^s & \\
g^{a^i}, g^{b_j}, g^{sb_j}, g^{a^i b_j}, g^{a^i/b_j^2} & , \ \forall (i,j)\in[q,q] \\
g^{a^i b_j/b_{j'}^2} & , \ \forall (i,j,j')\in[2q,q,q] \ , \ j\neq j' \\
g^{a^i/b_j} & , \ \forall (i,j)\in[2q,q] \ , \ i\neq q+1 \\
g^{sa^i b_j/b_{j'}}, g^{sa^i b_j/b_{j'}^2} & , \ \forall (i,j,j')\in[2q,q,q] \ , \ j\neq j'
\end{array}$$

算法 $\mathcal{B}$ 区分 $e(g,g)^{a^{q+1}s}$ 与 $\mathbb{G}_T$ 中的随机元素 $e(g,g)^r$。定义 $\mathcal{B}$ 解决素数阶双线性群 $\mathbb{G}$ 和 $\mathbb{G}_T$ 下的 q-type[19]问题的优势为

$$Adv_{\mathcal{A}}^{\text{q-type}} = |\Pr[\mathcal{B}(\vec{y}, e(g,g)^{a^{q+1}s}) = 0] - \Pr[\mathcal{B}(\vec{y}, e(g,g)^r) = 0]|$$

若不存在多项式时间内的算法以不可忽略的优势来解决素数阶双线性群 $\mathbb{G}$ 和 $\mathbb{G}_T$ 下的 q-type 问题，那么可以得出 q-type 假设成立。

2.5 规约论断

在 CP-ABE 方案的可证明安全中，主要用到三种理论模型：一般群模型、随机预言模型以及标准模型，其安全性强度由弱到强。一般群模型和随机预言模型为了方便证明，进行了某些条件的理想化假设。例如，Sahai 等[20]提出的 FIBE 方案以及随后 Goyal 等[21]提出的第一个 KP-ABE 方案都是在标准模型下可证明安全的；Bethencourt 等[22]提出的第一个 CP-ABE 方案为一般群模型下可证明安全的，但随后 Cheung 等[23]提出了一个标准模型下可证明安全的 CP-ABE 方案；而 Waters 提出的第一个使用 LSSS 矩阵表示单调访问结构的高效 CP-ABE 方案[24]为随机预言模型下

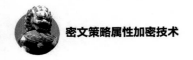

可证明安全的。在三种模型中，标准模型的安全性最高，但是方案的设计比较复杂，对密码算法设计人员提出了更高的要求。而一般群模型和随机预言模型多是理想化的模型，在进行方案设计时较为简单，而且对密码算法设计人员的要求较低。因此，在目前的实际应用中，仍被用来作为某些方案是否安全的论证指标。但是某些基于一般群模型以及随机预言模型构造的 ABE 方案，在随后的实际应用中发现并不安全，因此，本书主要基于标准模型进行 CP-ABE 算法的设计。

2.5.1 一般群模型

为了对 Diffie-Hellman 问题进行分析，Shoup[25]在 1997 年首次提出了一般群模型的概念，在该模型中，攻击者不能直接对双线性群中的元素进行访问，只能得到群元素在某个理想化的随机映射下的像。因此，攻击者无法得到任何进行群运算的有用信息，也不能利用任何有关群元素的编码特征。但是，实际应用中的编码并不具有如此良好的性质，只是为了证明所做的理想化假设，因此基于一般群模型所构造的密码学方案的安全性备受质疑。2002 年，Dent[26]列举了一些在一般群模型下证明安全的密码学方案，但在实际应用中发现并不安全。

2.5.2 随机预言模型

随机预言模型是 1993 年由 Bellare 等[27]提出的，该模型将 Hash 函数理想化为完全随机的函数，并将其作为随机预言。该模型的主要思想为：假设各参与方共享一个随机预言，在设计算法时，首先证明算法在随机预言模型下为可证明安全的，随后，在实际的应用中，再选择合适的 Hash 函数代替随机预言。虽然随机预言模型可以作为某些密码学方案是否安全的论证指标，但是不少学者对这些方案的安全性提出了质疑。例如，Ran 等在文献[28]中列举了一些在随机预言模型下证明安全的密码学方案，但在实际应用中发现并不安全。

2.5.3 标准模型

通过上述讨论可以看出，虽然一般群模型和随机预言模型对于密码学方案的安全性具有重要的借鉴意义，但是基于这两种模型构造的密码学方案存在安全缺陷。

因此，基于标准模型进行密码学方案的设计成为首要选择。标准模型由 Cramer 等[29]第一次提出，在该模型中，方案的安全性证明只依赖于一些标准的数论知识，而没有进行任何理想化的假设，因此证明方案在标准模型下的安全性更具有实际价值。需要注意的是，即使在算法设计时使用了 Hash 函数，但证明时只使用了现实中 Hash 函数可以实现的特性，仍然可以认为是标准模型。目前，设计标准模型下可证明安全的密码学算法，已经成为 CP-ABE 发展的一个主流趋势。

2.6 CP-ABE 方案形式化定义及安全模型

2.6.1 形式化定义

基本的 CP-ABE 方案主要包含 4 个多项式时间算法，其形式化定义如下。

1. $Setup(\lambda) \to \{PK, MSK\}$：参数设置算法，该算法以安全参数 λ 为输入，输出系统公钥 PK 和主私钥 MSK 。

2. $KeyGen(PK, MSK, S) \to SK$ ：密钥生成算法，该算法以属性集合 S 、主私钥 MSK 和系统公钥 PK 为输入，输出用户私钥 SK 。

3. $Encrypt(PK, \mathbb{A}, M) \to CT$ ：加密算法，该算法以明文消息 M 、访问结构 $\mathbb{A}$ 和系统公钥 PK 为输入，输出密文 CT 。

4. $Decrypt(PK, CT, SK) \to M$ ：解密算法，该算法以密文 CT （基于访问结构 $\mathbb{A}$ ）、解密密钥 SK （基于属性集合 S ）和系统公钥 PK 为输入。如果 S 满足 $\mathbb{A}$ ，则可以解密成功，获得明文消息 M ，否则算法解密失败。

2.6.2 安全模型

基本 CP-ABE 方案的安全性主要基于某个挑战者 $\mathcal{B}$ 和攻击者 $\mathcal{A}$ 之间的安全博弈游戏进行证明，其具体过程描述如下。

1. 系统初始化：攻击者 $\mathcal{A}$ 选择一个挑战访问结构 $\mathbb{A}^*$ 并传送给挑战者 $\mathcal{B}$ 。

2. 参数设置阶段：挑战者 $\mathcal{B}$ 运行参数设置算法 $Setup$ 获得系统公钥 PK 和系统主私钥 MSK ，然后将 PK 发送给攻击者 $\mathcal{A}$ ，自己保留 MSK 。

3. 密钥查询阶段 1：攻击者 $\mathcal{A}$ 可以查询一系列与属性集合 $S_1, S_2, \cdots, S_{q_1}$ 有关的密钥，即攻击者 $\mathcal{A}$ 将属性集合 S_i 发送给挑战者 $\mathcal{B}$ ，然后挑战者 $\mathcal{B}$ 将与 S_i 有关的私钥 SK_{S_i} 返回给攻击者 $\mathcal{A}$ 。该阶段需要满足限制：任何查询的属性集合 S_i 都不能满足挑战的访问结构 $\mathbb{A}^*$ 。

4. 挑战阶段：攻击者 $\mathcal{A}$ 提交两个等长的消息 M_0^* 和 M_1^* 。然后，挑战者 $\mathcal{B}$ 随机选择 $b \in \{0,1\}$ 并基于 $\mathbb{A}^*$ 加密 M_b^* 获得挑战密文 CT_b^* 。最后，将 CT_b^* 发送给攻击者 $\mathcal{A}$ 。

5. 密钥查询阶段 2：与密钥查询阶段 1 类似，攻击者 $\mathcal{A}$ 继续向挑战者 $\mathcal{B}$ 查询一系列与属性集合 $S_{q_1+1}, S_{q_1+2}, \cdots, S_q$ 有关的密钥。

6. 猜测阶段：攻击者 $\mathcal{A}$ 输出值 $b' \in \{0,1\}$ 作为对 b 的猜测。如果 $b' = b$ ，那么称 $\mathcal{A}$ 赢得了该游戏。定义攻击者 $\mathcal{A}$ 在该游戏中的优势为 $Adv_{\mathcal{A}} = |\Pr[b' = b] - 1/2|$ 。

定义 2.10　若无多项式时间内攻击者 $\mathcal{A}$ 能以不可忽略的优势来攻破上述安全模型，那么可以得出基本 CP-ABE 方案是安全的。

参考文献

[1] SCHROEDER M R. Number theory[J]. IEEE Potentials, 1989, 8(3): 14-17.

[2] DORNHOFF, LARRY L. Applied modern algebra[M]. Macmillan, 1978.

[3] LOUI M C. Computational complexity theory[J]. ACM Computing Surveys, 1996, 28(1): 47-49.

[4] CHEN X, ZHANG F, KONIDALA D M, et al. A new ID-based group signature scheme from bilinear pairings[J]. Proceedings of International Workshop on Information Security Applications, 2003, 3348:585-592.

[5] FREY G, MÜLLER M, RÜCK H G. The tate pairing and the discrete logarithm applied to ellipticcurve cryptosystems[J]. IEEE Transactions on Information Theory, 1999, 45(45): 1717-1719.

[6] EISENTRÄGER K, LAUTER K, MONTGOMERY P L. Fast elliptic curve arithmetic and improved weil pairing evaluation[C]//Proceedings of the RSA Conference on the Cryptographers' Track. 2003: 343-354.

[7] BONEH D, GOH E J, NISSIM K. Evaluating 2-DNF formulas on ciphertexts[M]//Theory of Cryptography. Berlin Heidelberg: Springer, 2005: 325-341.

[8] SHAMIR A. How to share a secret[J]. Communications of the ACM, 1979, 22(11): 612-613.

[9] BEIMEL A. Secure schemes for secret sharing and key distribution[D]. Haifa: Israel Institute of Technology, 1996.

[10] DIJK M, JACKSON W, MARTIN K. A note on duality in linear secret sharing scheme[J]. Bull of the Inst of Comb and Its Appl, 1997, 19.

[11] 冯登国, 译. 密码学原理与实践[M]. 北京: 电子工业出版社, 2003.

[12] GOLDWASSER, MICALI, RACKOFF. The knowledge complexity of interactive proof systems[J]. Siam Journal on Computing, 1989, 18(1): 186-208.

[13]DOLEV, DANNY, DWORK, et al. Non-malleable cryptography[J]. Siam Review, 2000, 30(4): 391-437.

[14] LEWKO A, WATERS B. New techniques for dual system encryption and fully secure HIBE with short ciphertexts[M]//Theory of Cryptography. Berlin Heidelberg: Springer, 2010: 455-479.

[15] REN Y L, GU D W, WANG S Z, et al. Anonymous identity-based encryption scheme without random oracles[J]. Journal of University of Science & Technology of China, 2012, 4117(4): 290-307.

[16] MAURER U. Towards the equivalence of breaking the Diffie-Hellman protocol and computing discrete logarithms[C]//Proceedings of the International Cryptology Conference. 1994: 271-281.

[17] CHATTERJEE S, SARKAR P. Practical hybrid (hierarchical) identity-based encryption schemes based on the decisional bilinear Diffie-Hellman assumption[J]. International Journal of Applied Cryptography, 2010, 2006(1): 47-83.

[18] GE A, ZHANG R, CHEN C, et al. Threshold ciphertext policy attribute-based encryption with constant size ciphertexts[C]//Proceedings of the International Conference on Information Security and Privacy. 2012: 336-349.

[19] ROUSELAKIS Y, WATERS B. Practical constructions and new proof methods for large universe attribute-based encryption[C]//Proceedings of the ACM Sigsac Conference on Computer & Communications Security. 2013:463-474.

[20] SAHAI A, WATERS B. Fuzzy identity based encryption[C]//Proceedings of the Advances in Cryptology. 2005: 457-473.

[21] GOYAL V, PANDEY O, SAHAI A, et al. Attribute-based encryption for fine-grained access control of encrypted data[J]. Proc of ACMCCS', 2010, 89-98.

[22] BETHENCOURT J, SAHAI A, WATERS B. Ciphertext-policy attribute-based encryption[C]// Proceedings of the IEEE Symposium on Secutiy and Privacy. 2007: 321-334.

[23] CHEUNG L, NEWPORT C. Provably secure ciphertext-policy ABE[C]//Proceedings of the ACM Conference on Computer and Communication Security. 2007: 456-465.

[24] WATERS B. Ciphertext-policy attribute based encryption: an expressive, efficient and provably secure realization[EB].

[25] SHOUP V. Lower bounds for discrete logarithms and related problems[C]//Proceedings of the Advances in Cryptology. 1997:256-266.

[26] DENT A W. Adapting the weaknesses of the random oracle model to the generic group

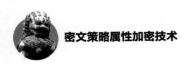

model[C]//Proceedings of the Advances in Cryptology. 2002:100-109.
[27] BELLARE M, ROGAWAY P. Random oracles are practical: a paradigm for designing efficient protocols[C]//Proceedings of the ACM Conference on Computer and Communications Security. 1993:62-73.
[28] RAN C, GOLDREICH O, HALEVI S. The random oracle methodology, revisited[J]. Journal of the ACM, 1970, 51(4):557-594.
[29] CRAMER R, SHOUP V. A practical public key cryptosystem provable secure against adaptive chosen ciphertext attack[C]//Proceedings of the Advances in Cryptology (Crypto 1998).

第二部分

经典的密文策略属性加密方案

第3章

模糊身份加密方案

为了解决基于生物特征进行加密的容错性问题，Sahai 等在 2005 年利用双线性对知识，首次提出了模糊身份加密的概念，成为属性加密方案的雏形，开启了学术界对属性加密方案的研究。本章对模糊身份加密方案进行详细介绍，包括方案的形式化定义、具体构造以及安全性证明。

身份加密方案[1]（Identity-Based Encryption, IBE）允许发送者使用某个身份信息加密数据，而不需要访问某个公钥证书，这种不需要证书的公钥加密有很多的实际应用需求。例如，用户可以在不需要公钥基础设施存在或接收者在线的情况下，将加密后的邮件发送给接收者。

当前，所有的 IBE 方案都有个共性，即将身份表示成某个字符序列。本章介绍一种全新的 IBE 方案，称为模糊身份加密[2]（Fuzzy Identity-Based Encryption, FIBE），该方案将身份表示为某个描述性属性的集合。在 FIBE 方案中，只有当 w 和 w' 满足有限个属性重合时，身份 w 下的密钥才能够解密公钥 w' 下的密文。例如，在某个计算机科学学院，院长想加密某份文件，使只有拥有{“密码系”，“系统工程专业”，“教授”}3 个属性才能成功解密密文，若用户 A 拥有属性集合{“密码系”，“系统工程专业”，“副教授”}，那么 A 无法成功解密密文，而若用户 B 拥有属性集合{“密码系”，“计算机科学专业”，“系统工程专业”，“教授”}，那么 B 能够成功解密密文。

FIBE 方案将用户密钥构造为某个密钥组件的集合，每个密钥组件对应组成用户身份的某个属性，并且基于 Shamir 的密钥共享技术[3]来实现主密钥分发。另外，FIBE 方案能够抵制多个用户的合谋攻击，其实现思想为对于不同的用户，密钥生成算法使用不同的多项式来构造用户的密钥组件，这样可以实现即使将不同用户的密钥组件组合在一起，也无法构造合法的解密密钥。

本章首先对 FIBE 方案的形式化定义和安全证明进行了介绍，然后给出了 FIBE

方案的具体构造。为了证明 FIBE 方案的安全性，对 Canetti 等[4]提出的选择 ID 安全模型进行了调整，定义为模糊选择 ID 安全模型。另外，本章对 Bilinear Diffie-Hellman 假设进行了修改，并将方案的安全性归约到该假设上。

3.1 相关定义

本节给出了方案证明所基于的安全模型、安全假设和方案构造的具体定义。

3.1.1 安全模型定义

本小节对 FIBE 方案证明所基于的模糊选择 ID 安全模型进行定义，模糊选择 ID 安全游戏非常类似于用于 IBE 证明的标准选择 ID 安全游戏，但是在模糊选择 ID 安全游戏中，攻击者只允许查询其属性集合与挑战身份的属性集合重叠少于系统错误容忍度 d 的身份密钥，其具体定义如下。

初始阶段：攻击者 $\mathcal{A}$ 提交需要进行挑战的身份 α 。

参数设置阶段：挑战者 $\mathcal{B}$ 运行 *Setup* 算法，并把生成的系统公开密钥 PK 发送给攻击者 $\mathcal{A}$ 。

密钥查询阶段 1：攻击者 $\mathcal{A}$ 适应性地提交对一系列身份 r_j 的密钥查询，并且对于所有的 j 来说，需要满足 $|r_j \cap \alpha| < d$ 。

挑战阶段：攻击者 $\mathcal{A}$ 提交长度相等的两个明文消息 M_0、M_1 给挑战者 $\mathcal{B}$ ，然后 $\mathcal{B}$ 随机选择参数 $b \in \{0,1\}$ ，用挑战身份 α 加密 M_b，并将加密后的密文发送给 $\mathcal{A}$ 。

密钥查询阶段 2：如密钥查询阶段 1，攻击者 $\mathcal{A}$ 继续提交对一系列身份的密钥查询，其限制与密钥查询阶段 1 相同。

猜测阶段：攻击者 $\mathcal{A}$ 输出值 $b' \in \{0,1\}$ 作为对 b 的猜测，如果 $b' = b$ ，那么称攻击者 $\mathcal{A}$ 赢得了该游戏。另外，定义攻击者 $\mathcal{B}$ 在该游戏中的优势为 $|\Pr[b' = b] - \frac{1}{2}|$ 。

定义 3.1 模糊选择 ID 安全模型。若不存在多项式时间内的攻击者能以不可忽略的优势赢得上述安全游戏，那么说明方案在模糊选择 ID 安全模型下为可证明安全的。

3.1.2 安全假设

方案对确定性的 Bilinear Diffie-Hellman（BDH）假设进行了修改，并基于修改后的假设对所提方案进行了安全性证明，其确定性的 BDH 假设和修改后的假设详细介绍如下。

定义 3.2 确定性的 BDH 假设。假设挑战者随机选择参数 $a,b,c \in \mathbb{Z}_p$ ，确定性的 BDH 假设定义为：不存在多项式时间内的攻击者能以不可忽略的优势区分元组 $(A=g^a,\ B=g^b, C=g^c, Z=e(g,g)^{abc})$ 和 $(A=g^a, B=g^b, C=g^c,\ Z=e(g,g)^z)$ 。

定义 3.3 确定性的 Modified Bilinear Diffie-Hellman（MBDH）假设。假设挑战者随机选择参数，确定性的 MBDH 假设定义为：不存在多项式时间内的攻击者能以不可忽略的优势区分元组 $(A=g^a, B=g^b, C=g^c, Z=e(g,g)^{ab/c})$ 和 $(A=g^a, B=g^b,$ $C=g^c, Z=e(g,g)^z)$ 。

3.1.3 方案定义

FIBE 方案主要包括 4 个多项式时间算法，其具体介绍如下。

（1）$Setup(d) \to (PK, MK)$ ：参数设置算法，由授权中心执行，以错误容忍数值 d 为输入，生成系统的公开密钥 PK 和主密钥 MK。

（2）$KeyGen(w) \to SK_w$ ：密钥生成算法，由授权中心执行，以用户身份 w 为输入，生成解密密钥 SK_w 。

（3）$Encrypt(PK, w', M) \to E$ ：加密算法，由数据拥有者执行，以公开密钥 PK、身份信息 w' 和明文数据 M 为输入，生成密文 E。

（4）$Decrypt(E, SK_w) \to M$ ：解密算法，由数据访问者执行，以密文 E 和解密密钥 SK_w 为输入，若与密文有关的身份和与密钥有关的身份重合属性值大于等于 d，则解密成功，输出明文消息 M。

3.2 方案设计

FIBE 方案将身份表示为一系列属性的集合，并且令 d 表示以最小重合集表示的错误容忍度。当授权中心需要为用户生成密钥时，将构造一个 $d-1$ 维的多项式 $q(x)$，且对每个用户来说满足 $q(0)=y$。

对与用户身份有关的每个属性来说，密钥生成算法能够构造与用户随机多项式 $q(x)$ 有关的密钥组件。若用户的密钥组件能够匹配最少 d 个密文组件，那么能够成功地进行解密。但是，由于密钥组件与随机多项式相关，多个用户无法组合密钥进行合谋攻击，方案的详细构造如下。

令 $\mathbb{G}_1$ 表示阶为素数 p 的双线性群，g 为 $\mathbb{G}_1$ 的生成元，$e:\mathbb{G}_1\times\mathbb{G}_1\to\mathbb{G}_2$ 表示一个双线性映射。另外，对于参数 $i\in\mathbb{Z}_p$ 和 $\mathbb{Z}_p$ 下的元素集合 S，我们定义拉格朗日系数 $\Delta_{i,S}$。

$$\Delta_{i,S}(x)=\prod_{j\in S,j\neq i}\frac{x-j}{i-j}$$

身份表示为某个集合 $\mathcal{U}$ 下的元素子集，我们将每个元素与 $\mathbb{Z}_p^*$ 下的某个唯一整数进行关联，其具体包括以下 4 个多项式时间算法。

（1）参数设置算法：$Setup(d)\to(PK,MK)$

算法首先定义元素集合 $\mathcal{U}$，然后，算法随机选择参数 $t_1,t_2,\cdots,t_{|\mathcal{U}|}\in\mathbb{Z}_p$ 和 $y\in\mathbb{Z}_p$。最后，算法设置系统公开密钥 PK 为

$$T_1=g^{t_1},T_2=g^{t_2},\cdots,T_{|\mathcal{U}|}=g^{t_{|\mathcal{U}|}},Y=e(g,g)^y$$

设置主密钥 MK 为 $MK=(t_1,t_2,\cdots,t_{|\mathcal{U}|},Y)$。

（2）密钥生成算法：$KeyGen(w)\to SK_w$

令 $w\subseteq\mathcal{U}$ 表示用户需要申请密钥的身份。算法随机选择一个 $d-1$ 维的多项式 q 满足 $q(0)=y$。最后，算法构造密钥 $SK_w=(D_i)_{i\in w}$，其中，对于每一个 $i\in w$ 满足 $D_i=g^{q(i)/t_i}$。

（3）加密算法：$Encrypt(PK,w',M)\to E$

加密算法在身份 w' 下加密明文消息 $M\in\mathbb{G}_2$。算法首先选择一个随机参数 $s\in\mathbb{Z}_p$。最后，算法设置密文为

$$E=(w',E'=MY^s,\{E_i=T_i^s\}_{i\in w'})$$

需要注意的是，算法需要在密文中包含身份信息 w'，以便接收者知道使用哪个解密密钥。

（4）解密算法：$Decrypt(E, SK_w) \to M$

若 E 为使用身份 w' 加密的密文，SK_w 为身份 w 下的密钥，且满足 $|w \cap w'| \geqslant d$，那么解密算法任意选择一个 $w \cap w'$ 下包含 d 个元素的子集 S，然后解密如下。

$$E' / \prod_{i \in S} (e(D_i, E_i))^{\Delta_{i,S}(0)} =$$
$$Me(g,g)^{sy} / \prod_{i \in S} (e(g^{q(i)/t_i}, g^{st_i}))^{\Delta_{i,S}(0)} =$$
$$Me(g,g)^{sy} / \prod_{i \in S} (e(g,g)^{sq(i)})^{\Delta_{i,S}(0)} = M$$

3.3 安全性证明

本节对上述所提方案进行安全性证明，并且将方案在选择 ID 安全模型下的安全性规约到确定性的 MBDH 假设的困难问题上。

定理 若存在一个多项式时间的攻击者 $\mathcal{A}$ 可以在模糊选择 ID 安全模型下攻破本章所提方案，那么可以构造一个挑战者 $\mathcal{B}$ 以不可忽略的优势来攻破确定性的 MBDH 假设。

证明 若存在一个多项式时间的攻击者 $\mathcal{A}$ 能在选择 ID 安全模型下以不可忽略的优势 ε 攻破本节所提方案，那么可以构造一个挑战者 $\mathcal{B}$ 以优势 $\frac{\varepsilon}{2}$ 来攻破确定性的 MBDH 假设，具体的仿真过程如下。

首先，设置双线性群 $\mathbb{G}_1$ 和 $\mathbb{G}_2$，g 为其生成元，$e: \mathbb{G}_1 \times \mathbb{G}_1 \to \mathbb{G}_2$ 表示一个双线性映射。然后，随机选择参数 $\mu \in \{0,1\}$，若 $\mu = 0$，那么设置 $(A,B,C,Z) = (g^a, g^b, g^c, e(g,g)^{ab/c})$，否则设置 $(A,B,C,Z) = (g^a, g^b, g^c, e(g,g)^z)$；最后，定义元素集合 $\mathcal{U}$。

初始化阶段：挑战者 $\mathcal{B}$ 运行攻击者 $\mathcal{A}$ 算法，并接收挑战身份 α。

参数设置阶段：在此阶段，挑战者 $\mathcal{B}$ 首先设置参数 $Y = e(g, A) = e(g,g)^a$。然后对于所有的属性 $i \in \alpha$，选择随机参数 $\beta_i \in \mathbb{Z}_p$ 并设置 $T_i = C^{\beta_i} = g^{c\beta_i}$；而对于所有的属性 $i \in \mathcal{U} - \alpha$，选择随机参数 $w_i \in \mathbb{Z}_p$ 并设置 $T_i = g^{w_i}$。最后，$\mathcal{B}$ 将构造的公开密钥组件发送给攻击者 $\mathcal{A}$。

密钥查询阶段 1：攻击者 $\mathcal{A}$ 适应性地提交对一系列身份的密钥查询，并且满足所有被查询的身份与 α 的重合数小于 d 。

假设 $\mathcal{A}$ 对身份 γ 进行了密钥查询，其中 $|\gamma \cap \alpha| < d$ ，那么我们首先构建 3 个集合 Γ 、Γ' 和 S ，如下。

$$\Gamma = \gamma \cap \alpha$$

Γ' 为满足 $\Gamma \subseteq \Gamma' \subseteq \gamma$ 和 $|\Gamma'| = d-1$ 的任意集合。

$$S = \Gamma' \cup \{0\}$$

接下来，我们为 $i \in \Gamma'$ 定义解密密钥组件 D_i 如下。

（1）若 $i \in \Gamma$ ，则 $D_i = g^{s_i}$ ，其中，s_i 为 $\mathbb{Z}_p$ 下随机选择的参数。

（2）若 $i \in \Gamma' - \Gamma$ ，则 $D_i = g^{\lambda_i / w_i}$ ，其中，λ_i 为 $\mathbb{Z}_p$ 下随机选择的参数。

需要注意的是，在集合构造过程中，我们隐含地构造一个 $d-1$ 维的多项式 $q(x)$ ，满足 $q(0) = a$ ，而另外 $d-1$ 个点为随机选择的。对于 $i \in \Gamma$ ，可以得出 $q(i) = c\beta_i s_i$ ；而对于 $i \in \Gamma' - \Gamma$ ，可以得出 $q(i) = \lambda_i$ 。

挑战者 $\mathcal{B}$ 能够为其他的 $i \notin \Gamma'$ 计算 D_i ，因为对于所有的 $i \notin \alpha$ ，$\mathcal{B}$ 知道 T_i 的离散对数，计算如下。

若 $i \notin \Gamma'$ ，则 $D_i = \left(\prod_{j \in \Gamma} C^{\frac{\beta_j s_j \Delta_{j,S}(i)}{w_i}} \right) \left(\prod_{j \in \Gamma' - \Gamma} g^{\frac{\lambda_j \Delta_{j,S}(i)}{w_i}} \right) Y^{\frac{\Delta_{0,S}(i)}{w_i}}$

因此，挑战者 $\mathcal{B}$ 能够为身份 γ 构造密钥，而且其分布与真实方案的分布相同。

挑战阶段：攻击者 $\mathcal{A}$ 提交长度相等的两个明文消息 M_0 和 M_1 给挑战者 $\mathcal{B}$ ，然后 $\mathcal{B}$ 随机选择参数 $v \in \{0,1\}$ ，返回对 M_v 的加密密文如下。

$$E = (\alpha, E' = M_v Z, \{E_i = B^{\beta_i}\}_{i \in \alpha})$$

若 $\mu = 0$ ，那么 $Z = e(g,g)^{ab/c}$ 。若令 $r' = b/c$ ，那么可以得出如下等式。

$$E' = M_v Z = M_v e(g,g)^{ab/c} = M_v e(g,g)^{ar'} = M_v Y^{r'}$$

$$E_i = B^{\beta_i} = g^{b\beta_i} = g^{(b/c)c\beta_i} = g^{r'c\beta_i} = (T_i)^{r'}$$

因此，可以得出密文为在身份 α 下对消息 M_v 的随机加密。

若 $\mu = 1$ ，那么 $Z = g^z$ ，可以得出 $E' = M_v e(g,g)^z$ 。因为参数 z 为随机的，所以在攻击者 $\mathcal{A}$ 看来，E' 为群 $\mathbb{G}_2$ 下的某个随机元素，即不包含关于 M_v 的任何信息。

密钥查询阶段 2：密钥查询阶段 2 和密钥查询阶段 1 类似。

猜测阶段：攻击者 $\mathcal{A}$ 输出对 v 的猜测 v' 。若 $v' = v$ ，那么挑战者输出 $\mu' = 0$ 表示输出一个 MBDH 元组，否则，输出 $\mu' = 1$ 表示输出一个随机的四元组。

从证明过程来看，其公开密钥和解密密钥的构造过程和真实方案相同。

当 $\mu=1$ 时，攻击者得不到关于 ν 的任意信息，因此，可以得出 $\Pr[\nu \neq \nu' \mid \mu=1]=\frac{1}{2}$。因为当 $\nu \neq \nu'$ 时，挑战者猜测 $\mu'=1$，所以可以得出 $\Pr[\mu'=\mu \mid \mu=1]=\frac{1}{2}$。

若 $\mu=0$，那么攻击者得到对 M_ν 的加密，按照定义，在这种情形下攻击者的优势为 ε。因此，可以得出 $\Pr[\nu=\nu' \mid \mu=0]=\frac{1}{2}+\varepsilon$。因为当 $\nu=\nu'$ 时，挑战者猜测 $\mu'=0$，所以可以得出 $\Pr[\mu'=\mu \mid \mu=0]=\frac{1}{2}+\varepsilon$。

因此，挑战者在确定性 MBDH 安全游戏中的整个优势如下。

$$\frac{1}{2}\Pr[\mu'=\mu \mid \mu=0]+\frac{1}{2}\Pr[\mu'=\mu \mid \mu=1]-\frac{1}{2}=\frac{1}{2}\cdot\left(\frac{1}{2}+\varepsilon\right)+\frac{1}{2}\cdot\frac{1}{2}-\frac{1}{2}=\frac{1}{2}\varepsilon$$

参考文献

[1] SHAMIR A. Identity-based cryptosystems and signature schemes[C]//Proceedings of CRYPTO 84 on Advances in Cryptology. 1985: 47-53.

[2] SAHAI A, WATERS B. Fuzzy identity-based encryption[C]//Proc of the International Conference on the Theory and Applications of Cryptographic Techniques. 2005: 457-473.

[3] SHAMIR A. How to share a secret[J]. Communications. 1979, 22(11):612-613.

[4] CANETTI R, HALEVI S, KATZ J. A forward-secure public-key encryption scheme[C]// Proceedings of Eurocrypt 2003. 2003.

第 4 章

小规模属性集合下的 CP-ABE 方案

CP-ABE方案按属性集合规模可以分为两类：小规模属性集合下的 CP-ABE 方案和大规模属性集合下的 CP-ABE 方案。小规模属性集合意味着需要在系统构建初期提前设定属性的规模，并生成相应的密钥参数。本章主要对 4 个经典的小规模属性集合下的 CP-ABE 方案进行简要介绍。

基于身份加密方案（Identity-Based Encryption, IBE）[1]的模糊身份加密方案，即属性基加密[2]，可以在密文或者密钥中嵌入访问结构，能够灵活地表示访问控制策略，对数据进行细粒度访问授权，同时可以基于属性表示一类用户，实现“一对多”的加密模式。2007 年，Bethencourt 等[3]提出了第一个 CP-ABE 方案，该方案在密文中嵌入访问结构，在用户私钥中嵌入属性集合。由于访问结构嵌入在密文中，所以数据拥有者可以根据实际情况自己定义访问结构，因此其具有更强的灵活性。自 Bethencourt 等提出 CP-ABE 方案后，一系列相关方案相继被提出，主要在访问结构、安全性证明、计算效率等方面有所提升，下面介绍几种经典的 CP-ABE 方案。

4.1 Bethencourt-Sahai-Waters 的一般群模型下可证明安全的 CP-ABE 方案

当数据拥有者加密敏感信息时，需要建立一个访问策略以确定哪些用户可以解密该密文。因此，私密数据拥有者基于底层数据的特殊信息选择一个访问策略至关重要。另外，数据拥有者可能不知道所有能够访问该数据的人的确切身份，但可能拥有一种方法依照描述属性或凭证来表示他们。

传统上，这种类型的表达访问控制是通过使用可信服务器在本地存储数据来强制执行的。服务器被委托作为访问控制器，该控制器在允许用户访问记录或文件之前检查用户是否提交了适当的凭证。然而，服务越来越多地以分布式的方式在多个服务器上存储数据，跨多个位置复制数据在性能和可靠性方面都具有优势。这种趋势的缺点是，使用传统方法越来越难以保证数据的安全性；当数据存储在多个位置时，其中一个被泄露的可能性会急剧增加。出于这些原因，我们希望要求敏感数据以加密形式存储，以便即使服务器受到危害也能保持私密状态。

大多数现有的公钥加密方法允许一方将数据加密给某个特定用户，但是不能有效地处理更具表现力的加密访问控制类型。

Boneh 和 Franklin[1]于 2001 年通过双线性对设计了第一个语义安全的 IBE 方案，此后密码学界在 IBE 领域展开广泛研究。2005 年，欧密会上 Sahai 等[2]为了改善基于生物信息加密系统的容错性，基于上述 IBE 方案提出模糊的基于身份加密方案（Fuzzy Identity-Based Encryption, FIBE）。该方案将用户身份分解成一系列描述用户身份的属性，加密者加密数据时指定一个属性集合和阈值 d，解密者必须拥有至少 d 个给定的属性才能正确解密密文。FIBE 方案是 ABE 方案的雏形，开启了 ABE 方案研究与应用的大门。

文献[3]第一次提出密文策略属性基加密方案，该方案在密文中嵌入访问结构，在用户私钥中嵌入属性集合。当且仅当属性集合满足访问结构时，用户才能够正确解密。该方案中的访问结构是一个单调的访问树，其中，访问结构的节点由陷门组成，叶子节点描述属性。由于访问结构嵌入在密文中，所以数据拥有者可以根据实际情况自己定义访问结构，因此具有更强的灵活性。本节在一般群模型下分析了方案的安全性，能够有效地抵抗用户合谋攻击。

4.1.1　相关定义

本节给出方案的具体定义和证明所基于的安全模型。

4.1.1.1　方案定义

密文策略属性基加密方案由 4 个基本算法组成：*Setup*、*Encrypt*、*KeyGen* 和 *Decrypt*。此外，本节方案定义了第 5 个算法 *Delegate*。

（1）*Setup*：该算法以隐含安全参数 λ 作为输入，输出系统公钥 PK 和主私钥 MK。

（2）$Encrypt(PK,M,\mathbb{A})$：该算法以系统公钥 PK、明文 M 和基于属性的访问结构 $\mathbb{A}$ 作为输入。该算法对消息 M 进行加密并且产生一个密文 CT，且只有用户拥有的属性集合满足访问结构才能够正确解密该密文。假定该密文包含 $\mathbb{A}$。

（3）*Key Generation* (*MK*, *S*)：该算法以系统主私钥 *MK* 和属性集合 *S* 作为输入，输出用户私钥 *SK*。

（4）*Decrypt* (*PK*, *CT*, *SK*)：该算法以系统公钥 *PK*、密文 *CT* 和用户私钥 *SK* 作为输入，若 *S* 满足 $\mathbb{A}$，能够正确解密密文并输出明文 *M*。

（5）*Delegate*(*SK*, $\tilde{S}$)：该算法以基于属性集合 *S* 的私钥 *SK* 和一个属性集合 $\tilde{S} \subseteq S$ 为输入，输出一个基于属性集合 $\tilde{S}$ 的私钥 $\widetilde{SK}$。

4.1.1.2 安全模型

本小节给出该方案的 IND-CPA 安全模型，其通过挑战者 $\mathcal{C}$ 和攻击者 $\mathcal{A}$ 之间的博弈游戏进行刻画，具体过程如下。

参数建立：挑战者运行 *Setup* 算法并且提交公开参数 *PK* 给攻击者。

密钥查询阶段 1：攻击者 $\mathcal{A}$ 可以询问一系列属性集合 $S_1, S_2,\cdots,S_{q_1}$ 的私钥 *SK*。

挑战阶段：攻击者 $\mathcal{A}$ 提交两个等长的消息 M_0 和 M_1。另外，提交一个挑战访问结构 $\mathbb{A}^*$，其中，密钥查询阶段 1 中询问的任何属性集合 $S_1, S_2,\cdots,S_{q_1}$ 都不允许满足挑战访问结构 $\mathbb{A}^*$。然后，挑战者 $\mathcal{C}$ 随机选择 $b \in \{0,1\}$，并在访问结构 $\mathbb{A}^*$ 下加密 M_b，产生密文 CT^*。最后，将其发送给攻击者 $\mathcal{A}$。

密钥查询阶段 2：类似密钥查询阶段 1，攻击者 $\mathcal{A}$ 继续向挑战者 $\mathcal{B}$ 提交一系列属性集合 $S_{q_1+1},\cdots,S_q$ 进行私钥询问，其限制与密钥查询阶段 1 相同。

猜测阶段：攻击者 $\mathcal{A}$ 输出值 $b' \in \{0,1\}$ 作为对 *b* 的猜测。如果 $b' = b$，我们称攻击者 $\mathcal{A}$ 赢了该游戏。攻击者 $\mathcal{A}$ 在该游戏中的优势定义为 $Adv_{\mathcal{A}} = |\Pr[b' = b] - \frac{1}{2}|$。

注意，通过允许在密钥查询阶段 1 和密钥查询阶段 2 中增加解密查询，可以很容易地将该安全模型扩展为选择密文攻击安全模型。

定义 4.1 若无多项式时间内的攻击者以不可忽略的优势攻破上述安全模型，则称该方案是 IND-CPA 安全的。

4.1.2 方案设计

令 $\mathbb{G}_0$ 为一个阶为素数 *p* 的双线性群，*g* 为 $\mathbb{G}_0$ 的生成元。此外，令 $e: \mathbb{G}_0 \times \mathbb{G}_0 \to \mathbb{G}_1$ 表示双线性映射。群的大小由安全参数 λ 决定。对于 $i \in \mathbb{Z}_p$ 和 $\mathbb{Z}_p$ 中

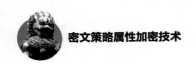

元素组成的集合 S，我们定义拉格朗日系数 $\Delta_{i,S}$。

$$\Delta_{i,S}(x)=\prod_{j\in S,j\neq i}\frac{x-j}{i-j}$$

此外，我们应用了一个哈希函数 $H:\{0,1\}^*\to\mathbb{G}_0$，并将其作为一个随机预言机。此函数将任意字符串描述的属性映射为一个随机群元素。我们的构造方案如下。

（1）*Setup*：该算法选择一个阶为素数 p 的双线性群 $\mathbb{G}_0$，该群的生成元为 g。然后，随机选择加密指数 $\alpha,\beta\in\mathbb{Z}_p$。输出系统公钥为

$$PK=(\mathbb{G}_0,g,h=g^{\beta},f=g^{1/\beta},e(g,g)^{\alpha})$$

系统主密钥 MK 为 (β,g^{α})。

（2）*Encrypt(PK,M,$\mathbb{A}$)*：该算法基于访问树结构 $\mathcal{T}$ 对消息 M 进行加密。该算法首先为树 $\mathcal{T}$ 中的每一个节点 x（包括叶子）选择一个多项式 q_x。这些多项式采用自顶向下的方式从根节点 R 进行选择。对于树中的每一个节点 x，设多项式 q_x 的阶 d_x 为节点 x 的阈值 k_x 减 1，即 $d_x=k_x-1$。

从根节点 R 开始随机选择 $s\in\mathbb{Z}_p$ 并设置 $q_R(0)=s$。然后，随机选择多项式 q_R 的其他 d_R 个点来定义该多项式。对于任何其他的节点 x，令 $q_x(0)=q_{parent(x)}(index(x))$ 且随机选择多项式 q_x 的其他 d_x 个点来定义该多项式。

令 Y 为树 $\mathcal{T}$ 的叶子节点的集合。接着，通过访问树结构 $\mathcal{T}$ 构建密文如下。

$$CT=(T,\widetilde{C}=Me(g,g)^{\alpha s},C=h^{s},\forall y\in Y:C_y=g^{q_y(0)},C'_y=H(att(y)^{q_y(0)}))$$

（3）*KeyGen(MK, S)*：该算法以系统主私钥 MK 和属性集合 S 作为输入，输出用户私钥 SK。该算法首先选择一个随机数 $r\in\mathbb{Z}_p$，然后对于每一个属性 $j\in S$，随机选择 $r_j\in\mathbb{Z}_p$。接着，按如下过程计算用户私钥。

$$SK=(D=g^{(\alpha+\gamma)/\beta},\forall j\in S:D_j=g^{r}\cdot H(j)^{r_j},D'_j=g^{r_j})$$

（4）*Delegate(SK,$\widetilde{S}$)*：该算法以基于属性集合 S 的私钥 SK 和一个属性集合 $\widetilde{S}\subseteq S$ 为输入。其中，私钥的形式为 $SK=(D,\forall j\in S:D_j,D'_j)$，该算法选择随机数 $\tilde{r}$ 和 $\widetilde{r_k}\forall k\in\widetilde{S}$。接着，构建一个新的密钥。

$$\widetilde{SK}=(\widetilde{D}=Df^{\tilde{r}},\forall k\in\widetilde{S}:\widetilde{D}_k=D_kg^{\tilde{r}}H(k)^{\widetilde{r_k}},\widetilde{D}'_k=D'_kg^{\widetilde{r_k}})$$

私钥 $\widetilde{SK}$ 是基于属性集合 $\widetilde{S}$ 创建的。由于算法再次随机化了私钥，所以经授权的私钥可以看作直接从认证机构获取的。

（5）*Decrypt*(*PK*,*CT*,*SK*)：该算法以系统公钥 *PK*、密文 *CT* 和用户私钥 *SK* 作为输入，若 *S* 满足 $\mathbb{A}$，则能够正确解密密文并输出明文 *M*。

解密过程是一个递归算法。为了便于说明，我们在下一小节介绍解密算法的一个最简单形式。

首先定义一个递归算法 *DecryptNode*(*CT*, *SK*, *x*)，该算法的输入为一个密文 $CT = (\mathcal{T}, \widetilde{C}, C, \forall y \in Y : C_y, C'_y)$、一个基于属性集 *S* 的私钥 *SK* 和树 $\mathcal{T}$ 中的一个节点 *x*。

假如节点 *x* 为叶子节点，令 $i = att(x)$，假如 $i \in S$，定义

$$DecryptNode(CT,SK,x) = \frac{e(D_i, C_x)}{e(D'_i, C'_x)} = \frac{e(g^r \cdot H(i)^{r_i}, h^{q_x(0)})}{e(g^{r_i} \cdot H(i)^{q_x(0)})} = e(g,g)^{rq_x(0)}$$

假如 $i \notin S$，定义 $DecryptNode(CT,SK,x) = \perp$。

现在考虑当 *x* 是非叶子节点的递归情况。算法 $DecryptNode(CT,SK,x)$ 的计算情况如下：对于节点 *x* 的所有孩子节点 *z*，调用函数 $DecryptNode(CT,SK,z)$ 并且存储结果为 F_z。令 S_x 为一个任意的大小为 k_x 的孩子节点 *z* 的集合，并且满足 $F_z \neq \perp$。如果不存在这样的集合，函数返回 $\perp$。

否则，我们计算

$$F_x = \prod_{z \in S_x} F_z^{\Delta_{i,S'_x}(0)}, \text{其中 } i = index(z), S'_x = \{index(z) : z \in S_x\} =$$

$$\prod_{z \in S_x} (e(g,g)^{r \cdot q_z(0)})^{\Delta_{i,S'_x}(0)} = \prod_{z \in S_x} (e(g,g)^{r \cdot q_{parent(z)}(index(z))})^{\Delta_{i,S'_x}(0)} =$$

$$\prod_{z \in S_x} (e(g,g)^{r \cdot q_x(i)})^{\Delta_{i,S'_x}(0)} = e(g,g)^{r \cdot q_x(0)}$$

并且返回上述计算结果。

在定义了函数 *DecryptNode* 后，我们便能够定义解密算法。该算法通过简单调用树 $\mathcal{T}$ 的根节点 *R* 上的函数开始执行。如果属性集合 *S* 能够满足访问树 $\mathcal{T}$，则令 $A = DecryptNode(CT,SK,r) = e(g,g)^{rqR(0)} = e(g,g)^{rs}$，然后，算法进行如下解密运算。

$$\widetilde{C} / (e(C,D) / A) = \widetilde{C} / (e(h^s, g^{(\alpha+r)/\beta}) / e(g,g)^{rs}) = M$$

4.1.3 安全性证明

该方案仅在一般群模型下完成安全性证明，这里不再赘述，详细过程参考文献[3]。

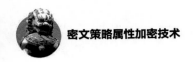

4.2　Cheung-Newport 的标准模型下可证明安全的 CP-ABE 方案

CP-ABE 应用前景广泛，管理机构根据用户的属性集合分发用户私钥，数据拥有者根据实际需求自己定义访问结构加密明文数据，其与基于角色的访问控制相似。因此，CP-ABE 适用于访问控制类的应用，如云存储系统、社交网络的访问、电子医疗系统和教育系统等。2007 年，Bethencourt 等[3]第一次提出 CP-ABE 方案，该方案在密文中嵌入访问结构，在用户私钥中嵌入属性集合。由于访问结构嵌入在密文中，所以数据拥有者可以根据实际情况自己定义访问结构，因此其具有更强的灵活性。本节在一般群模型下分析了方案的安全性，这种分析方法本质上不属于可证明安全。

Shoup[4]在 1997 年首次提出了一般群模型的概念，在该模型中，攻击者不能直接对双线性群中的元素进行访问，只能得到群元素在某个理想化的随机映射下的像。因此，攻击者无法得到任何进行群运算的有用信息，也不能利用任何有关群元素的编码特征。但是，实际应用中的编码并不具有如此良好的性质，只是为了证明所做的理想化假设，因此，基于一般群模型所构造的密码学方案的安全性备受质疑。2002 年，Dent[5]列举了一些在一般群模型下证明安全的密码学方案，但在实际应用中发现并不安全。

因此，Cheung 等[6]首次提出了一个在标准模型下基于 DBDH 假设完成安全证明的 CP-ABE 方案，该方案支持正负属性的与门访问结构。

4.2.1　相关定义

本节对方案构造和安全性证明所用到的背景知识进行相关定义，包括访问结构（Access Structure）、方案定义和安全模型。

4.2.1.1　访问结构

定义 4.2　访问结构。设 $\{P_1,P_2,\cdots,P_n\}$ 表示 n 个参与者集合，Γ 表示参与者集合下的某个子集。如果 Γ 是一个单调访问结构，则 Γ 满足：对于所有的子集 A,B，若

$A \in \Gamma$，且 $A \subseteq B$，那么可以得出 $B \in \Gamma$，且若 $D \in \Gamma$，则 D 为一个授权集合，否则为非授权集合。

在本节提出的 CP-ABE 方案中，若无特殊声明，涉及的访问结构都为单调的访问结构。在 CP-ABE 方案中，访问结构的参与者集合被实例化为一系列的属性集合，而授权集合的实质就是密文策略的属性集合。

定义 4.3 支持通配符的与门访问结构。令 $U = \{Att_1, Att_2, \cdots, Att_L\}$ 表示系统属性集合，$W = \{W_1, W_2, \cdots, W_L\}$ 表示访问结构 $\mathbb{A}_{\text{AND}}$，其中，属性 W_i 之间用“逻辑与”连接，W_i 的取值有“+”“－”和“*”3 种，其中，“*”表示通配符，当属性取值为“*”时表示访问结构对此属性不做要求。系统中用户的属性集合为 $S = \{S_1, S_2, \cdots, S_L\}$，$S_i$ 的取值有两种，即“+”和“－”，$S \models W$ 表示 S 满足 W，$S \not\models W$ 表示 S 不满足 W。

4.2.1.2 方案定义

密文策略属性基加密方案由 4 个基本算法组成：*Setup*、*Encrypt*、*KeyGen* 和 *Decrypt*。

（1）*Setup*：该算法以隐含安全参数 λ 作为输入，输出系统公钥 *PK* 和主私钥 *MK*。其中，系统公钥 *PK* 用于加密；授权中心保留主私钥 *MK*，并为数据用户生成用户私钥。

（2）*KeyGen*：该算法以系统主私钥 *MK* 和属性集合 *S* 作为输入，输出用户私钥 *SK*。

（3）*Encrypt*：该算法以系统公钥 *PK*、明文 *M* 和基于属性的访问结构 *W* 作为输入。该算法对消息 *M* 进行加密并且产生一个密文 *CT*。如果 $S \models W$，则关联属性集合 *S* 的用户私钥 *SK* 能够解密关联访问结构 *W* 的密文 *CT*。

（4）*Decrypt*：该算法以系统公钥 *PK*、密文 *CT* 和用户私钥 *SK* 作为输入，若 *S* 满足 *W*，能够正确解密密文并输出明文 *M*。

4.2.1.3 安全模型

系统初始化：攻击者选择一个挑战访问结构 *W*，并且将其发送给挑战者。

参数设置阶段：挑战者执行参数设置算法，并将 *PK* 发送给攻击者。

密钥查询阶段 1：攻击者提交与属性集合 *S* 有关的私钥查询。假若 $S \not\models W$，挑战者响应一个基于 *S* 的私钥 *SK*。这个过程可以适应性地重复执行。

挑战阶段：攻击者提交两个相等长度的消息 M_0 和 M_1。挑战者随机选择

$\mu \in \{0,1\}$，并在访问结构 W 下加密 M_μ，产生密文 CT。最后，将其发送给攻击者。

密钥查询阶段 2：与密钥查询阶段 1 相同。

猜测阶段：攻击者输出值 $\mu' \in \{0,1\}$ 作为对 μ 的猜测。

定义 4.4　如果不存在多项式时间内的攻击者以不可忽略的优势来攻破上述安全模型，则称该 CP-ABE 方案是 IND-CPA 安全的。

4.2.2　方案设计

为了便于表示，令属性集合为 $\mathcal{N} = \{1,\cdots,n\}$，$n$ 为自然数。按字面意思定义属性 i 和非 $\neg i$。在该部分，我们认为访问结构仅包含简单的 AND-gate，记为 $\Lambda_{i\in I}\underline{i}$，其中，$I \subseteq \mathcal{N}$ 且每一个 $\underline{i}$ 是一个属性（i 或 $\neg i$）。

1. *Setup*

该算法选择：

（1）一个阶为素数 p 的双线性群 G，双线性映射为 $e: G\times G \to G_1$；

（2）$\mathbb{Z}_p$ 中的随机元素 $y, t_1, \cdots, t_{3n}$ 和 G 中的一个随机生成元 g。

令 $Y := e(g,g)^y$，对于每一个 $i \in \{1,\cdots,3n\}$，计算 $T_k := g^{t_i}$。公钥为 $PK := \langle e, g, Y, T_1, \cdots, T_{3n} \rangle$，主密钥为 $MK := \langle y, t_1, \cdots, t_{3n} \rangle$。

直观上，公钥元素 T_i、T_{n+i} 和 T_{2n+i} 与属性 i 的 3 种类型相对应：正属性、负属性和“不关心”，如表 4.1 所示。因为用于随机化私钥组件的技术，我们必须为每一个不会出现在 AND-gate 中的属性提供“不关心”元素。

表 4.1　公钥组件

类型	1	2	3	…	n
正属性	T_1	T_2	T_3		T_n
负属性	T_{n+1}	T_{n+2}	T_{n+3}		T_{2n}
不关心	T_{2n+1}	T_{2n+2}	T_{2n+3}		T_{3n}

2. *Encrypt*

给定消息 $M \in G_1$、AND 与门 $W = \Lambda_{i\in I}\underline{i}$，该加密算法首先选择一个随机数 $s \in \mathbb{Z}_p$ 并计算 $\widetilde{C} := M \cdot Y^s$ 和 $\widehat{C} := g^s$。对于每一个 $i \in I$，当 $\underline{i} = i$ 时，令 $C_i = T_i^s$；当 $\underline{i} = \neg i$ 时，令 $C_i = T_{n+i}^s$。对于每一个 $i \in \mathcal{N} \setminus I$，令 $C_i = T_{2n+i}^s$。密文为 $CT := \left\langle W, \widetilde{C}, \widehat{C}, \{C_i \mid i \in \mathcal{N}\} \right\rangle$。

由此可见，加密算法执行 n+1 次 G 中的幂运算，执行一次 G_1 中的幂运算和一次 G_1 中的乘法运算。密文包含了 n+1 个 G 中的元素、一个 G_1 中的元素和访问结构 W。

3. *KeyGen*

令输入属性集为 S，对于每一个 $i \notin S$ 意味着它是一个负属性。首先，该算法为每一个 $i \in \mathcal{N}$，从 $\mathbb{Z}_p$ 中选择一个随机数 r_i 并且计算 $r := \sum_{i=1}^{n} r_i$。其次，令 $\widehat{D} = g^{y-r}$，对于每一个 $i \in \mathcal{N}$，若 $i \in S$，则 $D_i = g^{\frac{r_i}{t_i}}$；否则，$D_i = g^{\frac{r_i}{t_{n+i}}}$。最后，对于每一个 $i \in \mathcal{N}$，令 $F_i = g^{\frac{r_i}{t_{2n+i}}}$。用户私钥被定义为 $SK := \left\langle \widehat{D}, \{\langle D_i, F_i \rangle \mid i \in \mathcal{N}\} \right\rangle$。

用等式 $r = \sum_{i=1}^{n} r_i$ 将 D_i 元素联结在一起（对于 F_i 元素是类似的），这是本节方案和 BSW 方案的一个重要区别，对我们的归纳证明（reduction proof）是非常关键的。由于每一个 r_i 必须被得到才能去解密，因此算法给出了 F_i。假若用于特殊加密操作的 i 是一个“不关心”类型（例如，i 没有出现在访问结构 W 中），那么 F_i 将会代替 D_i 而被用去解密。

4. *Decrypt*

假定输入的密文形式为 $CT := \left\langle W, \widetilde{C}, \widehat{C}, \{C_i \mid i \in \mathcal{N}\} \right\rangle$，其中，$W = \Lambda_{i \in I} \underline{i}$。同样，令 S 表示用于生成输入私钥 $SK := \left\langle \widehat{D}, \{\langle D_i, F_i \rangle \mid i \in \mathcal{N}\} \right\rangle$ 的属性集合。对于每一个 $i \in I$，解密过程计算一对操作 $e(C_i, D_i)$。假若 $\underline{i} = i$ 且 $i \in S$，那么

$$e(C_i, D_i) = e(g^{t_i \cdot s}, g^{\frac{r_i}{t_i}}) = e(g,g)^{r_i \cdot s}$$

相似地，假若 $\underline{i} = \neg i$ 且 $i \notin S$，那么

$$e(C_i, D_i) = e(g^{t_{n+i} \cdot s}, g^{\frac{r_i}{t_{n+i}}}) = e(g,g)^{r_i \cdot s}$$

对于每一个 $i \notin I$，解密过程计算一个对操作。

$$e(C_i, F_i) = e(g^{t_{2n+i} \cdot s}, g^{\frac{r_i}{t_{2n+i}}}) = e(g,g)^{r_i \cdot s}$$

解密算法完成如下。

$$M = \frac{\widetilde{C}}{Y^s} = \frac{\widetilde{C}}{e(g,g)^{y \cdot s}}$$

其中，$e(g,g)^{y \cdot s} = e(g^s, g^{y-r}) \cdot e(g,g)^{r \cdot s} = e(\widehat{C}, \widehat{D}) \cdot \prod_{i=1}^{n} e(g,g)^{r_i \cdot s}$。

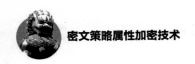

4.2.3 安全性证明

本小节基于 DBDH 假设给出本节方案的 IND-CPA 安全证明。

定理 4.1 假若存在一个多项式时间内的攻击者能够以不可忽略的优势赢得 CP-ABE 游戏，那么我们能够构造一个挑战者以不可忽略的优势从一个随机元组中去区分 DBDH 元组。

证明 假设存在一个攻击者$\mathcal{A}$能够以优势ε赢得 CP-ABE 游戏。我们构造一个挑战者$\mathcal{B}$能以优势$\frac{\varepsilon}{2}$从一个随机元组中去区分 DBDH 元组。令$e:G\times G\to G_1$是一个高效可计算的双线性映射，其中，G 的阶为素数 p。首先，DBDH 挑战者随机选取 $a,b,c,z\in\mathbb{Z}_p$、$v\in\{0,1\}$和 G 的生成元 g。当 $v=0$ 时，$Z=e(g,g)^{abc}$，否则 $Z=e(g,g)^z$。挑战者接着发送$\langle g,A,B,C,Z\rangle=\langle g,g^a,g^b,g^c,Z\rangle$给挑战者。

系统初始化：在这个阶段，挑战者$\mathcal{B}$从攻击者$\mathcal{A}$接收一个挑战访问结构 $W=\Lambda_{i\in I}\underline{i}$。

参数设置阶段：挑战者$\mathcal{B}$设定 $Y=e(A,B)=e(g,g)^{ab}$，进而将公钥 PK 提供给攻击者$\mathcal{A}$。对于每一个$i\in\mathcal{N}$，挑战者$\mathcal{B}$随机选择$\alpha_i,\beta_i,\gamma_i\in\mathbb{Z}_p$，进而构建了元素$T_i$、$T_{n+i}$和$T_{2n+i}$，如表 4.2 所示。

表 4.2　CPA 仿真中的公钥

	$i\in I$		$i\notin I$
	$\underline{i}=i$	$\underline{i}=\neg i$	
T_i	g^{α_i}	B^{α_i}	B^{α_i}
T_{n+i}	B^{β_i}	g^{β_i}	B^{β_i}
T_{2n+i}	B^{γ_i}	B^{γ_i}	g^{γ_i}

密钥查询阶段 1：攻击者提交$S\subseteq\mathcal{N}$为询问私钥，其中，$S\not\models W$，则必然会存在$j\in I$使$j\in S$且$\underline{j}=\neg j$或$j\notin S$且$\underline{j}=j$。挑战者$\mathcal{B}$选择这样的j，不失一般性，令$j\notin S$且$\underline{j}=j$。

对于每一个$i\in\mathcal{N}$，挑战者$\mathcal{B}$首先从$\mathbb{Z}_p$中随机选择γ_i；接着，令$r_j:=ab+r_j'\cdot b$，且对每一个$i\neq j$，设定$r_i:=r_i'\cdot b$；最后，设$r:=\sum_{i=1}^n r_i=ab+\sum_{i=1}^n r_i'\cdot b$，私钥组件$\widehat{D}$

的计算方法为

$$\prod_{i=1}^{n}\frac{1}{B^{r_i'}}=g^{-\sum_{i=1}^{n}r_i'\cdot b}=g^{ab-r}$$

若 $j\in I\setminus S$ 且 $\underline{j}=j$，那么，组件 D_j 的计算方法为

$$D_j:=A^{\frac{1}{\beta_j}}\cdot g^{\frac{r_j'}{\beta_j}}=g^{\frac{ab+r_j'\cdot b}{b\cdot\beta_j}}=g^{\frac{r_j}{b\cdot\beta_j}}$$

由于 $i\neq j$，可得到如下结论。

（1）$i\in S$

① $i\in I\wedge\underline{i}=i, D_i:=B^{\frac{r_i'}{\alpha_i}}=g^{\frac{r_i}{\alpha_i}}$；

② $(i\in I\wedge\underline{i}=\neg i)\vee i\notin I, D_i:=g^{\frac{r_i'}{\alpha_i}}=g^{\frac{r_i}{b\cdot\alpha_i}}$。

（2）$i\notin S$

① $(i\in I\wedge\underline{i}=i)\vee i\notin I, D_i:=g^{\frac{r_i'}{\beta_i}}=g^{\frac{r_i}{b\cdot\beta_i}}$；

② $i\in I\wedge\underline{i}=\neg i, D_i:=B^{\frac{r_i'}{\beta_i}}=g^{\frac{r_i}{\beta_i}}$。

组件 F_i 的计算方法与此类似。首先

$$F_j:=A^{\frac{1}{\gamma_j}}\cdot g^{\frac{r_j'}{\gamma_j}}=g^{\frac{ab+r_j'\cdot b}{b\cdot\gamma_j}}=g^{\frac{r_j}{b\cdot\gamma_j}}$$

对于 $i\neq j$，可得到如下两个结论。

（1）$i\in I, F_i:=g^{\frac{r_i'}{\gamma_i}}=g^{\frac{r_i}{b\cdot\gamma_i}}$

（2）$i\notin I, F_i:=B^{\frac{r_i'}{\gamma_i}}=g^{\frac{r_i}{\gamma_i}}$

挑战阶段：攻击者 $\mathcal{A}$ 提交两个相同长度的消息 M_0 和 M_1。挑战者 $\mathcal{B}$ 随机选择 $\mu\in\{0,1\}$ 并设置 $\widetilde{C}:=M_\mu\cdot Z$。挑战者 $\mathcal{B}$ 发送给攻击者 $\mathcal{A}$ 的密文为

$$\left\langle W,\widetilde{C},C,\{C^{\alpha_i}\mid i\in I\wedge\underline{i}=i\},\{C^{\beta_i}\mid i\in I\wedge\underline{i}=\neg i\},\{C^{\gamma_i}\mid i\notin I\}\right\rangle$$

密钥查询阶段 2：与密钥查询阶段 1 相同。

猜测阶段：攻击者 $\mathcal{A}$ 输出值 $\mu'\in\{0,1\}$ 作为对 μ 的猜测。如果 $\mu'=\mu$，挑战者 $\mathcal{B}$ 得到给定的元组为 DBDH 元组，否则为随机元组。

如果 $Z=e(g,g)^{abc}$，则 CT 是一个合法的密文，此种情况下攻击者 $\mathcal{A}$ 的优势为 ε，

则

$$P[\mathcal{B} \rightarrow \text{“DBDH”} | Z=g^{abc}] = P[\mu' = \mu \mid Z = g^{abc}] = \frac{1}{2} + \varepsilon$$

如果 $Z = g^z$，则从攻击者$\mathcal{A}$角度看，$\widetilde{C}$ 是完全随机的。因此，在 μ' 分布未知的情况下，$\mu' \neq \mu$ 的真实概率为 $\frac{1}{2}$，则

$$P[\mathcal{B} \rightarrow \text{“random”} | Z=g^z] = P[\mu' \neq \mu \mid Z = g^z] = \frac{1}{2}$$

因此，挑战者$\mathcal{B}$在 DBDH 游戏中的优势为 $\frac{\varepsilon}{2}$。

4.3 Waters 的标准模型下可证明安全的支持任意访问结构的 CP-ABE 方案

为了增强方案的安全性，Cheung 等[6]提出了第一个标准模型下可证明安全的 CP-ABE 方案，但是该方案支持的访问结构比较简单，仅支持属性的与操作，并且方案的密文和系统公钥较长，导致方案的效率较低。在文献[6]的基础上，本节使用 LSSS 表示单调访问结构，提出了一个高效的支持通用访问结构的 CP-ABE 方案[7]，该方案实现了标准模型下的选择安全性。相比其他 CP-ABE 方案，该方案在安全性、效率以及表达能力方面都达到了较好的效果。

本节提出了实现可证明安全 CP-ABE 方案的构造框架，该方案将加密指数 s 的份额分发到 LSSS 访问控制矩阵 $\boldsymbol{A}$ 对应的属性上。用户的私钥与某个属性集合 S 有关，当且仅当 S 满足密文对应的访问控制策略，才能成功解密密文。如其他的 CP-ABE 方案构造一样，本节所提方案的主要挑战是防止用户间的合谋攻击。为了实现这一目标，对于不同的用户，本节选择不同的指数 t 来随机化其密钥。本质上说，该指数能够将用户密钥的不同组件绑定在一起，而无法与任何其他用户的密钥进行绑定。

本节方案的构造方式与文献[3]中方案的构造方式类似，而本节方案提供了一种证明此类构造的安全证明方法。该方案的主要挑战在于如何构造能够将复杂访问结构嵌入少量公开参数的规约过程。所有先前提出的 CP-ABE 方案都使用分割技术来

证明安全性，其中，规约算法在给出公开参数前，已经知道需要构造的用户密钥，但是不能给出能够解密挑战密文的用户密钥。

本节方案在安全证明的规约过程中，将任意的 LSSS 访问结构 $\boldsymbol{A}^*$嵌入公开参数中。以规模为 $l^* \times n^*$的访问控制矩阵 $\boldsymbol{A}^*$为例，对于 $\boldsymbol{A}^*$的每一行 i，规约算法需要将行向量 $(\boldsymbol{A}_{i,1}^*, \boldsymbol{A}_{i,2}^*, \cdots, \boldsymbol{A}_{i,l}^*)$ 编入与该行 i 有关的属性参数中，为了实现这一目标，本节分别基于 q-parllel BDHE 假设、确定性的 Bilinear Diffie-Hellman Exponent (BDHE) 假设和确定性的 BDH 假设给出了 3 个具体的方案构造，并给出了各自的安全性证明。

4.3.1 相关定义

本节给出方案证明所基于的安全模型和方案的具体定义。

4.3.1.1 安全模型

本小节对本节方案证明所基于的安全模型进行定义，在该模型中，攻击者选择对某个访问结构 $(\boldsymbol{A}^*, \rho^*)$ 加密后的密文进行挑战，并且可以对任意不满足 $\boldsymbol{A}^*$的属性集合 S 进行密钥查询，其具体定义如下。

选择阶段：攻击者 $\mathcal{A}$ 选择将要挑战的访问结构 $(\boldsymbol{A}^*, \rho^*)$。

参数设置阶段：挑战者 $\mathcal{B}$ 运行参数设置算法，并把生成的系统公开密钥 PK 发送给攻击者 $\mathcal{A}$。

密钥查询阶段 1：攻击者 $\mathcal{A}$ 适应性地提交对一系列属性集合 $S_1, S_2, \cdots, S_{q_1}$ 的密钥查询。

挑战阶段：攻击者 $\mathcal{A}$ 提交长度相等的两个明文消息 M_0 和 M_1 给挑战者 $\mathcal{B}$，并且需要满足：密钥查询阶段 1 中的属性集合 $S_1, S_2, \cdots, S_{q_1}$ 都不能满足访问结构 $(\boldsymbol{A}^*, \rho^*)$。然后，$\mathcal{B}$ 随机选择参数 $b \in \{0,1\}$，用 $(\boldsymbol{A}^*, \rho^*)$ 加密 M_b，并将加密后的密文 CT^* 发送给 $\mathcal{A}$。

密钥查询阶段 2：如密钥查询阶段 1，攻击者 $\mathcal{A}$ 继续提交对一系列属性集合 $S_{q_1+1}, S_{q_1+2}, \cdots, S_q$ 的密钥查询，同样需要 $S_{q_1+1}, S_{q_1+2}, \cdots, S_q$ 都不能满足访问结构 $(\boldsymbol{A}^*, \rho^*)$。

猜测阶段：攻击者 $\mathcal{A}$ 输出值 $b' \in \{0,1\}$ 作为对 b 的猜测，如果 $b' = b$，那么称攻

击者 $\mathcal{A}$ 赢了该游戏。另外，定义攻击者$\mathcal{B}$在该游戏中的优势为$|\Pr[b'=b]-\frac{1}{2}|$。

定义 4.5　若不存在多项式时间内的攻击者能以不可忽略的优势赢得上述安全游戏，那么证明该 CP-ABE 方案是可证明安全的。

4.3.1.2　方案定义

本节提出的 CP-ABE 方案主要包括 4 个多项式时间算法，具体描述如下。

（1）$Setup(\lambda,U)\to(PK,MK)$：参数设置算法，由属性授权执行，以安全参数 λ 和系统属性集合 U 为输入，生成系统的公开密钥 PK 和主密钥 MK。

（2）$Encrypt(PK,M,(\boldsymbol{A},\rho))\to CT$：加密算法，由数据拥有者执行，以公开密钥 PK、明文数据 M 和访问策略 $(\boldsymbol{A},\rho)$ 为输入，生成密文 CT。

（3）$KeyGen(PK,MK,S)\to SK$：密钥生成算法，由属性授权执行，以公开密钥 PK、主密钥 MK 和用户属性集合 S 为输入，生成解密密钥 SK。

（4）$Decrypt(PK,CT,SK)\to M$：解密算法，以公开密钥 PK、密文 CT 和解密密钥 SK 为输入，若与密钥 SK 有关的属性集合 S 满足与密文 CT 有关的访问策略 $(\boldsymbol{A},\rho)$，那么解密成功，输出明文消息 M。

4.3.2　基于 q-parallel BDHE 假设的 CP-ABE 方案

4.3.2.1　方案设计

本节提出方案的具体构造，该方案使用灵活的 LSSS 表示单调访问结构，实现了标准模型下的选择安全性。相比其他 CP-ABE 方案，该方案在安全性、性能以及表达能力方面都达到了较好的效果。该方案定义在属性集合 $U=\{u_1,u_2,\cdots,u_n\}$ 上，包含了 4 个多项式时间算法，具体构造如下。

（1）$Setup(\lambda,U)$：算法首先运行群生成函数获得系统参数 $(\mathbb{G},\mathbb{G}_T,p,e)$，其中，$p$ 为素数，$\mathbb{G}$ 和 $\mathbb{G}_T$ 是两个 p 阶循环群，e 是一个双线性映射，$g\in\mathbb{G}$ 为生成元。然后，算法随机选择参数 $\alpha,a\in\mathbb{Z}_p$，另外，对于每一个属性 $i\in U$，算法随机选择参数 $h_1,h_2,\cdots,h_U\in\mathbb{G}$。最后，算法设置系统的公开密钥为

$$PK=(g,e(g,g)^{\alpha},g^{a},h_1,\cdots,h_U)$$

主密钥为 $MK=g^{\alpha}$。

（2）$KeyGen(PK,MK,S)$：密钥生成算法随机选择参数 $t\in\mathbb{Z}_p$ 并构造用户解密密钥为

$$SK=(K=g^{\alpha}g^{at},L=g^{t},\{K_x=h_x^{t}\}_{x\in S})$$

（3）$Encrypt(PK,(\boldsymbol{A},\rho),M)$：输入参数 $\boldsymbol{A}$ 表示一个 $l\times n$ 矩阵，ρ 表示把 $\boldsymbol{A}$ 的每一行映射到相应属性的映射函数。然后，算法随机选择向量 $\vec{v}=(s,y_2,\cdots,y_n)\in\mathbb{Z}_p^n$，对 $\boldsymbol{A}$ 的每一行 $\boldsymbol{A}_i$，计算内积 $\lambda_i=\boldsymbol{A}_i\cdot\vec{v}$，并随机选择参数 $r_1,r_2,\cdots,r_l\in\mathbb{Z}_p$。最后，算法计算密文如下。

$$CT=(C=M\cdot e(g,g)^{\alpha s},C'=g^{s},(C_1=g^{a\lambda_1}h_{\rho(1)}^{-r_1},D_1=g^{r_1}),\cdots,(C_l=g^{a\lambda_l}h_{\rho(l)}^{-r_l},D_1=g^{r_l}))$$

（4）$Decrypt(PK,CT,SK)$：输入参数 CT=$(C, C',(C_1, D_1),\cdots,(C_l, D_l))$ 表示访问策略 $(\boldsymbol{A},\rho)$ 下的密文，$SK=(K,L,\{K_x\}_{x\in S})$ 表示属性集合 S 下的解密密钥。令 $I\subset\{1,2,\cdots,l\}$ 定义为 $I=\{i:\rho(i)\in S\}$，若属性集合 S 满足访问策略 $(\boldsymbol{A},\rho)$ 且 $\{\lambda_i\}$ 为关于访问矩阵 $\boldsymbol{A}$ 的共享密钥 s 的有效份额，那么算法能够在多项式时间内计算数值 $\{w_i\in\mathbb{Z}_p\}_{i\in I}$，满足 $\sum_{i\in I}w_i\lambda_i=s$。算法进行解密，如下。

$$\begin{aligned}&e(C',K)/(\prod_{i\in I}(e(C_i,L)\cdot e(D_i,K_{\rho(i)}))^{w_i})=\\&e(g,g)^{\alpha s}e(g,g)^{ast}/(\prod_{i\in I}e(g,g)^{ta\lambda_i w_i})=e(g,g)^{\alpha s}\end{aligned}$$

最后，算法计算 $C/e(g,g)^{\alpha s}$ 得到明文消息 M。

4.3.2.2 安全性证明

本节方案证明进行规约的关键是将挑战密文在公开密钥中进行参数化体现，其中最大的一个难题是，某个属性可能与挑战访问矩阵的多行相关联，即映射函数 ρ 不是单射的。在证明的规约过程中，本节通过使用 q-parallel BDHE 假设提供的不同参数项来解决这一问题。

定理 4.2 若确定性的 q-parallel BDHE 假设在双线性群 $\mathbb{G}$ 与 $\mathbb{G}_T$ 中成立，那么不存在多项式时间内的攻击者 $\mathcal{A}$ 能以不可忽略的优势选择性地攻破本节提出的 CP-ABE 方案，其中挑战矩阵为 $\boldsymbol{A}^*(l^*\times n^*)$，且 $l^*,n^*\leqslant q$。

证明 若存在攻击者 $\mathcal{A}$ 能以不可忽略的优势 $\varepsilon=Adv_{\mathcal{A}}$ 攻破本节提出的 CP-ABE 方案，那么同样可以构造挑战者 $\mathcal{B}$ 来攻破群 $\mathbb{G}$ 与 $\mathbb{G}_T$ 下确定性的 q-parallel BDHE 假设。

选择阶段：挑战者 $\mathcal{B}$ 以 q-parallel BDHE 挑战 $\vec{y},T$ 为输入。攻击者 $\mathcal{A}$ 给定挑战访问策略 $(\boldsymbol{A}^*,\rho^*)$，其中，$\boldsymbol{A}^*$ 有 n^* 列。

参数设置阶段：挑战者 $\mathcal{B}$ 随机选择参数 $\alpha' \in \mathbb{Z}_p$，并通过计算 $e(g,g)^{\alpha} = e(g^a, g^{a^q})e(g,g)^{\alpha'}$ 隐含地设置参数 $\alpha = \alpha' + a^{q+1}$。

接下来，算法构造群元素 $h_1, h_2, \cdots, h_U$，对于每个属性 $x(1 \leqslant x \leqslant U)$，算法随机选择参数 $z_x \in \mathbb{Z}_p$。令 X 表示 $\rho^*(i) = x$ 的索引 i 的集合，算法设置 h_x 如下。

$$h_x = g^{z_x} \prod_{i \in X} g^{aA^*_{i,1}/b_i} \cdot g^{a^2 A^*_{i,2}/b_i} \cdot \cdots \cdot g^{a^{n^*} A^*_{i,n^*}/b_i}$$

需要注意的是，若 $X = \varnothing$，则设置 $h_x = g^{z_x}$。由于参数 z_x 是随机选择的，因此 h_x 是随机分布的。

密钥查询阶段 1：攻击者 $\mathcal{A}$ 适应性地提交一系列的属性集合查询，假设查询的属性集合为 S，且 S 不满足访问策略 $(\boldsymbol{A}^*, \rho^*)$。

挑战者 $\mathcal{B}$ 首先随机选择参数 $r \in \mathbb{Z}_p$，然后构造向量 $\vec{w} = (w_1, \cdots, w_{n^*}) \in \mathbb{Z}_p^{n^*}$，其中，$w_1 = -1$，且对于所有的 $\rho^*(i) \in S$，满足 $\boldsymbol{A}_i^* \vec{w}^{\mathrm{T}} = 0$。接着，$\mathcal{B}$ 设置密钥组件。

$$L = g^r \prod_{i=1,2,\cdots,n^*} (g^{a^{q+1-i}})^{w_i} = g^t$$

需要注意的是，这里隐含地设置参数 t 为

$$t = r + w_1 a^q + w_2 a^{q-1} + \cdots + w_{n^*} a^{q-n^*+1}$$

接下来，$\mathcal{B}$ 计算密钥组件 K。

$$K = g^{\alpha'} g^{ar} \prod_{i=2,\cdots,n^*} (g^{a^{q+2-i}})^{w_i}$$

通过 t 的定义，可以得出 g^{at} 包含了 $g^{-a^{q+1}}$ 项，而 $g^{-a^{q+1}}$ 在假设中并没有给出，但是生成密钥 K 时，隐含地设置 $\alpha = \alpha' + a^{q+1}$，因此 $g^{-a^{q+1}}$ 可以通过与 $g^{\alpha} = g^{\alpha'} g^{\alpha^{q+1}}$ 相乘而被取消。

$$K = g^{\alpha'} g^{\alpha^{q+1}} g^{ar} g^{-\alpha^{q+1}} \prod_{i=2,\cdots,n^*} (g^{a^{q+2-i}})^{w_i} = g^{\alpha'} g^{ar} \prod_{i=2,\cdots,n^*} (g^{a^{q+2-i}})^{w_i}$$

接下来，挑战者 $\mathcal{B}$ 计算密钥组件 $\{K_x\}_{x \in S}$，对于所有的属性 $x \in S$，若访问矩阵中不存在行 i 满足 $\rho^*(i) = x$，那么 $\mathcal{B}$ 可以简单地设置 $K_x = L^{z_x}$。否则，若访问控制矩阵中存在行 i 满足 $\rho^*(i) = x$，则令 X 表示所有满足 $\rho^*(i) = x$ 的行 i 的集合，那么设置 K_x 为

$$K_x = L^{z_x} \prod_{i \in X} \prod_{j=1,2,\cdots,n^*} (g^{(a^j/b_i)r} \prod_{\substack{k=1,2,\cdots,n^* \\ k \neq j}} (g^{a^{q+1+j-k}/b_i})^{w_k})^{A^*_{i,j}}$$

挑战阶段：攻击者 $\mathcal{A}$ 提交长度相等的两个明文消息 M_0 和 M_1。$\mathcal{B}$ 随机选择参数 $\beta \in \{0,1\}$，构造密文组件 $C = M_\beta Te(g^s, g^{\alpha'})$ 和 $C' = g^s$。接下来，最关键的是构造密文组件 C_i，因为 C_i 包含了必须被取消的参数项，为了实现该构造，挑战者 $\mathcal{B}$ 将使用密钥分割技术，其具体做法是：$\mathcal{B}$ 随机选择参数 $y'_2, y'_3, \cdots, y'_{n^*} \in \mathbb{Z}_p$，并通过设置如下向量来共享秘密 s。

$$\vec{v} = (s, sa + y'_2, sa^2 + y'_3, \cdots, sa^{n^*-1} + y'_{n^*}) \in \mathbb{Z}_p^{n^*}$$

另外，$\mathcal{B}$ 随机选择参数 $r'_1, r'_2, \cdots, r'_l \in \mathbb{Z}_p$。对于 $i = 1,2,\cdots,n^*$，定义 R_i 为所有满足 $\rho^*(i) = \rho^*(k)$ 的 $k \neq i$ 的集合。因此，$\mathcal{B}$ 生成密文组件 C_i 与 D_i 如下。

$$C_i = h^{r'_i}_{\rho^*(i)} \left(\prod_{k=1,2,\cdots,n^*} (g^a)^{A^*_{i,j} y'_j} \right) (g^{b_i \cdot s})^{-z_{\rho^*(i)}} \left(\prod_{k \in R_i} \prod_{j=1,2,\cdots,n^*} (g^{a^j \cdot s \cdot (b_i/b_k)})^{A^*_{k,j}} \right)$$

$$D_i = g^{-r'_i} g^{-sb_i}$$

密钥查询阶段 2：如密钥查询阶段 1，$\mathcal{A}$ 继续提交一系列的属性集合查询。

猜测阶段：攻击者 $\mathcal{A}$ 最终输出对 β 的猜测 β'。若 $\beta' = \beta$，$\mathcal{A}$ 输出 0，表示 $T = e(g,g)^{a^{q+1}s}$；否则，输出 1，表示 T 为群 $\mathbb{G}_T$ 中的随机元素。

若 $T = e(g,g)^{a^{q+1}s}$，那么挑战者$\mathcal{B}$进行了完美的安全游戏模拟，可以得出

$$\Pr[\mathcal{B}(\vec{y}, T = e(g,g)^{a^{q+1}s}) = 0] = \frac{1}{2} + Adv_{\mathcal{A}}$$

而若 T 为群 $\mathbb{G}_T$ 中的某个随机元素，那么对攻击者来说，M_β 是完全隐藏的，可以得出

$$\Pr[\mathcal{B}(\vec{y}, T = R) = 0] = \frac{1}{2}$$

4.3.3 基于确定性 BDHE 假设的 CP-ABE 方案

4.3.3.1 方案设计

本节给出在确定性的 BDHE 假设下可证明安全的 CP-ABE 方案，其具体构造

如下。

（1）$Setup(\lambda,U)$：参数设置算法以安全参数λ和属性集合U为输入，算法首先运行群生成函数获得系统参数$(\mathbb{G},\mathbb{G}_T,p,e)$，其中，$p$为素数，$\mathbb{G}$和$\mathbb{G}_T$是两个$p$阶循环群，$e$是一个双线性映射，$g\in\mathbb{G}$为生成元。然后，算法随机选择参数$\alpha,a\in\mathbb{Z}_p$。另外，对于每一个属性$i\in U$，算法随机选择参数$h_1,h_2,\cdots,h_U\in\mathbb{G}$。算法设置系统的公开密钥为

$$PK=(g,e(g,g)^{\alpha},g^{a},h_{1,}\cdots,h_U)$$

主密钥为$MK=g^{\alpha}$。

（2）$KeyGen(PK,MK,S)$：密钥生成算法以公开密钥PK、主密钥MK和用户属性集合S为输入，然后，算法随机选择参数$t\in\mathbb{Z}_p$并构造用户解密密钥为

$$SK=(K=g^{\alpha}g^{at},L=g^{t},\{K_x=h_x^{t}\}_{x\in S})$$

（3）$Encrypt(PK,(\boldsymbol{A},\rho),M)$：加密算法以公开密钥$PK$、访问策略$(\boldsymbol{A},\rho)$和明文数据$M$为输入，其中，$\boldsymbol{A}$表示一个$l\times n$矩阵，$\rho$表示把$\boldsymbol{A}$的每一行映射到相应属性的映射函数，且限制$\rho$为单射函数。然后，算法随机选择向量$\vec{v}=(s,y_2,\cdots,y_n)\in\mathbb{Z}_p^n$，对$\boldsymbol{A}$的每一行$\boldsymbol{A}_i$，计算内积$\lambda_i=\boldsymbol{A}_i\cdot\vec{v}$。算法计算密文如下。

$$CT=(C=M\cdot e(g,g)^{\alpha s},C'=g^{s},C_1=g^{a\lambda_1}h_{\rho(1)}^{-s},\cdots,C_l=g^{a\lambda_l}h_{\rho(l)}^{-s})$$

（4）$Decrypt(PK,CT,SK)$：解密算法以公开密钥 PK、访问策略$(\boldsymbol{A},\rho)$下的密文$CT=(C,C',C_1,\cdots,C_l)$和属性集合 S 下的解密密钥$SK=(K,L,\{K_x\}_{x\in S})$为输入。令$I\subset\{1,2,\cdots,l\}$定义为$I=\{i:\rho(i)\in S\}$，若属性集合$S$满足访问策略$(\boldsymbol{A},\rho)$且$\{\lambda_i\}$为关于访问矩阵 $\boldsymbol{A}$ 的共享密钥 s 的有效份额，那么算法能够在多项式时间内计算数值$\{w_i\in\mathbb{Z}_p\}_{i\in I}$，满足$\sum_{i\in I}w_i\lambda_i=s$。算法进行解密如下。

$$e(C',K)/(\prod_{i\in I}(e(C_i,L)\cdot e(C',K_{\rho(i)}))^{w_i})=$$
$$e(g,g)^{\alpha s}e(g,g)^{ast}/(\prod_{i\in I}e(g,g)^{ta\lambda_i w_i})=e(g,g)^{\alpha s}$$

最后，算法计算$C/e(g,g)^{\alpha s}$得到明文消息M。

4.3.3.2　安全性证明

首先，简单描述下确定性的 q-BDHE 假设，其具体定义如下：选择阶为p的双线性群$\mathbb{G}$，令g_i表示g^{a^i}，给定攻击者参数$\vec{y}=(g,g_1,\cdots,g_q,g_{q+2},\cdots,g_{2q},g^{s})$，区分参数$e(g,g)^{a^{q+1}s}\in\mathbb{G}_T$和$\mathbb{G}_T$中的随机元素。

若满足下列不等式，算法 $\mathcal{B}$ 拥有优势 ε 来解决群 $\mathbb{G}$ 下的确定性 BDHE 假设问题。

$$|\Pr[\mathcal{B}(\vec{y},T=e(g,g)^{a^{q+1}s})=0]-\Pr[\mathcal{B}(\vec{y},T=R)=0]|\geqslant\varepsilon$$

定理 4.3 若确定性的 q-BDHE 假设在双线性群 $\mathbb{G}$ 与 $\mathbb{G}_T$ 中成立，那么不存在多项式时间内的攻击者 $\mathcal{A}$ 能以不可忽略的优势选择性地攻破本节提出的 CP-ABE 方案，其中，挑战矩阵为 $\boldsymbol{A}^*(l^*\times n^*)$，且 $l^*,n^*\leqslant q$。

证明 若存在攻击者 $\mathcal{A}$ 能以不可忽略的优势 $\varepsilon=Adv_{\mathcal{A}}$ 攻破本节提出的 CP-ABE 方案，那么同样可以构造挑战者 $\mathcal{B}$ 来攻破群 $\mathbb{G}$ 与 $\mathbb{G}_T$ 下确定性的 q-BDHE 假设。

选择阶段：挑战者 $\mathcal{B}$ 以 q-BDHE 挑战 $\vec{y}=(g,g^s,g^a,\cdots,g^{a^q},g^{a^{q+2}},\cdots,g^{a^{2q}}),T$ 为输入。攻击者 $\mathcal{A}$ 给定挑战访问策略 $(\boldsymbol{A}^*,\rho^*)$，其中，$\boldsymbol{A}^*$ 有 $n^*\leqslant q$ 列。

参数设置阶段：挑战者 $\mathcal{B}$ 随机选择参数 $\alpha'\in\mathbb{Z}_p$，并通过计算 $e(g,g)^\alpha=e(g^a,g^{a^q})e(g,g)^{\alpha'}$ 隐含地设置参数 $\alpha=\alpha'+a^{q+1}$。

接下来，算法构造群元素 $h_1,h_2,\cdots,h_U$，对于每个属性 $x(1\leqslant x\leqslant U)$，算法随机选择参数 $z_x\in\mathbb{Z}_p$。若存在某个 i 满足 $\rho^*(i)=x$，那么算法设置 h_x 如下。

$$h_x=g^{z_x}g^{aA^*_{i,1}}\cdot g^{a^2A^*_{i,2}}\cdots g^{a^{n^*}A^*_{i,n^*}}$$

否则，令 $h_x=g^{z_x}$。

在此，需要说明两个事实：（1）由于因子 g^{z_x} 的存在，参数为随机分布的；（2）由于限制映射函数 ρ 为单射的，对于某个属性 x 来说，最多存在一个 i 满足 $\rho^*(i)=x$，因此，参数的设置不存在模糊性。

密钥查询阶段 1：攻击者 $\mathcal{A}$ 适应性地提交一系列的属性集合查询，假设查询的属性集合为 S，且 S 不满足访问策略 $(\boldsymbol{A}^*,\rho^*)$。

挑战者 $\mathcal{B}$ 首先随机选择参数 $r\in\mathbb{Z}_p$，然后构造向量 $\vec{w}=(w_1,\cdots,w_{n^*})\in\mathbb{Z}_p^{n^*}$，其中，$w_1=-1$，且对于所有的 $\rho^*(i)\in S$，满足 $\boldsymbol{A}_i^*\vec{w}^{\mathrm{T}}=0$。$\mathcal{B}$ 设置密钥组件。

$$L=g^r\prod_{i=1,2,\cdots,n^*}(g^{a^{q+1-i}})^{w_i}=g^t$$

需要注意的是，这里隐含地设置参数 t 为

$$t=r+w_1a^q+w_2a^{q-1}+\cdots+w_{n^*}a^{q-n^*+1}$$

通过 t 的定义，可以得出 g^{at} 包含了 $g^{-a^{q+1}}$ 项，而该项可以与 g^α 中的未知项相乘

而被取消。$\mathcal{B}$ 计算密钥组件 K 如下。

$$K = g^{\alpha'} g^{ar} \prod_{i=2,\cdots,n^*} (g^{a^{q+2-i}})^{w_i}$$

接下来，挑战者 $\mathcal{B}$ 计算密钥组件 $\{K_x\}_{x\in S}$，对于所有的属性 $x \in S$，若访问矩阵中不存在行 i 满足 $\rho^*(i) = x$，那么 $\mathcal{B}$ 可以简单地设置 $K_x = L^{z_x}$。否则，对于在访问结构中使用的属性 x，为了构造密钥组件，必须保证没有像 $g^{a^{q+1}}$ 这样不能仿真的参数项。需要注意的是，对于某个 j 来说，在计算 h_x^t 时，所有这种形式的参数项都来源于 $A_{i,j}^* a^j \cdot w_j a^{q+1-j}$，其中 $\rho^*(i) = x$，但是存在等式 $A_i^* \cdot \vec{w} = 0$。因此，$g^{a^{q+1}}$ 可以被取消。假设 $\rho^*(i) = x$，那么算法计算 K_x 如下。

$$K_x = L^{z_x} \prod_{j=1,2,\cdots,n^*} \left(g^{a^j \cdot r} \prod_{\substack{k=1,2,\cdots,n^* \\ k \neq j}} (g^{a^{q+1+j-k}})^{w_k} \right)$$

挑战阶段：攻击者 $\mathcal{A}$ 提交长度相等的两个明文消息 M_0 和 M_1。然后，$\mathcal{B}$ 随机选择参数 $\beta \in \{0,1\}$，构造密文组件 $C = M_\beta Te(g^s, g^{\alpha'})$ 和 $C' = g^s$。接下来，最关键的是构造密文组件 C_i，因为 $h_{\rho*(i)}^s$ 包含了无法进行仿真的参数项 $g^{a^j s}$。

为了实现构造，挑战者 $\mathcal{B}$ 使用密钥分割技术，其具体做法是：$\mathcal{B}$ 随机选择参数 $y_2', y_3', \cdots, y_{n^*}' \in \mathbb{Z}_p$，并通过设置如下向量来共享秘密 s。

$$\vec{v} = (s, sa + y_2', sa^2 + y_3', \cdots, sa^{n^*-1} + y_{n^*}') \in \mathbb{Z}_p^{n^*}$$

这样做可以实现 $h_{\rho(i)}^{-s}$ 中的未知项和 $g^{a\lambda_i}$ 中的未知项相乘后被取消。对于 $i = 1, 2, \cdots, n^*$，$\mathcal{B}$ 构造密文组件 C_i 如下。

$$C_i = \left(\prod_{k=1,2,\cdots,n^*} (g^a)^{A_{i,j}^* y_j'} \right) (g^s)^{-z_{\rho*(i)}}$$

密钥查询阶段 2：如密钥查询阶段 1，$\mathcal{A}$ 继续提交一系列的属性集合查询。

猜测阶段：攻击者 $\mathcal{A}$ 最终输出对 β 的猜测 β'。若 $\beta' = \beta$，$\mathcal{A}$ 输出 0，表示 $T = e(g,g)^{a^{q+1}s}$；否则，输出 1，表示 T 为群 $\mathbb{G}_T$ 中的随机元素。

若 $T = e(g,g)^{a^{q+1}s}$，那么挑战者 $\mathcal{B}$ 进行了完美的安全游戏模拟，可以得出

$$\Pr[\mathcal{B}(\vec{y}, T = e(g,g)^{a^{q+1}s}) = 0] = \frac{1}{2} + Adv_{\mathcal{A}}$$

而若 T 为群 $\mathbb{G}_T$ 中的某个随机元素，那么对攻击者来说，M_β 是完全隐藏的，

可以得出

$$\Pr[\mathcal{B}(\vec{y},T=R)=0]=\frac{1}{2}$$

4.3.4 基于确定性 BDH 假设的 CP-ABE 方案

4.3.4.1 方案设计

本节给出在确定性的 BDH 假设下可证明安全的 CP-ABE 方案，其具体构造如下。

（1）$Setup(\lambda,U,n_{\max})$：参数设置算法以安全参数$\lambda$、属性集合$U$和 LSSS 访问矩阵的最大列$n_{\max}$为输入，算法首先运行群生成函数获得系统参数$(\mathbb{G},\mathbb{G}_T,p,e)$，其中，$p$为素数，$\mathbb{G}$和$\mathbb{G}_T$是两个$p$阶循环群，$e$是一个双线性映射，$g\in\mathbb{G}$为生成元。然后，算法随机选择参数$\alpha,a\in\mathbb{Z}_p$。另外，算法随机选择群元素$(h_{1,1},h_{1,2},\cdots,h_{1,U}),\cdots,(h_{n_{\max},1},h_{n_{\max},2},\cdots,h_{n_{\max},U})\in\mathbb{G}$。最后，算法设置系统的主密钥为$MK=g^{\alpha}$，公开密钥为

$$PK=(g,e(g,g)^{\alpha},g^{a},(h_{1,1},h_{1,2},\cdots,h_{1,U}),\cdots,(h_{n_{\max},1},h_{n_{\max},2},\cdots,h_{n_{\max},U}))$$

（2）$KeyGen(PK,MK,S)$：密钥生成算法以公开密钥PK、主密钥MK和用户属性集合S为输入，然后，算法随机选择参数$t_1,t_2,\cdots,t_{n_{\max}}\in\mathbb{Z}_p$并构造用户解密密钥为

$$SK=(K=g^{\alpha}g^{at_1},L_1=g^{t_1},\cdots,L_{n_{\max}}=g^{t_{n_{\max}}},\{K_x=\prod_{j=1,2,\cdots,n_{\max}}h_{j,x}^{t_j}\}_{x\in S})$$

（3）$Encrypt(PK,(\boldsymbol{A},\rho),M)$：加密算法以公开密钥$PK$、访问策略$(\boldsymbol{A},\rho)$和明文数据$M$为输入，其中，$\boldsymbol{A}$表示一个$l\times n(n\leqslant n_{\max})$矩阵，$\rho$表示把$\boldsymbol{A}$的每一行映射到相应属性的映射函数，且限制$\rho$为单射函数。然后，算法随机选择向量$\vec{v}=(s,y_2,\cdots,y_n)\in\mathbb{Z}_p^n$，并计算密文如下。

$$CT=(C=M\cdot e(g,g)^{\alpha s},C'=g^{s},\forall_{\substack{i=1,2,\cdots,l\\ j=1,2,\cdots,n}}C_{i,j}=g^{aA_{i,j}v_j}h_{j,\rho(i)}^{-s})$$

（4）$Decrypt(PK,CT,SK)$：解密算法以公开密钥PK、访问策略$(\boldsymbol{A},\rho)$下的密文CT=$(C,C',\{C_{i,j}\})$和属性集合S下的解密密钥$SK=(K,L_1,L_2,\cdots,L_{n_{\max}},\{K_x\}_{x\in S})$为输入。令$I\subset\{1,2,\cdots,l\}$定义为$I=\{i:\rho(i)\in S\}$，若属性集合$S$满足访问策略$(\boldsymbol{A},\rho)$且

$\{\lambda_i\}$ 为关于访问矩阵 $\boldsymbol{A}$ 的共享密钥 s 的有效份额，那么算法能够在多项式时间内计算数值 $\{w_i \in \mathbb{Z}_p\}_{i\in I}$，满足 $\sum_{i\in I} w_i\lambda_i = s$。算法进行解密如下。

$$e(C',K)\Big/\left(\prod_{j=1,2,\cdots,n} e(L_j,\prod_{i\in I} C_{i,j}^{w_i})\right)\prod_{i\in I} e(K_{\rho(i)}^{w_i},C') =$$

$$e(C',K)\Big/\left(\prod_{j=1,2,\cdots,n} e(g^{t_j},g^{\sum_{i\in I} a\boldsymbol{A}_{i,j}v_j w_i})e(g^{t_j},\prod_{i\in I} h_{j,\rho(i)}^{-sw_i})\right)\prod_{i\in I} e(K_{\rho(i)}^{w_i},g^s) =$$

$$e(C',K)\Big/\prod_{j=1,2,\cdots,n} e(g^{t_j},g^{\sum_{i\in I} a\boldsymbol{A}_{i,j}v_j w_i}) = e(C',K)/e(g^{t_1},g^{\sum_{i\in I} a\boldsymbol{A}_{i,1}v_1 w_i}) =$$

$$e(g^s,g^\alpha g^{at_1})/e(g,g)^{at_1 s} = e(g,g)^{\alpha s}$$

最后，算法计算 $C/e(g,g)^{\alpha s}$ 得到明文消息 M。

4.3.4.2 安全性证明

定理 4.4 若确定性的 BDH 假设在双线性群 $\mathbb{G}$ 与 $\mathbb{G}_T$ 中成立，那么不存在多项式时间内的攻击者 $\mathcal{A}$ 能以不可忽略的优势选择性地攻破本节提出的 CP-ABE 方案。

证明 若存在攻击者 $\mathcal{A}$ 能以不可忽略的优势 $\varepsilon = Adv_{\mathcal{A}}$ 攻破本节提出的 CP-ABE 方案，那么同样可以构造挑战者 $\mathcal{B}$ 来攻破群 $\mathbb{G}$ 与 $\mathbb{G}_T$ 下确定性的 BDHE 假设。

选择阶段：挑战者 $\mathcal{B}$ 以 BDH 挑战 $\vec{y} = (g,g^a,g^b,g^s),T$ 为输入。攻击者 $\mathcal{A}$ 给定挑战访问策略 $(\boldsymbol{A}^*,\rho^*)$，其中，$\boldsymbol{A}^*$ 有 $n^* \leqslant q$ 列，另外，攻击者给定 $\boldsymbol{A}^*$ 的最大列数 $n_{\max} \geqslant n^*$。

参数设置阶段：挑战者 $\mathcal{B}$ 随机选择参数 $\alpha' \in \mathbb{Z}_p$，并通过计算 $e(g,g)^\alpha = e(g^a,g^b)e(g,g)^{\alpha'}$ 隐含地设置参数 $\alpha = ab + \alpha'$。

接下来，算法构造群元素 $(h_{1,1},h_{1,2},\cdots,h_{1,U}),\cdots,(h_{n_{\max},1},h_{n_{\max},2},\cdots,h_{n_{\max},U})$，对于每个 (j, x)，其中，$1 \leqslant x \leqslant U, 1 \leqslant j \leqslant n_{\max}$，算法随机选择参数 $z_{j,x} \in \mathbb{Z}_p$。若存在某个 i 满足 $\rho^*(i) = x$ 且 $i \leqslant n^*$，那么算法设置 h_x 如下。

$$h_{j,x} = g^{z_{j,x}} g^{a\boldsymbol{A}_{i,j}^*}$$

否则，令 $g^{z_{j,x}}$。

在此，需要说明两个事实：（1）由于因子 $g^{z_{x,j}}$ 的存在，公开密钥参数为随机分布的；（2）由于限制映射函数 ρ 为单射的，对于某个属性 x 来说，最多存在一

个 i 满足 $\rho^*(i)=x$，因此，参数的设置不存在模糊性。

密钥查询阶段 1：攻击者 $\mathcal{A}$ 适应性地提交一系列的属性集合查询，假设查询的属性集合为 S，且 S 不满足访问策略 $(\boldsymbol{A}^*,\rho^*)$。

挑战者 $\mathcal{B}$ 首先随机选择参数 $r_1,r_2,\cdots,r_{n_{\max}}\in\mathbb{Z}_p$，对于 $n^*<j\leqslant n_{\max}$，定义 $\boldsymbol{A}^*_{i,j}=0$。然后构造向量 $\vec{w}=(w_1,w_2,\cdots,w_{n_{\max}})\in\mathbb{Z}_p^{n_{\max}}$，其中，$w_1=-1$，对于所有的 $\rho^*(i)\in S$，满足 $\boldsymbol{A}^*_i\vec{\boldsymbol{w}}^{\mathrm{T}}=0$，另外，对于 $n^*<j\leqslant n_{\max}$，可以简单地设置 $w_j=0$。$\mathcal{B}$ 设置密钥组件如下。

$$L_j=g^{r_j}(g^b)^{w_j}$$

需要注意的是，这里隐含地设置参数 t_j 为

$$t_j=r_j+w_j\cdot b$$

通过 t_1 的定义，可以得出 g^{at_1} 包含了 g^{ab} 项，而该项可以与 g^{α} 中的未知项相乘而被取消。$\mathcal{B}$ 计算密钥组件 K 如下。

$$K=g^{\alpha'}g^{ar_1}$$

接下来，挑战者 $\mathcal{B}$ 计算密钥组件 $\{K_x\}_{x\in S}$，对于所有的属性 $x\in S$，若访问矩阵中不存在行 i 满足 $\rho^*(i)=x$，那么$\mathcal{B}$可以简单地设置 $K_x=\prod_{j=1,2,\cdots,n}L_j^{z_{x,j}}$。否则，对于在访问结构中使用的属性 x，为了构造密钥组件，必须保证没有像 g^{ab} 这样不能仿真的参数项。需要注意的是，对于某个 j 来说，在计算 $\prod_j h_{j,x}$ 时，所有这种形式的参数项都来源于 $\boldsymbol{A}^*_{i,j}a\cdot w_jb$，其中 $\rho^*(i)=x$，但是存在等式 $\boldsymbol{A}^*_i\cdot\vec{w}=0$。因此，$g^{a^{q+1}}$ 可以被取消。假设 $\rho^*(i)=x$，那么算法计算 K_x 如下。

$$K_x=\prod_{j=1,2,\cdots,n_{\max}}g^{z_{x,j}r_j}\cdot g^{bz_{x,j}}\cdot g^{a\boldsymbol{A}^*_{i,j}r_j}$$

挑战阶段：攻击者 $\mathcal{A}$ 提交长度相等的两个明文消息 M_0 和 M_1。然后，$\mathcal{B}$ 随机选择参数 $\beta\in\{0,1\}$，构造密文组件 $C=M_\beta Te(g^s,g^{\alpha'})$ 和 $C'=g^s$。接下来，最关键的是构造密文组件 $C_{i,j}$，因为 $h^s_{i,\rho^*(i)}$ 包含了无法进行仿真的参数项 g^{as}。为了实现构造，挑战者 $\mathcal{B}$ 使用密钥分割技术，其具体做法是：$\mathcal{B}$ 随机选择参数 $y'_2,y'_3,\cdots,y'_{n^*}\in\mathbb{Z}_p$，并通过设置如下向量来共享秘密 s。

$$\vec{v}=(s,s+y'_2,s+y'_3,\cdots,s+y'_{n^*})\in\mathbb{Z}_p^{n^*}$$

对于 $i=1,2,\cdots,n^*$，$\mathcal{B}$ 构造密文组件 $C_{i,j}$ 如下。

$$C_{i,j} = (g^a)^{A^*_{i,j} y'_j} (g^s)^{-z_{\rho^*(i),j}}$$

密钥查询阶段 2：如密钥查询阶段 1，$\mathcal{A}$ 继续提交一系列的属性集合查询。

猜测阶段：攻击者 $\mathcal{A}$ 最终输出对 β 的猜测 β' 。若 $\beta' = \beta$ ，$\mathcal{A}$ 输出 0，表示 $T = e(g,g)^{abs}$ ；否则，输出 1，表示 T 为群 $\mathbb{G}_T$ 中的随机元素。

若 $T = e(g,g)^{abs}$ ，那么挑战者 $\mathcal{B}$ 进行了完美的安全游戏模拟，可以得出

$$\Pr[\mathcal{B}(\vec{y}, T = e(g,g)^{abs}) = 0] = \frac{1}{2} + Adv_{\mathcal{A}}$$

而若 T 为群 $\mathbb{G}_T$ 中的某个随机元素，那么对攻击者来说，M_β 是完全隐藏的，可以得出

$$\Pr[\mathcal{B}(\vec{y}, T = R) = 0] = \frac{1}{2}$$

4.4 Lewko-Okamoto-Sahai 的标准模型下适应性安全的 CP-ABE 方案

第 4.3 介绍了 Waters 于 2008 年提出的 3 个高效的支持通用访问结构的 CP-ABE 方案[7]，方案实现了标准模型下的选择安全性。相比于其他 CP-ABE 方案，方案在安全性、效率以及表达能力方面都达到了较好的效果，相应结果发表在 2011 年 PKC 会议上。但是，这 3 个 CP-ABE 方案只实现了较弱安全目标下的可证明安全，即选择性安全。在选择性安全模型中，攻击者在系统参数设置前就需要公开所攻击的目标，即在 CP-ABE 方案中公开需要攻击的访问结构。如果允许攻击者适应性地提出攻击目标，即在系统参数设置后再确定需要攻击的访问结构，那么这样的安全性就称为适应安全性。显然，适应安全性更加准确地反映了现实环境的应用要求，而选择性安全弱化了安全目标，限制了模型的应用。

事实上，构造标准模型下适应性安全的 CP-ABE 方案极具挑战性，直至 Waters 提出对偶系统加密技术[8]后，构造标准模型下适应性安全的 CP-ABE 方案才开始得到进一步的发展。Lewko 等于 2010 年基于对偶系统加密技术，提出一个实现标准模型下适应性安全的 CP-ABE 方案[9]，而且与文献[7]提出的方案构造非常类似，都支持任意的单调访问结构。

在对偶加密系统中，密钥和密文都存在两种形式：普通类型的和半功能类型的。普通类型的密钥能够解密普通类型的密文和半功能类型的密文，然而，半功能性的密钥只能解密普通类型的密文。半功能类型的密钥和半功能类型的密文不在实际的方案构造中使用，只在方案的安全性证明时才会用到，且证明过程基于一系列的安全游戏。第一个安全游戏为真实的安全游戏，密钥和密文都为普通类型的。而在第二个安全游戏中，密文为半功能性的，密钥则为普通类型的。在随后的一系列安全游戏中，攻击者查询的密钥逐个变为半功能性的。在最后一个安全游戏中，没有密钥可以用来解密半功能性的密文，因此可以证明方案的安全性。

4.4.1 相关定义

本节给出方案证明所基于的安全模型和具体的方案定义。

4.4.1.1 安全模型

本小节对本节方案证明所基于的完全安全模型进行定义，该定义描述为挑战者 $\mathcal{B}$ 和攻击者 $\mathcal{A}$ 间的安全游戏。

参数设置阶段：挑战者 $\mathcal{B}$ 运行参数设置算法，并把生成的系统公开密钥 PK 发送给攻击者 $\mathcal{A}$。

密钥查询阶段 1：攻击者 $\mathcal{A}$ 适应性地提交对一系列属性集合 $S_1,S_2,\cdots,S_{q_1}$ 的密钥查询。

挑战阶段：攻击者 $\mathcal{A}$ 提交长度相等的两个明文消息 M_0、M_1 和挑战访问结构 (A^*,ρ^*) 给挑战者 $\mathcal{B}$，并且需要满足：密钥查询阶段 1 中的属性集合 $S_1,S_2,\cdots,S_{q_1}$ 都不能满足访问结构 (A^*,ρ^*)。然后 $\mathcal{B}$ 随机选择参数 $\beta\in\{0,1\}$，用 (A^*,ρ^*) 加密 M_β，并将加密后的密文 CT^* 发送给 $\mathcal{A}$。

密钥查询阶段 2：如密钥查询阶段 1，攻击者 $\mathcal{A}$ 继续提交对一系列属性集合 $S_{q_1+1},S_{q_1+2},\cdots,S_q$ 的密钥查询，同样需要 $S_{q_1+1},S_{q_1+2},\cdots,S_q$ 都不能满足访问结构 (A^*,ρ^*)。

猜测阶段：攻击者 $\mathcal{A}$ 输出值 $\beta'\in\{0,1\}$ 作为对 β 的猜测，如果 $\beta'=\beta$，那么称攻击者 $\mathcal{A}$ 赢了该游戏。另外，定义攻击者 $\mathcal{B}$ 在该游戏中的优势为 $|\Pr[\beta'=\beta]-\dfrac{1}{2}|$。

定义 4.6 若不存在多项式时间内的攻击者能以不可忽略的优势赢得上述安全游戏，那么证明该 CP-ABE 方案为可证明安全的。

4.4.1.2　方案定义

本节提出的标准模型下适应性安全的CP-ABE方案主要包括4个多项式时间算法，具体描述如下。

（1）$Setup(\lambda,U)\to(PK,MK)$：参数设置算法，由属性授权执行，以安全参数$\lambda$和系统属性集合$U$为输入，生成系统的公开密钥$PK$和主密钥$MK$。

（2）$Encrypt(PK,M,(\boldsymbol{A},\rho))\to CT$：加密算法，由数据拥有者执行，以公开密钥$PK$、明文数据$M$和访问策略$(\boldsymbol{A},\rho)$为输入，生成密文$CT$。

（3）$KeyGen(PK,MK,S)\to SK$：密钥生成算法，由属性授权执行，以公开密钥PK、主密钥MK和用户属性集合S为输入，生成解密密钥SK。

（4）$Decrypt(PK,CT,SK)\to M$：解密算法，以公开密钥PK、密文CT和解密密钥SK为输入，若与密钥SK有关的属性集合S满足与密文CT有关的访问策略$(\boldsymbol{A},\rho)$，那么解密成功，输出明文消息M。

4.4.2　方案构造

本节所提出的标准模型下适应性安全的CP-ABE方案定义在属性集合$U=\{u_1,u_2,\cdots,u_n\}$上，包含了4个多项式时间算法，其具体构造如下。

（1）$Setup(\lambda,U)$：系统参数设置算法首先运行群参数生成函数获得$(p_1,p_2,p_3,\mathbb{G},\mathbb{G}_T,e)$，其中，$\mathbb{G}$和$\mathbb{G}_T$表示两个阶为$N=p_1p_2p_3$的循环群，$e:\mathbb{G}\times\mathbb{G}\to\mathbb{G}_T$表示一个双线性映射。令$\mathbb{G}_{p_i}$表示阶为$p_i$的群$\mathbb{G}$下的子群，$X_3\in\mathbb{G}_{p_3}$表示子群$\mathbb{G}_{p_3}$的生成元。接下来，算法随机选择参数$\alpha,a\in\mathbb{Z}_N$和群元素$g\in\mathbb{G}_{p_1}$。对于每个属性$i\in U$，算法随机选择参数$s_i\in\mathbb{Z}_N$。最后，算法设置公开密钥为

$$PK=(N,g,g^a,e(g,g)^\alpha,\{T_i=g^{s_i}\}_{i\in U})$$

并且设置主密钥为$MK=(\alpha,X_3)$。

（2）$KeyGen(PK,MK,S)$：密钥生成算法随机选择参数$t\in\mathbb{Z}_N$和$R_0,R_0'\in\mathbb{G}_{p_3}$。对于每个属性$i\in S$，算法随机选择参数$R_i\in\mathbb{G}_{p_3}$。最后，算法设置用户解密密钥为

$$SK=(S,K=g^\alpha g^{at}R_0,L=g^tR_0',\{K_i=T_i^tR_i\}_{i\in S})$$

（3）$Encrypt(PK,(\boldsymbol{A},\rho),M)$：输入参数$\boldsymbol{A}$表示一个$l\times n$矩阵，$\rho$表示把$\boldsymbol{A}$的每一行$\boldsymbol{A}_x$映射到相应属性$\rho(x)$的映射函数。然后，算法随机选择向量

$\vec{v}=(s,v_2,\cdots,v_n)\in\mathbb{Z}_N^n$，对 $\boldsymbol{A}$ 的每一行 $\boldsymbol{A}_x$，算法随机选择参数 $r_x\in\mathbb{Z}_N$。最后，算法计算密文如下。

$$CT=(C=M\cdot e(g,g)^{\alpha s},C'=g^s,\{C_x=g^{aA_x\cdot v}T_{\rho(x)}^{-r_x},D_x=g^{r_x}\}_{x=1}^{l})$$

（4）$Decrypt(PK,CT,SK)$：输入参数 $CT=(C,C',\{C_x,D_x\}_{x=1}^{l})$ 表示访问策略 $(\boldsymbol{A},\rho)$ 下的密文，$SK=(S,K,L,\{K_i\}_{i\in S})$ 表示属性集合 S 下的解密密钥。若属性集合 S 满足访问策略 $(\boldsymbol{A},\rho)$，那么算法计算 $w_x\in\mathbb{Z}_N$ 满足 $\sum_{\rho(x)\in S}w_x\boldsymbol{A}_x=(1,0,\cdots,0)$，接着算法计算

$$e(C',K)/\prod_{\rho(x)\in S}(e(C_x,L)\cdot e(D_x,K_{\rho(x)}))^{w_x}=e(g,g)^{\alpha s}$$

最后，算法计算 $C/e(g,g)^{\alpha s}$ 得到明文消息 M。

4.4.3 安全性证明

在进行本节方案的安全证明前，首先定义两个额外构造：半功能性的密文和半功能性的密钥，这两个构造只用于安全证明，不会出现在实际的方案构造中。

半功能性的密文：令 g_2 表示子群 $\mathbb{G}_{p_2}$ 的生成元，c 表示一个模 N 的随机参数。另外，选择与属性有关的随机值 $z_i\in\mathbb{Z}_N$ 和与矩阵行 x 有关的随机值 $\gamma_x\in\mathbb{Z}_N$，并选择一个随机向量 $\boldsymbol{u}\in\mathbb{Z}_N^n$。最后，定义半功能性的密文如下。

$$C'=g^s g_2^c,\{C_x=g^{aA_x\cdot v}T_{\rho(x)}^{-r_x}g_2^{A_x\cdot \boldsymbol{u}+\gamma_x z_{\rho(x)}},D_x=g^{r_x}g_2^{-\gamma_x}\}_{x=1}^{l}$$

半功能性的密钥：半功能性的密钥包括类型 1 的半功能性密钥和类型 2 的半功能性密钥两种类型。类型 1 的半功能性密钥构造如下。随机选择参数 $t,d,b\in\mathbb{Z}_N$ 和群元素 $R_0,R_0',R_i\in\mathbb{G}_{p_3}$，并设置如下。

$$K=g^\alpha g^{at}R_0 g_2^d,L=g^t R_0' g_2^b,\{K_i=T_i^t R_i g_2^{b z_i}\}_{i\in S}$$

类型 2 的半功能性密钥与类型 1 的半功能性密钥构造基本相同，但是没有相应的 g_2^b 和 $g^{b z_i}$ 项，即构造如下。

$$K=g^\alpha g^{at}R_0 g_2^d,L=g^t R_0',\{K_i=T_i^t R_i\}_{i\in S}$$

由此可见，若使用半功能性密钥去解密半功能性密文，将生成额外的数据项 $e(g_2,g_2)^{cd-bu_1}$，其中，u_1 表示 $\boldsymbol{u}$ 的第一个数值，即 $u_1=(1,0,\cdots,0)\cdot\boldsymbol{u}$。需要注意的是，半功能性密文和类型 1 的半功能性密钥共有参数 z_i，当用半功能性密钥去解

密半功能性密文时，这些项可以被取消，因此，z_i 对解密过程不会产生任何影响。但是，对攻击者来说，这些参数可以作为盲化因子来隐藏半功能性密文中子群 $\mathbb{G}_{p_2}$ 共享的数值，使其无法成功进行解密。因此，在进行方案构造时，限制每个属性最多使用一次，因为，攻击者使用类型 1 的半功能性密钥虽然无法成功解密挑战密文，但是能够得到参数 z_i 的相关信息，若每个属性使用多次，那么攻击者将会得到更多与 z_i 有关的信息。在下面的证明游戏中，类型 1 的半功能性密钥最多只有一个，剩余其他的为类型 2 的半功能性密钥，这是为了避免由于一次在多个密钥中使用而泄露 z_i。

若满足 $cd - bu_1 = 0$，即类型 1 的半功能性密钥能够成功解密半功能性密文，那么称类型 1 的半功能性的密钥为名义上半功能性的。

接下来，我们将使用一系列的安全游戏来证明本节所提方案的安全性，$\text{Game}_{\text{Real}}$ 作为第一个，为真实的安全游戏，即密文和所有的密钥都为普通类型。下一个安全游戏为 Game_0，在该游戏中，所有的密钥都为普通类型的密钥，而密文则为半功能性的密文。令 q 表示攻击者进行密钥查询的次数，对于 $k=1$~q，定义安全游戏如下。

$\text{Game}_{k,1}$：在该游戏中，前 $k-1$ 个密钥为类型 2 的半功能性密钥，第 k 个密钥为类型 1 的半功能性密钥，而剩余密钥则为普通类型的密钥。挑战密文为半功能性的密文。

$\text{Game}_{k,2}$：在该游戏中，前 k 个密钥为类型 2 的半功能性密钥，而剩余的密钥则为普通类型的密钥。挑战密文为半功能性的密文。

由此可见，在安全游戏 $\text{Game}_{q,2}$ 中，所有的密钥都为类型 2 的半功能性密钥，挑战密文则为半功能性的密文。而对于最后一个安全游戏 $\text{Game}_{\text{Final}}$，所有的密钥都为类型 2 的半功能性密钥，而挑战密文则变为对某个随机消息的半功能性的加密，即不依赖于攻击者 $\mathcal{A}$ 在挑战阶段给出的两个明文消息 M_0 和 M_1。因此，攻击者 $\mathcal{A}$ 在安全游戏 $\text{Game}_{\text{Final}}$ 中的优势为 0。下面，本节通过 4 个引理来证明安全游戏的不可区分性。

定理 4.5　若存在一个多项式时间的攻击者 $\mathcal{A}$ 满足 $Adv^{\mathcal{A}}_{\text{Game}_{\text{Real}}} - Adv^{\mathcal{A}}_{\text{Game}_0} = \varepsilon$，那么可以构造一个挑战者 $\mathcal{B}$ 以同样的优势 ε 来攻破合数阶双线性群下的静态假设 1。

证明　我们构造挑战者 $\mathcal{B}$，而且 $\mathcal{B}$ 以静态假设 1 给出的参数 (g, X_3, T) 为输入，然后依赖于 T 的分布，$\mathcal{B}$ 将给出对安全游戏 $\text{Game}_{\text{Real}}$ 或安全游戏 Game_0 的仿真。

参数设置阶段：在此阶段，$\mathcal{B}$ 首先随机选择参数 $\alpha, a \in \mathbb{Z}_N$；然后，对于每个属

性 $i \in U$ ，$\mathcal{B}$ 随机选择参数 $s_i \in \mathbb{Z}_N$ ，接下来，$\mathcal{B}$ 将下列公开密钥 PK 发送给 $\mathcal{A}$ ，开始与 $\mathcal{A}$ 的仿真交互。

$$PK = (N, g, g^a, e(g,g)^\alpha, \{T_i = g^{s_i}\}_{i \in U})$$

另外，$\mathcal{B}$ 设置主密钥为 $MK = (\alpha, X_3)$ ，且由 $\mathcal{B}$ 秘密保存。

密钥查询阶段：攻击者 $\mathcal{A}$ 适应性地提交一系列的属性集合查询，由于 $\mathcal{B}$ 知道主密钥 MK，因此 $\mathcal{B}$ 可以运行密钥生成算法构造解密密钥，并将其发送给 $\mathcal{A}$。

挑战阶段：攻击者 $\mathcal{A}$ 提交长度相等的两个明文消息 M_0 、M_1 和一个访问结构 $(\boldsymbol{A}^*, \rho^*)$ ，为了构造挑战密文，$\mathcal{B}$ 隐含地设置 g^s 为 T 的 $\mathbb{G}_{p_1}$ 部分，即意味着 T 为 $g^s \in \mathbb{G}_{p_1}$ 和 $\mathbb{G}_{p_2}$ 中某个元素的乘积。$\mathcal{B}$ 随机选择元素 $\beta \in \{0,1\}$ ，并设置

$$C = M_\beta e(g^\alpha, T), C' = T$$

对于访问矩阵 $\boldsymbol{A}^*$ 的每一行 x，为了构造密文组件 C_x ，$\mathcal{B}$ 随机选择参数 $v_2', v_3', \cdots, v_n' \in \mathbb{Z}_N$ ，并构造向量 $\boldsymbol{v}' = (1, v_2', v_3', \cdots, v_n')$ 。另外，随机选择参数 $r_x' \in \mathbb{Z}_N$ ，并设置

$$C_x = T^{(a\boldsymbol{A}_x \cdot \boldsymbol{v}')} T^{-r_x' s_{\rho(x)}}, D_x = T^{r_x'}$$

需要注意的是，我们隐含地设置 $\boldsymbol{v} = (s, sv_2', sv_3', \cdots, sv_n')$ 和 $r_x = r_x's$ ，进行模 p_1 计算后，$\boldsymbol{v}$ 为某个随机向量且第一个元素为 s，而 r_x 则为某个随机数值。因此，若 $T \in \mathbb{G}_{p_1}$ ，那么可以得出构造的密文为正确分布的普通类型密文。

若 $T \in \mathbb{G}_{p_1 p_2}$ ，令 g_2^c 表示 T 的 $\mathbb{G}_{p_2}$ 部分，即 $T = g^s g_2^c$ ，且隐含地设置参数 $\boldsymbol{u} = ca\boldsymbol{v}'$ ，$\gamma_x = -cr_x'$ 和 $z_{\rho(x)} = s_{\rho(x)}$ 。另外，由中国剩余定理可以得出 $a, v_2', v_3', \cdots, v_n', r_x', s_{\rho(x)}$ model p_2 的值独立于 $a, v_2', v_3', \cdots, v_n', r_x', s_{\rho(x)}$ model p_1 的值，因此，构造的密文为正确分布的半功能性密文。至此完成了对定理 4.5 的证明。

定理 4.6 若存在一个多项式时间的攻击者 $\mathcal{A}$ 满足 $Adv_{\text{Game}_{k-1,2}}^{\mathcal{A}} - Adv_{\text{Game}_{k,1}}^{\mathcal{A}} = \varepsilon$ ，那么可以构造一个挑战者 $\mathcal{B}$ 以同样的优势 ε 来攻破合数阶双线性群下的静态假设 2。

证明 我们构造挑战者 $\mathcal{B}$ ，而且 $\mathcal{B}$ 以静态假设 2 给出的参数 $(g, X_1X_2, X_3, Y_2Y_3, T)$ 为输入，然后依赖于 T 的分布，$\mathcal{B}$ 将给出对安全游戏 $\text{Game}_{k-1,2}$ 或安全游戏 $\text{Game}_{k,1}$ 的仿真。

参数设置阶段：在此阶段，$\mathcal{B}$ 首先随机选择参数 $\alpha, a \in \mathbb{Z}_N$ ；然后，对于每个属性 $i \in U$ ，$\mathcal{B}$ 随机选择参数 $s_i \in \mathbb{Z}_N$ ，接下来，$\mathcal{B}$ 将下列公开密钥 PK 发送给 $\mathcal{A}$ ，开

始与 $\mathcal{A}$ 的仿真交互。

$$PK=(N,g,g^a,e(g,g)^\alpha,\{T_i=g^{s_i}\}_{i\in U})$$

另外，$\mathcal{B}$ 设置主密钥为 $MK=(\alpha,X_3)$，且由 $\mathcal{B}$ 秘密保存。

密钥查询阶段：为了构造前 $k-1$ 个类型 2 的半功能性密钥，$\mathcal{B}$ 随机选择参数 $t\in\mathbb{Z}_N$ 以及 $\mathbb{G}_{p_3}$ 中的元素 $R'_0,\{R_i\}_{i\in S}$，并设置

$$K=g^\alpha g^{at}(Y_2Y_3)^t,L=g^tR'_0,\{K_i=T_i^tR_i\}_{i\in S}$$

需要注意的是，由于 t model p_2 的值独立于 t model p_1 的值，因此，密钥组件 K 为正确分布的。另外，$\mathcal{B}$ 知道主密钥 MK，因此 $\mathcal{B}$ 可以运行密钥生成算法构造最后 $q-k$ 个普通类型的密钥。

对于密钥 k，$\mathcal{B}$ 隐含地设置 T 的 $\mathbb{G}_{p_1}$ 部分为 g^t，接下来，$\mathcal{B}$ 随机选择子群 $\mathbb{G}_{p_3}$ 中的参数 $R_0,R'_0,\{R_i\}_{i\in S}$，并设置

$$K=g^\alpha T^aR_0,L=TR'_0,\{K_i=T^{s_i}R_i\}_{i\in S}$$

由此可见，若 $T\in\mathbb{G}_{p_1p_3}$，那么该密钥是一个正确分布的普通类型的密钥，而若 $T\in\mathbb{G}$，那么该密钥变成类型 1 的半功能性密钥，在此情况下，我们隐含地设置 $z_i=s_i$，令 g_2^b 表示 T 的 $\mathbb{G}_{p_2}$ 部分，那么可以得出 $d=ba$ model p_2。需要注意的是，z_i model p_2 的值独立于 s_i model p_1 的值。

挑战阶段：攻击者 $\mathcal{A}$ 提交长度相等的两个明文消息 M_0、M_1 和一个访问结构 $(\boldsymbol{A}^*,\rho^*)$，为了构造半功能性的挑战密文，$\mathcal{B}$ 隐含地设置 $g^s=X_1$ 和 $g_2^c=X_2$。然后，$\mathcal{B}$ 选择随机参数 $u_2,u_3,\cdots,u_n\in\mathbb{Z}_N$，并定义向量 $\boldsymbol{u}'=(a,u_2,u_3,\cdots,u_n)$，另外，选择随机参数 $r'_x\in\mathbb{Z}_N$，并构造密文如下。

$$C=M_\beta e(g^\alpha,X_1X_2),C'=X_1X_2,C_x=(X_1X_2)^{A_x^*\cdot u'}(X_1X_2)^{-r'_xs_{\rho(x)}},D_x=(X_1X_2)r'_x$$

需要注意的是，我们设置 $\boldsymbol{v}=sa^{-1}\boldsymbol{u}'$ 和 $\boldsymbol{u}=c\boldsymbol{u}'$，因此，参数 s 在子群 $\mathbb{G}_{p_1}$ 中进行了共享，而参数 ca 则在子群 $\mathbb{G}_{p_2}$ 中进行了共享。另外，隐含地设置了 $r_x=r'_xs$ 和 $\gamma_x=-cr'_x$。

对于半功能性的密文与第 k 个类型 1 的半功能性密钥，密文中 u 的第一个参数值 ac model p_2 与密钥中的参数值 a model p_2 相关。若排除这些关联，那么半功能性的密文与第 k 个类型 1 的半功能性密钥都为正确分布的，并且若用类型 1 的半功能性密钥解密半功能性的密文，将得到明文消息 M，因为等式满足

$cd - bu_1 = cba - bca = 0$ model p_2。由此可以得出，该密钥或者为普通类型的密钥或者为名义上半功能性的密钥，但是这对攻击者$\mathcal{A}$来说是隐藏的，因为$\mathcal{A}$不允许进行任何可成功解密挑战密文的密钥查询。

因此，若$T \in \mathbb{G}_{p_1 p_3}$，那么$\mathcal{B}$仿真了安全游戏$\text{Game}_{k-1,2}$；而若$T \in \mathbb{G}$且所有的数值$\gamma_x$模$p_2$后都不等于0，那么$\mathcal{B}$仿真了安全游戏$\text{Game}_{k,1}$。至此完成了对定理4.6的证明。

定理4.7 若存在一个多项式时间的攻击者$\mathcal{A}$满足$Adv_{\text{Game}_{k,1}}^{\mathcal{A}} - Adv_{\text{Game}_{k,2}}^{\mathcal{A}} = \varepsilon$，那么可以构造一个挑战者$\mathcal{B}$以同样的优势$\varepsilon$来攻破合数阶双线性群下的静态假设2。

证明 我们构造挑战者$\mathcal{B}$，而且$\mathcal{B}$以静态假设2给出的参数$(g, X_1X_2, X_3, Y_2Y_3, T)$为输入，然后依赖于$T$的分布，$\mathcal{B}$将给出对安全游戏$\text{Game}_{k,1}$或安全游戏$\text{Game}_{k,2}$的仿真。

参数设置阶段：在此阶段，$\mathcal{B}$首先随机选择参数$\alpha, a \in \mathbb{Z}_N$；然后，对于每个属性$i \in U$，$\mathcal{B}$随机选择参数$s_i \in \mathbb{Z}_N$，接下来，$\mathcal{B}$将下列公开密钥$PK$发送给$\mathcal{A}$，开始与$\mathcal{A}$的仿真交互。

$$PK = (N, g, g^a, e(g,g)^\alpha, \{T_i = g^{s_i}\}_{i \in U})$$

另外，$\mathcal{B}$设置主密钥为$MK = (\alpha, X_3)$，且由$\mathcal{B}$秘密保存。

密钥查询阶段：对于安全游戏$\text{Game}_{k,1}$和$\text{Game}_{k,2}$，前$k-1$个密钥都为类型2的半功能性密钥，最后$q-k$个密钥则为普通类型的密钥，且构造方式与先前定理中的构造方式相同。对于第k个密钥，也使用相同的方法进行构造，但是需要对密钥组件K进行重新构造，即随机选择参数$h \in \mathbb{Z}_N$，并构造密钥如下。

$$K = g^\alpha T^a R_0 (Y_2Y_3)^h, L = TR_0', \{K_i = T^{s_i} R_i\}_{i \in S}$$

由此可见，密钥组件K增加了$(Y_2Y_3)^h$项，对$\mathbb{G}_{p_2}$部分进行了随机化，该密钥不再为名义上半功能性的密钥。

挑战阶段：挑战密文构造方式与先前定理中的构造方式相同，同样，参数ac在子群$\mathbb{G}_{p_2}$中进行了共享。但是，在此情形下，该值不再与密钥k相关，而是某个模p_2后的随机数值。

因此，若$T \in \mathbb{G}_{p_1 p_3}$，那么第$k$个密钥为类型2的半功能性密钥，$\mathcal{B}$仿真了安全游戏$\text{Game}_{k,2}$；而若$T \in \mathbb{G}$，那么第$k$个密钥为类型1的半功能性密钥，$\mathcal{B}$仿真了安全游戏$\text{Game}_{k,1}$。至此完成了对定理4.7的证明。

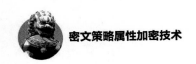

定理 4.8　若存在一个多项式时间的攻击者 $\mathcal{A}$ 满足 $Adv^{\mathcal{A}}_{\text{Game}_{q,2}} - Adv^{\mathcal{A}}_{\text{Game}_{\text{Final}}} = \varepsilon$，那么我们可以构造一个挑战者 $\mathcal{B}$ 以同样的优势 ε 攻破合数阶双线性群下的静态假设 3。

证明　我们构造挑战者 $\mathcal{B}$，而且 $\mathcal{B}$ 以静态假设 3 给出的参数 $(g, X_3, g^{\alpha}X_2, g^sY_2, Z_2, T)$ 为输入，然后依赖于 T 分布，$\mathcal{B}$ 将给出对游戏 $\text{Game}_{q,2}$ 或游戏 $\text{Game}_{\text{Final}}$ 的仿真。

参数设置阶段：在此阶段，$\mathcal{B}$ 首先随机选择参数 $a \in \mathbb{Z}_N$。然后，对于每个属性 $i \in U$，$\mathcal{B}$ 随机选择参数 $s_i \in \mathbb{Z}_N$。接下来，$\mathcal{B}$ 从静态假设 3 给出的参数 $g^{\alpha}X_2$ 中获取 α，构造下列公开密钥 PK，并发送给 $\mathcal{A}$ 开始与其进行仿真交互。

$$PK = (N, g, g^a, e(g,g)^{\alpha} = e(g, g^{\alpha}X_2), \{T_i = g^{s_i}\}_{i \in U})$$

另外，$\mathcal{B}$ 设置主密钥为 $MK = (\alpha, X_3)$，且由 $\mathcal{B}$ 秘密保存。

密钥查询阶段 1：为了构造类型 2 的半功能性密钥，$\mathcal{B}$随机选择参数 $t \in \mathbb{Z}_N$ 和群 $\mathbb{G}_{p_3}$ 中的参数 $R_0, R'_0, \{R_i\}_{i \in S}$，并设置密钥如下。

$$K = g^{\alpha} g^{at} Z_2^t R_0, L = g^t R'_0, \{K_i = T_i^t k_i\}_{i \in S}$$

挑战阶段：攻击者 $\mathcal{A}$ 提交长度相等的两个明文消息 M_0、M_1 和一个访问结构 $(\boldsymbol{A}^*, \rho^*)$，为了构造半功能性的挑战密文，$\mathcal{B}$ 从静态假设 3 给出的参数 g^sY_2 中获取 s。然后，$\mathcal{B}$ 选择随机参数 $u_2, u_3, \cdots, u_n \in \mathbb{Z}_N$，并定义向量 $\boldsymbol{u}' = (a, u_2, u_3, \cdots, u_n)$，另外，选择随机参数 $r'_x \in \mathbb{Z}_N$，并构造密文如下。

$$C = M_{\beta}T, C' = g^sY_2, C_x = (g^sY_2)^{\boldsymbol{A}_x^* \cdot \boldsymbol{u}'} (g^sY_2)^{-r'_x s_{\rho(x)}}, D_x = (g^sY_2)^{r'_x}$$

需要注意的是，我们设置 $\boldsymbol{v} = sa^{-1}\boldsymbol{u}'$ 和 $\boldsymbol{u} = c\boldsymbol{u}'$，因此，参数 s 在子群 $\mathbb{G}_{p_1}$ 中进行了共享，而参数 ca 则在子群 $\mathbb{G}_{p_2}$ 中进行了共享。另外，同样隐含地设置了 $r_x = r'_x s$ 和 $\gamma_x = -cr'_x$。

因此，若 $T = e(g,g)^{\alpha s}$，那么挑战密文为正确分布的对消息 M_b 加密的半功能性密文，$\mathcal{B}$ 仿真了安全游戏 $\text{Game}_{q,2}$；否则，挑战密文为正确分布的对 $\mathbb{G}_T$ 中随机消息加密的半功能性密文，$\mathcal{B}$ 仿真了安全游戏 $\text{Game}_{\text{Final}}$。至此完成了对定理 4.8 的证明。

定理 4.9　若静态假设 1、静态假设 2 和静态假设 3 成立，那么本节提出的 CP-ABE 方案为标准模型下适应性安全的。

证明 若静态假设 1、静态假设 2 和静态假设 3 成立，那么根据以上 4 个定理，可以得出真实的安全游戏 $\mathrm{Game}_{\mathrm{Real}}$ 与最后一个安全游戏 $\mathrm{Game}_{\mathrm{Final}}$ 是不可区分的。而在安全游戏 $\mathrm{Game}_{\mathrm{Final}}$ 中，挑战消息 M_β 被群 $\mathbb{G}_T$ 中的随机元素隐藏，即 β 对攻击者 $\mathcal{A}$ 来说是信息隐藏的。因此，可以得出，$\mathcal{A}$ 攻破本章方案的优势是可忽略的。

参考文献

[1] BONEH D, FRANKLIN M. Identity-based encryption from the weil pairing[C]//Proc of the International Cryptology Conference. Berlin: Springer, 2001: 213-229.

[2] SAHAI A, WATERS B. Fuzzy identity-based encryption[C]//Proc of the International Conference on the Theory and Applications of Cryptographic Techniques. Berlin: Springer, 2005: 457-473.

[3] BETHENCOURT J, SAHAI A, WATERS B. Ciphertext-policy attribute-based encryption[C]// Proc of the IEEE Symposium on Security and Privacy. 2007: 321-334.

[4] SHOUP V. Lower bounds for discrete logarithms and related problems[C]//Advances in Cryptology. Berlin: Springer, 1997:256-266.

[5] DENT A W. Adapting the weaknesses of the random oracle model to the generic group model[C]//Advances in Cryptology. Berlin: Springer, 2002:100-109.

[6] CHEUNG L, NEWPORT C. Provably secure ciphertext-policy ABE[C]//Proceedings of the ACM Conference on Computer and Communication Security. 2007: 456-465.

[7] WATERS B. Ciphertext-policy attribute-based encryption: an expressive, efficient and provably secure realization[EB].

[8] WATERS B. Dual system encryption: realizing fully secure IBE and HIBE under simple assumptions[C]//Proceedings of the Advances in Cryptology. Berlin: Springer, 2009: 619-636.

[9] LEWKO A, OKAMOTO T, SAHAI A, et al. Fully secure functional encryption: attribute-based encryption and (hierarchical) inner product encryption[C]//Annual International Conference on the Theory and Applications of Cryptographic Techniques. 2010: 62-91.

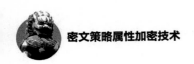

第5章

大规模属性集合下的 CP-ABE 方案

大规模属性集合意味着不需要在系统构建初期提前设定属性的规模，并生成相应的密钥参数，可以根据实际需要随时增加系统属性，提高了系统的灵活性和扩展性。本章主要对两个经典的大规模属性集合下的 CP-ABE 方案进行简要介绍。

第 4 章主要介绍了小规模属性集合的 CP-ABE 方案，小规模属性集合的方案需要在初始化阶段定义好系统支持的属性集合，极大限制了系统的灵活性和扩展性。为解决该问题，支持大规模属性集合的 CP-ABE 方案被提出，下面详细介绍几种经典的支持大规模属性集合的 CP-ABE 方案。

5.1 Waters 的支持大规模属性集合的 CP-ABE 方案

2008 年，Waters 使用 LSSS 表示单调访问结构，提出了 3 个高效的支持通用访问结构的 CP-ABE 方案[1]，方案实现了标准模型下的选择安全性。相比其他 CP-ABE 方案，该方案在安全性、效率以及表达能力方面都达到了较好的效果，相应结果[2]发表在 2011 年 PKC 会议上。但是，这 3 个 CP-ABE 方案只支持小规模属性集合，即在初始化阶段就需要定义好系统支持的属性集合，极大限制了系统的灵活性和扩展性。例如，我们为某个系统{“大学”，“学院”，“专业”}3 个层级设置了一套 CP-ABE 加密机制，现在体制改革后，增加了“院系”层，那么必须抛弃原来在用的 CP-ABE 加密方案，重新进行方案设计。

为了解决小规模属性集合问题，Waters 在文献[1]中对方案进行了扩展，提出了一个支持大规模属性集合的 CP-ABE 方案，方案使用了一个建模为随机预言机的哈希函数 $H:\{0,1\}^* \to \mathbb{G}$，该函数用来将属性映射为群 $\mathbb{G}$ 下的某个随机元素，因此该方案只实现了随机预言模型下的可证明安全性。为了在实现相同功能的前提下，进一步提高方案的安全性，Waters 提出了一个标准模型下支持大规模属性集合的 CP-ABE 方案，该方案使用了某个具有足够维度随机性的哈希函数，并在参数设置阶段对用户申请解密密钥的属性集合进行限制，且该方案公开密钥参数的长度随着该属性集合大小呈线性增长。

5.1.1　相关定义

本节给出方案证明所基于的安全模型和具体的方案定义。

5.1.1.1　安全模型定义

在该模型中，攻击者选择对某个访问结构 (A^*,ρ^*) 加密后的密文进行挑战，并且可以对任意不满足 A^* 的属性集合 S 进行密钥查询，其具体定义如下。

选择阶段：攻击者 $\mathcal{A}$ 选择将要挑战的访问结构 (A^*,ρ^*)。

参数设置阶段：挑战者 $\mathcal{B}$ 运行参数设置算法，并把生成的系统公开密钥 PK 发送给攻击者 $\mathcal{A}$。

密钥查询阶段 1：攻击者 $\mathcal{A}$ 适应性地提交对一系列属性集合 $S_1,S_2,\cdots,S_{q_1}$ 的密钥查询。

挑战阶段：攻击者 $\mathcal{A}$ 提交长度相等的两个明文消息 M_0 和 M_1 给挑战者 $\mathcal{B}$，并且需要满足：密钥查询阶段 1 中的属性集合 $S_1,S_2,\cdots,S_{q_1}$ 都不能满足访问结构 (A^*,ρ^*)。然后 $\mathcal{B}$ 随机选择参数 $b\in\{0,1\}$，用 (A^*,ρ^*) 加密 M_b，并将加密后的密文 CT^* 发送给 $\mathcal{A}$。

密钥查询阶段 2：如密钥查询阶段 1，攻击者 $\mathcal{A}$ 继续提交对一系列属性集合 $S_{q_1+1},S_{q_1+2},\cdots,S_q$ 的密钥查询，同样需要 $S_{q_1+1},S_{q_1+2},\cdots,S_q$ 都不能满足访问结构 (A^*,ρ^*)。

猜测阶段：攻击者 $\mathcal{A}$ 输出值 $b'\in\{0,1\}$ 作为对 b 的猜测，如果 $b'=b$，那么称攻击者 $\mathcal{A}$ 赢了该游戏。另外，定义攻击者 $\mathcal{B}$ 在该游戏中的优势为 $|\Pr[b'=b]-\frac{1}{2}|$。

定义 5.1　若不存在多项式时间内的攻击者能以不可忽略的优势赢得上述安全游戏，那么该 CP-ABE 方案为可证明安全的。

5.1.1.2　方案定义

本节提出的 CP-ABE 方案主要包括 4 个多项式时间算法，具体描述如下。

（1）$Setup(\lambda)\to(PK,MK)$：参数设置算法，以安全参数 λ 为输入，生成系统

的公开密钥 PK 和主密钥 MK。

（2）$KeyGen(PK,MK,S) \to SK$：密钥生成算法，以公开密钥 PK、主密钥 MK 和用户属性集合为输入，生成解密密钥 SK。

（3）$Encrypt(PK,(\boldsymbol{A},\rho),M) \to CT$：加密算法，以公开密钥 PK、访问策略 $(\boldsymbol{A},\rho)$ 和明文数据 M 为输入，生成密文 CT。

（4）$Decrypt(PK,CT,SK) \to M$：解密算法，以公开密钥 PK、密文 CT 和解密密钥 SK 为输入，若与密钥有关的属性集合满足与密文有关的访问策略，则解密成功，输出明文消息 M。

5.1.2 随机预言模型下可证明安全的 CP-ABE 方案

5.1.2.1 方案构造

该方案使用了一个建模为随机预言机的哈希函数 $H:\{0,1\}^* \to \mathbb{G}$，该函数用来将属性映射为群 $\mathbb{G}$ 下的某个随机元素。方案的具体构造如下。

（1）$Setup(\lambda)$：算法首先运行群生成函数获得系统参数 $(\mathbb{G},\mathbb{G}_T,p,e)$，其中，$p$ 为素数，$\mathbb{G}$ 和 $\mathbb{G}_T$ 是两个 p 阶循环群，e 是一个双线性映射，$g \in \mathbb{G}$ 为生成元。然后，算法随机选择参数 $\alpha,a \in \mathbb{Z}_p$。另外，算法选择一个建模为随机预言机的哈希函数 $H:\{0,1\}^* \to \mathbb{G}$。最后，算法设置系统的公开密钥为

$$PK=(g,e(g,g)^{\alpha},g^{a})$$

主密钥为 $MK=g^{\alpha}$。

（2）$KeyGen(PK,MK,S)$：密钥生成算法随机选择参数 $t \in \mathbb{Z}_p$ 并构造用户解密密钥为

$$SK=(K=g^{\alpha}g^{at},L=g^{t},\{K_x=H(x)^{t}\}_{x\in S})$$

（3）$Encrypt(PK,(\boldsymbol{A},\rho),M)$：输入参数 $\boldsymbol{A}$ 表示一个 $l\times n$ 矩阵，ρ 表示把 $\boldsymbol{A}$ 的每一行映射到相应属性的映射函数，并限制其为单射函数。然后，算法随机选择向量 $\vec{v}=(s,y_2,\cdots,y_n)\in\mathbb{Z}_p^n$ 来共享加密指数 s。对于 $i=1\sim l$，算法计算内积 $\lambda_i=\boldsymbol{A}_i\cdot\vec{v}$，其中，$\boldsymbol{A}_i$ 表示对应访问矩阵 $\boldsymbol{A}$ 的第 i 行的向量，并且随机选择参数 $r_1,r_2,\cdots,r_l\in\mathbb{Z}_p$。最后，算法计算密文如下。

$$CT=(C=M\cdot e(g,g)^{\alpha s},C'=g^{s},$$
$$(C_1=g^{a\lambda_1}H(\rho(1))^{-r_1},D_1=g^{r_1}),\cdots,$$
$$(C_l=g^{a\lambda_l}H(\rho(l))^{-r_l},D_l=g^{r_l}))$$

（4）$Decrypt(PK,CT,SK)$：输入参数 $CT=(C,C',(C_1,D_1),\cdots,(C_l,D_l))$ 表示访问策略 $(\boldsymbol{A},\rho)$ 下的密文，$SK=(K,L,\{K_x\}_{x\in S})$ 表示属性集合 S 下的解密密钥。令 $I\subset\{1,2,\cdots,l\}$ 定义为 $I=\{i:\rho(i)\in S\}$，若属性集合 S 满足访问策略 $(\boldsymbol{A},\rho)$ 且 $\{\lambda_i\}$ 为关于访问矩阵 $\boldsymbol{A}$ 的共享密钥 s 的有效份额，那么算法能够在多项式时间内计算数值 $\{w_i\in\mathbb{Z}_p\}_{i\in I}$，满足 $\sum_{i\in I}w_i\lambda_i=s$。算法进行解密如下。

$$e(C',K)/(\prod_{i\in I}(e(C_i,L)\cdot e(D_i,K_{\rho(i)}))^{w_i})=$$
$$e(g,g)^{\alpha s}e(g,g)^{ast}/(\prod_{i\in I}e(g,g)^{ta\lambda_i w_i})=e(g,g)^{\alpha s}$$

最后，算法计算 $C/e(g,g)^{\alpha s}$ 得到明文消息 M。

5.1.2.2　安全性证明

定理 5.1　若确定性的 q-parallel BDHE 假设在双线性群 $\mathbb{G}$ 与 $\mathbb{G}_T$ 中成立，那么不存在多项式时间内的攻击者 $\mathcal{A}$ 能以不可忽略的优势选择性地攻破本节提出的 CP-ABE 方案，其中挑战矩阵为 $\boldsymbol{A}^*(l^*\times n^*)$，且 $l^*,n^*\leqslant q$。

证明　若存在攻击者 $\mathcal{A}$ 能以不可忽略的优势 $\varepsilon=Adv_{\mathcal{A}}$ 攻破本节提出的 CP-ABE 方案，那么同样可以构造挑战者 $\mathcal{B}$ 来攻破群 $\mathbb{G}$ 与 $\mathbb{G}_T$ 下确定性的 q-parallel BDHE 假设。

选择阶段：挑战者 $\mathcal{B}$ 以 q-parallel BDHE 挑战 $\vec{y},T$ 为输入。攻击者 $\mathcal{A}$ 给定挑战访问策略 $(\boldsymbol{A}^*,\rho^*)$，其中，$\boldsymbol{A}^*$ 有 n^* 列。

参数设置阶段：挑战者 $\mathcal{B}$ 随机选择参数 $\alpha'\in\mathbb{Z}_p$，并通过计算 $e(g,g)^{\alpha}=e(g^{a},g^{a^q})e(g,g)^{\alpha'}$ 隐含地设置参数 $\alpha=\alpha'+a^{q+1}$。

接下来，算法通过生成表格的形式来构造随机预言机 H。在调用 $H(x)$时，若在表格中进行了具体定义，则简单地返回表格中的数据；否则，算法随机选择参数 $z_x\in\mathbb{Z}_p$，并令 X 表示 $\rho^*(i)=x$ 的索引 i 的集合。算法设置 $H(x)$如下。

$$H(x)=g^{z_x}\prod_{i\in X}g^{aA^*_{i,1}/b_i}\cdot g^{a^2A^*_{i,2}/b_i}\cdot\cdots\cdot g^{a^nA^*_{i,n}/b_i}$$

需要注意的是，若 $X=\varnothing$，则设置 $H(x)=g^{z_x}$。由于参数 z_x 是随机选择的，因此 $H(x)$ 是随机分布的。

密钥查询阶段 1：攻击者$\mathcal{A}$适应性地提交一系列的属性集合查询，假设查询的属性集合为 S，且 S 不满足访问策略 $(\boldsymbol{A}^*,\rho^*)$。

挑战者$\mathcal{B}$首先随机选择参数 $r\in\mathbb{Z}_p$，然后构造向量 $\vec{\boldsymbol{w}}=(w_1,\cdots,w_{n^*})\in\mathbb{Z}_p^{n^*}$，其中，$w_1=-1$，且对于所有的 $\rho^*(i)\in S$，满足 $\boldsymbol{A}_i^*\vec{\boldsymbol{w}}^{\mathrm{T}}=0$。然后，$\mathcal{B}$ 设置密钥组件。

$$L=g^r\prod_{i=1,2,\cdots,n^*}(g^{a^{q+1-i}})^{w_i}=g^t$$

需要注意的是，这里隐含地设置参数 t 为

$$t=r+w_1a^q+w_2a^{q-1}+\cdots+w_{n^*}a^{q-n^*+1}$$

通过 t 的定义，可以得出 g^{at} 包含了 $g^{-a^{q+1}}$ 项，而 $g^{-a^{q+1}}$ 在假设中并没有给出，但是生成密钥 K 时，隐含地设置 $\alpha=\alpha'+a^{q+1}$，因此 $g^{-a^{q+1}}$ 可以通过与 $g^{\alpha}=g^{\alpha'}g^{a^{q+1}}$ 相乘而被取消。因此，$\mathcal{B}$ 计算密钥组件 K 如下。

$$K=g^{\alpha'}g^{ar}\prod_{i=2,\cdots,n^*}(g^{a^{q+2-i}})^{w_i}$$

接下来，挑战者 $\mathcal{B}$ 计算密钥组件 $\{K_x\}_{x\in S}$，对于所有的属性 $x\in S$，若访问矩阵中不存在行 i 满足 $\rho^*(i)=x$，那么 $\mathcal{B}$ 可以简单地设置 $K_x=L^{z_x}$。否则，对于在访问结构中使用的属性 x，为了构造密钥组件，必须保证没有像 g^{a^{q+1}/b_i} 这样不能仿真的参数项。然而，存在等式 $\boldsymbol{A}_i^*\cdot\vec{w}=0$，因此，不能仿真的参数项可以被取消。令 X 表示所有满足 $\rho^*(i)=x$ 的行 i 的集合，那么设置 K_x 为

$$K_x=L^{z_x}\prod_{i\in X}\prod_{j=1,2,\cdots,n^*}\Big(g^{(a^j/b_i)r}\prod_{\substack{k=1,2,\cdots,n^*\\k\neq j}}g^{(a^{q+1+j-k}/b_i)w_k}\Big)^{A_{i,j}^*}$$

挑战阶段：攻击者$\mathcal{A}$提交长度相等的两个明文消息 M_0 和 M_1。然后，$\mathcal{B}$ 随机选择参数 $\beta\in\{0,1\}$，构造密文组件 $C=M_\beta Te(g^s,g^{\alpha'})$ 和 $C'=g^s$。接下来，最关键的是构造密文组件 C_i，因为 C_i 包含了必须被取消的参数项，为了实现该构造，挑战者 $\mathcal{B}$ 使用密钥分割技术，其具体做法是：$\mathcal{B}$ 随机选择参数 $y_2',y_3',\cdots,y_{n^*}'\in\mathbb{Z}_p$，并通过设置如下向量来共享秘密 s。

$$\vec{v}=(s,sa+y_2',sa^2+y_3',\cdots,sa^{n^*-1}+y_{n^*}')\in\mathbb{Z}_p^{n^*}$$

另外，$\mathcal{B}$ 随机选择参数 $r_1',r_2',\cdots,r_l'\in\mathbb{Z}_p$。对于 $i=1,2,\cdots,n^*$，定义 R_i 为所有满足 $\rho^*(i)=\rho^*(k)$ 的 $k\neq i$ 的集合。因此，$\mathcal{B}$ 生成密文组件 C_i 与 D_i 如下。

$$C_i = H(\rho^*(i))^{r_i'}\left(\prod_{j=2,\cdots,n^*}(g^a)^{A_{i,j}^* y_j'}\right)(g^{b_i \cdot s})^{-z_{\rho^*(i)}}\left(\prod_{k\in R_i}\prod_{j=1,2,\cdots,n^*}(g^{a^j \cdot s \cdot (b_i/b_k)})^{A_{k,j}^*}\right)$$

$$D_i = g^{-r_i'} g^{-sb_i}$$

密钥查询阶段 2：如密钥查询阶段 1，$\mathcal{A}$继续提交一系列的属性集合查询。

猜测阶段：攻击者$\mathcal{A}$最终输出对 β 的猜测 β'。若 $\beta' = \beta$，$\mathcal{A}$ 输出 0，表示 $T = e(g,g)^{a^{q+1}s}$；否则，输出 1，表示 T 为群 $\mathbb{G}_T$ 中的随机元素。

若 $T = e(g,g)^{a^{q+1}s}$，那么挑战者 $\mathcal{B}$ 进行了完美的安全游戏模拟，可以得出

$$\Pr[\mathcal{B}(\vec{y}, T = e(g,g)^{a^{q+1}s}) = 0] = \frac{1}{2} + Adv_{\mathcal{A}}$$

而若 T 为群 $\mathbb{G}_T$ 中的某个随机元素，那么对攻击者来说，M_β 是完全隐藏的，可以得出

$$\Pr[\mathcal{B}(\vec{y}, T = R) = 0] = \frac{1}{2}$$

5.1.3　标准模型下可证明安全的 CP-ABE 方案

5.1.3.1　方案构造

本节描述如何在标准模型下构造支持大规模属性集合的 CP-ABE 方案。在 5.1.2 节提出的 CP-ABE 方案中，使用了随机预言机进行挑战密文的参数化设置。本节通过定义具有足够维数随机性的哈希函数来实现相同的功能，但实现了方案在标准模型下的安全性。该方案必须在参数设置阶段对用户申请解密密钥的属性集合进行限制，且公开密钥参数的长度随着该属性集合大小呈线性增长。其具体构造如下。

（1）$Setup(\lambda, Attr_{\max}, l_{\max})$：参数设置算法以安全参数 λ、解密密钥属性集合的最大值 $Attr_{\max}$ 和密文访问结构列数的最大值 $l_{\max}$ 为输入，算法首先运行群生成函数获得系统参数 $(\mathbb{G}, \mathbb{G}_T, p, e)$，其中，$p$ 为素数，$\mathbb{G}$ 和 $\mathbb{G}_T$ 是两个 p 阶循环群，e 是一个双线性映射，$g \in \mathbb{G}$ 为生成元。然后，算法随机选择参数 $\alpha, a \in \mathbb{G}_p$。另外，算法定义哈希函数 $U: \mathbb{Z}_p \to \mathbb{G}$，该函数的构造过程如下：选择某个维度为 $m = Attr_{\max} + l_{\max} - 1$ 的多项式 $p(x) \in \mathbb{Z}_p$，然后计算 $u_0 = g^{p(0)}, u_1 = g^{p(1)}, \cdots, u_m = g^{p(m)}$)。需要注意的是，对于某个参数 $x \in \mathbb{Z}_p$，这 $m+1$ 个值能够成功地计算 $g^{p(x)}$。最后，算法设置系统的主密

钥为 $MK = g^{\alpha}$，公开密钥为

$$PK = (g, e(g,g)^{\alpha}, g^{a}, u_0, u_1, \cdots, u_m)$$

（2）$KeyGen(PK, MK, S)$：密钥生成算法以公开密钥 PK、主密钥 MK 和用户属性集合为输入，然后，算法随机选择参数 $t \in \mathbb{Z}_p$ 并构造用户解密密钥为

$$SK = (K = g^{\alpha} g^{at}, L = g^{t}, \{K_x = U(x)^{t}\}_{x \in S})$$

（3）$Encrypt(PK, (\boldsymbol{A}, \rho), M)$：加密算法以公开密钥 PK、访问策略 $(\boldsymbol{A}, \rho)$ 和明文数据 M 为输入，生成密文 CT，其中，$\boldsymbol{A}$ 表示一个 $l \times n$ 矩阵，ρ 表示把 $\boldsymbol{A}$ 的每一行映射到相应属性的映射函数，且限制 ρ 为单射函数。然后，算法随机选择向量 $\vec{v} = (s, y_2, \cdots, y_n) \in \mathbb{Z}_p^n$，对 $\boldsymbol{A}$ 的每一行 $\boldsymbol{A}_i$，计算内积 $\lambda_i = \boldsymbol{A}_i \cdot \vec{v}$。最后，算法计算密文如下。

$$CT = (C = M \cdot e(g,g)^{\alpha s}, C' = g^{s}, C_1 = g^{a\lambda_1} U(\rho(1))^{-s}, \cdots, C_l = g^{a\lambda_l} U(\rho(l))^{-s})$$

（4）$Decrypt(PK, CT, SK)$：解密算法以公开密钥 PK、访问策略 $(\boldsymbol{A}, \rho)$ 下的密文 $CT=$（$C, C', C_1, \cdots, C_l$））和属性集合 S 下的解密密钥 $SK = (K, L, \{K_x\}_{x \in S})$ 为输入。令 $I \subset \{1, 2, \cdots, l\}$ 定义为 $I = \{i : \rho(i) \in S\}$，若属性集合 S 满足访问策略 $(\boldsymbol{A}, \rho)$ 且 $\{\lambda_i\}$ 为关于访问矩阵 $\boldsymbol{A}$ 的共享密钥 s 的有效份额，那么算法能够在多项式时间内计算数值 $\{w_i \in \mathbb{Z}_p\}_{i \in I}$，满足 $\sum_{i \in I} w_i \lambda_i = s$。算法进行解密如下。

$$e(C', K) / (\prod_{i \in I} (e(C_i, L) \cdot e(C', K_{\rho(i)}))^{w_i}) =$$
$$e(g,g)^{\alpha s} e(g,g)^{ast} / (\prod_{i \in I} e(g,g)^{ta\lambda_i w_i}) = e(g,g)^{\alpha s}$$

最后，算法计算 $C / e(g,g)^{\alpha s}$ 得到明文消息 M。

5.1.3.2 安全性证明

定理 5.2 若确定性的 q-BDHE 假设在双线性群 $\mathbb{G}$ 与 $\mathbb{G}_T$ 中成立，那么不存在多项式时间内的攻击者 $\mathcal{A}$ 能以不可忽略的优势选择性地攻破本节提出的 CP-ABE 方案，其中，挑战矩阵为 $\boldsymbol{A}^*(l^* \times n^*)$，解密密钥属性集合的最大值为 $Attr_{\max}$，且满足 $n^* + Attr_{\max} \leqslant q$。

证 明 若存在攻击者 $\mathcal{A}$ 能以不可忽略的优势 $\varepsilon = Adv_{\mathcal{A}}$ 攻破本节提出的 CP-ABE 方案，那么同样可以构造挑战者 $\mathcal{B}$ 来攻破群 $\mathbb{G}$ 与 $\mathbb{G}_T$ 下确定性的 q-BDHE 假设。

选择阶段：挑战者 $\mathcal{B}$ 以 q-BDHE 挑战 $\vec{y} = (g, g^{s}, g^{a}, \cdots, g^{a^{q}}, g^{a^{q+2}}, \cdots, g^{a^{2q}}), T$ 为输

入。攻击者 $\mathcal{A}$ 给定挑战访问策略 (A^*,ρ^*)，其中，A^* 有 $n^*\leqslant q$ 列且满足 $n^*+Attr_{\max}\leqslant q$。

参数设置阶段：挑战者 $\mathcal{B}$ 随机选择参数 $\alpha'\in\mathbb{Z}_p$，并通过计算 $e(g,g)^{\alpha}=e(g^a,g^{a^q})e(g,g)^{\alpha'}$ 隐含地设置参数 $\alpha=\alpha'+a^{q+1}$。

接下来，算法构造函数 $U=p(x)$，首先选择 $n^*+Attr_{\max}+1$ 个 $Attr_{\max}+l^*$ 维的多形式 $p_0,p_1,\cdots,p_{n^*+Attr_{\max}}$。其中，$p_0$ 为随机选择的多项式，对于多项式 $p_{n^*+1},p_{n^*+2},\cdots,p_{n^*+Attr_{\max}}$，将存在某个 i 满足 $\rho^*(i)=x$ 的 l^* 个 x 值设置为 0，其他的值随机设置，对于多项式 $p_1,p_2,\cdots,p_{n^*}$，将存在某个 i 满足 $\rho^*(i)=x$ 的 x 值设置为 $p_j(x)=A^*_{i,j}(j\in[1,n^*])$。算法设置 $p(x)$ 如下。

$$p(x)=\sum_{j\in[0,n^*+Attr_{\max}]}p_j(x)\cdot\alpha^j$$

需要注意的是，结合假设给出的参数 g^{a^j}，可以计算 $u_0,u_1,\cdots,u_{Attr_{\max}+n_{\max}}$。

在此，需要说明两个事实：（1）由于多项式 p_0 组件的存在，参数为随机分布的；（2）由于限制映射函数 ρ 为单射的，对于某个属性 x 来说，最多存在一个 i 满足 $\rho^*(i)=x$，因此，参数的设置不存在模糊性。

密钥查询阶段 1：攻击者 $\mathcal{A}$ 适应性地提交一系列的属性集合查询，假设查询的属性集合为 S，且 S 不满足访问策略 (A^*,ρ^*)。

挑战者 $\mathcal{B}$ 首先随机选择参数 $r\in\mathbb{Z}_p$，接着，定义向量 $\vec{b}_x$ 满足 $b_{x,j}=p_j(x)$。然后构造向量 $\vec{w}=(w_1,w_2,\cdots,w_{n^*+Attr_{\max}})\in\mathbb{Z}_p^{n^*}$，其中，$w_1=-1$，且对于所有的 $x\in S$，满足 $\vec{b}_x\cdot\vec{w}=0$，其中，x 为挑战集合中的属性，而对于所有其他的属性 x，向量组件 $(w_{n^*+1},w_{n^*+2},\cdots,w_{n^*+Attr_{\max}})$ 需要以较大可能性满足正交条件。由于多项式的维度为 $n^*+Attr_{\max}$，因此这些条件是可能满足的。

然后，$\mathcal{B}$ 设置密钥组件。

$$L=g^r\prod_{i=1,2,\cdots,n^*+Attr_{\max}}(g^{a^{q+1-i}})^{w_i}=g^t$$

需要注意的是，这里隐含地设置参数 t 为

$$t=r+w_1a^q+w_2a^{q-1}+\cdots+w_{n^*+Attr_{\max}}a^{q-n^*+Attr_{\max}+1}$$

通过 t 的定义，可以得出 g^{at} 包含了 $g^{-a^{q+1}}$ 项，而该项可以与 g^{α} 中的未知项相乘而被取消。$\mathcal{B}$ 计算密钥组件 K 如下。

$$K = g^{\alpha'} g^{ar} \prod_{i=2,\cdots,n^*+Attr_{\max}} (g^{a^{q+2-i}})^{w_i}$$

接下来，挑战者 $\mathcal{B}$ 计算密钥组件 $\{K_x\}_{x\in S}$，为了构造密钥组件，必须保证没有像 $g^{a^{q+1}}$ 这样不能仿真的参数项。需要注意的是，对于某个 j 来说，在计算 $H(x)^t$ 时，所有这种形式的参数项都来源于 $\boldsymbol{A}^*_{i,j} a^j \cdot w_j a^{q+1-j}$，其中，$\rho^*(i) = x$，但是存在等式 $\boldsymbol{A}^*_i \cdot \vec{w} = 0$。因此，$g^{a^{q+1}}$ 可以被取消。假设 $\rho^*(i) = x$，那么算法计算 K_x 如下。

$$K_x = L^{p_0(x)} \prod_{i=1,2,\cdots,n^*+Attr_{\max}} \left(g^r \prod_{\substack{k=1,2,\cdots,n^*+Attr_{\max} \\ k\neq j}} (g^{a^{q+1+j-k}})^{w_k} \right)^{p_j(x)}$$

挑战阶段：攻击者 $\mathcal{A}$ 提交长度相等的两个明文消息 M_0 和 M_1。然后，$\mathcal{B}$ 随机选择参数 $\beta \in \{0,1\}$，构造密文组件 $C = M_\beta T e(g^s, g^{\alpha'})$ 和 $C' = g^s$。接下来，最关键的是构造密文组件 C_i，因为 $H(\rho^*(i))^s$ 包含了无法进行仿真的参数项 $g^{a^j s}$。为了实现构造，挑战者 $\mathcal{B}$ 使用密钥分割技术，其具体做法是：$\mathcal{B}$ 随机选择参数 $y'_2, y'_3, \cdots, y'_{n^*} \in \mathbb{Z}_p$，并通过设置如下向量来共享秘密 s。

$$\vec{v} = (s, sa + y'_2, sa^2 + y'_3, \cdots, sa^{n^*-1} + y'_{n^*}) \in \mathbb{Z}_p^{n^*}$$

这样做可以实现 $H(\rho^*(i))^{-s}$ 中的未知项和 $g^{a\lambda_i}$ 中的未知项相乘后被取消。对于 $i = 1,2,\cdots,n^*$，$\mathcal{B}$ 构造密文组件 C_i 如下。

$$C_i = \left(\prod_{j=1,2,\cdots,n^*} (g^a)^{A^*_{i,j} y'_j} \right) (g^s)^{p_0(\rho^*(i))}$$

密钥查询阶段 2：如密钥查询阶段 1，$\mathcal{A}$ 继续提交一系列的属性集合查询。

猜测阶段：攻击者 $\mathcal{A}$ 最终输出对 β 的猜测 β'。若 $\beta' = \beta$，$\mathcal{A}$ 输出 0，表示 $T = e(g,g)^{a^{q+1}s}$；否则，输出 1，表示 T 为群 $\mathbb{G}_T$ 中的随机元素。

若 $T = e(g,g)^{a^{q+1}s}$，那么挑战者 $\mathcal{B}$ 进行了完美的安全游戏模拟，可以得出

$$\Pr[\mathcal{B}(\vec{y}, T = e(g,g)^{a^{q+1}s}) = 0] = \frac{1}{2} + Adv_{\mathcal{A}}$$

而若 T 为群 $\mathbb{G}_T$ 中的某个随机元素，那么对攻击者来说，M_β 是完全隐藏的，可以得出

$$\Pr[\mathcal{B}(\vec{y}, T = R) = 0] = \frac{1}{2}$$

5.2　Rouselakis-Waters 的支持大规模属性集合的 CP-ABE 方案

目前，可以将 CP-ABE 方案分为“小规模属性集合”和“大规模属性集合”两类。在小规模属性集合方案中，属性空间的大小是基于安全参数的多项式边界，且在参数设置阶段时就已经确定大小。另外，公共参数的大小与属性数量呈线性正相关。而大规模属性集合方案中，属性集合的大小可以扩展。

如何构造大规模属性集合方案成为一个挑战。不同方案在策略表达力或者方案安全性方面做出妥协。例如，文献[3]在参数设置阶段固定了用于加密消息的属性集合的边界。为了构建无边界的策略表达和定长公共参数的方案，其应用了随机预言机安全模型。如果在方案设计时，不希望采用随机预言机模型，则必须在参数设置阶段固定系统表达能力的边界。如何确定该边界的大小成为一个困难的问题。

目前，在标准模型下构建大规模属性集合方案有两种途径：第一，基于选择性安全模型；第二，基于更强的完全安全模型。基于选择性安全模型构建方案一般具有更高的效率，能够实现方案安全性和效率的一种平衡，因此具有广阔的应用前景。文献[4]在标准模型下提出了一种大规模属性集合的 CP-ABE 方案。该方案采用“分割”分类方法，基于文献[5]使方案具有大规模属性集合、高效性和标准模型安全等特征。

5.2.1　相关定义

本节对方案构造和安全性证明所用到的背景知识进行相关定义，包括符号说明、访问结构、安全假设、方案定义和安全模型。

5.2.1.1　符号说明

对于 $N \in \mathbb{N}$，我们定义 $[n] \overset{\text{def.}}{=} \{1,2,\cdots,n\}$，同样，对于 $n_1,n_2,\cdots,n_k \in \mathbb{N}$，$[n_1,n_2,\cdots,n_k] \overset{\text{def.}}{=} [n_1]\times[n_2]\times\cdots\times[n_m]$。当 S 为一个集合时，随机地从集合 S 中挑选变量 s，用 $s \overset{\$}{\leftarrow} S$ 表示。$s_1 \overset{\$}{\leftarrow} S, s_2 \overset{\$}{\leftarrow} S, \cdots, s_n \overset{\$}{\leftarrow} S$ 可简记为 $s_1,s_2,\cdots,s_n \overset{\$}{\leftarrow} S$。

关于 n 的一个可忽略函数记为 $negl(n)$，多项式时间记为 PPT。从集合 S_1 到集合 S_2 的函数集合记为 $\mathcal{F}(S_1 \rightarrow S_2)$。

由 $\mathbb{Z}_p$ 中元素构成的大小为 $m \times n$ 的矩阵集合记为 $\mathbb{Z}_p{}^{m\times n}$ 。特殊子集中，长度为 n 的行向量记为 $\mathbb{Z}_p{}^{1\times n}$ ，长度为 n 的列向量记为 $\mathbb{Z}_p{}^{n\times 1}$ 。行向量记为 $(v_1,v_2,\cdots,v_n)$ ，列向量记为 $(v_1,v_2,\cdots,v_n)^{\perp}$ 。当 $\vec{v}$ 是一个向量（任何类型），用 v_i 表示该向量中的第 i 个元素。向量 $\vec{v}_1$ 与 $\vec{v}_2$ 的内积用 $<\vec{v}_1,\vec{v}_2>$ 表示，其中，任何一个向量可为行向量或列向量。

5.2.1.2 方案定义

本节提出的方案主要由以下 4 个多项式时间算法组成。

（1）$Setup(1^{\lambda}) \to (pp,msk)$ ：该算法以安全参数 $\lambda \in \mathbb{N}$ 作为输入，输出公开参数 pp 和主密钥 msk 。假定公开参数中包含对属性域 $\mathcal{U}$ 的描述。

（2）$KeyGen((1^{\lambda}, pp, msk, S) \to sk$ ：该算法以公开参数 pp 、主密钥 msk 和属性域 $\mathcal{U}$ 中的属性集 S 作为输入，其中，包含安全参数 λ ，用以保证它是在一个关于 λ 的多项式时间内。算法输出一个与 S 相关联的私钥。

（3）$Encrypt(1^{\lambda}, pp, m, \mathbb{A}) \to ct$ ：该算法以公开参数 pp 、明文消息 m 和属性域 $\mathcal{U}$ 上的访问结构 $\mathbb{A}$ 为输入，输出一个密文 ct 。

（4）$Decrypt((1^{\lambda}, pp, sk, ct) \to m$ ：该算法以公开参数 pp 、私钥 sk 和密文 ct 作为输入，输出明文 m。

正确性验证：我们需要保证 CP-ABE 方案的正确性。例如，当 S 是 $\mathbb{A}$ 的一个授权集时，解密算法能够利用关联 S 的一个私钥正确解密一个关联访问结构 $\mathbb{A}$ 的密文。

定义 5.2 一个 CP-ABE 方案是正确的条件是：对于所有的消息 m、所有的属性集 S 和访问结构 $\mathbb{A}$（ $S \in \mathbb{A}$ ）满足下式。

$$\Pr\left[Decrypt(1^{\lambda}, pp, sk, ct) \neq m \middle| \begin{array}{l} (pp, msk) \leftarrow Setup(1^{\lambda}) \\ sk \leftarrow KeyGen(1^{\lambda}, pp, msk, S) \\ ct \leftarrow Encrypt(1^{\lambda}, pp, m, \mathbb{A}) \end{array} \right] \leqslant negl(\lambda)$$

评价：按照上述 CP-ABE 中的定义，除了 $Setup$ 外，所有算法以安全参数和公开参数为输入。这也意味着，任何人均可获得这些参数，因此，我们在构造中明确地将它们略去不写。例如，我们将 $KeyGen(1^{\lambda}, pp, msk, S)$ 写为 $KeyGen(msk, S)$ 。同样，对于加密算法 $Encrypt$ ，我们假定它的最后输入不是一个访问结构 $\mathbb{A}$ ，而是相对应的访问策略 (M, ρ) 。

5.2.1.3　安全模型

本小节给出 CP-ABE 方案的选择性安全的相关定义，通过一个挑战者和一个攻击者之间的游戏进行描述并且可被安全参数 $\lambda \in \mathbb{N}$ 参数化。安全游戏交互过程如下。

系统初始化：在该阶段，攻击者声明挑战访问结构 $\mathbb{A}^*$，进而将其发送给挑战者。

参数设置阶段：挑战者调用 $Setup(1^\lambda)$ 算法并且发送公开参数 pp 给攻击者。

密钥查询阶段 1：攻击者适应性地询问关联属性集 $S_1,S_2,\cdots,S_{Q_1}$ 的私钥。对于每一个集合 S_i，挑战者调用 $KeyGen(msk,S_i) \to sk_i$ 算法并且发送 sk_i 到攻击者。此阶段中要求属性集合都不能满足挑战访问结构，如 $\forall i \in [Q_1]: S_i \notin \mathbb{A}^*$。

挑战阶段：攻击者提交两个相同长度的明文 m_0 和 m_1 并且发送它们到挑战者。挑战者随机选择参数 $b \in \{0,1\}$ 并且调用 $Encrypt(m,\mathbb{A}) \to ct$ 算法，进而将 ct 发送给攻击者。

密钥查询阶段 2：如密钥查询阶段 1。攻击者询问关联属性集 $S_{Q_1+1},S_{Q_1+2},\cdots,S_Q$ 的私钥。此阶段中要求属性集合都不能满足挑战访问结构 $\forall i \in [Q]: S_i \notin \mathbb{A}^*$。

猜测阶段：攻击者输出值 $b' \in \{0,1\}$ 作为对 b 的猜测。

定义 5.3　在上面的安全游戏中，当所有多项式时间的攻击者基于安全参数 λ 至多有一个可忽略的优势，则该 CP-ABE 方案是选择性安全的，其中，攻击者的优势被定义为

$$Adv = \Pr[b' = b] - \frac{1}{2}$$

5.2.2　方案设计

本节提出了一个支持大属性集的 CP-ABE 方案。公开参数由 6 个群元素构成 $(g,u,h,w,v,e(g,g)^\alpha)$，它们直观上被用于两个分离的“层”去实现安全的大属性集 CP-ABE。在“属性层”，u 和 h 提供了一个 Boneh-Boyen 类型[6]的哈希函数 $(u^A h)$；而在“秘密共享层”，w 在密钥生成阶段保持了秘密 r 的随机性，在加密阶段保持了秘密 s 共享份额的随机性。v 被用来将这两层联接在一起。g 和 $e(g,g)^\alpha$ 用来引入主密钥功能并且给予正常的解密。

该方案由以下 4 个算法组成。

（1）$Setup(1^\lambda) \to (pp,msk)$：该算法调用群生成算法 $\mathcal{G}(1^\lambda)$ 且得到关于群的描述

和双线性映射 $D=(p,\mathbb{G},\mathbb{G}_T,e)$，其中，$p$ 为群 $\mathbb{G}$ 和 $\mathbb{G}_T$ 的素数阶。属性域为 $\mathcal{U}=\mathbb{Z}_p$。

接着，该算法随机选择 $g,u,h,w,v\xleftarrow{\$}\mathbb{G}$ 和 $\alpha\xleftarrow{\$}\mathbb{Z}_p$，它的输出为

$$pp=(D,g,u,h,w,v,e(g,g)^{\alpha}),msk=(\alpha)$$

（2）$KeyGen(msk,S=\{A_1,A_2,\cdots,A_k\}\subseteq\mathbb{Z}_p)\rightarrow sk$：密钥生成算法随机选择 k+1 个指数 $r,r_1,r_2,\cdots,r_k\xleftarrow{\$}\mathbb{Z}_p$。进而计算 $K_0=g^{\alpha}w^{r},K_1=g^{r}$，对于每一个 $\tau\in[k]$，计算 $K_{\tau,2}=g^{r_\tau},K_{\tau,3}=(u^{A_\tau}h)^{r_\tau}v^{-r}$，输出的密钥为 $sk=(S,K_0,K_1,\{K_{\tau,2},K_{\tau,3}\}_{\tau\in[k]})$。

（3）$Encrypt(m\in\mathbb{G}_T,(\boldsymbol{M},\rho))\in(\mathbb{Z}_p^{\ell\times n},\mathcal{F}([\ell]\rightarrow\mathbb{Z}_p)))\rightarrow ct$：加密算法以明文消息 m 为输入，然后算法选择 $\vec{y}=(s,y_2,\cdots,y_n)^{\perp}\xleftarrow{\$}\mathbb{Z}_p^{n\times1}$。$s$ 为一个在共享过程中会被共享的随机秘密。共享向量如下。

$$\vec{\lambda}=(\lambda_1,\lambda_2,\cdots,\lambda_\ell)^{\perp}=\boldsymbol{M}\vec{y}$$

进而，算法随机选择 ℓ 个组件 $t_1,t_2,\cdots,t_\ell\xleftarrow{\$}\mathbb{Z}_p$ 并且计算 $C=m\cdot e(g,g)^{\alpha s}$，$C_0=g^{s}$，对于每一个 $\tau\in[\ell]$，有

$$C_{\tau,1}=w^{\lambda_\tau}v^{t_\tau},C_{\tau,2}=(u^{\rho(\tau)}h)^{-t_\tau},C_{\tau,3}=g^{t_\tau}$$

输出的密文为 $ct=((\boldsymbol{M},\rho),C,C_0,\{C_{\tau,1},C_{\tau,2},c_{\tau,3}\}_{\tau\in[\ell]})$。

（4）$Decrypt(sk,ct)\rightarrow m$：首先，解密算法计算集合 S 中的共享属性矩阵 $\boldsymbol{M}$ 中的行集合，如 $I=\{i:\rho(i)\in S\}$。接着，计算并得到常量 $\{w_i\in\mathbb{Z}_p\}_{i\in I}$ 使 $\sum_{i\in I}w_i\boldsymbol{M}_i=(1,0,\cdots,0)$，其中，$\boldsymbol{M}_i$ 是矩阵 $\boldsymbol{M}$ 中的第 i 行。当 S 为一个策略授权集合时，这些常量是多项式时间内可计算的。最后，计算

$$B=\frac{e(C_0,K_0)}{\prod_{i\in I}(e(C_{i,1},K_1)e(C_{i,2},K_{\tau,2})e(C_{i,3},K_{\tau,3}))^{w_i}}$$

其中，τ 是 S 中属性 $\rho(i)$ 的索引（依赖于 i），算法的输出为 $m=C/B$。

正确性分析：假设属于私钥的属性集 S 是授权集合，则有 $\sum_{i\in I}w_i\lambda_i=s$。因此

$$B=\frac{e(g,g)^{\alpha s}e(g,w)^{rs}}{\prod_{i\in I}e(g,w)^{rw_i\lambda_i}e(g,v)^{rt_iw_i}e(g,u^{\rho(i)}h)^{-r_it_iw_i}e(g,u^{\rho(i)}h)^{r_it_iw_i}e(g,v)^{-rt_iw_i}}=$$

$$\frac{e(g,g)^{\alpha s}e(g,w)^{rs}}{e(g,w)^{r\sum_{i\in I}w_i\lambda_i}}=e(g,g)^{\alpha s}$$

其中，$C/B=m\cdot e(g,g)^{\alpha s}/e(g,g)^{\alpha s}=m$

5.2.3 安全性证明

本节提供了 CP-ABE 方案的选择性安全的原理证明。

定理 5.3　若 q-type 假设成立，则所有基于 $\ell\times n$ 大小挑战矩阵 $(\ell,n\leqslant q)$ 的多项式时间内的攻击者有可忽略的优势选择性地破坏该方案。

证明　为了证明此定理，假设存在一个多项式时间的攻击者 $\mathcal{A}$ 拥有一个满足约束的挑战矩阵，且该攻击者有一个不可忽略的优势 $Adv_{\mathcal{A}}$ 选择性地破坏该方案，则可以基于该攻击者构建一个多项式时间内的挑战者 $\mathcal{B}$ 能够以不可忽略的优势攻击 q-type 假设。

系统初始化：$\mathcal{B}$ 得到来自假设中的给定参数和来自攻击者 $\mathcal{A}$ 的一个挑战策略 (M^*,ρ^*)，使 M^* 的大小为 $\ell\times n$，其中 $\ell,n\leqslant q$ 且 $\rho^*\in\mathcal{F}([\ell]\to\mathbb{Z}_p)$。

参数设置阶段：挑战者 $\mathcal{B}$ 为攻击者 $\mathcal{A}$ 提供系统的公开参数。为了实现该目的，挑战者 $\mathcal{B}$ 隐含设置方案的主密钥为 $\alpha=\alpha^{q+1}+\widetilde{\alpha}$，其中，$a,q$ 为假设中设置的参数，$\widetilde{\alpha}\overset{\$}{\leftarrow}\mathbb{Z}_p$ 是为 $\mathcal{B}$ 所知的随机指数。在这种方法中，α 是合理分布的，a 对攻击者 $\mathcal{A}$ 是无条件隐藏的。接着，挑战者 $\mathcal{B}$ 随机选择指数 $\tilde{v},\tilde{u},\tilde{h}\overset{\$}{\leftarrow}\mathbb{Z}_p$ 且利用假设发送给 $\mathcal{A}$ 如下公开参数。

$$g=g;\qquad w=g^{a};$$
$$v=g^{\widetilde{v}}\cdot\prod_{(j,k)\in[\ell,n]}(g^{a^k/b_j})^{M^*_{j,k}};\qquad u=g^{\widetilde{u}}\cdot\prod_{(j,k)\in[\ell,n]}(g^{a^k/b_j^2})^{M^*_{j,k}};$$
$$h=g^{\widetilde{h}}\cdot\prod_{(j,k)\in[\ell,n]}(g^{a^k/b_j^2})^{-\rho^*(j)M^*_{j,k}};\quad e(g,g)^{\alpha}=e(g^{a},g^{a^q})\cdot e(g,g)^{\widetilde{\alpha}}$$

因为参数 $e(g,g)^{\alpha}$ 无条件地隐藏了指数 a，则从 $\mathcal{A}$ 的角度看，参数 w 是合理分布的。同样，由于 $\tilde{v},\tilde{u},\tilde{h}$ 的存在，参数 v,u,h 分别也是合理分布的。挑战者能够利用假设中的参数和 $\mathcal{A}$ 给的挑战策略来计算所有的参数。

显然，由参数 u,h 构成的“属性层”，其组成参数的指数部分分母为 b_i^2，“联结参数” v 的部分分母为 b_i。“秘密共享层” w 仅为 a 次幂。b_i 次幂的伸缩性允许挑战者适当地仿真所有参数。

密钥查询阶段 1 和 2：当前，挑战者需要为被 $\mathcal{A}$ 询问的未授权的属性集提供私钥，且在这两个阶段的处理方式一致。接收到 $\mathcal{A}$ 发过来的属性集 $S=\{A_1,A_2,\cdots,A_{|S|}\}$ 后，为了生成基于该属性集的私钥，$\mathcal{B}$ 的工作方式如下。

由于 S 是 (M^*,ρ^*) 的非授权集合，则存在一个向量 $\vec{w}=(w_1,w_2,\cdots,w_n)^{\perp}\in\mathbb{Z}_p^n$ 使 $w_1=-1$ 且对于所有的 $i\in I=\{i\mid i\in[\ell]\wedge\rho^*(i)\in S\}$ 满足 $<M_i^*,\vec{w}>=0$。挑战者利用线性代数计算 $\vec{w}$。接着，挑战者挑选 $\tilde{r}\xleftarrow{\$}\mathbb{Z}_p$ 且隐含地设置

$$r=\tilde{r}+w_1a^q+w_2a^{q-1}+\cdots+w_na^{q+1-n}=\tilde{r}+\sum_{i\in[n]}w_ia^{q+1-i}$$

$\tilde{r}$ 使其是合理分布的，进而利用来自假设的合适参数计算

$$K_0=g^{\alpha}w^r=g^{a^{q+1}}g^{\tilde{\alpha}}g^{a\tilde{r}}\prod_{i\in[n]}g^{w_ia^{q+2-i}}=g^{\tilde{\alpha}}(g^a)^{\tilde{r}}\prod_{i=2}^{n}(g^{a^{q+2-i}})^{w_i}$$

$$K_1=g^r=g^{\tilde{r}}\prod_{i\in[n]}(g^{a^{q+1-i}})^{w_i}$$

此外，对于所有的 $\tau\in[|S|]$，计算参数 $K_{\tau,2}=g^{r_\tau}$ 和 $K_{\tau,3}=(u^{A_\tau}h)^{r_\tau}v^{-r}$。这些参数的共有部分 v^{-r} 如下。

$$v^{-r}=v^{-\tilde{r}}\left(g^{\tilde{v}}\prod_{(j,k)\in[\ell,n]}g^{a^kM_{j,k}^*/b_j}\right)^{-\sum_{i\in[n]}w_ia^{q+1-i}}=$$

$$v^{-\tilde{r}}\prod_{i\in[n]}(g^{a^{q+1-i}})^{-\tilde{v}w_i}\cdot\prod_{(i,j,k)\in[n,\ell,n]}g^{-w_iM_{j,k}^*a^{q+1+k-i}/b_j}=$$

$$\underbrace{v^{-\tilde{r}}\prod_{i\in[n]}(g^{a^{q+1-i}})^{-\tilde{v}w_i}\cdot\prod_{\substack{(i,j,k)\in[n,\ell,n]\\ i\neq k}}(g^{a^{q+1+k-i}/b_j})^{-w_iM_{j,k}^*}}_{\Phi}\cdot\prod_{(i,j)\in[n,\ell]}g^{-w_iM_{j,i}^*a^{q+1}/b_j}=$$

$$\Phi\cdot\prod_{j\in[\ell]}g^{-<\vec{w},M_j^*>a^{q+1}/b_j}=\Phi\cdot\prod_{\substack{j\in[\ell]\\ \rho^*(j)\notin S}}g^{-<\vec{w},M_j^*>a^{q+1}/b_j}$$

挑战者能够利用假设参数计算 Φ 部分，第二部分却不得不利用 $(u^{A_\tau}h)^{r_\tau}$ 部分来消除。因此，对于每一个属性 $A_\tau\in S$，挑战者隐含地设置

$$r_\tau=\tilde{r}_\tau+r\cdot\sum_{\substack{i'\in[\ell]\\ \rho^*(i')\notin S}}\frac{b_{i'}}{A_\tau-\rho^*(i')}=$$

$$\tilde{r}_\tau+\tilde{r}\cdot\sum_{\substack{i'\in[\ell]\\ \rho^*(i')\notin S}}\frac{b_{i'}}{A_\tau-\rho^*(i')}+\sum_{\substack{(i,i')\in[n,\ell]\\ \rho^*(i')\notin S}}\frac{w_ib_{i'}a^{q+1-i}}{A_\tau-\rho^*(i')}$$

其中，$\tilde{r}_\tau\xleftarrow{\$}\mathbb{Z}_p$，故 r_τ 是正确分布的。分子中 b_i 的作用已在前文关于“层”的

部分介绍过。即这些 b_i 将要抵消“属性层”中分母 b_i^2 并且与未知的 v^{-r} 部分相抵消。

需要注意的是，因为属性 i' 满足 $\rho^*(i') \notin S$，所以 r_τ 是明确定义仅用于特殊的未授权集合 S 中的属性或者不相关的属性。因此，对于所有的 $A_\tau \in S$ 或者 $A_\tau \notin \rho^*(\ell)$，分母 $A_\tau - \rho^*([i'])$ 不为 0。假若挑战者尝试在私钥中包含更多策略的属性（也许能够得到一个授权集合的私钥），他将不得不用 0 去做除数，如图 5.1 所示。

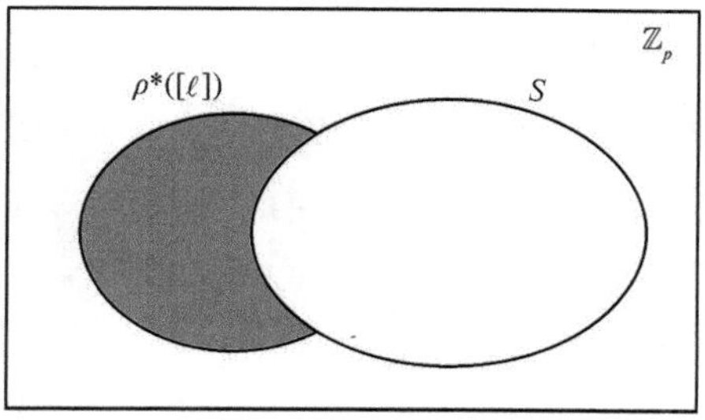

图 5.1 挑战者无法为深色区域的属性构建密钥组件

因此，$K_{\tau,3} = (u^{A_\tau} h)^{r_\tau} v^{-r}$ 的第一部分是

$$
\begin{aligned}
(u^{A_\tau} h)^{r_\tau} = {} & (u^{A_\tau} h)^{\tilde{r}_\tau} \cdot \left(g^{\tilde{u}A_\tau + \tilde{h}} \prod_{(j,k)\in[\ell,n]} g^{(A_\tau - \rho^*(j)) M^*_{j,k} a^k / b_j^2} \right)^{\tilde{r} \cdot \sum_{i'\in[\ell], \rho^*(i')\notin S} \frac{b_{i'}}{A_\tau - \rho^*(i')}} \cdot \\
& \left(g^{\tilde{u}A_\tau + \tilde{h}} \prod_{(j,k)\in[\ell,n]} g^{(A_\tau - \rho^*(j)) M^*_{j,k} a^k / b_j^2} \right)^{\sum_{(i,i')\in[n,\ell], \rho^*(i')\notin S} \frac{w_i b_{i'} a^{q+1-i}}{A_\tau - \rho^*(i')}} = \\
& (u^{A_\tau} h)^{\tilde{r}_\tau} \cdot (K_{\tau,2} / g^{\tilde{r}_\tau})^{\tilde{u}A_\tau + \tilde{h}} \cdot \prod_{\substack{(i',j,k)\in[\ell,\ell,n] \\ \rho^*(i')\notin S}} g^{\tilde{r}(A_\tau - \rho^*(j)) M^*_{j,k} b_{i'} a^k / (A_\tau - \rho^*(i')) b_j^2} \cdot \\
& \prod_{\substack{(i,i',j,k)\in[n,\ell,\ell,n] \\ \rho^*(i')\notin S}} g^{(A_\tau - \rho^*(j)) w_i M^*_{j,k} b_{i'} a^{q+1+k-i} / (A_\tau - \rho^*(i')) b_j^2} = \\
& \Psi \cdot \prod_{\substack{(i,j)\in[n,\ell] \\ \rho^*(j)\notin S}} g^{(A_\tau - \rho^*(j)) w_i M^*_{j,i} b_j a^{q+1+i-i} / (A_\tau - \rho^*(j)) b_j^2} = \\
& \Psi \cdot \prod_{\substack{j\in[\ell] \\ \rho^*(j)\notin S}} g^{<\vec{w}, M^*_j> a^{q+1} / b_j}
\end{aligned}
$$

其中

$$\Psi=(u^{A_\tau}h)^{\tilde{r}_\tau}\cdot(K_{\tau,2}/g^{\tilde{r}_\tau})^{\tilde{u}A_\tau+\tilde{h}}\cdot\prod_{\substack{(i',j,k)\in[\ell,\ell,n]\\ \rho^*(i')\notin S}}(g^{b_{i'}a^k/b_j^2})^{\tilde{r}(A_\tau-\rho^*(j))M^*_{j,k}/(A_\tau-\rho^*(i'))}\cdot$$

$$\prod_{\substack{(i,i',j,k)\in[n,\ell,\ell,n]\\ \rho^*(i')\notin S,(j\neq i'\vee i\neq k)}}(g^{b_{i'}a^{q+1+k-i}/b_j^2})^{(A_\tau-\rho^*(j))w_iM^*_{j,k}/(A_\tau-\rho^*(i'))}$$

$$K_{\tau,2}=g^{r_\tau}=g^{\tilde{r}_\tau}\cdot\prod_{\substack{i'\in[\ell]\\ \rho^*(i')\notin S}}(g^{b_{i'}})^{\tilde{r}(A_\tau-\rho^*(i'))}\cdot\prod_{\substack{(i,i')\in[n,\ell]\\ \rho^*(i')\notin S}}(g^{b_{i'}a^{q+1-i}})^{w_i/(A_\tau-\rho^*(i'))}$$

利用 q-type 假设中的合适参数能够计算Ψ和$K_{\tau,2}$的值。$(u^{A_\tau}h)^{r_\tau}$的第二部分与v^{-r}中不确定的部分正好可以抵消。因此，挑战者对所有的$A_\tau\in S$能够计算$K_{\tau,2}$和$K_{\tau,3}$。最后，挑战者将私钥$sk=(S,K_0,K_1,\{K_{\tau,2}K_{\tau,3}\}_{\tau\in\|S\|}$发送给攻击者。

挑战阶段：攻击者输出一对相同长度的消息m_0和m_1。在这个阶段，挑战者随机选择参数$b\in\{0,1\}$并且构造

$$C=m_b\cdot T\cdot e(g,g^s)^{\tilde{\alpha}}\quad C_0=g^s$$

其中，T是挑战参数，g^s是假设中的相应参数。

挑战者隐含地设置$\vec{y}=(s,sa+\tilde{y}_2,sa^2+\tilde{y}_3,\cdots,sa^{n-1}+\tilde{y}_n)^\perp$，其中$\tilde{y}_2,\tilde{y}_3,\cdots,\tilde{y}_n\xleftarrow{\$}\mathbb{Z}_p$。由于$s$对$\mathcal{A}$是无条件隐藏的且$\tilde{y}_i$是完全随机选择的，所以秘密值$s$和向量$\vec{y}$是正确分布的。因此，若$\vec{\lambda}=M^*\vec{y}$，有

$$\lambda_\tau=\sum_{i\in[n]}M^*_{\tau,i}sa^{i-1}+\sum_{i=2}^{n}M^*_{\tau,i}\tilde{y}_i=\sum_{i\in[n]}M^*_{\tau,i}sa^{i-1}+\tilde{\lambda}_\tau$$

对于每一行$\tau\in[\ell]$，挑战者知道参数$\tilde{\lambda}_\tau=\sum_{i=2}^{n}M^*_{\tau,i}\tilde{y}_i$。对于每一行，挑战者$\mathcal{B}$隐含地设置$t_\tau=-sb_\tau$。由于$b_i$对攻击者$\mathcal{A}$是无条件隐藏的，因此其也是正确分布的。

利用以上述参数，挑战者计算

$$C_{\tau,1}=w^{\lambda_\tau}v^{r_\tau}=w^{\tilde{\lambda}_\tau}\cdot\prod_{i\in[n]}g^{M^*_{\tau,i}sa^i}\cdot(g^{sb_\tau})^{-\tilde{v}}\cdot\prod_{(j,k)\in[\ell,n]}g^{-M^*_{j,k}a^k\cdot sb_\tau/b_j}=$$

$$w^{\tilde{\lambda}_\tau}\cdot(g^{sb_\tau})^{-\tilde{v}}\cdot\prod_{i\in[n]}g^{M^*_{\tau,i}sa^i}\cdot\prod_{k\in[n]}g^{-M^*_{\tau,k}a^k sb_\tau/b_\tau}\cdot\prod_{\substack{(j,k)\in[\ell,n]\\ j\neq\tau}}g^{-M^*_{j,k}a^k sb_\tau/b_j}=$$

$$w^{\tilde{\lambda}_\tau}\cdot(g^{sb_\tau})^{-\tilde{v}}\cdot\prod_{\substack{(j,k)\in[\ell,n]\\ j\neq\tau}}(g^{sa^k b_\tau/b_j})^{-M^*_{j,k}}$$

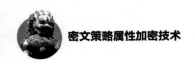

$$C_{\tau,2} = (u^{\rho^*(\tau)}h)^{-t_\tau} = (g^{sb_\tau})^{-(\tilde{u}\rho^*(\tau)+\tilde{h})} \cdot \left(\prod_{(j,k)\in[\ell,n]} g^{(\rho^*(\tau)-\rho^*(j))M^*_{j,k}a^k/b_j^2} \right)^{-sb_\tau} =$$

$$(g^{sb_\tau})^{-(\tilde{u}\rho^*(\tau)+\tilde{h})} \cdot \prod_{\substack{(j,k)\in[\ell,n] \\ j\neq\tau}} (g^{sa^k b_\tau/b_j^2})^{-(\rho^*(\tau)-\rho^*(j))M^*_{j,k}}$$

$$C_{\tau,3} = g^{t_\tau} = (g^{sb_\tau})^{-1}$$

通过利用 $t_\tau = -sb_\tau$，我们“提升”“联结”参数 v 的指数，使它们与未知的 w^{λ_τ} 次幂相抵消。因此，挑战者将密文 $ct = ((M^*, \rho^*), C, C_0, \{C_{\tau,1}, C_{\tau,2}, C_{\tau,3}\}_{\tau\in[\ell]})$ 发给攻击者 $\mathcal{A}$。

猜测阶段：在密钥查询阶段 2 后，如上文所述，挑战者生成了私钥，攻击者输出一个关于挑战比特的猜测 b'。如果 $b' = b$，挑战者输出 0，表明挑战参数为 $T = e(g,g)^{sa^{q+1}}$，否则挑战者输出 0。

假如 $T = e(g,g)^{sa^{q+1}}$，又由于 $C = m_b \cdot T \cdot e(g,g^s)^{\tilde{\alpha}} = m_b \cdot e(g,g)^{\alpha s}$，则攻击者 $\mathcal{A}$ 进行一个正当安全游戏。另外，如果 T 是一个属于 $\mathbb{G}_T$ 的随机参数，则在挑战密文中所有关于消息 m_b 的信息都会消失。因此，攻击者 $\mathcal{A}$ 的优势为 0。如果攻击者 $\mathcal{A}$ 利用一个不可忽略的优势破坏了这个安全游戏，则挑战者 $\mathcal{B}$ 同样能够以一个不可忽略的优势破坏 q-type 假设。

| 参考文献 |

[1] WATERS B. Ciphertext-policy attribute based encryption: an expressive, efficient and provably secure realization[EB].

[2] WATERS B. Ciphertext-policy attribute based encryption: an expressive, efficient and provably secure realization[C]// The Public Key Cryptology. 2011: 53-70.

[3] GOYAL V, PANDEY O, SAHAI A, et al. Attribute-based encryption for finegrained access control of encrypted data[C]// ACM Conference on Computer and Communications Security. 2006: 89-98.

[4] ROUSELAKIS Y, WATERS B. New constructions and proof methods for large universe attribute-based encryption[C]//2013 ACM SIGSAC Conference on Computer & Communications Security. 2013.

[5] LEWKO A B, WATERS B. Unbounded HIBE and attribute-based encryption[C]// EUROCRYPT. 2011: 547-567.

[6] BONEH D, BOYEN X. Efficient selective-id secure identity-based encryption without random oracles[C]// EUROCRYPT. 2004: 223-238.

第三部分

功能扩展的密文策略属性加密方案

第6章

访问策略隐藏的 CP-ABE 方案

在CP-ABE 方案中，用户可以根据实际需要制定相应的访问策略，实施以用户为中心的数据访问控制。但是，访问策略往往包含大量的用户敏感信息，必须采取措施对访问策略进行保护。本章首先介绍 4 个经典的访问策略隐藏的 CP-ABE 方案，然后基于经典方案的研究分析，对其进行功能扩展，提出无须密钥托管且访问策略隐藏的 CP-ABE 方案。

在 CP-ABE 方案中，数据拥有者加密数据前，首先根据自身需要制定相应的访问控制策略，然后基于该策略加密明文数据。在基本的 CP-ABE 方案中，访问控制策略以明文的形式隐含在密文数据中。但是，在某些应用场景下，访问控制策略本身往往包含大量的用户敏感信息，也是隐私数据，因此，必须采取措施对访问控制策略实施保护，保证用户数据的整体安全性。

6.1 引言

在 CP-ABE 方案中，除了用户的隐私数据外，还必须对访问控制策略进行保护。例如，某医院将所有注册病人的医疗信息托管给云存储中心。为了保障病人的个人隐私，使用病人姓名、身份证号、就诊医院以及科室为每个用户的医疗信息进行加密，其访问控制策略如图 6.1 所示。在这些属性中，身份证号、医院、科室相对其他属性是比较敏感的，其中的内容涉及病人的个人隐私，如若得知病人所属医院为心脏病医院，那么由此属性可以判定此病人极有可能患有心脏方面的疾病。

Nishide 等[1]在 2008 年第一次将访问策略隐藏的概念引入 CP-ABE 方案中，但是该方案只支持“与”操作，表达能力非常弱，而且用户的密钥长度与整个系统中属性的总个数呈线性增长，同时解密需要进行大量的对运算，计算开销巨大。Li 等[2]延续了这方面的研究，并在方案中考虑了用户追责问题，但是该方案仅证明为选择性模型下安全的。为了实现方案的适应性安全，Waters 等[3]第一次提出使用双系统加密机制来实现访问策略的隐藏，然而该方案只在 IBE 环境下进行了实现。随后，Lai 等[4]鉴于 Waters 等[3]的工作，结合双系统加密技术，提出了一个标准模型下适应性安全的访问策略隐藏的 CP-ABE 方案，但是该方案基于合数阶双线性群进行构造，效率较低。Wang 等[5]基于文献[4]的构造，提出了一个基于素数阶双线性群构造的访问策略隐藏 CP-ABE 方案，在该方案中，用户的私钥长度以及解密操作都为常量，效率较高。但是该方案只支持“与”门操作，表达能力非常弱。为了解决这一问题，Hur 等[6]提出了一个支持任意单调访问结构的 CP-ABE 方案，该方案通过对与密文有关的属性进行重新映射而实现了访问策略的隐藏，而且该方案由云存储中心进行部分解密，数据访问者在进行解密时只需要一个对操作，大大提高了解密效率。但该方案只实现了一般群模型下的安全性，而一般群模型下的安全通常被认为是启发式的安全，不是可证明安全。最近，Song 等[8]基于文献[7]的研究，将线性秘密共享的思想应用到 CP-ABE 方案的“与”“或”“门限”操作中，通过对属性取值进行隐藏进而实现访问策略的隐藏。

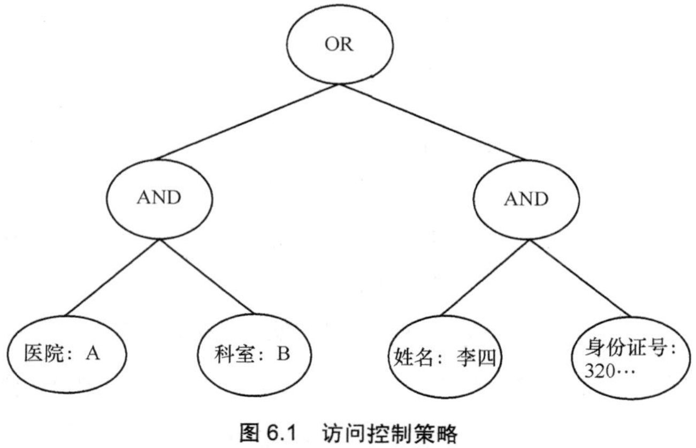

图 6.1　访问控制策略

在基本的 CP-ABE 方案中，属性授权独自负责为系统内所有的用户生成解密密钥，产生密钥托管问题。因此，属性授权容易成为攻击者的攻击目标，一旦属性授权被攻破，那么攻击者将获得系统内所有用户的解密密钥。为了解决密钥托管问题，Chase 等[9]在 2009 年提出了一个分布式的 CP-ABE 方案，该方案通过使用多个属性授权共同生成用户的解密密钥来解决密钥托管问题，但是方案的性能随着属性数量的增长而不断退化，而且该方案只支持“与”门操作，表达性非常弱。随后，Yang 等[10]提出了一个高效解决密钥托管问题的 CP-ABE 方案，在该方案中，用户必须同时拥有来自属性授权和数据拥有者的密钥组件才能得到完整的密钥从而解密密文，但是，该方案的访问策略包含了用户的身份信息，因此，当新用户加入系统时，数据拥有者必须保持在线状态进行数据的重新加密，这在实际应用时不可行。Liu 等[12]通过借鉴 Boneh 和 Boyen 的签名方案[11]，构造了一个具有可追踪功能的 CP-ABE 方案，该方案不仅支持任意的单调访问结构[13]，而且实现了标准模型下的可证明安全性。另外，该方案同时对密钥托管问题进行了研究，增加了一个追踪机构，由属性授权负责密钥生成，而追踪机构则负责追踪恶意用户，但是该方案不能抵抗属性授权与追踪机构的合谋攻击，而且没有解决策略隐藏问题。

6.2 几个经典的访问策略隐藏的 CP-ABE 方案

6.2.1 Nishide-Yoneyama-Ohta 的策略隐藏的 CP-ABE 方案

6.2.1.1 访问结构

Nishide-Yoneyama-Ohta 方案[1]借鉴了文献[14]中的访问结构，其访问结构描述如下：假设系统整个属性数量为 n，且将属性表示为 $\{\mathbb{A}_1,\mathbb{A}_2,\cdots,\mathbb{A}_i,\cdots,\mathbb{A}_n\}$，另外，使用变量 $\{L_1,L_2,\cdots,L_n\}=[1,0,1,\cdots,0]$ 描述用户的属性–值对，为了表述简单，称其为属性列表。在本例中，该用户的属性 $\mathbb{A}_1$ 值为 1，属性 $\mathbb{A}_2$ 值为 0，属性 $\mathbb{A}_3$ 值为 1，…，属性 $\mathbb{A}_n$ 值为 0。属性授权基于该用户的属性列表为其生成密钥。

为了描述某个密文的访问结构，使用变量 $W=\{W_1,W_2,\cdots,W_n\}=[1,1,*,*,0]$，其中 $n=5$，我们称其为密文策略。通配符 $*$ 表示该属性可以取任意值，该密文策略可以看成属性的 AND 操作，即意味着若某个接收者想解密该密文，必须满足属性 $\mathbb{A}_1$ 和 $\mathbb{A}_2$ 的值为 1，属性 $\mathbb{A}_5$ 的值为 0，而属性 $\mathbb{A}_3$ 和 $\mathbb{A}_4$ 的值既可以取 1，也可以取 0。因此，若某个接收者拥有与属性 $[1,1,1,0,0]$ 相关的密钥，则其可以成功地解密密文，而若拥有与属性 $[1,1,1,0,1]$ 相关的密钥，则其无法成功地解密密文。

Nishide-Yoneyama-Ohta 方案对文献[14]中方案的访问结构进行了修改，其属性值不仅可以取 0 和 1，而且可以取多个值。具体来说，令 $S_i=\{v_{i,1},v_{i,2},\cdots,v_{i,t},\cdots,v_{i,n_i}\}$ 为属性 $\mathbb{A}_i$ 可能的取值集合，其中，n_i 表示其可能取值的数量。用户的属性列表可以

表示为 $L=\{L_1,L_2,\cdots,L_i,\cdots,L_n\}$，其中 $L_i \in S_i$，而密文的访问策略可以表示为 $W=\{W_1,W_2,\cdots,W_i,\cdots,W_n\}$，其中 $W_i \subseteq S_i$。例如，密文的访问策略 W 可以定义如下。

$$(\mathbb{A}_1=v_{1,1} \vee \mathbb{A}_2=v_{1,3}) \wedge (\mathbb{A}_2=v_{2,2}) \wedge \cdots \wedge (\mathbb{A}_i=v_{i,5} \vee \cdots, \vee \mathbb{A}_i=v_{1,n_i}) \wedge \cdots$$
$$(\mathbb{A}_n=v_{n,1} \vee \mathbb{A}_n=v_{n,2} \vee \mathbb{A}_n=v_{n,3})$$

若加密者为某个属性指定了通配符为它的值，那么它相当于指定 $W_i=S_i$。对于 $1 \leqslant i \leqslant n$，当且仅当 $L_i \in W_i$，可以认为属性列表满足密文的访问策略。

Nishide-Yoneyama-Ohta 方案通过隐藏每个属性 $\mathbb{A}_i$ 指定的子集 W_i 来实现密文访问策略的隐私性。

6.2.1.2　方案定义

Nishide-Yoneyama-Ohta 方案主要包括以下 4 个多项式时间算法。

（1）$Setup(\lambda) \to (PK,MK)$：参数设置算法，由属性授权执行，以安全参数 λ 为输入，生成系统的公开密钥 PK 和主密钥 MK。

（2）$KeyGen(MK,L) \to SK_L$：密钥生成算法，由属性授权执行，以主密钥和用户属性列表 L 为输入，生成解密密钥 SK_L。

（3）$Encrypt(PK,M,W) \to CT$：加密算法，由数据拥有者执行，以公开密钥 PK、明文数据 M 和密文访问策略 W 为输入，生成密文 CT。

（4）$Decrypt(CT,SK_L) \to M$：解密算法，由数据访问者执行，以解密密文 CT 和解密密钥 SK_L 为输入，若属性列表 L 满足与密文 CT 有关的访问策略 W，则解密成功，生成明文消息 M。

6.2.1.3　安全模型

借鉴文献[15-17]提出的安全模型，Nishide-Yoneyama-Ohta 方案使用如下安全游戏，并且若无多项式时间内的攻击者 $\mathcal{A}$ 能以不可忽略的优势攻破以下安全游戏，则称 Nishide-Yoneyama-Ohta 方案为选择性安全的。

系统初始化阶段：攻击者 $\mathcal{A}$ 提交需要进行挑战的访问控制策略 W_0 和 W_1。

参数设置阶段：挑战者 $\mathcal{B}$ 运行参数设置 $Setup$ 算法，并把生成的系统公开密钥 PK 发送给攻击者 $\mathcal{A}$。

密钥查询阶段 1：攻击者 $\mathcal{A}$ 适应性地提交一系列的属性列表 L，对于每个属性列表 L，若 L 满足访问策略 W_0 且满足访问策略 W_1，或不满足访问策略 W_0 且不满足访问策略W_1，则挑战者$\mathcal{B}$生成密钥SK_L，并返回给攻击者$\mathcal{A}$。

挑战阶段：攻击者$\mathcal{A}$提交长度相等的两个明文消息M_0、M_1给挑战者$\mathcal{B}$。若$\mathcal{A}$在密钥查询阶段1获得了某个密钥SK_L，且与其相关的属性列表L既满足访问策略W_0也满足访问策略W_1，则要求$W_0 = W_1$。挑战者$\mathcal{B}$随机选择参数$\beta \in \{0,1\}$，并将密文$Encrypt(PK, M_\beta, W_\beta)$发送给攻击者$\mathcal{A}$。

密钥查询阶段2：如密钥查询阶段1，攻击者$\mathcal{A}$继续适应性地提交一系列的属性列表L，需要满足的限制为：若明文消息$M_0 \neq M_1$，则要求访问策略L不能同时满足W_0和W_1。

猜测阶段：攻击者$\mathcal{A}$输出值$\beta' \in \{0,1\}$作为对β的猜测，如果$\beta' = \beta$，那么称攻击者$\mathcal{A}$赢了该游戏。另外，定义攻击者$\mathcal{A}$在该游戏中的优势为$|\Pr[\beta' = \beta] - \frac{1}{2}|$。

6.2.1.4 方案构造

Nishide-Yoneyama-Ohta 方案主要基于文献[14]进行构造，但是在文献[14]中，为了让解密者知道该使用哪个密钥组件，密文中需要包含访问策略。而且，为了对密文策略中的通配符进行支持，需要提供对应的公钥组件，解密时，解密者同样需要其对应的密钥组件。而在 Nishide-Yoneyama-Ohta 方案构造中，可以隐藏具体的密文访问策略。

首先，Nishide-Yoneyama-Ohta 方案对文献[14]的构造进行描述，随后解释了方案能够实现访问策略隐藏的原理。在该方案中，假设系统内整个属性的个数为n，表示为$\{1, 2, \cdots, i, i+1, \cdots, n\}$。

1. 文献[14]的方案构造

文献[14]中的方案主要包括4个多项式时间算法，其具体构造如下。

（1）参数设置算法：$Setup(\lambda) \to (PK, MK)$

算法首先运行群生成函数ψ生成系统参数$(\mathbb{G}, \mathbb{G}_T, p, g \in \mathbb{G}, e)$，其中，$p$表示素数，$\mathbb{G}$和$\mathbb{G}_T$是两个$p$阶循环群，$e$: $\mathbb{G} \times \mathbb{G} \to \mathbb{G}_T$是一个双线性映射。接着，算法随机选择参数$w \in \mathbb{Z}_p^*$。并且对于每一个属性$i$ $(1 \leqslant i \leqslant n)$，算法随机选择参数$a_i, \hat{a}_i, a_i^* \in \mathbb{Z}_p^*$。然后，算法计算$Y = e(g,g)^w$和$A_i = g^{a_i}, \hat{A}_i = g^{\hat{a}_i}, A_i^* = g^{a_i^*}$。最后，算法设置系统公开密钥$PK$为

$$PK = (Y, p, \mathbb{G}, \mathbb{G}_T, g, e, \{A_i, \hat{A}_i, A_i^*\}_{1 \leqslant i \leqslant n})$$

设置主密钥 MK 为 $MK=(w,\{a_i,\hat{a}_i,a_i^*\}_{1\leqslant i\leqslant n})$

（2）密钥生成算法：$KeyGen(MK,L)\to SK_L$

令 $L=\{L_1,L_2,\cdots,L_n\}$ 表示用户需要申请密钥的属性列表。对于每一个属性 $i\,(1\leqslant i\leqslant n)$，算法随机选择参数 $s_i\in\mathbb{Z}_p^*$，设置 $s=\sum_{i=1}^n s_i$ 并计算 $D_0=g^{w-s}$。另外，对于每一个属性 $i\,(1\leqslant i\leqslant n)$，若 $L_i=1$，则算法计算 $[D_i,D_i^*]=[g^{s_i/a_i},g^{s_i/a_i^*}]$；若 $L_i=0$，则算法计算 $[D_i,D_i^*]=[g^{s_i/\hat{a}_i},g^{s_i/a_i^*}]$。最后，算法设置用户的解密密钥为

$$SK_L=(D_0,\{D_i,D_i^*\}_{1\leqslant i\leqslant n})$$

则属性授权将 SK_L 发送给用户。

（3）加密算法：$Encrypt(PK,M,W)\to CT$

加密算法在访问策略 $W=\{W_1,W_2,\cdots,W_n\}$ 下加密明文消息 $M\in\mathbb{G}_T$。算法首先选择一个随机参数 $r\in\mathbb{Z}_p^*$，并设置 $\tilde{C}=MY^r$ 和 $C_0=g^r$。对于每一个 $i\,(1\leqslant i\leqslant n)$，算法计算 C_i 如下：若 $W_i=1$，则设置 $C_i=A_i^r$；若 $W_i=0$，则设置 $C_i=\hat{A}_i^r$；若 $W_i=*$，则设置 $C_i=\hat{A}_i^{*r}$。最后，算法设置密文为

$$CT=(\tilde{C},C_0,\{C_i\}_{1\leqslant i\leqslant n})$$

需要注意的是，算法需要在密文中包含访问策略 W，以便接收者知道使用哪个解密密钥。

（4）解密算法：$Decrypt(CT,SK_L)\to M$

解密算法可以提前检查与密文有关的访问策略 W，以便确定属性列表 L 是否满足 W，若满足，则可以继续进行解密，其中，$CT=(\tilde{C},C_0,\{C_i\}_{1\leqslant i\leqslant n})$，$SK_L=(D_0,\{D_i,D_i^*\}_{1\leqslant i\leqslant n})$，算法解密如下。

① 对于 $1\leqslant i\leqslant n$，算法计算

$$D_i'=\begin{cases}D_i, W_i\neq *\\ D_i^*, W_i=*\end{cases}$$

② 算法计算

$$M=\frac{\tilde{C}}{e(C_0,D_0)\prod_{i=1}^n e(C_i,D_i')}$$

2. **方案构造**

本节描述了如何让文献[14]中的方案实现访问策略隐藏，具体做法是：去除通配符对应的公钥组件 $\{A_i^*\}_{1\leqslant i\leqslant n}$，而且 SK_L 同样不包括通配符对应的密钥组件

$\{D_i^*\}_{1\leqslant i\leqslant n}$。另外，密文组件 $\{C_i,\hat{C}_i\}_{1\leqslant i\leqslant n}$ 取代 $\{C_i\}_{1\leqslant i\leqslant n}$，其构造如下：令 $\{C_i,\hat{C}_i\}=\{A_i^{r_1},\hat{A}_i^{r_2}\}$，且当 $W_i=1$ 时，设置 $r_1=r$，而 r_2 为随机数值；当 $W_i=0$ 时，设置 $r_2=r$，而 r_1 为随机数值；当 $W_i=*$ 时，设置 $r_1=r_2=r$。在解密的过程中，当 $L_i=1$，解密者使用密文组件 C_i；当 $L_i=0$，解密者使用密文组件 $\hat{C}_i$。

Nishide-Yoneyama-Ohta 方案提出了两个能够实现访问策略隐藏的 CP-ABE 构造。

方案构造 1

（1）参数设置算法：$Setup(\lambda)\to(PK,MK)$

算法首先运行群生成函数 ψ 生成系统参数 $(\mathbb{G},\mathbb{G}_T,p,g\in\mathbb{G},e)$，其中，$p$ 表示素数，$\mathbb{G}$ 和 $\mathbb{G}_T$ 是两个 p 阶循环群，$e:\mathbb{G}\times\mathbb{G}\to\mathbb{G}_T$ 是一个双线性映射。接着，算法随机选择参数 $w\in\mathbb{Z}_p^*$。并且对于每一个属性 $i\,(1\leqslant i\leqslant n)$，算法随机选择参数 $\{a_{i,t},b_{i,t}\in\mathbb{Z}_p^*\}_{1\leqslant t\leqslant n_i}$ 和随机点 $\{A_{i,t}\in\mathbb{G}\}_{1\leqslant t\leqslant n_i}$。然后，算法计算 $Y=e(g,g)^w$。最后，算法设置系统公开密钥 PK 为

$$PK=(Y,p,\mathbb{G},\mathbb{G}_T,g,e,\{\{A_{i,t}^{a_{i,t}},A_{i,t}^{b_{i,t}}\}_{1\leqslant t\leqslant n_i}\}_{1\leqslant i\leqslant n})$$

设置主密钥 MK 为 $MK=(w,\{\{a_{i,t},b_{i,t}\}_{1\leqslant t\leqslant n_i}\}_{1\leqslant i\leqslant n})$。

（2）密钥生成算法：$KeyGen(MK,L)\to SK_L$

令 $L=\{L_1,L_2,\cdots,L_n\}=[v_{1,t_1},v_{2,t_2},\cdots,v_{n,t_n}]$ 表示用户需要申请密钥的属性列表。对于每一个属性 $i\,(1\leqslant i\leqslant n)$，算法随机选择参数 $s_i,\lambda_i\in\mathbb{Z}_p^*$，设置 $s=\sum_{i=1}^n s_i$ 并计算 $D_0=g^{w-s}$。对于每一个属性 $i\,(1\leqslant i\leqslant n)$，算法计算 $[D_{i,0},D_{i,1},D_{i,2}]=[g^{s_i}(A_{i,t_i})^{a_{i,t_i}b_{i,t_i}\lambda_i},g^{a_{i,t_i}\lambda_i},g^{b_{i,t_i}\lambda_i}]$，其中，$L_i=v_{i,t_i}$。算法设置用户的解密密钥为

$$SK_L=(D_0,\{\{D_{i,j}\}_{0\leqslant j\leqslant 2}\}_{1\leqslant i\leqslant n})$$

最后，属性授权将 SK_L 发送给用户。

（3）加密算法：$Encrypt(PK,M,W)\to CT$

加密算法在访问策略 $W=\{W_1,W_2,\cdots,W_n\}$ 下加密明文消息 $M\in\mathbb{G}_T$。算法首先选择一个随机参数 $r\in\mathbb{Z}_p^*$，并设置 $\tilde{C}=MY^r$ 和 $C_0=g^r$。对于每一个 $i\,(1\leqslant i\leqslant n)$，算法随机选择参数 $\{r_{i,t}\in\mathbb{Z}_p^*\}_{1\leqslant t\leqslant n_i}$，并计算 $\{C_{i,t,1},C_{i,t,2}\}_{1\leqslant t\leqslant n_i}$ 如下：若 $v_{i,t}\in W_i$，则设置 $[C_{i,t,1},C_{i,t,2}]=[(A_{i,t}^{b_{i,t}})^{r_{i,t}},(A_{i,t}^{a_{i,t}})^{r-r_{i,t}}]$；若 $v_{i,t}\notin W_i$，则设置 $C_{i,t,1}$ 和 $C_{i,t,2}$ 为随机数值。最后，算法设置密文为

$$CT=(\tilde{C},C_0,\{\{C_{i,t,1},C_{i,t,2}\}_{1\leqslant t\leqslant n_i}\}_{1\leqslant i\leqslant n})$$

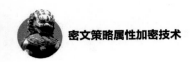

（4）解密算法：$Decrypt(CT, SK_L) \to M$

解密算法将在不知道访问策略 W 的前提下对密文进行解密，其中，密文为 $CT = (\tilde{C}, C_0, \{\{C_{i,t,1}, C_{i,t,2}\}_{1 \leqslant t \leqslant n_i}\}_{1 \leqslant i \leqslant n})$，解密密钥为 $SK_L = (D_0, \{\{D_{i,j}\}_{0 \leqslant j \leqslant 2}\}_{1 \leqslant i \leqslant n})$，则算法解密如下。

①对于 $1 \leqslant i \leqslant n$，算法计算 $[C'_{i,1}, C'_{i,2}] = [C_{i,t,1}, C_{i,t,2}]$，其中 $L_i = v_{i,t_i}$。

②算法计算

$$M = \frac{\tilde{C} \prod_{i=1}^{n} e(C'_{i,1}, D_{i,1}) e(C'_{i,2}, D_{i,2})}{e(C_0, D_0) \prod_{i=1}^{n} e(C_0, D_{i,0})}$$

需要注意的是，若与密钥 SK_L 有关的属性列表 L 满足与密文 CT 有关的隐藏的访问策略 W，则能够成功地进行解密。

方案构造 2

构造 2 将同样的技术应用到文献[18]中的方案，提出了一个能够实现访问策略隐藏的 CP-ABE 方案。虽然该方案仅实现了通用群模型下的安全，但是更加灵活。文献[5]中的方案基于对称性双线性群进行构造，而该方案则基于非对称性双线性群进行构造。另外，本节使用了 External Diffie-Hellman（XDH）[19-20]假设来证明方案的安全性。

（1）参数设置算法：$Setup(\lambda) \to (PK, MK)$

算法首先运行群生成函数 ψ 生成系统参数 $(p, \mathbb{G}_1, \mathbb{G}_2, \mathbb{G}_T, g_1 \in \mathbb{G}_1, g_2 \in \mathbb{G}_2, e)$，其中，$p$ 表示素数，$e: \mathbb{G}_1 \times \mathbb{G}_2 \to \mathbb{G}_T$ 是一个双线性映射。接着，算法随机选择参数 $w, \beta \in \mathbb{Z}_p^*$。并且对于每一个属性 $i\ (1 \leqslant i \leqslant n)$，算法随机选择参数 $\{a_{i,t} \in \mathbb{Z}_p^*\}_{1 \leqslant t \leqslant n_i}$ 并计算 $\{A_{i,t} = g_1^{a_{i,t}}\}_{1 \leqslant t \leqslant n_i}$。然后，算法计算 $Y = e(g_1, g_2)^w$ 和 $B = g_1^{\beta}$。算法设置系统公开密钥 PK 为

$$PK = (Y, B, p, \mathbb{G}_1, \mathbb{G}_2, \mathbb{G}_T, g_1, g_2, e, \{\{A_{i,t}\}_{1 \leqslant t \leqslant n_i}\}_{1 \leqslant i \leqslant n})$$

设置主密钥 MK 为 $MK = (w, \beta, \{\{a_{i,t}\}_{1 \leqslant t \leqslant n_i}\}_{1 \leqslant i \leqslant n})$。

（2）密钥生成算法：$KeyGen(MK, L) \to SK_L$

令 $L = \{L_1, L_2, \cdots, L_n\} = [v_{1,t_1}, v_{2,t_2}, \cdots, v_{n,t_n}]$ 表示用户需要申请密钥的属性列表。对于每一个属性 $i\ (1 \leqslant i \leqslant n)$，算法随机选择参数 $s, \lambda_i \in \mathbb{Z}_p^*$，并计算 $D_0 = g_2^{\frac{w+s}{\beta}}$。对于每一个属性 $i\ (1 \leqslant i \leqslant n)$，算法计算 $[D_{i,1}, D_{i,2}] = [g_2^{s + a_{i,t_i} \lambda_i}, g_2^{\lambda_i}]$，其中，$L_i = v_{i,t_i}$。算法

设置用户的解密密钥为

$$SK_L = (D_0, \{D_{i,1}, D_{i,2}\}_{1 \leqslant i \leqslant n})$$

最后，属性授权将 SK_L 发送给用户。

（3）加密算法：$Encrypt(PK, M, W) \to CT$

加密算法在访问策略 $W = \{W_1, W_2, \cdots, W_n\}$ 下加密明文消息 $M \in \mathbb{G}_T$。算法首先选择一个随机参数 $r \in \mathbb{Z}_p^*$，并设置 $\tilde{C} = MY^r$ 和 $C_0 = B^r$。对于每一个 $i\ (1 \leqslant i \leqslant n)$，算法随机选择参数 $r_i \in \mathbb{Z}_p^*$，使其满足 $r = \sum_{i=1}^{n} r_i$。然后计算 $C_{i,1} = g_1^{r_i}$，并计算 $\{C_{i,t,2}\}_{1 \leqslant t \leqslant n_i}$ 如下：若 $v_{i,t} \in W_i$，则设置 $C_{i,t,2} = A_{i,t}^{r_i}$；若 $v_{i,t} \notin W_i$，则设置 $C_{i,t,2}$ 为随机数值。最后，算法设置密文为

$$CT = (\tilde{C}, C_0, \{\{C_{i,1}, C_{i,t,2}\}_{1 \leqslant t \leqslant n_i}\}_{1 \leqslant i \leqslant n})$$

（4）解密算法：$Decrypt(CT, SK_L) \to M$

解密算法将在不知道访问策略 W 的前提下对密文进行解密，其中，密文为 $CT = (\tilde{C}, C_0, \{\{C_{i,1}, C_{i,t,2}\}_{1 \leqslant t \leqslant n_i}\}_{1 \leqslant i \leqslant n})$，解密密钥为 $SK_L = (D_0, \{D_{i,1}, D_{i,2}\}_{1 \leqslant i \leqslant n})$，则算法解密如下。

①对于 $1 \leqslant i \leqslant n$，算法计算 $C'_{i,2} = C_{i,t_i,2}$，其中，$L_i = v_{i,t_i}$。

②算法计算

$$M = \frac{\tilde{C}\prod_{i=1}^{n} e(C_{i,1}, D_{i,1})}{e(C_0, D_0)\prod_{i=1}^{n} e(C'_{i,2}, D_{i,2})}$$

在 XDH 假设下，要在密文 CT 中区分加密者究竟为每个属性指定了哪个数值是困难问题，其具体的安全性证明与文献[18]类似，由于篇幅限制，在此省略具体的安全证明。

6.2.1.5 安全性证明

本节对方案构造 1 在 DBDH 假设和 D-Linear 假设下进行具体的选择性安全证明。首先假设攻击者需要挑战的密文访问策略为 W_1 和 W_2，并记为 $W_b = [W_{b,1}, W_{b,2}, \cdots, W_{b,i}, \cdots, W_{b,n}]$，然后通过一系列的混合游戏 Game_0，Game_1，$\cdots$，Game_{l-1}，Game_l 来证明攻击者无法赢得原始的安全游戏 Game_0。引理 6.1 证明游戏 Game_0 和 Game_1 的不可区分性，游戏 Game_0 和 Game_1 除了挑战密文的生成方式不同外，其他的过程基本相同。在游戏 Game_0 中，若攻击者没有获得其属性列表 L 满足

W_1 或 W_2 的密钥，那么挑战密文组件 $\tilde{C}$ 为 $\mathbb{G}_T$ 下的随机数值。而若攻击者获得其属性列表 L 满足 W_1 或 W_2 的密钥，那么挑战密文组件正常生成，在这种情况下，游戏 Game_0 和 Game_1 相同。

引理 6.1　若存在一个多项式时间的攻击者 $\mathcal{A}$ 满足 $Adv_{\text{Game}_0}^{\mathcal{A}} - Adv_{\text{Game}_1}^{\mathcal{A}} = \varepsilon$，那么可以构造一个挑战者 $\mathcal{B}$ 以同样的优势 ε 来攻破 DBDH 假设。

证明　我们构造挑战者 $\mathcal{B}$，而且 $\mathcal{B}$ 以 DBDH 假设给出的参数 $[g, g^{z_1}, g^{z_2}, g^{z_3}, Z]$ 为输入，然后依赖于 Z 的分布，$\mathcal{B}$ 将给出对安全游戏 Game_0 或安全游戏 Game_1 的仿真。

初始化阶段：攻击者 $\mathcal{A}$ 提交两个挑战密文访问策略 $W_0 = [W_{0,1}, W_{0,2}, \cdots, W_{0,n}]$ 和 $W_1 = [W_{1,1}, W_{1,2}, \cdots, W_{1,n}]$ 给挑战者 $\mathcal{B}$，然后随机选择 $b \in \{0,1\}$。

参数设置阶段：在此阶段，$\mathcal{B}$ 首先设置参数 $Y = e(g,g)^{z_1 z_2}$，这里隐含地设置 $w = z_1 z_2$。然后，对于每个属性 $i\ (1 \leqslant i \leqslant n)$，$\mathcal{B}$ 构造参数 $\{A_{i,t} \in \mathbb{G}\}_{1 \leqslant t \leqslant n_i}$ 如下：若 $v_{i,t} \in W_{b,i}$，则设置 $A_{i,t} = g^{\alpha_{i,t}}$；若 $v_{i,t} \notin W_{b,i}$，则设置 $A_{i,t} = g^{z_1 \alpha_{i,t}}$，其中 $\alpha_{i,t}$ 为随机数值。对于每个属性 $i\ (1 \leqslant i \leqslant n)$，$\mathcal{B}$ 随机选择参数 $\{a_{i,t}, b_{i,t}\}_{1 \leqslant t \leqslant n_i}$，并如真实的方案一样设置系统公开密钥组件。

密钥查询阶段 1：攻击者 $\mathcal{A}$ 适应性地提交一系列的属性列表 $L = [L_1, L_2, \cdots, L_n]$，并要求 L 不满足访问策略 W_0 和 W_1，否则挑战消息 M_0 和 M_1 相等。在这种情况下，安全游戏 Game_0 或安全游戏 Game_1 相同，即 $\mathcal{A}$ 在两个游戏中的优势没有区别，因此，$\mathcal{B}$ 将放弃游戏，并随机选择一个猜测值。

当 L 不满足访问策略 W_0 和 W_1 时，必定存在 $k \in \{1, 2, \cdots, n\}$ 满足 $L_k (= v_{k,t_k}) \notin W_{b,k}$。对于 $1 \leqslant i \leqslant n$，$\mathcal{B}$ 随机选择参数 $s_i' \in \mathbb{Z}_p^*$，且当 $i = k$ 时，$\mathcal{B}$ 设置 $s_i = z_1 z_2 + s_i'$，当 $i \neq k$ 时，设置 $s_i = s_i'$。最后，$\mathcal{B}$ 设置参数 $s = \sum_{i=1}^{n} s_i = z_1 z_2 + \sum_{i=1}^{n} s_i'$。

对于密钥的 D_0 组件，$\mathcal{B}$ 计算如下。

$$D_0 = g^{w-s} = g^{z_1 z_2 - s} = g^{-\sum_{i=1}^{n} s_i'}$$

对于 k，$\mathcal{B}$ 计算密钥组件 $[D_{k,0}, D_{k,1}, D_{k,2}] = [g^{s_k}(A_{k,t_k})^{a_{k,t_k} b_{k,t_k} \lambda_k}, g^{a_{k,t_k} \lambda_k}, g^{b_{k,t_k} \lambda_k}]$ 如下。

$$D_{k,0} = g^{s_k}(A_{k,t_k})^{a_{k,t_k} b_{k,t_k} \lambda_k} = g^{z_1 z_2 + s_k'}(A_{k,t_k})^{a_{k,t_k} b_{k,t_k} \lambda_k} = g^{z_1 z_2 + s_k'}(g^{z_1 \alpha_{k,t_k}})^{a_{k,t_k} b_{k,t_k} \lambda_k} = g^{s_k'}(g^{z_1 \alpha_{k,t_k}})^{a_{k,t_k} b_{k,t_k} \lambda_k'}$$

其中，λ_k 为随机参数，且满足

$$\lambda_k = -\frac{z_2}{\alpha_{k,t_k} a_{k,t_k} b_{k,t_k}} + \lambda_k'$$

需要注意的是，$\mathcal{B}$ 知道随机参数 λ_k'。

对于密钥组件$[D_{k,1}, D_{k,2}]$以及$[D_{i,0}, D_{i,1}, D_{i,2}](i \neq k)$，$\mathcal{B}$能够容易地进行计算。

挑战阶段：攻击者$\mathcal{A}$提交长度相等的两个明文消息M_0和M_1。$\mathcal{B}$设置参数$\tilde{C} = M_b Z$和$C_0 = g^{z_3}$，因此隐含了$r = z_3$。最后，$\mathcal{B}$计算密文$(\tilde{C}, C_0, \{\{C_{i,t,1}, C_{i,t,2}\}_{1 \leqslant t \leqslant n_i}\}_{1 \leqslant i \leqslant n})$，且当$v_{i,t} \in W_{b,i}$时，$\mathcal{B}$能够正确地计算密文组件$\{C_{i,t,1}, C_{i,t,2}\}$，因为参数$A_{i,t}$不包含未知的$z_1$，而当$v_{i,t} \notin W_{b,i}$时，$\mathcal{B}$随机选择密文组件$\{C_{i,t,1}, C_{i,t,2}\}$。

密钥查询阶段 2：密钥查询阶段 2 和密钥查询阶段 1 类似。

猜测阶段：$\mathcal{A}$输出对b的猜测b'。若$b' = b$，$\mathcal{B}$输出 1，否则，$\mathcal{B}$输出 0。依据我们的假设，$\mathcal{A}$在安全游戏Game_0中正确猜测b的可能性与在安全游戏Game_1中正确猜测b的可能性相差一个不可忽略的优势ε。当$Z = e(g,g)^{z_1 z_2 z_3}$，$\mathcal{B}$模拟了安全游戏Game_0，而当Z为随机数值时，$\mathcal{B}$则模拟了安全游戏Game_1。因此，$\mathcal{B}$在 DBDH 游戏中成功的优势为ε。

引理 6.2 若存在一个多项式时间的攻击者$\mathcal{A}$满足$Adv_{\text{Game}_{l-1}}^{\mathcal{A}} - Adv_{\text{Game}_l}^{\mathcal{A}} = \varepsilon$，那么可以构造一个挑战者$\mathcal{B}$以同样的优势$\varepsilon$来攻破 D-Linear 假设。

证明 我们构造挑战者$\mathcal{B}$，而且$\mathcal{B}$以 D-Linear 假设给出的参数$[g, g^{z_1}, g^{z_2}, Z, g^{z_2 z_4}, g^{z_3 + z_4}]$为输入，然后依赖于$Z$的分布，$\mathcal{B}$将给出对安全游戏$\text{Game}_{l-1}$或安全游戏$\text{Game}_l$的仿真。

初始化阶段：攻击者$\mathcal{A}$提交两个挑战密文访问策略$W_0 = [W_{0,1}, W_{0,2}, \cdots, W_{0,n}]$和$W_1 = [W_{1,1}, W_{1,2}, \cdots, W_{1,n}]$给挑战者$\mathcal{B}$，然后$\mathcal{B}$随机选择$b \in \{0,1\}$。需要注意的是，当$b = 0$时，$\mathcal{B}$放弃游戏并随机进行猜测，因为当$b = 0(v_{i_l,t_l} \in W_{1,i} \wedge v_{i_l,t_l} \notin W_{0,i})$时，安全游戏$\text{Game}_{l-1} = \text{Game}_l$，挑战密文在两个游戏中的分布相同，即没有获胜优势的区别。因此，假设当$b = 1$时，游戏继续进行。

参数设置阶段：在此阶段，$\mathcal{B}$首先设置参数$Y = e(g,g)^w$，其中，$\mathcal{B}$知道参数w。然后，对于每个属性$i\ (1 \leqslant i \leqslant n)$，$\mathcal{B}$构造参数$\{A_{i,t} \in \mathbb{G}\}_{1 \leqslant t \leqslant n_i}$如下：若$v_{i,t} \in W_{b,i}$，则设置$A_{i,t} = g^{\alpha_{i,t}}$；若$v_{i,t} \notin W_{b,i}$，则设置$A_{i,t} = g^{z_1 \alpha_{i,t}}$，其中$\alpha_{i,t}$为随机数值。对于每个属性$i \neq l(1 \leqslant i \leqslant n)$，$\mathcal{B}$随机选择参数$\{a_{i,t}, b_{i,t}\}_{1 \leqslant t \leqslant n_i}$，而对于属性$i = l$，$\mathcal{B}$隐含设置$\{a_{l,t_l}, b_{l,t_l}\}_{1 \leqslant t_l \leqslant n_i} = \{z_1, z_2\}$，并计算$A_{l,t_l}^{a_{l,t_l}} = g^{\alpha_{l,t_l} a_{l,t_l}}$和$A_{l,t_l}^{b_{l,t_l}} = g^{\alpha_{l,t_l} b_{l,t_l}}$。最后，$\mathcal{B}$如真实的方案一样设置系统公开密钥组件。

查询阶段 1：攻击者$\mathcal{A}$适应性地提交一系列的属性列表$L = [L_1, L_2, \cdots, L_n]$，且当$L_l \neq v_{l,t_l}$时，能够容易地计算密钥。因此，该阶段讨论当$L_l = v_{l,t_l}$时，$\mathcal{B}$如何构建密钥组件。其中，$\mathcal{B}$需要构建$[D_{l,0}, D_{l,1}, D_{l,2}] = [g^{s_l} (A_{l,t_l})^{a_{l,t_l} b_{l,t_l} \lambda_l}, g^{a_{l,t_l} \lambda_l}, g^{b_{l,t_l} \lambda_l}]$，其中

$a_{l,t_l}=z_1$，$b_{l,t_l}=z_2$。

对于密钥组件 $D_{l,0}$，$\mathcal{B}$ 计算如下。

$$D_{l,0}=g^{s_l}(A_{l,t_l})^{a_{l,t_l}b_{l,t_l}\lambda_l}=g^{s_l}(A_{l,t_l})^{z_1z_2\lambda_l}=g^{s_l}(g^{\alpha_{l,t_l}})^{z_1z_2\lambda_l}=g^{s_l'}$$

其中，s_l 为随机选择的参数且满足

$$s_l=s_l'-\alpha_{l,t_l}z_1z_2\lambda_l$$

需要注意的是，$\mathcal{B}$ 已知道参数 s_l'。另外，$\mathcal{B}$ 可以在不知道参数 z_1 和 z_2 的情况下非常容易地计算密钥组件 $D_{l,1}$ 和 $D_{l,2}$。

在此，假设 L 不满足访问策略 W_0 和 W_1，因为 $L_l=v_{l,t_l}$ 且 $v_{l,t_l}\notin W_{1-b,l}$，也就是说，假设 L 不满足访问策略 W_{1-b}，同样不满足访问策略 W_b，因此，必存在某个 $k\in\{1,2,\cdots,n\}$ 满足 $L_k(=v_{k,t_k})\notin W_{b,k}$。接下来，$\mathcal{B}$ 构建密钥组件 $[D_{k,0},D_{k,1},D_{k,2}]$ 如下。$\mathcal{B}$ 设置参数 $s_k=s_k'+\alpha_{l,t_l}z_1z_2\lambda_l$，其中，$\mathcal{B}$ 知道 s_k'，且 s_k' 为随机参数，最后 $\mathcal{B}$ 计算

$$D_{k,0}=g^{s_k}(A_{k,t_k})^{a_{k,t_k}b_{k,t_k}\lambda_k}=g^{s_k'+\alpha_{l,t_l}z_1z_2\lambda_l}(g^{z_1\alpha_{k,t_k}})^{a_{k,t_k}b_{k,t_k}\lambda_k}=g^{s_k'}(g^{z_1\alpha_{k,t_k}})^{a_{k,t_k}b_{k,t_k}\lambda_k'}$$

其中，λ_k 为随机选择的参数且满足

$$\lambda_k=\lambda_k'-\frac{\alpha_{l,t_l}z_2\lambda_l}{\alpha_{k,t_k}a_{k,t_k}b_{k,t_k}}$$

需要注意的是，$\mathcal{B}$ 知道随机参数 λ_k'。另外，$\mathcal{B}$ 能够在不知道参数 z_2 的情况下，非常容易地计算密钥组件 $D_{k,1}$ 和 $D_{k,2}$。对于 $i\neq l,k$，$\mathcal{B}$ 同样能够非常容易地计算密钥组件 $[D_{i,0},D_{i,1},D_{i,2}]$。

最后，通过计算

$$s=\sum_{i=1}^{n}s_i=s_l+s_k+\sum_{i\neq l,k}^{n}s_i=s_l'-\alpha_{l,t_l}z_1z_2\lambda_l+s_k'+\alpha_{l,t_l}z_1z_2\lambda_l+\sum_{i\neq l,k}^{n}s_i=s_l'+s_k'+\sum_{i\neq l,k}^{n}s_i$$

可以计算密钥组件 $D_0=g^{w-s}$。

挑战阶段：攻击者 $\mathcal{A}$ 提交长度相等的两个明文消息 M_0 和 M_1。$\mathcal{B}$ 设置参数 $C_0=g^{z_3+z_4}$，即隐含设置参数 $r=z_3+z_4$。对于每个查询的 L，若不满足访问策略 W_0 和 W_1，那么 $\mathcal{B}$ 设置 $\tilde{C}$ 为随机数值，否则，设置 $\tilde{C}=M_be(g,g^{z_3+z_4})^w$。对于 W_b，除了密文组件 $\{C_{l,t_l,1},C_{l,t_l,2}\}$ 外，$\mathcal{B}$ 像安全游戏 Game_{l-1} 那样构造密文组件 $\{\{C_{i,t,1},C_{i,t,2}\}_{1\leqslant t\leqslant n_i}\}_{1\leqslant i\leqslant n}$。对于 $\{C_{l,t_l,1},C_{l,t_l,2}\}$，$\mathcal{B}$ 可以在不知道 z_2z_4 和 z_1z_3 的情况下构造如下。

$$C_{l,t_l,1} = (A_{l,t_l}^{b_{l,t_l}})^{r_{l,t_l}} = (A_{l,t_l}^{z_2})^{z_4} = (g^{\alpha_{l,t_l} z_2})^{z_4}$$

$$C_{l,t_l,2} = (A_{l,t_l}^{a_{l,t_l}})^{r-r_{l,t_l}} = (g^{\alpha_{l,t_l} z_1})^{z_3} = g^{\alpha_{l,t_l}}$$

这里隐含设置 $r_{l,t_l} = z_4$ 和 $Z = g^{z_1 z_3}$，且若 $Z = g^{z_1 z_3}$，密文组件定义良好，$\mathcal{A}$ 处在安全游戏 Game_{l-1} 中。

密钥查询阶段 2：密钥查询阶段 2 和密钥查询阶段 1 类似。

猜测阶段：$\mathcal{A}$ 输出对 b 的猜测 b'。若 $b' = b$，$\mathcal{B}$ 输出 1，否则，$\mathcal{B}$ 输出 0。依据我们的假设，$\mathcal{A}$ 在安全游戏 Game_{l-1} 中正确猜测 b 的可能性与在安全游戏 Game_l 中正确猜测 b 的可能性相差一个不可忽略的优势 ε。当 $Z = e(g,g)^{z_1 z_3}$ 时，$\mathcal{B}$ 模拟了安全游戏 Game_{l-1}，而当 Z 为随机数值时，$\mathcal{B}$ 则模拟了安全游戏 Game_l。因此，在 D-Linear 游戏中成功的优势为 ε。

6.2.2 Lai-Deng-Li 的策略隐藏的 CP-ABE 方案

如 6.2.1 节提出的方案，Nishide 等第一次将访问策略隐藏的概念[1]引入 CP-ABE 方案中，但是该方案只支持“与”操作，表达能力非常弱，而且用户的密钥长度随着整个系统中属性的总个数呈线性增长，同时解密需要进行大量的对运算，计算开销巨大。随后，Li 等[2]和 Waters 等[3]延续了这方面的研究，但是存在安全性较低问题，或者存在无法应用于 CP-ABE 环境问题。为了解决这些问题，Lai 等[4]通过借鉴 Waters 等[3]的工作，并结合双系统加密技术，提出了一个标准模型下适应性安全的访问策略隐藏的 CP-ABE 方案，下面对该方案进行介绍。

6.2.2.1 符号说明

若 S 表示一个集合，$s \in S$ 则表示统一随机地在集合 S 中选取一个元素。$\mathbb{N}$ 表示自然数集合。若 $\lambda \in \mathbb{N}$，1^λ 则表示 λ 个字符。令 $z \leftarrow \boldsymbol{A}(x, y, \cdots)$ 表示运行以 $(x, y, \cdots)$ 为输入且以 z 为输出的算法 $\boldsymbol{A}$。对于每个 $c > 0$，存在某个数值 λ_c，对所有的 $\lambda > \lambda_c$，满足 $f(\lambda) < \frac{1}{\lambda^c}$，则称函数 $f(\lambda)$ 为可忽略的。

6.2.2.2 方案定义

Lai-Deng-Li 方案主要包括以下 4 个多项式算法。

（1）$Setup(\lambda, U) \rightarrow (PK, MK)$：参数设置算法，由属性授权执行，以安全参数

λ 和属性集合描述 U 为输入，生成系统的公开密钥 PK 和主密钥 MK 。

（2）$KeyGen(PK,MK,S) \to SK_S$：密钥生成算法，由属性授权执行，以公开密钥 PK 、主密钥 MK 和用户属性集合 S 为输入，生成解密密钥 SK_S 。

（3）$Encrypt(PK,M,\mathbb{A}) \to CT$ ：加密算法，由数据拥有者执行，以公开密钥 PK 、明文数据 M 和密文访问策略 $\mathbb{A}$ 为输入，生成密文 CT 。

（4）$Decrypt(PK,CT,SK_S) \to M$ ：解密算法，由数据访问者执行，以公开密钥 PK 、解密密文 CT 和解密密钥 SK_S 为输入，若属性集合 S 满足与密文 CT 有关的访问策略 $\mathbb{A}$ ，则解密成功，生成明文消息 M 。

6.2.2.3　安全模型

本小节给出 Lai-Deng-Li 方案证明所基于的安全模型，该模型描述为挑战者 $\mathcal{B}$ 和攻击者 $\mathcal{A}$ 间的安全游戏，具体过程如下。

初始阶段：挑战者 $\mathcal{B}$ 运行参数设置算法 $Setup(\lambda,U)$ 获得系统的公开密钥 PK 和主密钥 MK ，$\mathcal{B}$ 将公开密钥 PK 发送给攻击者 $\mathcal{A}$ ，并将主密钥 MK 自己保留。

密钥查询阶段 1：攻击者 $\mathcal{A}$ 适应性地提交一系列的属性集合 $S_1,S_2,\cdots,S_q$ ，挑战者 $\mathcal{B}$ 运行密钥生成算法 $SK_{S_i} \leftarrow KeyGen(PK,MK,S_i)$ ，并将生成的密钥 SK_{S_i} 发送给攻击者 $\mathcal{A}$ 。

挑战阶段：攻击者 $\mathcal{A}$ 提交长度相等的两个明文消息 M_0 、M_1 和两个访问结构 $(\boldsymbol{A},\rho,\tau_0)$ 、$(\boldsymbol{A},\rho,\tau_1)$ 给挑战者 $\mathcal{B}$ ，并且需要限制：任何在密钥查询阶段 1 查询的密钥都不能满足访问结构 $(\boldsymbol{A},\rho,\tau_0)$ 和 $(\boldsymbol{A},\rho,\tau_1)$ 。挑战者 $\mathcal{B}$ 随机选择参数 $\beta \in \{0,1\}$ ，并将密文 $Encrypt(PK,M_\beta,(\boldsymbol{A},\rho,\tau_\beta))$ 发送给攻击者 $\mathcal{A}$ 。

密钥查询阶段 2：如密钥查询阶段 1，攻击者 $\mathcal{A}$ 继续适应性地提交一系列的属性集合，同样需要限制其不能满足访问结构 $(\boldsymbol{A},\rho,\tau_0)$ 和 $(\boldsymbol{A},\rho,\tau_1)$ 。

猜测阶段：攻击者 $\mathcal{A}$ 输出值 $\beta' \in \{0,1\}$ 作为对 β 的猜测，如果 $\beta' = \beta$ ，那么称攻击者 $\mathcal{A}$ 赢了该游戏。另外，定义攻击者 $\mathcal{A}$ 在该游戏中的优势为 $|\Pr[\beta' = \beta] - \frac{1}{2}|$。

6.2.2.4　方案构造

Lai-Deng-Li 方案主要包括以下 4 个多项式时间算法。

（1）$Setup(\lambda,U)$：系统参数设置算法首先运行群参数生成函数 $\psi(\lambda)$ 获得 $(p_1,p_2,p_3,p_4,\mathbb{G},\mathbb{G}_T,e)$ ，其中 $\mathbb{G} = \mathbb{G}_{p_1} \times \mathbb{G}_{p_2} \times \mathbb{G}_{p_3} \times \mathbb{G}_{p_4}$ ，$\mathbb{G}$ 和 $\mathbb{G}_T$ 表示两个阶为

$N = p_1p_2p_3p_4$ 的循环群，$e: \mathbb{G} \times \mathbb{G} \to \mathbb{G}_T$ 表示一个双线性映射，U 表示属性集合描述。令 $\mathbb{G}_{p_i}$ 表示阶为 p_i 的群 $\mathbb{G}$ 下的子群，算法随机选择参数 $g,h,u_1,u_2,\cdots,u_n \in \mathbb{G}_{p_1}$，$X_3 \in \mathbb{G}_{p_3}$，$X_4, Z \in \mathbb{G}_{p_4}$ 和 $\alpha, a \in \mathbb{Z}_N$。最后，算法设置公开密钥为

$$PK = (N, g, g^a, e(g,g)^\alpha, u_1, u_2, \cdots, u_n, H = h \cdot Z, X_4)$$

并且设置主密钥为 $MK = (h, X_3, \alpha)$。

（2）$KeyGen(PK, MK, S)$：密钥生成算法随机选择参数 $t \in \mathbb{Z}_N$ 和 $R, R', R_1, R_2, \cdots, R_n \in \mathbb{G}_{p_3}$，最后设置密钥 $SK_S = \{S, K, K', \{K_i\}_{1 \leqslant i \leqslant n}\}$ 如下。

$$SK_S = (K = g^\alpha g^{at} R,\ K' = g^t R', = g^t R_0, K_i = (u_i^{s_i} h)^t R_i)$$

（3）$Encrypt(PK, M \in \mathbb{G}_T, (\boldsymbol{A}, \rho, \tau))$：输入参数 $\boldsymbol{A}$ 表示一个 $l \times n$ 阶矩阵，ρ 表示一个映射函数，$\tau = (t_{\rho(1)}, t_{\rho(2)}, \cdots, t_{\rho(l)}) \in \mathbb{Z}_N^l$。接下来，加密算法随机选择两个随机向量 $\boldsymbol{v}, \boldsymbol{v}' \in \mathbb{Z}_N^n$，且 $\boldsymbol{v} = (s, v_2, v_3, \cdots, v_n)$，$\boldsymbol{v}' = (s', v_2', v_3', \cdots, v_n')$。另外，对于 $1 \leqslant x \leqslant l$，算法随机选择参数 $r_x, r_x' \in \mathbb{Z}_N$ 和 $Z_{1,x}, Z_{1,x}', Z_{2,x}, Z_{2,x}' \in \mathbb{G}_{p_4}$。最后，设置密文 $CT = ((\boldsymbol{A}, \rho), \tilde{C}_1, C_1', \{C_{1,x}, D_{1,x}\}_{1 \leqslant x \leqslant l}, \tilde{C}_2, C_2', \{C_{2,x}, D_{2,x}\}_{1 \leqslant x \leqslant l})$ 如下。

$$\tilde{C}_1 = M \cdot e(g,g)^{\alpha s}, C_1' = g^s$$
$$C_{1,x} = g^{a\boldsymbol{A}_x \cdot \boldsymbol{v}} (u_{\rho(x)}^{t_{\rho(x)}} H)^{-r_x} \cdot Z_{1,x}, D_{1,x} = g^{r_x} \cdot Z_{1,x}',$$
$$\tilde{C}_2 = e(g,g)^{\alpha s'}, C_2' = g^{s'},$$
$$C_{2,x} = g^{a\boldsymbol{A}_x \cdot \boldsymbol{v}'} (u_{\rho(x)}^{t_{\rho(x)}} H)^{-r_x'} \cdot Z_{2,x}, D_{2,x} = g^{r_x'} \cdot Z_{2,x}'$$

（4）$Decrypt(PK, CT, SK_S)$：令密钥 $SK_S = \{S, K, K', \{K_i\}_{1 \leqslant i \leqslant n}\}$，密文 $CT = ((\boldsymbol{A}, \rho), \tilde{C}_1, C_1', \{C_{1,x}, D_{1,x}\}_{1 \leqslant x \leqslant l}, \tilde{C}_2, C_2', \{C_{2,x}, D_{2,x}\}_{1 \leqslant x \leqslant l})$，并且 $S = \{s_1, s_2, \cdots, s_n\}$。接下来，解密算法首先计算能够满足访问结构 $(\boldsymbol{A}, \rho)$ 的最小子集 $I_{(\boldsymbol{A},\rho)}$，然后检查是否存在某个元素 $\mathcal{I} \in I_{(\boldsymbol{A},\rho)}$ 满足如下等式。

$$\tilde{C}_2 = e(C_2', K) \Big/ \left(\prod_{i \in \mathcal{I}} (e(C_{2,i}, K') \cdot e(D_{2,i}, K_{\rho(i)}))^{w_i}\right)$$

其中，$\sum_{i \in \mathcal{I}} w_i \boldsymbol{A}_i = (1, 0, \cdots, 0)$。若 $I_{(\boldsymbol{A},\rho)}$ 中不存在满足上述等式的元素，那么算法输出⊥，否则计算

$$e(C_1', K) \Big/ \left(\prod_{i \in \mathcal{I}} (e(C_{1,i}, K') \cdot e(D_{1,i}, K_{\rho(i)}))^{w_i}\right) =$$
$$e(g,g)^{\alpha s} e(g,g)^{ats} \Big/ \left(\prod_{i \in \mathcal{I}} e(g,g)^{atA_i \cdot v \cdot w_i}\right) = e(g,g)^{\alpha s}$$

最后，算法计算 $\tilde{C}_1/e(g,g)^{\alpha s}=M$ 得到明文消息 M 。

6.2.2.5　安全性证明

引理 6.3　若合数阶双线性群下的安全假设 1[4]、假设 2[4]、假设 3[4]和假设 4[4]成立，那么 Lai-Deng-Li 提出的 CP-ABE 方案为访问策略隐藏的。

证明　为了进行安全性证明，本节首先定义半功能性的密文和半功能性的密钥，如下。

半功能性的密文：令 g_2 表示子群 $\mathbb{G}_{p_2}$ 的某个生成元。接下来，构造半功能性的密文如下。首先利用加密算法生成普通密文 $CT'=((\boldsymbol{A},\rho),\tilde{C}_1',C_1'',\{C_{1,x}',D_{1,x}''\}_{1\leqslant x\leqslant l},\tilde{C}_2',C_2'',\{C_{2,x}',D_{2,x}'\}_{1\leqslant x\leqslant l})$，然后，选择随机元素 $c,c'\in\mathbb{Z}_N$ 和随机向量 $\boldsymbol{w},\boldsymbol{w}'\in\mathbb{Z}_N^n$ 。另外，算法选择与属性有关的随机值 $z_i\in\mathbb{Z}_N$ 和与 $l\times n$ 阶矩阵 $\boldsymbol{A}$ 的每行 x 有关的随机值 $\gamma_x,\gamma_x'\in\mathbb{Z}_N$ 。最后，设置半功能性的密文如下。

$$((\boldsymbol{A},\rho),\tilde{C}_1=\tilde{C}_1',C_1'=C_1''\cdot g_2^c,$$
$$\{C_{1,x}=C_{1,x}'\cdot g_2^{\boldsymbol{A}_x\boldsymbol{w}+\gamma_x z_{\rho(x)}},D_{1,x}=D_{1,x}'\cdot g_2^{-\gamma_x}\}_{1\leqslant x\leqslant l},$$
$$C_2'=C_2''\cdot g_2^{c'},$$
$$\{C_{2,x}=C_{2,x}'\cdot g_2^{\boldsymbol{A}_x\boldsymbol{w}'+\gamma_x' z_{\rho(x)}},D_{2,x}=D_{2,x}'\cdot g_2^{-\gamma_x'}\}_{1\leqslant x\leqslant l})$$

半功能性的密钥：半功能性的密钥包括 3 种类型（类型 1 的半功能性密钥、类型 2 的半功能性密钥和类型 3 的半功能性密钥）。为了构造半功能性的密钥，首先利用密钥生成算法输出普通密钥 $SK_S'=\{S,K',K'',\{K_i'\}_{1\leqslant i\leqslant n}\}$ ，然后选择随机元素 $d,d',d_i\in\mathbb{Z}_N$ ，最后构造类型 1 的半功能性密钥如下。

$$(S,K=K'\cdot g_2^d,\ K'=K''\cdot g_2^{d'},\{K_i=K_i'\cdot g_2^{d'z_i}\}_{1\leqslant i\leqslant n})$$

构造类型 2 的半功能性密钥如下。

$$(S,K=K'\cdot g_2^d,\ K'=K'',\{K_i=K_i'\}_{1\leqslant i\leqslant n})$$

构造类型 3 的半功能性密钥如下。

$$(S,K=K'\cdot g_2^d,\ K'=K''\cdot g_2^{d'},\{K_i=K_i'\cdot g_2^{d_i}\}_{1\leqslant i\leqslant n})$$

假设存在一个攻击者 $\mathcal{A}$ ，该攻击者进行了 q 次密钥查询，接下来，我们通过一系列的混合游戏来证明 Lai-Deng-Li 方案的安全性。$\text{Game}_{\text{Real}}$ 作为第一个，为真实的安全游戏，即所有的密钥都为普通类型的密钥，所有的密文都为普通类型的密文。下一个安全游戏为 Game_0 ，在该游戏中，所有的密钥都为普通类型的密钥，而密文则为半功能性的密文。对于 $k=1\sim q$，定义安全游戏如下。

$\text{Game}_{k,1}$：在该游戏中，前 $k-1$ 个密钥为类型 3 的半功能性密钥，第 k 个密钥为类型 1 的半功能性密钥，而剩余的密钥则为普通类型的密钥。挑战密文为半功能性的密文。

$\text{Game}_{k,2}$：在该游戏中，前 $k-1$ 个密钥为类型 3 的半功能性密钥，第 k 个密钥为类型 2 的半功能性密钥，而剩余的密钥则为普通类型的密钥。挑战密文为半功能性的密文。

$\text{Game}_{k,3}$：在该游戏中，前 k 个密钥为类型 3 的半功能性密钥，而剩余的密钥则为普通类型的密钥。挑战密文为半功能性的密文。

为了表示方便，我们将 Game_0 表示为 $\text{Game}_{0,3}$。在安全游戏 $\text{Game}_{q,3}$ 中，所有的密钥都为类型 3 的半功能性密钥。对于最后两个安全游戏 $\text{Game}_{\text{Final}_0}$ 和 $\text{Game}_{\text{Final}_1}$，在 $\text{Game}_{\text{Final}_0}$ 中，所有的密钥都为半功能性的密钥，而挑战密文则变为对某个随机消息的半功能性的加密，即不依赖于攻击者 $\mathcal{A}$ 在挑战阶段给出的两个明文消息 M_0 和 M_1。安全游戏 $\text{Game}_{\text{Final}_1}$ 与 $\text{Game}_{\text{Final}_0}$ 基本相同，只是在挑战密文中，$C_{1,x}$ 和 $C_{2,x}$ 为群 $\mathbb{G}_{p_1}\times\mathbb{G}_{p_2}\times\mathbb{G}_{p_4}$ 中随机选择的元素，即密文不依赖于攻击者 $\mathcal{A}$ 在挑战阶段给出的 τ_0 和 τ_1，因此，攻击者 $\mathcal{A}$ 在安全游戏 $\text{Game}_{\text{Final}_1}$ 中的优势为 0。下面，本节通过 6 个引理来证明安全游戏的不可区分性。

引理 6.4 若存在一个多项式时间的攻击者 $\mathcal{A}$ 满足 $Adv_{\text{Game}_{\text{Real}}}^{\mathcal{A}}-Adv_{\text{Game}_0}^{\mathcal{A}}=\varepsilon$，那么可以构造一个挑战者 $\mathcal{B}$ 以同样的优势 ε 来攻破合数阶双线性群下的安全假设 1。

证明 我们构造挑战者 $\mathcal{B}$，而且 $\mathcal{B}$ 以安全假设 1 给出的参数 (g,X_3,X_4,T) 为输入，然后依赖于 T 的分布，$\mathcal{B}$ 将给出对安全游戏 $\text{Game}_{\text{Real}}$ 或安全游戏 Game_0 的仿真。

$\mathcal{B}$ 首先随机选择参数 $\alpha,a,a_0,a_1,\cdots,a_n\in\mathbb{Z}_N$ 和 $Z\in\mathbb{G}_{p_4}$。然后，$\mathcal{B}$ 设置 $h=g^{a_0}$，$u_1=g^{a_1},u_2=g^{a_2},\cdots,u_n=g^{a_n}$。接下来，$\mathcal{B}$ 将下列公开密钥 PK 发送给 $\mathcal{A}$，开始与 $\mathcal{A}$ 的仿真交互。

$$PK=(N,g,g^a,e(g,g)^\alpha,u_1,u_2,\cdots,u_n,H=h\cdot Z,X_4)$$

需要注意的是，由于 $\mathcal{B}$ 知道主密钥 $MK=(h,X_3,\alpha)$，因此，$\mathcal{B}$ 可以成功响应 $\mathcal{A}$ 的密钥查询。攻击者 $\mathcal{A}$ 提交长度相等的两个明文消息 M_0、M_1 和两个访问结构 (A,ρ,τ_0)、(A,ρ,τ_1)，然后，$\mathcal{B}$ 随机选择参数 $\beta\in\{0,1\}$，并进行如下计算。

（1）选择随机参数 $\tilde{v}_2,\cdots,\tilde{v}_n,\tilde{v}'_2,\cdots,\tilde{v}'_n\in\mathbb{Z}_N$，并生成向量 $\tilde{v}=(1,\tilde{v}_2,\cdots,\tilde{v}_n)$ 和 $\tilde{v}'_n=(1,\tilde{v}'_2,\cdots,\tilde{v}'_n)$。

（2）对于每个$1 \leqslant x \leqslant l$，$\mathcal{B}$选择随机参数$\tilde{r}_x, \tilde{r}'_x \in \mathbb{Z}_N$和$\tilde{Z}_{1,x}, Z'_{1,x}, \tilde{Z}_{2,x}, Z'_{2,x} \in \mathbb{G}_{p_4}$。

（3）令$\tau_\beta = (t_{\rho(1)}, t_{\rho(2)}, \cdots, t_{\rho(l)})$，然后，随机选择指数$\tilde{s} \in \mathbb{Z}_N$，并计算

$$\tilde{C}_1 = M_\beta \cdot e(g^\alpha, T), C'_1 = T,$$
$$C_{1,x} = T^{aA_x \cdot \tilde{v}} \cdot T^{-(a_0 + a_{\rho(x)} t_{\rho(x)})\tilde{r}_x} \cdot \tilde{Z}_{1,x}$$
$$D_{1,x} = T^{\tilde{r}_x} \cdot Z'_{1,x}$$
$$\tilde{C}_2 = e(g^\alpha, T^{\tilde{s}}), C'_2 = T^{\tilde{s}},$$
$$C_{2,x} = T^{\tilde{s}aA_x \cdot \tilde{v}'} \cdot T^{-(a_0 + a_{\rho(x)} t_{\rho(x)})\tilde{r}'_x} \cdot \tilde{Z}_{2,x}$$
$$D_{2,x} = T^{\tilde{r}'_x} \cdot Z'_{2,x}$$

（4）$\mathcal{B}$ 设置挑战密文为$CT^* = ((\boldsymbol{A}, \rho), \tilde{C}_1, C'_1, \{C_{1,x}, D_{1,x}\}_{1 \leqslant x \leqslant l}, \tilde{C}_2, C'_2, \{C_{2,x}, D_{2,x}\}_{1 \leqslant x \leqslant l})$，并将其发送给攻击者 $\mathcal{A}$。

若$T \in \mathbb{G}_{p_1} \times \mathbb{G}_{p_2}$，将$T$表示为$T = g^s g_2^c$，其中$s, c \in \mathbb{Z}_N$，可以得出

$$\tilde{C}_1 = M_\beta \cdot e(g, g)^{\alpha s}, C'_1 = g^s \cdot g_2^c,$$
$$C_{1,x} = g^{a\boldsymbol{A}_x \cdot v}(u_{\rho(x)}^{t_{\rho(x)}} H)^{-r_x} Z_{1,x} \cdot g_2^{\boldsymbol{A}_x w + \gamma_x z_{\rho(x)}},$$
$$D_{1,x} = g^{r_x} Z'_{1,x} \cdot g_2^{-\gamma_x}$$
$$\tilde{C}_2 = e(g, g)^{\alpha s'}, C'_2 = g^{s'} \cdot g_2^{c'},$$
$$C_{2,x} = g^{a\boldsymbol{A}_x \cdot v'} \cdot (u_{\rho(x)}^{t_{\rho(x)}} H)^{-r'_x} Z_{2,x} \cdot g_2^{\boldsymbol{A}_x w' + \gamma'_x z_{\rho(x)}},$$
$$D_{2,x} = g^{r'_x} Z'_{2,x} \cdot g_2^{-\gamma'_x}$$

其中，$s' = s\tilde{s}$，$c' = c\tilde{s}$，$v = (s, s\tilde{v}_2, s\tilde{v}_3, \cdots, s\tilde{v}_n)$，$v' = (s', s'\tilde{v}'_2, s'\tilde{v}'_3, \cdots, s'\tilde{v}'_n)$，$r_x = s\tilde{r}_x$，$r'_x = s\tilde{r}'_x$，$Z_{1,x} = \tilde{Z}_{1,x} Z^{r_x}$，$Z_{2,x} = \tilde{Z}_{2,x} Z^{r'_x}$，$w = ca\tilde{v}$，$w' = c\tilde{s}a\tilde{v}'$，$\gamma_x = -c\tilde{r}_x$，$\gamma'_x = -c\tilde{r}'_x$，$z_{\rho(x)} = a_0 + a_{\rho(x)} t_{\rho(x)}$。并且$a, a_0, a_{\rho(x)}, t_{\rho(x)}, \tilde{s}, \tilde{v}_2, \cdots, \tilde{v}_n, \tilde{v}'_2, \cdots, \tilde{v}'_n, \tilde{r}_x, \tilde{r}'_x$ model p_2 的值独立于$a, a_0, a_{\rho(x)}, t_{\rho(x)}, \tilde{s}, \tilde{v}_2, \cdots, \tilde{v}_n, \tilde{v}'_2, \cdots, \tilde{v}'_n, \tilde{r}_x, \tilde{r}'_x$ model p_1 的值，由此可见，CT^* 是一个正确分布的半功能性密文，$\mathcal{B}$ 仿真了安全游戏Game_0。而若$T \in \mathbb{G}_{p_1}$，则容易证明CT^*是普通类型的密文，$\mathcal{B}$ 仿真了安全游戏$\mathrm{Game}_{\mathrm{Real}}$。至此，完成了对引理 6.4 的证明。

引理 6.5　若存在一个多项式时间的攻击者$\mathcal{A}$满足$Adv_{\mathrm{Game}_{k-1,3}}^{\mathcal{A}} - Adv_{\mathrm{Game}_{k,1}}^{\mathcal{A}} = \varepsilon$，那么，可以构造一个挑战者 $\mathcal{B}$ 以同样的优势 ε 来攻破合数阶双线性群下的安全假设 2。

证明　我们构造挑战者$\mathcal{B}$，而且$\mathcal{B}$以安全假设 2 给出的参数$(g, X_1X_2, Y_2Y_3, X_3, X_4, T)$为输入，然后依赖于$T$的分布，$\mathcal{B}$ 将给出对安全游戏$\mathrm{Game}_{k-1,3}$或安全游戏$\mathrm{Game}_{k,1}$的仿真。

$\mathcal{B}$ 首先随机选择参数 $\alpha, a, a_0, a_1, \cdots, a_n \in \mathbb{Z}_N$ 和 $Z \in \mathbb{G}_{p_4}$。然后，$\mathcal{B}$ 设置 $h = g^{a_0}$，$u_1 = g^{a_1}$，$u_2 = g^{a_2}, \cdots, u_n = g^{a_n}$。接下来，$\mathcal{B}$ 将下列公开密钥 PK 发送给 $\mathcal{A}$，开始与 $\mathcal{A}$ 的仿真交互。

$$PK = (N, g, g^a, e(g,g)^\alpha, u_1, u_2, \cdots, u_n, H = h \cdot Z, X_4)$$

需要注意的是，由于 $\mathcal{B}$ 知道主密钥 $MK = (h, X_3, \alpha)$，因此，$\mathcal{B}$ 可以成功响应 $\mathcal{A}$ 的针对属性集合 S 的第 j 个密钥查询，如下。

对于 $j < k$，$\mathcal{B}$ 选择随机指数 $t, \tilde{d}, \tilde{d}', \tilde{d}_1', \cdots, \tilde{d}_n' \in \mathbb{Z}_N$，并设置类型 3 的半功能性密钥如下。

$$K = g^\alpha g^{at} (Y_2 Y_3)^{\tilde{d}}, K' = g^t (Y_2 Y_3)^{\tilde{d}'},$$
$$\{K_i = (u_i^{s_i} h)^t (Y_2 Y_3)^{\tilde{d}_i'}\}_{1 \leqslant i \leqslant n}$$

由于 $\tilde{d}, \tilde{d}', \tilde{d}_i'$ model p_2 的值独立于 $\tilde{d}, \tilde{d}', \tilde{d}_i'$ model p_3 的值，因此该密钥为正常分布的类型 3 的半功能性密钥。

对于 $j > k$，由于 $\mathcal{B}$ 知道主密钥，因此 $\mathcal{B}$ 可以通过密钥生成算法输出普通密钥。

对于 $j = k$，$\mathcal{B}$ 选择随机参数 $\tilde{R}, \tilde{R}', \tilde{R}_1, \tilde{R}_2, \cdots, \tilde{R}_n \in \mathbb{G}_{p_3}$，并设置密钥如下。

$$K = g^\alpha \cdot T^a \cdot \tilde{R}, K' = T \cdot \tilde{R}'$$
$$\{K_i = T^{a_0 + a_i s_i} \cdot \tilde{R}_i'\}_{1 \leqslant i \leqslant n}$$

若 $T \in \mathbb{G}_{p_1} \times \mathbb{G}_{p_2} \times \mathbb{G}_{p_3}$，那么 T 可以表示为 $g^t g_2^{d'} \overline{R}$，并且满足

$$K = g^\alpha g^{at} R \cdot g_2^d, K' = g^t R' \cdot g_2^{d'}$$
$$\{K_i = (u_i^{s_i} h)^t R_i \cdot g_2^{d' z_i}\}_{1 \leqslant i \leqslant n}$$

其中，$R = \overline{R}^a \tilde{R}, d = ad', R' = \overline{R}\tilde{R}', R_i = \overline{R}^{a_0 + a_i s_i} \tilde{R}_i', z_i = a_0 + a_i s_i$，由于 a, a_0, a_i，s_i model p_2 的值独立于 a, a_0, a_i, s_i model p_1 的值，因此该密钥为类型 1 的半功能性密钥。若 $T \in \mathbb{G}_{p_1} \times \mathbb{G}_{p_3}$，则该密钥为普通类型的密钥。

攻击者 $\mathcal{A}$ 提交长度相等的两个明文消息 M_0、M_1 和两个访问结构 $(\boldsymbol{A}, \rho, \tau_0)$、$(\boldsymbol{A}, \rho, \tau_1)$，然后，$\mathcal{B}$ 随机选择参数 $\beta \in \{0,1\}$，并进行如下计算。

（1）选择随机参数 $\tilde{v}_2, \cdots, \tilde{v}_n, \tilde{v}_2', \cdots, \tilde{v}_n' \in \mathbb{Z}_N$，并生成向量 $\tilde{v} = (1, \tilde{v}_2, \cdots, \tilde{v}_n)$ 和 $\tilde{v}_n' = (1, \tilde{v}_2', \cdots, \tilde{v}_n')$。

（2）对于每个 $1 \leqslant x \leqslant l$，$\mathcal{B}$ 选择随机参数 $\tilde{r}_x, \tilde{r}_x' \in \mathbb{Z}_N$ 和 $\tilde{Z}_{1,x}, Z_{1,x}', \tilde{Z}_{2,x}, Z_{2,x}' \in \mathbb{G}_{p_4}$。

（3）令 $\tau_\beta=(t_{\rho(1)},t_{\rho(2)},\cdots,t_{\rho(l)})$，然后随机选择指数 $\tilde{s}\in\mathbb{Z}_N$，并计算

$$\tilde{C}_1=M_\beta\cdot e(g^\alpha,X_1X_2),C_1'=X_1X_2,$$
$$C_{1,x}=(X_1X_2)^{a\boldsymbol{A}_x\cdot\tilde{v}}\cdot(X_1X_2)^{-(a_0+a_{\rho(x)}t_{\rho(x)})\tilde{r}_x}\cdot\tilde{Z}_{1,x}$$
$$D_{1,x}=(X_1X_2)^{\tilde{r}_x}\cdot Z_{1,x}'$$
$$\tilde{C}_2=e(g^\alpha,(X_1X_2)^{\tilde{s}}),C_2'=(X_1X_2)^{\tilde{s}},$$
$$C_{2,x}=(X_1X_2)^{\tilde{s}a\boldsymbol{A}_x\cdot\tilde{v}'}\cdot(X_1X_2)^{-(a_0+a_{\rho(x)}t_{\rho(x)})\tilde{r}_x'}\cdot\tilde{Z}_{2,x}$$
$$D_{2,x}=(X_1X_2)^{\tilde{r}_x'}\cdot Z_{2,x}'$$

（4）$\mathcal{B}$ 设置挑战密文为 $CT^*=((\boldsymbol{A},\rho),\tilde{C}_1,C_1',\{C_{1,x},D_{1,x}\}_{1\leqslant x\leqslant l},\tilde{C}_2,C_2',\{C_{2,x},D_{2,x}\}_{1\leqslant x\leqslant l})$，并将其发送给攻击者 $\mathcal{A}$。

若令 $X_1X_2=g^sg_2^c$，其中 $s,c\in\mathbb{Z}_N$，那么可以得出

$$\tilde{C}_1=M_\beta\cdot e(g,g)^{\alpha s},C_1'=g^s\cdot g_2^c,$$
$$C_{1,x}=g^{a\boldsymbol{A}_x\cdot v}(u_{\rho(x)}^{t_{\rho(x)}}H)^{-r_x}Z_{1,x}\cdot g_2^{\boldsymbol{A}_xw+\gamma_xz_{\rho(x)}},$$
$$D_{1,x}=g^{r_x}Z_{1,x}'\cdot g_2^{-\gamma_x}$$
$$\tilde{C}_2=e(g,g)^{\alpha s'},C_2'=g^{s'}\cdot g_2^{c'},$$
$$C_{2,x}=g^{a\boldsymbol{A}_x\cdot v'}\cdot(u_{\rho(x)}^{t_{\rho(x)}}H)^{-r_x'}Z_{2,x}\cdot g_2^{\boldsymbol{A}_xw'+\gamma_x'z_{\rho(x)}},$$
$$D_{2,x}=g^{r_x'}Z_{2,x}'\cdot g_2^{-\gamma_x'}$$

其中，$s'=s\tilde{s}$，$c'=c\tilde{s}$，$v=(s,s\tilde{v}_2,s\tilde{v}_3,\cdots,s\tilde{v}_n)$，$v'=(s',s'\tilde{v}_2',s'\tilde{v}_3',\cdots,s'\tilde{v}_n')$，$r_x=s\tilde{r}_x$，$r_x'=s\tilde{r}_x'$，$Z_{1,x}=\tilde{Z}_{1,x}Z^{r_x}$，$Z_{2,x}=\tilde{Z}_{2,x}Z^{r_x'}$，$w=ca\tilde{v}$，$w'=c\tilde{s}a\tilde{v}'$，$\gamma_x=-c\tilde{r}_x$，$\gamma_x'=-c\tilde{r}_x'$，$z_{\rho(x)}=a_0+a_{\rho(x)}t_{\rho(x)}$。并且 $a,a_0,a_{\rho(x)},t_{\rho(x)},\tilde{s},\tilde{v}_2,\cdots,\tilde{v}_n,\tilde{v}_2',\cdots,\tilde{v}_n',\tilde{r}_x,\tilde{r}_x'$ model p_2 的值独立于 $a,a_0,a_{\rho(x)},t_{\rho(x)},\tilde{s},\tilde{v}_2,\cdots,\tilde{v}_n,\tilde{v}_2',\cdots,\tilde{v}_n',\tilde{r}_x,\tilde{r}_x'$ model p_1 的值。

与 Lewko 等在文献[21]中对所提方案的证明类似，Lai-Deng-Li 方案的密文和第 j 个密钥为正确分布的。因此，可以得出如下结论：若 $T\in\mathbb{G}_{p_1}\times\mathbb{G}_{p_2}\times\mathbb{G}_{p_3}$，则 $\mathcal{B}$ 仿真了安全游戏 $\mathrm{Game}_{k,1}$；而若 $T\in\mathbb{G}_{p_1}\times\mathbb{G}_{p_3}$，则 $\mathcal{B}$ 仿真了安全游戏 $\mathrm{Game}_{k-1,3}$。至此，完成了对引理 6.5 的证明。

引理 6.6 若存在一个多项式时间的攻击者 $\mathcal{A}$ 满足 $Adv_{\mathrm{Game}_{k,1}}^{\mathcal{A}}-Adv_{\mathrm{Game}_{k,2}}^{\mathcal{A}}=\varepsilon$，那么，可以构造一个挑战者 $\mathcal{B}$ 以同样的优势 ε 来攻破合数阶双线性群下的安全假设 2。

证明 我们构造挑战者 $\mathcal{B}$，而且 $\mathcal{B}$ 以安全假设 2 给出的参数

$(g, X_1X_2, Y_2Y_3, X_3, X_4, T)$ 为输入，然后依赖于 T 的分布，$\mathcal{B}$ 将给出对安全游戏 $\text{Game}_{k,1}$ 或安全游戏 $\text{Game}_{k,2}$ 的仿真。

$\mathcal{B}$ 首先随机选择参数 $\alpha, a, a_0, a_1, \cdots, a_n \in \mathbb{Z}_N$ 和 $Z \in \mathbb{G}_{p_4}$。然后，$\mathcal{B}$ 设置 $h = g^{a_0}$，$u_1 = g^{a_1}$，$u_2 = g^{a_2}, \cdots, u_n = g^{a_n}$。接下来，$\mathcal{B}$ 将下列公开密钥 PK 发送给 $\mathcal{A}$，开始与 $\mathcal{A}$ 的仿真交互。

$$PK = (N, g, g^a, e(g,g)^\alpha, u_1, u_2, \cdots, u_n, H = h \cdot Z, X_4)$$

对于前 $k-1$ 个类型 3 的半功能型密钥、后 k 个普通类型的密钥以及挑战密文，其构造方法与引理 6.5 相同。

为了对密钥查询 $j = k$ 进行响应，$\mathcal{B}$对其进行构造的方式与引理 6.5 类似，但是额外选择一个随机指数 $\delta \in \mathbb{Z}_N$，并设置密钥如下。

$$K = g^\alpha \cdot T^a \cdot \tilde{R} \cdot (Y_2Y_3)^\delta, K' = T \cdot \tilde{R}', \{K_i = T^{a_0 + a_i s_i} \cdot \tilde{R}_i'\}_{1 \leqslant i \leqslant n}$$

需要注意的是，该密钥的构造与引理 6.5 类似，只是在密钥组件 K 中增加了 $(Y_2Y_3)^\delta$ 项，因此对 K 的 $\mathbb{G}_{p_2}$ 部分进行了随机化。由此可以得出如下结论：若 $T \in \mathbb{G}_{p_1} \times \mathbb{G}_{p_2} \times \mathbb{G}_{p_3}$，则 $\mathcal{B}$ 仿真了安全游戏 $\text{Game}_{k,1}$；而若 $T \in \mathbb{G}_{p_1} \times \mathbb{G}_{p_3}$，则 $\mathcal{B}$ 仿真了安全游戏 $\text{Game}_{k,2}$。至此，完成了对引理 6.6 的证明。

引理 6.7 若存在一个多项式时间的攻击者 $\mathcal{A}$ 满足 $Adv_{\text{Game}_{k,2}}^{\mathcal{A}} - Adv_{\text{Game}_{k,3}}^{\mathcal{A}} = \varepsilon$，那么，可以构造一个挑战者 $\mathcal{B}$ 以同样的优势 ε 来攻破合数阶双线性群下的安全假设 2。

证明 我们构造挑战者 $\mathcal{B}$，而且 $\mathcal{B}$ 以安全假设 2 给出的参数 $(g, X_1X_2, Y_2Y_3, X_3, X_4, T)$ 为输入，然后依赖于 T 的分布，$\mathcal{B}$ 将给出对安全游戏 $\text{Game}_{k,2}$ 或安全游戏 $\text{Game}_{k,3}$ 的仿真。

证明 $\mathcal{B}$ 首先随机选择参数 $\alpha, a, a_0, a_1, \cdots, a_n \in \mathbb{Z}_N$ 和 $Z \in \mathbb{G}_{p_4}$。然后，$\mathcal{B}$ 设置 $h = g^{a_0}$，$u_1 = g^{a_1}$，$u_2 = g^{a_2}, \cdots, u_n = g^{a_n}$。接下来，$\mathcal{B}$ 将下列公开密钥 PK 发送给 $\mathcal{A}$，开始与 $\mathcal{A}$ 的仿真交互。

$$PK = (N, g, g^a, e(g,g)^\alpha, u_1, u_2, \cdots, u_n, H = h \cdot Z, X_4)$$

对于前 $k-1$ 个类型 3 的半功能型密钥、后 k 个普通类型的密钥以及挑战密文，其构造方法与引理 6.5 相同。

为了对密钥查询 $j = k$ 进行响应，$\mathcal{B}$ 选择随机指数 $\delta \in \mathbb{Z}_N$ 和随机元素 $\tilde{R}, \tilde{R}', \tilde{R}_1, \tilde{R}_2, \cdots, \tilde{R}_n \in \mathbb{G}_{p_3}$，并设置密钥如下。

$$K = g^{\alpha} \cdot T^{a} \cdot \tilde{R} \cdot (Y_2Y_3)^{\delta}, K' = T \cdot \tilde{R}', \{K_i = T^{a_0+a_is_i} \cdot \tilde{R}_i'\}_{1\leqslant i\leqslant n}$$

需要注意的是，若 $T \in \mathbb{G}_{p_1} \times \mathbb{G}_{p_2} \times \mathbb{G}_{p_3}$，则可以将 T 表示为 $g^t g_2^{d'} \overline{R}$，因此密钥形式如下。

$$K = g^{\alpha} \cdot g^{at} \cdot R \cdot g_2^{d}, K' = g^{t} \cdot R' \cdot g_2^{d'}, \{K_i = (u_i^{s_i} h)^t \cdot R_i \cdot g_2^{d_i}\}_{1\leqslant i\leqslant n}$$

其中，$R = \overline{R}^a \tilde{R} Y_3^{\delta}, g_2^d = g_2^{ad'} Y_2^{\delta}, R' = \overline{R}\tilde{R}', R_i = \overline{R}^{a_0+a_is_i} R_i', d_i = d'(a_0 + a_is_i)$。该密钥为类型 3 的半功能型密钥。需要注意的是，δ model p_2 的值独立于 δ model p_1 的值。若 $T \in \mathbb{G}_{p_1} \times \mathbb{G}_{p_3}$，则该密钥为类型 2 的半功能型密钥。

因此，可以得出如下结论：若 $T \in \mathbb{G}_{p_1} \times \mathbb{G}_{p_2} \times \mathbb{G}_{p_3}$，则 $\mathcal{B}$ 仿真了安全游戏 $\text{Game}_{k,3}$；而若 $T \in \mathbb{G}_{p_1} \times \mathbb{G}_{p_3}$，则 $\mathcal{B}$ 仿真了安全游戏 $\text{Game}_{k,2}$。至此，完成了对引理 6.7 的证明。

引理 6.8　若存在一个多项式时间内的攻击者 $\mathcal{A}$ 满足 $Adv_{\text{Game}_{q,3}}^{\mathcal{A}} - Adv_{\text{Game}_{\text{Final}_0}}^{\mathcal{A}} = \varepsilon$，那么，可以构造一个挑战者 $\mathcal{B}$ 以同样的优势 ε 来攻破合数阶双线性群下的安全假设 3。

证明　我们构造挑战者 $\mathcal{B}$，而且 $\mathcal{B}$ 以安全假设 3 给出的参数 $(g, g_2, g^{\alpha}X_2, g^{s}Y_2, X_3, X_4, T)$ 为输入，然后依赖于 T 的分布，$\mathcal{B}$ 将给出对安全游戏 $\text{Game}_{q,3}$ 或安全游戏 $\text{Game}_{\text{Final}_0}$ 的仿真。

$\mathcal{B}$ 首先随机选择参数 $\alpha, a, a_0, a_1, \cdots, a_n \in \mathbb{Z}_N$ 和 $Z \in \mathbb{G}_{p_4}$。然后，$\mathcal{B}$ 设置 $h = g^{a_0}$，$u_1 = g^{a_1}$，$u_2 = g^{a_2}, \cdots, u_n = g^{a_n}$。接下来，$\mathcal{B}$ 将下列公开密钥 PK 发送给 $\mathcal{A}$，开始与 $\mathcal{A}$ 的仿真交互。

$$PK = (N, g, g^{a}, e(g, g^{\alpha}X_2) = e(g,g)^{\alpha}, u_1, u_2, \cdots, u_n, H = h \cdot Z, X_4)$$

为了响应 $\mathcal{A}$ 的密钥查询，$\mathcal{B}$ 选择随机指数 $t, \tilde{d}, d', d_1, d_2, \cdots, d_n \in \mathbb{Z}_N$ 和随机元素 $R, R', R_1, R_2, \cdots, R_n \in \mathbb{G}_{p_3}$，并设置密钥如下。

$$K = (g^{\alpha}X_2) g^{at} R g_2^{\tilde{d}}, K' = g^{t} R' \cdot g_2^{d'}, \{K_i = (u_i^{s_i} h)^t R_i \cdot g_2^{d_i}\}_{1\leqslant i\leqslant n}$$

需要注意的是，密钥组件 K 可以表示为 $g^{\alpha} g^{at} R \cdot g_2^{d}$，其中，$g_2^{d} = X_2 g_2^{\tilde{d}}$，因此，该密钥为类型 3 的半功能型密钥。

攻击者 $\mathcal{A}$ 提交长度相等的两个明文消息 M_0、M_1 和两个访问结构 $(\boldsymbol{A}, \rho, \tau_0)$、$(\boldsymbol{A}, \rho, \tau_1)$，然后，$\mathcal{B}$ 随机选择参数 $\beta \in \{0,1\}$，并进行如下计算。

（1）选择随机参数 $\tilde{v}_2, \cdots, \tilde{v}_n \in \mathbb{Z}_N$，并生成向量 $\tilde{v} = (1, \tilde{v}_2, \cdots, \tilde{v}_n)$。同样，$\mathcal{B}$ 选择两个随机的向量 $\boldsymbol{v} = (s', v_2', v_3', \cdots, v_n') \in \mathbb{Z}_N^n$ 和 $\boldsymbol{w}' = (w_1', w_2', \cdots, w_n') \in \mathbb{Z}_N^n$。

(2)对于每个 $1 \leqslant x \leqslant l$，$\mathcal{B}$ 选择随机参数 $\tilde{r}_x, r'_x, \gamma'_x \in \mathbb{Z}_N$ 和 $\tilde{Z}_{1,x}, Z'_{1,x}, Z_{2,x}, Z'_{2,x} \in \mathbb{G}_{p_4}$ 。

(3)令 $\tau_{\mathcal{B}} = (t_{\rho(1)}, t_{\rho(2)}, \cdots, t_{\rho(l)})$，然后，随机选择指数 $c' \in \mathbb{Z}_N$，并计算

$$\tilde{C}_1 = M_\beta \cdot T, C'_1 = g^s Y_2,$$
$$C_{1,x} = (g^s Y_2)^{a A_x \cdot \tilde{v}} \cdot (g^s Y_2)^{-(a_0 + a_{\rho(x)} t_{\rho(x)}) \tilde{r}_x} \cdot \tilde{Z}_{1,x}$$
$$D_{1,x} = (g^s Y_2)^{\tilde{r}_x} \cdot Z'_{1,x}$$
$$\tilde{C}_2 = e(g,g)^{\alpha s'}, C'_2 = g^{s'} g_2^{c'},$$
$$C_{2,x} = g^{a A_x \cdot v'} (u_{\rho(x)}^{t_{\rho(x)}} H)^{-r'_x} Z_{2,x} g_2^{A_x w' + \gamma'_x (a_0 + a_{\rho(x)} t_{\rho(x)})},$$
$$D_{2,x} = g^{r'_x} Z'_{2,x} \cdot g_2^{-\gamma'_x}$$

(4)$\mathcal{B}$ 设置挑战密文为 $CT^* = ((A, \rho), \tilde{C}_1, C'_1, \{C_{1,x}, D_{1,x}\}_{1 \leqslant x \leqslant l}, \tilde{C}_2, C'_2, \{C_{2,x}, D_{2,x}\}_{1 \leqslant x \leqslant l})$，并将其发送给攻击者。

若令 $g^s Y_2 = g^s g_2^c$，其中 $s, c \in \mathbb{Z}_N$，那么可以得出

$$\tilde{C}_1 = M_\beta \cdot T, C'_1 = g^s \cdot g_2^c,$$
$$C_{1,x} = g^{a A_x \cdot v} (u_{\rho(x)}^{t_{\rho(x)}} H)^{-r_x} Z_{1,x} \cdot g_2^{A_x w + \gamma_x z_{\rho(x)}},$$
$$D_{1,x} = g^{r_x} Z'_{1,x} \cdot g_2^{-\gamma_x}$$
$$\tilde{C}_2 = e(g,g)^{\alpha s'}, C'_2 = g^{s'} \cdot g_2^{c'},$$
$$C_{2,x} = g^{a A_x \cdot v'} \cdot (u_{\rho(x)}^{t_{\rho(x)}} H)^{-r'_x} Z_{2,x} \cdot g_2^{A_x w' + \gamma'_x z_{\rho(x)}},$$
$$D_{2,x} = g^{r'_x} Z'_{2,x} \cdot g_2^{-\gamma'_x}$$

其中，$v = (s, s\tilde{v}_2, s\tilde{v}_3, \cdots, s\tilde{v}_n)$，$r_x = s\tilde{r}_x$，$Z_{1,x} = \tilde{Z}_{1,x} Z^{r_x}$，$w = ca\tilde{v}$，$\gamma_x = -c\tilde{r}_x$，$z_{\rho(x)} = a_0 + a_{\rho(x)} t_{\rho(x)}$，并且 $a, a_0, a_{\rho(x)}, t_{\rho(x)}, \tilde{v}_2, \cdots, \tilde{v}_n, \tilde{r}_x$ model p_2 的值独立于 $a, a_0, a_{\rho(x)}, t_{\rho(x)}, \tilde{v}_2, \cdots, \tilde{v}_n, \tilde{r}_x$ model p_1 的值。

若 $T = e(g,g)^{\alpha s}$，那么该密文为对消息 M_β 进行的半功能型加密，$\mathcal{B}$ 仿真了安全游戏 $\text{Game}_{q,3}$；否则，该密文为对 $\mathbb{G}_T$ 中随机消息进行的半功能型加密，$\mathcal{B}$ 仿真了安全游戏 $\text{Game}_{\text{Final}_0}$。至此，完成了对引理 6.8 的证明。

引理 6.9 若存在一个多项式时间内的攻击者 $\mathcal{A}$ 满足 $Adv_{\text{Game}_{\text{Final}_0}}^{\mathcal{A}} - Adv_{\text{Game}_{\text{Final}_1}}^{\mathcal{A}} = \varepsilon$，那么，可以构造一个挑战者 $\mathcal{B}$ 以同样的优势 ε 来攻破合数阶双线性群下的安全假设 4。

证明 我们构造挑战者 $\mathcal{B}$，而且 $\mathcal{B}$ 以安全假设 3 给出的参数

$(g,g_2,g^{t'}B_2,h^{t'}Y_2,X_3,X_4,hZ,g^{r'}D_2D_4,T)$ 为输入，然后依赖于 T 的分布，$\mathcal{B}$ 将给出对安全游戏 $\text{Game}_{\text{Final}_0}$ 或安全游戏 $\text{Game}_{\text{Final}_1}$ 的仿真。

$\mathcal{B}$ 首先随机选择参数 $\alpha,a,a_1,\cdots,a_n\in\mathbb{Z}_N$ 和 $Z\in\mathbb{G}_{p_4}$。然后，$\mathcal{B}$ 设置 $u_1=g^{a_1}$，$u_2=g^{a_2},\cdots,u_n=g^{a_n}$。接下来，$\mathcal{B}$ 将下列公开密钥 PK 发送给 $\mathcal{A}$，开始与 $\mathcal{A}$ 的仿真交互。

$$PK=(N,g,g^a,e(g,g)^\alpha,u_1,u_2,\cdots,u_n,H=hZ,X_4)$$

为了响应 $\mathcal{A}$ 的密钥查询，$\mathcal{B}$ 选择随机指数 $\tilde{t}\in\mathbb{Z}_N$ 和随机元素 $R,R',R_1,R_2,\cdots,R_n\in\mathbb{G}_{p_3}$，并设置密钥如下。

$$K=g^\alpha(g^{t'}B_2)^{a\tilde{t}}R,K'=(g^{t'}B_2)^{\tilde{t}}R',\{K_i=(g^{t'}B_2)^{a_is_i\tilde{t}}(h^{t'}Y_2)^{\tilde{t}}R_i\}_{1\leqslant i\leqslant n}$$

可以得出

$$K=g^\alpha g^{at}R\cdot g_2^d,K'=g^tR'\cdot g_2^{d'},\{K_i=(u_i^{s_i}h)R_i\cdot g_2^{d_i}\}_{1\leqslant i\leqslant n}$$

其中，$t=t'\tilde{t},g_2^d=B_2^{a\tilde{t}},g_2^{d'}=B_2^{\tilde{t}},g_2^{d_i}=B_2^{a_is_i\tilde{t}}Y_2^{\tilde{t}}$，因为 $\tilde{t},a,a_i,s_i$ model p_2 的值独立于 $\tilde{t},a,a_i,s_i$ model p_1 的值，所以该密钥为类型 3 的半功能型密钥。

攻击者 $\mathcal{B}$ 提交长度相等的两个明文消息 M_0、M_1 和两个访问结构 $(\boldsymbol{A},\rho,\tau_0)$、$(\boldsymbol{A},\rho,\tau_1)$，然后，$\mathcal{B}$ 随机选择参数 $\beta\in\{0,1\}$，并进行如下计算。

（1）$\mathcal{B}$ 随机选择向量 $\boldsymbol{v}=(s,v_2,v_3,\cdots,v_n)\in\mathbb{Z}_N^n$、$\boldsymbol{v}'=(s',v_2',v_3',\cdots,v_n')\in\mathbb{Z}_N^n$、$\boldsymbol{w}\in\mathbb{Z}_N^n$ 和 $\boldsymbol{w}'\in\mathbb{Z}_N^n$。

（2）对于每个 $1\leqslant x\leqslant l$，$\mathcal{B}$ 选择随机参数 $\tilde{r}_x,\tilde{r}_x'\in\mathbb{Z}_N$ 和 $\tilde{Z}_{1,x},\tilde{Z}_{2,x}\in\mathbb{G}_{p_4}$。

（3）令 $\tau_{\mathcal{B}}=(t_{\rho(1)},t_{\rho(2)},\cdots,t_{\rho(l)})$，然后，随机选择指数 $c,c'\in\mathbb{Z}_N$，并计算

$$\begin{aligned}
&\tilde{C}_1\in\mathbb{G}_T,C_1'=g^sg_2^c,\\
&C_{1,x}=g^{a\boldsymbol{A}_x\cdot v}(g^{r'}D_2D_4)^{-\tilde{r}_xa_{\rho(x)}t_{\rho(x)}}T^{-\tilde{r}_x}g_2^{\boldsymbol{A}_xw}\tilde{Z}_{1,x},\\
&D_{1,x}=(g^{r'}D_2D_4)^{\tilde{r}_x}\\
&\tilde{C}_2=e(g,g)^{\alpha s'},C_2'=g^{s'}g_2^{c'},\\
&C_{2,x}=g^{a\boldsymbol{A}_x\cdot v'}(g^{r'}D_2D_4)^{-\tilde{r}_x'a_{\rho(x)}t_{\rho(x)}}T^{-\tilde{r}_x'}g_2^{\boldsymbol{A}_xw'}\tilde{Z}_{2,x},\\
&D_{2,x}=(g^{r'}D_2D_4)^{-\tilde{r}_x'}
\end{aligned}$$

（4）$\mathcal{B}$ 设置挑战密文为 $CT^*=((\boldsymbol{A},\rho),\tilde{C}_1,C_1',\{C_{1,x},D_{1,x}\}_{1\leqslant x\leqslant l},\tilde{C}_2,C_2',\{C_{2,x},D_{2,x}\}_{1\leqslant x\leqslant l})$，并将其发送给攻击者 $\mathcal{A}$。

若 $T=h^{r'}A_2A_4$，令 $D_2=g_2^\gamma$ 和 $A_2=g_2^{\gamma\delta}$，那么可以得出

$$\tilde{C}_1 \in \mathbb{G}_T, C_1' = g^s \cdot g_2^c,$$
$$C_{1,x} = g^{aA_x \cdot v}(u_{\rho(x)}^{t_{\rho(x)}} H)^{-r_x} Z_{1,x} \cdot g_2^{A_x w + \gamma_x z_{\rho(x)}},$$
$$D_{1,x} = g^{r_x} Z_{1,x}' \cdot g_2^{-\gamma_x}$$
$$\tilde{C}_2 = e(g,g)^{\alpha s'}, C_2' = g^{s'} \cdot g_2^{c'},$$
$$C_{2,x} = g^{aA_x \cdot v'} \cdot (u_{\rho(x)}^{t_{\rho(x)}} H)^{-r_x'} Z_{2,x} \cdot g_2^{A_x w' + \gamma_x' z_{\rho(x)}},$$
$$D_{2,x} = g^{r_x'} Z_{2,x}' \cdot g_2^{-\gamma_x'}$$

其中，$r_x = r'\tilde{r}_x$，$Z_{1,x} = Z^{r_x}\tilde{Z}_{1,x}A_4^{-\tilde{r}_x}D_4^{-\tilde{r}_x a_{\rho(x)} t_{\rho(x)}}$，$\gamma_x = -\gamma\tilde{r}_x$，$z_{\rho(x)} = \delta + a_{\rho(x)}t_{\rho(x)}$，$Z_{1,x}' = D_4^{\tilde{r}_x}$，$Z_{2,x} = Z^{r_x'}\tilde{Z}_{2,x}A_4^{-\tilde{r}_x'}D_4^{-\tilde{r}_x' a_{\rho(x)} t_{\rho(x)}}$，$\gamma_x = -\gamma\tilde{r}_x'$，$Z_{2,x}' = D_4^{\tilde{r}_x'}$。由于 $a_{\rho(x)}, t_{\rho(x)}, \tilde{r}_x, \tilde{r}_x'$ model p_1 的值和 $a_{\rho(x)}, t_{\rho(x)}, \tilde{r}_x, \tilde{r}_x'$ model p_2 的值独立于 $a_{\rho(x)}, t_{\rho(x)}, \tilde{r}_x, \tilde{r}_x'$ model p_4 的值，因此，该密文为对 $\mathbb{G}_T$ 中随机消息进行的半功能型加密。而且，若 $T \in \mathbb{G}_{p_1} \times \mathbb{G}_{p_2} \times \mathbb{G}_{p_4}$，则 $\tilde{C}_1$ 为 $\mathbb{G}_T$ 中随机的，而 $C_{1,x}$ 和 $C_{2,x}$ 为 $\mathbb{G}_{p_1} \times \mathbb{G}_{p_2} \times \mathbb{G}_{p_4}$ 中随机的。

因此，可以得出结论：若 $T = h^{r'} A_2 A_4$，$\mathcal{B}$ 仿真了安全游戏 $\mathrm{Game}_{\mathrm{Final}_0}$；若 $T \in \mathbb{G}_{p_1} \times \mathbb{G}_{p_2} \times \mathbb{G}_{p_4}$，$\mathcal{B}$ 仿真了安全游戏 $\mathrm{Game}_{\mathrm{Final}_1}$。至此，完成了对引理 6.9 的证明。

6.2.3 Hur 的策略隐藏的 CP-ABE 方案

Lai 等[4]鉴于 Waters 等[3]的工作，提出了一个标准模型下适应性安全的访问策略隐藏的 CP-ABE 方案，但是该方案基于合数阶双线性群进行构造，效率较低。随后，Wang 等[5]进行了方案改进，提出了一个基于素数阶双线性群构造的访问策略隐藏的 CP-ABE 方案，但是该方案只支持“与”门操作，表达能力非常弱。为了解决这一问题，Hur 等[6]提出了一个应用在智能网格环境下支持任意单调访问结构的 CP-ABE 方案，该方案对密文属性进行重新映射，实现了访问策略的隐藏。而且该方案由云存储中心进行部分解密，数据访问者在进行解密时只需要一个对操作，大大提高了解密效率。下面主要对 Hur 方案进行介绍。

6.2.3.1 符号说明

若 S 表示一个集合，$x \in S$ 则表示统一随机地在集合 S 中选取一个变量 x。$\mathbb{N}$ 表示自然数集合。若 $\lambda \in \mathbb{N}$，1^λ 则表示 λ 个字符。若 $\boldsymbol{A}$ 表示一个算法，则 $x \leftarrow \boldsymbol{A}$ 表示分配 $\boldsymbol{A}$ 的输出给变量 x。对于每个 $c > 0$，存在某个数值 k_c，对所有的 $k > k_c$，满足

$\varepsilon(k) < \frac{1}{k^c}$，则称函数 $\varepsilon(k)$ 为可忽略的。

6.2.3.2　单向匿名密钥协商

Boneh 和 Franklin 在文献[22]中提出的身份加密方案的初始化算法中，密钥生成中心使用主密钥 s 为用户 ID_i 生成私钥 d_i。用户 ID_i 则接收相应的私钥 $d_i = H(ID_i)^s \in \mathbb{G}$，其中，$H:\{0,1\}^* \to \mathbb{G}$ 是一个哈希函数。

在 Boneh 和 Franklin 所提方案的基础上，Kate 等[23]提出了一个单向匿名密钥协商方案，该方案使用用户生成的盲化名代替身份哈希。单向匿名密钥协商方案只能够保证其中一个参与者的匿名性，另一个参与者作为非匿名的服务提供者，并且匿名参与者需要确认服务提供者的身份。在该方案中，两个参与者能够以非交互的方式协商一个会话密钥。

假设 Alice 和 Bob 为同一个密钥授权的用户，Alice 拥有身份 ID_A 和私钥 $d_A = Q_A^s = H(ID_A)^s$。若 Alice 想对身份为 Bob 的保持匿名性，那么密钥协商协议过程如下。

（1）Alice 计算 $Q_B = H(ID_B)$，随后，Alice 选择随机指数 $r_A \in \mathbb{Z}_p^*$，并计算相应的盲化名 $P_A = Q_A^{r_A}$ 和会话密钥 $K_{A,B} = e(d_A, Q_B)^{r_A} = e(Q_A, Q_B)^{sr_A}$。最后，Alice 将 P_A 发送给 Bob。

（2）Bob 使用自己的私钥 d_B 计算会话密钥 $K_{A,B} = e(P_A, d_B) = e(Q_A, Q_B)^{sr_A}$。

基于 $(p, \mathbb{G}, \mathbb{G}_T, e)$ 下 BDH 问题在无条件匿名性和会话密钥隐私方面的困难性的假设，Kate 等[23]给出了该协议在随机预言模型下的安全性证明。

6.2.3.3　安全需求

（1）数据隐私性。未授权的外部用户，即拥有的属性集合不能满足密文访问策略，无法成功解密密文数据。另外，密钥生成中心不再是完全可信的，因此，应该阻止密钥生成中心和存储中心对数据的未授权访问。

（2）抵抗合谋攻击。抵抗合谋攻击[18,24-25]是属性加密方案中最重要的一个特性，即虽然单个用户拥有的属性无法解密密文数据，但多个用户合谋便可以成功地解密密文，因此，合谋攻击必须被避免。在 Hur 方案中，我们假设密钥生成中心和存储中心是诚实的，即这两者不参与合谋攻击。

（3）策略隐私。在数据共享过程中，存储中心和未授权用户无法得到任何与特定密文有关的访问策略的具体信息。另外，授权用户除了知道自己拥有的属性集合能够满足密文访问策略外，无法得到更多关于访问策略的信息。

6.2.3.4 方案定义

Hur 方案主要包括以下 6 个多项式时间算法。

（1）$Setup(\lambda) \to (param, PK_K, MK_K, PK_S, MK_S)$：参数设置算法，属性授权中心执行算法生成系统的公开参数 $param$ 和公私钥对 (PK_K, MK_K)，存储中心执行算法生成公私钥对 (PK_S, MK_S)。为了表达简便，在下列算法中忽略公开参数 $param$。

（2）$KeyGen(MK_K, S) \to SK_u$：密钥生成算法，由属性授权中心执行，以主密钥 MK_K 和用户属性集合 S 为输入，生成用户 u 的解密密钥 SK_u。

（3）$Encrypt(PK_K, PK_S, M, \mathcal{T}) \to CT$：加密算法，由数据发送者执行，以属性授权中心的公开密钥 PK_K、存储中心的公开密钥 PK_S、明文数据 M 和密文访问策略 $\mathcal{T}$ 为输入，生成密文 CT。其中，密文 CT 包含了访问策略 $\mathcal{T}$，但是 $\mathcal{T}$ 进行了盲化处理，因此无法得到关于访问属性的任何信息。

（4）$GenToken(SK_u, \Lambda) \to TK_{\Lambda,u}$：令牌生成算法，由数据发送者执行，以用户密钥 SK_u 和属性集合 $\Lambda \subseteq S$ 为输入，生成访问令牌 $TK_{\Lambda,u}$。

（5）$PDecrypt(CT, TK_{\Lambda,u}) \to CT'$：部分解密算法，由云存储中心执行，以密文 CT 和访问令牌 $TK_{\Lambda,u}$ 为输入，存储中心可以在不知道具体访问属性的前提下，判断 Λ 是否满足 CT 中的访问策略 $\mathcal{T}$，若满足，云存储中心进行部分解密，输出部分解密密文 CT'。

（6）$Decrypt(CT', SK_u) \to M$：最终解密算法，由数据接收者执行，以部分解密密文 PCT 和解密密钥 SK_u 为输入，输出明文消息 M。

6.2.3.5 方案构造

（1）访问结构

令 $\mathcal{T}$ 代表某个访问树结构，每个中间节点代表某个门限阈值。若 num_x 是某个节点 x 的子节点，k_x 是其门限阈值，那么满足 $0 \leqslant k_x \leqslant num_x$。每个叶节点代表某个具体的属性，其门限阈值为 $k_x = 1$。λ_x 表示与叶节点 x 有关的属性。p_x 表示节点 x 的父节点。每个节点 x 的子节点标号为 $1 \sim num_x$，$index(x)$ 返回其具体值。

令 $\mathcal{T}_x$ 表示初始节点为 x 的子树，若某个属性集合 γ 满足访问树结构 $\mathcal{T}_x$，则表示为 $\mathcal{T}_x(\gamma)=1$。我们按照如下方式循环地计算 $\mathcal{T}_x(\gamma)$：若 x 是某个中间节点，则为 x 的所有子节点 x' 计算 $\mathcal{T}_{x'}(\gamma)$，当且仅当至少 k_x 个子节点返回 1 时，$\mathcal{T}_x(\gamma)$ 值才为 1；若 x 为某个叶节点，当且仅当 $\lambda_x \in \gamma$ 时，$\mathcal{T}_x(\gamma)$ 值才为 1。

（2）方案构造

令 $\mathbb{G}$ 和 $\mathbb{G}_T$ 是两个 p 阶循环群算法，其中 p 表示素数，g 为 $\mathbb{G}$ 的生成元。$e:\mathbb{G}\times\mathbb{G}\to\mathbb{G}_T$ 表示一个双线性映射。Hur 方案将使用拉格朗日系数 $\Delta_{i,\Lambda}$，即对于任意的参数 $i\in\mathbb{Z}_p^*$ 和某个 $\mathbb{Z}_p^*$ 下的元素集合 Λ，定义

$$\Delta_{i,\Lambda}(x)=\prod_{j\in\Lambda,j\neq i}\frac{x-j}{i-j}$$

另外，定义哈希函数 $H:\{0,1\}^*\to\mathbb{G}$ 和 $H_1:\mathbb{G}_T\to\{0,1\}^{\log_p}$，需要注意的是，这两个哈希函数作为随机预言机使用。

①参数设置阶段：$Setup(\lambda)\to(param,PK_K,MK_K,PK_S,MK_S)$

该阶段负责生成属性授权中心和存储中心的相关参数，包括公开参数以及公私钥对。

算法首先运行群生成函数 ψ 生成系统参数 $(\mathbb{G},\mathbb{G}_T,p,e)$，其中，$p$ 表示某个大素数，$\mathbb{G}$ 和 $\mathbb{G}_T$ 是两个 p 阶循环群，$e:\mathbb{G}\times\mathbb{G}\to\mathbb{G}_T$ 是一个双线性映射。属性授权中心选择哈希函数 $H:\{0,1\}^*\to\mathbb{G}$ 和 $H_1:\mathbb{G}_T\to\{0,1\}^{\log_p}$，公开参数 $param$ 定义为 $(\mathbb{G},g,H,H_1)$。

接下来，属性授权中心选择两个随机指数 $\alpha,\beta\in\mathbb{Z}_p^*$，并计算 $h=g^\beta$。最后，属性授权中心定义其公钥为 $PK_K=(h,e(g,g)^\alpha)$，私钥为 $MK_K=(\beta,g^\alpha)$。

存储中心选择随机指数 $\gamma\in\mathbb{Z}_p^*$，并定义其公钥为 $PK_S=(g^\gamma)$，私钥为 $MK_S=H(ID_S)^\gamma$，其中，ID_S 表示存储中心的身份。

②密钥生成：$KeyGen(MK_K,S)\to SK_u$

为了响应用户 u_t 的密钥生成请求，属性授权中心首先对其进行身份认证，认证通过后，选择随机指数 $r_t\in\mathbb{Z}_p^*$。然后，对于每个属性 $j\in S$，属性授权中心随机选择参数 $r_j\in\mathbb{Z}_p^*$。最后，属性授权中心计算密钥如下。

$$SK_{u_t}=(D=g^{\frac{\alpha+r_t}{\beta}},\forall j\in S:D_j=g^{r_t}\cdot H(j)^{r_j},D_j'=g^{r_j},D_j''=H(j)^\beta)$$

③数据加密阶段：$Encrypt(PK_K,PK_S,M,\mathcal{T})\to CT$

用户 u_a 想将数据 M 托管到存储中心时，首先定义访问树结构 $\mathcal{T}$ 。然后，在 $\mathcal{T}$ 下运行算法 $Encrypt(PK_K, PK_S, M, \mathcal{T})$ 对 M 进行加密。

首先，对于访问树结构 $\mathcal{T}$ 中的每个节点 x ，算法随机选择一个多项式函数 q_x ，这些多项式自 $\mathcal{T}$ 的顶端到底端进行选择。对于 $\mathcal{T}$ 中的每个节点 x ，算法设置多项式 q_x 的度 d_x 为节点的门限阈值减去 1，即 $d_x = k_x - 1$ 。对于初始节点 R，算法随机选择参数 $s \in \mathbb{Z}_p^*$ ，并设置 $q_R(0) = s$ ，然后，随机设置其他 d_R 个点来完全定义函数 q_R 。对于其他节点 x ，算法设置 $q_x(0) = q_{p(x)}(index(x))$ ，并随机设置其他 d_x 个点来完全定义函数 q_x 。

令 Y 表示 $\mathcal{T}$ 的叶节点集合。发送者选择随机参数 $a \in \mathbb{Z}_p^*$ ，然后，对于所有的 $y \in Y$ ，发送者计算 $s_y = e((g^\beta)^a, H(\lambda_y))$ 。最后，发送者用哈希值 $H_1(s_y)$ 代替分配给每个叶节点 y 的属性值 λ_y 来对其进行盲化。

为了加密消息 M ，算法计算 $K_S = e((g^\gamma)^a, H(ID_S))$ ，并输出密文如下。

$$CT = (\mathcal{T}, \tilde{C} = M \cdot K_S \cdot e(g,g)^{\alpha s}, C = h^s,$$
$$\forall y \in Y: C_y = g^{q_y(0)}, C'_y = H(\lambda_y)^{q_y(0)})$$

最后，u_a 将 (ID_a, g^a, CT) 发送给存储中心。由于访问策略进行了盲化，存储中心和外部用户无法得到任何关于访问属性的信息。另外，方案使用 K_S 对密文组件 $\tilde{C}$ 进行了盲化，因此，属性授权中心无法解密密文。

④令牌生成阶段：$GenToken(SK_{u_t}, \Lambda) \to TK_{\Lambda, u_t}$

当拥有属性集合 $\Lambda \subseteq S$ 的用户 u_t 需要访问用户 u_a 的数据时，用户首先从存储中心得到 g^a ，然后，运行算法 $GenToken(SK_{u_t}, \Lambda)$ 生成访问令牌。

对于所有的属性 $j \in \Lambda$ ，算法计算 $s_j = e(g^a, D''_j) = e(g^a, H(j)^\beta)$ ，然后，算法选择随机指数 $\tau \in \mathbb{Z}_p^*$ ，并构造访问令牌 TK_{Λ, u_t} 如下。

$$TK_{\Lambda, u_t} = (\forall j \in \Lambda: I_j = H_1(s_j), (D_j)^\tau, (D'_j)^\tau)$$

令牌生成后，用户 u_t 将其发送给存储中心，请求存储中心进行部分解密。需要注意的是，令牌中的集合 I_j 可以作为盲化后属性的索引。

⑤部分解密阶段：$PDecrypt(CT, TK_{\Lambda, u_t}) \to CT'$

存储中心一旦收到用户 u_t 的密文查询请求，就会检查索引集合 I_j 中的属性是否满足密文中的访问策略。检查只需进行简单的对比操作，不会泄露密文和令牌中的属性。如果索引集合 I_j 中的属性满足访问策略，存储中心则运行算法

$PDecrypt(CT,TK_{\Lambda,u_t})$ 对密文进行部分解密，并将生成的部分解密密文发送给用户 u_t。这样可以将大部分复杂的解密操作授权给计算能力更强的存储中心执行，大大降低数据访问者的解密负载。

算法以循环的方式执行部分解密计算。首先，定义一个循环算法 $DecryptNode(CT,TK,x)$，该算法以密文 CT、令牌 TK 和访问树结构的节点 x 为输入。

不失一般性，假设存储中心运行用户 u_t 的访问请求。若 x 为叶节点，即分配给的属性盲化为 $H_1(s_x)$，那么进行如下计算。若 $H_1(s_x)\in\mathcal{I}$，其中，$\mathcal{I}$ 是与其令牌有关的属性索引 I_j 的集合，则

$$DecryptNode(CT,TK_{\Lambda,u_t},x)=\frac{e((D_x)^{\tau},C_x)}{e((D'_x)^{\tau},C'_x)}=$$
$$\frac{e((g^{r_t}\cdot H(\lambda_x)^{r_x})^{\tau},g^{q_x(0)})}{e((g^{r_x})^{\tau},H(\lambda_x)^{q_x(0)})}=e(g,g)^{r_t\tau q_x(0)}$$

若 $H_1(s_x)\notin\mathcal{I}$，则定义 $DecryptNode(CT,TK_{\Lambda,u_t},x)=\perp$。

若 x 为中间节点，那么进行如下计算。对于节点 x 的所有子节点 z，调用算法 $DecryptNode(CT,TK_{\Lambda,u_t},z)$，并存储算法的输出为 F_z。令 S_x 表示任意 k_x 个子节点 z 的集合，而且满足 $F_z\neq\perp$。若这样的集合不存在，那么算法输出 $\perp$。否则，算法计算如下。

$$F_x=\prod_{z\in S_x}F_z^{\Delta_{i,S'_x}(0)}\qquad(i=index(z),S'_x=\{index(z):z\in S_x\})=$$
$$\prod_{z\in S_x}(e(g,g)^{r_t\cdot\tau\cdot q_z(0)})^{\Delta_{i,S'_x}(0)}=\prod_{z\in S_x}(e(g,g)^{r_t\cdot\tau\cdot q_{p(z)}(index(z))})^{\Delta_{i,S'_x}(0)}=$$
$$\prod_{z\in S_x}e(g,g)^{r_t\cdot\tau\cdot q_x(i)\cdot\Delta_{i,S'_x}(0)}=e(g,g)^{r_t\cdot\tau\cdot q_x(0)}$$

部分解密算法从初始阶段节点 R 循环地调用解密函数。若令牌满足访问树结构，那么可以得出 $DecryptNode(CT,TK_{\Lambda,u_t},R)=e(g,g)^{r_t\cdot\tau\cdot s}$。

接下来，存储中心计算 $K_S=e(g^a,MK_S)=e(g^a,H(ID_S)^{\gamma})$ 和 $\tilde{C}'=\tilde{C}/K_S=M\cdot e(g,g)^{\alpha s}$。最后，存储中心将部分解密后的密文 $CT'=(\tilde{C}',C=h^s,A)$ 发送给用户 u_t，其中，A 满足

$$A=DecryptNode(CT,TK_{\Lambda,u_t},R)=e(g,g)^{r_t\tau s}$$

⑥数据解密阶段：$Decrypt(CT',SK_{u_t})\to M$

输入参数 CT' 表示部分解密密文。当用户 u_t 收到部分解密密文 CT' 后，进行解密得到明文消息如下。

$$\tilde{C}'/(e(C,D)/(A)^{1/\tau}) = \tilde{C}'/(e(h^s, g^{(\alpha+r_i)/\beta})/(e(g,g)^{r_i\tau s})^{1/\tau}) =$$
$$\tilde{C}'/(e(g^{\beta s}, g^{(\alpha+r_i)/\beta})/e(g,g)^{r_i s}) = M \cdot e(g,g)^{\alpha s}/e(g,g)^{\alpha s} = M$$

存储中心对密文进行了大部分的解密操作，数据访问者只需进行一个简单的指数操作，就可以完成最后的解密，大大降低了数据访问者的计算负载。

6.2.3.6 安全性分析

本节对 Hur 方案提出的安全需求进行证明，主要包括以下 3 个方面。

（1）数据隐私性

在 Hur 方案的安全模型中，属性授权中心和存储中心都认为是诚实但不完全可信的。因此，存储中心保存的数据不仅需要对未授权用户保持隐私性，而且对属性授权中心和存储中心也应该保持隐私性。

数据对于未授权用户的隐私性很容易得到满足，因为若用户拥有的属性集合无法满足密文定义的访问策略，那么该用户就不能得到一个有效令牌。没有能够解密数据的有效令牌，存储中心无法在部分解密阶段为用户解密密文得到 $e(g,g)^{r\tau s}$ ，其中，随机数 r 为系统内分配给该用户的唯一数值，而 τ 为该用户随机选择的数值。另外，即使用户直接从发送者得到了密文，由于用户拥有的属性集合无法满足密文的访问结构，而且密文被 K_S 重新加密，用户无法解密密文得到 $e(g,g)^{rs}$ 。对于存储中心，即使其能够计算 K_S ，但是存储中心无法得到对应于密文的属性密钥，也无法解密密文。

另一个能够对存储中心数据发起攻击的是属性授权中心。对于数据发送者和接收者来说，属性授权中心并非是完全可信的，因此必须保持数据的隐私性。当发送者将密文发送给存储中心，由于属性授权中心无法计算用来盲化密文组件 $\tilde{C}$ 的 K_S ，其无法成功解密密文。另外，当接收者发送访问令牌，请求存储中心进行部分解密，并得到部分解密后的密文，此时，属性授权中心也无法进行最后的解密，因为 $e(g,g)^{rs}$ 被接收者选择的参数 τ 进行了盲化。

综上所述，存储中心和属性授权中心无法拥有足够的信息来解密密文。因此，对于诚实并好奇的属性授权中心和存储中心来说，数据隐私性得到了保证。

（2）抵抗合谋攻击

在 CP-ABE 方案中，共享的密钥材料必须嵌入密文而不是用户的密钥中。在先前提出的方案[18,25]中，用户的私钥被属性授权中心为用户选择的唯一数值进行了随机化处理。为了生成一个有效的访问令牌并解密密文，合谋的攻击者应该能够从密文中得到 $e(g,g)^{\alpha s}$。为了得到该数值，攻击者必须对密文中的 C_y 和其他合谋用户中属性 λ_y（假设攻击者没有属性 λ_y）对应的私钥 D_y 进行对运算，然而，生成的数值 $e(g,g)^{\alpha s}$ 被唯一分配给不同用户的参数 r 进行了盲化。只有当用户拥有的密钥组件能够满足嵌入密文中的秘密共享方案，才能够成功地得到 $e(g,g)^{\alpha s}$。因此，该方案的合谋攻击特性得到了保证。

（3）策略隐私

当发送者将密文数据发送给存储中心前，密文访问策略中的每个属性 λ_i 通过使用单向匿名密钥协商协议[23]盲化为 $H_1(e((g^{\beta})^{a},H(\lambda_i)))$，其中，$a$ 为某个随机参数，因此，只有拥有对应属性的合法用户才能得到这个数值。对于外部用户和存储中心来说，由于参数 a 的随机性，其无法从盲化后的 $H_1(e((g^{\beta})^{a},H(\lambda_i)))$ 中成功猜测对应的属性。特别地，在不知道具体密钥的前提下，由于密钥协商协议的密钥隐私属性，攻击者无法计算数值 $e(g^{a},H(\lambda_i)^{\beta})(=e((g^{\beta})^{a},H(\lambda_i)))$。

当用户需要生成某个访问令牌时，该用户会首先计算其希望访问的某些具体属性 λ_j 对应的索引集合 $e(g^{a},H(\lambda_j)^{\beta})$。由于密钥协商协议的密钥隐私属性，只有数据的发送者和授权用户才能够成功地生成属性对应的索引。对于存储中心，由于其无法得到密钥组件 $H(\lambda_j)^{\beta}$，因此无法生成属性对应的索引，同样存储中心无法从访问令牌中的索引信息猜测具体的属性。另外，即使接收者请求存储中心进行部分解密，并得到部分解密密文，但是除了知道其能够成功地解密密文外，不会知道具体的属性信息。

综上所述，对于存储中心、合法用户和外部用户来说，该方案的密文访问策略的隐私特性得到了保证。

6.2.4　宋衍等的策略隐藏的 CP-ABE 方案

Hur 等提出了一个支持任意单调访问结构的 CP-ABE 方案[6]，该方案通过对与密文有关的属性进行重新映射而实现了访问策略的隐藏。而且，该方案由云存储中心进行部分解密，数据访问者在进行解密时只需要一个对操作，大大提高了解密效率。但是该方案只实现了一般群模型下的安全性，而一般群模型下的安全通常被认为是启发式的安全，不是可证明安全。最近，宋衍等[8]基于文献[7]的研究，将线性秘密共享的思想应用到 CP-ABE 方案的“与”“或”“门限”操作中，通过对属性取值进行隐藏进而实现访问策略的隐藏，下面对该方案进行介绍。

6.2.4.1 访问结构

定义系统的属性集合为 $S=\{a_1,a_2,\cdots,a_n\}$，S 的阶为 n。对于 $\forall i\in\mathbb{Z}_N^*$，属性 a_i 的取值集合为 $F_i=\{v_{i,1},v_{i,2},\cdots,v_{i,n_i}\}$，其中，$n_i$ 为 F_i 的阶。另外，用户的属性集合 L 表示为 $L=\{l_1=v_{1,t_1},l_2=v_{2,t_2},\cdots,l_k=v_{k,t_k}\}$，其中，$k$ 为 L 的阶。对于 $\forall i\in\mathbb{Z}_k^*$，有 $l_1\in S$，$v_{i,t_i}\in F_i$。

宋衍方案采用树形结构来表示访问策略。树的内部节点代表关系，包括与（and）、或（or）和门限（threshold），叶节点代表属性条件表达式，形式为 $a_i=v_{i,t_i}(i\in\mathbb{Z}_n^*,t_i\in\mathbb{Z}_{n_i}^*)$。从初始节点到叶节点的每条路径中，最后一个内部节点是叶节点的父节点，称为末端内部节点。宋衍方案定义末端内部节点只能代表关系 and，并且依据语义的一致性，定义每个末端内部节点下，一种属性只能出现一次。

6.2.4.2 秘密共享方案

若 $s\in\mathbb{Z}_N^*$ 为需要共享的秘密，那么设置访问树结构的初始节点 τ 的值为 s。假设 τ 的子节点个数为 u，那么为 τ 的子节点赋值如下。

Case 1：τ 代表关系 or，则设置 τ 的每个子节点的值为 s。

Case 2：τ 代表关系 and，则为前 $u-1$ 个子节点取随机值 $s_i\in\mathbb{Z}_N^*$，设置最后一个子节点的值为 $s_u=s-\sum_{i=1}^{u-1}s_i$。

Case 3：τ 代表关系 threshold，节点的门限值为 h，则随机选择一个 $h-1$ 次多项式 f，满足 $f(0)=s$，对于索引次序为 $i\in\mathbb{Z}_u^*$ 的子节点，设置其值为 $f(i)$。

从初始节点开始，以上述方式自顶向下递归地为每个内部节点赋值。

6.2.4.3 方案定义

宋衍方案主要包括以下 4 个多项式算法。

（1）$Setup(\lambda)\to(PK,MSK)$：参数设置算法，由属性授权执行，以安全参数 λ 为输入，生成系统的公开密钥 PK 和主密钥 MSK。

（2）$KeyGen(L,MSK,PK)\to SK_L$：密钥生成算法，由属性授权执行，以用户属性列表 L、主密钥 MSK 和公开密钥 PK 为输入，生成解密密钥 SK_L。

（3）$Encrypt(PK,M,T)\to C$：加密算法，由数据拥有者执行，以公开密钥 PK、明文数据 M 和访问树结构 T 为输入，生成密文 C。

（4）$Decrypt(PK,C,SK_L)\to M$：解密算法，由数据访问者执行，以公开密钥 PK、密文 C 和解密密钥 SK_L 为输入，若与解密密钥 SK_L 有关的属性列表 L 满足与密文 CT 有关的访问策略 T，则解密成功，生成明文消息 M。

6.2.4.4 安全模型

宋衍方案使用如下挑战者 $\mathcal{B}$ 和攻击者 $\mathcal{A}$ 间的安全游戏，并且若无多项式时间内的攻击者能以不可忽略的优势攻破以下安全游戏，则称宋衍方案为适应性安全的。

参数设置阶段：挑战者 $\mathcal{B}$ 运行初始化 $Setup$ 算法，生成公开密钥 PK 和主密钥 MSK，并把生成的系统公开密钥 PK 发送给攻击者 $\mathcal{A}$。

密钥查询阶段 1：攻击者 $\mathcal{A}$ 适应性地向挑战者 $\mathcal{B}$ 询问一系列属性列表 L 的私钥查询，对于每个属性列表 L，$\mathcal{B}$ 运行密钥生成算法生成密钥 SK_L，并返回给攻击者 $\mathcal{A}$。

挑战阶段：攻击者 $\mathcal{A}$ 提交长度相等的两个明文消息 M_0、M_1 以及访问结构 T_0、T_1，并且需要满足限制：任何在密钥查询阶段 1 询问的属性列表都不能满足 T_0 和 T_1。挑战者 $\mathcal{B}$ 随机选择参数 $\beta\in\{0,1\}$，并将密文 $Encrypt(PK,M_\beta,W_\beta)$ 发送给攻击者 $\mathcal{A}$。

密钥查询阶段 2：如密钥查询阶段 1，攻击者 $\mathcal{A}$ 继续适应性地向挑战者 $\mathcal{B}$ 询问一系列属性列表 L 的私钥查询，并且需要满足同样的限制。

猜测阶段：攻击者 $\mathcal{A}$ 输出值 $\beta'\in\{0,1\}$ 作为对 β 的猜测，如果 $\beta'=\beta$，那么称攻击者 $\mathcal{A}$ 赢了该游戏。另外，定义攻击者 $\mathcal{A}$ 在该游戏中的优势为 $|\Pr[\beta'=\beta]-\frac{1}{2}|$。

6.2.4.5 方案构造

宋衍方案主要包括以下 4 个多项式时间算法。

（1）$Setup(\lambda)$：参数设置算法首先运行群参数生成函数 $\psi(\lambda)$ 获得 $(N=pqr,\mathbb{G},\mathbb{G}_T,e)$，其中，$\mathbb{G}$ 和 $\mathbb{G}_T$ 表示两个阶为 N 的循环群，$e:\mathbb{G}\times\mathbb{G}\to\mathbb{G}_T$ 表示一个双线性映射，U 表示属性集合描述。在 $\mathbb{G}$ 中找出子群 $\mathbb{G}_p$ 和 $\mathbb{G}_r$，以及各自的生成元 g_p 和 g_r。对于系统中的每个属性值 $v_{i,t_i}(i\in\mathbb{Z}_n^*,t_i\in\mathbb{Z}_{n_i}^*)$，算法随机选择参数 $a_{i,t_i}\in\mathbb{Z}_N^*$ 和 $R_{i,t_i}\in\mathbb{G}_r$，并计算 $A_{i,t_i}=g_p^{a_{i,t_i}}R_{i,t_i}$。另外，算法随机选择参数 $w,\hat{w}\in\mathbb{Z}_N^*$ 和 $R_0\in\mathbb{G}_r$，并计算 $A_0=g_pR_0$，$Y=e(g_p,g_p)^w$ 和 $\hat{Y}=e(g_p,g_p)^{\hat{w}}$。最后，算法设置公开密钥为

$$PK=(A_0,g_r,\{A_{i,t_i}\}_{1\leqslant t_i\leqslant n_i,1\leqslant i\leqslant n},Y,\hat{Y})$$

并且设置主密钥为 $MSK = (g_p, \{a_{i,t_i}\}_{1 \leqslant t_i \leqslant n_i, 1 \leqslant i \leqslant n}, w, \hat{w})$。

（2）$KeyGen(PK, MSK, L)$：对于 $i \in \mathbb{Z}_k^*$，算法随机选择参数 $d_i \in \mathbb{Z}_n^*$，并计算 $D_i = g_p^{d_i/a_{i,t_i}}$。另外，算法设置 $d = \sum_{i=1}^{k} d_i$，并计算 $D_0 = g_p^{w-d}$ 和 $\hat{D}_0 = g_p^{\hat{w}-d}$。最后，算法设置密钥为 $SK_L = \{D_0, \hat{D}_0, \{D_i\}_{1 \leqslant i \leqslant k}\}$。

（3）$Encrypt(PK, M \in \mathbb{G}_T, T)$：输入参数 T 表示一个访问树，对于访问树的末端内部节点 α，假设其共享密钥值为 s_α，为系统中的每个属性取值计算一个密文分量。若属性未出现在节点 α 下的叶节点所代表的表达式中，或者属性和属性值都出现，算法计算 $C_{i,t_i} = A_{i,t_i}^{s_\alpha} R'_{i,t_i}$。否则，算法随机选择参数 $s_{i,t_i} \in \mathbb{Z}_N^*$ 且 $s_{i,t_i} \neq s_\alpha$，$R'_{i,t_i} \in \mathbb{G}_r$，并计算 $C_{i,t_i} = A_{i,t_i}^{s_{i,t_i}} R'_{i,t_i}$。假设 L_α 表示 α 下的叶节点所代表的表达式中属性和属性的集合，那么存在以下等式。

$$C_{i,t_i} = \begin{cases} A_{i,t_i}^{s_{i,t_i}} R'_{i,t_i}, i(L_i \in L_\alpha \quad \text{and} \quad v_{i,t_i} \notin L_\alpha) \\ A_{i,t_i}^{s_\alpha} R'_{i,t_i}, \text{其他} \end{cases}$$

算法随机选择参数 $R_\alpha \in \mathbb{G}_r$，并计算密文组件 $\hat{C}_\alpha = A_0^{s_\alpha} R_\alpha$ 和 $H_\alpha = \hat{Y}^{s_\alpha}$，得到 α 的密文为

$$C_\alpha = (H_\alpha, \hat{C}_\alpha, \{C_{i,t_i}\}_{1 \leqslant t_i \leqslant n_i, 1 \leqslant i \leqslant n})$$

算法随机选择参数 $R'_0 \in \mathbb{G}_r$，并计算 $C_0 = A_0^s R'_0$ 和 $\hat{C} = MY^s$，得到最终密文为

$$C = (\hat{C}, C_0, \{C_\alpha\}_{\forall \alpha})$$

（4）$Decrypt(PK, C, SK_L)$：令解密密钥 $SK_L = \{D_0, \hat{D}_0, \{D_i\}_{1 \leqslant i \leqslant k}\}$，密文 $C = (\hat{C}, C_0, \{C_\alpha\}_{\forall \alpha})$，则对于 T 中的每个末端内部节点 α，定义解密函数如下。

$$DecNode(\alpha) = \prod_{i=1}^{k} e(C_{i,t_i}, D_i)$$

对于 T 中的其他内部节点 β，定义解密函数如下。

$$DecNode(\beta) = \begin{cases} \prod_{i=1}^{u} DecNode(Child(\beta, i)), Op(\beta) = \text{and} \\ DecNode(Child(\beta, i)), Op(\beta) = \text{or} \\ \prod_{i=1}^{h} DecNode(Child(\beta, i))^{\prod_{j=1, j \neq i}^{h} \frac{i}{j-i}}, Op(\beta) = \text{threshold} \end{cases}$$

其中，假设 u 为节点 β 的子节点个数，h 为门限值。

解密过程分为 3 步：①计算并验证末端内部节点的解密值；②通过正确的末端内部节点解密值计算访问树初始节点的解密值；③利用初始节点的解密值计算明文。

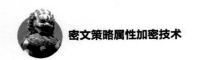

对于末端内部节点，解密算法计算 $DecNode(\alpha)=\prod_{i=1}^{k}e(C_{i,t_i},D_i)$。若与解密密钥 SK_L 有关的属性列表 L 满足 α 下每个叶节点所代表的属性条件表达式，那么解密算法可计算出 $DecNode(\alpha)=e(g_p,g_p)^{ds_\alpha}$。然后，通过计算 θ_α 进行验证。

$$\theta_\alpha=\frac{H_\alpha}{e(\hat{C}_\alpha,\hat{D}_0)DecNode(\alpha)}=1$$

需要注意的是，1表示单位元；否则，得出 θ_α 为随机值。

与解密密钥 SK_L 有关的属性列表 L 满足与密文 C 有关的访问控制策略，可以得出初始节点解密值 $DecNode(R)=e(g_p,g_p)^{ds}$，则明文计算如下。

$$\frac{\hat{C}}{e(C_0,D_0)DecNode(R)}=\frac{MY^s}{e(A_0^sR_0',g_p^{w-d})\cdot e(g_p,g_p)^{ds}}=\frac{Me(g_p,g_p)^{ws}}{e(g_p,g_p)^{ws-ds}\cdot e(g_p,g_p)^{ds}}=M$$

6.2.4.6　策略隐藏

宋衍方案主要依靠以下两点实现策略隐藏。

（1）在加密明文消息前，加密算法依据访问控制策略构造访问树结构。但是，加密算法并不会将整个访问树结构附加在密文中，而是去掉叶节点所代表的属性条件表达式，只附加内部节点及其组织结构。因此，其他参与实体无法得到访问控制策略对属性及其取值的要求。

（2）解密算法在计算末端内部节点的解密值时，将其所有属性的私钥分量都代入计算，并验证解密值是否正确。因此，解密算法只能确定所拥有的属性列表能否满足该末端内部节点，而无法得到末端内部节点的具体属性条件表达式。

6.2.4.7　安全性证明

引理 6.10　若合数阶双线性群下的安全假设 1[8]、假设 2[8]和假设 3[8]成立，那么宋衍方案为访问策略隐藏的。

证明　为了进行安全性证明，本节首先定义半功能性的密文和半功能性的密钥如下。

半功能性的密文：令 g_q 表示子群 $\mathbb{G}_q$ 的某个生成元。接下来，构造半功能性的密文如下。首先利用加密算法生成普通密文 $(\hat{C}',C_0',\{(C_{i,t_i}')_{1\leqslant t_i\leqslant n_i,1\leqslant i\leqslant n}\}_{\forall\alpha})$；然后，随机选择元素 $x_0\in\mathbb{Z}_N^*$，在每个末端内部节点中，对于 $\forall t_i(i\in\mathbb{Z}_n^*,t_i\in\mathbb{Z}_{n_i}^*)$，随机选择 $x_{i,t_i}\in\mathbb{Z}_N^*$；最后，设置半功能性的密文如下。

$$(\hat{C} = \hat{C}', C_0 = C_0' \cdot g_q^{x_0}, \{(C_{i,t_i} = C_{i,t_i}' \cdot g_q^{x_{i,t_i}})_{1\leqslant t_i \leqslant n_i, 1\leqslant i \leqslant n}\}_{\forall\alpha})$$

半功能性的密钥：为了构造半功能性的密钥，首先利用密钥生成算法输出普通密钥 $\{D_0', \{D_i'\}_{1\leqslant i\leqslant k}\}$；然后选择随机元素 $y_0 \in \mathbb{Z}_N^*$，对于 $\forall i(i \in \mathbb{Z}_k^*)$，随机选择元素 $y_i \in \mathbb{Z}_N^*$；最后构造半功能性密钥如下。

$$(D_0 = D_0' \cdot g_q^{y_0}, \{D_i = D_i' \cdot g_q^{y_i}\}_{1\leqslant i\leqslant k})$$

当用户所拥有的属性列表满足访问结构时，普通密钥可以解密普通密文和半功能性的密文，半功能性的密钥可以解密半功能性的密文，但是半功能性的密钥无法解密半功能性的密文。

假设存在一个攻击者 $\mathcal{A}$，该攻击者进行了 u 次密钥查询，接下来，我们通过一系列的混合游戏来证明宋衍方案的安全性。

$\text{Game}_{\text{Real}}$：第一个，为真实的安全游戏，即所有的密钥都为普通类型的密钥，所有的密文都为普通类型的密文。

Game_0：在该游戏中，所有的密钥都为普通类型的密钥，而密文则为半功能性的密文。

$\text{Game}_{1,k}$：在该游戏中，前 k 个密钥为半功能性密钥，而剩余的密钥则为普通类型的密钥。挑战密文为半功能性的密文。

$\text{Game}_{\text{Final}}$：所有的密钥都为半功能性的密钥，而挑战密文则为对某个随机消息的半功能性的加密。

引理 6.11 若存在一个多项式时间内的攻击者 $\mathcal{A}$ 满足 $Adv_{\text{Game}_{\text{Real}}}^{\mathcal{A}} - Adv_{\text{Game}_0}^{\mathcal{A}} = \varepsilon$，那么，可以构造一个挑战者 $\mathcal{B}$ 以同样的优势 ε 来攻破合数阶双线性群下的安全假设 1。

证明 我们构造挑战者 $\mathcal{B}$，而且 $\mathcal{B}$ 以安全假设 1 给出的参数 $((N = pqr, \mathbb{G}, \mathbb{G}_T, e), g_p, g_r)$ 为输入，然后 $\mathcal{B}$ 将给出对安全游戏 $\text{Game}_{\text{Real}}$ 或安全游戏 Game_0 的仿真。

参数设置阶段：同 6.2.4.5 节中的 $Setup(\lambda)$ 算法。

密钥查询阶段 1：攻击者 $\mathcal{A}$ 适应性地向挑战者 $\mathcal{B}$ 询问一系列属性列表 L 的私钥查询，对于每个属性列表 L，$\mathcal{B}$ 运行密钥生成算法生成密钥 SK_L，并返回给攻击者 $\mathcal{A}$。

挑战阶段：攻击者 $\mathcal{A}$ 提交长度相等的两个明文消息 M_0、M_1 以及访问结构 T_0、T_1，并且需要满足限制：任何在密钥查询阶段 1 询问的属性列表都不能满足 T_0 和 T_1。挑战者 $\mathcal{B}$ 随机选择参数 $\beta \in \{0,1\}$，使用访问结构 T_β 加密 M_β。然后，$\mathcal{B}$ 随机选择

$s \in \mathbb{Z}_N^*$ 和 $R_0' \in \mathbb{G}_r$，并依据主密钥 MSK 和假设条件生成密文 $\hat{C}^* = M_b \cdot e(g_p, X)^{ws}, C_0^* = X^s R_0'$。另外，当 $((L_i \in L_\alpha) \wedge (v_{i,t_i} \notin L_\alpha))$ 时，$\mathcal{B}$ 随机选择 $s_{i,t_i} \in \mathbb{Z}_N^*$ 且满足 $s_{i,t_i} \neq s_\alpha$，令 $C_{i,t_i}^* = X^{a_{i,t_i} \cdot s_{i,t_i}} R_{i,t_i}'$；否则令 $C_{i,t_i}^* = X^{a_{i,t_i} \cdot s_\alpha} R_{i,t_i}'$。最后，$\mathcal{B}$ 将挑战密文 $(C^*, C_0^*, \{\{C_{i,t_i}^*\}_{1 \leqslant t_i \leqslant n_i, 1 \leqslant i \leqslant n}\}_{\forall \alpha})$ 发送给攻击者 $\mathcal{A}$。

密钥查询阶段 2：与密钥查询阶段 1 类似。

猜测阶段：攻击者 $\mathcal{A}$ 输出值 $\beta' \in \{0,1\}$ 作为对 β 的猜测。

若 $X \in \mathbb{G}_p$，那么挑战密文是普通密文；若 $X \in \mathbb{G}_{pq}$，那么挑战密文是半功能性密文。因此，若攻击者 $\mathcal{A}$ 攻破上述安全游戏的优势 $Adv_{\mathrm{Game_{Real}}}^{\mathcal{A}} - Adv_{\mathrm{Game_0}}^{\mathcal{A}} = \varepsilon$ 不可忽略，那么挑战者 $\mathcal{B}$ 同样可以以不可忽略的优势攻破安全假设 1。

引理 6.12　若存在一个多项式时间内的攻击者 $\mathcal{A}$ 满足 $Adv_{\mathrm{Game}_{1,k-1}}^{\mathcal{A}} - Adv_{\mathrm{Game}_{1,k}}^{\mathcal{A}} = \varepsilon$，那么，可以构造一个挑战者 $\mathcal{B}$ 以同样的优势 ε 来攻破合数阶双线性群下的安全假设 2。

证明　我们构造挑战者 $\mathcal{B}$，而且 $\mathcal{B}$ 以安全假设 2 给出的参数 $((N = pqr, \mathbb{G}, \mathbb{G}_T, e), g_p, X_1X_2, g_r)$ 为输入，然后 $\mathcal{B}$ 将给出对安全游戏 $\mathrm{Game}_{1,k-1}$ 或安全游戏 $\mathrm{Game}_{1,k}$ 的仿真。

参数设置阶段：同引理 6.11。

挑战阶段：攻击者 $\mathcal{A}$ 提交长度相等的两个明文消息 M_0、M_1 以及访问结构 T_0、T_1，并且需要满足限制：任何在密钥查询阶段 1 询问的属性列表都不能满足 T_0 和 T_1。挑战者 $\mathcal{B}$ 随机选择参数 $\beta \in \{0,1\}$，使用访问结构 T_β 加密 M_β。然后，$\mathcal{B}$ 随机选择 $s \in \mathbb{Z}_N^*$ 和 $R_0' \in \mathbb{G}_r$，并依据主密钥 MSK 和假设条件生成密文 $\hat{C}^* = M_b \cdot e(g_p, X_1X_2)^{ws}, C_0^* = (X_1X_2)^s R_0'$。另外，当 $((L_i \in L_\alpha) \wedge (v_{i,t_i} \notin L_\alpha))$ 时，$\mathcal{B}$ 随机选择 $s_{i,t_i} \in \mathbb{Z}_N^*$ 且满足 $s_{i,t_i} \neq s_\alpha$，令 $C_{i,t_i}^* = (X_1X_2)^{a_{i,t_i} \cdot s_{i,t_i}} R_{i,t_i}'$；否则令 $C_{i,t_i}^* = (X_1X_2)^{a_{i,t_i} \cdot s_\alpha} R_{i,t_i}'$。最后，$\mathcal{B}$ 将挑战密文 $(C^*, C_0^*, \{\{C_{i,t_i}^*\}_{1 \leqslant t_i \leqslant n_i, 1 \leqslant i \leqslant n}\}_{\forall \alpha})$ 发送给攻击者 $\mathcal{A}$。

密钥查询阶段：密钥查询阶段 1 和密钥查询阶段 2 将密钥查询分成三部分，那么仿真者 $\mathcal{B}$ 为攻击者 $\mathcal{A}$ 的第 i 次密钥查询生成密钥如下。

Case 1：$i > k$ 时，仿真者 $\mathcal{B}$ 可以依据主密钥和攻击者 $\mathcal{A}$ 询问的属性列表生成普通私钥，并将其发送给 $\mathcal{A}$。

Case 2：$i < k$ 时，由于安全游戏 $\mathrm{Game}_{1,k-1}$ 和 $\mathrm{Game}_{1,k}$ 的前 $k-1$ 次私钥都是半功

能性的，因此，仿真者$\mathcal{B}$首先计算出半功能性密钥发送给攻击者$\mathcal{A}$。

Case 3：$i=k$时，仿真者$\mathcal{B}$依据攻击者$\mathcal{A}$询问的属性列表L，对$i\in\mathbb{Z}_k^*$，$\mathcal{B}$随机选择$d_i\in\mathbb{Z}_N^*$，并设置$d=\sum_{i=1}^{k}d_i$。最后，$\mathcal{B}$设置密钥$D_0'=X^{w-d},D_i'=X^{d_i/a_{i,t_i}}$。

猜测阶段：攻击者$\mathcal{A}$输出值$\beta'\in\{0,1\}$作为对β的猜测。

若$X\in\mathbb{G}_p$，那么生成的密钥是普通密钥，$\mathcal{B}$仿真了安全游戏$\text{Game}_{1,k-1}$；若$X\in\mathbb{G}_{pq}$，设$X=g_p g_q^{\frac{y_0}{w-d}}$，那么生成的密钥是半功能性密钥，$\mathcal{B}$仿真了安全游戏$\text{Game}_{1,k}$。因此，若攻击者$\mathcal{A}$攻破上述安全游戏的优势$Adv_{\text{Game}_{1,k-1}}^{\mathcal{A}}-Adv_{\text{Game}_{1,k}}^{\mathcal{A}}=\varepsilon$不可忽略，那么挑战者$\mathcal{B}$同样可以以不可忽略的优势攻破安全假设2。

引理 6.13 若存在一个多项式时间内的攻击者$\mathcal{A}$满足$Adv_{\text{Game}_{1,u}}^{\mathcal{A}}-Adv_{\text{Game}_{\text{Final}}}^{\mathcal{A}}=\varepsilon$，那么，可以构造一个挑战者$\mathcal{B}$以同样的优势$\varepsilon$来攻破合数阶双线性群下的安全假设3。

证明 我们构造挑战者$\mathcal{B}$，而且$\mathcal{B}$以安全假设3给出的参数$((N=pqr,\mathbb{G},\mathbb{G}_T,e),g_p,g_p^wX_2,g_p^sY_2,Z_1Z_2,g_r)$为输入，然后$\mathcal{B}$将给出对安全游戏$\text{Game}_{1,u}$或安全游戏$\text{Game}_{\text{Final}}$的仿真。

参数设置阶段：同引理6.11。

密钥查询阶段1：在安全游戏$\text{Game}_{1,u}$和$\text{Game}_{\text{Final}}$中，生成的密钥都是半功能性密钥。仿真者$\mathcal{B}$依据攻击者$\mathcal{A}$询问的属性列表$L$，对$i\in\mathbb{Z}_k^*$，$\mathcal{B}$随机选择$d_i\in\mathbb{Z}_N^*$，并设置$d=\sum_{i=1}^{k}d_i$。最后，$\mathcal{B}$设置半功能性密钥$D_0'=g_p^wX_2(Z_1Z_2)^{-d},D_i'=(Z_1Z_2)^{d_i/a_{i,t_i}}$。

挑战阶段：攻击者$\mathcal{A}$提交长度相等的两个明文消息M_0、M_1以及访问结构T_0、T_1，并且需要满足限制：任何在密钥查询阶段1询问的属性列表都不能满足T_0和T_1。挑战者$\mathcal{B}$随机选择参数$\beta\in\{0,1\}$，使用访问结构T_β加密M_β或随机消息r。然后，$\mathcal{B}$随机选择$s\in\mathbb{Z}_N^*$和$R_0'\in\mathbb{G}_r$，并依据主密钥MSK和假设条件生成密文$\hat{C}^*=M_b\cdot T,C_0^*=g_p^sY_2R_0'$。另外，当$((L_i\in L_\alpha)\wedge(v_{i,t_i}\notin L_\alpha))$时，$\mathcal{B}$随机选择$s_{i,t_i}\in\mathbb{Z}_N^*$且满足$s_{i,t_i}\neq s_\alpha$，令$C_{i,t_i}^*=g_p^{a_{i,t_i}\cdot s_{i,t_i}}R_{i,t_i}'$；否则令$C_{i,t_i}^*=g_p^{a_{i,t_i}\cdot s_\alpha}R_{i,t_i}'$。最后，$\mathcal{B}$将挑战密文$(C^*,C_0^*,\{\{C_{i,t_i}^*\}_{1\leqslant t_i\leqslant n_i,1\leqslant i\leqslant n}\}_{\forall\alpha})$发送给攻击者$\mathcal{A}$。

密钥查询阶段2：与密钥查询阶段1类似。

猜测阶段：攻击者$\mathcal{A}$输出值$\beta'\in\{0,1\}$作为对β的猜测。

若$T=e(g_p,g_p)^{ws}$，那么生成的是M_β半功能性密文；否则，设置$T=e(g_p,g_p)^{ws-x_0}$，生成的是随机消息的半功能性密文。因此，若攻击者$\mathcal{A}$攻破上

述安全游戏的优势 $Adv^{\mathcal{A}}_{\text{Game}_{1,\mu}} - Adv^{\mathcal{A}}_{\text{Game}_{\text{Final}}} = \varepsilon$ 不可忽略，那么挑战者 $\mathcal{B}$ 同样可以以不可忽略的优势攻破安全假设 3。

6.3　无须密钥托管且访问策略隐藏的 CP-ABE 方案

在基本的 CP-ABE 方案中，数据拥有者基于某个访问策略对明文消息加密，并将访问策略以明文的形式存放在密文中，造成了很大的安全隐患。访问策略往往包含用户大量的敏感信息，必须对其加以保护。另外，数据访问者将某个属性集合提交给属性授权后，由属性授权独自生成解密密钥，产生密钥托管问题。为了解决这两个问题，本节基于具有高表达性、标准模型下适应性安全的追踪性 CP-ABE 方案[12]展开研究与分析，提出了一个无须密钥托管且访问策略隐藏的追踪性 CP-ABE 方案，该方案在保护数据安全性的同时对密文策略进行盲化，实现访问策略的隐私性，而且在方案的密钥生成算法中设计一个双方计算协议，由用户生成解密密钥中的追踪参数，与属性授权共同生成解密密钥，以解决密钥托管问题。最后，对方案在标准模型下的适应性安全进行了证明，并对方案进行了性能分析与实验验证。

本节在文献[12]方案的基础上，构造用户的盲化名与盲因子，对密文属性进行盲化，实现访问策略的隐藏，同时，在密钥生成算法中，设计一个双方计算协议，由用户自行选择进行追踪的身份标识，与属性授权共同生成解密密钥，实现追踪的同时，解决密钥托管问题。

6.3.1　系统模型

本节给出了无须密钥托管且访问策略隐藏的追踪性 CP-ABE 方案的系统模型，并对方案所涉及的算法进行了具体定义。

图 6.2 为提出的无须密钥托管且访问策略隐藏的追踪性 CP-ABE 方案的系统模型，主要包括以下 4 个实体。

（1）属性授权：实施系统的参数设置，生成系统的公开密钥和主密钥，并且负责为数据访问者生成解密密钥，为数据拥有者生成盲因子。需要说明的是，在基本的 CP-ABE 方案中，属性授权单独为数据访问者生成密钥，而在本节方案中，则由属性授权与数据访问者进行协议交互，共同生成解密密钥，以解决密钥托管问题。

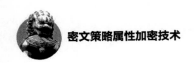

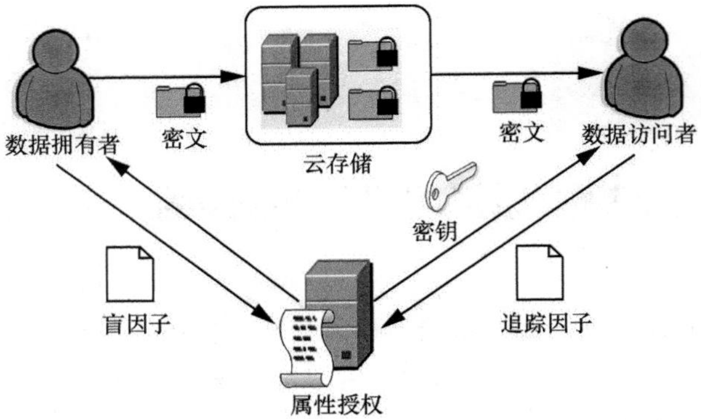

图 6.2　方案的系统模型

（2）数据拥有者：负责数据的加密工作，在加密之前，制定相应的访问策略，然后加密数据，将生成的密文托管给云存储中心。另外，为了实现访问策略的隐藏，数据拥有者需要与属性授权进行交互式的零知识证明，生成用户的盲因子。

（3）数据访问者：数据的使用者，由于方案使用外包解密，因此数据访问者访问云存储中心的密文数据时，需要将外包解密密钥发送给云存储中心，若与密钥有关的属性集合满足密文数据的访问策略，那么云存储中心进行部分解密，并将部分解密后的密文发送给数据访问者，由数据访问者进行最后的解密得到明文数据。

（4）云存储中心：主要负责密文数据的存储工作，假设云存储中心为诚实并好奇的，即它将诚实地执行合法实体分配的任务，又尽最大可能地获取密文数据的敏感信息。另外，云存储中心拥有大量的计算和存储资源，因此还负责为数据访问者进行部分解密。

6.3.2　方案定义

提出的无须密钥托管且访问策略隐藏的追踪性 CP-ABE 方案主要包括 9 个多项式时间算法，具体描述如下。

（1）$Setup(\lambda,U)\rightarrow(PK,MK,T)$：参数设置算法，由属性授权执行，以安全参数 λ 和系统属性集合 U 为输入，生成系统的公开密钥 PK 和主密钥 MK，并初始化追踪列表 T。

（2）$BlindPolicy(MK,ID_i)\rightarrow BL_i$：用户盲因子生成算法，由属性授权执行，以主密钥 MK 和用户身份标识 ID_i 为输入，生成用户的盲因子 BL_i。

（3）$PseudoGen(PK, ID_i) \to PS_i$：盲化名生成算法，由数据拥有者执行，以公开密钥 PK 和用户身份标识 ID_i 为输入，生成用户的盲化名 PS_i。

（4）$KeyGen(PK, MK, ID_i, S, T) \to (SK_{ID_i,S}, T')$：密钥生成算法，由属性授权与数据访问者共同执行，以公开密钥 PK、主密钥 MK、用户身份标识 ID_i、用户属性集合 S 和追踪列表 T 为输入，生成解密密钥 $SK_{ID_i,S}$ 和更新后的追踪列表 T'。

（5）$Encrypt(PK, M, (A, \rho')) \to CT'$：加密算法，由数据拥有者执行，以公开密钥 PK、明文数据 M 和访问策略 $(\boldsymbol{A}, \rho')$ 为输入，生成密文 CT'。

（6）$BlindAtt(PK, BL_j, (A, \rho')) \to (A, \rho)$：访问策略盲化算法，由数据拥有者执行，以公开密钥 PK、用户的盲因子 BL_j 和访问策略 $(\boldsymbol{A}, \rho')$ 为输入，生成盲化后的访问策略 $(\boldsymbol{A}, \rho)$。

（7）$GenToken(S, SK_{ID_i,S}, PS_j) \to TK_{ID_i,S}$：令牌生成算法，由数据访问者执行，以用户属性集合 S、解密密钥 $SK_{ID_i,S}$ 和用户盲化名 PS_j 为输入，生成访问令牌 $TK_{ID_i,S}$。

（8）$PDecrypt(CT, TK_{ID_i,S}) \to PCT$：部分解密算法，由云存储中心执行，以密文 CT 和访问令牌 $TK_{ID_i,S}$ 为输入，生成部分解密密文 PCT。

（9）$Decrypt(PCT, SK_{ID_i,S}) \to M$：最终解密算法，由数据访问者执行，以部分解密密文 PCT 和解密密钥 $SK_{ID_i,S}$ 为输入，生成明文消息 M。

6.3.3　安全模型

本节主要定义了一个标准语义安全的安全模型[14]，即选择明文攻击下的密文不可区分性（Ciphertext Indistinguishability under Chosen Plaintext Attacks，IND-CPA），本节所提方案的安全性主要基于该模型进行证明，其具体定义如下。

参数设置阶段：挑战者$\mathcal{B}$运行 $Setup$ 算法，并把生成的系统公开密钥 PK 发送给攻击者$\mathcal{A}$。

密钥查询阶段 1：攻击者$\mathcal{A}$适应性地提交一系列的身份-属性对集合 (id_1, S_1)，$(id_2, S_2), \cdots, (id_{q_1}, S_{q_1})$，对于每个集合，挑战者$\mathcal{B}$与攻击者$\mathcal{A}$进行密钥交互协议。协议过程中，由攻击者$\mathcal{A}$选择用于追踪的身份标识 c。

挑战阶段：攻击者$\mathcal{A}$提交一个身份 ID_j、长度相等的两个消息 M_0、M_1 和一个访问策略 $(\boldsymbol{A}, \rho')$ 给挑战者$\mathcal{B}$。挑战者$\mathcal{B}$随机选择参数 $\beta \in \{0,1\}$，并基于矩阵 $\boldsymbol{A}$ 加密消息 M_β，生成挑战密文 CT^*。然后，$\mathcal{B}$ 盲化 $(\boldsymbol{A}, \rho')$ 生成新的访问策略 $(\boldsymbol{A}, \rho)$，并

把$(\boldsymbol{A},\rho)$加进挑战密文CT^*一同发送给攻击者$\mathcal{A}$。此阶段要求属性集合$S_1,S_2,\cdots,S_{q_1}$都不能满足访问策略$(\boldsymbol{A},\rho')$。

密钥查询阶段 2：如密钥查询阶段 1，攻击者$\mathcal{A}$继续适应性地提交一系列的身份-属性对集合$(id_{q_1+1},S_{q_1+1}),(id_{q_1+2},S_{q_1+2}),\cdots,(id_q,S_q)$，同样需要限制集合$S_{q_1+1}$，$S_{q_1+2},\cdots,S_q$不能满足访问策略$(\boldsymbol{A},\rho')$。

猜测阶段：攻击者$\mathcal{A}$输出值$\beta'\in\{0,1\}$作为对β的猜测。在属性集合$S_1,S_2,\cdots,S_q$都不满足访问策略$(\boldsymbol{A},\rho')$的条件下，如果$\beta'=\beta$，那么称攻击者$\mathcal{A}$赢了该游戏。另外，定义攻击者$\mathcal{A}$在该游戏中的优势为$|\Pr[\beta'=\beta]-\frac{1}{2}|$。

6.3.4 方案构造

（1）参数设置阶段

该阶段负责生成系统的相关参数，包括公开密钥、主密钥、用户盲因子和盲化名。

① 属性授权参数设置算法：$Setup(\lambda,U)\rightarrow(PK,MK,T)$

算法首先运行群生成函数ψ生成系统参数$(\mathbb{G},\mathbb{G}_T,p_1,p_2,p_3,e)$，其中，$p_1,p_2,p_3$表示三个不同的素数，$\mathbb{G}$和$\mathbb{G}_T$是两个$N=p_1p_2p_3$阶循环群，$e:\mathbb{G}\times\mathbb{G}\rightarrow\mathbb{G}_T$是一个双线性映射。令$\mathbb{G}_{p_i}$表示$\mathbb{G}$的$p_i$阶子群。$g\in\mathbb{G}_{p_1}$和$X_3\in\mathbb{G}_{p_3}$分别表示子群$\mathbb{G}_{p_1}$和$\mathbb{G}_{p_3}$的生成元。然后，算法随机选择参数$\alpha$，$a\in\mathbb{Z}_N$和$h\in\mathbb{G}_{p_1}$，并且对于每一个属性$i\in U$，算法随机选择参数$u_i\in\mathbb{Z}_N$。最后，算法设置系统公开密钥$PK$为

$$PK=(N,h,g,g^a,e(g,g)^\alpha,\{U_i=g^{u_i}\}_{i\in U})$$

设置主密钥MK为$MK=(\alpha,a,X_3)$。另外，算法初始化追踪列表T为空。

② 用户盲因子生成算法：$BlindPolicy(MK,ID_i)\rightarrow BL_i$

输入参数ID_i表示需要生成盲因子的用户身份标识，该算法由属性授权运行，与用户ID_i进行隐私交互协议，生成用户ID_i的盲因子BL_i，BL_i既可以实现用户的身份隐私，又可以对访问策略进行盲化。该协议的具体过程如下。

- 拥有身份标识ID_i的用户首先计算$BL_i'=h^{ID_i}$，并将其发送给属性授权。
- 用户与属性授权关于BL_i'进行交互式的零知识证明。
- 属性授权计算盲因子$BL_i=(BL_i')^a$并将其发送给用户。

③ 盲化名生成算法：$PseudoGen(PK,ID_i) \to PS_i$

输入参数 ID_i 表示需要生成盲因子的用户身份标识，该算法由数据拥有者执行，随机选择参数 $y \in \mathbb{Z}_N$，计算 $PS_i = (h^{ID_i})^y$，并将其公开作为自己的盲化名，PS_i 可以实现对访问策略的盲化。

（2）密钥生成阶段

④ 密钥生成算法：$KeyGen(PK,MK,ID_i,S,T) \to (SK_{ID_i,S},T')$

输入参数 ID_i 表示用户的身份标识，S 表示用户拥有的属性集合。该算法利用一个双方交互协议，由用户和属性授权共同生成解密密钥，实现可追踪的同时防止属性授权完全掌握所有用户的密钥，解决密钥托管问题。

令 $KeyGen$、Enc 和 Dec 表示加法同态且语义安全的加密方案，"$\oplus$"表示对密文进行同态加法操作；令 e 表示一个密文，r 为一个整数，$e \otimes r$ 表示对 e 进行 r 次自"加"操作。属性授权以主密钥 MK 中的参数 a 为输入，用户则随机选择追踪标识 $c \in \mathbb{Z}_N^*$，然后双方通过运行以下交互协议共同生成用户的解密密钥。

- 属性授权运行算法 $(sk_{\text{hom}}, pk_{\text{hom}}) \leftarrow KeyGen(\lambda)$，生成系统参数 sk_{hom} 和 pk_{hom}，然后，属性授权计算 $e_1 = Enc(pk_{\text{hom}}, a)$，并将 e_1 和 pk_{hom} 发送给用户，并与用户进行交互式的零知识证明，证明 e_1 是对 $[0, N]$ 中消息的加密。
- 用户随机选择追踪标识 $c \in \mathbb{Z}_N^*$，计算 $e_2 = g^c$，并将生成的 e_2 发送给属性授权，然后，对其进行零知识证明。如果 e_2 已经出现在追踪列表 T 中，协议终止，用户重新选择追踪标识 c，否则，将数据元组 (ID_i, e_2) 加入 T 中。
- 用户随机选择参数 $r_1 \leftarrow \mathbb{Z}_N^*$ 和 $r_2 \leftarrow \{0,\cdots,2^\lambda N\}$，然后，计算 $e_3 = ((e_1 \oplus Enc(pk_{\text{hom}},c)) \otimes r_1) \oplus Enc(pk_{\text{hom}},r_2 N)$，并将生成的 e_3 发送给属性授权。
- 属性授权与用户进行交互式的零知识证明，证明 e_3 的正确性，并证明 r_1 和 r_2 在正确的区间内。
- 属性授权使用 sk_{hom} 对 e_3 进行解密 $x = Dec(sk_{\text{hom}}, e_3)$，然后，属性授权随机选择参数 $t \in \mathbb{Z}_N$，$R, R_0, R_0' \in \mathbb{G}_{p_3}$，$\{R_i \in \mathbb{G}_{p_3}\}_{i \in S}$，计算用户的解密密钥如下。

$$SK''_{ID_i,S} = (K' = (g^{1/x})^\alpha h^t R = g^{\alpha/((a+c)r_1)} h^t R, L' = g^t R_0,$$
$$L_0' = g^{at} R_0', \{K_{i,1}' = U_i^{xt} R_i = U_i^{(a+c)r_1 t} R_i, K_{i,2}' = U_i^a\}_{i \in S})$$

最后，属性授权将 $SK''_{ID_i,S}$ 发送给用户。

- 用户收到 $SK''_{ID_i,S}$ 后，将追踪标记 c 加入 $SK''_{ID_i,S}$，并计算

$$SK'_{ID_i,S} = (\ K = K', K_0 = c, L = L', L_0 = L'_0,$$
$$\{K_{i,1} = (K'_{i,1})^{1/r_1} = U_i^{(a+c)t} R_i^{1/r_1}, K_{i,2} = K'_{i,2}\}_{i \in S}\ )$$

最后，用户设置解密密钥为$SK_{ID_i,S} = (r_1, SK'_{ID_i,S})$，其中，外包解密密钥$SK'_{ID_i,S}$可以发送给云存储中心，由云存储中心进行部分解密；$r_1$由用户秘密保存用来进行最后的解密。

（3）数据加密阶段

用户ID_j想将数据M托管到云存储中心时，首先定义访问策略$(\boldsymbol{A}, \rho')$，其中，$\boldsymbol{A}$是一个$m \times n$矩阵，映射函数ρ'把$\boldsymbol{A}$的每一行$\boldsymbol{A}_i$映射到一个属性$\rho'(i)$。如文献[26]要求ρ'不会把两个不同的行映射到同一个属性。最后，运行算法$Encrypt(PK, M, (\boldsymbol{A}, \rho'))$对$M$进行加密。

⑤ 加密算法：$Encrypt(PK, M, (\boldsymbol{A}, \rho')) \to CT'$

加密算法首先随机选择向量$\vec{v} = (s, v_2, \cdots, v_n) \in \mathbb{Z}_p^n$，并且对$\boldsymbol{A}$的每一行$\boldsymbol{A}_i$，计算内积$\lambda_i = \boldsymbol{A}_i \cdot \vec{v}$，然后，算法随机选择参数$r_i \in \mathbb{Z}_p$，并计算密文。

$$CT' = ((\boldsymbol{A}, \rho'), C = M \cdot e(g,g)^{\alpha s}, C_0 = g^s,$$
$$C'_0 = g^{as}, \{C_{i,1} = h^{\lambda_i} U_{\rho(i)}^{-r_i}, C_{i,2} = g^{r_i}\}_{i=1}^m)$$

接下来，用户ID_j将对CT'中的访问策略$(\boldsymbol{A}, \rho')$进行盲化以实现其隐私性。

⑥ 盲化算法：$BlindAtt(PK, BL_j, (\boldsymbol{A}, \rho')) \to (\boldsymbol{A}, \rho)$

输入参数BL_j表示用户ID_j的盲因子，算法对访问策略$(\boldsymbol{A}, \rho')$进行盲化生成新的访问策略$(\boldsymbol{A}, \rho)$。其具体过程如下。

对于所有的属性值$\rho'(i)$，用户ID_j计算$s_{\rho'(i)} = e((BL_j)^y, U_{\rho'(i)}) = e((h^{ID_j})^{ay}, U_{\rho'(i)})$，即将访问矩阵中的每一行重新映射到盲化后的属性。用ρ表示盲化后的映射函数，最后，算法更新密文为$CT = ((\boldsymbol{A}, \rho), C, C_0, C'_0, \{C_{i,1}, C_{i,2}\}_{i=1}^m)$。密文生成后，用户将数据$(ID_j, PS_j, CT)$发送到云存储中心。

（4）令牌生成阶段

当拥有属性集合S的用户ID_i需要访问用户ID_j的数据时，用户首先从云存储中心得到ID_j的盲化名PS_j，然后，运行算法$GenToken(S, SK_{ID_i,S}, PS_j)$生成访问令牌。

⑦ 令牌生成算法：$GenToken(S, SK_{ID_i,S}, PS_j) \to TK_{ID_i,S}$

输入参数$SK_{ID_i,S} = (r_1, SK'_{ID_i,S})$表示用户$ID_i$和属性集合$S$下的密钥，算法生成访

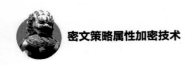

问令牌 $TK_{ID_i,S}$ 如下。

对于所有的属性 $i \in S$，算法设置 $s_i = e(PS_j, K_{i,2}) = e((h^{ID_j})^y, U_i^a)$，然后，用户 ID_i 构造访问令牌 $TK_{ID_i,S} = (I = \{s_i\}_{i\in S}, SK'_{ID_i,S})$。

令牌生成后，用户将其发送给云存储中心，请求云存储中心进行部分解密。需要注意的是，令牌中的集合 I 可以作为盲化后属性的索引。

（5）部分解密阶段

云存储中心一旦收到用户 ID_i 对用户 ID_j 的密文查询请求，就会检查索引集合 I 中的属性是否满足密文中的访问策略。检查只需进行简单的对比操作，不会泄露密文和令牌中的属性。如果索引集合 I 中的属性满足访问策略，云存储中心则运行算法 $PDecrypt(CT, TK_{ID_i,S})$ 对密文进行部分解密，并将生成的部分解密密文发送给用户 ID_i。这样可以将大部分复杂的解密操作授权给计算能力更强的云存储中心执行，大大降低数据访问者的解密负载。

⑧ 部分解密算法：$PDecrypt(CT, TK_{ID_i,S}) \to PCT$

输入参数 CT 表示用户 ID_j 的密文，$TK_{ID_i,S}$ 表示用户 ID_i 的访问令牌。算法执行之前首先确定索引集合 I 是否满足密文中的访问策略 $(\boldsymbol{A}, \rho)$：将 $(\boldsymbol{A}, \rho)$ 中的盲化属性集合 $\{\rho(i)\}_{i=1}^m$ 与令牌中的索引集合 I 进行比较，找出同时属于二者的属性集合 $V = \{i : \rho(i) \in I\}$。如果 V 中相应行的线性组合都不等于向量 $(1,0,\cdots,0)$，那么算法输出 $\perp$；否则，计算 $\{w_i \in \mathbb{Z}_p\}_{i\in V}$ 使以下等式成立 $\sum_{i\in V} w_i \boldsymbol{A}_i = (1,0,\cdots,0)$。然后，计算

$$D = \prod_{i\in V} (e(L^{K_0} L_0, C_{i,1}) \cdot e(K_{\rho(i),1}, C_{i,2}))^{w_i} = \prod_{i\in V} e(g,h)^{(a+c)tw_i\lambda_i} = e(g,h)^{(a+c)ts}$$

$$E = e(K, C_0^{K_0} C_0') = e(g^{\alpha/((a+c)r_1)} h^t R, g^{(a+c)s}) = e(g,g)^{\alpha s/r_1} e(g,h)^{(a+c)ts}$$

$$B = D/E = e(g,g)^{\alpha s/r_1}$$

最后，云存储中心将部分解密后的密文 $PCT = (B, C)$ 发送给用户 ID_i。

（6）数据解密阶段

⑨ 解密算法：$Decrypt(PCT, SK_{ID_i,S}) \to M$

输入参数 PCT 表示部分解密密文，$SK_{ID_i,S}$ 表示用户 ID_i 和属性集合 S 下的密钥。当用户 ID_i 收到部分解密密文 PCT 后，进行解密得到明文消息如下。

$$C/B^{r_1} = M \cdot e(g,g)^{\alpha s} / (e(g,g)^{\alpha s/r_1})^{r_1} = M$$

云存储中心对密文进行了大部分的解密操作，数据访问者只需进行一个简单的

指数操作，就可以完成最后的解密，大大降低了数据访问者的计算负载。

6.3.5 安全性证明

（1）IND-CPA 下的安全性

本节提出的无须密钥托管且访问策略隐藏的追踪性 CP-ABE 方案（记为 Σ_{ntwcpabe}）的安全性可以基于文献[21]中类似的方法证明，为了减小证明的烦琐性，本小节将方案 Σ_{ntwcpabe} 的安全性规约到文献[21]中原始 CP-ABE 方案（记为 Σ_{cpabe}）的安全性，并且基于合数阶双线性群下的 3 个安全假设和引理 6.14 证明方案的安全性。

引理 6.14 若方案 Σ_{cpabe} 在文献[21]中为标准模型下适应性安全的，那么本节提出的方案 Σ_{ntwcpabe} 同样为标准模型下适应性安全的。

证明 若存在一个多项式时间内的攻击者 $\mathcal{A}$ 能够以不可忽略的优势 $Adv_{\mathcal{A}}\,\Sigma_{\text{ntwcpabe}}$ 攻破方案 Σ_{ntwcpabe}，那么同样可以构造一个挑战者 $\mathcal{B}$ 以优势 $Adv_{\mathcal{B}}\Sigma_{\text{cpabe}}$ 攻破方案 Σ_{cpabe}，并且 $Adv_{\mathcal{B}}\Sigma_{\text{cpabe}}$ 等于 $Adv_{\mathcal{A}}\,\Sigma_{\text{ntwcpabe}}$。

参数设置阶段：挑战者 $\mathcal{B}$ 向方案 Σ_{cpabe} 进行公开密钥查询，并得到 $PK'=(N,X_3,g,g^{\beta},e(g,g)^{\alpha},\{U_i=g^{u_i}\}_{i\in U})$。然后，$\mathcal{B}$ 随机选择参数 $a\in\mathbb{Z}_N$，并设置 $PK=(N,X_3,g,h=g^{\beta},g^{a},e(g,g)^{\alpha},\{U_i=g^{u_i}\}_{i\in U})$。最后，$\mathcal{B}$ 将公开密钥 PK 发送给攻击者 $\mathcal{A}$。另外，$\mathcal{B}$ 初始化追踪列表 $T=\Phi$。

密钥查询阶段 1：当 $\mathcal{A}$ 提交身份–属性对 (id,S) 进行密钥查询时，$\mathcal{B}$ 将 (id,S) 提交给方案 Σ_{cpabe}，并得到如下形式的解密密钥。

$$\overline{SK}_{id,S}=(\,\overline{K}=g^{\alpha}g^{\beta t'}R,\ \overline{L}=g^{t'}R',\ \{\overline{K}_i=U_i^{t'}R_i\}_{i\in S}\,)$$

$\mathcal{B}$ 与 $\mathcal{A}$ 进行如 6.3.4 节所示的密钥生成协议，在该协议中，由 $\mathcal{A}$ 随机选择追踪参数 $c\in\mathbb{Z}_N^*$ 和参数 $r_1\in\mathbb{Z}_N^*$，协议执行后，$\mathcal{B}$ 得到 $x=(a+c)r_1$，并将对应的 (g^c,id) 加入追踪列表 T。接着，$\mathcal{B}$ 利用 X_3 随机选择参数 $R''\in\mathbb{G}_{p_3}$，并计算

$$\begin{aligned}SK'_{id,S}=(\ &K'=(\overline{K})^{\frac{1}{x}}=(g^{\alpha}g^{\beta t'}R)^{\frac{1}{x}}=(g^{\alpha}g^{\beta t'}R)^{\frac{1}{(a+c)r_1}}=g^{\frac{\alpha}{(a+c)r_1}}h^{\frac{t'}{(a+c)r_1}}R^{\frac{1}{(a+c)r_1}},\\ &L'=(\overline{L})^{\frac{1}{x}}=(g^{t'}R')^{\frac{1}{(a+c)r_1}}=g^{\frac{t'}{(a+c)r_1}}R'^{\frac{1}{(a+c)r_1}},\\ &L'_0=(\overline{L})^{\frac{a}{x}}R''=(g^{t'}R')^{\frac{a}{(a+c)r_1}}R''=g^{\frac{at'}{(a+c)r_1}}R'^{\frac{a}{(a+c)r_1}}R'',\\ &\{K'_{i,1}=\overline{K}_i=U_i^{t'}R_i,\ K'_{i,2}=(U_i)^{a}\}_{i\in S}\ )\end{aligned}$$

$\mathcal{B}$ 将 $SK'_{id,S}$ 作为解密密钥发送给 $\mathcal{A}$，需要注意的是：R'' 使 L'_0 的 $\mathbb{G}_{p_3}$ 部分与 L' 的 $\mathbb{G}_{p_3}$ 部分无关，因此，需要对原始方案 Σ_{cpabe} 进行修改，即在公开密钥中获得参数 X_3。

$\mathcal{A}$ 获得解密密钥 $SK'_{id,S}=(K',L',L'_0,\{K'_{i,1},K'_{i,2}\}_{i\in S})$ 后，令 $t=\dfrac{t'}{(a+c)r_1}$。最后，得到解密密钥 $SK_{id,S}$ 如下。

$$SK_{id,S}=(\ K=K'=g^{\frac{\alpha}{(a+c)r_1}}h^{\frac{t'}{(a+c)r_1}}R^{\frac{1}{(a+c)r_1}}=g^{\frac{\alpha}{(a+c)r_1}}h^tR^{\frac{1}{(a+c)r_1}},$$

$$K_0=c,L=L'=g^{\frac{t'}{(a+c)r_1}}R'^{\frac{1}{(a+c)r_1}}=g^tR'^{\frac{1}{(a+c)r_1}},$$

$$L_0=L'_0=g^{\frac{at'}{(a+c)r_1}}R'^{\frac{a}{(a+c)r_1}}R''=g^{at}R'^{\frac{a}{(a+c)r_1}}R'',$$

$$\{K_{i,1}=(K'_{i,1})^{\frac{1}{r_1}}=(U_i^{t'}R_i)^{\frac{1}{r_1}}=(U_i^{(a+c)r_1t}R_i)^{\frac{1}{r_1}}=U_i^{(a+c)t}R_i^{\frac{1}{r_1}},K'_i=(U_i)^a\}_{i\in S}\ )\}$$

挑战阶段：攻击者 $\mathcal{A}$ 提交挑战身份 ID_j、访问策略 $(\boldsymbol{A},\rho)$ 和两个长度相等的消息 M_0 和 M_1。然后，$\mathcal{B}$ 向方案 Σ_{cpabe} 提交 $((\boldsymbol{A},\rho),M_0,M_1)$，并得到如下形式的挑战密文。

$$\overline{CT}=((\boldsymbol{A},\rho),\overline{C}=M_\beta\cdot e(g,g)^{\alpha s},\overline{C}_0=g^s,\{\overline{C}_{i,1}=g^{\beta\lambda_i}U_{\rho(i)}^{-r_i},\overline{C}_{i,2}=g^{r_i}\})$$

得到 $\overline{CT}$ 后，$\mathcal{B}$ 接着计算

$$CT'=(C=\overline{C},\ C_0=\overline{C}_0,\ C'_0=\overline{C}_0{}^a=g^{as},\ \{C_{i,1}=\overline{C}_{i,1},C_{i,2}=\overline{C}_{i,2}\}_{i=1}^m)$$

$\mathcal{B}$ 盲化密文中的访问策略 $(\boldsymbol{A},\rho)$，即对于每个属性 $\{\rho(i)\}_{i=1}^m$，$\mathcal{B}$ 随机选择参数 $y\in\mathbb{Z}_N$ 并计算 $s_{\rho(i)}=e((h^{ID_j})^{ay},U_{\rho(i)})$。另外，$\mathcal{B}$ 计算 $PS_j=(h^{ID_j})^y$。

$\mathcal{B}$ 将访问矩阵中的每一行重新映射到 $\{s_{\rho(i)}\}_{i=1}^m$ 中的向量，获得新的映射函数 ρ'，并使用访问策略 $(\boldsymbol{A},\rho')$ 代替 $(\boldsymbol{A},\rho)$。因此，$\mathcal{B}$ 重新生成挑战密文 $CT=((\boldsymbol{A},\rho'),C,C_0,\ C'_0,\ \{C_{i,1},C_{i,2}\}_{i=1}^m)$。最后，$\mathcal{B}$ 将 (ID_j,PS_j,CT) 发送给 $\mathcal{A}$。

密钥查询阶段 2：与密钥查询阶段 1 类似。

猜测阶段：攻击者 $\mathcal{A}$ 输出值 $\beta'\in\{0,1\}$ 作为对 β 的猜测，然后，$\mathcal{B}$ 将 β' 发送给方案 Σ_{cpabe} 作为输出。

由此可见，本节所提方案的公开密钥、解密密钥和挑战密文与文献[21]具有完

全相同的分布，可以得出 $Adv_B\Sigma_{\text{cpabe}} = Adv_A\ \Sigma_{\text{ntwcpabe}}$。

（2）密钥生成协议的安全性

在 6.3.4 节提出的密钥生成协议中，由用户选择进行追踪的身份标识 c，与属性授权共同生成解密密钥，解决了密钥托管问题。下面对该密钥生成协议的安全性进行证明。

首先对恶意用户进行模拟，按照零知识证明的过程，定义仿真器 S，该仿真器以系统参数、属性授权的公开密钥 PK、身份标识 c 的承诺 C 和密钥 $(K,L,L_0,\{K_{i,1},K_{i,2}\})$ 为输入，仿真器 S 必须在不知道主密钥 MK 的情况下，模拟诚实属性授权的功能。S 运行以下仿真过程。

① S 诚实地生成密钥对 $(sk_{\text{hom}},pk_{\text{hom}}) \leftarrow KeyGen(\lambda)$，然后，$S$ 计算 $e_1 = Enc(pk_{\text{hom}},0)$，并将 pk_{hom} 和 e_1 发送给恶意用户。

② S 得到恶意用户发送的 e_2。

③ S 验证 e_2 的正确性，并运行知识抽取算法得到 r_1。最后，S 计算 $(K^{\frac{1}{r_1}},L^{\frac{1}{r_1}},(L')^{\frac{1}{r_1}},\{K_i^{\frac{1}{r_1}},K_i'\})$，并将其发送给恶意用户。

接下来，对恶意属性授权进行模拟。同样定义仿真器 S，该仿真器以系统参数、属性授权的公开密钥 PK 和身份标识 c 的承诺 C 为输入，仿真器 S 必须在不知道身份标识 c 的情况下，模拟诚实用户的功能。S 运行以下仿真过程。

① S 从恶意属性授权得到 pk_{hom} 和 e_1。

② S 随机选择参数 $t \leftarrow [0,2^{\lambda}N^2]$，计算 $e_2 = e_1 \oplus Enc(pk_{\text{hom}},t)$，并将其发送给恶意属性授权。

③ S 基于零知识证明的仿真器与恶意属性授权进行交互。

④ S 得到恶意属性授权生成的解密密钥 $K = g^{\frac{\alpha}{a+t}}h^{r_1t'}$，$L = g^{r_1t'}$，$L' = g^{a\cdot r_1t'}$，$\{K_i = U_i^{(a+t)r_1t'},K_i' = U_i^{a}\}_{i\in S}$ 后，验证其是否为身份标识 $c=t$ 下的密钥。

从文献[27]可以得出，仿真器 S 成功地对密钥生成协议进行了仿真。

6.3.6 方案分析与实验验证

本节主要对提出的无须密钥托管且访问策略隐藏的追踪性 CP-ABE 方案进行具体的方案分析与实验验证，其中所使用的描述符如下：C_0 表示 $\mathbb{G}$ 中数据元素的长度；C_1 表示 $\mathbb{G}_T$ 中数据元素的长度；C_N 表示 $\mathbb{Z}_N^*$ 中数据元素的长度；t 表示与密文

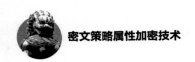

有关的属性个数；k 表示与密钥有关的属性个数；u 表示整个属性集合 U 中属性的总个数；u_i 表示属性 U_i 的取值个数：$|\alpha|$ 表示 6.2.4 节宋衍方案[8]中访问结构末端内部节点的个数。

6.3.6.1 方案分析

本小节主要对提出的方案进行具体的功能和性能分析，并将其与原始方案以及现有的几种相关方案进行比较，其中，功能分析包括群阶的性质、策略隐私性、密钥托管、追踪性以及安全性；性能分析包括密文长度、密钥长度以及解密运算量。具体比较结果如表 6.1 和表 6.2 所示。

表 6.1 功能比较

方案	群阶性质	策略隐私性	密钥托管	追踪性	安全性
原始方案[12]	合数	否	是	是	适应性
Nishide 方案[1]	素数	是	是	否	选择性
Lai 方案[4]	合数	是	是	否	适应性
Hur 方案[6]	素数	是	是	否	通用群
宋衍方案[8]	合数	是	是	否	适应性
本章方案	合数	是	否	是	适应性

表 6.2 性能比较

方案	密文长度	密钥长度	解密（对）
原始方案[12]	$(2t+2)C_0+C_1$	$(k+3)C_0+C_N$	$2k+1$
Nishide 方案[1]	$(u+1+\sum_{i=1}^{u}u_i)C_0+C_1$	$(2u+1)C_0$	$3u+1$
Lai 方案[4]	$(1+\sum_{i=1}^{u}u_i)C_0+C_1$	$(u+1)C_0$	$u+1$
Hur 方案[6]	$(2t+1)C_0+C_1$	$(3k+1)C_0$	1
宋衍方案[8]	$(1+\|\alpha\|+\|\alpha\|\sum_{i=1}^{u}u_i)C_0$ + $(1+\|\alpha\|)C_1$	$(k+2)C_0$	$1+\|\alpha\|+k\|\alpha\|$
本章方案	$(2t+2)C_0+C_1$	$(2k+3)C_0+2C_N$	0

（1）功能方面

从表 6.1 可以看出，在本章提出的方案中，云存储中心比较属性盲化后的索引来确定用户提交的查询令牌是否满足密文中的访问策略，因此密文和查询令牌中任何与属性有关的信息对云存储中心来说都是隐藏的。另外，方案在密钥生成算法中，设计一个双方计算协议，由用户选择追踪身份标识，与属性授权共同生成解密密钥，实现追踪的同时解决了密钥托管问题。而且方案实现了标准模型下的适应性安全。

（2）性能方面

从表 6.2 可以看出，本章方案的密文大小与原始 CP-ABE 方案相同，比 Hur 方案增加了 C_0。而其他方案的密文长度均与整个属性集合中的属性总个数有关，这大大增加了密文长度。为了实现策略隐私，本章方案需要在密钥中额外增加 k 个 $K'_{i,2}$ 和 1 个 r_1 参数，因此，密钥长度比原始 CP-ABE 方案增加了 $kC_0 + C_N$。解密过程中，本章方案和 Hur 方案将大部分的解密操作外包给云存储中心执行，因此 Hur 方案只需要 1 个对操作，而本章方案不需要任何对操作，只需要 1 个指数操作，这大大提高了数据访问者的解密效率。

6.3.6.2 实验验证

为了衡量本章方案实现访问策略隐藏并解决密钥托管问题带来的计算开销，对方案进行具体的实验验证，主要从以下两个方面进行分析：（1）数据拥有者加密数据；（2）数据访问者解密数据。需要注意的是，在本章方案中，为了实现访问策略隐藏并解决密钥托管问题，数据访问者需要进行额外的计算，为了表示方便，实验时将其一并考虑，归为功能操作。

实验环境为 64 bit Ubuntu 14.04 操作系统、Intel Core i7-3770CPU（3.4 GHz）、内存 4 GB，实验代码基于 Pairing-based Cryptography Library (PBC-0.5.14)[28] 与 cpabe-0.11[29]进行修改与编写，并且实现 128 bit 的安全级别。实验数据取运行 20 次所得的平均值，将本章方案与同样基于合数阶双线性群构造的原始 CP-ABE 方案[12]、Lai 方案[4]和宋衍方案[8]进行实验验证并比较，主要考虑对运算以及群 $\mathbb{G}$ 与 $\mathbb{G}_T$ 中的指数运算，在合数阶双线性群中，运行一次对运算所需要的时间大约为 1.26 s，$\mathbb{G}$ 中的指数运算大约为 0.53 s，$\mathbb{G}_T$ 中的指数运算大约为 0.18 s。其计算时间如表 6.3 所示。

表 6.3 计算时间比较

运算	时间/s	原始方案		Lai 方案[4]		宋衍方案[8]		本章方案		
		加密	解密	加密	解密	加密	解密	加密	功能	解密
对	1.26	0	$2k+1$	0	$u+1$	0	$1+\lvert\alpha\rvert+k\lvert\alpha\rvert$	t	k	0
$\mathbb{G}$ 指数	0.53	$3t+2$	2	$\sum_{i=1}^{u}u_i+1$	0	$1+\lvert\alpha\rvert+\lvert\alpha\rvert\sum_{i=1}^{u}u_i$	0	$3t+4$	$k+1$	1
$\mathbb{G}_T$ 指数	0.18	1	0	1	0	$1+\lvert\alpha\rvert$	0	1	0	0
计算时间		$1.59t+1.24$	$2.52k+2.32$	$0.53\sum_{i=1}^{u}u_i+0.71$	$1.26u+1.26$	$0.71+0.71\lvert\alpha\rvert+0.53\lvert\alpha\rvert\sum_{i=1}^{u}u_i$	$1.26+1.26\lvert\alpha\rvert+1.26k\lvert\alpha\rvert$	$2.85t+2.3$	$1.79k+0.53$	0.53

如表 6.3 所示，相比于原始 CP-ABE 方案，为了实现密文中的访问策略隐藏，本章方案在加密过程中，需要数据拥有者额外计算 t 个对操作和 2 个 $\mathbb{G}$ 中的指数操作。而在解密过程中，需要数据访问者额外计算 k 个对操作来生成属性隐藏后的信息索引。这些额外的对操作与指数操作，可以提前被计算，以后继续被使用，因此，表 6.3 列出的是本章方案在最差情况下的计算负载。为了解决密钥托管问题，需要数据访问者额外计算 $k+1$ 个 $\mathbb{G}$ 中的指数操作。需要注意的是，虽然为了实现访问策略隐藏并解决密钥托管问题，数据访问者需要计算额外的对操作和指数操作，但是本章方案将大部分的解密操作托管给云存储中心进行，因此数据访问者只需要计算 1 个 $\mathbb{G}$ 中的指数操作就可以完成最终的解密。从表 6.3 可以得出，本章方案解密所需要的的计算时间为 $(1.79k+0.53+0.53)$ s= $(1.79k+1.06)$ s，原始 CP-ABE 方案解密所需要的计算时间为 $(2.52k+2.32)$ s，Lai 方案解密所需要的计算时间为 $(1.26u+1.26)$ s，宋衍方案解密所需要的计算时间为 $(1.26+1.26\lvert\alpha\rvert+1.26k\lvert\alpha\rvert)$ s，其中，u 表示整个系统内属性的总个数。因此，本章方案解密所需要的计算时间略多于宋衍的最优方案（$\lvert\alpha\rvert=1$），但是小于所有其他方案，包括宋衍的次优方案（$\lvert\alpha\rvert=2$）。

不失一般性，本章假设用户拥有的属性数量为 5，系统的属性数量在 5~50，与密文有关的属性数量为系统数量的一半，并假设 Lai 方案和宋衍方案中的属性平均拥有 4 个不同的属性取值，且宋衍方案中访问结构末端内部节点的个数取最优方案 1 与次优方案 2。

图 6.3 给出了 5 个方案在不同系统属性数量下的加密耗时对比，本章方案为了实现访问策略隐藏，需要额外计算 t 个对操作和 2 个 $\mathbb{G}$ 中的指数操作，因此，加密耗时大于原始 CP-ABE 方案，但是优于其他 3 种方案。特别地，宋衍方案的加密耗时随着访问结构中末端内部节点个数的增加而急剧增加。

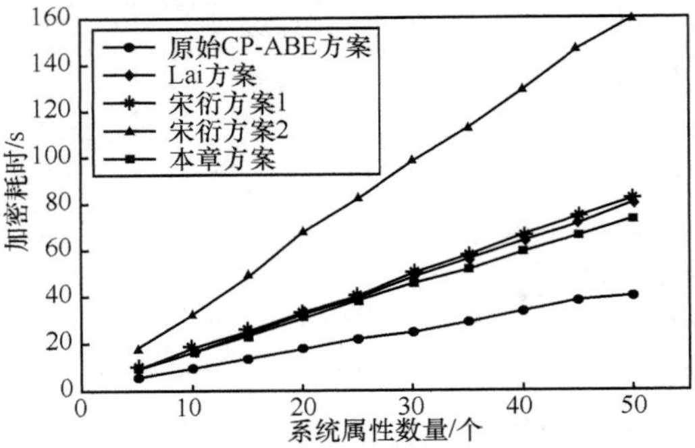

图 6.3　加密耗时与系统属性数量的关系

图 6.4 给出了 5 个方案在不同系统属性数量下的解密耗时对比，由此可见，本章方案、原始 CP-ABE 方案和宋衍方案的解密耗时都与系统属性数量无关，而 Lai 方案的解密耗时随着系统属性数量的增加而不断增加。另外，本章方案为了实现功能操作，一定程度上增加了解密耗时，但是本章方案将大部分的解密操作托管给云存储中心进行，因此，数据访问者的解密耗时小于原始 CP-ABE 方案。而宋衍方案的解密耗时虽然与系统属性数量无关，但是与访问结构中末端内部节点个数有关，内部节点个数越多，解密耗时越大，从图 6.4 可以看出，本章方案的解密耗时略大于宋衍的最优方案 1，但小于宋衍的次优方案 2。

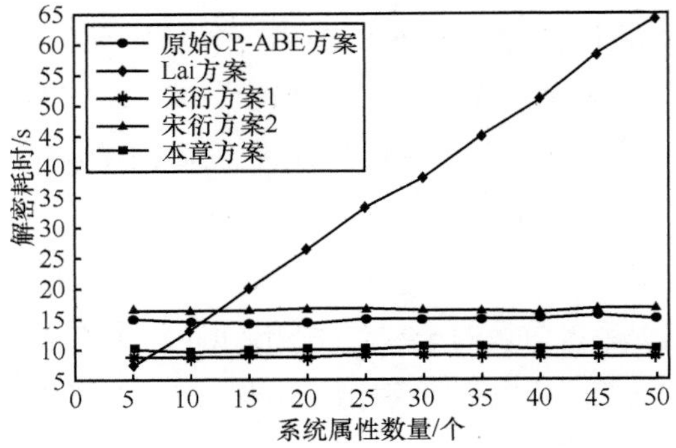

图 6.4　解密耗时与系统属性数量的关系

参考文献

[1] NISHIDE T, YONEYAMA K, OHTA K. Attribute-based encryption with partially hidden encryptor-specified access structures[C]//Proceedings of the Applied Cryptography and Network Security, International Conference. 2008: 111-129.

[2] LI J, REN K, ZHU B, et al. Privacy-aware attribute-based encryption with user accountability[M]//Information Security. Berlin: Springer, 2009: 347-362.

[3] WATERS B. Dual system encryption: realizing fully secure IBE and HIBE under simple assumptions[C]// Proceedings of the Advances in Cryptology. 2009: 619-636.

[4] LAI J, DENG R H, LI Y. Expressive CP-ABE with partially hidden access structures[C]// ACM Symposium on Information, Computer and Communications Security. 2012:18-19.

[5] 王海斌，陈少真. 隐藏访问结构的基于属性加密方案[J]. 电子与信息学报，2012, 34(2):457-461.

[6] HUR J. Attribute-based secure data sharing with hidden policies in smart grid[J]. IEEE Transactions on Parallel & Distributed Systems, 2013, 24(11):2171-2180.

[7] LUAN I, QIANG T, PITER H, et al. Efficient and provable secure ciphertext-policy attribute-based encryption schemes[M]// Information Security Practice and Experience. Berlin: Springer, 2009:1-12.

[8] 宋衍，韩臻，刘凤梅，等. 基于访问的策略隐藏属性加密方案[J]. 通信学报，2015, 36(9):119-126.

[9] CHASE M, CHOW S S M. Improving privacy and security in multi-authority attribute-based encryption[C]// ACM Conference on Computer and Communications Security. 2009:121-130.

[10] MING Y, FAN L, HAN J L, et al. An efficient attribute based encryption scheme with revocation for outsourced data sharing control[C]//Proceedings of the First International Conference on Instrumentation, Measurement, Computer, Communication and Control. 2011:516-520.

[11] BONEH D, BOYEN X. Short signatures without random oracles[C]//Proceedings of the Advances in Cryptology. 2004: 56-73.

[12] LIU Z, CAO Z, WONG D. White traceable ciphertext-policy attribute-based encryption supporting any monotone access structures[J]. IEEE Transactions on Information Forensics and Security, 2013, 8(1): 76-88.

[13] BEIMEL A. Secure schemes for secret sharing and key distribution[J]. International Journal of Pure & Applied Mathematics, 1996.

[14] CHEUNG L, NEWPORT C. Provably secure ciphertext-policy ABE[C]// Proceedings of the ACM Conference on Computer and Communication Security. 2007: 456-465.

[15] BONEH D, WATERS B. Conjunctive, subset, and range queries on encrypted data[C]//

Proceedings of the 4th Conference on Theory of cryptography. 2007.

[16] KATZ J, SAHAI A, WATERS B. Predicate encryption supporting disjunctions, polynomial equations, and inner products[J]. Journal of Cryptology, 2013, 26(2): 191-224.

[17] SHI E, BETHENCOURT J, CHAN T, et al. Multi-dimensional range query over encrypted data[C]// IEEE Symposium on Security and Privacy (SP '07). 2007.

[18] BETHENCOURT J, SAHAI A, WATERS B. Ciphertext-policy attribute-based encryption[C]// IEEE Symposium on Security and Privacy (SP '07). 2007.

[19] BONEH D, BOYEN X, SHACHAM H. Short group signatures[C]//Annual International Cryptology Conference. 2004.

[20] CAMENISCH J, HOHENBERGER S, et al. Compact e-cash[C]//Annual International Conference on the Theory and Applications of Cryptographic Techniques. 2005.

[21] LEWKO A, OKAMOTO T, SAHAI A, et al. Fully secure functional encryption: attribute-based encryption and (hierarchical) inner product encryption[J]. Eurocrypt, 2010, 6110:62-91.

[22] BONEH D, FRANKLIN M . Identity-based encryption from the Weil pairing[C]//Annual International Cryptology Conference. 2001.

[23] KATE A, ZAVERUCHA G M, GOLDBERG I. Pairing-based onion routing[C]//7th International Symposium on Privacy Enhancing Technologies (PET 2007). 2007.

[24] GOYAL V, PANDEY O, SAHAI A, et al. Attribute-based encryption for fine-grained access control of encrypted data[J]. Proc of Acmccs', 2010: 89-98.

[25] SAHAI A, WATERS B. Fuzzy identity based encryption[C]//Proceedings of the Advances in Cryptology. 2005: 457-473.

[26] WATERS B. Ciphertext-policy attribute based encryption: an expressive, efficient and provably secure realization[EB].

[27] BELENKIY M, CAMENISCH J, CHASE M, et al. Randomizable proofs and delegatable anonymous credentials[J]. Lecture Notes in Computer Science, 2009, 5677:108-125.

[28] LYNN B. The pairing-based cryptography (PBC) library[EB].

[29] BETHENCOURT J, SAHAI A, WATERS B. Advanced crypto software collection: the cpabetoolkit[EB].

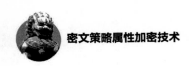

第7章 可撤销存储的 CP-ABE 方案

在 CP-ABE 方案中，当用户的属性信息发生改变时，需要对相应的访问权限进行撤销。可撤销存储意味着进行权限撤销后，必须对密文进行同步更新，防止被撤销后的用户继续访问密钥撤销之前的密文。本章首先介绍两个经典的可撤销存储的 CP-ABE 方案，然后基于经典方案的研究分析，对其进行功能扩展，提出了弱假设下可证明安全的可撤销存储的 CP-ABE 方案。

在实际应用环境中，用户的数量往往非常庞大，而且由于各种各样的原因，如用户升职、退休、密钥泄露等，需要对用户的访问权限进行相应的修改。在 CP-ABE 方案中，不同的用户可能共享相同的属性，这意味着任何单个用户的撤销，都有可能影响到其他合法用户的正常访问，目前提出的撤销性 CP-ABE 方案主要存在以下两个问题。（1）方案只能阻止用户继续访问密钥撤销之后的密文，不能阻止其继续访问密钥撤销之前的密文，产生一定的安全隐患，因此，方案必须对用户撤销后的密文进行更新，防止被撤销后的用户继续访问密文，该问题被称为可撤销存储。（2）不能实现实时的属性级的用户撤销，系统级的用户撤销意味着一旦用户的某个属性被撤销，就失去了系统中所有其他合法属性对应的访问权限，不符合实际应用，因此，方案应该实现细粒度的用户撤销，即属性级的用户撤销。本章主要针对可撤销存储进行分析和研究，第 8 章则针对属性级的用户撤销进行分析和研究。

7.1 引言

用户权限撤销是任何密码学方案需要涉及的一个核心技术，Blodyreva 等[1]在 2008 年提出了一个基于二叉树结构实现用户撤销的 IBE 方案，并将其扩展到 KP-ABE 应用，在该方案中，合法用户能够正常地更新密钥和解密密文，而被撤销的用户由于不能正常地更新密钥，将无法解密撤销之后生成的密文。但是该方案没有实现可撤销存储，而且无法应用到 CP-ABE 应用中。为了解决这一问题，Sahai

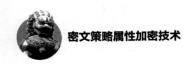

等[2]提出了一个可撤销存储的 CP-ABE 方案，该方案不仅可以实现用户撤销，而且可以实现密文更新，防止被撤销的用户继续访问撤销之前的密文。但是该方案将时间表示为某个属性的集合，导致密文较长，性能较差，而且该方案的灵活性不强，无法适应云存储环境下的某些应用。2013 年，Lee 等[3]提出了一个基于时间机制实现密文更新的密码学方案，即自我更新加密（Self-Updatable Encryption, SUE）方案，并基于提出的 SUE 方案构造了一个可撤销存储的 CP-ABE（Revocable Storage CP-ABE, RS-CP-ABE）方案，但是该方案在合数阶双线性群下进行构造，效率非常低。为了提高方案的性能，Lee[4]在 2015 年提出了一个基于素数阶双线性群构造的 RS-CP-ABE 方案，并在标准模型下基于 q-type 假设对方案的安全性进行了证明，但是 q-type 假设为强假设，因此，方案的安全性较低。

7.2 几个经典的可撤销存储的 CP-ABE 方案

7.2.1 Lee-Choi-Dong 的可撤销存储的 CP-ABE 方案

为了实现 CP-ABE 环境下的可撤销存储，Lee 等在文献[3]中提出了一个全新的密码学机制，即 SUE 方案，并基于 SUE 方案提出了一个可以实现可撤销存储的 CP-ABE 方案，下面对该方案进行介绍。

7.2.1.1　SUE 加密

在 SUE 方案中，密钥和密文分别与某个时间 T 和 T' 相关联。若 $T' \leqslant T$，那么时间 T 下的密钥能够成功地解密时间 T' 下的密文。另外，任何用户可以将时间 T 下的密文更新为另一时间 $T+1$ 下的密文。Lee-Choi-Dong 方案基于合数阶双线性群构造 SUE 方案，在该方案中，密文包含了 $O(\log T_{\max})$ 个群元素，密钥包含了 $O(\log T_{\max})$ 个群元素，其中，$T_{\max}$ 表示系统最大时间。

为了构造 SUE 方案，Lee-Choi-Dong 方案使用完全二叉树结构来表示时间，该思想用来构造前向安全的公钥加密方案。然而，从技术上来说，该方案与其差别很大，方案将时间 T_i 下的密文更新为时间 $T_j > T_i$ 下的密文，而文献[5]则将时间 T_i 下的密钥更新为时间 $T_j > T_i$ 下的密钥。为了支持密文授权，该方案构造了一个基于密文可授权加密（Ciphertext Delegatable Encryption，CDE）的密码学机制。在 CDE 方案中，密文和密钥都与某个二叉树结构的节点有关。若节点 v_k 为节点 v_c 的后代，则与节点 v_k 有关的密钥能够解密与节点 v_c 有关的密文。

CDE 方案的密文授权属性允许进行 SUE 方案构造。时间 T_i 下的密文包含了多个 CDE 密文来支持每个时间 $T_j > T_i$ 下的密文更新。Lee-Choi-Dong 方案使用基于对称密钥的广播加密技术阶段性地向非撤销用户发送更新密钥来实现密钥更新机制。未被撤销的用户使用二叉树结构的某个节点表示，然后使用 Naor 等[6]提出的子集覆盖（Subset Cover, SC）框架进行用户撤销。

7.2.1.2 构造思想

该方案使用完全二叉树结构来表示 SUE 方案中的时间，并且给二叉树结构的所有节点都分配相应的时间。使用二叉树结构来构造密钥更新方案由 Bellare 和 Miner 首先提出[7]，而使用二叉树结构的所有节点来表示时间则由 Canetti、Halevi 和 Katz 首先提出[5]，但是该思想主要用于密钥更新，而 Lee-Choi-Dong 方案则使用完全二叉树结构来表示密文更新。

令 $\mathcal{BT}$ 表示某个完全二叉树结构，那么基于前序遍历为每个节点 v 分配一个唯一的时间值，即重复性地遍历初始节点、左子树和右子树。因此，初始节点分配值 0，最右端的叶节点则分配值 $2^{d_{\max}+1}-2$，其中，$d_{\max}$ 表示完全二叉树结构的最大深度。定义 $Path(v)$ 为初始节点到节点 v 经历的节点集合。定义 $RightSibling(Path(v))$ 为 $Path(v)$ 的右兄弟节点的节点集合。定义 $Parent(v)$ 为节点 v 的父节点。定义 $TimeNodes(v)=\{v\}\cup\{RightSibling(Path(v))/Path(Parent(v))\}$。前序遍历使该方案构造拥有如下属性：若节点 v 与时间 T 有关，节点 v' 则与时间 T' 有关，那么存在如下不等式。

$$TimeNodes(v)\cap Path(v')\neq\Phi\text{，当且仅当 }T\leqslant T'$$

因此，若某个密文拥有可授权属性，即若 $T\leqslant T'$，那么时间 T 下的密文可授权变更为时间 T' 下的密文。

7.2.1.3 完全二叉树结构

令 λ 表示安全参数，$[n]$ 表示集合 $\{1,2,\cdots,n\}$。对于字符串 $L\in\{0,1\}^n$，$L[i]$表示 L 的第 i 个比特，而 $L|_i$ 表示 L 的前 i 个比特组成的字符串。例如，若 L=010，那么 $L[1]=0$，

$L[2]=1$，$L[3]=0$，而 $L|_1=0$，$L|_2=01$，$L|_3=010$。另外，$L \| L'$ 表示字符串 L 和 L' 的连接。

完全二叉树结构 $\mathcal{BT}$ 是一个数据结构，在该结构中，除叶节点外，每个节点都有两个子节点。令 N 表示 $\mathcal{BT}$ 的叶节点数量，因此 $\mathcal{BT}$ 的所有节点数量为 $2N-1$。对于任何索引 $0 \leqslant i < 2N-1$，令 v_i 表示 $\mathcal{BT}$ 的某个节点。分配初始节点索引为 0，并基于广度优先搜索分配其他节点不同的索引。也就是说，若节点 v 的索引为 i，则其左子节点的索引为 $2i+1$，右子节点的索引为 $2i+2$，而其父节点的索引为 $\lfloor (i-1)/2 \rfloor$。节点 v_i 的深度为从初始节点到该节点的长度。初始节点的深度为 0。二叉树结构 $\mathcal{BT}$ 的深度为某个叶节点的深度。

对于任意的节点 $v_i \in \mathcal{BT}$，定义 L 为固定且唯一的字符串。另外，定义二叉树结构每个节点的字符串如下：每条边依据其连接左边还是右边，设置 0 或 1。节点 v_i 的字符串 L 通过获取从初始节点到所有边的数值得到。另外，定义 $ID(i)$ 为节点索引 i 到字符串 L 的映射。需要注意的是，对于某个节点 v_i，存在索引 i 到其字符串 L 的映射规则 $i=(2^d-1)+\sum_{j=0}^{d-1} 2^j L[j]$，其中，$d$ 为节点 v_i 的深度。

7.2.1.4　子集覆盖

子集覆盖框架是 Naor 等[6]提出的实现用户撤销的方法论，Lee-Choi-Dong 方案主要基于框架中的完全子集（Complete Subset, CS）技术进行构造。CS 方法基于完全二叉树结构 $\mathcal{BT}$ 定义子集 S_i，对于 $\mathcal{BT}$ 中的任意节点 v_i，$\mathcal{T}_i$ 表示初始节点为 v_i 的子树。子集覆盖方案的具体构造如下。

（1）$CS.Setup\ (N_{\max})$：算法以最大用户数 $N_{\max}$ 为输入，令 $N_{\max}=2^d$，其中，d 表示完全二叉树结构 $\mathcal{BT}$ 的深度。每个用户被分配到 $\mathcal{BT}$ 中不同的叶节点，令 $\{S_i : v_i \in \mathcal{BT}\}$ 表示 CS 的集合 S，其中，S_i 表示子树 $\mathcal{T}_i$ 的所有叶节点集合。最后，算法输出完全二叉树结构 $\mathcal{BT}$。

（2）$CS.Assign\ (\mathcal{BT}, u)$：算法以完全二叉树结构 $\mathcal{BT}$ 和用户 $u \in \mathcal{N}$ 为输入。令 v_u 表示完全二叉树结构 $\mathcal{BT}$ 中分配给用户 u 的叶节点。$(v_{j_0}, v_{j_1}, \cdots, v_{j_d})$ 表示节点 $v_{j_0}=v_0$ 到叶节点 $v_{j_d}=v_u$ 上的所有节点集合。最后，算法设置密钥集合 $PV_u=\{v_{j_0}, v_{j_1}, \cdots, v_{j_d}\}$，并输出 PV_u。

（3）$CS.Cover\ (\mathcal{BT}, R)$：算法以完全二叉树结构 $\mathcal{BT}$ 和撤销用户集合 R 为输入，算法首先计算斯坦纳树 $ST(R)$；然后找出 $ST(R)$ 中满足节点不在 $ST(R)$ 中但与

$ST(R)$ 中出度为 1 的节点相邻的子树 $\mathcal{T}_{i_1},\cdots,\mathcal{T}_{i_m}$；最后，输出覆盖集合 $CV_R=\{S_{i_1},S_{i_2},\cdots,S_{i_m}\}$。

（4）$CS.Match(PV_u,CV_R)$：算法以密钥集合 $PV_u=\{v_{j_0},v_{j_1},\cdots,v_{j_d}\}$ 和覆盖集合 $CV_R=\{S_{i_1},S_{i_2},\cdots,S_{i_m}\}$ 为输入，然后，算法查找满足 $S_k\in PV_u$ 且 $S_k\in CV_R$ 的子集 S_k。若子集存在，算法输出 (S_k,S_k)，否则输出 $\perp$。

7.2.1.5 方案定义

1. SUE 方案定义

SUE 方案能够实现密文更新，而 SUE 方案主要基于 CDE 方案进行构造，CDE 方案能够实现对字符串的操作，并支持密文授权，即某个字符串下的密文能够转换为另一个更受限的字符串下的密文，具体来说，若字符串 L 为 L' 的前缀，那么字符串 L 下的密文能够转换为 L' 下的密文。另外，在 CDE 方案中，密钥与某个字符串 L' 有关，而密文则与另一个字符串 L 有关，若 L 为 L' 的前缀，那么该密钥能够成功地解密密文。CDE 方案的具体定义如下。

定义 7.1 一个包含最大长度字符串 $d_{\max}$ 的 CDE 方案主要包括 7 个多项式时间算法：$CDE.Init$、$CDE.Setup$、$CDE.GenKey$、$CDE.Encrypt$、$CDE.DelegateCT$、$CDE.RandCT$ 和 $CDE.Decrypt$，其具体定义如下。

（1）$CDE.Init(\lambda)$：初始化算法以安全参数为输入，输出群描述参数 GDS。

（2）$CDE.Setup(GDS,d_{\max})$：系统参数设置算法以群描述参数 GDS 和最大长度的字符串 $d_{\max}$ 为输入，输出公开密钥 PK 和主密钥 MK。

（3）$CDE.GenKey(PK,MK,L)$：密钥生成算法以公开密钥 PK、主密钥 MK 和字符串 $L\in\{0,1\}^n\ (n\leqslant d_{\max})$ 为输入，输出密钥 SK_L。

（4）$CDE.Encrypt(PK,L')$：加密算法以公开密钥 PK 和需要加密的字符串 $L'\in\{0,1\}^d\ (d\leqslant d_{\max})$ 为输入，输出密文头 CH_L 和会话密钥 EK。

（5）$CDE.DelegateCT(PK,CH_{L'},c)$：密文头授权算法以公开密钥 PK、字符串 $L'\in\{0,1\}^d$ 下的密文头 $CH_{L'}$ 和比特值 $c\in\{0,1\}$ 为输入，输出新字符串 $L''=L'\|c$ 下的密文头 $CH_{L''}$。

（6）$CDE.RandCT(PK,CH_{L'})$：密文随机化算法以公开密钥 PK 和字符串 $L'\in\{0,1\}^d$ 下的密文头 $CH_{L'}$ 为输入，输出随机化后的密文头 $CH'_{L'}$ 和部分会话密钥 EK'。

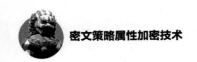

（7）$CDE.Decrypt(PK, CH_{L'}, SK_L)$：解密算法以公开密钥 PK、字符串 $L' \in \{0,1\}^d$ 下的密文头 $CH_{L'}$ 和字符串 $L \in \{0,1\}^n$ 下的密钥 SK_L 为输入，并且满足 $d \leqslant n \leqslant d_{\max}$。最后，算法输出会话密钥 EK 或特殊符号 $\perp$。

SUE 方案是一个基于时间机制实现密文更新的公钥密码学方案，在 SUE 方案中，私钥与某个时间 T' 相关，密文则与时间 T 相关。若 $T \leqslant T'$，那么私钥可以成功地解密密文，否则解密失败。另外，时间 T 下的密文可以通过使用公开密钥，而更新到时间 $T+1$ 下的密文。

定义 7.2　一个包含最大时间 $T_{\max}$ 的 SUE 方案主要包括 7 个多项式时间算法：$SUE.Init$、$SUE.Setup$、$SUE.GenKey$、$SUE.Encrypt$、$SUE.UpdateCT$、$SUE.RandCT$ 和 $SUE.Decrypt$，其具体定义如下。

（1）$SUE.Init(\lambda)$：初始化算法以安全参数 λ 为输入，输出群描述参数 GDS。

（2）$SUE.Setup(GDS, T_{\max})$：系统参数设置算法以群描述参数 GDS 和系统最大时间 $T_{\max}$ 为输入，输出公开密钥 PK 和主密钥 MK。

（3）$SUE.GenKey(PK, MK, T)$：密钥生成算法以公开密钥 PK、主密钥 MK 和时间 $T\,(T \leqslant T_{\max})$ 为输入，输出密钥 SK_T。

（4）$SUE.Encrypt(PK, T')$：算法以公开密钥 PK 和需要加密的时间 $T'\,(T' \leqslant T_{\max})$ 为输入，输出密文头 $CH_{T'}$ 和会话密钥 EK。

（5）$SUE.UpdateCT(PK, CH_{T'}, T'+1)$：密文更新算法以公开密钥 PK、时间 T' 下的密文头 $CH_{T'}$ 和时间 $T'+1$ 为输入，输出更新后的密文头 $CH_{T'+1}$。

（6）$SUE.RandCT(PK, CH_{T'})$：密文随机化算法以公开密钥 PK 和密文头 $CH_{T'}$ 为输入，输出随机化后的密文头 $CH'_{T'}$ 和部分会话密钥 EK'。

（7）$SUE.Decrypt(PK, CH_{T'}, SK_T)$：解密算法以公开密钥 PK、密文头 $CH_{T'}$ 和密钥 SK_T 为输入，输出会话密钥 EK 或特殊符号 $\perp$。

2. RS-CP-ABE 方案定义

RS-CP-ABE 方案能够实现密文的可撤销存储，不仅能够阻止用户访问密钥撤销之后的密文，而且能够阻止其继续访问密钥撤销之前的密文。本小节对 RS-CP-ABE 方案所基于的原始 CP-ABE 方案[8]进行具体的定义，该 CP-ABE 方案在原始 CP-ABE 方案的基础上增加了密钥随机化算法，并且在加密算法中使用与 SUE 方案相同的参数 s，而不是像原始 CP-ABE 方案那样，由算法自行选择 s。

定义 7.3　RS-CP-ABE 方案所基于的 CP-ABE 方案主要包括 5 个多项式时间算

法：$CP\text{-}ABE.Setup$、$CP\text{-}ABE.GenKey$、$CP\text{-}ABE.RandCT$、$CP\text{-}ABE.Encrypt$ 和 $CP\text{-}ABE.Decrypt$，其具体定义如下。

（1）$CP\text{-}ABE.Setup(GDS,U)$：系统参数设置算法以群描述参数 GDS 和属性集合 U 为输入，输出公开密钥 PK 和主密钥 MK。

（2）$CP\text{-}ABE.GenKey(PK,MK,S)$：密钥生成算法以公开密钥 PK、主密钥 MK 和用户属性集合 S 为输入，输出解密密钥 SK_S。

（3）$CP\text{-}ABE.RandCT(PK,S',CH_{(A,\rho)})$：密文头随机化算法以公开密钥 PK、参数 S' 和密文头 $CH_{(A,\rho)}$ 为输入，输出随机化后的密文头 $CH'_{(A,\rho)}$ 和会话密钥 EK'。

（4）$CP\text{-}ABE.Encrypt(PK,s,(\boldsymbol{A},\rho))$：加密算法以公开密钥 PK、随机参数 s 和访问策略 $(\boldsymbol{A},\rho)$ 为输入，输出加密后的密文头 $CH_{(A,\rho)}$ 和会话密钥 EK。

（5）$CP\text{-}ABE.Decrypt(PK,CH_{(A,\rho)},SK_S)$：解密算法以公开密钥 PK、访问策略 $(\boldsymbol{A},\rho)$ 下的密文头 $CH_{(A,\rho)}$ 和属性集合 S 下的密钥 SK_S 为输入，若 S 满足 $(\boldsymbol{A},\rho)$，那么算法输出会话密钥 EK，否则输出 $\perp$。

Lee-Choi-Dong 提出的 RS-CP-ABE 方案主要基于原始 CP-ABE 方案、SUE 方案以及 CS 方案[6]进行构造。

定义 7.4 一个 RS-CP-ABE 方案主要包括 7 个多项式时间算法：$RS\text{-}CP\text{-}ABE.Setup$、$RS\text{-}CP\text{-}ABE.GenKey$、$RS\text{-}CP\text{-}ABE.UpdateKey$、$RS\text{-}CP\text{-}ABE.Encrypt$、$RS\text{-}CP\text{-}ABE.UpdateCT$、$RS\text{-}CP\text{-}ABE.RandCT$ 和 $RS\text{-}CP\text{-}ABE.Decrypt$，其具体定义如下。

（1）$RS\text{-}CP\text{-}ABE.Setup(\lambda,T_{\max},N_{\max},U)$：系统参数设置算法以安全参数 λ、系统最大时间 $T_{\max}$、系统用户数量 $N_{\max}$ 和系统属性集合 U 为输入。最后，算法输出公开密钥 PK 和主密钥 MK。

（2）$RS\text{-}CP\text{-}ABE.GenKey(PK,MK,S,u)$：私钥生成算法以公开密钥 PK、主密钥 MK、用户属性集合 S 和用户身份标记 u 为输入。最后，算法输出用户密钥 $SK_{S,u}$。

（3）$RS\text{-}CP\text{-}ABE.UpdateKey(PK,MK,T',R)$：更新密钥算法以公开密钥 PK、主密钥 MK、时间 T' 和撤销用户集合 R 为输入。最后，算法输出更新密钥 $UK_{T',R}$。

（4）$RS\text{-}CP\text{-}ABE.Encrypt(PK,(\boldsymbol{A},\rho),T,M)$：加密算法以公开密钥 PK、访问策略 $(\boldsymbol{A},\rho)$、加密时间 T 和明文 M 为输入。最后，算法输出密文 $CT_{(\boldsymbol{A},\rho),T}$。

（5）$RS\text{-}CP\text{-}ABE.UpdateCT(PK,CT_{(\boldsymbol{A},\rho),T},T+1)$：密文更新算法以公开密钥 PK、密文 $CT_{(\boldsymbol{A},\rho),T}$ 和更新时间 $T+1$ 为输入。最后，算法输出更新后的密文 $CT_{(\boldsymbol{A},\rho),T+1}$。

（6）$RS\text{-}CP\text{-}ABE.RandCT\,(PK, CT_{(A,\rho),T})$：密文随机化算法以公开密钥和密文 $CT_{(A,\rho),T}$ 为输入。最后，算法输出随机化后的密文 $CT'_{(A,\rho),T}$。

（7）$RS\text{-}CP\text{-}ABE.Decrypt\,(PK, CT_{(A,\rho),T}, (SK_{S,u}, UK_{T',R}))$：解密算法以公开密钥 PK、密文 $CT_{(A,\rho),T}$、用户密钥 $SK_{S,u}$ 和更新密钥 $UK_{T',R}$ 为输入，若 $S \in (A,\rho) \wedge (u \notin R) \wedge (T \leqslant T')$，那么算法输出明文 M，否则算法输出 $\perp$。

7.2.1.6 安全模型

1. SUE 安全模型

SUE 方案的安全性定义为选择明文攻击下的不可区分性（IND-CPA），由挑战者 $\mathcal{B}$ 和攻击者 $\mathcal{A}$ 间的安全游戏进行证明，其具体描述如下。

参数设置阶段：挑战者 $\mathcal{B}$ 运行 $SUE.Setup$ 算法，并把生成的系统公开密钥 PK 发送给攻击者 $\mathcal{A}$。

密钥查询阶段 1：攻击者 $\mathcal{A}$ 适应性地提交一系列的时间 $T_1, T_2, \cdots, T_{q'}$ 下的密钥查询，$\mathcal{B}$ 运行算法 $SUE.GenKey\,(PK, MK, T_i)$ 生成密钥，并将其发送给 $\mathcal{A}$。

挑战阶段：攻击者 $\mathcal{A}$ 选择挑战时间 T^*，且满足限制：要求所有查询过的时间 T_i，满足 $T_i < T^*$。$\mathcal{B}$随机选择参数 $\beta \in \{0,1\}$，运行加密算法 $SUE.Encrypt\,(PK, T^*)$生成挑战密文头 CH^* 和会话密钥 EK^*。若 $\beta = 0$，那么$\mathcal{B}$将 CH^* 和 EK^* 发送给$\mathcal{A}$，否则将 CH^* 和某个随机的会话密钥发送给 $\mathcal{A}$。

密钥查询阶段 2：如密钥查询阶段 1，$\mathcal{A}$ 继续适应性地提交一系列的时间 $T_{q'+1}, T_{q'+2}, \cdots, T_q$ 下的密钥查询，同样，该阶段限制 $T_i < T^*$。

猜测阶段：$\mathcal{B}$ 输出 $\beta' \in \{0,1\}$ 作为对 β 的猜测。若 $\beta' = \beta$，可以称攻击者 $\mathcal{A}$ 赢了该游戏。定义攻击者 $\mathcal{A}$ 在该游戏中的优势为 $Adv_{\mathcal{A}} = |\Pr[\beta' = \beta] - \frac{1}{2}|$。

若无多项式时间内的算法能以不可忽略的优势攻破上述安全模型，那么可以得出 SUE 方案是安全的。

2. RS−CP−ABE 方案安全模型

RS-CP-ABE 方案的安全性定义为选择明文攻击下的不可区分性（IND-CPA），由挑战者 $\mathcal{B}$ 和攻击者 $\mathcal{A}$ 间的安全游戏进行证明，其具体描述如下。

参数设置阶段：挑战者 $\mathcal{B}$ 运行 $RS\text{-}CP\text{-}ABE.Setup$ 算法，生成公开密钥 PK 和主密钥 MK，并把 PK 发送给 $\mathcal{A}$。

密钥查询阶段 1：$\mathcal{A}$ 适应性地提交一系列的用户密钥和更新密钥查询，$\mathcal{B}$ 处理如下。

（1）若为对属性集合 S 和标识 u 的用户密钥查询，那么 $\mathcal{B}$ 运行算法 $RS\text{-}CP\text{-}ABE.GenKey(PK, MK, S, u)$ 生成用户密钥 $SK_{S,u}$，并将其发送给 $\mathcal{A}$，需要注意的是，$\mathcal{A}$ 只允许对每个用户标识 u 进行 1 次密钥查询。

（2）若为对时间 T 和撤销用户集合 R 的更新密钥查询，那么 $\mathcal{B}$ 运行算法 $RS\text{-}CP\text{-}ABE.UpdateKey(PK, MK, T, R)$ 生成更新密钥 $UK_{T,R}$，并将其发送给 $\mathcal{A}$，需要注意的是，$\mathcal{A}$ 只允许对每个时间 T 进行 1 次更新密钥查询。

挑战阶段：$\mathcal{A}$ 输出挑战访问策略 $(\boldsymbol{A}^*, \rho^*)$、挑战时间 T^* 和长度相等的两个明文消息 M_0 与 M_1，其限制如下。

对所有 $\{S_i, u_i\}$ 的用户密钥查询和 $\{T_j, R_j\}$ 的更新密钥查询，要求 $S_i \notin (\boldsymbol{A}^*, \rho^*) \wedge (u_i \in R_j) \wedge (T_j < T^*)$。

然后，$\mathcal{B}$ 随机选择参数 $\beta \in \{0,1\}$，运行加密算法 $RS\text{-}CP\text{-}ABE.Encrypt(PK, (\boldsymbol{A}^*, \rho^*), T^*, M_\beta)$ 生成挑战密文 CT^*，并将 CT^* 发送给 $\mathcal{A}$。

密钥查询阶段 2：查询及其限制与密钥查询阶段 1 相同。

猜测阶段：$\mathcal{A}$ 输出 $\beta' \in \{0,1\}$ 作为对 β 的猜测。如果 $\beta' = \beta$，称攻击者 $\mathcal{A}$ 赢了该游戏。定义攻击者 $\mathcal{A}$ 在该游戏中的优势为 $Adv_{\mathcal{A}} = |\Pr[\beta' = \beta] - \frac{1}{2}|$。

若无多项式时间内的算法能以不可忽略的优势攻破上述安全模型，可以得出 RS-CP-ABE 方案是安全的。

7.2.1.7 方案构造

1. SUE 方案构造

在提出弱假设下可证明安全的 SUE 方案前，本小节首先构造 SUE 方案所基于的 CDE 方案，其具体定义如下。

（1）$CDE.Init(\lambda)$：算法运行群生成函数 $\psi(\lambda)$ 获得系统参数 $(\mathbb{G}, \mathbb{G}_T, N, e)$，其中，$N = p_1 p_2 p_3$，$p_1$、$p_2$ 和 p_3 为三个不同的大素数，$\mathbb{G}$ 和 $\mathbb{G}_T$ 是两个合数 N 阶循环群，e 是一个双线性映射，g_1 为子群 $\mathbb{G}_{p_1}$ 的生成元。最后，算法输出群描述参数 $GDS = ((\mathbb{G}, \mathbb{G}_T, N, e), g_1, p_1, p_2, p_3,)$。

（2）$CDE.Setup(GDS, d_{\max})$：算法随机选择参数 $\beta \in \mathbb{Z}_N$，$w, \{u_{i,0}, u_{i,1}\}_{i=1}^{d_{\max}}$，$\{h_{i,0}, h_{i,1}\}_{i=1}^{d_{\max}} \in \mathbb{G}_{p_1}$ 和 $Y \in \mathbb{G}_{p_3}$，接着定义函数 $F_{i,c}(L) = u_{i,c}^L h_{i,c}$，其中 $i \in [d_{\max}]$，$c \in \{0,1\}$。最后，算法输出公开密钥 $PK = ((\mathbb{G}, \mathbb{G}_T, N, e),\ g = g_1, w, \{u_{i,0}, u_{i,1}\}_{i=1}^{d_{\max}},\ \{h_{i,0}, h_{i,1}\}_{i=1}^{d_{\max}},$

$\Lambda = e(g,g)^{\beta}$）和主密钥 $MK = (\beta, Y)$。

（3）$CDE.GenKey$（PK, MK, L）：输入参数 $L \in \{0,1\}^n$（$n \leqslant d_{\max}$）表示需要生成密钥的字符串，算法随机选择指数 $r \in \mathbb{Z}_N$ 和参数 $Y_0, Y_1, Y_{2,1}, Y_{2,2}, \cdots, Y_{2,n} \in \mathbb{Z}_{p_3}$，并输出隐含字符串 L 的密钥。

$$SK_L = (K_0 = g^{\beta} w^{-r} Y_0, K_1 = g^r Y_1,$$
$$K_{2,1} = F_{1,L[1]}(L|_1)^r Y_{2,1}, \cdots, K_{2,n} = F_{n,L[n]}(L|_n)^r Y_{2,n})$$

（4）$CDE.Encrypt$（$PK, L', s, \vec{s}$）：输入参数 $L' \in \{0,1\}^d$（$d \leqslant d_{\max}$）表示需要加密的字符串，$\vec{s} = (s_1, s_2, \cdots, s_d)$ 表示向量集合。最后，算法输出隐含字符串 L 的密文头 $CH_{L'} = (C_0 = g^s, C_1 = w^s \prod_{i=1}^{d} F_{i,L[i]}(L|_i)^{s_i}, C_{2,1} = g^{-s_1}, \cdots, C_{2,d} = g^{-s_d})$ 并生成会话密钥 $EK = \Lambda^s$。

（5）$CDE.DelegateCT$（$PK, CH_{L'}, c$）：输入参数 $CH_{L'} = (C_0, C_1, C_{2,1}, \cdots, C_{2,d})$ 表示字符串 L' 下的密文头，然后，算法随机选择参数 $s_{d+1} \in \mathbb{Z}_N$，并输出新字符串 $L'' = L' \| c$ 下的密文头。

$$CH_{L''} = (C_0' = C_0, C_1' = C_1 \cdot F_{d+1,c}(L')^{s_{d+1}},$$
$$C_{2,1}' = C_{2,1}, \cdots, C_{2,d}' = C_{2,d}, C_{2,d+1}' = g^{-s_{d+1}})$$

（6）$CDE.RandCT$（$PK, CH_{L'}, s', \vec{s}'$）：输入参数 $CH_{L'} = (C_0, C_1, C_{2,1}, \cdots, C_{2,d})$ 表示字符串 L' 下的密文头，$\vec{s}' = (s_1', s_2', \cdots, s_d')$ 表示向量集合。最后，算法输出随机化的密文头。

$$CH_{L'}' = (C_0' = C_0 \cdot g^{s'}, C_1' = C_1 \cdot w^{s'} \prod_{i=1}^{d} F_{i,L[i]}(L|_i)^{s_i'},$$
$$C_{2,1}' = C_{2,1} \cdot g^{-s_1'}, \cdots, C_{2,d}' = C_{2,d} \cdot g^{-s_d'})$$

并生成部分会话密钥 $EK' = \Lambda^{s'}$，将其与 $CH_{L'}$ 的会话密钥 EK 相乘得到一个随机化的会话密钥。

（7）$CDE.Decrypt$（$PK, CH_{L'}, SK_L$）：输入参数 $CH_{L'} = (C_0, C_1, C_{2,1}, \cdots, C_{2,d})$ 表示字符串 $L' \in \{0,1\}^d$ 下的密文头，参数 $SK_L = (K_0, K_1, K_{2,1}, \cdots, K_{2,n})$ 表示字符串 $L \in \{0,1\}^n$ 下的密钥，并且满足 $d \leqslant n \leqslant d_{\max}$。若字符串 L' 为 L 的前缀，那么解密算法首先循环地运行 $CDE.DelegateCT$ 获得字符串 L 下的密文头 $CH_L' = (C_0', C_1', C_{2,1}', \cdots, C_{2,d}')$，然后算法计算

$$EK = e(C_0', K_0) \cdot e(C_1', K_1) \cdot \prod_{i=1}^{n} e(C_{2,i}', K_{2,i})$$

令 ψ 表示时间 T 到字符串 L 的映射函数，则基于 CDE 方案构造的 SUE 方案的具体算法如下。

（1）$SUE.Init\ (\lambda)$：算法运行 $CDE.Init\ (\lambda)$ 生成群描述参数 $GDS = ((\mathbb{G}, \mathbb{G}_T, N, e), g_1, p_1, p_2, p_3)$。

（2）$SUE.Setup\ (GDS, T_{\max})$：输入参数 $T_{\max}$ 表示最大时间，并且满足 $T_{\max} = 2^{d_{\max}+1} - 1$，然后，算法运行 $CDE.Setup\ (GDS, d_{\max})$ 输出公开密钥 PK 和主密钥 MK。

（3）$SUE.GenKey\ (PK, MK, T)$：输入参数 $T(T \leqslant T_{\max})$ 表示需要生成密钥的时间，然后，算法运行 $CDE.GenKey\ (PK, MK, \psi(T))$ 输出用户密钥 SK_T。

（4）$SUE.Encrypt\ (PK, T', s)$：输入参数 $T'(T' \leqslant T_{\max})$ 表示需要加密的时间，$s \in \mathbb{Z}_N$ 表示随机指数，然后，算法运行如下。

①算法首先计算 $\psi(T')$ 生成字符串 $L' \in \{0,1\}^d$，接着随机选择参数 $s_1, s_2, \cdots, s_d \in \mathbb{Z}_p$，并定义向量 $\vec{s} = (s_1, s_2, \cdots, s_d)$，然后算法运行 $CDE.Encrypt\ (PK, L', s, \vec{s})$ 生成密文头 $CH^{(0)} = (C_0, C_1, C_{2,1}, \cdots, C_{2,d})$。

②对于 $1 \leqslant j \leqslant d$，算法设置 $L'^{(j)} = L'|_{d-j} \| 1$，然后继续进行如下计算。

- 若 $L'^{(j)} = L'|_{d-j+1}$，那么算法设置密文头 $CH^{(j)}$ 为空。
- 否则，算法重新设置向量 $\vec{s}' = (s_1, s_2, \cdots, s_{d-j}, s_{d-j+1}')$，其中，$s_1, s_2, \cdots, s_{d-j}$ 与向量 $\vec{s}$ 中的参数相同，而 s_{d-j+1}' 为 $\mathbb{Z}_p$ 中重新选择的随机参数。然后算法运行 $CDE.Encrypt\ (PK, L'^{(j)}, s, \vec{s}')$ 生成密文头 $CH^{(j)} = (C_0', C_1', C_{2,1}', \cdots, C_{2,d-j+1}')$，并删除与 $CH^{(0)}$ 重复的元素 $C_0', C_{2,1}', \cdots, C_{2,d-j}'$。

③算法删除所有空的密文头 $CH^{(j)}$，并设置密文头 $CH_{T'} = (CH^{(0)}, CH^{(1)}, \cdots, CH^{(d')})$，其中 $d' \leqslant d$。

④算法输出隐含时间 T' 的密文头 $CH_{T'}$ 与会话密钥 $EK = \Lambda^s$。需要注意的是，$CH_{T'}$ 中的 $CH^{(j)}$ 为前序遍历排列。

（5）$SUE.UpdateCT\ (PK, CH_{T'}, T'+1)$：输入参数 $CH_{T'} = (CH^{(0)}, CH^{(1)}, \cdots, CH^{(d')})$ 表示时间 T' 下的密文，$T'+1$ 表示密文需要更新的下一时间，令 $L'^{(j)}$ 表示密文头 $CH^{(j)}$ 对应的字符串，然后算法进行如下计算。

①若 $L'^{(0)}$ 的长度 d 小于 $d_{\max}$，那么算法首先运行 $CDE.UpdateCT\ (PK, CH^{(0)}, c)$ 获得密文头 $CH|_{L'^{(0)}\|0}$ 和 $CH|_{L'^{(0)}\|1}$。因为 $CH_{T'}$ 中的 $CH^{(j)}$ 为前序遍历排列，所以

$CH|_{L'^{(0)}\|0}$ 为时间 $T'+1$ 下的密文头，同样删除 $CH|_{L'^{(0)}\|1}$ 中重复的元素。最后，算法输出更新后的密文头 $CH_{T'+1}=(CH'^{(0)}=CH|_{L'^{(0)}\|0}, CH'^{(1)}=CH|_{L'^{(0)}\|1}, CH'^{(2)}=CH^{(1)},\cdots, CH'^{(d'+1)}=CH^{(d')})$。

②否则，算法将密文头 $CH^{(0)}$ 中的元素复制到 $CH^{(1)}$，并删除 $CH^{(0)}$。最后，算法输出更新后的密文头为 $CH_{T'+1}=(CH'^{(0)}=CH^{(1)},\cdots,CH'^{(d'-1)}=CH^{(d')})$。

（6）*SUE.RandCT*（$PK, CH_{T'}, s'$）：输入参数 $CH_{T'}=(CH^{(0)},CH^{(1)},\cdots,CH^{(d')})$ 表示时间 T' 下的密文，令 $L'^{(j)}$ 表示密文头 $CH^{(j)}$ 对应的字符串，$d^{(j)}$ 表示 $L'^{(j)}$ 的长度，然后算法进行如下计算。

①算法随机选择指数 $s'_1,s'_2,\cdots,s'_{d^{(0)}}\in\mathbb{Z}_N$，并设置向量 $\vec{s}'=(s'_1,s'_2,\cdots,s'_{d^{(0)}})$，然后算法运行 *CDE.UpdateCT*（$PK, CH^{(0)}, \vec{s}', s'$）获得密文头 $CH'^{(0)}$。

②对于 $1\leqslant j\leqslant d'$，算法设置向量 $\vec{s}''=(s'_1,s'_2,\cdots,s'_{d^{(j)}})$，其中 $s'_1,s'_2,\cdots,s'_{d^{(j)}-1}$ 与向量 $\vec{s}'$ 中的参数相同，而 $s'_{d^{(j)}}$ 为 $\mathbb{Z}_p$ 中重新选择的随机参数，然后算法运行 *CDE.UpdateCT*（$PK, CH^{(j)}, \vec{s}'', s'$）获得密文头 $CH'^{(j)}$。

③算法输出随机化后的密文头为 $CH'_T=(CH'^{(0)},CH'^{(1)},\cdots,CH'^{(d)})$，并输出一个部分会话密钥 $EK'=\Lambda^{s'}$，该密钥将与 CH_T 的会话密钥 EK 相乘得到一个随机化的会话密钥。

（7）*SUE.Decrypt*（$PK, CH_{T'}, SK_T$）：输入参数 $CH_{T'}$ 表示时间 T' 下的密文头，SK_T 表示时间 T 下的密钥。若 $T'\leqslant T$，那么算法能够在密文头 $CH_{T'}$ 中找到某个 $CH^{(j)}$，满足 $L'^{(j)}$ 为 $\psi(T)$ 的前缀，然后算法运行 *CDE.Decrypt*（$PK, CH^{(j)}, SK_T$）输出会话密钥 EK，否则输出 $\perp$。

2. RS-CP-ABE 方案构造

在提出具体的 RS-CP-ABE 方案构造前，本小节描述了 RS-CP-ABE 方案所基于的文献[8]中的原始 CP-ABE 方案，为了实现可撤销存储，并与先前提出的 SUE 方案进行结合，方案在原始 CP-ABE 的基础上增加了密钥随机化算法，并且在加密算法中使用与 SUE 方案加密算法相同的参数 s，而不是像原始 CP-ABE 方案那样，由算法自行选择 s，其具体构造如下。

（1）*CP-ABE.Setup*（GDS, U）：算法选择随机指数 $a,\gamma\in\mathbb{Z}_N$ 和随机参数 $\{T_j\}_{j\in U}\in\mathbb{G}_{p_1}$，$Y\in\mathbb{G}_{p_3}$。最后，算法输出主密钥为 $MK=(\gamma,Y)$，并设置公开密钥如下。

$$PK=((N,\mathbb{G},\mathbb{G}_T,e), g=g_1, g^a, \{T_j\}_{j\in U}, \Lambda=e(g,g)^{\gamma})$$

（2）$CP\text{-}ABE.GenKey\ (PK, MK, S)$：密钥生成算法选择随机指数 $r \in \mathbb{Z}_N$ 和随机参数 $Y_0, Y_1, \{Y_{2,j}\}_{j\in S} \in \mathbb{G}_{p_3}$，并输出用户密钥为

$$SK_S = (K_0 = g^{\gamma} g^{ar} Y_0, K_1 = g^r Y_1, \{K_{2,j} = T_j^r Y_{2,j}\}_{j\in S})$$

（3）$CP\text{-}ABE.Encrypt\ (PK, s, (\boldsymbol{A}, \rho))$：输入参数 $(\boldsymbol{A}, \rho)$ 表示访问策略，其中，$\boldsymbol{A}$ 是一个 $l \times n$ 矩阵。然后，算法随机选择参数 $v_2, \cdots, v_n \in \mathbb{Z}_N$，并定义向量 $\vec{v} = (s, v_2, \cdots, v_n)$。最后，算法选择随机指数 $s_1, s_2, \cdots, s_l \in \mathbb{Z}_N$，输出隐含访问策略 $(\boldsymbol{A}, \rho)$ 的密文头

$$CH_{(\boldsymbol{A},\rho)} = (C_0 = g^s, \{C_{1,j} = g^{a\boldsymbol{A}_j \cdot \vec{v}} T_{\rho(j)}^{s_j}, C_{2,j} = g^{-s_j}\}_{1\leqslant j\leqslant l})$$

并且输出会话密钥 $EK = \Lambda^s$。

（4）$CP\text{-}ABE.RandCT(PK, s', CH_{(\boldsymbol{A},\rho)})$：输入参数 $CH_{(\boldsymbol{A},\rho)}$ 表示需要随机化的密文头。算法随机选择参数 $v_2', \cdots, v_n' \in \mathbb{Z}_N$，并定义向量 $\vec{v}' = (s', v_2', \cdots, v_n')$。最后，算法选择随机指数 $s_1', s_2', \cdots, s_l' \in \mathbb{Z}_N$，输出随机化后的密文头

$$CH'_{(\boldsymbol{A},\rho)} = (C_0' = C_0 \cdot g^{s'}, \{C_{1,j}' = g^{a\boldsymbol{A}_j \cdot \vec{v}'} T_{\rho(j)}^{s_j'}, C_{2,j}' = C_{2,j} \cdot g^{-s_j'}\}_{1\leqslant j\leqslant l})$$

并且输出随机化后会话密钥 $EK' = \Lambda^{s'}$。

（5）$CP\text{-}ABE.Decrypt\ (PK, CH_{(\boldsymbol{A},\rho)}, SK_S)$：输入参数 $CH_{(\boldsymbol{A},\rho)} = (C_0, \{C_{1,j}, C_{2,j}\}_{1\leqslant j\leqslant l})$ 表示访问策略 $(\boldsymbol{A}, \rho)$ 下的密文头，$SK_S = (K_0, K_1, \{K_{2,j}\}_{j\in S})$ 表示属性集合 S 下的密钥，若 S 满足 $(\boldsymbol{A}, \rho)$，那么解密算法能够在多项式时间内计算 $w_j \in \mathbb{Z}_p$ 使等式 $\sum_{\rho(j)\in S} w_j \boldsymbol{A}_j = (1, 0, \cdots, 0)$ 成立。最后，算法计算

$$EK = e(C_0, K_0) \Big/ \Big(\prod_{\rho(j)\in S} e(C_{1,j}, K_{1,j}), e(C_{2,j}, K_{2,j}) \Big)^{w_j}$$

Lee-Choi-Dong 提出的 RS-CP-ABE 方案主要基于上述 CP-ABE 方案、SUE 方案以及 CS 方案进行构造，其主要构造如下。

（1）$RS\text{-}CP\text{-}ABE.Setup\ (\lambda, T_{\max}, N_{\max}, U)$：系统参数设置算法首先运行群生成函数 ψ 获得系统参数 $(N, \mathbb{G}, \mathbb{G}_T, e)$，其中，$\mathbb{G}$ 和 $\mathbb{G}_T$ 为合数阶 $N = p_1 p_2 p_3$ 的双线性群，g_1 为群 $\mathbb{G}_{p_1}$ 的生成元，并设置群描述参数 $GDS = ((N, \mathbb{G}, \mathbb{G}_T, e), g_1, p_1, p_2, p_3)$。然后，算法运行 $SUE.Setup\ (GDS, T_{\max})$ 生成 SUE 方案下的公钥 PK_{SUE} 和主密钥 MK_{SUE}，运行 $CP\text{-}ABE.Setup\ (GDS, U)$ 生成 CP-ABE 方案下的公钥 PK_{ABE} 和主密钥 MK_{ABE}，运行 $CS.Setup\ (N_{\max})$ 生成二叉树结构 $\mathcal{BT}$，并为 $\mathcal{BT}$ 中的每个节点 v_i 分配一个随机密钥 $\gamma_i \in \mathbb{Z}_N$。最后，算法随机选择参数 $\alpha \in \mathbb{Z}_N$，并输出公开密钥 $PK = (PK_{ABE},$

$PK_{SUE}, g = g_1, \Omega = e(g,g)^{\alpha}$ ）和主密钥 $MK = (MK_{ABE}, MK_{SUE}, \alpha, \mathcal{BT})$ 。

（2）$RS\text{-}CP\text{-}ABE.GenKey$（$PK, MK, S, u$）：输入参数 S 表示属性集合，u 表示用户的身份标记。算法首先运行 $CS.Assign$（$\mathcal{BT}, u$）生成私钥集合 $PV_u = \{S_{j_0}, S_{j_1}, \cdots, S_{j_d}\}$，然后算法从 $\mathcal{BT}$ 得到相应的节点密钥 $\{\gamma_{j_0}, \gamma_{j_1}, \cdots, \gamma_{j_d}\}$。对于 $0 \leqslant k \leqslant d$，算法设置 $MK_{ABE} = (\gamma_{j_k}, Y)$，并运行 $CP\text{-}ABE.GenKey$（PK_{ABE}, MK_{ABE}, S）生成私钥 $SK_{ABE,k}$。最后，算法输出用户密钥 $SK_{S,u} = (PV_u, SK_{ABE,0}, \cdots, SK_{ABE,d})$。

（3）$RS\text{-}CP\text{-}ABE.UpdateKey$（$PK, MK, T, R$）：输入参数 T 表示更新时间，R 表示相应的撤销用户集合。密钥更新算法首先运行 $CS.Cover$（$\mathcal{BT}, R$）生成更新密钥集合 $CV_R = \{S_{i_1}, S_{i_2}, \cdots, S_{i_m}\}$，然后算法从 $\mathcal{BT}$ 得到相应的节点密钥 $\{\gamma_{i_1}, \gamma_{i_2}, \cdots, \gamma_{i_m}\}$。对于 $1 \leqslant k \leqslant m$，算法设置 $MK_{SUE} = (\alpha - \gamma_{j_k}, Y)$，并运行 $SUE.GenKey$（$PK_{SUE}, MK_{SUE,k}, T$）生成更新密钥 $SK_{SUE,k}$。最后，算法输出隐含 T 与 R 的更新密钥 $UK_{T,R} = (CV_R, SK_{SUE,1}, \cdots, SK_{SUE,m})$。

（4）$RS\text{-}CP\text{-}ABE.Encrypt$（$PK, (\mathbf{A}, \rho), T, M$）：输入参数 $(\mathbf{A}, \rho)$ 表示访问策略，T 表示加密时间。加密算法随机选择参数 $s \in \mathbb{Z}_N$，并分别运行 $CP\text{-}ABE.Encrypt$（$PK_{ABE}, s, (\mathbf{A}, \rho)$）和 $SUE.Encrypt$（PK_{SUE}, T, s）生成密文头 CH_{ABE} 和 CH_{SUE}。最后，算法输出隐含 T 的密文 $CT_{(\mathbf{A},\rho),T} = (CH_{ABE}, CH_{SUE}, C = \Omega^s \cdot M)$。

（5）$RS\text{-}CP\text{-}ABE.UpdateCT$（$PK, CT_{(\mathbf{A},\rho),T}, T+1$）：输入参数 $CT_{(\mathbf{A},\rho),T}$ 表示访问策略 $(\mathbf{A}, \rho)$ 和加密时间 T 下的密文，T+1 表示更新时间。然后，密文更新算法运行 $SUE.UpdateCT$（$PK, CH_{SUE}, T+1$）生成更新密文 CH'_{SUE}。最后，算法输出隐含时间 T+1 的更新密文 $CT'_{(\mathbf{A},\rho),T} = (CH_{ABE}, CH'_{SUE}, C = \Omega^s \cdot M)$。

（6）$RS\text{-}CP\text{-}ABE.RandCT$（$PK, CT_{(\mathbf{A},\rho),T}$）：输入参数 $CT_{(\mathbf{A},\rho),T}$ 表示访问策略 $(\mathbf{A}, \rho)$ 和加密时间 T 下的密文。然后，算法随机选择指数 $s' \in \mathbb{Z}_N$，并运行 $CP\text{-}ABE.RandCT(PK_{ABE}, s', CH_{ABE})$ 和 $SUE.RandCT$（PK_{SUE}, CH_{SUE}, s'）生成密文 CH'_{ABE} 和 CH'_{SUE}。最后，算法输出随机化后的密文 $CT'_{(\mathbf{A},\rho),T} = (CH'_{ABE}, CH'_{SUE}, C' = C \cdot \Omega^{s'})$。

（7）$RS\text{-}CP\text{-}ABE.Decrypt$（$PK, CT_{(\mathbf{A},\rho),T}, SK_{S,u}, UK_{T',R}$）：输入参数 $CH_{(\mathbf{A},\rho),T} = (CH_{ABE}, CH_{SUE}, C)$ 表示访问策略 $(\mathbf{A}, \rho)$ 和加密时间 T 下的密文，$SK_{S,u} = (PV_u, SK_{ABE,0}, \cdots, SK_{ABE,d})$ 表示属性集合 S 且用户身份标记为 u 下的用户密钥，$UK_{T',R} = (CV_R, SK_{SUE,1}, \cdots, SK_{SUE,m})$ 表示更新时间 T' 且撤销用户集合为 R 下的更新密钥。若 $u \notin R$，那么可以通过运行 $CS.Match$（CV_R, PV_u）获得 (S_i, S_j)。若 $S \in (\mathbf{A}, \rho)$

且 $T \leqslant T'$，那么解密算法分别运行 $CP\text{-}ABE.Decrypt(PK_{ABE}, CH_{ABE}, SK_{ABE,j})$ 和 $SUE.Decrypt(PK_{SUE}, CH_{SUE}, SK_{ABE,i})$ 生成会话密钥 EK_{ABE} 和 EK_{SUE}。最后，算法计算 $C \cdot (EK_{ABE} \cdot SK_{SUE})^{-1}$ 得到密文 M，否则输出 $\perp$。

RS-CP-ABE 方案的正确性可以基于提出的 CP-ABE 方案、SUE 方案以及 CS 方案的正确性进行验证。令 $SK_{S,u}$ 表示用户属性集合 S 和用户身份标记 u 下的密钥，$UK_{T',R}$ 表示撤销时间 T' 和撤销用户集合 R 下的更新密钥。若 $u \notin R$，那么解密密钥生成算法可以基于 CS 方案的正确性得到解密密钥 SK_{ABE} 和 SK_{SUE}。需要注意的是，SK_{ABE} 以 $\delta + \gamma_i$ 为主密钥，而 SK_{SUE} 则以 $\alpha - \delta - \gamma_i$ 为主密钥。令 $CT_{(A,\rho),T}$ 表示访问策略 $(\boldsymbol{A}, \rho)$ 和加密时间 T 下的密文。若 $S \in (\boldsymbol{A}, \rho)$，那么可以基于 CP-ABE 方案的正确性得到会话密钥 $EK_{ABE} = e(g,g)^{(\delta+\gamma_i)s}$，同时，若 $T \leqslant T'$ 基于 SUE 方案的正确性得到会话密钥 $EK_{SUE} = e(g,g)^{(\alpha-\delta-\gamma_i)s}$。最后，验证方案的正确性如下。

$$
\begin{aligned}
&C \cdot (EK_{ABE} \cdot EK_{SUE})^{-1} = \\
&M \cdot e(g,g)^{\alpha s} \cdot (e(g,g)^{(\delta+\gamma_i)s} \cdot e(g,g)^{(\alpha-\delta-\gamma_i)s})^{-1} = \\
&M \cdot e(g,g)^{\alpha s} \cdot e(g,g)^{-\alpha s} = M
\end{aligned}
$$

Lee-Choi-Dong 的 RS-CP-ABE 方案主要基于合数阶双线性群下的三个安全假设进行安全性证明，其详细的证明过程参考文献[3]。

7.2.2 Lee 的可撤销存储的 CP-ABE 方案

针对可撤销存储，Lee 等[3]提出了一个基于时间机制实现密文更新的密码学方案，即 SUE 方案，并基于提出的 SUE 方案构造了一个 RS-CP-ABE 方案，但是该方案在合数阶双线性群下进行构造，性能非常低。为了提高方案的性能，Lee[4]在 2015 年提出了一个基于素数阶双线性群构造的可实现撤销存储的密文策略属性加密方案，并在标准模型下基于 q-type 假设对方案的安全性进行了证明，下面对该方案进行介绍。

7.2.2.1 完全二叉树结构

为了方便表示，Lee-Choi-Dong 方案在 7.2.1.3 节完全二叉树结构上定义了额外的功能函数。函数 $Parent(L)$ 用于输出节点 L 的父节点 L'。函数 $RightChild(L)$ 用于输出节点 L 的右子节点 L'。函数 $RightSibling(L)$ 用于输出节点 L 的右兄弟节点 L'，

即 $RightSibling(L) = RightChild(Parent(L))$。最后，函数 $Path(L)$ 用于输出从初始节点到输入节点 L 所经过的节点集合。

7.2.2.2　方案定义

1. SUE 方案定义

SUE 方案构造所基于的 CDE 方案的定义如下。

定义 7.5　一个包含最大长度字符串 $d_{\max}$ 的 CDE 方案主要包括 8 个多项式时间算法：$CDE.Init$、$CDE.Setup$、$CDE.GenKey$、$CDE.RandKey$、$CDE.Encrypt$、$CDE.DelegateCT$、$CDE.RandCT$ 和 $CDE.Decrypt$，其具体定义如下。

（1）$CDE.Init(\lambda)$：初始化算法以安全参数 λ 为输入，输出群描述参数 GDS。

（2）$CDE.Setup(GDS, d_{\max})$：系统参数设置算法以群描述参数 GDS 和最大长度的字符串 $d_{\max}$ 为输入，输出公开密钥 PK 和主密钥 MK。

（3）$CDE.GenKey(PK, MK, L)$：密钥生成算法以公开密钥 PK、主密钥 MK 和字符序列 $L \in \{0,1\}^n$ $(n \leqslant d_{\max})$ 为输入，输出解密密钥 SK_L。

（4）$CDE.RandKey(PK, \delta, SK_L)$：密钥解密随机化算法以公开密钥 PK、随机指数 $\delta \in \mathbb{Z}_p$ 和解密密钥 SK_L 为输入，输出随机化后的解密密钥 SK'_L。

（5）$CDE.Encrypt(PK, L', t, \vec{s})$：加密算法以公开密钥 PK、需要加密的字符串 $L' \in \{0,1\}^d$ $(d \leqslant d_{\max})$、随机指数 $t \in \mathbb{Z}_p$ 和向量 $\vec{s} = (s_1, s_2, \cdots, s_d) \in \mathbb{Z}_p^d$ 为输入，输出密文头 CH'_L 和会话密钥 EK。

（6）$CDE.DelegateCT(PK, CH_{L'}, c)$：密文头授权算法以公开密钥 PK、字符串 $L' \in \{0,1\}^d$ 下的密文头 $CH_{L'}$ 和比特值 $c \in \{0,1\}$ 为输入，输出新字符串 $L'' = L' \| c$ 下的密文头 $CH_{L''}$。

（7）$CDE.RandCT(PK, CH_{L'}, t', \vec{s}')$：密文随机化算法以公开密钥 PK、字符串 $L' \in \{0,1\}^d$ 下的密文头 $CH_{L'}$、随机指数 $t' \in \mathbb{Z}_p$ 和向量 $\vec{s}' = (s'_1, s'_2, \cdots, s'_d) \in \mathbb{Z}_p^d$ 为输入，输出随机化后的密文头 $CH'_{L'}$ 和会话密钥 EK'。

（8）$CDE.Decrypt(PK, CH_{L'}, SK_L)$：解密算法以公开密钥 PK、字符串 $L' \in \{0,1\}^d$ 下的密文头 $CH_{L'}$ 和字符串 $L \in \{0,1\}^n$ 下的密钥 SK_L 为输入，并且满足 $d \leqslant n \leqslant d_{\max}$。最后，算法输出会话密钥 EK 或特殊符号 $\perp$。

定义 7.6　一个包含最大时间 $T_{\max}$ 的 SUE 方案主要包括 8 个多项式时间算法：$SUE.Init$、$SUE.Setup$、$SUE.GenKey$、$SUE.RandKey$、$SUE.Encrypt$、$SUE.UpdateCT$、

$SUE.RandCT$ 和 $SUE.Decrypt$ ，其具体定义如下。

（1） $SUE.Init(\lambda)$：初始化算法以安全参数 λ 为输入，输出群描述参数 GDS 。

（2） $SUE.Setup(GDS,T_{\max})$：系统参数设置算法以群描述参数 GDS 和系统最大时间 $T_{\max}$ 为输入，输出公开密钥 PK 和主密钥 MK 。

（3） $SUE.GenKey(PK,MK,T)$：密钥生成算法以公开密钥 PK 、主密钥 MK 和时间 T $(T \leqslant T_{\max})$ 为输入，输出密钥 SK_T 。

（4） $SUE.RandKey(PK,\delta,SK_T)$：密钥随机化算法以公开密钥 PK 、随机指数 $\delta \in \mathbb{Z}_p$ 和解密密钥 SK_T 为输入，输出随机化后的解密密钥 SK'_T 。

（5） $SUE.Encrypt(PK,T')$：算法以公开密钥 PK 和需要加密的时间 T' $(T' \leqslant T_{\max})$ 为输入，输出密文头 $CH_{T'}$ 和会话密钥 EK。

（6） $SUE.UpdateCT(PK,CH_T,T+1)$：密文更新算法以公开密钥 PK 、时间 T 下的密文头 $CH_{T'}$ 和时间 $T'+1$ 为输入，输出更新后的密文头 $CH_{T'+1}$ 。

（7） $SUE.RandCT(PK,CH_T)$：密文随机化算法以公开密钥 PK 和密文头 CH_T 为输入，输出随机化后的密文头 CH'_L 和部分会话密钥 EK' 。

（8） $SUE.Decrypt(PK,CH_{T'},SK_T)$：解密算法以公开密钥 PK、密文头 $CH_{T'}$ 和密钥 SK_T 为输入，输出会话密钥 EK 或特殊符号 $\perp$ 。

2. RS-CP-ABE 方案定义

本小节首先对 Lee 的 RS-CP-ABE 方案所基于的 Rouselakis 等[9]提出的原始 CP-ABE 方案进行具体的定义，但是 Lee 等在原始 CP-ABE 方案的基础上增加了密文随机化和密钥随机化算法，并且在加密算法中使用与 SUE 方案相同的参数 s，而不是像原始 CP-ABE 方案那样，由算法自行选择 s。

定义 7.7 Lee 的 RS-CP-ABE 方案所基于的 CP-ABE 方案主要包括 6 个多项式时间算法：$CP\text{-}ABE.Setup$ 、$CP\text{-}ABE.GenKey$ 、$CP\text{-}ABE.RandKey$ 、$CP\text{-}ABE.Encrypt$ 、$CP\text{-}ABE.RandCT$ 和 $CP\text{-}ABE.Decrypt$ ，其具体定义如下。

（1） $CP\text{-}ABE.Setup(GDS)$：系统参数设置算法以群描述参数 GDS 为输入，输出公开密钥 PK 和主密钥 MK 。

（2） $CP\text{-}ABE.GenKey(PK,MK,S)$：密钥生成算法以公开密钥 PK 、主密钥 MK 和用户属性集合 S 为输入，输出解密密钥 SK_S 。

（3） $CP\text{-}ABE.RandKey(PK,\delta,SK_S)$：密钥随机化算法以公开密钥 PK 、随机参数 δ 和用户密钥 SK_S 为输入，输出随机化后的解密密钥 SK'_S 。

（4）$CP\text{-}ABE.Encrypt\,(PK,s,(\boldsymbol{A},\rho))$：加密算法以公开密钥 PK、随机指数 s 和访问策略 $(\boldsymbol{A},\rho)$ 为输入，输出加密后的密文头 $CH_{(\boldsymbol{A},\rho)}$ 和会话密钥 EK。

（5）$CP\text{-}ABE.RandCT\,(PK,s',CH_{(\boldsymbol{A},\rho)})$：加密算法以公开密钥 PK、随机指数 s' 和密文头 $CH_{(\boldsymbol{A},\rho)}$ 为输入，输出随机化后的密文头 $CH'_{(\boldsymbol{A},\rho)}$ 和会话密钥 EK'。

（6）$CP\text{-}ABE.Decrypt\,(PK,CH_{(\boldsymbol{A},\rho)},SK_S)$：解密算法以公开密钥 PK、访问策略 $(\boldsymbol{A},\rho)$ 下的密文头 $CH_{(\boldsymbol{A},\rho)}$ 和属性集合 S 下的密钥 SK_S 为输入，若 S 满足 $(\boldsymbol{A},\rho)$，那么算法输出会话密钥 EK，否则输出 $\perp$。

Lee 提出的 RS-CP-ABE 方案主要基于上述 CP-ABE 方案、SUE 方案以及 CS 方案[6]进行构造。

定义 7.8 Lee 的 RS-CP-ABE 方案主要包括 8 个多项式时间算法：$RS\text{-}CP\text{-}ABE.Setup$、$RS\text{-}CP\text{-}ABE.GenKey$、$RS\text{-}CP\text{-}ABE.UpdateKey$、$RS\text{-}CP\text{-}ABE.DeriveKey$、$RS\text{-}CP\text{-}ABE.Encrypt$、$RS\text{-}CP\text{-}ABE.UpdateCT$、$RS\text{-}CP\text{-}ABE.RandCT$ 和 $RS\text{-}CP\text{-}ABE.Decrypt$，其具体定义如下。

（1）$RS\text{-}CP\text{-}ABE.Setup\,(\lambda,T_{\max},N_{\max},U)$：系统参数设置算法以安全参数 λ、系统最大时间 $T_{\max}$、系统用户数量 $N_{\max}$ 和系统属性集合 U 为输入。最后，算法输出公开密钥 PK 和主密钥 MK。

（2）$RS\text{-}CP\text{-}ABE.GenKey\,(PK,MK,S,u)$：私钥生成算法以公开密钥 PK、主密钥 MK、用户属性集合 S 和用户身份标记 u 为输入。最后，算法输出用户密钥 $SK_{S,u}$。

（3）$RS\text{-}CP\text{-}ABE.UpdateKey\,(PK,MK,T,R)$：更新密钥算法以公开密钥 PK、主密钥 MK、时间 T 和撤销用户集合 R 为输入。最后，算法输出更新密钥 $UK_{T,R}$。

（4）$RS\text{-}CP\text{-}ABE.DeriveKey\,(PK,SK_{S,u},UK_{T,R})$：解密密钥生成算法以公开密钥 PK、用户密钥 $SK_{S,u}$ 和更新密钥 $UK_{T,R}$ 为输入。最后，算法输出解密密钥 $DK_{S,T}$ 或 $\perp$。

（5）$RS\text{-}CP\text{-}ABE.Encrypt\,(PK,(\boldsymbol{A},\rho),T,M)$：加密算法以公开密钥 PK、访问策略 $(\boldsymbol{A},\rho)$、加密时间 T 和明文 M 为输入。最后，算法输出密文 $CT_{(\boldsymbol{A},\rho),T}$。

（6）$RS\text{-}CP\text{-}ABE.UpdateCT\,(PK,CT_{(\boldsymbol{A},\rho),T},T+1)$：密文更新算法以公开密钥 PK、密文 $CT_{(\boldsymbol{A},\rho),T}$ 和更新时间 $T+1$ 为输入。最后，算法输出更新后的密文 $CT_{(\boldsymbol{A},\rho),T+1}$。

（7）$RS\text{-}CP\text{-}ABE.RandCT\,(PK,CT_{(\boldsymbol{A},\rho),T})$：密文随机化算法以公开密钥 PK 和密文 $CT_{(\boldsymbol{A},\rho),T}$ 为输入。最后，算法输出随机化后的密文 $CT'_{(\boldsymbol{A},\rho),T}$。

（8）$RS\text{-}CP\text{-}ABE.Decrypt\,(PK,CT_{(\boldsymbol{A},\rho),T},DK_{S,T'})$：解密算法以公开密钥 PK、密文 $CT_{(\boldsymbol{A},\rho),T}$ 和解密密钥 $DK_{S,T'}$ 为输入，若 $S\in(\boldsymbol{A},\rho)$ 且 $T\leqslant T'$，那么算法输出明文 M，

否则输出 ⊥ 。

7.2.2.3 安全模型

1. SUE 安全模型

SUE 方案的安全性定义为选择明文攻击下的不可区分性（IND-CPA），由挑战者 $\mathcal{B}$ 和攻击者 $\mathcal{A}$ 间的安全游戏进行证明，其具体描述如下。

参数设置阶段：挑战者 $\mathcal{B}$ 运行 *SUE.Init* 和 *SUE.Setup* 算法，并把生成的系统公开密钥 PK 发送给攻击者 $\mathcal{A}$ 。

密钥查询阶段 1：攻击者 $\mathcal{A}$ 适应性地提交一系列的时间 $T_1,T_2,\cdots,T_{q'}$ 下的密钥查询，$\mathcal{B}$ 运行算法 $SUE.GenKey$（PK,MK,T_i）生成密钥 $SK_{T_1},SK_{T_2},\cdots,SK_{T_{q'}}$，并将其发送给 $\mathcal{A}$ 。

挑战阶段：攻击者 $\mathcal{A}$ 选择挑战时间 T^*，且满足限制：要求所有查询过的时间 T_i，满足 $T_i<T^*$ 。$\mathcal{B}$ 随机选择参数 $\beta\in\{0,1\}$，运行加密算法 $SUE.Encrypt$（PK,T^*）生成挑战密文头 CH^* 和会话密钥 EK^* 。若 $\beta=0$，那么 $\mathcal{B}$ 将 CH^* 和 EK^* 发送给 $\mathcal{A}$，否则将 CH^* 和某个随机的会话密钥发送给 $\mathcal{A}$ 。

密钥查询阶段 2：如密钥查询阶段 1，$\mathcal{A}$ 继续适应性地提交一系列的时间 $T_{q'+1},T_{q'+2},\cdots,T_q$ 下的密钥查询，同样，该阶段限制 $T_i<T^*$ 。

猜测阶段：$\mathcal{B}$ 输出 $\beta'\in\{0,1\}$ 作为对 β 的猜测。若 $\beta'=\beta$，那么可以称攻击者 $\mathcal{A}$ 赢了该游戏。定义攻击者 $\mathcal{A}$ 在该游戏中的优势为 $Adv_{\mathcal{A}}=|\Pr[\beta'=\beta]-\frac{1}{2}|$。

若无多项式时间内的算法能以不可忽略的优势攻破上述安全模型，那么可以得出 SUE 方案是安全的。

2. RS-CP-ABE 方案安全模型

RS-CP-ABE 方案的安全性定义为选择明文攻击下的不可区分性（IND-CPA），由挑战者 $\mathcal{B}$ 和攻击者 $\mathcal{A}$ 间的安全游戏进行证明，其具体描述如下。

选择阶段：攻击者 $\mathcal{A}$ 选择挑战的访问策略 $(\boldsymbol{A}^*,\rho^*)$、挑战时间 T^* 和时间 T^* 下的撤销用户集合 R^* 。

参数设置阶段：挑战者 $\mathcal{B}$ 运行 *RS-CP-ABE.Setup*（$\lambda,T_{\max},N_{\max}$）算法，生成公开密钥 PK 和主密钥 MK，并把 PK 发送给攻击者 $\mathcal{A}$ 。

密钥密钥查询阶段 1：攻击者 $\mathcal{A}$ 适应性地提交一系列的用户密钥、更新密钥和解密密钥查询，$\mathcal{B}$ 处理如下。

（1）若为对属性集合 S 和标识 u 的用户密钥查询，那么 $\mathcal{B}$ 运行算法 $RS\text{-}CP\text{-}ABE.GenKey$ (PK, MK, S, u)生成用户密钥 $SK_{S,u}$ ，并将其发送给 $\mathcal{A}$ ，需要注意的是，$\mathcal{A}$ 只允许对每个用户标识 u 进行一次密钥查询。

（2）若为对时间 T 和撤销用户集合 R 的更新密钥查询，那么 $\mathcal{B}$ 运行算法 $RS\text{-}CP\text{-}ABE.UpdateKey$ (PK, MK, T, R)生成更新密钥 $UK_{T,R}$ ，并将其发送给 $\mathcal{A}$，需要注意的是，$\mathcal{A}$ 只允许对每个时间 T 进行一次更新密钥查询。

（3）若为对属性集合 S 和时间 T 的解密密钥查询，那么 $\mathcal{B}$ 运行算法 $RS\text{-}CP\text{-}ABE.DeriveKey$ ($PK, SK_{S,u}, UK_{T,R}$)生成解密密钥 $DK_{S,T}$ ，并将其发送给 $\mathcal{A}$。

在查询过程中，对 $\mathcal{A}$ 进行限制如下。

（1）若为对时间 T 和撤销用户集合 R 的更新密钥查询，那么对所有的 $T_j (T < T_j)$ 和 R_j 的更新密钥查询，必须满足 $R \subseteq R_j$ 。

（2）若为对满足 $S \in (A^*, \rho^*)$ 的属性集合 S 和标识 u 的用户密钥查询，为了撤销标识为 u 的用户，必须对满足 $u \in R_j$ 且 $T_j \leqslant T^*$ 的时间 T_j 和撤销用户集合 R_j 进行更新密钥查询。

（3）不能对满足 $S \in (A^*, \rho^*)$ 且 $T \geqslant T^*$ 的属性集合 S 和时间 T 进行解密密钥查询。

挑战阶段：$\mathcal{A}$ 提交长度相等的两个明文消息 M_0 与 M_1 ，然后，$\mathcal{B}$ 随机选择参数 $\beta \in \{0,1\}$ ，运行加密算法 $RS\text{-}CP\text{-}ABE.Encrypt$ ($PK, (A^*, \rho^*), T^*, M_\beta$)生成挑战密文 CT^* ，并将 CT^* 发送给 $\mathcal{A}$ 。

密钥查询阶段 2：查询及其限制与密钥查询阶段 1 相同。

猜测阶段：$\mathcal{A}$ 输出 $\beta' \in \{0,1\}$ 作为对 β 的猜测。如果 $\beta' = \beta$ ，可以称攻击者 $\mathcal{A}$ 赢了该游戏。定义攻击者 $\mathcal{A}$ 在该游戏中的优势为 $Adv_{\mathcal{A}} = |\Pr[\beta' = \beta] - \frac{1}{2}|$。

若无多项式时间内的算法能以不可忽略的优势攻破上述安全模型，那么可以得出 Lee 的 RS-CP-ABE 方案是安全的。

7.2.2.4　方案构造

1. SUE 方案构造

在提出弱假设下可证明安全的 SUE 方案前，首先构造 SUE 方案所基于的 CDE 方案，其具体描述如下。

（1）$CDE.Init$ (λ)：算法运行群生成函数 $\psi(\lambda)$ 获得系统参数 $(\mathbb{G}, \mathbb{G}_T, p, e)$ ，其中，p 为素数，$\mathbb{G}$ 和 $\mathbb{G}_T$ 是两个 p 阶循环群，e 是一个双线性映射，g 为群 $\mathbb{G}$ 的生

成元。最后，算法输出群描述参数 $GDS = ((\mathbb{G}, \mathbb{G}_T, p, e), g)$。

（2）$CDE.Setup$（$GDS, d_{\max}$）：算法随机选择参数 $\beta \in \mathbb{Z}_p$ 和 $u, v, w, h \in \mathbb{G}$。最后，算法输出公开密钥 $PK = ((\mathbb{G}, \mathbb{G}_T, p, e), g, u, v, w, h, \Lambda = e(g, g)^{\beta})$ 和主密钥 $MK = \beta$。

（3）$CDE.GenKey$（PK, MK, L）：输入参数 $L \in \{0,1\}^n$（$n \leqslant d_{\max}$）表示需要生成密钥的字符串，算法随机选择参数 $r, r_1, r_2, \cdots, r_n \in \mathbb{Z}_p$，并输出隐含字符串 L 的密钥。

$$SK_L = (K_0 = g^{\beta} w^r, K_1 = g^{-r}, \{K_{i,1} = v^r (u^{L|_i} h)^{r_i}, K_{i,2} = g^{-r_i}\}_{i=1}^{r_i})$$

（4）$CDE.RandKey$（PK, δ, SK_L）：输入参数 $SK_L = (K_0, K_1, \{K_{i,1}, K_{i,2}\}_{i=1}^n)$ 表示字符串 $L \in \{0,1\}^n$ 下的密钥，算法随机选择参数 $r', r_1', r_2', \cdots, r_n' \in \mathbb{Z}_p$，并输出随机化后的密钥。

$$SK_L' = (K_0' = K_0 \cdot g^{\delta} w^{r'}, K_1' = K_1 \cdot g^{-r'},$$
$$\{K_{i,1}' = K_{i,1} \cdot v^{r'} (u^{L|_i} h)^{r_i'}, K_{i,2}' = K_{i,2} \cdot g^{-r_i'}\}_{i=1}^{r_i})$$

（5）$CDE.Encrypt$（$PK, L', t, \vec{s}$）：输入参数 $L' \in \{0,1\}^d$（$d \leqslant d_{\max}$）表示需要加密的字符串，$\vec{s} = (s_1, s_2, \cdots, s_d)$ 表示向量集合。最后，算法输出隐含字符串 L 的密文头

$$CH_{L'} = (C_0 = g^t, C_1 = w^t \prod_{i=1}^{d} v^{s_i}, \{C_{i,1} = g^{s_i}, C_{i,2} = (u^{L|_i} h)^{s_i}\}_{i=1}^{d})$$

并生成会话密钥 $EK = \Lambda^t$。

（6）$CDE.DelegateCT$（$PK, CH_{L'}, c$）：输入参数 $CH_{L'} = (C_0, C_1, \{C_{i,1}, C_{i,2}\}_{i=1}^d)$ 表示字符串 L' 下的密文头，然后，算法随机选择参数 $s_{d+1} \in \mathbb{Z}_p$，并输出新字符串 $L'' = L' \| c$ 下的密文头。

$$CH_{L''} = (C_0' = C_0, C_1' = C_1 \cdot v^{s_{d+1}}, \{C_{i,1}' = C_{i,1}, C_{i,2}' = C_{i,2}\}_{i=1}^{d}$$
$$C_{d+1,1}' = g^{s_{d+1}}, C_{d+1,2}' = (u^{L\|c} h)^{s_{d+1}})$$

（7）$CDE.RandCT$（$PK, CH_{L'}, s', \vec{s}'$）：输入参数 $CH_{L'} = (C_0, C_1, \{C_{i,1}, C_{i,2}\}_{i=1}^d)$ 表示字符串 L' 下的密文头，$\vec{s}' = (s_1', s_2', \cdots, s_d')$ 表示向量集合。最后，算法输出随机化后的密文头为

$$CH_{L'}' = (C_0' = C_0 \cdot g^{s'}, C_1' = C_1 \cdot w^{s'} \prod_{i=1}^{d} v^{s_i'},$$
$$\{C_{i,1}' = C_{i,1} \cdot g^{s_i'}, C_{i,2}' = C_{i,2} \cdot (u^{L|_i} h)^{s_i'}\}_{i=1}^{d})$$

并生成会话密钥 $EK' = \Lambda^{s'}$，该会话密钥将与 $CH_{L'}$ 的会话密钥 EK 相乘。

（8）$CDE.Decrypt$（$PK, CH_{L'}, SK_L$）：输入参数 $CH_{L'} = (C_0, C_1, \{C_{i,1}, C_{i,2}\}_{i=1}^d)$ 表示字符串 $L' \in \{0,1\}^d$ 下的密文头，参数 $SK_L = (K_0, K_1, \{K_{i,1}, K_{i,2}\}_{i=1}^n)$ 表示字符串 $L \in \{0,1\}^n$ 下

的密钥，并且满足 $d \leqslant n \leqslant d_{\max}$。若字符串 L' 为 L 的前缀，那么解密算法首先循环地运行 $CDE.DelegateCT$ 获得字符串 L 下的密文头 $CH'_L=(C'_0,C'_1,\{C'_{i,1},C'_{i,2}\}_{i=1}^n)$，然后，算法计算

$$EK=e(C'_0,K_0)\cdot e(C'_1,K_1)\cdot\prod_{i=1}^{n}(e(C'_{i,1},K_{i,1})\cdot e(C'_{i,2},K_{i,2}))$$

令 $\mathcal{BT}$ 表示深度为 l 的二叉树结构，对于 $\mathcal{BT}$ 中的节点，算法使用前序遍历为其分配唯一的时间，即初始节点分配 1，最右边的末端节点分配 $2^{l+1}-1$。令 ψ 表示时间 T 到字符串 L 的映射函数。定义函数 $TimeLabels(L)=\{L\}\cup RightSibling(Path(L))\setminus Path(Parent(L))$，其中，$Path(L)$ 表示初始节点到 L 对应节点上的节点集合，$RightSibling(L)$ 表示 L 右端子节点的字符串，$Parent(L)$ 表示 L 上一节点的字符串。SUE 方案的具体构造如下。

（1）$SUE.Init(\lambda)$：算法运行 $CDE.Init(\lambda)$ 生成群描述参数 $GDS=((\mathbb{G},\mathbb{G}_T,p,e),g)$。

（2）$SUE.Setup$（$GDS,T_{\max}$）：输入参数 $T_{\max}$ 表示最大时间，并且满足 $T_{\max}=2^{d_{\max}+1}-1$。然后，算法运行 $CDE.Setup$（$GDS,d_{\max}$）输出公开密钥 PK 和主密钥 MK。

（3）$SUE.GenKey$（PK,MK,T）：输入参数 $T(T\leqslant T_{\max})$ 表示需要生成密钥的时间，然后，算法运行 $CDE.GenKey$（$PK,MK,\psi(T)$）输出用户密钥 SK_T。

（4）$SUE.RandKey$（PK,δ,SK_T）：输入参数 SK_T 表示时间 T 下的密钥，然后，算法运行 $CDE.RandKey$（PK,δ,SK_T）输出随机化后的密钥 SK'_T。

（5）$SUE.Encrypt$（PK,T',s）：输入参数 $T'(T'\leqslant T_{\max})$ 表示需要加密的时间，$s\in\mathbb{Z}_p$ 表示某个随机指数，然后，算法运行如下。

① 算法首先计算 $\psi(T')$ 生成字符串 $L'\in\{0,1\}^d$，接着随机选择参数 $s_1,s_2,\cdots,s_d\in\mathbb{Z}_p$，并定义向量 $\vec{s}=(s_1,s_2,\cdots,s_d)$，然后算法运行 $CDE.Encrypt$（$PK,L',s,\vec{s}$）生成密文头 $CH^{(0)}=(C_0,C_1,\{C_{i,1},C_{i,2}\}_{i=1}^d)$。

② 对于 $1\leqslant j\leqslant d$，算法设置 $L'^{(j)}=L'|_{d-j}\|1$，并继续进行如下计算。

- 若 $L'^{(j)}=L'|_{d-j+1}$，那么算法设置密文头 $CH^{(j)}$ 为空。
- 否则，算法重新设置向量 $\vec{s}'=(s_1,s_2,\cdots,s_{d-j},s'_{d-j+1})$，其中，$s_1,s_2,\cdots,s_{d-j}$ 与向量 $\vec{s}$ 中的参数相同，而 s'_{d-j+1} 为 $\mathbb{Z}_p$ 中重新选择的随机参数。然后算法运行 $CDE.Encrypt$（$PK,L'^{(j)},s,\vec{s}'$）生成密文头 $CH^{(j)}=(C'_0,C'_1,\{C'_{i,1},C'_{i,2}\}_{i=1}^{d-j+1})$，并删除与 $CH^{(0)}$ 重复的元素 $C'_0,\{C'_{i,1},C'_{i,2}\}_{i=1}^{d-j}$。

③算法删除所有空的密文头 $CH^{(j)}$，并设置密文头 $CH_{T'} = (CH^{(0)}, CH^{(1)}, \cdots, CH^{(d')})$，其中 $d' \leqslant d$。

④算法输出隐含时间 T' 的密文头 $CH_{T'}$ 与会话密钥 $EK = \Lambda^s$。需要注意的是，$CH_{T'}$ 中的 $CH^{(j)}$ 为前序遍历排列。

（6）$SUE.UpdateCT$（$PK, CH_{T'}, T'+1$）：输入参数 $CH_{T'} = (CH^{(0)}, CH^{(1)}, \cdots, CH^{(d')})$ 表示时间 T' 下的密文，$T'+1$ 表示密文需要更新的下一时间，令 $L'^{(j)}$ 表示密文头 $CH^{(j)}$ 对应的字符串，算法进行如下计算。

①若 $L'^{(0)}$ 的长度 d 小于 $d_{\max}$，那么算法首先运行 $CDE.DelegateCT$（$PK, CH^{(0)}, c$）获得密文头 $CH|_{L'^{(0)}\|0}$ 和 $CH|_{L'^{(0)}\|1}$。因为 $CH_{T'}$ 中的 $CH^{(j)}$ 为前序遍历排列，所以 $CH|_{L'^{(0)}\|0}$ 为时间 $T'+1$ 下的密文头，同样删除 $CH|_{L'^{(0)}\|1}$ 中重复的元素。最后，算法输出更新后的密文头 $CH_{T'+1} = (CH'^{(0)} = CH|_{L'^{(0)}\|0}, CH'^{(1)} = CH|_{L'^{(0)}\|1}, CH'^{(2)} = CH^{(1)}, \cdots, CH'^{(d'+1)} = CH^{(d')})$。

②否则，算法将密文头 $CH^{(0)}$ 中的元素复制到 $CH^{(1)}$，并删除 $CH^{(0)}$。最后，算法输出更新后的密文头为 $CH_{T'+1} = (CH'^{(0)} = CH^{(1)}, \cdots, CH'^{(d'-1)} = CH^{(d')})$。

（7）$SUE.RandCT$（$PK, s', CH_{T'}$）：输入参数 $CH_{T'} = (CH^{(0)}, CH^{(1)}, \cdots, CH^{(d')})$ 表示时间 T' 下的密文，$s' \in \mathbb{Z}_p$ 表示某个随机指数。令 $L'^{(j)}$ 表示密文头 $CH^{(j)}$ 对应的字符串，$d^{(j)}$ 表示字符串 $L'^{(j)}$ 的长度，算法运行如下。

①算法首先选择参数 $s'_1, s'_2, \cdots, s'_{d^{(0)}} \in \mathbb{Z}_p$，并设置向量 $\vec{s}' = (s'_1, s'_2, \cdots, s'_{d^{(0)}})$，然后，算法运行 $CDE.RandCT$（$PK, CH^{(0)}, s', \vec{s}'$）输出密文头 $CH'^{(0)}$。

②对于 $1 \leqslant j \leqslant d'$，算法重新设置向量 $\vec{s}'' = (s'_1, s'_2, \cdots, s'_{d^{(j)}-1}, s''_{d^{(j)}})$，其中，$s'_1, s'_2, \cdots, s'_{d^{(j)}-1}$ 与向量 $\vec{s}'$ 中的参数相同，而 $s''_{d^{(j)}}$ 为 $\mathbb{Z}_p$ 中重新选择的随机参数，然后，算法运行 $CDE.RandCT$（$PK, CH^{(j)}, s', \vec{s}''$）输出密文头 $CH'^{(j)}$。

③算法输出随机化后的密文头 $CH'_{T'} = (CH'^{(0)}, CH'^{(1)}, \cdots, CH'^{(d')})$ 和会话密钥 $EK' = \Lambda^{s'}$，且该会话密钥与 $CH_{T'}$ 中的 EK 相乘得到一个重新随机化后的会话密钥。

（8）$SUE.Decrypt$（$PK, CH_{T'}, SK_T$）：输入参数 $CH_{T'}$ 表示时间 T' 下的密文头，SK_T 表示时间 T 下的密钥。若 $T' \leqslant T$，那么算法能够在密文头 $CH_{T'}$ 中找到某个 $CH^{(j)}$，满足 $L'^{(j)}$ 为 $\psi(T)$ 的前缀，然后算法运行 $CDE.Decrypt$（$PK, CH^{(j)}, SK_T$）输出会话密钥 EK，否则输出 $\perp$。

正确性验证：令 $CH_{L'} = (C_0, C_1, \{C_{i,1}, C_{i,2}\}_{i=1}^{d})$ 表示字符串 $L' \in \{0,1\}^d$ 下的密文，$SK_L = (K_0, K_1, \{K_{i,1}, K_{i,2}\}_{i=1}^{n})$ 表示字符串 $L \in \{0,1\}^n$ 下的密钥。若字符串 L' 为 L 的前

缀，那么解密算法可以循环地运行密文授权算法 *CDE.DelegateCT* 获得密文头 $CH_L=(C_0',C_1',\{C_{i,1}',C_{i,2}'\}_{i=1}^n)$，接下来，验证 CDE 方案的正确性如下。

$$e(C_0',K_0)\cdot e(C_1',K_1)\cdot\prod_{i=1}^{n}(e(C_{i,1}',K_{i,1})\cdot e(C_{i,2}',K_{i,2}))=$$

$$e(g^t,g^\beta w^r)\cdot e(w^t\prod_{i=1}^{n}v^{s_i},g^{-r})\cdot\prod_{i=1}^{n}(e(g^{s_i},v^r(u^{L|_i}h)^{r_i})\cdot e((u^{L|_i}h)^{s_i},g^{-r_i}))=$$

$$e(g^t,g^\beta)\cdot e(g^t,w^r)\cdot e(w^t,g^{-r})\cdot e(\prod_{i=1}^{n}v^{s_i},g^{-r})\cdot\prod_{i=1}^{n}e(g^{s_i},v^r)=e(g,g)^{\beta t}$$

SUE 方案的正确性可以基于前序排列的特性以及 CDE 方案的正确性进行验证。令 $CH_{T'}$ 表示时间 T' 下的密文头，SK_T 表示时间 T 下的密钥。若 $T'\leqslant T$，那么 SUE 密文头 $CH_{T'}$ 中存在某个 CDE 密文头 $CH^{(j)}$，满足 $L'^{(j)}$ 为 $\psi(T)$ 的前缀。最后，CDE 方案进行解密得到正确的会话密钥。

2. RS-CP-ABE 方案构造

在提出具体的 RS-CP-ABE 方案构造前，本小节首先描述了 RS-CP-ABE 方案所基于的文献[9]中的原始 CP-ABE 方案，但是为了实现可撤销存储，并与先前提出的 SUE 方案进行结合，方案在原始 CP-ABE 的基础上增加了密钥随机化算法和密文随机化算法，其具体构造如下。

（1）*CP-ABE.Setup* (GDS)：算法随机选择参数 $w_A,u_A,v_A,h_A\in\mathbb{G}$ 和指数 $\gamma\in\mathbb{Z}_p$。最后，算法输出主密钥为 $MK=\gamma$，并设置公开密钥如下。

$$PK=((N,\mathbb{G},\mathbb{G}_T,e),g,w_A,u_A,v_A,h_A,\Lambda=e(g,g)^\gamma)$$

（2）*CP-ABE.GenKey* (PK,MK,S)：输入参数 $S=\{A_1,A_2,\cdots,A_k\}$ 表示属性集合，密钥生成算法选择随机指数 $r,r_1,\cdots,r_k\in\mathbb{Z}_p$，并输出隐含属性集合 S 的用户密钥为

$$SK_S=(K_0=g^\gamma w_A^r,K_1=g^{-r},\{K_{i,2}=v_A^r(u_A^{A_i}h_A)^{r_i},K_{i,3}=g^{-r_i}\}_{1\leqslant i\leqslant k})$$

（3）*CP-ABE.RandKey* (PK,δ,SK_S)：输入参数 $SK_S=(K_0,K_1,\{K_{i,2},K_{i,3}\}_{1\leqslant i\leqslant k})$ 表示与属性集合 $S=\{A_1,A_2,\cdots,A_k\}$ 有关的用户密钥，然后，算法随机选择参数 $r',r_1',\cdots,r_k'\in\mathbb{Z}_p$，并输出随机化后的密钥为

$$SK_S'=(K_0'=K_0\cdot g^\delta w_A^{r'},K_1'=K_1\cdot g^{-r'},$$
$$\{K_{i,2}'=K_{i,2}\cdot v_A^{r'}(u_A^{A_i}h_A)^{r_i'},K_{i,3}'=K_{i,3}\cdot g^{-r_i'}\}_{1\leqslant i\leqslant k})$$

（4）*CP-ABE.Encrypt* $(PK,s,(\boldsymbol{A},\rho))$：输入参数 $(\boldsymbol{A},\rho)$ 表示访问控制策略，其中，$\boldsymbol{A}$ 是一个 $l\times n$ 矩阵。算法首先随机选择参数 $v_2,v_3,\cdots,v_n\in\mathbb{Z}_p$，并定义向量

$\vec{v}=(s,v_2,v_3,\cdots,v_n)$。然后，算法随机选择指数 $s_1,s_2,\cdots,s_l\in\mathbb{Z}_p$，并输出隐含访问控制策略 $(\boldsymbol{A},\rho)$ 的密文头

$$CH_{(\boldsymbol{A},\rho)}=(C_0=g^s,\{C_{j,1}=w_A^{\boldsymbol{A}_j\cdot\vec{v}}v_A^{s_j},C_{j,2}=g^{s_j},C_{j,3}=(u_A^{\rho(j)}h_A)^{s_j}\}_{1\leqslant j\leqslant l})$$

最后，算法设置会话密钥 $EK=\Lambda^s$。

（5）$CP\text{-}ABE.RandCT(PK,s',CH_{(A,\rho)})$：输入参数 $CH_{(\boldsymbol{A},\rho)}=(C_0,\{C_{j,1},C_{j,2},C_{j,3}\}_{1\leqslant j\leqslant l})$ 表示与访问控制策略 $(\boldsymbol{A},\rho)$ 有关的密文头。算法首先随机选择参数 $v_2',v_3',\cdots,v_n'\in\mathbb{Z}_p$，并定义向量 $\vec{v}'=(s',v_2',v_3',\cdots,v_n')$。然后，算法随机选择指数 $s_1',s_2',\cdots,s_l'\in\mathbb{Z}_p$，并输出隐含访问策略 $(\boldsymbol{A},\rho)$ 的更新密文头。

$$CH'_{(\boldsymbol{A},\rho)}=(C_0'=C_0\cdot g^{s'},\{C_{j,1}'=C_{j,1}\cdot w_A^{\boldsymbol{A}_j\cdot\vec{v}'}v_A^{s_j'},$$
$$C_{j,2}'=C_{j,2}\cdot g^{s_j'},C_{j,3}'=C_{j,3}\cdot(u_A^{\rho(j)}h_A)^{s_j'}\}_{1\leqslant j\leqslant l})$$

最后，算法设置更新后的会话密钥 $EK=\Lambda^{s'}$，该会话密钥将与 $CH_{(\boldsymbol{A},\rho)}$ 的会话密钥 EK 相乘。

（6）$CP\text{-}ABE.Decrypt\ (PK,CH_{(\boldsymbol{A},\rho)},SK_S)$：输入参数 $CH_{(\boldsymbol{A},\rho)}=(C_0,\{C_{j,1},C_{j,2},C_{j,3}\}_{1\leqslant j\leqslant l})$ 表示与访问控制策略 $(\boldsymbol{A},\rho)$ 有关的密文头，$SK_S=(K_0,K_1,\{K_{i,2},K_{i,3}\}_{1\leqslant i\leqslant k})$ 表示与属性集合 S 有关的密钥，若 S 满足 $(\boldsymbol{A},\rho)$，那么解密算法能够在多项式时间内计算 $w_j\in\mathbb{Z}_p$ 使等式 $\sum_{\rho(j)\in S}w_j\boldsymbol{A}_j=(1,0,\cdots,0)$ 成立。最后，算法计算

$$EK=e(C_0,K_0)\Big/\prod_{\rho(j)\in S}(e(C_{j,1},K_1)\cdot e(C_{j,2},K_{j,2})\cdot e(C_{j,3},K_{j,3}))^{w_j}$$

Lee 提出的 RS-CP-ABE 方案主要基于上述 CP-ABE 方案、SUE 方案以及 CS 方案进行构造，其主要构造如下。

（1）$RS\text{-}CP\text{-}ABE.Setup(\lambda,T_{\max},N_{\max},U)$：系统参数设置算法首先运行群生成函数 ψ 获得系统参数 $(\mathbb{G},\mathbb{G}_T,p,e)$，$g$ 为群 $\mathbb{G}$ 的生成元，并设置群描述参数 $GDS=((\mathbb{G},\mathbb{G}_T,p,e),g)$。然后，算法运行 $SUE.Setup(GDS,T_{\max})$ 生成 SUE 方案下的公钥 PK_{SUE} 和主密钥 MK_{SUE}，运行 $CP\text{-}ABE.Setup(GDS)$ 生成 CP-ABE 方案下的公钥 PK_{ABE} 和主密钥 MK_{ABE}，运行 $CS.Setup(N_{\max})$ 生成二叉树结构 $\mathcal{BT}$，并为 $\mathcal{BT}$ 中的每个节点 v_i 分配一个随机密钥 $\gamma_i\in\mathbb{Z}_p$。最后，算法随机选择参数 $\alpha\in\mathbb{Z}_p$，并输出公开密钥 $PK=(PK_{ABE},PK_{SUE},\Omega=e(g,g)^\alpha)$ 和主密钥 $MK=(MK_{ABE},MK_{SUE},\ \alpha,\mathcal{BT})$。

（2）$RS\text{-}CP\text{-}ABE.GenKey(PK,MK,S,u)$：输入参数 S 表示属性集合，u 表示用户的身份标记。算法首先运行 $CS.Assign(\mathcal{BT},u)$ 生成私钥集合 $PV_u=\{S_{j_0},S_{j_1},\cdots,S_{j_d}\}$，然后从 $\mathcal{BT}$ 得到相应的节点密钥 $\{\gamma_{i_0},\gamma_{i_1},\cdots,\gamma_{i_d}\}$。对于 $0\leqslant k\leqslant d$，算法设置

$MK_{ABE,k}=\gamma_{j_k}$，并运行 $CP\text{-}ABE.GenKey$（PK_{ABE}, MK_{ABE}, S）生成私钥 $SK_{ABE,k}$。最后，算法输出用户密钥 $SK_{S,u}=(PV_u, SK_{ABE,0}, SK_{ABE,1},\cdots, SK_{ABE,d})$。

（3）$RS\text{-}CP\text{-}ABE.UpdateKey(PK, MK, T, R)$：输入参数 T 表示更新时间，R 表示相应的撤销用户集合。密钥更新算法首先运行 $CS.Cover$（$\mathcal{BT}, R$）生成更新密钥集合 $CV_R=\{S_{j_1}, S_{j_2},\cdots, S_{j_m}\}$，然后，算法从$\mathcal{BT}$得到相应的节点密钥 $\{\gamma_{j_1},\gamma_{j_2},\cdots,\gamma_{j_m}\}$。对于 $1\leqslant k\leqslant m$，算法设置 $MK_{SUE,k}=(\alpha-\gamma_{i_k})$，并运行 $SUE.GenKey$（PK_{SUE}, MK_{SUE}, T）生成更新密钥 $SK_{SUE,k}$。最后，算法输出隐含 T 与 R 的更新密钥 $UK_{T,R}=(CV_R, SK_{SUE,1}, SK_{SUE,2},\cdots, SK_{SUE,m})$。

（4）$RS\text{-}CP\text{-}ABE.DeriveKey(PK, SK_{S,u}, UK_{T,R})$：输入参数 $SK_{S,u}$ 表示用户密钥，$UK_{T,R}$ 表示更新密钥。若 $u\notin R$，那么解密密钥生成算法首先运行 $CS.Match(PV_u, CV_R)$ 获得 (S_i, S_j)，然后随机选择参数 $\delta\in\mathbb{Z}_p$，并分别运行 $CP\text{-}ABE.RandKey(PK_{ABE}, SK_{ABE,j},\delta)$ 和 $SUE.RandKey(PK_{SUE}, SK_{SUE,i}, -\delta)$ 生成密钥 SK_{ABE} 和 SK_{SUE}。最后，算法输出解密密钥 $DK_{S,T}=(SK_{ABE}, SK_{SUE})$。

（5）$RS\text{-}CP\text{-}ABE.Encrypt(PK, (\boldsymbol{A},\rho), T, M)$：输入参数 $(\boldsymbol{A},\rho)$ 表示访问策略，T 表示加密时间。加密算法随机选择参数 $s\in\mathbb{Z}_p$，并分别运行 $CP\text{-}ABE.Encrypt$（$PK_{ABE}, s, (\boldsymbol{A},\rho)$）和 $SUE.Encrypt$（PK_{SUE}, T, s）生成密文头 CH_{ABE} 和 CH_{SUE}。最后，算法输出隐含 T 的密文 $CT_{(\boldsymbol{A},\rho),T}=(CH_{ABE}, CH_{SUE}, C=\Omega^s\cdot M)$。

（6）$RS\text{-}CP\text{-}ABE.UpdateCT(PK, CT_{(\boldsymbol{A},\rho),T}, T+1)$：输入参数 $CT_{(\boldsymbol{A},\rho),T}$ 表示访问策略 $(\boldsymbol{A},\rho)$ 和加密时间 T 下的密文，T+1 表示更新时间。然后，密文更新算法运行 $SUE.UpdateCT$（$PK_{SUE}, CH_{SUE}, T+1$）生成更新密文 CH'_{SUE}。最后，算法输出隐含时间 T+1 的更新密文 $CT_{(\boldsymbol{A},\rho),T+1}=(CH_{ABE}, CH'_{SUE}, C=\Omega^s\cdot M)$。

（7）$RS\text{-}CP\text{-}ABE.RandCT(PK, CT_{(A,\rho),T})$：输入参数 $CT_{(A,\rho),T}=(CH_{ABE}, CH_{SUE}, C)$，算法随机选择参数 $s'\in\mathbb{Z}_p$ 并分别运行 $CP\text{-}ABE.RandCT(PK, s', CH_{ABE})$ 和 $SUE.RandCT(PK, s', CH_{SUE})$ 得到 CH'_{ABE} 和 CH'_{SUE}。最后，算法输出随机化后的密文 $CT'_{(\boldsymbol{A},\rho),T}=(CH'_{ABE}, CH'_{SUE}, C'=C\cdot\Omega^{s'})$。

（8）$RS\text{-}CP\text{-}ABE.Decrypt(PK, CT_{(\boldsymbol{A},\rho),T}, DK_{S,T'})$：输入参数 $CH_{(\boldsymbol{A},\rho),T}=(CH_{ABE}, CH_{SUE}, C)$ 表示访问策略 $(\boldsymbol{A},\rho)$ 和加密时间 T 下的密文，$DK_{S,T'}=(SK_{ABE}, SK_{SUE})$ 表示属性集合 S 和撤销时间 T' 下的解密密钥。若 $S\in(\boldsymbol{A},\rho)$ 且 $T\leqslant T'$，那么解密算法分别运行 $CP\text{-}ABE.Decrypt$（$PK_{ABE}, CH_{ABE}, SK_{ABE}$）和 $SUE.Decrypt$（$PK_{SUE}, CH_{SUE}, SK_{SUE}$）生成会话密钥 EK_{ABE} 和 EK_{SUE}。最后，算法计算 $C\cdot(EK_{ABE}\cdot EK_{SUE})^{-1}$ 得到明文

M，否则输出⊥。

RS-CP-ABE方案的正确性可以基于提出的CP-ABE方案、SUE方案以及CS方案的正确性进行验证。令$SK_{S,u}$表示用户属性集合S和用户身份标记u下的密钥，$UK_{T',R}$表示撤销时间T'和撤销用户集合R下的更新密钥。若$u \notin R$，那么解密密钥生成算法可以基于CS方案的正确性得到解密密钥$DK_{S,T'} = (SK_{ABE}, SK_{SUE})$。需要注意的是，$SK_{ABE}$以$\delta+\gamma_i$为主密钥，而$SK_{SUE}$则以$\alpha-\delta-\gamma_i$为主密钥。令$CT_{(A,\rho),T}$表示访问策略$(\boldsymbol{A},\rho)$和加密时间$T$下的密文，$DK_{S,T'}$则表示属性集合$S$和撤销时间$T'$下的解密密钥。若$S \in (\boldsymbol{A},\rho)$且$T \leqslant T'$，那么可以基于CP-ABE方案的正确性得到会话密钥$EK_{ABE} = e(g,g)^{(\delta+\gamma_i)s}$，同时，基于SUE方案的正确性得到会话密钥$EK_{SUE} = e(g,g)^{(\alpha-\delta-\gamma_i)s}$。最后，验证方案的正确性如下。

$$C \cdot (EK_{ABE} \cdot EK_{SUE})^{-1} =$$
$$M \cdot e(g,g)^{\alpha s} \cdot (e(g,g)^{(\delta+\gamma_i)s} \cdot e(g,g)^{(\alpha-\delta-\gamma_i)s})^{-1} =$$
$$M \cdot e(g,g)^{\alpha s} \cdot e(g,g)^{-\alpha s} = M$$

7.2.2.5 安全性证明

1. SUE方案的安全性证明

在SUE方案中，时间T^*下的挑战密文与$TimeLabels(L^*)$中的字符串有关，其中，L^*为与时间T^*有关的字符串。为了进行安全性证明，使用q-type安全假设，详细的安全证明如下。

引理7.1 若q-type假设在双线性群$\mathbb{G}$与$\mathbb{G}_T$中成立，那么7.2.2.4节提出的SUE方案为IND-CPA下选择性安全的，即对于任意的PPT攻击者$\mathcal{A}$，可以得出$Adv_{\mathcal{A}}^{SUE}(\lambda) \leqslant Adv_{\mathcal{B}}^{\text{q-type}}(\lambda)$。

证明 若存在一个多项式时间内的攻击者$\mathcal{A}$能够以不可忽略的优势攻破7.2.2.4节提出的SUE方案，那么可以构建一个仿真器$\mathcal{B}$来解决双线性群$\mathbb{G}$与$\mathbb{G}_T$下的q-type困难问题。即$\mathcal{B}$给定某个q-type挑战元组的简化形式$((p,\mathbb{G},\mathbb{G}_T,e)$，$g,g^a,g^b,g^c$，$\{g^{d_j},g^{cd_j},g^{ad_j},g^{b/d_j^2},g^{a/d_j}\}_{\forall 1\leqslant j\leqslant q},\{g^{abd_j/d_{j'}^2},g^{acd_j/d_{j'}},g^{bcd_j/d_{j'}^2}\}_{\forall 1\leqslant j,j'\leqslant q,j\neq j'})$和$Z$，其中，$Z=e(g,g)^{abc}$或$Z=e(g,g)^f$，然后$\mathcal{B}$开始与$\mathcal{A}$进行交互如下。

选择阶段：$\mathcal{A}$给定挑战时间T^*。$\mathcal{B}$首先计算$L^*=\psi(T^*)$获得与挑战时间T^*有关的字符串L^*。由于$TimeLabels(L^*)=\{L^*\} \cup RightSibling(Path(L)) \setminus Path(Parent(L))$，因此定义函数$TL(L^*,j)$表示$TimeLabels(L^*)$中的第$j$个字符串，而$TimeLabels(L^*)$中

的字符串数最大为 l^* 。

参数设置阶段：$\mathcal{B}$ 首先随机选择参数 $w',v',u',h' \in \mathbb{Z}_p$ ，然后通过计算 $\Lambda = e(g^a, g^b)$ 隐含地设置参数 $\beta = ab$ 。最后，$\mathcal{B}$ 输出公开密钥如下。

$$PK = (g, w = g^{w'}g^a, v = g^{v'}\prod_{j'=1}^{l^*} g^{a/d_{j'}}, u = g^{u'}\prod_{j'=1}^{l^*} g^{b/d_{j'}^2},$$
$$h = g^{h'}\prod_{j'=1}^{l^*}(g^{b/d_{j'}^2})^{-TL(L^*,j')}, \Lambda = e(g^a, g^b))$$

密钥查询阶段 1：$\mathcal{A}$ 适应性地提交时间 $T(T<T^*)$ 下的密钥查询，$\mathcal{B}$ 首先计算 $\psi(T)$ 得到 T 对应的字符串 $L \in \{0,1\}^n$,然后，$\mathcal{B}$ 随机选择参数 $r', r_1', r_2', \cdots, r_n' \in \mathbb{Z}_p$ ，并输出密钥如下。

$$K_0 = (g^b)^{-w'}w^{r'},\ K_1 = g^b g^{-r'},$$
$$\{K_{i,1} = (g^b)^{v'}v^{r'}\prod_{k=1}^{l^*}(g^{ad_k})^{(u'L|_i+h')/(L|_i-TL(L^*,k))}\cdot\prod_{j'=1}^{l^*}\prod_{k=1,k\neq j'}^{l^*}(g^{abd_k/d_{j'}^2})^{(L|_i-TL(L^*,j'))/(L|_i-TL(L^*,k))}(u^{L|_i}h)^{r_i'},$$
$$K_{i,2} = \prod_{k=1}^{l^*}(g^{ad_k})^{-1/(L|_i-TL(L^*,k))}g^{-r_i'}\}_{i=1}^n$$

需要注意的是，$\mathcal{B}$ 隐含地设置 $r=-b+r'$ ，$\{r_i = \sum_{k=1}^{l^*} ad_k/(L|_i - TL(L^*,k)) + r_i'\}_{i=1}^n$ 。

挑战阶段：为了构建时间 T^* 下的挑战密文，$\mathcal{B}$ 进行如下计算。

（1）$\mathcal{B}$ 首先计算 $\psi(T^*)$ 得到字符串 $L^* \in \{0,1\}^d$ ，然后随机选择参数 $s_1, s_2, \cdots, s_{d-1}, s_d' \in \mathbb{Z}_p$ 。令 k 表示等式 $L^* = TL(L^*,k)$ 的索引。算法隐含地设置 $s=c$ ，$s_d = -cd_k + s_d'$ ，并构造密文头 $CH^{(0)}$ 如下。

$$C_0 = g^c, C_1 = (g^c)^{w'}\prod_{i=1}^{d-1}v^{s_i}(g^{cd_k})^{-v'}\prod_{j'=1,j'\neq k}^{l^*}(g^{acd_k/d_{j'}})^{-1}\cdot v^{s_d'},$$
$$\{C_{i,1} = g^{s_i}, C_{i,2} = (u^{L^*|_i}h)^{s_i}\}_{i=1}^{d-1},$$
$$C_{d,1} = (g^{cd_k})^{-1}g^{s_d'}, C_{d,2} = (g^{cd_k})^{-(u'L^*+h')}\prod_{j'=1,j'\neq k}^{l^*}(g^{bcd_k/d_{j'}^2})^{-(L^*-TL(L^*,j'))}\cdot(u^{L^*}h)^{s_d'}$$

（2）对于 $1 \leqslant j \leqslant d$ ，$\mathcal{B}$ 首先设置密文头 $L^{(j)} = L^*|_{d-j}\|1$ ，令 $d^{(j)}$ 表示字符串 $L^{(j)}$ 的长度，并且 k 表示等式 $L^{(j)} = TL(L^*,k)$ 的索引，然后，$\mathcal{B}$ 继续进行如下计算。

① 若 $L^{(j)} = L^*|_{d-j+1}$ ，那么 $\mathcal{B}$ 设置 $CH^{(j)}$ 为空。

② 否则，$\mathcal{B}$ 随机选择参数 $s'_{d^{(j)}} \in \mathbb{Z}_p$ ，并构建密文头 $CH^{(j)}$ 如下。

$$C_1=(g^c)^{w'}\prod_{i=1}^{d^{(j)}-1}v^{s_i}\cdot(g^{cd_k})^{-v'}\cdot\prod_{j'=1,j'\neq k}^{l^*}(g^{acd_k/d_{j'}})^{-1}\cdot v^{s'_{d^{(j)}}},C_{d^{(j)},1}=(g^{cd_k})^{-1}g^{s'_{d^{(j)}}},$$

$$C_{d^{(j)},2}=(g^{cd_k})^{-(u'L^{(j)}+h')}\prod_{j'=1,j'\neq k}^{l^*}(g^{bcd_k/d_{j'}^2})^{-(L^{(j)}-TL(L^*,j'))}\cdot(u^{L^{(j)}}h)^{s'_{d^{(j)}}}$$

③$\mathcal{B}$删除所有空的$CH^{(j)}$，并设置密文头为$CH_T=(CH^{(0)},CH^{(1)},\cdots,CH^{(d')})$，其中$d'\leqslant d$。

④$\mathcal{B}$设置挑战密文头$CH_{T^*}=CH_T$和会话密钥$EK=Z$，并将CH_{T^*}与EK发送给$\mathcal{A}$。

密钥查询阶段 2：其过程与密钥查询阶段 1 相同。

猜测阶段：攻击者$\mathcal{A}$输出猜测值μ'，$\mathcal{B}$输出相同的μ'。

2. RS–CP–ABE **方案的安全性证明**

为了证明提出的 RS-CP-ABE 方案的安全性，该方案分别构造 CP-ABE 方案的仿真器$\mathcal{B}_{ABE}$和 SUE 方案的仿真器$\mathcal{B}_{SUE}$。

下面对 RS-CP-ABE 方案所基于的 CP-ABE 方案进行证明。

引理 7.2 若 q-type 假设在双线性群$\mathbb{G}$与$\mathbb{G}_T$下成立，那么 7.2.2.4 节提出的 CP-ABE 方案为 IND-CPA 下选择性安全的。

证明 假设攻击者$\mathcal{A}$能在多项式时间内以不可忽略的优势$\varepsilon=Adv_A$选择性地攻破 7.2.2.4 提出的 CP-ABE 方案，那么可以构造仿真器$\mathcal{B}$来攻破双线性群$\mathbb{G}$与$\mathbb{G}_T$下的 q-type 假设。

在文献[9]中，原始仿真器通过选择随机参数$\gamma'\in\mathbb{Z}_P$来隐含设置$\gamma=a^{q+1}+\gamma'$，并设置$w_A=g^a$。为了使用原始仿真器来证明 7.2.2.4 节提出的 RS-CP-ABE 方案，Lee 对原始仿真器进行了修改，即修改后的仿真器$\mathcal{B}_{ABE}$隐含设置$\gamma=a^{q+1}$，然后通过选择随机参数$w'\in\mathbb{Z}_P$来设置$w_A=g^ag^{w'}$，并相应地对密钥查询和挑战密文进行简单修改。需要注意的是，$\mathcal{B}_{ABE}$使用 q-type 假设中的g作为公开密钥参数，隐含设置$\gamma=a^{q+1}$，并使用 q-type 假设中的g^c作为挑战密文参数g^t。

接下来，对 7.2.2.4 节 Lee 提出的 RS-CP-ABE 方案进行安全性证明。

引理 7.3 若 q-type 假设在双线性群$\mathbb{G}$与$\mathbb{G}_T$下成立，那么 7.2.2.4 节提出的 RS-CP-ABE 方案为 IND-CPA 下选择性安全的。

证明 若存在一个多项式时间内的攻击者$\mathcal{A}$能够以不可忽略的优势攻破 7.2.2.4 节提出的 RS-CP-ABE 方案，那么可以构建一个仿真器$\mathcal{B}$来解决双线性群$\mathbb{G}$

与$\mathbb{G}_T$下的 q-type 困难问题。即$\mathcal{B}$给定某个 q-type 挑战元组$D=(\mathbb{G},\mathbb{G}_T,p,e),g,g^c$，$\{g^{a^i},g^{d_j},g^{cd_j},g^{a^i d_j},g^{a^i/d_j^2}\}_{\forall 1\leqslant i,j\leqslant q},\{g^{a^i/d_j}\}_{\forall 1\leqslant i\leqslant 2q,i\neq q+1,\forall 1\leqslant j\leqslant q}$，$\{g^{a^i d_j/d_{j'}^2}\}_{\forall 1\leqslant i\leqslant 2q,\forall 1\leqslant j,j'\leqslant q,j\neq j'}$，$\{g^{ca^i d_j/d_{j'}},g^{ca^i d_j/d_{j'}^2}\}_{\forall 1\leqslant i,j,j'\leqslant q,j\neq j'})$和$Z$，其中，$Z=Z_0=e(g,g)^{a^{q+1}c}$或$Z=Z_1=e(g,g)^f$。令$\mathcal{B}_{ABE}$表示引理 7.2 中对原始仿真器修改后的仿真器，$\mathcal{B}_{SUE}$表示引理 7.1 中的仿真器，然后仿真器$\mathcal{B}$开始与攻击者$\mathcal{A}$进行交互，如下。

选择阶段：攻击者$\mathcal{A}$提交需要挑战的挑战访问策略$(\boldsymbol{A}^*,\rho^*)$、挑战时间$T^*$和$T^*$下的撤销用户集合$R^*$。算法首先运行$CS.Setup$生成完全二叉树结构$\mathcal{BT}$，并为$\mathcal{BT}$中的每个节点$v_i$分配随机密钥$\gamma_i\in\mathbb{Z}_p$。对于撤销用户集合$R^*$中的每个用户$u_i$，算法将其随机分配到$\mathcal{BT}$中的某个叶节点$v_{u_i}\in\mathcal{BT}$。令$RV^*$表示$R^*$对应的所有叶节点集合。令$RevTree(RV^*)$表示连接初始节点与$RV^*$中所有叶节点的最小子树结构，即$RevTree(RV^*)=\bigcup_{v_u\in RV^*}Path(v_u)$。

参数设置阶段：$\mathcal{B}$向仿真器$\mathcal{B}_{ABE}$提交挑战访问策略$(\boldsymbol{A}^*,\rho^*)$，得到参数$PK_{ABE}$，并向仿真器$\mathcal{B}_{SUE}$提交时间$T^*$，得到参数$PK_{SUE}$。然后，$\mathcal{B}$随机选择参数$\gamma',\beta'\in\mathbb{Z}_p$，将$PK_{ABE}$中的$\Lambda$和$PK_{SUE}$中的$\Lambda$进行随机化。$\mathcal{B}$隐含设置$\alpha=a^{q+1}$，并将公开密钥$PK=(PK_{ABE},PK_{SUE},\Omega=e(g^a,g^{a^q}))$发送给攻击者$\mathcal{A}$。

密钥查询阶段 1：$\mathcal{A}$向$\mathcal{B}$进行用户密钥查询、更新密钥查询和解密密钥查询。

（1）用户密钥查询：$\mathcal{A}$向$\mathcal{B}$进行用户u和属性集合S的用户密钥查询，$\mathcal{B}$生成密钥如下。

①若$u\in R^*$

a. $\mathcal{B}$得到分配给用户u的叶节点$v_u\in RV^*$，然后获得$Path(v_u)=\{v_{j_0},v_{j_1},\cdots,v_{j_d}\}$，其中，$v_{j_d}=v_u$，并且从$\mathcal{BT}$得到各节点对应的私钥$\{\gamma_{j_0},\gamma_{j_1},\cdots,\gamma_{j_d}\}$。

b. 对于所有的$v_{j_k}\in Path(v_u)$，$\mathcal{B}$运行$CP\text{-}ABE.GenKey$（PK_{ABE},γ_{j_k},S）得到密钥$SK_{ABE,k}$。

c. $\mathcal{B}$输出用户密钥$SK_{S,u}=\{PV_u,SK_{ABE,0},SK_{ABE,1},\cdots,SK_{ABE,d}\}$。

②若$u\notin R^*$

$\mathcal{A}$请求的属性集合S满足$S\notin(\boldsymbol{A}^*,\rho^*)$，因此$\mathcal{A}$可以利用仿真器$\mathcal{B}_{ABE}$构造 CP-ABE 密钥。

a. $\mathcal{B}$向仿真器$\mathcal{B}_{ABE}$查询属性集合S对应的密钥，并得到SK_S'。

b. 令v_u表示$\mathcal{BT}$中分配给用户u的叶节点，并且满足$v_u\notin RV^*$。然后$\mathcal{B}$获得$Path(v_u)=\{v_{j_0},v_{j_1},\cdots,v_{j_d}\}$，其中，$v_{j_d}=v_u$，并且从$\mathcal{BT}$得到各节点对应的私钥

$\{\gamma_{j_0},\gamma_{j_1},\cdots,\gamma_{j_d}\}$。

c. 对于所有的 $v_{j_k}\in RevTree(RV^*)\cap Path(v_u)$，$\mathcal{B}$ 运行算法 *CP-ABE.GenKey* (PK_{ABE},γ_{j_k},S)得到密钥 $SK_{ABE,k}$。

d. 对于所有的 $v_{j_k}\in Path(v_u)\backslash(RevTree(RV^*)\cap Path(v_u))$，$\mathcal{B}$ 运行算法 *CP-ABE.RandKey* ($PK_{ABE},-\gamma_{j_k},SK_S'$) 得到密钥 $SK_{ABE,k}$。

e. $\mathcal{B}$ 输出用户密钥 $SK_{S,u}=\{PV_u,SK_{ABE,0},SK_{ABE,1},\cdots,SK_{ABE,d}\}$。

（2）更新密钥查询：$\mathcal{A}$ 向 $\mathcal{B}$ 进行时间 T 和撤销用户集合 R 的更新密钥查询，$\mathcal{B}$ 生成密钥如下。

①若 $T<T^*$

$\mathcal{B}$ 使用仿真器 $\mathcal{B}_{SUE}$ 生成 SUE 密钥。

a. $\mathcal{B}$ 首先向仿真器 $\mathcal{B}_{SUE}$ 查询时间 T 对应的密钥，并得到 SK_{SUE}'。

b. $\mathcal{B}$ 运行 *CS.Cover* ($\mathcal{BT},R$)得到覆盖集合 CV_R，将 CV_R 相关的节点集合表示为 $Cover(R)=\{v_{i_1},v_{i_2},\cdots,v_{i_m}\}$，并且从 $\mathcal{BT}$ 得到各节点对应的私钥 $\{\gamma_{i_1},\gamma_{i_2},\cdots,\gamma_{i_m}\}$。

c. 对于所有的 $v_{i_k}\in RevTree(RV^*)\cap Cover(R)$，$\mathcal{B}$ 运行算法 *SUE.RandKey* ($PK_{SUE},-\gamma_{ik},SK_{SUE}'$) 得到密钥 $SK_{SUE,k}$。

d. 对于所有的 $v_{i_k}\in Cover(R)\backslash(RevTree(RV^*)\cap Cover(R))$，$\mathcal{B}$ 运行算法 *SUE.GenKey* (PK_{SUE},γ_{i_k},T)得到密钥 $SK_{SUE,k}$。

e. $\mathcal{B}$ 生成更新密钥为 $UK_{T,R}=\{CV_R,SK_{SUE,1},SK_{SUE,2},\cdots,SK_{SUE,m}\}$。

②若 $T\geqslant T^*$

a. $\mathcal{B}$ 首先运行 *CS.Cover* ($\mathcal{BT},R$)得到覆盖集合 CV_R，与 CV_R 相关的节点集合表示为 $Cover(R)=\{v_{i_1},v_{i_2},\cdots,v_{i_m}\}$，并且从 $\mathcal{BT}$ 得到各节点对应的私钥 $\{\gamma_{i_1},\gamma_{i_2},\cdots,\gamma_{i_m}\}$。

b. 对于所有的 $v_{i_k}\in Cover(R)$，$\mathcal{B}$ 运行算法 *SUE.GenKey* (PK_{SUE},γ_{i_k},T)得到密钥 $SK_{SUE,k}$。

c. $\mathcal{B}$ 生成更新密钥为 $UK_{T,R}=\{CV_R,SK_{SUE,1},SK_{SUE,2},\cdots,SK_{SUE,m}\}$。

（3）解密密钥查询：$\mathcal{A}$ 向 $\mathcal{B}$ 进行时间 T 和用户属性集合 S 的解密密钥查询，$\mathcal{B}$ 生成密钥如下。

①若 $S\notin(A^*,\rho^*)$

a. $\mathcal{B}$ 首先向仿真器 $\mathcal{B}_{ABE}$ 查询属性集合 S 对应的密钥，并得到 SK_{ABE}'。

b. $\mathcal{B}$ 随机选择参数 $\delta\in\mathbb{Z}_p$，并分别运行算法 *CP-ABE.RandKey* ($PK_{ABE},-\delta,SK_S'$)

和算法 $SUE.GenKey(PK_{SUE}, \delta, T)$ 得到密钥 SK_{ABE} 和 SK_{SUE}。

c. $\mathcal{B}$ 生成解密密钥 $DK_{S,T} = \{SK_{ABE}, SK_{SUE}\}$。

②若 $S \in (A^*, \rho^*)$

在该条件下，根据安全模型的限制，必须满足 $T < T^*$。

a. $\mathcal{B}$ 首先向仿真器 $\mathcal{B}_{SUE}$ 提交时间 T，得到密钥 SK'_{SUE}。

b. $\mathcal{B}$ 随机选择参数 $\delta \in \mathbb{Z}_p$，并分别运行算法 $CP\text{-}ABE.GenKey\ (PK_{ABE}, \delta, S)$ 和算法 $SUE.RandKey(PK_{SUE}, -\delta, SK'_{SUE})$ 得到密钥 SK_{ABE} 和 SK_{SUE}。

c. $\mathcal{B}$ 生成解密密钥 $DK_{S,T} = \{SK_{ABE}, SK_{SUE}\}$。

挑战阶段：攻击者 $\mathcal{A}$ 提交长度相等的两个明文消息 M_0 与 M_1，$\mathcal{B}$ 分别向仿真器 $\mathcal{B}_{ABE}$ 和 $\mathcal{B}_{SUE}$ 进行挑战密文头查询得到 CH^*_{ABE} 和 CH^*_{SUE}。最后，$\mathcal{B}$ 随机选择参数 $\beta \in \{0,1\}$，生成挑战密文 $CT^* = (CH^*_{ABE}, CH^*_{SUE}, C^* = Z \cdot M^*_\beta)$，并将其发送给挑战者 $\mathcal{A}$。

密钥查询阶段 2：与密钥查询阶段 1 相同。

猜测阶段：攻击者 $\mathcal{A}$ 输出对 β 的猜测 β'。若 $\beta = \beta'$，那么 $\mathcal{A}$ 输出 0，否则输出 1。

7.3 弱假设下可证明安全的 RS-CP-ABE 方案

7.2.1 节对 Lee 等提出的 RS-CP-ABE 方案进行了介绍，并对方案进行了完全安全性证明，但该方案是在合数阶双线性群下进行构造，效率非常低。为了提高方案的性能，7.2.2 节介绍了 Lee 提出的基于素数阶双线性群构造的 RS-CP-ABE 方案，并在标准模型下基于 q-type 假设对方案的安全性进行了证明，但 q-type 假设为强假设，因此，方案的安全性较低。本节针对这一问题展开研究，首先提出了一个弱假设下可证明安全的 SUE 方案，并基于提出的 SUE 方案构造了一个弱假设下可证明安全的 RS-CP-ABE 方案，实现可撤销存储的同时，提高方案的安全性。

7.3.1 符号说明

令 λ 表示安全参数，$[n]$ 表示集合 $\{1,2,\cdots,n\}$，对于字符序列 $L \in \{0,1\}^n$，$L[i]$ 表示

L 的第 i 个比特，而 $L|_i$ 表示 L 的前 i 个比特组成的字符序列。例如，若 $L=010$，那么 $L[1]=0$，$L[2]=1$，$L[3]=0$，而 $L|_1=0$，$L|_2=01$，$L|_3=010$。另外，$L\|L'$ 表示字符序列 L 和 L' 的连接。

7.3.2 方案定义

1. SUE 方案定义

SUE 方案构造所基于的 CDE 方案的定义如下。

定义 7.9 一个包含最大长度字符序列 d_{max} 的 CDE 方案主要包括 7 个多项式时间算法：$CDE.Init$、$CDE.Setup$、$CDE.GenKey$、$CDE.RandKey$、$CDE.Encrypt$、$CDE.DelegateCT$ 和 $CDE.Decrypt$，其具体定义如下。

（1）$CDE.Init(\lambda)$：初始化算法以安全参数 λ 为输入，输出群描述参数 GDS。

（2）$CDE.Setup(GDS, d_{max})$：系统参数设置算法以群描述参数 GDS 和最大长度的字符序列 d_{max} 为输入，输出公开密钥 PK 和主密钥 MK。

（3）$CDE.GenKey(PK, MK, L)$：密钥生成算法以公开密钥 PK、主密钥 MK 和字符序列 $L\in\{0,1\}^n$ $(n\leqslant d_{max})$ 为输入，输出密钥 SK_L。

（4）$CDE.RandKey(PK, \delta, SK_L)$：密钥随机化算法以公开密钥 PK、随机参数 δ 和密钥 SK_L 为输入，输出随机化后的密钥 SK_L'。

（5）$CDE.Encrypt(PK, L', s, \vec{s})$：加密算法以公开密钥 PK、需要加密的字符序列 $L'\in\{0,1\}^d$ $(d\leqslant d_{max})$、随机参数 s 和向量 $\vec{s}=(s_1,s_2,\cdots,s_d)$ 为输入，输出密文头 CH_L 和会话密钥 EK。

（6）$CDE.DelegateCT(PK, CH_{L'}, c)$：密文头授权算法以公开密钥 PK、字符序列 $L'\in\{0,1\}^d$ 下的密文头 $CH_{L'}$ 和比特值 $c\in\{0,1\}$ 为输入，输出新字符序列 $L''=L'\|c$ 下的密文头 $CH_{L''}$。

（7）$CDE.Decrypt(PK, CH_{L'}, SK_L)$：解密算法以公开密钥 PK、字符序列 $L'\in\{0,1\}^d$ 下的密文头 $CH_{L'}$ 和字符序列 $L\in\{0,1\}^n$ 下的密钥 SK_L 为输入，并且满足 $d\leqslant n\leqslant d_{max}$。最后，算法输出会话密钥 EK 或特殊符号 $\perp$。

定义 7.10 一个包含最大时间 T_{max} 的 SUE 方案主要包括 7 个多项式时间算法：$SUE.Init$、$SUE.Setup$、$SUE.GenKey$、$SUE.RandKey$、$SUE.Encrypt$、$SUE.UpdateCT$ 和 $SUE.Decrypt$，其具体定义如下。

（1） $SUE.Init(\lambda)$：初始化算法以安全参数 λ 为输入，输出群描述参数 GDS 。

（2） $SUE.Setup(GDS,T_{\max})$：系统参数设置算法以群描述参数 GDS 和系统最大时间 $T_{\max}$ 为输入，输出公开密钥 PK 和主密钥 MK 。

（3） $SUE.GenKey(PK,MK,T)$：密钥生成算法以公开密钥 PK 、主密钥 MK 和时间 T $(T \leqslant T_{\max})$ 为输入，输出密钥 SK_T 。

（4） $SUE.RandKey(PK,\delta,SK_T)$：密钥随机化算法以公开密钥 PK 、随机参数 δ 和密钥 SK_T 为输入，输出随机化后的密钥 SK_T' 。

（5） $SUE.Encrypt(PK,T',s)$：算法以公开密钥 PK 、需要加密的时间 T' $(T' \leqslant T_{\max})$ 和随机参数 s 为输入，输出密文头 $CH_{T'}$ 和会话密钥 EK。

（6） $SUE.UpdateCT(PK,CH_{T'},T'+1)$：密文更新算法以公开密钥 PK 、时间 T' 下的密文头 $CH_{T'}$ 和时间 $T'+1$ 为输入，输出更新后的密文头 $CH_{T'+1}$。

（7） $SUE.Decrypt(PK,CH_{T'},SK_T)$：解密算法以公开密钥 PK 、密文头 $CH_{T'}$ 和密钥 SK_T 为输入，输出会话密钥 EK 或特殊符号 $\perp$ 。

2. RS-CP-ABE 方案定义

本小节对 RS-CP-ABE 方案所基于的 CP-ABE 方案[10]进行具体的定义，该 CP-ABE 方案在原始 CP-ABE 方案的基础上增加了密钥随机化算法，并且在加密算法中使用与 SUE 方案相同的参数 s，而不是像原始 CP-ABE 方案那样，由算法自行选择 s。

定义 7.11　RS-CP-ABE 方案所基于的 CP-ABE 方案主要包括 5 个多项式时间算法：$CP\text{-}ABE.Setup$ 、$CP\text{-}ABE.GenKey$ 、$CP\text{-}ABE.RandKey$ 、$CP\text{-}ABE.Encrypt$ 和 $CP\text{-}ABE.Decrypt$ ，其具体定义如下。

（1） $CP\text{-}ABE.Setup(GDS,U,n_{\max})$：系统参数设置算法以群描述参数 GDS 、属性集合 U 和 LSSS 访问矩阵的最大列数 $n_{\max}$ 为输入，输出公开密钥 PK 和主密钥 MK 。

（2） $CP\text{-}ABE.GenKey(PK,MK,S)$：密钥生成算法以公开密钥 PK 、主密钥 MK 和用户属性集合 S 为输入，输出解密密钥 SK_S 。

（3） $CP\text{-}ABE.RandKey(PK,\delta,SK_S)$：密钥随机化算法以公开密钥 PK 、随机参数 δ 和用户密钥 SK_S 为输入，输出随机化后的解密密钥 SK_S' 。

（4） $CP\text{-}ABE.Encrypt(PK,s,(\boldsymbol{A},\rho))$：加密算法以公开密钥 PK 、随机参数 s 和访问策略 $(\boldsymbol{A},\rho)$ 为输入，输出加密后的密文头 $CH_{(\boldsymbol{A},\rho)}$ 和会话密钥 EK 。

（5）$CP\text{-}ABE.Decrypt(PK, CH_{(\boldsymbol{A},\rho)}, SK_S)$：解密算法以公开密钥 PK、访问策略 $(\boldsymbol{A},\rho)$ 下的密文头 $CH_{(\boldsymbol{A},\rho)}$ 和属性集合 S 下的密钥 SK_S 为输入，若 S 满足 $(\boldsymbol{A},\rho)$，那么算法输出会话密钥 EK，否则输出 $\perp$。

Lee 提出的 RS-CP-ABE 方案主要基于提出的 CP-ABE 方案[10]、SUE 方案以及 CS 方案[6]进行构造。

定义 7.12 一个 RS-CP-ABE 方案主要包括 7 个多项式时间算法：$RS\text{-}CP\text{-}ABE.Setup$、$RS\text{-}CP\text{-}ABE.GenKey$、$RS\text{-}CP\text{-}ABE.UpdateKey$、$RS\text{-}CP\text{-}ABE.DeriveKey$、$RS\text{-}CP\text{-}ABE.Encrypt$、$RS\text{-}CP\text{-}ABE.UpdateCT$ 和 $RS\text{-}CP\text{-}ABE.Decrypt$，其具体定义如下。

（1）$RS\text{-}CP\text{-}ABE.Setup(\lambda, T_{\max}, N_{\max}, n_{\max}, U)$：系统参数设置算法以安全参数 λ、系统最大时间 $T_{\max}$、系统用户数量 $N_{\max}$、LSSS 访问矩阵的最大列数 $n_{\max}$ 和系统属性集合 U 为输入。最后，算法输出公开密钥 PK 和主密钥 MK。

（2）$RS\text{-}CP\text{-}ABE.GenKey(PK, MK, S, u)$：私钥生成算法以公开密钥 PK、主密钥 MK、用户属性集合 S 和用户身份标记 u 为输入。最后，算法输出用户密钥 $SK_{S,u}$。

（3）$RS\text{-}CP\text{-}ABE.UpdateKey(PK, MK, T, R)$：更新密钥算法以公开密钥 PK、主密钥 MK、时间 T 和撤销用户集合 R 为输入。最后，算法输出更新密钥 $UK_{T,R}$。

（4）$RS\text{-}CP\text{-}ABE.DeriveKey(PK, SK_{S,u}, UK_{T,R})$：解密密钥生成算法以公开密钥 PK、用户密钥 $SK_{S,u}$ 和更新密钥 $UK_{T,R}$ 为输入。最后，算法输出解密密钥 $DK_{S,T}$。

（5）$RS\text{-}CP\text{-}ABE.Encrypt(PK, (\boldsymbol{A},\rho), T, M)$：加密算法以公开密钥 PK、访问策略 $(\boldsymbol{A},\rho)$、加密时间 T 和明文 M 为输入。最后，算法输出密文 $CT_{(\boldsymbol{A},\rho),T}$。

（6）$RS\text{-}CP\text{-}ABE.UpdateCT(PK, CT_{(\boldsymbol{A},\rho),T}, T+1)$：密文更新算法以公开密钥 PK、密文 $CT_{(\boldsymbol{A},\rho),T}$ 和更新时间 $T+1$ 为输入。最后，算法输出更新后的密文 $CT_{(\boldsymbol{A},\rho),T+1}$。

（7）$RS\text{-}CP\text{-}ABE.Decrypt(PK, CT_{(\boldsymbol{A},\rho),T}, DK_{S,T'})$：解密算法以公开密钥 PK、密文 $CT_{(\boldsymbol{A},\rho),T}$ 和解密密钥 $DK_{S,T'}$ 为输入，若 $S \in (\boldsymbol{A},\rho)$ 且 $T \leqslant T'$，那么算法输出明文 M，否则输出 $\perp$。

7.3.3 安全模型

本小节主要描述弱假设下可证明安全的 RS-CP-ABE 方案所基于的安全模型，

包括 SUE 方案的安全模型和 RS-CP-ABE 方案的安全模型。

1．SUE 方案的安全模型

SUE 方案的安全性定义为选择明文攻击下的不可区分性（IND-CPA），由挑战者 $\mathcal{B}$ 和攻击者 $\mathcal{A}$ 间的安全游戏进行证明，其具体描述如下。

选择阶段：攻击者 $\mathcal{A}$ 选择挑战时间 T^*。

参数设置阶段：挑战者 $\mathcal{B}$ 运行 *SUE.Setup* 算法，并把生成的系统公开密钥 *PK* 发送给攻击者 $\mathcal{A}$。

密钥查询阶段 1：攻击者 $\mathcal{A}$ 适应性地提交一系列的时间 $T_1,T_2,\cdots,T_{q'}$ 下的密钥查询，$\mathcal{B}$ 运行算法 *SUE.GenKey*（PK,MK,T_i）生成密钥，并将其发送给 $\mathcal{A}$。需要注意的是，该阶段要求 $T_i < T^*$。

挑战阶段：$\mathcal{B}$ 随机选择参数 $\beta \in \{0,1\}$，运行加密算法 *SUE.Encrypt*（PK,T^*,s）生成挑战密文头 CH^* 和会话密钥 EK^*。若 $\beta = 0$，那么 $\mathcal{B}$ 将 CH^* 和 EK^* 发送给 $\mathcal{A}$，否则将 CH^* 和某个随机的会话密钥发送给 $\mathcal{A}$。

密钥查询阶段 2：如密钥查询阶段 1，$\mathcal{A}$ 继续适应性地提交一系列的时间 $T_{q'+1},T_{q'+2},\cdots,T_q$ 下的密钥查询，同样，该阶段限制 $T_i < T^*$。

猜测阶段：$\mathcal{A}$ 输出 $\beta' \in \{0,1\}$ 作为对 β 的猜测。若 $\beta' = \beta$，那么可以称攻击者 $\mathcal{A}$ 赢了该游戏。定义攻击者 $\mathcal{A}$ 在该游戏中的优势为 $Adv_{\mathcal{A}} = |\Pr[\beta' = \beta] - \frac{1}{2}|$。

若无多项式时间内的算法能以不可忽略的优势攻破上述安全模型，那么可以得出本节提出的 SUE 方案是安全的。

2．RS－CP–ABE 方案的安全模型

本小节主要描述弱假设下可证明安全的 RS-CP-ABE 方案所基于的选择性安全模型，其具体描述如下。

选择阶段：攻击者 $\mathcal{A}$ 选择挑战的访问策略 $(\boldsymbol{A}^*,\rho^*)$、挑战时间 T^* 和时间 T^* 下的撤销用户集合 R^*。

参数设置阶段：挑战者 $\mathcal{B}$ 运行 *RS-CP-ABE.Setup* 算法，并把生成的公开密钥 *PK* 发送给 $\mathcal{A}$。

密钥查询阶段 1：$\mathcal{A}$ 适应性地提交一系列的用户密钥、更新密钥和解密密钥查询，$\mathcal{B}$ 处理如下。

（1）若为对属性集合 S 和标识 u 的用户密钥查询，那么 $\mathcal{B}$ 运行算法 *RS-CP-*

$ABE.GenKey(PK, MK, S, u)$生成用户密钥 $SK_{S,u}$，并将其发送给 $\mathcal{A}$，需要注意的是，$\mathcal{A}$ 只允许对每个用户标识 u 进行一次密钥查询。

（2）若为对时间 T 和撤销用户集合 R 的更新密钥查询，那么 $\mathcal{B}$ 运行算法 $RS\text{-}CP\text{-}ABE.UpdateKey(PK, MK, T, R)$生成更新密钥 $UK_{T,R}$，并将其发送给 $\mathcal{A}$，需要注意的是，$\mathcal{A}$ 只允许对每个时间 T 进行一次更新密钥查询。

（3）若为对属性集合 S 和时间 T 的解密密钥查询，那么 $\mathcal{B}$ 运行算法 $RS\text{-}CP\text{-}ABE.DeriveKey(PK, SK_{S,u}, UK_{T,R})$生成解密密钥 $DK_{S,T}$，并将其发送给 $\mathcal{A}$。

在查询过程中，对 $\mathcal{A}$ 进行限制如下。

（1）若为对时间 T 和撤销用户集合 R 的更新密钥查询，那么对所有的 $T_j(T < T_j)$ 和 R_j 的更新密钥查询，必须满足 $R \subseteq R_j$。

（2）若为对满足 $S \in (\boldsymbol{A}^*, \rho^*)$ 的属性集合 S 和标识 u 的用户密钥查询，为了撤销标识为 u 的用户，必须对满足 $u \in R_j$ 且 $T_j \leqslant T^*$ 的时间 T_j 和撤销用户集合 R_j 进行更新密钥查询。

（3）不能对满足 $S \in \boldsymbol{A}^*$ 且 $T \geqslant T^*$ 的属性集合 S 和时间 T 进行解密密钥查询。

挑战阶段：$\mathcal{A}$ 提交长度相等的两个明文消息 M_0 与 M_1，然后，$\mathcal{B}$ 随机选择参数 $\beta \in \{0,1\}$，运行加密算法 $RS\text{-}CP\text{-}ABE.Encrypt(PK, (\boldsymbol{A}^*, \rho^*), T, M_\beta)$生成挑战密文 CT^*，并将 CT^* 发送给 $\mathcal{A}$。

密钥查询阶段 2：查询及其限制与密钥查询阶段 1 相同。

猜测阶段：$\mathcal{A}$ 输出 $\beta' \in \{0,1\}$ 作为对 β 的猜测。如果 $\beta' \in \beta$，可以称攻击者 $\mathcal{A}$ 赢了该游戏。定义攻击者 $\mathcal{A}$ 在该游戏中的优势为 $Adv_{\mathcal{A}} = |\Pr[\beta' = \beta] - \frac{1}{2}|$。

若无多项式时间内的算法能以不可忽略的优势攻破上述安全模型，那么可以得出本节提出的弱假设下可证明安全的 RS-CP-ABE 方案是安全的。

7.3.4 方案构造

1. SUE 方案构造

在提出弱假设下可证明安全的 SUE 方案之前，本小节构造 SUE 方案所基于的 CDE 方案，其具体定义如下。

（1）$CDE.Init(\lambda)$：算法运行群生成函数 $\psi(\lambda)$ 获得系统参数 $(\mathbb{G}, \mathbb{G}_T, p, e)$，其中，$p$ 为素数，$\mathbb{G}$ 和 $\mathbb{G}_T$ 是两个 p 阶循环群，e 是一个双线性映射，g 为群 $\mathbb{G}$ 的生

成元。最后，算法输出群描述参数 $GDS=((\mathbb{G},\mathbb{G}_T,p,e),g)$ 。

（2）$CDE.Setup$ ($GDS,d_{\max}$)：算法随机选择参数 $\beta\in\mathbb{Z}_p$ 和 $u,v,w,\{h_{i,0},h_{i,1}\}_{i=1}^{d_{\max}}\in\mathbb{G}$ ，接着定义函数 $F_{i,b}(L)=u^L h_{i,b}$ ，其中 $i\in[d_{\max}]$， $b\in\{0,1\}$ 。最后，算法输出公开密钥 $PK=((\mathbb{G},\mathbb{G}_T,p,e),g,u,v,w,\{h_{i,0},h_{i,1}\}_{i=1}^{d_{\max}},\Lambda=e(g,g)^{\beta})$ 和主密钥 $MK=\beta$ 。

（3）$CDE.GenKey$ (PK,MK,L)：输入参数 $L\in\{0,1\}^n$ $(n\leqslant d_{\max})$ 表示需要生成密钥的字符序列,算法随机选择参数 $r,r_1,r_2,\cdots,r_n\in\mathbb{Z}_p$,并输出隐含字符序列 L 的密钥。

$$SK_L=(K_0=g^{\beta}w^r,K_1=g^{-r},\{K_{i,1}=v^r F_{i,L[i]}(L|_i)^{r_i},K_{i,2}=g^{-r_i}\}_{i=1}^n)$$

（4）$CDE.RandKey$ (PK,δ,SK_L)：输入参数 $SK_L=(K_0,K_1,\{K_{i,1},K_{i,2}\}_{i=1}^n)$ 表示字符序列 $L\in\{0,1\}^n$ 下的密钥，算法随机选择参数 $r',r_1',r_2',\cdots,r_n'\in\mathbb{Z}_p$ ，并输出随机化后的密钥。

$$SK_L'=(K_0'=K_0\cdot g^{\delta}w^{r'},K_1'=K_1\cdot g^{-r'},$$
$$\{K_{i,1}=K_{i,1}\cdot v^{r_i'}F_{i,L[i]}(L|_i)^{r_i'},K_{i,2}'=K_{i,2}\cdot g^{-r_i'}\}_{i=1}^n)$$

（5）$CDE.Encrypt$ ($PK,L',s,\vec{s}$)：输入参数 $L'\in\{0,1\}^d$ $(d\leqslant d_{\max})$ 表示需要加密的字符序列， $\vec{s}=(s_1,s_2,\cdots,s_d)$ 表示向量集合。最后，算法输出隐含字符序列 L 的密文头

$$CH_{L'}=(C_0=g^s,C_1=w^s\prod_{i=1}^{d}v^{s_i},\{C_{i,1}=g^{s_i},C_{i,2}=F_{i,L[i]}(L|_i)^{s_i}\}_{i=1}^d)$$

并生成会话密钥 $EK=\Lambda^s$ 。

（6）$CDE.DelegateCT$ ($PK,CH_{L'},c$)：输入参数 $CH_{L'}=(C_0,C_1,\{C_{i,1},C_{i,2}\}_{i=1}^d)$ 表示字符序列 L' 下的密文头，然后，算法随机选择参数 $s_{d+1}\in\mathbb{Z}_p$ ，并输出新字符序列 $L''=L'\|c$ 下的密文头。

$$CH_{L''}=(C_0'=C_0,C_1'=C_1\cdot v^{s_{d+1}},\{C_{i,1}'=C_{i,1},C_{i,2}'=C_{i,2}\}_{i=1}^d$$
$$C_{d+1,1}'=g^{s_{d+1}},C_{d+1,2}'=F_{d+1,c}(L')^{s_{d+1}})$$

（7）$CDE.Decrypt$ ($PK,CH_{L'},SK_L$)：输入参数 $CH_{L'}=(C_0,C_1,\{C_{i,1},C_{i,2}\}_{i=1}^d)$ 表示字符序列 $L'\in\{0,1\}^d$ 下的密文头，参数 $SK_L=(K_0,K_1,\{K_{i,1},K_{i,2}\}_{i=1}^n)$ 表示字符序列 $L\in\{0,1\}^n$ 下的密钥，并且满足 $d\leqslant n\leqslant d_{\max}$ 。若字符序列 L' 为 L 的前缀，那么解密算法首先循环地运行 $CDE.DelegateCT$ 获得字符序列 L 下的密文头 $CH_L'=(C_0',C_1',\{C_{i,1}',C_{i,2}'\}_{i=1}^n)$ ，然后计算

$$EK = e(C_0', K_0) \cdot e(C_1', K_1) \cdot \prod_{i=1}^{n} (e(C_{i,1}', K_{i,1}) \cdot e(C_{i,2}', K_{i,2}))$$

令$\mathcal{BT}$表示深度为l的二叉树结构，对于$\mathcal{BT}$中的节点，算法使用前序遍历为其分配唯一的时间，即初始节点分配1，最右边的叶节点分配$2^{l+1}-1$。令ψ表示时间T到字符串L的映射函数。定义函数$TimeLabels(L) = \{L\} \cup RightSibling(Path(L)) \setminus Path(Parent(L))$，其中，$Path(L)$表示初始节点到$L$对应节点上的节点集合，$RightSibling(L)$表示$L$右端子节点的字符串，$Parent(t)$表示$L$上一节点的字符串。SUE方案的具体构造如下。

（1）$SUE.Init(\lambda)$：算法运行$CDE.Init(\lambda)$生成群描述参数$GDS = ((\mathbb{G}, \mathbb{G}_T, p, e), g)$。

（2）$SUE.Setup(GDS, T_{\max})$：输入参数$T_{\max}$表示最大时间，并且满足$T_{\max} = 2^{d_{\max}+1}-1$。然后，算法运行$CDE.Setup(GDS, d_{\max})$输出公开密钥$PK$和主密钥$MK$。

（3）$GUE.Genkey(PK, MK, T)$：输入参数$T(T \leqslant T_{\max})$表示需要生成密钥的时间，然后，算法运行$CDE.GenKey(PK, MK, \psi(T))$输出用户密钥$SK_T$。

（4）$SUE.RandKey(PK, \delta, SK_T)$：输入参数$SK_T$表示时间$T$下的密钥，然后，算法运行$CDE.RandKey(PK, \delta, SK_T)$输出随机化后的密钥$SK_T'$。

（5）$SUE.Encrypt(PK, T', s)$：输入参数$T'(T' \leqslant T_{\max})$表示需要加密的时间，然后，算法运行如下。

①算法首先计算$\psi(T')$生成字符串$L' \in \{0,1\}^d$，接着随机选择参数$s_1, s_2, \cdots, s_d \in \mathbb{Z}_p$，并定义向量$\vec{s} = (s_1, s_2, \cdots, s_d)$，然后算法运行$CDE.Encrypt(PK, L', s, \vec{s})$生成密文头$CH^{(0)} = (C_0, C_1, \{C_{i,1}, C_{i,2}\}_{i=1}^{d})$。

②对于$1 \leqslant j \leqslant d$，算法设置$L'^{(j)} = L'|_{d-j} \| 1$，然后继续进行如下计算。

a. 若$L'^{(j)} = L'|_{d-j+1}$，那么算法设置密文头$CH^{(j)}$为空。

b. 否则，算法重新设置向量$\vec{s}' = (s_1, s_2, \cdots, s_{d-j}, s_{d-j+1}')$，其中，$s_1, s_2, \cdots, s_{d-j}$与向量$\vec{s}$中的参数相同，而$s_{d-j+1}'$为$\mathbb{Z}_p$中重新选择的随机参数。然后，算法运行$CDE.Encrypt(PK, L'^{(j)}, s, \vec{s})$生成密文头$CH^{(j)} = (C_0', C_1', \{C_{i,1}', C_{i,2}'\}_{i=1}^{d-j+1})$，并删除与$CH^{(0)}$重复的元素$C_0', \{C_{i,1}', C_{i,2}'\}_{i=1}^{d-j}$。

③算法删除所有空的密文头$CH^{(j)}$，并设置密文头$CH_{T'} = (CH^{(0)}, CH^{(1)}, \cdots, CH^{(d')})$，其中，$d' \leqslant d$。

④算法输出隐含时间T'的密文头$CH_{T'}$与会话密钥$EK = \Lambda^s$。需要注意的是，$CH_{T'}$中的$CH^{(j)}$为前序遍历排列。

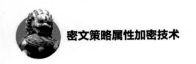

（6）$SUE.UpdateCT\ (PK, CH_{T'}, T'+1)$：输入参数 $CH_{T'}=(CH^{(0)}, CH^{(1)}, \cdots, CH^{(d')})$ 表示时间 T' 下的密文，$T'+1$ 表示密文需要更新的下一时间，令 $L'^{(j)}$ 表示密文头 $CH^{(j)}$ 对应的字符串。算法进行如下计算。

① 若 $L'^{(0)}$ 的长度 d 小于 $d_{\max}$，那么算法首先运行 $CDE.DelegateCT\ (PK, CH^{(0)}, c)$ 获得密文头 $CH|_{L'^{(0)}\|0}$ 和 $CH|_{L'^{(0)}\|1}$。因为 $CH_{T'}$ 中的 $CH^{(j)}$ 为前序遍历排列，所以 $CH|_{L'^{(0)}\|0}$ 为时间 $T'+1$ 下的密文头，同样删除 $CH|_{L'^{(0)}\|1}$ 中重复的元素。最后，算法输出更新后的密文头 $CH_{T'+1}=(CH'^{(0)}=CH|_{L'^{(0)}\|0}, CH'^{(1)}=CH|_{L'^{(0)}\|1}, CH'^{(2)}=CH^{(1)}, \cdots, CH'^{(d'+1)}=CH^{(d')})$。

② 否则，算法将密文头 $CH^{(0)}$ 中的元素复制到 $CH^{(1)}$，并删除 $CH^{(0)}$。最后，算法输出更新后的密文头为 $CH_{T'+1}=(CH'^{(0)}=CH^{(1)}, \cdots, CH'^{(d'-1)}=CH^{(d')})$。

（7）$SUE.Decrypt\ (PK, CH_{T'}, SK_T)$：输入参数 $CH_{T'}$ 表示时间 T' 下的密文头，SK_T 表示时间 T 下的密钥。若 $T' \leqslant T$，那么算法能够在密文头 $CH_{T'}$ 中找到某个 $CH^{(j)}$，满足 $L'^{(j)}$ 为 $\psi(T)$ 的前缀，然后算法运行 $CDE.Decrypt\ (PK, CH^{(j)}, SK_T)$ 输出会话密钥 EK，否则输出 $\perp$。

正确性验证：令 $CH_L=(C_0, C_1, \{C_{i,1}, C_{i,2}\}_{i=1}^{d})$ 表示字符串 $L' \in \{0,1\}^d$ 下的密文，$SK_L=(K_0, K_1, \{K_{i,1}, K_{i,2}\}_{i=1}^{n})$ 表示字符串 $L \in \{0,1\}^n$ 下的密钥。若字符串 L' 为 L 的前缀，那么解密算法可以循环地运行密文授权算法 $CDE.DelegateCT$ 获得密文头 $CH'_L=(C'_0, C'_1, \{C'_{i,1}, C'_{i,2}\}_{i=1}^{n})$，接下来，验证 CDE 方案的正确性如下。

$$
\begin{aligned}
&EK = e(C'_0, K_0)\cdot e(C'_1, K_1)\cdot \prod_{i=1}^{n}(e(C'_{i,1}, K_{i,1})\cdot e(C'_{i,2}, K_{i,2})) = \\
&e(g^s, g^\beta w^r)\cdot e\left(w^s\prod_{i=1}^{n}v^{s_i}, g^{-r}\right)\cdot \prod_{i=1}^{n}(e(g^{s_i}, v^r F_{i,L[i]}(L|_i)^{r_i})\cdot e(F_{i,L[i]}(L|_i)^{s_i}, g^{-r_i})) = \\
&e(g^s, g^\beta w^r)\cdot e\left(w^s\prod_{i=1}^{n}v^{s_i}, g^{-r}\right)\cdot \prod_{i=1}^{n}e(g^{s_i}, v^r) = \\
&e(g^s, g^\beta w^r)\cdot e\left(w^s\prod_{i=1}^{n}v^{s_i}, g^{-r}\right)\cdot \prod_{i=1}^{n}e(g^{s_i}, v^r) = e(g,g)^{\beta s}
\end{aligned}
$$

SUE 方案的正确性可以基于前序排列的特性以及 CDE 方案的正确性进行验证。令 $CH_{T'}$ 表示时间 T' 下的密文头，SK_T 表示时间 T 下的密钥。若 $T' \leqslant T$，那么 SUE 密文头 $CH_{T'}$ 中存在某个 CDE 密文头 $CH^{(j)}$，满足 $L'^{(j)}$ 为 $\psi(T)$ 的前缀。最后，CDE 方案进行解密可以得到正确的会话密钥。

2. RS-CP-ABE 方案构造

在提出具体的 RS-CP-ABE 方案构造前，本小节描述 RS-CP-ABE 方案所基于的文献[10]中的原始 CP-ABE 方案，为了实现可撤销存储，对该方案进行了修改，具体构造如下。

（1）$CP\text{-}ABE.Setup(CDS, U, n_{\max})$：算法随机选择参数 $h, (h_{1,1}, \cdots, h_{1,U}), \cdots, (h_{n_{\max},1}, \cdots, h_{n_{\max},U}) \in \mathbb{G}$ 和 $\gamma \in \mathbb{Z}_p$。最后，算法输出公开密钥 $PK = ((\mathbb{G}, \mathbb{G}_T, p, e),\ g, h, (h_{1,1}, \cdots, h_{1,U}), \cdots, (h_{n_{\max},1}, \cdots, h_{n_{\max},U}), \Lambda = e(g,g)^{\gamma})$ 和主密钥 $MK = \gamma$。

（2）$CP\text{-}ABE.GenKey(PK, MK, S)$：密钥生成算法随机选择参数 $t_1, t_2, \cdots, t_{n_{\max}} \in \mathbb{Z}_p$，并输出用户密钥为

$$SK_S = (K = g^{\gamma} h^{t_1}, L_1 = g^{t_1}, \cdots, L_{n_{\max}} = g^{t_{n_{\max}}}, \forall x \in S, K_x = \prod_{j=1,\cdots,n_{\max}} h_{j,x}^{t_j})$$

（3）$CP\text{-}ABE.RandKey\ (PK, \delta, SK_S)$：输入参数 $SK_S = (K, L_1, \cdots, L_{n_{\max}}, \forall x \in S, K_x)$ 表示用户密钥，然后，算法随机选择参数 $t'_1, t'_2, \cdots, t'_{n_{\max}} \in \mathbb{Z}_p$，并输出随机化后的密钥为

$$SK'_S = (K' = K \cdot g^{\delta} h^{t'_1}, L'_1 = L_1 \cdot g^{t'_1}, \cdots, L'_{n_{\max}} = L_{n_{\max}} \cdot g^{t'_{n_{\max}}}, \forall x \in S, K_x = \prod_{j=1,\cdots,n_{\max}} h_{j,x}^{t_j} \cdot h_{j,x}^{t'_j})$$

（4）$CP\text{-}ABE.Encrypt(PK, s, (\boldsymbol{A}, \rho))$：输入参数 $(\boldsymbol{A}, \rho)$ 表示访问策略，其中，$\boldsymbol{A}$ 是一个 $l \times n_{\max}$ 矩阵，若用户创建的访问矩阵 $n < n_{\max}$，那么将 $n_{\max} - n$ 列补 0 即可。然后，算法随机选择参数 $y_2, \cdots, y_{n_{\max}} \in \mathbb{Z}_p$，并定义向量 $\vec{v} = (s, y_2, \cdots, y_{n_{\max}})$。最后，算法输出隐含访问策略 $(\boldsymbol{A}, \rho)$ 的密文头

$$CH_{(\boldsymbol{A},\rho)} = (C' = g^{s}, C_{i,j} = h^{A_{i,j} v_j} h_{j,\rho(i)}^{-s})$$

并且输出会话密钥 $EK = \Lambda^{s}$，其中 $\forall i = 1, \cdots, l$，$j = 1, \cdots, n_{\max}$。

（5）$CP\text{-}ABE.Decrypt(PK, CH_{(\boldsymbol{A},\rho)}.SK_S)$：输入参数 $CH_{(\boldsymbol{A},\rho)} = (C', \{C_{i,j}\}_{i=1,\cdots,l, j=1,\cdots,n_{\max}})$ 表示访问策略 $(\boldsymbol{A}, \rho)$ 下的密文头，$SK_S = (K, L_1, \cdots, L_{n_{\max}}, \{K_x\}_{x \in S})$ 表示属性集合 S 下的密钥，若 S 满足 $(\boldsymbol{A}, \rho)$，那么解密算法能够在多项式时间内计算 $\{w_i \in \mathbb{Z}_p\}_{i \in I}$ 使等式 $\sum_{i \in I} w_i \boldsymbol{A}_i = (1, 0, \cdots, 0)$ 成立。最后，算法计算

$$e(C', K) \Big/ \left(\prod_{j=1,\cdots,n_{\max}} e(L_j, \prod_{i \in I} C_{i,j}^{w_i}) \right) \prod_{i \in I} e\left(K_{\rho(i)}^{w_i}, C'\right) = e(g,g)^{\gamma s}$$

本节提出的 RS-CP-ABE 方案主要基于原始 CP-ABE 方案[10]、SUE 方案以及 CS 方案[6]进行构造，其主要构造如下。

（1）$RS\text{-}CP\text{-}ABE.Setup(\lambda, T_{\max}, N_{\max}, n_{\max}, U)$：系统参数设置算法首先运行群生成函数 ψ 获得系统参数 $(\mathbb{G}, \mathbb{G}_T, p, e)$，$g$ 为群 $\mathbb{G}$ 的生成元，并设置群描述参数 $GDS = ((\mathbb{G}, \mathbb{G}_T, p, e), g)$。然后，算法运行 $SUE.Setup(GDS, T_{\max})$ 生成 SUE 方案下的公钥 PK_{SUE} 和主密钥 MK_{SUE}，运行 $CP\text{-}ABE.Setup(GDS, U, n_{\max})$ 生成 CP-ABE 方案下的公钥 PK_{ABE} 和主密钥 MK_{ABE}，运行 $CS.Setup(N_{\max})$ 生成二叉树结构 $\mathcal{BT}$，并为 $\mathcal{BT}$ 中的每个节点 v_i 分配一个随机密钥 $\gamma_i \in \mathbb{Z}_p$。最后，算法随机选择参数 $\alpha \in \mathbb{Z}_p$，并输出公开密钥 $PK = (PK_{ABE}, PK_{SUE}, \Omega = e(g, g)^{\alpha})$ 和主密钥 $MK = (MK_{ABE}, MK_{SUE}, \alpha, \mathcal{BT})$。

（2）$RS\text{-}CP\text{-}ABE.GenKey(PK, MK, S, u)$：输入参数 S 表示属性集合，u 表示用户的身份标记。算法首先运行 $CS.Assign(\mathcal{BT}, u)$ 生成私钥集合 $PV_u = \{S_{j_0}, S_{j_1}, \cdots, S_{j_d}\}$，然后从 $\mathcal{BT}$ 得到相应的节点密钥 $\{\gamma_{j_0}, \gamma_{j_1}, \cdots, \gamma_{j_d}\}$。对于 $0 \leqslant k \leqslant d$，算法设置 $MK_{ABE,k} = \gamma_{j_k}$，并运行 $CP\text{-}ABE.GenKey(PK_{ABE}, MK_{ABE,k}, S)$ 生成私钥 $SK_{ABE,k}$。最后，算法输出用户密钥 $SK_{S,u} = (PV_u, SK_{ABE,0}, SK_{ABE,1}, \cdots, SK_{ABE,d})$。

（3）$RS\text{-}CP\text{-}ABE.UpdateKey(PK, MK, T, R)$：输入参数 T 表示更新时间，R 表示相应的撤销用户集合。密钥更新算法首先运行 $CS.Cover(\mathcal{BT}, R)$ 生成更新密钥集合 $CV_R = \{S_{i_1}, S_{i_2}, \cdots, S_{i_m}\}$，然后从 $\mathcal{BT}$ 得到相应的节点密钥 $\{\gamma_{i_1}, \gamma_{i_2}, \cdots, \gamma_{i_m}\}$。对于 $1 \leqslant k \leqslant m$，算法设置 $MK_{SUE,k} = (\alpha - \gamma_{i_k})$，并运行 $SUE.GenKey(PK_{SUE}, MK_{SUE,k}, T)$ 生成更新密钥 $SK_{SUE,k}$。最后，算法输出隐含 T 与 R 的更新密钥 $UK_{T,R} = (CV_R, SK_{SUE,1}, SK_{SUE,2}, \cdots, SK_{SUE,m})$。

（4）$RS\text{-}CP\text{-}ABE.DeriveKey(PK, SK_{S,u}, UK_{T,R})$：输入参数 $SK_{S,u}$ 表示用户密钥，$UK_{T,R}$ 表示更新密钥。若 $u \notin R$，那么解密密钥生成算法首先运行 $CS.Match(PV_u, CV_R)$ 获得 (S_i, S_j)，然后随机选择参数 $\delta \in \mathbb{Z}_p$，并分别运行 $CP\text{-}ABE.RandKey(PK_{ABE}, SK_{ABE,j}, \delta)$ 和 $SUE.RandKey(PK_{SUE}, SK_{SUE,i}, -\delta)$ 生成密钥 SK_{ABE} 和 SK_{SUE}。最后，算法输出解密密钥 $DK_{S,T} = (SK_{ABE}, SK_{SUE})$。

（5）$RS\text{-}CP\text{-}ABE.Encrypt(PK, (\boldsymbol{A}, \rho), T, M)$：输入参数 $(\boldsymbol{A}, \rho)$ 表示访问策略，T 表示加密时间。加密算法随机选择参数 $s \in \mathbb{Z}_p$，并分别运行 $CP\text{-}ABE.Encrypt(PK, s, (\boldsymbol{A}, \rho))$ 和 $SUE.Encrypt(PK, T, s)$ 生成密文头 CH_{ABE} 和 CH_{SUE}。最后，算法输出隐含 T 的密文 $CT_{(\boldsymbol{A},\rho),T} = (CH_{ABE}, CH_{SUE}, C = \Omega^s \cdot M)$。

（6）$RS\text{-}CP\text{-}ABE.UpdateCT(PK, CT_{(\boldsymbol{A},\rho),T}, T+1)$：输入参数 $CT_{(\boldsymbol{A},\rho),T}$ 表示访问策略 $(\boldsymbol{A}, \rho)$ 和加密时间 T 下的密文，T+1 表示更新时间。然后，密文更新算法运行

$SUE.UpdateCT$ ($PK, CH_{SUE}, T+1$)生成更新密文 CH'_{SUE}。最后，算法输出隐含时间 T+1 的更新密文 $CT_{(\mathbf{A},\rho),T+1}=(CH_{ABE}, CH'_{SUE}, C=\Omega^{s}\cdot M)$。

（7）$RS\text{-}CP\text{-}ABE.Decrypt$ ($PK, CT_{(\mathbf{A},\rho),T}, DK_{S,T'}$)：输入参数 $CH_{(\mathbf{A},\rho),T}=(CH_{ABE}$, $CH_{SUE}, C)$ 表示访问策略 $(\mathbf{A},\rho)$ 和加密时间 T 下的密文，$DK_{S,T'}=(SK_{ABE}, SK_{SUE})$ 表示属性集合 S 和撤销时间 T' 下的解密密钥。若 $S\in(\mathbf{A},\rho)$ 且 $T\leqslant T'$，那么解密算法分别运行 $CP\text{-}ABE.Decrypt$ ($PK_{ABE}, CH_{ABE}, SK_{ABE}$)和 $SUE.Decrypt$ ($PK_{SUE}, CH_{SUE}, SK_{SUE}$)生成会话密钥 EK_{ABE} 和 EK_{SUE}。最后，算法计算 $C\cdot(EK_{ABE}\cdot SK_{SUE})^{-1}$ 得到密文 M，否则输出 $\perp$。

RS-CP-ABE 方案的正确性可以基于提出的 CP-ABE 方案、SUE 方案以及 CS 方案的正确性进行验证。令 $SK_{S,u}$ 表示用户属性集合 S 和用户身份标记 u 下的密钥，$UK_{T',R}$ 表示撤销时间 T 和撤销用户集合 R 下的更新密钥。若 $u\notin R$，那么解密密钥生成算法可以基于 CS 方案的正确性得到解密密钥 $DK_{S,T'}=(SK_{ABE}, SK_{SUE})$。需要注意的是，$SK_{ABE}$ 以 $\delta+\gamma_i$ 为主密钥，而 SK_{SUE} 则以 $\alpha-\delta-\gamma_i$ 为主密钥。令 $CT_{(\mathbf{A},\rho),T}$ 表示访问策略 $(\mathbf{A},\rho)$ 和加密时间 T 下的密文，$DK_{S,T'}$ 则表示属性集合 S 和撤销时间 T' 下的解密密钥。若 $S\in(\mathbf{A},\rho)$ 且 $T\leqslant T'$，那么可以基于 CP-ABE 方案的正确性得到会话密钥 $EK_{ABE}=e(g,g)^{(\delta+\gamma_i)s}$，同时，基于 SUE 方案的正确性得到会话密钥 $EK_{SUE}=e(g,g)^{(\alpha-\delta-\gamma_i)s}$。最后，验证方案的正确性如下。

$$C\cdot(EK_{ABE}\cdot EK_{SUE})^{-1}=M\cdot e(g,g)^{\alpha s}\cdot(e(g,g)^{(\delta+\gamma_i)s})\cdot e(g,g)^{(\alpha-\delta-\gamma_i)s})^{-1}=$$
$$M\cdot e(g,g)^{\alpha s}\cdot e(g,g)^{-\alpha s}=M$$

7.3.5 安全性证明

1. SUE 方案的安全性证明

引理 7.4 若标准 DBDH 假设在双线性群 $\mathbb{G}$ 与 $\mathbb{G}_T$ 成立，那么 7.3.4 节提出的 SUE 方案为 IND-CPA 下选择性安全的。

证明 若存在一个多项式时间内的攻击者 $\mathcal{A}$ 能够以不可忽略的优势攻破 7.3.4 节提出的 SUE 方案，那么可以构建一个仿真器 $\mathcal{B}$ 来解决双线性群 $\mathbb{G}$ 与 $\mathbb{G}_T$ 下的 DBDH 困难问题。即 $\mathcal{B}$ 给定某个 DBDH 挑战元组 $((p,\mathbb{G},\mathbb{G}_T,e),g,g^a,g^b,g^c)$ 和 Z，然后开始与 $\mathcal{A}$ 进行交互，如下。

选择阶段：$\mathcal{A}$ 给定挑战时间 T^*。$\mathcal{B}$ 首先计算 $L^*=\psi(T^*)$ 获得与挑战时间 T^* 有关

的字符串 L^*。由于 $TimeLabels(L^*)=\{L\}\cup RightSibling(Path(L^*))\setminus Path(Parent(L^*))$，因此定义函数 $TL(L^*,i,j)$ 表示 $TimeLabels(L^*)$ 中的某个字符串，其中，L^* 的长度为 l 且 $L^*[i]=j$。需要注意的是，若不存在 (i,j) 对应的字符串，那么 $TL(L^*,i,j)$ 输出 0。

参数设置阶段：$\mathcal{B}$ 首先随机选择参数 $w',v',u',\{h'_{i,j}\}_{\forall 1\leqslant i\leqslant l,j\in\{0,1\}}\in\mathbb{Z}_p$，然后，$\mathcal{B}$ 通过计算 $\Lambda=e(g^a,g^b)$ 隐含地设置参数 $\beta=ab$。最后，$\mathcal{B}$ 输出公开密钥如下。

$$PK=(g,w=g^ag^{w'},v=g^ag^{v'},u=g^ag^{u'},$$
$$\{h_{i,j}=(g^a)^{-TL(L^*,i,j)}g^{h'_{i,j}}\}_{\forall 1\leqslant i\leqslant l,j\in\{0,1\}},\Lambda)$$

密钥查询阶段 1：$\mathcal{A}$ 适应性地提交时间 $T(T<T^*)$ 下的密钥查询，$\mathcal{B}$ 首先计算 $\psi(T)$ 得到 T 对应的字符串 $L\in\{0,1\}^n$，然后，$\mathcal{B}$ 随机选择参数 $r',r'_1,r'_2,\cdots,r'_n\in\mathbb{Z}_p$，并输出密钥如下。

$$K_0=(g^b)^{-w'}w^{r'},\ K_1=g^bg^{-r'},$$
$$\{K_{i,1}=(g^b)^{-v'}v^{r'}(g^b)^{(u'L|_i+h'_{i,L[i]})/(L|_i-TL(L^*,i,L[i]))}F_{i,L[i]}(L|_i)^{r'_i},$$
$$K_{i,2}=(g^b)^{-1/(L|_i-TL(L^*,i,L[i]))}g^{-r'_i}\}_{i=1}^n$$

需要注意的是，$\mathcal{B}$ 隐含地设置 $r=-b+r'$，$\{r_i=b/(L|_i-TL(L^*,i,L[i])+r'_i)\}_{i=1}^n$。

挑战阶段：为了构建时间 T^* 下的挑战密文，$\mathcal{B}$ 进行如下计算。

（1）$\mathcal{B}$ 首先计算 $\psi(T^*)$ 得到字符串 $L^*\in\{0,1\}^d$，然后，$\mathcal{B}$ 随机选择参数 $s_1,s_2,\cdots,s_{d-1},s'_d\in\mathbb{Z}_p$，并设置密文头 $CH^{(0)}$ 如下。

$$C_0=g^c,C_1=(g^c)^{w'}\prod_{i=1}^{d-1}v^{s_i}(g^c)^{-v'}v^{s'_d},\{C_{i,1}=g^{s_i},C_{i,2}=F_{i,L^*(i)}(L^*|_i)^{s_i}\}_{i=1}^{d-1}$$
$$C_{d,1}=(g^c)^{-1}g^{s'_d},C_{d,2}=(g^c)^{-(u'L^*|_i+h'_{i,L^*[i]})}F_{d,L^*[d]}(L^*|_i)^{s'_d}$$

（2）对于 $1\leqslant j\leqslant d$，$\mathcal{B}$ 首先设置密文头 $L^{(j)}=L^*|_{d-j}\|1$，令 $d^{(j)}$ 表示字符串 $L^{(j)}$ 的长度，然后继续进行如下计算。

①若 $L^{(j)}=L|_{d-j+1}$，那么 $\mathcal{B}$ 设置 $CH^{(j)}$ 为空。

②否则，$\mathcal{B}$ 随机选择参数 $s'_{d^{(j)}}\in\mathbb{Z}_p$，并构建密文头 $CH^{(j)}$ 如下。

$$C_1=(g^c)^{w'}\prod_{i=1}^{d^{(j)}-1}v^{s_i}(g^c)^{-v'}v^{s'_{d^{(j)}}},C_{d^{(j)},1}=(g^c)^{-1}g^{s'_{d^{(j)}}},$$
$$C_{d^{(j)},2}=(g^c)^{-(u'L^{(j)}+h'_{d^{(j)},L[d^{(j)}]})}F_{d^{(j)},L[d^{(j)}]}(L^{(j)})^{s'_{d^{(j)}}}$$

③$\mathcal{B}$ 删除所有空的 $CH^{(j)}$，并设置密文头为 $CH_T=(CH^{(0)},CH^{(1)},\cdots,CH^{(d')})$，其中 $d'\leqslant d$。

④ $\mathcal{B}$ 设置挑战密文头 $CH_{T^*} = CH_T$ 和会话密钥 $EK = Z$，并将 CH_{T^*} 与 EK 发送给 $\mathcal{A}$。

密钥查询阶段 2：其过程与密钥查询阶段 1 相同。

猜测阶段：攻击者 $\mathcal{A}$ 输出猜测值 μ'，$\mathcal{B}$ 输出相同的 μ'。

2. RS-CP-ABE 方案的安全性证明

为了证明提出的 RS-CP-ABE 方案的安全性，本小节分别构造 CP-ABE 方案的仿真器 $\mathcal{B}_{ABE}$ 和 SUE 方案的仿真器 $\mathcal{B}_{SUE}$。$\mathcal{B}_{ABE}$ 与原始 CP-ABE 方案的仿真器大致相同，但是由于 $\mathcal{B}_{ABE}$ 和 $\mathcal{B}_{SUE}$ 在加密算法中使用相同的参数 s，因此需要对原始 CP-ABE 方案的仿真器进行修改，原始仿真器通过随机选择参数 γ' 设置主密钥 $\gamma = ab + \gamma'$，并设置参数 $h = g^a$，为了使用该仿真器对本节提出的 RS-CP-ABE 方案进行安全性证明，设置主密钥 $\gamma = ab$，然后随机选择参数 $\gamma' \in \mathbb{Z}_p$，并设置 $h = g^a g^{\gamma'}$。

引理 7.5 若 DBDH 假设在双线性群 $\mathbb{G}$ 与 $\mathbb{G}_T$ 下成立，那么不存在多项式时间内的攻击者 $\mathcal{A}$ 能选择性地攻破本节提出的 RS-CP-ABE 方案。

证明 假设攻击者 $\mathcal{A}$ 能在多项式时间内以不可忽略的优势 $\varepsilon = Adv_{\mathcal{A}}$ 选择性地攻破提出的 RS-CP-ABE 方案，那么，可以构造仿真器 $\mathcal{B}$ 来攻破双线性群 $\mathbb{G}$ 与 $\mathbb{G}_T$ 下的 DBDH 假设。

选择阶段：仿真器 $\mathcal{B}$ 以 DBDH 挑战 $\vec{y} = (g, g^a, g^b, g^c), Z$ 为输入，并且 $\mathcal{A}$ 给定挑战访问策略 $(\boldsymbol{A}^*, \rho^*)$、挑战时间 T^* 和撤销用户集合 R^*，其中，$\boldsymbol{A}^*$ 的列数满足 $n^* \leqslant n_{\max}$ 列，即 $\mathcal{A}$ 指定了访问矩阵的最大列数。算法首先运行 *CS.Setup* 生成完全二叉树结构 $\mathcal{BT}$，并为 $\mathcal{BT}$ 中的每个节点 v_i 分配随机密钥 $\gamma_i \in \mathbb{Z}_p$。对于撤销用户集合 R^* 中的每个用户 u_i，算法将其随机分配到 $\mathcal{BT}$ 中的某个叶节点 $v_{u_i} \in \mathcal{BT}$。令 RV^* 表示 R^* 对应的所有叶节点集合。令 $RevTree(RV^*)$ 表示连接初始节点与 RV^* 中所有叶节点的最小子结构，即 $RevTree(RV^*) = \bigcup_{v_u \in RV^*} Path(v_u)$。

参数设置阶段：仿真器 $\mathcal{B}$ 设置系统参数如下。

（1）$\mathcal{B}$ 向方案 $\mathcal{B}_{ABE}$ 提交挑战访问策略 $(\boldsymbol{A}^*, \rho^*)$，$\mathcal{B}_{ABE}$ 进行参数设置如下。

算法随机选择参数 $a' \in \mathbb{Z}_p$，并设置 $h = g^a g^{a'}$。接下来，算法设置群元素 $(h_{1,1}, \cdots, h_{1,U}), (h_{2,1}, \cdots, h_{2,U}), \cdots, (h_{n_{\max},1}, \cdots, h_{n_{\max},U})$，对于每个 (x, j)，$1 \leqslant x \leqslant U$，$1 \leqslant j \leqslant n_{\max}$，算法随机选择参数 $z_{x,j} \in \mathbb{Z}_p$。若存在 i 满足 $\rho^*(i) = x$，且 $i \leqslant n^*$，那么算法设置 $h_{j,x} = g^{z_{x,j}} g^{aA^*_{i,j}}$，否则设置 $h_x = g^{z_{x,j}}$。另外，算法通过计算 $\Lambda'_{ABE} = e(g^a, g^b)$ 隐含地设置参数 $\gamma = ab$。

最后，$\mathcal{B}_{ABE}$ 输出公开密钥。

$$PK'_{ABE}=(g,h,(h_{1,1},\cdots,h_{1,U}),\cdots,(h_{n_{\max},1},\cdots,h_{n_{\max},U}),\Lambda'_{ABE})$$

（2）仿真器 $\mathcal{B}$ 向方案 $\mathcal{B}_{SUE}$ 提交 T^*，$\mathcal{B}_{SUE}$ 进行参数设置如下。

算法首先计算 $L^*=\psi(T^*)$ 得到时间 T^* 对应的字符串 L^*，并定义函数 $TL(L^*,i,j)$ 获得 $TimeLabels(L^*)$ 中的某个字符串 L，其中，L 的长度为 l 且 $L[i]=j$。接着算法随机选择参数 $w',v',u',\{h'_{i,j}\}_{\forall 1\leqslant i\leqslant l,j\in\{0,1\}}\in\mathbb{Z}_p$，并设置

$$w=g^a g^{w'},v=g^a g^{v'},u=g^a g^{u'},\{h_{i,j}=(g^a)^{-TL(L^*,i,j)}g^{h'_{i,j}}\}_{\forall 1\leqslant i\leqslant l,j\in\{0,1\}}$$

另外，算法通过计算 $\Lambda'_{SUE}=c(g^a,g^b)$ 隐含地设置 $\beta=ab$。

最后，$\mathcal{B}_{SUE}$ 输出公开密钥。

$$PK'_{SUE}=(g,u,v,w,\{h_{i,0},h_{i,1}\}_{i=1}^{l},\Lambda'_{SUE})$$

（3）仿真器随机选择参数 $\gamma',\beta'\in\mathbb{Z}_p$，计算 $\Lambda_{ABE}=\Lambda'_{ABE}\cdot e(g,g)^{\gamma'},\Lambda_{SUE}=\Lambda'_{SUE}\cdot e(g,g)^{\beta'}$，并设置 $PK_{ABE}=(g,h,(h_{1,1},\cdots,h_{1,U}),\cdots,(h_{n_{\max},1},\cdots,h_{n_{\max},U}),\Lambda_{ABE})$，$PK_{SUE}=(g,u,v,w,\{h_{i,0},h_{i,0}\}_{i=1}^{l},\Lambda_{SUE})$。然后，$\mathcal{B}$ 通过计算 $\Omega=c(g^a,g^{a_q})$ 隐含地设置参数 $\alpha=a^{q+1}$。最后，$\mathcal{B}$ 将公开密钥 $PK=(PK_{ABE},PK_{SUE},\Omega)$ 发送给攻击者 $\mathcal{A}$。

密钥查询阶段 1：$\mathcal{A}$ 向 $\mathcal{B}$ 进行用户密钥查询、更新密钥查询和解密密钥查询。

（1）用户密钥查询：$\mathcal{A}$ 向 $\mathcal{B}$ 进行用户 u 和属性集合 S 的用户密钥查询，$\mathcal{B}$ 生成密钥如下。

①若 $u\in R^*$

a. $\mathcal{B}$ 得到分配给用户 u 的叶节点 $v_u\in RV^*$，然后获得 $Path(v_u)=\{v_{j_0},v_{j_1},\cdots,v_{j_d}\}$，其中，$v_{j_d}=v_u$，并且从 $\mathcal{BT}$ 得到各节点对应的私钥 $\{\gamma_{j_0},\gamma_{j_1},\cdots,\gamma_{j_d}\}$。

b. 对于所有的 $v_{j_k}\in Path(v_u)$，$\mathcal{B}$ 运行 $CP\text{-}ABE.GenKey$（PK_{ABE},γ_{j_k},S）得到密钥 $SK_{ABE,k}$。

c. $\mathcal{B}$ 输出用户密钥 $SK_{S,u}=\{PV_u,SK_{ABE,0},SK_{ABE,1},\cdots,SK_{ABE,d}\}$。

②若 $u\notin R^*$

$\mathcal{A}$ 请求的属性集合 S 满足 $S\notin(A^*,\rho^*)$，因此 $\mathcal{A}$ 可以利用仿真器 $\mathcal{B}_{ABE}$ 构造 CP-ABE 密钥。

a. $\mathcal{B}$ 生成属性集合 S 对应的密钥 SK_S 如下。

$\mathcal{B}$ 首先计算向量 $\vec{w}=(w_1,\cdots,w_{n_{\max}})\in\mathbb{Z}_p^n$，其中，$w_1=-1$，且对于所有的 $\rho^*(i)\in S$ 满足 $\boldsymbol{A}_i^*\vec{w}^{\mathrm{T}}=0$。另外，对于 $n^*\leqslant j\leqslant n_{\max}$，$\mathcal{B}$ 设置 $w_j=0,\boldsymbol{A}_{i,j}^*=0$。

接着 $\mathcal{B}$ 计算 $L_j = g^{r_j}(g^b)^{w_j}$，即 $\mathcal{B}$ 隐含地定义参数 $t_j = r_j + w_j \cdot b$，可以得出 $t_1 = r_1 + w_1 \cdot b = r_1 - b$，即 g^{at_1} 包含了假设中未给出的 g^{ab} 项，但是由于在参数设置阶段隐含地定义了参数 $\gamma = a^{q+1}$，因此计算 K 时，g^{ab} 可以被消除，即

$$K = g^{\gamma} h^{t_1} = g^{ab} \cdot (g^a g^{a'})^{r_1 + w_1 \cdot b} = g^{ar_1} g^{a' r_1} g^{-a'b}$$

接下来，$\mathcal{B}$ 计算 $K_x, \forall x \in S$，对于所有的属性 $x \in S$，若访问矩阵中不存在行 i 满足 $\rho^*(i) = x$，则设置 $K_x = \prod_{j=1,2,\cdots,n_{\max}} L_j^{z_{x,j}}$。否则，若访问矩阵中存在行 i 满足 $\rho^*(i) = x$，则设置 K_x 为

$$K_x = \prod_{j=1,2,\cdots,n_{\max}} g^{z_{x,j} r_j} \cdot g^{b z_{x,j}} \cdot g^{a A^*_{i,j} r_j}$$

最后，$\mathcal{B}$ 输出密钥为 $SK_S = (K, \{L_j\}_{j=1}^{n_{\max}}, K_x \forall x \in S)$。

b. $\mathcal{B}$ 得到分配给用户 u 的叶节点 $v_u \in RV^*$，然后获得 $Path(v_u) = \{v_{j_0}, v_{j_1}, \cdots, v_{j_d}\}$，其中，$v_{j_d} = v_u$，并且从 $\mathcal{BT}$ 得到各节点对应的私钥 $\{\gamma_{j_0}, \gamma_{j_1}, \cdots, \gamma_{j_d}\}$。

c. 对于所有的 $v_{j_k} \in RevTree(RV^*) \cap Path(v_u)$，$\mathcal{B}$ 运行算法 $CP\text{-}ABE.GenKey$ $(PK_{ABE}, \gamma_{j_k}, S)$ 得到密钥 $SK_{ABE,k}$。

d. 对于所有的 $v_{j_k} \in Path(v_u) \setminus (RevTree(RV^*) \cap Path(v_u))$，$\mathcal{B}$ 运行算法 $CP\text{-}ABE.RandKey$ $(PK_{ABE}, -\gamma_{j_k}, SK_S)$ 得到密钥 $SK_{ABE,k}$。

e. $\mathcal{B}$ 输出用户密钥 $SK_{S,u} = \{PV_u, SK_{ABE,0}, SK_{ABE,1}, \cdots, SK_{ABE,d}\}$。

（2）更新密钥查询：$\mathcal{A}$ 向 $\mathcal{B}$ 进行时间 T 和撤销用户集合 R 的更新密钥查询，$\mathcal{B}$ 生成密钥如下。

①若 $T < T^*$

a. $\mathcal{B}$ 向 $\mathcal{B}_{SUE}$ 进行时间 T 的更新密钥查询，$\mathcal{B}_{SUE}$ 生成密钥 SK_S 如下。

$\mathcal{B}_{SUE}$ 首先计算时间 T 对应的字符串 $L = \psi(T), L \in \{0,1\}^n$，然后随机选择参数 $r', r_1', r_2', \cdots, r_n' \in \mathbb{Z}_p$，并通过隐含地设置 $r = -b + r'$, $\{r_i = b/(L|_i - TL(L^*, i, j)) + r_i'\}_{i=1}^n$ 计算密钥。

$$K_0 = (g^b)^{-w'} w^{r'},\ K_1 = g^b g^{-r'},$$
$$\{K_{i,1} = (g^b)^{-v'} v^{r'} (g^b)^{(u' L|_i + h'_{i,L[i]})/(L|_i - TL(L^*, i, L[i]))} F_{i,L[i]}(L|_i)^{r_i'},$$
$$K_{i,2} = (g^b)^{-1/(L|_i - TL(L^*, i, L[i]))} g^{-r_i'}\}_{i=1}^n$$

最后，$\mathcal{B}_{SUE}$ 输出密钥 $SK_T = (K_0, K_1, \{K_{i,1}, K_{i,2}\}_{i=1}^n)$。

b. $\mathcal{B}$运行 $CS.Cover$ $(\mathcal{BT}, R)$得到覆盖集合 CV_R，将 CV_R 相关的节点集合表示为

$Cover(R)=\{v_{i_1},v_{i_2},\cdots,v_{i_m}\}$，并且从 $\mathcal{BT}$ 得到各节点对应的私钥 $\{\gamma_{i_1},\gamma_{i_2},\cdots,\gamma_{i_m}\}$。

c. 对于所有的 $v_{i_k}\in RevTree(RV^*)\cap Cover(R)$，$\mathcal{B}$ 运行算法 $SUE.RandKey(PK_{SUE},-\gamma_{ik},SK_T)$ 得到密钥 $SK_{SUE,k}$。

d. 对于所有的 $v_{i_k}\in Cover(R)\setminus(RevTree(RV^*)\cap Cover(R))$，$\mathcal{B}$ 运行算法 $SUE.GenKey(PK_{SUE},\gamma_{i_k},T)$ 得到密钥 $SK_{SUE,k}$。

e. $\mathcal{B}$ 生成更新密钥为 $SK_{T,R}=\{CV_R,SK_{SUE,1},SK_{SUE,2},\cdots,SK_{SUE,m}\}$。

②若 $T\geqslant T^*$

a. $\mathcal{B}$ 运行 $CS.Cover(\mathcal{BT},R)$ 得到覆盖集合 CV_R，与 CV_R 相关的节点集合表示为 $Cover(R)=\{v_{i_1},v_{i_2},\cdots,v_{i_m}\}$，并且从 $\mathcal{BT}$ 得到各节点对应的私钥 $\{\gamma_{i_1},\gamma_{i_2},\cdots,\gamma_{i_m}\}$。

b. 对于所有的 $v_{i_k}\in Cover(R)$，$\mathcal{B}$ 运行算法 $SUE.GenKey(PK_{SUE},\gamma_{i_k},T)$ 得到密钥 $SK_{SUE,k}$。

c. $\mathcal{B}$ 生成更新密钥为 $UK_{T,R}=\{CV_R,SK_{SUE,1},SK_{SUE,2},\cdots,SK_{SUE,m}\}$。

（3）解密密钥查询：$\mathcal{A}$ 向 $\mathcal{B}$ 进行时间 T 和用户属性集合 S 的解密密钥查询，$\mathcal{B}$ 生成密钥如下。

①若 $S\notin(\boldsymbol{A}^*,\rho^*)$

a. $\mathcal{B}$ 向方案 $\mathcal{B}_{ABE}$ 提交属性集合 S，并得到密钥 $SK_S=(K,\{L_j\}_{j=1}^{n_{\max}},K_x\forall x\in S)$。

b. $\mathcal{B}$ 随机选择参数 $\delta\in\mathbb{Z}_p$，并分别运行算法 $CP\text{-}ABE.RandKey(PK_{ABE},-\delta,SK_S)$ 和算法 $SUE.GenKey(PK_{SUE},\delta,T)$ 得到密钥 SK_{ABE} 和 SK_{SUE}。

c. $\mathcal{B}$ 生成解密密钥 $DK_{S,T}=\{SK_{ABE},SK_{SUE}\}$。

②若 $S\in(\boldsymbol{A}^*,\rho^*)$

在该条件下，根据安全模型的限制，必须满足 $T<T^*$。

a. 如上所示，$\mathcal{B}$ 向方案 $\mathcal{B}_{SUE}$ 提交时间 T，得到密钥 $SK_T=(K_0,K_1,\{K_{i,1},K_{i,2}\}_{i=1}^{n})$。

b. $\mathcal{B}$ 随机选择参数 $\delta\in\mathbb{Z}_p$，并分别运行算法 $CP\text{-}ABE.GenKey(PK_{ABE},\delta,S)$ 和算法 $SUE.RandKey(PK_{SUE},-\delta,SK_T)$ 得到密钥 SK_{ABE} 和 SK_{SUE}。

c. $\mathcal{B}$ 生成解密密钥 $DK_{S,T}=\{SK_{ABE},SK_{SUE}\}$。

挑战阶段：攻击者 $\mathcal{A}$ 提交长度相等的两个明文消息 M_0 与 M_1，$\mathcal{B}$ 生成挑战密文如下。

（1）$\mathcal{B}$ 向 $\mathcal{B}_{ABE}$ 进行挑战密文头查询，$\mathcal{B}_{ABE}$ 生成 CH^*_{ABE} 如下。

$\mathcal{B}_{ABE}$ 设置 $C'=g^c$，然后，$\mathcal{B}$ 随机选择参数 $y'_2,\cdots,y'_{n^*}\in\mathbb{Z}_p$，并隐含地设置向量 $\vec{v}=(c,ca+y'_2,ca^2+y'_3,\cdots,ca^{n^*-1}+y'_{n^*})\in\mathbb{Z}_p^{n^*}$ 共享密钥 C。最后，$\mathcal{B}_{ABE}$ 生成挑战密文组

件 $C_{i,j}$ 如下。

$$C_{i,j}=(g^a g^{a'})^{A_{i,j}^* y_j'}(g^c)^{-z_{\rho^*(i),j}}$$

（2）$\mathcal{B}$ 向 $\mathcal{B}_{SUE}$ 进行挑战密文头查询，$\mathcal{B}_{SUE}$ 生成 CH_{SUE}^* 如下。

① $\mathcal{B}_{SUE}$ 计算 $\psi(T^*)$ 得到时间 T^* 对应的字符串 $L^*\in\{0,1\}^d$，然后算法随机选择参数 $s_1,s_2,\cdots,s_{d-1},s_d'\in\mathbb{Z}_p$，并生成密文头 $CH^{(0)}$ 如下。

$$C_0=g^c, C_1=(g^c)^{w'}\prod_{i=1}^{d-1}v^{s_i}(g^c)^{-v'}v^{s_d'},\{C_{i,1}=g^{s_i},C_{i,2}=F_{i,L^*[i]}(L^*|_i)^{s_i}\}_{i=1}^{d-1},$$
$$C_{d,1}=(g^c)^{-1}g^{s_d'},C_{d,2}=(g^c)^{-(u'L^*|_i+h'_{i,L^*[i]})}F_{d,L^*[d]}(L^*|_i)^{s_d'}$$

②对于 $1\leqslant j\leqslant d$，$\mathcal{B}_{SUE}$ 设置 $L^{(j)}=L^*|_{d-j}\|1$，令 $d^{(j)}$ 表示 $L^{(j)}$ 的字符串长度。若 $L^{(j)}=L^*|_{d-j+1}$，设置 $CH^{(j)}$ 为空。否则，$\mathcal{B}_{SUE}$ 随机选择参数 $s'_{d^{(j)}}\in\mathbb{Z}_p$，并生成密文头 $CH^{(j)}$ 如下。

$$C_1=(g^c)^{w'}\prod_{i=1}^{d^{(j)}-1}v^{s_i}(g^c)^{-v'}v^{s'_{d^{(j)}}},C_{d^{(j)},1}=(g^c)^{-1}g^{s'_{d^{(j)}}},$$
$$C_{d^{(j)},2}=(g^c)^{-(u'L^{(j)}+h'_{d^{(j)},L^*[d^{(j)}]})}F_{d^{(j)},L^*[d^{(j)}]}(L^{(j)})^{s'_{d^{(j)}}}$$

③ $\mathcal{B}_{SUE}$ 去掉空的 $CH^{(j)}$，并设置 $CH_T=(CH^{(0)},CH^{(1)},\cdots,CH^{(d')})$。

④ $\mathcal{B}_{SUE}$ 设置挑战密文头 $CH_{SUE}^*=CH_T$ 和会话密钥 $EK=Z$，并将其发送给挑战者 $\mathcal{A}$。

（3）$\mathcal{B}$ 随机选择参数 $\beta\in\{0,1\}$，生成挑战密文 $CT^*=(CH_{ABE}^*,CH_{SUE}^*,C^*=Z\cdot M_\beta)$，并将其发送给挑战者 $\mathcal{A}$。

密钥查询阶段 2：与密钥查询阶段 1 相同。

猜测阶段：攻击者 $\mathcal{A}$ 输出对 β 的猜测 β'。若 $\beta=\beta'$，那么 $\mathcal{A}$ 输出 0，表示 $Z=e(g,g)^{abc}$；否则，输出 1，表示 Z 为群 $\mathbb{G}_T$ 中的随机元素。

7.3.6 方案分析与实验验证

本小节主要对提出的 RS-CP-ABE 方案进行相关分析和实验验证，并将其与 7.2 节介绍的两个 RS-CP-ABE 方案进行对比，包括功能和性能。其中，所使用的描述符如下：C_1 表示素数阶群 $\mathbb{G}$ 中数据元素的长度；C_T 表示素数阶群 $\mathbb{G}_T$ 中数据元素的长

度；$C_{1,3}$ 表示合数阶群 $\mathbb{G}_{p_1}\times\mathbb{G}_{p_3}$ 中数据元素的长度；C_p 表示 $\mathbb{Z}_p^*$ 中数据元素的长度；l 表示 LSSS 访问矩阵的行数；k 表示 CP-ABE 方案中用户密钥属性的个数；$|U|$ 表示整个系统中属性的总个数；$N_{\max}$ 表示整个系统中用户的总个数；$n_{\max}$ 表示 LSSS 访问矩阵的最大列数；$T_{\max}$ 表示系统的最大时间；T 表示加密时间；T' 表示密钥更新时间；ψ 表示时间到字符串的映射函数；$|S|$ 表示 CP-ABE 方案中用来解密的属性个数；r 表示撤销用户的个数；P 表示对运算。

（1）功能说明

表 7.1 对本节提出的 RS-CP-ABE 方案与现 7.2 节介绍 RS-CP-ABE 方案进行了功能对比，从表中可以看出，7.2.1 节方案[3]（以下称为 LCLPY 方案）实现了小规模属性集合下的适应性安全，但是该方案基于合数阶双线性群进行构造，因此方案的性能非常低。7.2.2 节方案[4]（以下称为 Lee 方案）使用素数阶双线性群中的元素进行构造，并基于 q-type 假设实现了大规模属性集合下的选择性安全，但是 q-type 假设为强假设，而基于强假设构造的 CP-ABE 方案的安全性备受质疑。本节提出的方案使用素数阶双线性群中的元素进行构造，并基于弱假设 DBDH 实现了小规模属性集合下的选择性安全。

表 7.1　功能比较

方案	群阶	属性集合	安全模型	安全假设
LCLPY 方案[3]	合数	小规模	适应性	静态假设
Lee 方案[4]	素数	大规模	选择性	q-type 假设
本节方案	素数	小规模	选择性	DBDH 假设

（2）性能对比

表 7.2 对本节提出的 RS-CP-ABE 方案与 7.2 节介绍的两个 RS-CP-ABE 方案进行了性能对比，从表中可以看出，由于 LCLPY 方案和本节方案支持小规模属性集合，因此公钥大小与整个系统中属性的总个数 $|U|$ 有关，而为了实现弱假设 DBDH 下的可证明安全性，本节方案为每个属性 $i\in U$ 设置了 $n_{\max}$ 个公钥参数，因此本节方案的公钥大小还与 $n_{\max}$ 有关。另外，为了实现密文更新，LCLPY 方案和本节方案需要设置 SUE 方案下的公钥参数，因此公钥大小与 $T_{\max}$ 有关。Lee 方案支持大规模属性集合，因此方案的公钥大小为常数；对于用户密钥，其大小与系统中用户的总个数 $N_{\max}$ 有关，为 $(\log N_{\max}+1)$ 倍的 CP-ABE 密钥。LCLPY 方

案和 Lee 方案的 CP-ABE 密钥大小只与用户密钥属性个数 k 有关，而本节方案虽然额外增加了 n_{max} 长度的密钥参数，但是与 Lee 方案相比，与属性相关的密钥大小由 $2k$ 减小为 k；对于更新密钥，其大小与系统中用户的总个数 N_{max} 和撤销用户个数 r 有关，为 $(r\log(N_{max})/r))$ 倍的 SUE 密钥，从表 7.2 可以看出，本节方案和 Lee 方案的更新密钥大小相同；对于密文，其长度由 CP-ABE 方案的密文长度和 SUE 方案的密文长度组成，其中，三个方案的 SUE 密文长度都与加密时间 T 的映射字符串 $\psi(T)$ 有关，本节方案的 SUE 密文长度和 Lee 方案相同，都为 $5\psi(T)+2$，而 LCLPY 方案的 SUE 密文长度为 $3\psi(T)+2$，但是 LCLPY 方案基于合数阶双线性群进行构造，因此 LCLPY 方案的 SUE 密文长度远远大于本节方案和 Lee 方案。另外，三个方案的 CP-ABE 密文长度都与 LSSS 访问矩阵的行数 l 有关，而本节方案的 CP-ABE 密文长度还与 LSSS 访问矩阵的最大列数 n_{max} 有关，当 $n_{max}>3$ 时，其长度大于 Lee 方案；对于解密计算，三个方案所需要的对运算都与解密的属性个数 $|S|$ 和密钥更新时间 T' 的映射字符串 $\psi(T')$ 有关，而本节方案还与 LSSS 访问矩阵的最大列数 n_{max} 有关，但是与 Lee 方案相比，CP-ABE 的解密只需要 $|S|$ 个对运算，而 Lee 方案则需要 $3|S|$ 个对运算。

表 7.2　性能比较

方案	公钥大小	用户密钥大小	更新密钥大小	密文大小	解密
LCLPY 方案[3]	$(4\log(T_{max}+1)+\|U\|)C_1+3C_T$	$((\log N_{max}+1)\cdot(k+2))C_{1,3}$	$(r\log(N_{max}/r)\cdot(\psi(T')+2))C_{1,3}$	$(3\psi(T)+2l+3)C_1+3C_T$	$(2\|S\|+\psi(T')+3)P$
Lee 方案[4]	$10C_1+3C_T$	$((\log N_{max}+1)\cdot(2k+2))C_1$	$(r\log(N_{max}/r)\cdot(2\psi(T')+2))C_1$	$(5\psi(T)+3l+3)C_1+3C_T$	$(3\|S\|+2\psi(T')+3)P$
本节方案	$(2\log(T_{max}+1)+4+\|U\|\cdot n_{max})C_1+3C_T$	$((\log N_{max}+1)\cdot(k+n_{max}+1))C_1$	$(r\log(N_{max}/r)\cdot(2\psi(T')+2))C_1$	$(5\psi(T)+n_{max}\cdot l+3)C_1+3C_T$	$(\|S\|+n_{max}+2\psi(T')+3)P$

（3）实验验证

实验环境为 64 bit Ubuntu 14.04 操作系统、Intel Core i7-3770CPU（3.4 GHz）、内存 4 GB，实验代码基于 Pairing-based Cryptography Library (PBC-0.5.14)[11]和 cpabe-0.11[12]进行修改与编写，并且使用基于 512 bit 有限域上的超奇异曲线 $y^2=x^3+x$ 中的 160 bit 椭圆曲线群。实验数据取运行 20 次所得的平均值。在实验中，PBC 库对运算的时间大约为 5.3 ms，群 $\mathbb{G}$ 与 $\mathbb{G}_T$ 中指数运算的时间大约为 6.2 ms 与 0.6 ms。另外，使用 Ubuntu 14.04 操作系统中的/dev/urandom 操作选择群 $\mathbb{G}$ 与 $\mathbb{G}_T$

中随机元素的时间大约为 14 ms 与 1.4 ms。

下面对本节提出的 RS-CP-ABE 方案和 Lee 提出的 RS-CP-ABE 方案在密钥生成时间、加密时间、更新时间与解密时间方面进行比较，设置系统中用户的总个数 N_{max}=64，系统的最大时间 T_{max}=32，并取 LSSS 访问矩阵的最大列数 n_{max} 分别为 6、8、10 进行实验。其运行结果如图 7.1～图 7.5 所示。

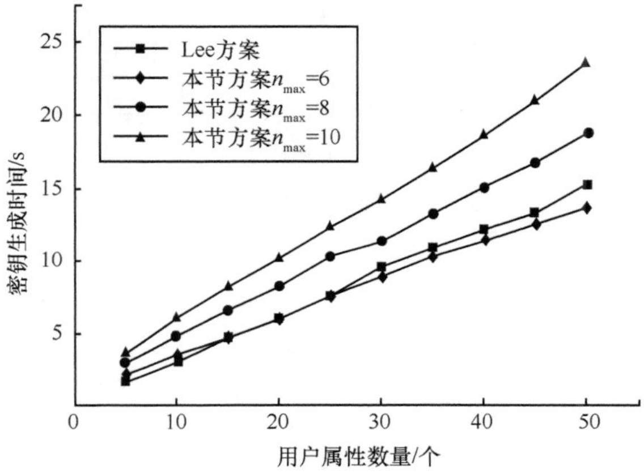

图 7.1　密钥生成时间

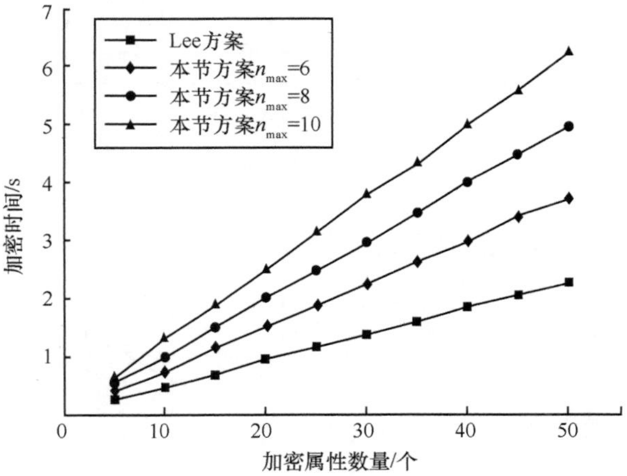

图 7.2　CP-ABE 方案的加密时间

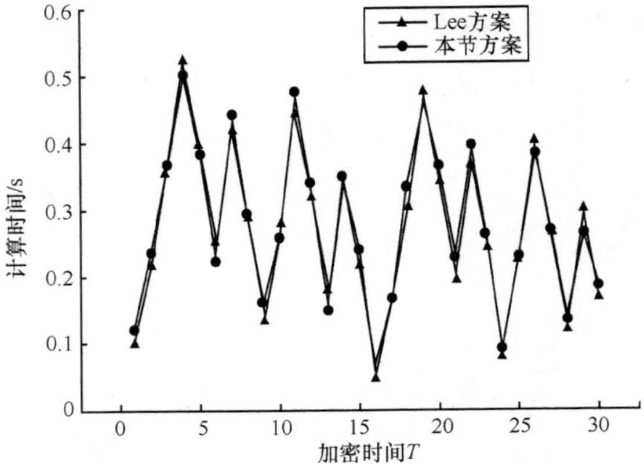

图 7.3 SUE 方案的加密时间

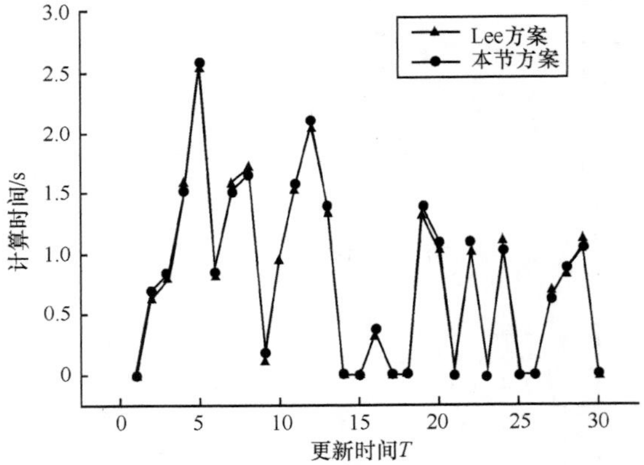

图 7.4 更新时间

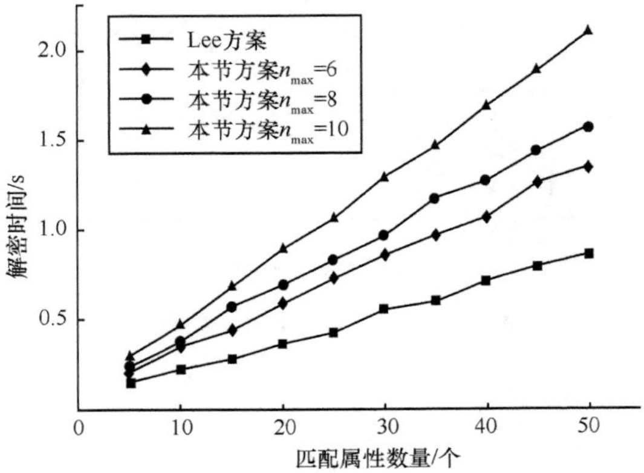

图 7.5 解密时间

如图 7.1 所示，本节方案和 Lee 方案的密钥生成时间都随着属性数量呈线性增长，而本节方案的密钥生成时间还与 LSSS 访问矩阵的最大列向量 n_{max} 有关，随着 n_{max} 的增大而增长，并且当 n_{max} 很小时，本节方案的密钥生成时间小于 Lee 方案，当 n_{max} 很大时，本节方案的密钥生成时间大于 Lee 方案。特别地，当 $n_{max}=6$ 时，在属性数量较少时，本节方案的密钥生成时间大于 Lee 方案，而随着属性数量的增多，本节方案的密钥生成时间小于 Lee 方案。另外，本节方案和 Lee 方案的密钥生成时间都与用户数量 N_{max} 有关，其大小为原始 CP-ABE 方案的 $\log N_{max}+1$ 倍。

方案的加密时间由 CP-ABE 方案的加密时间和 SUE 方案的加密时间组成，因此本文分别对其进行实验验证，图 7.2 表示 CP-ABE 方案的加密时间，由图可知本节方案和 Lee 方案的加密时间都随着访问结构中的属性数量呈线性增长。同密钥生成时间一样，本节方案的加密时间还与 LSSS 访问矩阵的最大列向量 n_{max} 有关，随着 n_{max} 的增大而增长。如图 7.2 所示，当 n_{max} 分别为 6、8、10 时，本节方案的加密时间均高于 Lee 方案。图 7.3 表示 SUE 方案的加密时间，本节方案和 Lee 方案的 SUE 加密时间基本相同，都与加密时间 T 有关，其大小取决于 T 对应的字符串 L 的长度。

在进行密钥更新实验时，对于每个时间点 $1 \leqslant T \leqslant T_{max}$，本节对所有的用户节点分别以 2%的概率进行撤销，得到撤销集合 r 后，方案以 r 和时间 T 为输入进行密钥更新。因此，方案进行撤销的计算时间与撤销集合 r 和时间 T 有关。如图 7.4 所示，本节方案和 Lee 方案的撤销计算时间基本相同。

方案的解密时间由 CP-ABE 方案的解密时间和 SUE 方案的解密时间组成，CP-ABE 方案的解密时间与匹配的属性数量有关，而 SUE 方案的解密时间则与密钥的更新时间 T 有关。本节方案和 Lee 方案的 SUE 解密时间基本相同。不失一般性，本节设置 $\psi(T)=3$，主要考察解密时间与匹配属性的关联。如图 7.5 所示，本节方案和 Lee 方案的解密时间随着解密时匹配的属性数量呈线性增长，而本节方案的加密时间还与 LSSS 访问矩阵的最大列向量 n_{max} 有关，随着 n_{max} 的增大而增长。如图 7.5 所示，当 n_{max} 分别为 6、8、10 时，本节方案的解密时间均高于 Lee 方案，但都在可接受的范围内。

参考文献

[1] BOLDYREVA A, GOYAL V, KUMAR V. Identity-based encryption with efficient

revocation[C]//2008 ACM Conference on Computer and Communications Security (CCS 2008). 2008.

[2] SAHAI A, SEYALIOGLU H, WATERS B. Dynamic credentials and ciphertext delegation for attribute-based encryption[M]//Advances in Cryptology. Berlin: Springer, 2012: 199-217.

[3] LEE K, CHOI S G, DONG H L, et al. Self-updatable encryption: time constrained access control with hidden attributes and better efficiency[M]//Advances in Cryptology. Berlin: Springer, 2013:235-254.

[4] LEE K. Self-updatable encryption with short public parameters and its extensions[J]. Designs Codes & Cryptography, 2015, 79(1):121-161.

[5] CANETTI R, HALEVI S, KATZ J. A forward-secure public-key encryption scheme[M]// Advances in Cryptology — Eurocrypt 2003. Berlin Heidelberg: Springer, 2002.

[6] NAOR D, NAOR M, LOTSPIECH J B. Revocation and tracing schemes for stateless receivers[C]//21st Annual International Cryptology Conference on Advances in Cryptology-CRYPTO 2001. 2001.

[7] BELLARE M, MINER S K. A forward-secure digital signature scheme[C]// 19th Annual International Cryptology Conference on Advances in Cryptology. 2001.

[8] LEWKO A, OKAMOTO T, SAHAI A, et al. Fully secure functional encryption: attribute-based encryption and (hierarchical) inner product encryption.[M]//Advances in Cryptology-Eurocrypt 2010. Berlin: Springer. 2010.

[9] ROUSELAKIS Y, WATERS B. Practical constructions and new proof methods for large universe attribute-based encryption[C]//ACM Sigsac Conference on Computer & Communications Security. 2013: 463-474.

[10] WATERS B. Ciphertext-policy attribute based encryption: an expressive, efficient and provably secure realization[C]//Proceedings of the Public Key Cryptology. 2011: 53-70.

[11] LYNN B. The pairing-based cryptography (PBC) library[EB]. 2006.

[12] BETHENCOURT J, SAHAI A, WATERS B. Advanced crypto software collection: the cpabetoolkit[EB]. 2011.

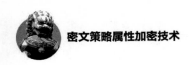

第8章

支持属性级用户撤销的 CP-ABE 方案

属性级用户撤销意味着可以在不影响用户合法属性正常访问的前提下，实现对用户单个属性进行撤销，提高系统的灵活性和扩展性。本章首先介绍 4 个经典的支持属性级用户撤销的 CP-ABE 方案，然后基于经典方案的研究分析，提出两个基于广播加密的支持属性级用户撤销的 CP-ABE 方案和基于 KEK 树的支持属性级用户撤销的 CP-ABE 方案。

CP-ABE 系统有时因某种原因需要撤销系统中用户的属性并更新该属性的私钥组件。例如，用户身份变化导致其相关属性发生变化，用户因私钥丢失而导致私钥泄露等情况。CP-ABE 方案中用户私钥与属性集合相关联，每个属性可能同时被多个用户共享，即用户集和属性集之间为多对多关系；数据拥有者定义关联密文的访问结构，撤销任何用户的某个属性时会涉及其他拥有该属性的用户；为确保被撤销用户不能继续解密原密文，需要对密文以及用户私钥进行更新。因此，针对云存储环境中具有大量用户的特点，实现 CP-ABE 方案属性的细粒度撤销是一个困难问题。本章首先介绍几种经典的属性撤销 CP-ABE 方案，然后分别针对小规模属性集合和大规模属性集合提出两个基于广播加密的支持属性级用户撤销的 CP-ABE 方案，最后提出一个基于密钥加密密钥（Key Encrypting Key，KEK）树的支持属性级用户撤销的 CP-ABE 方案。

8.1 引言

属性级的用户撤销能够实现在不影响合法属性正常访问的前提下，实现对单个属性的撤销，因此得到了越来越广泛的研究。其中，文献[1]和文献[2]基于阶段性的密钥更新机制实现属性撤销，其基本思想是为每个属性设置一个有效期，一旦某个属性的有效期结束，系统立即进行密钥更新，而该属性无法继续更新密钥，因此，该属性失去了相应的访问权限。但是这些方案无法实现实时撤销。具体来说，这样的撤销方式有两个缺陷。（1）安全性降低，主要体现在前向安全和后向安全方面[3]。在 CP-ABE 环境下，属性可能被一个群组的用户共享，而该群组的成员关系可能频繁地发生改变，这种情况可能造成新加入的用户在该属性过期而进行密钥更新前，能够访问其加入之前的密文，此为后向安全性；也可能造成某个被撤销的用户在属性过期前能够继续访问密文，此为前向安全性。（2）扩展性问题。在上述方案中，属性授权需要阶段性地发布密钥更新参数，未被撤销的用户能够成功地更新密钥而不影响正常访问，但是，这对属性授权和未被撤销的用户造成了严重的计算和通信负载。因此，设计一个能够实现实时撤销并且具有良好扩展性的 CP-ABE 方案，成为亟待解决的关键问题。

Liang 等[4]在 2010 年提出了一个基于二叉树实现用户撤销的 CP-ABE 方案，在该方案中，属性授权负责生成更新密钥参数实现用户撤销，但是方案的效率较低，而且大大增加了属性授权的计算和通信负载。另外，该方案只实现了系统级的用户撤销。2011 年，Hur 等[5]提出了一个基于密钥加密密钥树实现属性级用户撤销的 CP-ABE 方案，但是在该方案中，用户需要额外存储 $\log(n_u+1)$长度的密钥加密密钥（n_u表示系统中所有用户的数量），而且该方案只实现了一般群模型下的可证明安全性。然而，一般群模型下的安全性被认为是启发式的安全，不是可证明安全，很多基于一般群模型构造的 CP-ABE 方案在实际应用中已经被证明为不安全。随后，Yang 等[6]提出了一个随机预言模型下可证明安全的 CP-ABE 方案，该方案为每个属性生成两个对应的公开参数，进行属性撤销时，由属性授权负责更新撤销属性对应的公开参数，并为用户更新解密密钥，这不仅加重了属性授权的计算负载，而且增大了属性授权与用户之间的通信负载。该方案虽然实现了随机预言模型下的可证明安全，但是随机预言模型仍然为理想化的模型，基于随机预言模型构造的 CP-ABE 方案的安全性并不高。为了解决这一问题，本章分别针对小规模属性集合和大规模属性集合提出了两个基于广播加密的支持属性级用户撤销的 CP-ABE 方案，同时提出一个基于 KEK 树的支持属性级用户撤销的 CP-ABE 方案，三个方案都实现了标准模型下的可证明安全性。

8.2　几个经典的支持属性级用户撤销的 CP-ABE 方案

8.2.1　Liang-Lu-Lin 的支持属性级用户撤销的 CP-ABE 方案

密钥撤销一直以来是密码系统中一个重要的开放性问题。在密文策略属性加密方案中，不同的用户可能持有与同一属性集相关的同一功能密钥，这给撤销机制的设计带来了额外的困难。Yu 等[7]针对无线传感器网络中细粒度分布式数据访问控制问题，提出了一种可撤销的密钥策略属性加密方案，但是文献[7]中系统公共参数的周期性变化带来了额外的计算和通信成本。Lewko 等[8]提出一种短密钥的可撤销方案，但该方案的加密者自己掌握着撤销列表。Liang 等[4]提出基于二叉树实现用户撤销的 CP-ABE 方案，且撤销列表由系统管理者控制，这种情况更加符合 CP-ABE 方案的实际应用场景。下面分别从方案定义、安全模型、方案构造和安全性证明等方面介绍该方案。

8.2.1.1 方案定义

该方案能够实现属性级用户撤销，其主要包括 5 个多项式时间算法，具体描述如下。

（1）$Setup(\lambda, U, n_{\max}) \to (PK, MK)$：系统参数设置算法。该算法以安全参数 λ、属性集合 U 和访问结构中的最大列索引 $n_{\max}$ 为输入，输出公开密钥 PK 和主密钥 MK。

（2）$Encrypt(PK, M, (\boldsymbol{A}, \rho), t) \to CT$：数据加密算法。该算法以系统公开密钥 PK、明文消息 M、访问策略 $(\boldsymbol{A}, \rho)$ 和时间戳 t 为输入，输出密文 CT。

（3）$KeyGen(PK, MK, S, u_{id}) \to SK$：密钥生成算法。该算法以系统公开密钥 PK、主密钥 MK、属性集合 S 和用户身份 u_{id} 为输入，输出用户的解密密钥 SK。

（4）$KeyUpdate(PK, MK, rl, t) \to UK$：密钥更新算法。该算法以系统公开密钥 PK、主密钥 MK、撤销列表 rl 和时间戳 t 为输入，输出更新密钥 UK。

（5）$Decrypt(CT, SK, UK) \to M$：解密算法。该算法以密文 CT、解密密钥 SK 和更新密钥 UK 为输入，若与解密密钥 SK 关联的属性集合满足与密文 CT 关联的访问策略 $(\boldsymbol{A}, \rho)$，并且与解密密钥 SK 有关的用户身份 u_{id} 未撤销，那么能够成功地解密密文并输出解密后的明文消息 M。

8.2.1.2 安全模型

选择性的访问结构模型广泛应用于分析密文策略的属性加密方案的安全性，其具体定义如下。

选择阶段：攻击者 $\mathcal{A}$ 选择挑战访问策略 $(\boldsymbol{A}^*, \rho^*)$、身份标识集合 u^* 和时间戳 t^*，其中，访问结构 $\boldsymbol{A}^*$ 的列索引不大于 $n_{\max}$。需要注意的是，对访问策略 $S \in (\boldsymbol{A}^*, \rho^*)$ 的

密钥生成查询都与 u^*中的身份标识有关。

参数设置阶段：挑战者$\mathcal{B}$运行 *Setup* 算法，生成公开密钥 *PK* 和主密钥 *MK*，并把 *PK* 发送给攻击者$\mathcal{A}$。

密钥查询阶段 1：$\mathcal{A}$适应性地提交一系列的解密密钥查询、撤销身份标识查询和更新密钥查询，如下。

（1）解密密钥查询：$\mathcal{A}$适应性地提交与元组(u_{id}, S)有关的解密密钥查询。

（2）撤销身份标识查询：$\mathcal{A}$适应性地提交与元组(u_{id}, t)有关的撤销身份标识查询，同时在时间 t 增加身份标识 u_{id} 到撤销列表 rl 中。

（3）更新密钥查询：对于任意的时间戳 t，依据在撤销身份标识查询中获得的撤销列表生成更新密钥。

挑战阶段：$\mathcal{A}$提交长度相等的两个明文消息 M_0 和 M_1。然后，$\mathcal{B}$随机选择参数$\beta \in \{0,1\}$，并在$(\boldsymbol{A}^*, \rho^*)$下加密$M_\beta$，生成挑战密文$CT^*$。最后，$\mathcal{B}$将$CT^*$发送给$\mathcal{A}$。

密钥查询阶段 2：如密钥查询阶段 1，$\mathcal{A}$继续适应性地提交一系列的解密密钥查询、撤销身份标识查询和更新密钥查询。

猜测阶段：$\mathcal{A}$输出对β的猜测$\beta' \in \{0,1\}$。若$\beta' \in \beta$，则称攻击者$\mathcal{A}$赢了该游戏。定义攻击者$\mathcal{A}$在该游戏中的优势为$Adv_{\mathcal{A}} = |\Pr[\beta' \in \beta] - \frac{1}{2}|$。

需要注意的是，必须满足以下限制。

（1）在解密密钥查询阶段，一旦进行元组(u_{id}, S)查询，那么攻击者不能进行任何元组(u_{id}, S')的查询，其中$S' \neq S$。

（2）在更新密钥查询阶段，在时间 t，更新密钥查询基于时间 t 前从撤销身份标识查询获得的信息生成更新密钥 *UK*。

（3）在解密密钥查询阶段，若攻击者查询了身份标识$u_{id} \in u^*$，那么对于所有的$u_{id} \in u^*$，在撤销身份标识查询阶段，一定进行了(u_{id}, t^*)查询。

定义 8.1　若无多项式时间内的算法能以不可忽略的优势来攻破上述安全模型，那么可以得出本小节提出的能够实现属性级用户撤销的密文策略属性加密方案是安全的。

8.2.1.3　方案构造

该方案基于 LSSS 访问结构$(\boldsymbol{A}, \rho)$加密数据，其中，访问矩阵$\boldsymbol{A}$的列索引不大于$n_{\max}$，而ρ表示将访问矩阵行映射到对应属性的映射函数。

令 $\mathbb{G}$ 和 $\mathbb{G}_T$ 表示阶为大素数 p 的两个循环群，$e:\mathbb{G}\times\mathbb{G}\to\mathbb{G}_T$ 表示一个双线性映射，且满足 $e(g_1^a,g_2^b)=e(g_1,g_2)^{ab}$，其中，$g_1,g_2\in\mathbb{G}$，$a,b\in\mathbb{Z}_p^*$。

（1）参数设置算法 $Setup(\lambda,U,n_{\max})\to(PK,MK)$

该算法首先选择阶为 p 的循环群 $\mathbb{G}$，g 为其生成元。另外，该算法选择随机指数 $\alpha,a,b,d\in\mathbb{Z}_p$ 和随机群参数 $h_{j,x}\in\mathbb{G}$，并定义函数 $H:\mathbb{Z}_p\to\mathbb{G}$。

定义 $H(x)=g^{bx^2}\prod_{i=1}^{3}h_i^{\Delta_{i,3}(x)}$，其中 $(h_i)_{1\leqslant i\leqslant 3}\in\mathbb{G}$，拉格朗日系数 $\Delta_{i,3}(x)=\prod_{j=1,j\neq i}^{3}\left(\frac{x-j}{i-j}\right)$。最后，定义公开参数为

$$PK=(g,e(g,g)^{\alpha},A=g^a,B=g^b,(h_{j,x})_{1\leqslant j\leqslant n_{\max},x\in U},d,H)$$

在用户密钥生成后，为了撤销用户的解密能力，系统会首先生成一个二进制树，以 T 表示，如图 8.1 所示。图 8.1 表示一个度为 3 的二进制树。每个叶节点与撤销用户 u_{id} 关联。$Path(u_{id})$ 表示从叶节点 C 到初始节点 R 的所有节点集合。$KUN(rl,t)$ 表示覆盖所有与未撤销用户关联的叶节点的所有节点集合，其中，rl 表示时间 t 下的撤销列表。不失一般性，系统会采用度为 n 的二进制树，其最大用户数为 2^n。

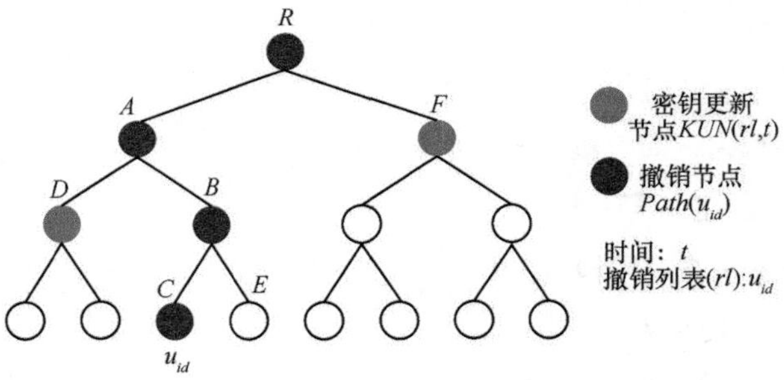

图 8.1 二进制结构 T

对于二进制树中的每个节点 y，算法随机选择一个参数 $a_y\in\mathbb{Z}_p^*$，并令 $A_Y=\{a_y\}$ 表示这些数值的集合。最后，该算法设置系统主密钥为

$$MK=(g^{\alpha},a,b,A_Y)$$

（2）密钥生成算法 $KeyGen(PK,MK,S,u_{id})\to SK$

密钥生成算法首先检查输入的身份标识 u_{id} 是否注册过，若注册过，那么输入的属性集合 S 必须与先前查询的属性集合相同，且算法输出相同的私钥。若未注册

过，那么算法选择一个空的叶节点，且将其绑定到 u_{id} 上。

然后，对于每个节点 $y\in Path(u_{id}),1\leqslant j\leqslant n_{\max}$，该算法随机选择参数 $t_y(t_{j,y})_{1\leqslant j\leqslant n_{\max}},r_{d,y}\in\mathbb{Z}_p$，最后输出私钥为

$$SK=(\{(L_{j,y})_{1\leqslant j\leqslant n_{\max}},(K_{x,y})_{x\in S},K_y,D_y,d_y\}_{y\in Path(u_{id})})=$$
$$(\{(g^{t_{j,y}})_{1\leqslant j\leqslant n_{\max}},(\prod_{1\leqslant j\leqslant n_{\max}}h_{j,x}^{t_{j,y}})_{x\in S},g^{\alpha}g^{at_{1,y}}g^{bt_y},B^{a_y d+t_y}H(d)^{r_{d,y}},g^{r_{d,y}}\}_{y\in Path(u_{id})})$$

需要注意的是，对于不同的用户，数值 a_y 保持不变，数值 $t_y,t_{j,y},r_{d,y}$ 不同。

（3）密钥更新算法 $KeyUpdate(PK,MK,rl,t)\rightarrow UK$

如图 8.1 所示，密钥更新算法首先将所有属于 $Path(u_{id})$ 的节点标记为（R、A、B、C），其中 $u_{id}\in rl$。$KUN(rl,t)$ 则定义为剩余未标记节点的最小覆盖集合（D、F）。然后，算法随机选择参数 $t,r_{t,y}\in\mathbb{Z}_p$，并输出更新密钥。

$$UK=(\{E_y,e_y\}_{y\in KUN(rl,t)})=(\{B^{a_y t}H(t)^{r_{t,y}},g^{r_{t,y}}\}_{y\in KUN(rl,t)})$$

需要注意的是，对于不同的时间，数值 a_y 保持不变，数值 $r_{t,y}$ 不同。

（4）数据加密算法 $Encrypt(PK,M,(\boldsymbol{A},\rho),t)\rightarrow CT$

该算法的输入参数 $\boldsymbol{A}$ 为一个 $l\times n$ 矩阵，并且将第 $n+1$ 列到第 $n_{\max}$ 列的数值填充为 0，因此矩阵变为一个 $l\times n_{\max}$ 矩阵。然后，算法随机选择向量 $\vec{v}=(s,y_2,\cdots,y_{n_{\max}})\in\mathbb{Z}_p^{n_{\max}}$。定义参数 $\boldsymbol{A}_{i,j}$ 为矩阵的第 i 行，第 j 列。最后，该算法输出包含 $(\boldsymbol{A},\rho)$ 的密文如下。

$$CT=(C_M,C_s,(C_{i,j})_{1\leqslant i\leqslant l,1\leqslant j\leqslant n_{\max}},C_d,C_t)=$$
$$(M\cdot e(g,g)^{\alpha s},g^s,(g^{aA_{i,j}v_j}h_{j,\rho(i)}^{-s})_{1\leqslant i\leqslant l,1\leqslant j\leqslant n_{\max}},H(d)^s,H(t)^s)$$

（5）解密算法 $Decrypt(CT,SK,UK)\rightarrow M$

若与解密密钥 SK 有关的用户身份 u_{id} 未撤销，那么基于 $Path(u_{id})$ 和 $KUN(rl,t)$ 的定义，能够找到参数 $\bar{y}$ 满足 $\bar{y}\in Path(u_{id})\cap KUN(rl,t)$。

首先，算法从解密密钥 SK 和更新密钥 UK 得到集合如下。

$$((L_{j,\bar{y}})_{1\leqslant j\leqslant n_{\max}},(K_{x,\bar{y}})_{x\in S},K_{\bar{y}},D_{\bar{y}},d_{\bar{y}})\text{ 和 }(E_{\bar{y}},e_{\bar{y}})$$

① 用户计算如下：若与解密密钥 SK 有关的属性集合 S 满足与密文 CT 有关的访问结构 $(\boldsymbol{A},\rho)$，那么可以找到集合 $I=\{i\mid\rho(i)\in S\}$，计算权重 $(w_j)_{j\in I}$ 满足 $\prod_{i\in I}A_{i,1}w_i=1$，并且对于 $2\leqslant j\leqslant n_{\max}$ 满足 $\prod_{i\in I}A_{i,j}w_i=0$。因此，可以得出如下结果。

$$\prod_{1\leqslant j\leqslant n_{\max}} e(\prod_{i\in I} C_{i,j}^{w_i}, L_{j,\bar{y}})\cdot e(\prod_{i\in I} K_{\rho(i),\bar{y}}^{w_i}, C_s)=$$
$$\prod_{1\leqslant j\leqslant n_{\max}} \prod_{i\in I} e(g^{aA_{i,j}w_i v_j}, g^{t_{j,\bar{y}}})=$$
$$\prod_{i\in I} e(g^{aA_{i,1}w_i v_1}, g^{t_{1,\bar{y}}})=e(g,g)^{at_{1,\bar{y}}s}$$

② 用户计算$e(g,g)^{t_{\bar{y}}bs}$的方法如下。

$$e(D_{\bar{y}},C_s)/e(d_{\bar{y}},C_d)=e(g,g)^{(a_{\bar{y}}d+t_{\bar{y}})bs}$$
$$e(E_{\bar{y}},C_s)/e(e_{\bar{y}},C_t)=e(g,g)^{(a_{\bar{y}}t+b_{\bar{y}})bs}$$

然后，算法使用拉格朗日算法计算$e(g,g)^{t_{\bar{y}}bs}$。

③ 该算法解密如下。

$$e(C_s,K_{\bar{y}})=e(g,g)^{\alpha s}e(g,g)^{at_{1,\bar{y}}s}e(g,g)^{t_{\bar{y}}bs}$$

结合②和③的结果可得到$e(g,g)^{\alpha s}$，最后计算

$$C_M/e(g,g)^{\alpha s}=M$$

8.2.1.4 安全性证明

该方案的安全性可归约到 DBDH(Decisional Bilinear Diffie-Hellman)假设问题。

1. **复杂性假设**

令$e:\mathbb{G}\times\mathbb{G}\to\mathbb{G}_T$表示一个可有效计算的双线性映射，其中，$\mathbb{G}$表示阶为素数$p$的循环群，选择生成元$g\in\mathbb{G}$和随机参数$a,b,c\in\mathbb{Z}_p$，那么素数阶双线性群$\mathbb{G}$和$\mathbb{G}_T$下的 DBDH 假设为：给定元组$(g,g^a,g^b,g^c,Z)$作为输入来确定等式$Z=e(g,g)^{abc}$是否成立。定义算法$\mathcal{B}$解决素数阶双线性群$\mathbb{G}$和$\mathbb{G}_T$下的 DBDH 问题的优势为

$$Adv_{\mathcal{A}}^{\text{DBDH}}=|\Pr[\mathcal{B}(g,g^a,g^b,g^c,e(g,g)^{abc})=0]-$$
$$\Pr[\mathcal{B}(g,g^a,g^b,g^c,e(g,g)^r)=0]|$$

若不存在多项式时间内的算法以不可忽略的优势来解决素数阶双线性群$\mathbb{G}$和$\mathbb{G}_T$下的 DBDH 问题，那么可以得出 DBDH 假设成立。

2. **安全性分析**

定理 8.1 若 DBDH 假设成立，那么可以得出该方案为选择明文攻击下可证明安全的。

证明 若存在一个多项式时间的攻击者$\mathcal{A}$能够以不可忽略的优势ε攻破本小

节所提出的方案，那么同样可以构造一个挑战者 $\mathcal{B}$ 以不可忽略的优势 $\frac{\varepsilon}{2}$ 攻破 DBDH 假设。

首先，我们假设挑战者 $\mathcal{B}$ 设置双线性群 $\mathbb{G}$ 和 $\mathbb{G}_T$，g 和 h 为群 $\mathbb{G}$ 的生成元，e 为双线性映射。然后，挑战者 $\mathcal{B}$ 随机选择参数 μ，若 $\mu=1$，那么 $\mathcal{B}$ 设置 $(g,A,B,C,Z)=(g,g^a,g^b,g^c,g^{abc})=D_{\text{bdh}}$，否则，$\mathcal{B}$ 设置 $(g,A,B,C,Z)=(g,g^a,g^b,g^c,g^r)=D_{\text{rand}}$。

初始化阶段：在此阶段，攻击者 $\mathcal{A}$ 选择需要挑战的访问结构 $(\boldsymbol{A}^*,\rho^*)$，身份标识 u^* 和时间戳 t^*，其中，$\boldsymbol{A}^*$ 为一个 $l^*\times n^*$ 阶访问控制矩阵，并通过补充第 n^*+1 列到第 $n_{\max}$ 列为 0 的方式将 $\boldsymbol{A}^*$ 扩展到 $l^*\times n_{\max}$ 阶矩阵。

首先，算法随机选择参数 $\alpha'\in\mathbb{Z}_p^*$，并隐含地设置 $\alpha=ab+\alpha'$，因此，可以得出 $e(g,g)^\alpha=e(g,g)^{\alpha'}\cdot e(A,B)$。对于每个参数对 (j,x)，其中 $x\in U$，$1\leqslant j\leqslant n_{\max}$，算法选择随机数值 $z_{x,j}\in\mathbb{Z}_p$。群元素 $h_{j,x}(x\in U,1\leqslant j\leqslant n_{\max})$ 可以按如下方式生成：对于某个 $1\leqslant j\leqslant n^*$ 和 $x=\rho^*(i)(1\leqslant i\leqslant l^*)$，$h_{j,x}=g^{z_{x,j}}g^{aA^*_{i,j}}$，否则 $h_{j,x}=g^{z_{x,j}}$。另外，算法随机选择参数 $d\in\mathbb{Z}_p$，并选择两个系数为 $\mathbb{Z}_p$ 内的二维多项式 $u(x)$和 $f(x)$，且对于 $x=d,t^*$，满足 $u(x)=-x^2$，否则满足 $u(x)\neq -x^2$。算法定义函数 $H(x)$，对于 $1\leqslant x\leqslant 3$，满足 $H(x)=B^{u(x)}g^{f(x)}$，否则满足 $H(x)=B^{x^2+u(x)}g^{f(x)}$。算法发布公开密钥参数如下。

$$PK=(g,e(g,g)^\alpha,A,B,(h_{j,x})_{1\leqslant j\leqslant n_{\max},x\in U},d,H)$$

算法随机选择参数 $\mu\in\{0,1\}$，若 $\mu=0$，那么算法不输出对 $(S\in(\boldsymbol{A}^*,\rho^*),u_{id}\in u^*)$ 的解密密钥，但是输出对任意元组 (rl,t) 的更新密钥；若 $\mu=1$，那么算法输出对 $(S\in(\boldsymbol{A}^*,\rho^*),u_{id}\in u^*)$ 的解密密钥，并仅输出对满足 $u^*\subseteq rl$ 的元组 (rl,t^*) 的更新密钥。

算法随机关联 T 下的叶节点到每个身份标识 u_{id}，并定义如下函数。

$$Path(u^*)=\bigcup_{u_{id}\in u^*}Path(u_{id}^*)$$

然后，算法设置 A_Y 如下：若 $\mu=0$，那么算法随机为 T 下的所有节点选择参数 $a_y\in\mathbb{Z}_p$；若 $\mu=1$，那么算法为节点 $y\in Path(u^*)$ 选择随机参数 $l_y\in\mathbb{Z}_p$，其隐含地设置 $l_y=a_yd-a$，并为其他节点 $y\notin Path(u^*)$ 选择随机参数 $a_y\in\mathbb{Z}_p$。

密钥查询阶段 1：攻击者 $\mathcal{A}$ 允许适应性地进行如下密钥查询。

（1）解密密钥生成查询：$\mathcal{A}$ 进行与元组 (u_{id},S) 有关的解密密钥查询，挑战者 $\mathcal{B}$

进行如下处理。

① $\mu=0$

若$(S\in(\boldsymbol{A}^*,\rho^*),u_{id}\in u^*)$，那么挑战者$\mathcal{B}$输出$\perp$，否则，若$(S\notin(\boldsymbol{A}^*,\rho^*),u_{id}\notin u^*)$，挑战者$\mathcal{B}$执行输入为$a_y$的如下 KG1 算法，其中，对于节点$y\in Path(u_{id})$来说$a_y$为已知的。

KG1(a_y)：对于$1\leqslant i\leqslant n_{\max}$，挑战者$\mathcal{B}$随机选择参数$r_i\in\mathbb{Z}_p$，然后，若$S\notin(\boldsymbol{A}^*,\rho^*)$，那么$\mathcal{B}$能够找到一个向量$\vec{w}=(w_1,w_2,\cdots,w_{n_{\max}})\in\mathbb{Z}_p^{n_{\max}}$，满足$w_1=-1$，且对于所有满足$\rho^*(i)\in S$的$i$来说，满足$\vec{w}\cdot\boldsymbol{A}_i^*=0$。对于$1\leqslant j\leqslant n_{\max}$，挑战者$\mathcal{B}$隐含地设置$t_{j,y}=t'_{j,y}+w_j\cdot b$，并计算$L_{j,y}=g^{t_{j,y}}=g^{t'_{j,y}}B^{w_j}$，需要注意的是，参数$t_{1,y}=t'_{1,y}-b$。因此，可以得出$g^{at_{1,y}}$包含了组件$g^{-ab}$。另外，挑战者$\mathcal{B}$设置$\alpha=\alpha'+ab$，并随机选择参数$t_y\in\mathbb{Z}_p$，$g^{ab}$可以通过如下计算取消。

$$K_y=g^{\alpha}g^{at_{1,y}}g^{bt_y}=g^{\alpha'}A^{t'_{1,y}}B^{t_y}$$

若不存在满足$\rho^*(i)=x\in S$的i，那么可以得出$K_{x,y}=\prod_{j=1}^{n_{\max}}L_{j,y}^{z_{x,j}}$；若存在满足的，那么可以得出

$$K_{x,y}=\prod_{j=1}^{n_{\max}}(g^{z_{x,j}}g^{aA_{i,j}^*})^{t_{j,y}}=\prod_{j=1}^{n_{\max}}g^{z_{x,j}t'_{j,y}}B^{z_{x,j}w_j}A^{A_{i,j}^*t'_{j,y}}$$

然后，挑战者$\mathcal{B}$随机选择参数$r_{d,y}\in\mathbb{Z}_p$，并计算

$$(D_y,d_y)=(B^{a_yd+t_y}H(d)^{r_{d,y}},g^{r_{d,y}})$$

最后，KG1 输出$((L_{j,y})_{1\leqslant j\leqslant n_{\max}},(K_{x,y})_{x\in S},K_y,D_y,d_y)$。

对于节点$y\in Path(u_{id})$，挑战者$\mathcal{B}$重复输入为a_y的算法KG1，并输出解密密钥如下。

$$((L_{j,y})_{1\leqslant j\leqslant n_{\max}},(K_{x,y})_{x\in S},K_y,D_y,d_y)_{y\in Path(u_{id})}$$

② $\mu=1$

挑战者$\mathcal{B}$以如下两种形式为元组(u_{id},S)构造解密密钥。

第 1 种：若$(S\in(\boldsymbol{A}^*,\rho^*),u_{id}\in u^*)$，对于节点$y\in Path(u_{id})\subseteq Path(u^*)$来说，参数$a_y$为未知的，但是参数$l_y=a_yd-a$是已知的，那么挑战者$\mathcal{B}$执行输入为$l_y$的如下 KG2 算法。

KG2(l_y)：随机选择参数$t'_y,r_{d,y}\in\mathbb{Z}_p$，并隐含地设置$t_y=-a+t'_y$，可以得出$g^{bt_y}$包含了组件$g^{-ab}$。另外，挑战者$\mathcal{B}$设置$\alpha=\alpha'+ab$，对于$1\leqslant j\leqslant n_{\max}$，随机选择参

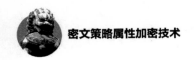

数 $t_{j,y} \in \mathbb{Z}_p$，g^{ab} 可以通过如下计算取消。

$$K_y = g^{\alpha} g^{at_{1,y}} g^{bt_y} = g^{\alpha'} A^{t_{1,y}} B^{t'_y}$$

对于 $1 \leqslant j \leqslant n_{\max}$，挑战者 $\mathcal{B}$ 计算 $L_{j,y} = g^{t_{j,y}}$。若不存在满足 $\rho^*(i) = x \in S$ 的 i，那么可以得出 $K_{x,y} = \prod_{j=1}^{n_{\max}} L_{j,y}^{z_{x,j}}$；若存在满足的，那么可以得出

$$K_{x,y} = \prod_{j=1}^{n_{\max}} (g^{z_{x,j}} g^{aA^*_{i,j}})^{t_{j,y}} = \prod_{j=1}^{n_{\max}} (g^{z_{x,j}} A^{A^*_{i,j}}) A^{t_{j,y}}$$

然后，挑战者 $\mathcal{B}$ 随机选择参数 $r_{d,y} \in \mathbb{Z}_p$，并计算

$$(D_y, d_y) = (B^{l_y} B^{t'_y} H(d)^{r_{d,y}}, g^{r_{d,y}})$$

最后，KG2 输出 $((L_{j,y})_{1 \leqslant j \leqslant n_{\max}}, (K_{x,y})_{x \in S}, K_y, D_y, d_y)$。

对于节点 $y \in Path(u_{id})$，挑战者 $\mathcal{B}$ 重复输入为 l_y 的算法 KG2，并输出解密密钥如下。

$$((L_{j,y})_{1 \leqslant j \leqslant n_{\max}}, (K_{x,y})_{x \in S}, K_y, D_y, d_y)_{y \in Path(u_{id})}$$

第 2 种：若 $(S \notin (A^*, \rho^*), u_{id} \notin u^*)$，对于节点 $y \in Path(u_{id})$

- 若 $y \in Path(u^*)$，其中 l_y 为已知的，那么挑战者 $\mathcal{B}$ 重复性地执行算法 KG2 (l_y)，并获得节点 $y \in Path(u_{id}) \bigcap Path(u^*)$ 的部分解密密钥。

$$((L_{j,y})_{1 \leqslant j \leqslant n_{\max}}, (K_{x,y})_{x \in S}, K_y, D_y, d_y)$$

- 若 $y \in Path(u^*)$，其中 a_y 为已知的，那么挑战者 $\mathcal{B}$ 重复性地执行算法 KG1(a_y)，并获得节点 $y \in Path(u_{id}) \setminus Path(u^*)$ 的部分解密密钥。

$$((L_{j,y})_{1 \leqslant j \leqslant n_{\max}}, (K_{x,y})_{x \in S}, K_y, D_y, d_y)$$

- 挑战者 $\mathcal{B}$ 结合前两个步骤构造解密密钥。

$$((L_{j,y})_{1 \leqslant j \leqslant n_{\max}}, (K_{x,y})_{x \in S}, K_y, D_y, d_y)_{y \in Path(u_{id})}$$

（2）撤销密钥生成查询：攻击者 $\mathcal{A}$ 输出对身份标识 u_{id} 和时间戳 t 的撤销密钥查询，挑战者 $\mathcal{B}$ 将 u_{id} 增加到时间 t 下的撤销列表。

（3）密钥更新查询：攻击者 $\mathcal{A}$ 进行元组 (rl, t) 的更新密钥，依赖于 μ 的值，挑战者 $\mathcal{B}$ 进行如下处理。

若 $\mu = 0$，$\mathcal{B}$ 输出对任意元组 (rl, t) 的更新密钥如下。

在这种情况下，所有节点 $y \in T$ 的 a_y 对挑战者 $\mathcal{B}$ 来说都是已知的，因此，$\mathcal{B}$ 计

算更新密钥如下。

$$(E_y, e_y)_{y \in KUN(rl,t)} = (B^{a_y t} H(t)^{r_{t,y}}, g_y^{r_{t,y}})_{y \in KUN(rl,t)}$$

若 $\mu = 1$，对于满足 $(t = t^*, u^* \cap rl \neq \varnothing)$ 的元组 (rl, t)，挑战者 $\mathcal{B}$ 计算更新密钥如下。

① 对于情形 $t \neq t^*$，撤销列表为查询身份标识的任意子集。

- 对于 $y \in KUN(rl,t) \cap Path(u^*)$，$l_y = a_y d + a$ 对挑战者 $\mathcal{B}$ 是已知的，$\mathcal{B}$ 随机选择参数 $r_y' \in \mathbb{Z}_p$，并隐含设置

$$r_y = \left(r_y' + \frac{a}{t^2 + u(t)} \right) \cdot td^{-1}$$

可以得出

$$E_y = B^{a_y t} H(t)^{r_y} = B^{l_y td^{-1} - atd^{-1}} H(t)^{(r_y' + \frac{a}{t^2+u(t)})td^{-1}} =$$

$$B^{l_y td^{-1}} (B^{t^2+u(t)} g^{f(t)})^{r_y'} A^{\frac{f(t)}{t^2+u(t)} td^{-1}}$$

$$e_y = g^{r_y} = g^{(r_y' + \frac{a}{t^2+u(t)})td^{-1}} = g^{r_y'} A^{\frac{td^{-1}}{t^2+u(t)}}$$

最后，挑战者 $\mathcal{B}$ 获得 $(E_y, e_y)_{y \in KUN(rl,t) \cap Path(u^*)}$。

- 对于 $y \in KUN(rl,t) \setminus Path(u^*)$，$a_y$ 对挑战者 $\mathcal{B}$ 是已知的，$\mathcal{B}$ 计算

$$\{E_y = B^{a_y t} H(t)^{r_{t,y}}, e_y = g^{r_{t,y}}\}_{y \in KUN(rl,t) \setminus Path(u^*)}$$

- 挑战者 $\mathcal{B}$ 结合前两个步骤构造的结果输出更新密钥 $(E_y, e_y)_{y \in KUN(rl,t)}$。

② 对于情形 $t = t^*$，若 $KUN(rl,t) \cap Path(u^*) \neq \varnothing$，则挑战者 $\mathcal{B}$ 输出 $\perp$；否则，对于 $y \in KUN(rl,t)$，a_y 对挑战者 $\mathcal{B}$ 是已知的。因此，$\mathcal{B}$ 输出更新密钥如下。

$$\{E_y, e_y\}_{y \in KUN(rl,t)} = \{B^{a_y t} H(t)^{r_{t,y}}, g^{r_{t,y}}\}_{y \in KUN(rl,t)}$$

挑战阶段：在这个阶段，挑战者 $\mathcal{B}$ 构造挑战密文。攻击者 $\mathcal{A}$ 输出两个长度相等的消息 M_0 和 M_1。然后，$\mathcal{B}$ 随机选择参数 $\mu \in \{0,1\}$ 并输出包含访问结构 $(\boldsymbol{A}^*, \rho^*)$ 和时间戳 t^* 的密文如下。

① 挑战者 $\mathcal{B}$ 隐含设置 s=C，并得出 $C_M^* = M \cdot e(g,g)^{\alpha s} = M \cdot e(g,C)^{\alpha'} \cdot Z$ 和 $C_s^* = C$。

② 对于 $2 \leqslant j \leqslant n_{\max}$，挑战者 $\mathcal{B}$ 随机选择参数 $y_j \in \mathbb{Z}_p$，并隐含设置

$$\vec{v} = (s, s + y_2', s + y_3', \cdots, s + y_{n_{\max}}')$$

③ 挑战者 $\mathcal{B}$ 计算 $\{C_{i,j}^*\}_{1\leqslant i\leqslant l,1\leqslant j\leqslant n_{\max}},C_d^*,C_{t^*}^*$ 如下。

$$C_{i,j}^* = g^{aA_{i,j}^* v_j} h_{j,\rho^*(i)}^{-s} = g^{aA_{i,j}^*(s+y_j')}(g^{z_{\rho^*(i),j}} g^{aA_{i,j}^*})^{-s} = A^{A_{i,j}^* y_j'} C^{-z_{\rho^*(i),j}}$$
$$C_d^* = H(d)^s = (B^{d^2+u(d)} g^{f(d)})^s = C^{f(d)}$$
$$C_{t^*}^* = H(t^*)^s = (B^{t^{*2}+u(t^*)} g^{f(t^*)})^s = C^{f(t^*)}$$

最后，挑战者 $\mathcal{B}$ 输出挑战密文 $C^* = (C_M^*, C_s^*, \{C_{i,j}^*\}_{1\leqslant i\leqslant l,1\leqslant j\leqslant n_{\max}}, C_d^*, C_{t^*}^*)$。

密钥查询阶段 2：挑战者 $\mathcal{B}$ 进行与密钥查询阶段 1 相同的处理。

猜测阶段：攻击者输出对 μ 的猜测 μ'。若仿真发生终止，则挑战者 $\mathcal{B}$ 输出 0；否则，若 $\mu'=\mu$，$\mathcal{B}$ 输出 1，表示猜测 $Z=e(g,g)^{abc}$，而若 $\mu'\neq\mu$，$\mathcal{B}$ 输出 0，表示猜测 Z 为 $\mathbb{G}_T$ 下的随机元素。

可能性分析：令 Exp 表示上述所描述的实验，abort 表示在 Exp 中输出⊥的情形，real 表示在 Exp 中输入为从 D_{bdh} 选择的元组，rand 表示在 Exp 中输入为从 D_{rand} 选择的元组。假设 $\Pr[tp=0]=\Pr[tp=1]=\dfrac{1}{2}$，通过猜测阶段，可以得出如下结果。

（1）若 $\gamma=1$，挑战者 $\mathcal{B}$ 设置 $(g,A,B,C,Z)\in D_{\text{bdh}}$，且若无 abort 情形发生，则 $\mathcal{B}$ 进行了完美的实验仿真。

$$Adv_{\mathcal{A}} = \Pr[\text{Exp=1} \mid \text{real} \wedge \overline{\text{abort}}] - \frac{1}{2}$$

（2）若 $\gamma=0$，挑战者 $\mathcal{B}$ 设置 $(g,A,B,C,Z)\in D_{\text{rand}}$，因此，$M_\mu$ 对攻击者 $\mathcal{A}$ 来说是完全隐藏的。

$$Adv_{\mathcal{A}} = \Pr[\text{Exp=1} \mid \text{rand} \wedge \overline{\text{abort}}] - \frac{1}{2}$$

需要注意的是，abort 发生的可能性依赖于攻击者 $\mathcal{A}$ 的行为和 μ 的值，而这两者与从 D_{bdh} 或 D_{rand} 所选择的元组都无关。因此，通过猜测阶段，可以得出

$$\Pr[\text{Exp=1} \mid \text{real} \wedge \text{abort}] = 0$$
$$\Pr[\text{Exp=1} \mid \text{rand} \wedge \text{abort}] = 0$$

由密钥生成查询阶段可知，只有当 $\mu=0$ 任意的 $u_{\text{id}}\in u^*$ 被查询 $\wedge\, S\in(M^*,\rho^*)$ $\mu=1\wedge t=t^*\wedge(u^*\setminus rl\neq\varnothing)$ 发生时，Exp 输出⊥。

根据 8.2.1.2 小节的限制条件，只有在时间 t^*，当 u^* 被增加至撤销列表 rl 中时，$u_{\text{id}}\in u^*$ 才能够被询问。

因此，$\Pr[$任意的 $u_{\text{id}}\in u^*$ 被查询$]\leqslant\Pr[u^*\setminus rl\neq\varnothing \mid t=t^*]$。

$$\Pr[\text{abort}] = \Pr[\mu = 0 \wedge \text{任意的}u_{\text{id}}\text{被查询}] + \Pr[\mu = 1 \wedge u^* \setminus rl \neq \varnothing \mid t = t^*] =$$
$$\frac{1}{2}\Pr[\text{任意的}u_{\text{id}}\text{被查询}] + \frac{1}{2}\Pr[u^* \setminus rl \neq \varnothing \mid t = t^*] \leqslant$$
$$\frac{1}{2}\Pr[u^* \setminus rl = \varnothing \mid t = t^*] + \frac{1}{2}\Pr[u^* \setminus rl \neq \varnothing \mid t = t^*] = \frac{1}{2}$$

所以，$\Pr[\overline{\text{abort}}] \geqslant \dfrac{1}{2}$。

$$Adv_B = \Pr[\text{Exp} = 1 \mid \text{real}] - \Pr[\text{Exp} = 1 \mid \text{rand}] =$$
$$\Pr[\text{abort}] \cdot \Pr[\text{Exp} = 1 \mid \text{real} \wedge \text{abort}] + \Pr[\overline{\text{abort}}] \cdot \Pr[\text{Exp} = 1 \mid \text{real} \wedge \overline{\text{abort}}] -$$
$$\Pr[\text{abort}] \cdot \Pr[\text{Exp} = 1 \mid \text{real} \wedge \text{abort}] - \Pr[\overline{\text{abort}}] \cdot \Pr[\text{Exp} = 1 \mid \text{rand} \wedge \overline{\text{abort}}] =$$
$$\Pr[\overline{\text{abort}}] \cdot \Pr[\text{Exp} = 1 \mid \text{real} \wedge \overline{\text{abort}}] - \Pr[\text{Exp} = 1 \mid \text{real} \wedge \overline{\text{abort}}] \geqslant$$
$$\frac{1}{2} \cdot Adv_A$$

8.2.2 Hur-Noh 的支持属性级用户撤销的 CP-ABE 方案

Liang 等[4]在 2010 年提出了一个利用二叉树实现用户撤销的 CP-ABE 方案，该方案将二叉树中的每个叶节点与用户关联，用户的解密密钥由私钥以及更新密钥组成，其中，私钥与某个访问结构关联，更新密钥则与某个时间关联。需要注意的是，该方案利用提前发布的公钥参数实现密钥更新，因此不需要属性授权时刻保持在线。但是该方案只能在设定好的时间通过停止发布某些属性的更新参数实现撤销，因此无法实现实时撤销，产生一定的安全隐患，而且该方案需要属性授权实施用户撤销，增加了属性授权的通信与计算负载。因此，Hur 等[5]在 2011 年提出了一个利用密钥加密密钥树实现属性级用户撤销的 CP-ABE 方案。该方案中，若用户的某个属性被撤销，云存储中心将生成新的密钥加密密钥，并负责重新加密密文。下面分别从方案定义、安全模型、方案构造和安全性证明等方面详细介绍该方案。

8.2.2.1 系统模型

本小节方案[5]所涉及的系统模型主要包括以下 4 个实体。

（1）属性授权（Attribute Authority, AA）：负责实施系统的参数设置，生成系统的公开密钥和主密钥，并且负责为数据访问者生成、撤销和更新属性密钥。AA 依据用户拥有的属性集合赋予其不同的访问权限。需要注意的是，AA 是系统内唯一完全被信任的参与实体。

（2）数据拥有者（Data Owner, DO）：负责数据的加密工作，在加密数据前，根据自己的需求制定访问策略，然后使用该访问策略加密数据生成密文，并将密文托管给云存储中心。

（3）数据使用者（Data User, DU）：数据的访问者，若该用户拥有的属性集合满足密文访问策略，并且其在任意属性组内都未被撤销，那么该用户能够解密密文，得到明文消息。

（4）服务提供者（Service Provider, SP）：主要负责密文数据的存储工作，主要包括数据服务器和数据服务管理者。来自于 DO 的加密数据被存储在数据服务器中，而数据服务管理者则负责控制来自外部用户对密文数据的访问并提供相应的内容服务。类似于文献[10]方案和文献[11]方案，本小节同样假设 SP 为诚实并好奇的，即它将诚实地执行其他实体分配的任务，然而又尽最大可能地去获取密文数据的敏感信息。另外，数据服务管理者负责管理每个属性组对应的密钥。

8.2.2.2　威胁模型和安全需求

数据机密性：拥有属性集合不满足访问策略的未授权用户无法解密密文得到相应的明文数据。另外，诚实并好奇的数据服务管理者未被授权同样无法解密密文得到相应的明文数据。

抵制合谋攻击：即使任意单个用户不能成功解密密文，但是多个用户通过融合属性密钥进行合谋，依然有可能成功解密密文。由于服务提供者 SP 为诚实的，因此本小节假设 SP 不会与攻击者进行合谋。

后向安全性和前向安全性：在 CP-ABE 环境下，后向安全性意味着若某个用户拥有能够满足访问策略的属性集合，该用户应该不能够访问在拥有属性集合前加密的密文。前向安全性意味着，若用户的某个属性被撤销，那么该属性对应的访问权限应该被撤销。

8.2.2.3　方案定义

令 $\mathcal{U}=\{u_1,u_2,\cdots,u_n\}$ 表示用户集合，$\mathcal{L}=\{\lambda_1,\lambda_2,\cdots,\lambda_p\}$ 表示系统内的属性集合。令 $G_i\subset\mathcal{U}$ 表示拥有属性 λ_i 的用户集合，并将其作为一个属性组，G_i 将用来作为某个对属性 λ_i 的用户访问（或撤销）列表。令 $\mathcal{G}=\{G_1,G_2,\cdots,G_p\}$ 表示这样的属性组的集合，K_{λ_i} 表示 $G_i\subset\mathcal{G}$ 中非撤销用户共享的属性组密钥。

本小节提出的能够实现属性级用户撤销的CP-ABE方案主要包括6个多项式时间算法，具体描述如下。

（1）$Setup(\lambda) \to (PK, MK)$：系统参数设置算法，以安全参数$\lambda$为输入，并输出公开密钥$PK$和主密钥$MK$。

（2）$Encrypt(PK, M, \mathcal{T}) \to CT$：数据加密算法，以系统公开密钥$PK$、明文消息$M$和访问结构$\mathcal{T}$为输入，并输出密文$CT$。

（3）$AttrKeyGen(PK, MK, \Lambda, U) \to SK$：密钥生成算法，以系统公开密钥$PK$、主密钥$MK$、属性集合$\Lambda \subseteq \mathcal{L}$和用户身份索引集合$U \subseteq \mathcal{U}$为输入，并为$U$中每个用户输出属性密钥集合$SK$。

（4）$KEKGen(U) \to SK$：密钥加密密钥（Key Encrypting Key, KEK）生成算法，以某个用户索引集合$U \subset \mathcal{U}$为输入，并输出为U中每个用户生成的$KEKs$，该密钥用来为$G_i \in \mathcal{G}$加密属性组密钥K_{λ_i}。

（5）$ReEncrypt(CT, G) \to CT'$：重新加密算法，以包含访问结构$\mathcal{T}$的密文CT和属性组集合G为输入，若属性组出现在访问结构$\mathcal{T}$中，那么算法为属性重新加密密文CT，否则输出$\perp$。该算法输出重新加密后的密文CT'，只有当属性集合满足访问结构$\mathcal{T}$，并且每个属性具有有效的成员身份时，才能成功解密密文。

（6）$Decrypt(CT', SK, K_\Lambda) \to M$：解密算法，以包含访问结构$\mathcal{T}$的密文$CT'$、解密密钥$SK$和属性集合$\Lambda$的属性组密钥集合$K_\Lambda$为输入，只有当与解密密钥$SK$有关的属性集合满足与密文$CT'$有关的访问策略$\mathcal{T}$，并且对于任意的$\lambda \in \Lambda$，$K_\Lambda$都未被撤销，算法才能够成功地解密密文并输出解密后的明文消息M。

8.2.2.4 方案构造

为了增强访问结构的有效性，本小节基于Bethencourt等[1]的构造提出了一个能够实现属性级用户撤销的CP-ABE方案，该方案使用对偶加密技术实现属性加密方案中的用户访问控制问题。

1. 访问树

令$\mathcal{T}$表示代表某个访问结构的访问树。该树的每个非叶节点代表一个门限阈值。若num_x为节点x的子节点数量且k_x为其门限阈值，那么满足$0 \leqslant k_x \leqslant num_x$。另外，该树的每个叶节点$x$代表某个属性，且其门限阈值为$k_x = 1$。$\lambda_x$则代表与叶

节点 x 有关的属性。$p(x)$代表节点 x 的父节点。每个节点的子节点标记为 1 到 num，而函数 $index(x)$则返回与节点 x 有关的一个索引数值。对于某个给定的密钥，索引值以随机的方式唯一分配给访问结构中的节点。

令 $\mathcal{T}_x$ 表示 $\mathcal{T}$ 的以 x 为初始节点的子树。若某个属性集合 γ 满足访问树 $\mathcal{T}_x$，那么将其表示为 $\mathcal{T}_x(\gamma)=1$。以如下方式循环计算 $\mathcal{T}_x(\gamma)$：若 x 为某个非叶节点，那么计算节点 x 的所有子节点 x' 的 $\mathcal{T}_{x'}(\gamma)$。当且仅当至少 k_x 个子节点返回 1 时，$\mathcal{T}_x(\gamma)$ 才会返回 1。若 x 为某个叶节点，当且仅当 $\lambda_x \in \gamma$ 时，$\mathcal{T}_x(\gamma)$ 才会返回 1。

2. **方案构造**

令 $\mathbb{G}$ 和 $\mathbb{G}_T$ 表示阶为大素数 p 的两个循环群，g 为 $\mathbb{G}$ 的生成元，$e:\mathbb{G}\times\mathbb{G}\to\mathbb{G}_T$ 表示一个双线性映射。对于任意的 $i\in\mathbb{Z}_p^*$ 和 $\mathbb{Z}_p^*$ 中的元素集合 Λ，本小节使用拉格朗日系数 $\Delta_{i,\Lambda}(x)=\prod_{j\in\Lambda,j\neq i}(x-j)/(i-j)$。另外，本小节定义哈希函数 $H:\{0,1\}^*\to\mathbb{G}$ 将单个属性映射为 $\mathbb{G}$ 下的随机群元素。

本小节给出了支持属性级用户撤销的 CP-ABE 方案的具体构造，主要包括 6 个多项式时间算法。

（1）系统参数设置：该阶段主要负责生成系统的相关参数，包括公开密钥和主密钥。

参数设置算法：$Setup(\lambda)\to(PK,MK)$

参数设置算法由属性授权（AA）运行，算法首先运行群生成函数 ψ 获得系统参数 $(\mathbb{G},\mathbb{G}_T,p,e)$，其中，$p$ 为素数，$\mathbb{G}$ 和 $\mathbb{G}_T$ 是两个 p 阶循环群，e 是一个双线性映射，$g\in\mathbb{G}$ 为生成元。然后，算法随机选择参数 $\alpha,\beta\in\mathbb{Z}_p^*$，并设置系统的公开密钥为 $PK=(g,h=g^{\beta},e(g,g)^{\alpha})$，主密钥为 $MK=(\beta,g^{\alpha})$。

（2）密钥生成：密钥生成阶段主要包括由属性授权（AA）执行的属性密钥生成算法和由数据服务管理者执行的 KEK 生成算法。

① 属性密钥生成算法：$AttrKeyGen(PK,MK,\Lambda,U)\to SK$

输入参数 $\Lambda\subseteq\mathcal{L}$ 表示属性集合，$U\subseteq\mathcal{U}$ 表示用户身份索引集合。算法随机选择参数 $r\in\mathbb{Z}_p^*$（对每个用户唯一），并且对于每个属性 $\lambda_j\in\Lambda$，算法随机选择参数 $r_j\in\mathbb{Z}_p^*$。然后，算法为用户 $u_t\in U$ 生成如下密钥。

$$SK_t=(D=g^{(\alpha+r)/\beta},\forall\lambda_j\in\Lambda:D_j=g^r\cdot H(\lambda_j)^{r_j},D_j'=g^{r_j})$$

最后，AA 将每个属性组 $\lambda_j\in\Lambda$ 发送给数据服务管理者。例如，若用户 u_1、u_2

和 u_3 分别拥有属性 $\{\lambda_1,\lambda_2,\lambda_3\}$ 、$\{\lambda_2,\lambda_3\}$ 和 $\{\lambda_1,\lambda_3\}$ ，那么 AA 会将 $G_1=\{u_1,u_3\}$ 、$G_2=\{u_1,u_2\}$ 和 $G_3=\{u_1,u_2,u_3\}$ 发送给数据服务管理者。

② 属性密钥生成算法：$KEKGen(U)\to SK$

数据服务管理者运行算法，为 $U\subseteq\mathcal{U}$ 中的用户生成 KEKs。首先，数据服务管理者为用户集合 $\mathcal{U}$ 设置如图 8.2 所示的 KEK 树，用来为 U 中的用户分发属性组密钥。在该树中，每个节点 v_j 拥有一个 KEK，表示为 KEK_j 。从叶节点到初始节点的 KEKs 集合称为径向密钥。

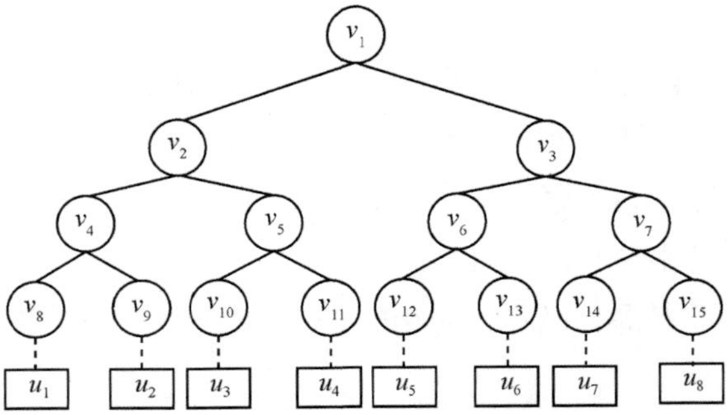

图 8.2 属性组密钥分发 KEK

数据服务管理者构造 KEK 树如下。

- 用户集合 $\mathcal{U}$ 中的每个成员被分配给某个叶节点，另外，为每个叶节点和内部节点生成随机密钥。
- $u_t\in U$ 中的每个成员安全接收从叶节点到初始节点的径向密钥 PK_t。例如，在图 8.2 中，用户 u_2 存储 $PK_2=\{KEK_9,KEK_4,KEK_2,KEK_1\}$ 作为其径向密钥。在数据重新加密阶段，径向密钥作为 KEKs 用来加密属性组密钥。

（3）数据加密：当数据拥有者（DO）想将数据 M 托管到服务提供者（SP）时，首先定义一个访问树 $\mathcal{T}$ ，然后，DO 运行加密算法 $Encrypt(PK,M,\mathcal{T})$ 对数据 M 进行加密。

加密算法：$Encrypt(PK,M,\mathcal{T})\to CT$

加密算法以初始节点 R 开始从上至下为树 $\mathcal{T}$ 中的每个节点 x 选择一个多项式 q_x，且设置维数 d_x 为该节点门限阈值减去 1，即 $d_x=k_x-1$ 。对于初始节点 R，算法选择随机参数 $s\in\mathbb{Z}_p^*$ ，并设置 $q_R(0)=s$ ，然后随机选择其他 d_R 个点来定义多项式 q_R 。对于 $\mathcal{T}$ 中的其他节点 x，算法设置 $q_x(0)=q_{p(x)}(index(x))$ ，并随机选择其他

d_x个点来定义多项式 q_x。

令 Y 表示访问树的叶节点集合，为了在访问结构 $\mathcal{T}$ 下加密消息 M，算法构造密文如下。

$$CT=(\mathcal{T},\tilde{C}=Me(g,g)^{\alpha s},C=h^s,\forall y\in Y:C_y=g^{q_y(0)},C'_y=H(\lambda_y)^{q_y(0)})$$

最后，DO 将加密后的密文 CT 发送给服务提供者（SP）。

（4）数据重加密：在共享外包数据 CT 前，SP 的数据服务管理者通过运行算法 $ReEncrypt(CT,G)$ 来重新加密数据拥有者（DO）发送过来的密文数据 CT，其中，G 表示 CT 中访问树所含的属性组。然后，算法进行重新加密如下。

① 对于所有的 $G_y\in G$，算法选择随机参数 $K_{\lambda_y}\in\mathbb{Z}_p^*$，然后加密 CT 输出

$$CT'=(\mathcal{T},\tilde{C}=Me(g,g)^{\alpha s},C=h^s,\forall y\in Y:C_y=g^{q_y(0)},C'_y=(H(\lambda_y)^{q_y(0)})^{K_{\lambda_y}})$$

② 对于所有的 $G_i\in G$，算法选择 KEK 树中能够覆盖与 G_i 中用户有关的所有叶节点的最小子集。另外，我们用 $KEK(G_i)$表示这些子树的初始节点的 KEKs 集合。例如，在图 8.2 中，若 $G_i=\{u_1,u_2,u_3,u_4,u_7,u_8\}$，那么可以得出 $KEK(G_i)=\{KEK_2, KEK_7\}$，因为 v_2和 v_7为能够覆盖 G_i 中所有用户的最小覆盖集的初始节点。需要注意的是，除了 G_i 中的用户，任何其他用户 $u\notin G_i$ 都无法获得 $KEK(G_i)$中的任意一个 KEK。

③ 构造密文头信息如下。

$$Hdr=(\forall y\in Y:\{E_K(K_{\lambda_y})\}_{K\in KEK(G_y)})$$

其中，$E_K(M)$表示基于对称加密算法使用密钥 K 对消息 M 进行加密生成的密文，该方法用来给合法用户分发属性组密钥。例如，可以使用最简单的对称加密算法 $E_K:\{0,1\}^k\to\{0,1\}^k$，其中，$k$ 为 K 密钥的长度。

一旦收到来自数据用户（DU）的数据查询请求，数据服务管理者则将(Hdr,CT')发送给 DU。

（5）数据解密：数据解密阶段包含了对消息头 Hdr 的属性组密钥解密和对密文 CT' 的解密。

① 属性组密钥解密

当数据用户（DU）从数据服务管理者接收到密文(Hdr,CT')后，DU 首先解密消息头 Hdr 得到 Λ 中所有属性的属性组密钥。若用户 u_t拥有有效属性 λ_j，即 $u_t\in G_j$，那么就能够使用 $KEK(G_j)$和 PK_t共有的 KEK 来解密 Hdr 中的属性组密钥 K_{λ_j}，需要注意的是，这样的 KEK 有且仅有一个。例如，在图 8.2 中，若 $G_j=\{u_1,u_2,u_3,u_4,u_7,u_8\}$，

那么用户 u_3 可以使用径向密钥 $KEK_2 \in PK_3$ 来解密 K_{λ_j}。接着，u_t 使用属性组密钥更新其私钥如下。

$$SK_t = \left(D = g^{\frac{\alpha+r}{\beta}}, \forall \lambda_j \in \Lambda : D_j = g^r \cdot H(\lambda_j)^{r_j}, D'_j = (g^{r_j})^{\frac{1}{K_{\lambda_j}}} \right)$$

② 消息解密

数据用户（DU）通过运行解密算法 $Decrypt(CT', SK, K_\Lambda)$ 解密密文 CT'。

消息解密算法：$Decrypt(CT', SK, K_\Lambda) \to M$

解密算法以循环方式进行解密，首先定义循环算法 $DecryptNode(CT', SK, x)$，该算法以密文 CT'、与属性集合 Λ 有关的私钥 SK 和访问树 $\mathcal{T}$ 中的节点 x 为输入，并输出 $\mathbb{G}$ 中的某个群元素或 $\perp$。

不失一般性，我们假设用户 u_t 运行解密算法。

- 若 x 为某个叶节点，定义算法如下。若满足 $\lambda_x \in \Lambda$ 且 $u_t \in G_x$，那么可以得出

$$DecryptNode(CT', SK, x) = \frac{e(D_x, C_x)}{e(D'_x, C'_x)} = \frac{e(g^r \cdot H(\lambda_x)^{r_x}, g^{q_x(0)})}{e\left((g^{r_x})^{\frac{1}{K_{\lambda_x}}}, (H(\lambda_x)^{q_x(0)})^{K_{\lambda_x}} \right)} = e(g,g)^{rq_x(0)}$$

- 若用户 $u_t \notin G_x$，那么 u_t 无法计算 $e(g,g)^{rq_x(0)}$，因为 SK 中密钥 D'_x 的指数无法和 CT' 中密文 C'_x 的指数进行取消。因此，若 $\lambda_x \notin \Lambda$ 或 $u_t \notin G_x$，那么定义 $DecryptNode(CT', SK, x) = \perp$。
- 若 x 为某个非叶节点，定义算法如下。对于 x 的所有子节点 z，调用循环算法 $DecryptNode(CT', SK, z)$，并将其输出表示为 F_z。令 S_x 表示任意某个规模为 k_x 的子节点的集合，使其满足 $F_z \neq \perp$，若这样的集合不存在，那么函数返回 $\perp$。否则，计算如下。

$$F_x = \prod_{z \in S_x} F_z^{\Delta_{i,S'_x}(0)} \prod_{z \in S_x} (e(g,g)^{r \cdot q_z(0)})^{\Delta_{i,S'_x}(0)} = \prod_{z \in S_x} (e(g,g)^{r \cdot q_{p(z)}(index(z))})^{\Delta_{i,S'_x}(0)} =$$
$$\prod_{z \in S_x} (e(g,g)^{r \cdot q_x(i) \cdot \Delta_{i,S'_x}(0)} = e(g,g)^{r \cdot q_x(0)}$$

其中，$i = index(z), S'_x = \{index(z) : z \in S_x\}$。

解密算法从初始节点开始调用循环函数，若属性集合 Λ 满足访问树 $\mathcal{T}$ 且对于所有的属性 $\lambda_i \in \Lambda$，用户都未被撤销，那么可以得出 $DecryptNOde(CT', SK, R) =$

$e(g,g)^{rs}$。若设置 $A = DecryptNOde(CT', SK, R) = e(g,g)^{rs}$，那么算法通过如下计算解密密文。

$$\tilde{C}/(e(C,D)/A) = \tilde{C}/\left(e\left(h^s, g^{(\alpha+r)/\beta}\right)/e(g,g)^{rs}\right) = M$$

8.2.2.5　安全性分析

1．抵抗合谋攻击

设计一个 CP-ABE 方案的主要挑战在于如何抵抗恶意用户的合谋攻击。在 CP-ABE 方案中，共享密钥必须嵌入密文中而非嵌入用户的私钥中。为了成功破解密文，一个用户或者合谋攻击者必须得到参数 $e(g,g)^{\alpha s}$。因此攻击者必须将密文中的 C_y 和用于攻击者没有掌握的属性 λ_y 的一些合谋用户私钥中的 D_y 进行配对。然而，用户属性的属性组密钥没有明确，这导致唯一分配给每一个用户的随机数 r 将 $e(g,g)^{\alpha s}$ 的值盲化。当且仅当用户有充足的密钥组件满足嵌入密文中的密钥共享方案时，这个值才会被暴露。因此，鉴于这个盲化值随机来自于一个特殊用户的私钥，合谋攻击不能将 $e(g,g)^{\alpha s}$ 成功得到。

另一个合谋攻击场景：外部用户合谋起来去获得他们还没掌握的属性的合法属性组密钥。所提出方案中的属性组密钥分布协议具有密钥不可区分的特性。它表明：从外部用户的角度来看，当他们无权拥有 KEKs 时，已分配属于 KEK 树的密钥是不可区分的。反过来讲，此种方法可以阻止他们获得那些需要破解属性组密钥的 KEKs。因此，外部用户之间的合谋不能帮助其获得那些没有掌握的属性的合法属性组密钥。

2．数据机密性

在面对一个没有掌握满足访问控制策略的属性集的用户时，外包数据的数据机密性是能够被保证的。由于属性集不满足密文中的访问树，用户不能在加密过程中得到 $e(g,g)^{rs}$（r 为一个唯一分配给用户的随机数）的值。另外，当一个用户被一些满足访问策略的属性组撤销时，除非这个用户的剩余属性能够满足该访问策略，否则不能破解密文。为了破解节点 x 的属性 r_x，用户需要将来自于密文的 C'_x 和来自于对应私钥的 D'_x 进行配对。然而，已被从属性组撤销的用户无法获得更新的属性组密钥，故 C'_x 是不可知的。因此，此种方法不能导致 $e(g,g)^{rq_x(0)}$ 泄露，此值可以用来保证 $e(g,g)^{rs}$ 的安全性。

针对外包数据的另一种攻击来自于服务提供者。由于服务提供者不能完全被用户信任（假设服务提供者被攻击或者他们为了自己的利益恶意利用用户的隐私数据），因此抗不可信服务提供者的外包数据机密性是另一种必要的保护外包数据安全的需求。由于数据服务管理者仅仅得到利用属性组密钥对密文进行再加密的授权，而不被授权去解密它（因为任何用于属性集的私钥是不会通过不可信的认证而提供给数据服务管理者的）。因此，即使数据服务管理者掌握着每一个属性组密钥，也不能破解密文中访问树的任何节点。综上可知，面对好奇但不诚实的服务提供者，数据机密性也是能够得到保证的。

3. **前向和后向安全性**

一方面，假如一个用户碰巧在某个时刻掌握了能够满足访问策略的属性集合，则与此相对应的属性组私钥便会更新且安全地分发给那些合法的属性组成员（包括用户）。除此之外，数据服务管理者会利用一个随机数 s' 对密文中所有利用密钥 s 加密的组件进行重新加密，同时，利用更新的属性组私钥将这些与属性相对应的密文组件进行重新加密。由于随机数 s' 的存在，虽然用户能够从当前的密文中成功计算出 $e(g,g)^{r(s+s')}$，但是不能从先前的密文中得到 $e(g,g)^{\alpha s}$ 的值。因此，尽管用户在获得属性私钥和满足访问策略的属性之前存储了先前已交换的密文，也不能够破解先前的密文。综上可知，所提方案能够保证外包数据的后向安全性。

另一方面，当一个用户在某个时刻碰巧撤销了密文中一个满足访问策略的属性集合，与之对应的属性组私钥也会更新且被安全地分发给合法的属性组成员（不包括用户）。于是，数据服务管理者会利用一个随机数 s' 对密文中所有用私钥 s 加密的组件进行重新加密，同时，利用更新的属性组私钥将与属性对应的密文组件进行重新加密。由于属性组私钥的更新，用户在撤销后便不能破解任何与属性相对应的节点。除此之外，尽管撤销前，用户已经从属性组中得到 $e(g,g)^{\alpha s}$ 并进行存储，也不能破解利用随机数 s' 重新加密的密文 $e(g,g)^{\alpha(s+s')}$。综上可知，所提方案能够保证外包数据的前向安全性。

8.2.3 Yang-Jia-Ren 的支持属性级用户撤销的 CP-ABE 方案

2011 年，Hur 等[5]提出了一个基于密钥加密密钥结构实现属性级用户撤销的 CP-ABE 方案，但是在该方案中，用户需要额外存储 $\log(n_u+1)$ 长度的密钥加密密钥，其中，n_u 表示系统中所有用户的数量，而且该方案只实现了一般群模型下的可证明安全性，而一般群模型下的安全性被认为是启发式的安全，不是可证明安全，很多基于一般群模型构造的 CP-ABE 方案在实际应用中已经被证明为不安全的。随后，

Yang 等[6]提出了一个随机预言模型下可证明安全的 CP-ABE 方案，该方案为每个属性生成两个对应的公开参数，进行属性撤销时，由属性授权负责更新撤销属性对应的公开参数，并为用户更新解密密钥。

Yang 等[6]提出了一种面向云存储的细粒度访问控制方案，由数据所有者负责定义访问控制策略，不需要云存储服务器做任何辅助访问控制的工作。该方案不仅实现了前向安全性和后向安全性，而且，进行属性撤销所需的计算开销和通信开销都是很小的。下面对该方案进行具体介绍。

8.2.3.1　系统模型

本小节的系统模型如图 8.3 所示，该模型包含 4 个参与实体：属性授权、数据所有者、云存储服务提供商和用户。其中，属性授权根据用户的角色和身份为他们定义/撤销/再授予相应的属性，然后将属性对应的密钥分配给用户，同时为每个属性记录一个版本号。当某个属性被撤销时，属性授权将会更新该属性对应的版本号，为该撤销属性生成一个新的版本号，并生成新的属性密钥将其分发给所有未被撤销的用户进行密钥更新和云存储服务提供商进行密文更新。数据所有者制定访问控制策略，并再将数据放在云端前对数据进行加密。云存储服务提供商负责存储数据所有者的数据，并为数据所有者指定的用户提供数据访问服务，但不涉及数据的访问控制。我们认为密文可以被所有合法的用户正常访问，而访问控制则是通过 CP-ABE 方案实现的，即只有当用户拥有的属性集合满足访问策略时，才能够成功解密密文。每个用户都会根据其角色或身份被赋予一组相应的属性，当然，用户的属性集合会随着用户的角色变化而动态变化。例如，当某个用户从管理者被降级为普通工人，那么他的某些属性应该对应地进行撤销，而被撤销的属性可能会被授予给其他某个用户。

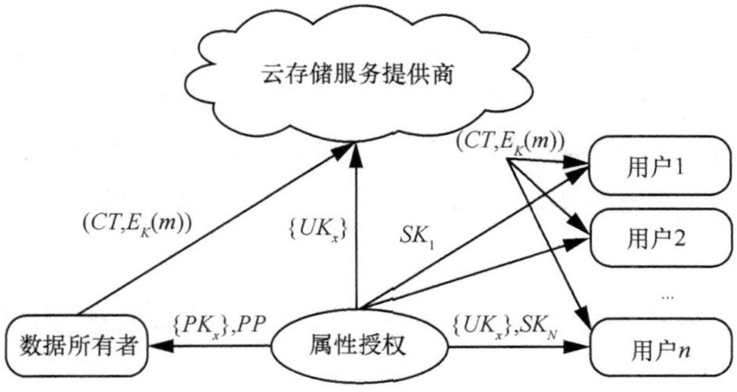

图 8.3　云存储中的访问控制系统模型

8.2.3.2 算法定义

本小节所提出的 CP-ABE 方案主要包括 7 个多项式时间算法，具体描述如下。

（1）$Setup(\lambda) \to (PK, MK, \{PK_x\})$：系统参数设置算法，以安全参数 λ 为输入，并输出公开密钥 PK、主密钥 MK 和所有的公开属性密钥 $\{PK_x\}$。

（2）$SKeyGen(PK, MK, S, \{VK_x\}_{x\in S}) \to SK$：解密密钥生成算法，以系统公开密钥 PK、主密钥 MK、属性集合 S 和相应的属性版本密钥 $\{VK_x\}_{x\in S}$ 为输入，并输出用户的解密密钥 SK。

（3）$Encrypt(PK, \{PK_x\}, M, (\boldsymbol{A}, \rho)) \to CT$：数据加密算法，以系统公开密钥 PK、公开属性密钥 $\{PK_x\}$、明文消息 M 和访问策略 $(\boldsymbol{A}, \rho)$ 为输入，并输出密文 CT。

（4）$Decrypt(CT, SK) \to M$：解密算法，以密文 CT 和解密密钥 SK 为输入，若与解密密钥 SK 有关的属性集合 S 满足与密文 CT 有关的访问策略 $(\boldsymbol{A}, \rho)$，那么能够成功地解密密文并输出解密后的明文消息 M。

（5）$UKeyGen(MK, VK_{x'}) \to (\tilde{VK}_{x'}, UK_{x'})$：版本密钥更新算法，以系统主密钥 MK 和撤销属性 x' 的版本密钥 $VK_{x'}$ 为输入，并输出撤销属性 x' 的新版本密钥 $\tilde{VK}_{x'}$ 和更新密钥 $UK_{x'}$。

（6）$SKUpdate(SK, UK_{x'}) \to \tilde{SK}$：解密密钥更新算法，以解密密钥 SK 和撤销属性 x' 的更新密钥 $UK_{x'}$ 为输入，并输出更新后的解密密钥 $\tilde{SK}$。

（7）$CTUpdate(CT, UK_{x'}) \to \tilde{CT}$：密文更新算法，以密文 CT 和撤销属性 x' 的更新密钥 $UK_{x'}$ 为输入，并输出更新后的密文 $\tilde{CT}$。

8.2.3.3 安全模型

在给出具体的安全模型前，本小节假设：（1）云存储服务商可能会给不被允许的用户访问许可；（2）云存储服务商为诚实并好奇的，即它将诚实地执行其他实体分配的任务，然而又尽最大可能地去获取密文数据的敏感信息；（3）用户是不诚实的，而且可能会进行合谋攻击获取不被授权的数据。本小节提出方案的安全性主要基于该安全模型进行证明，其具体定义为挑战者 $\mathcal{B}$ 与攻击者 $\mathcal{A}$ 间的安全游戏，如下。

参数设置阶段：挑战者 $\mathcal{B}$ 运行 $Setup$ 算法，并把生成的系统公开密钥 PK 发送给攻击者 $\mathcal{A}$。

密钥查询阶段 1：攻击者 $\mathcal{A}$ 适应性地提交一系列对属性集合 $(S_1, S_2, \cdots, S_{q_1})$ 的解

密密钥查询 SK 以及更新密钥查询 UK。

挑战阶段：攻击者 $\mathcal{A}$ 提交长度相等的两个消息 M_0、M_1 和一个访问控制策略 $(\boldsymbol{A}^*,\rho^*)$ 给挑战者 $\mathcal{B}$。挑战者 $\mathcal{B}$ 随机选择参数 $\beta \in \{0,1\}$，并基于矩阵 $\boldsymbol{A}^*$ 加密消息 M_β，生成挑战密文 CT^*。此阶段要求属性集合 $S_1, S_2, \cdots, S_{q_1}$ 都不能满足访问策略 $(\boldsymbol{A}^*,\rho^*)$。

密钥查询阶段 2：如密钥查询阶段 1，攻击者 $\mathcal{A}$ 继续适应性地提交一系列的属性集合 $(S_{q_1+1}, S_{q_1+2}, \cdots, S_q)$，但是需要满足如下限制：（1）集合 $S_{q_1+1}, S_{q_1+2}, \cdots, S_q$ 都不能满足访问策略 $(\boldsymbol{A}^*,\rho^*)$；（2）更新后的解密密钥 $\tilde{S}\tilde{K}$（由查询密钥 SK 和更新密钥 UK 生成）都不能够解密挑战密文。

猜测阶段：攻击者 $\mathcal{A}$ 输出值 $\beta' \in \{0,1\}$ 作为对 β 的猜测。定义攻击者 $\mathcal{A}$ 在该游戏中的优势为 $|\Pr[\beta' = \beta] - \frac{1}{2}|$。

8.2.3.4　方案构造

令 $\mathbb{G}$ 和 $\mathbb{G}_T$ 表示两个阶为素数 p 的双线性群，$e{:}\mathbb{G} \times \mathbb{G} \to \mathbb{G}_T$ 表示一个可有效计算的双线性映射，g 表示 $\mathbb{G}$ 的生成元。令 $H:\{0,1\}^* \to \mathbb{G}$ 表示建模为随机预言机的哈希函数。

本小节方案构造主要包括以下 4 个阶段：系统初始化阶段、属性授权执行的密钥生成阶段、数据拥有者执行的加密阶段和数据用户执行的解密阶段。

阶段 1：系统初始化

属性授权运行 *Setup* 算法对系统进行初始化。算法首先随机选择参数 $\alpha, \beta, \gamma, a \in \mathbb{Z}_p$ 作为主密钥 $MK = (\alpha, \beta, \gamma, a)$，然后生成公开密钥 PK 如下。

$$PK = (g, g^a, g^{\frac{1}{\beta}}, g^\beta, e(g,g)^\alpha)$$

对每一个属性 x，属性授权随机选择某个随机数 $v_x \in \mathbb{Z}_p$ 作为初始属性版本号，即 $VK_x = v_x$，然后用它来生成公共属性密钥，计算式如下。

$$PK_x = (PK_{1,x} = H(x)^{v_x}, PK_{2,x} = H(x)^{v_x \gamma})$$

阶段 2：属性授权执行的密钥生成阶段

当系统中加入一个新用户时，属性授权首先根据其系统角色或标识为其分配一个属性集合 S。然后，属性授权通过运行解密密钥生成算法 *SKeyGen* 生成用户的解密密钥 SK。该阶段以系统公开密钥 PK、主密钥 MK、属性集合 S 和相应的属性版本密钥 $\{VK_x\}_{x \in S}$ 为输入，然后随机选择参数 $t \in \mathbb{Z}_p$，并生成用户的解密密钥如下。

$$SK = \left(K = g^{\frac{\alpha}{\beta}} \cdot g^{\frac{at}{\beta}}, L = g^{t}, \forall x \in S : K_x = g^{t\beta^2} \cdot H(x)^{v_x t\beta} \right)$$

阶段 3：数据拥有者执行的加密阶段

数据拥有者在将数据 M 外包给云存储服务提供商前，需要对其做如下处理：（1）首先根据其逻辑管理将数据划分成几个数据组件，即 $M = \{m_1, m_2, \cdots, m_n\}$；（2）基于对称密码技术使用不同的内容密钥 $k_i (i = 1,2,\cdots,n)$ 对每个数据组件进行加密；（3）对每一个内容密钥 $k_i (i = 1,2,\cdots,n)$，数据拥有者首先定义访问控制策略 $(\boldsymbol{A}, \rho)$，并基于 $(\boldsymbol{A}, \rho)$ 运行数据加密算法 *Encrypt* 对其进行加密。

加密算法 $Encrypt(PK, \{PK_x\}, k, (\boldsymbol{A}, \rho)) \to CT$ 按照如下方式进行构建：它以系统公开密钥 PK、内容密钥 k 和访问策略 $(\boldsymbol{A}, \rho)$ 为输入。其中，$\boldsymbol{A}$ 是一个 $l \times n$ 矩阵，映射函数 ρ 把 $\boldsymbol{A}$ 的每一行 $\boldsymbol{A}_i$ 映射到一个属性 $\rho(i)$。加密算法首先随机选择向量 $\vec{v} = (s, y_2, \cdots, y_n) \in \mathbb{Z}_p^n$，并且对 $\boldsymbol{A}$ 的每一行 $\boldsymbol{A}_i$，计算内积 $\lambda_i = \boldsymbol{A}_i \cdot \vec{v}$，然后，算法随机选择参数 $r_1, r_2, \cdots, r_l \in \mathbb{Z}_p$，并计算密文如下。

$$CT = (C = ke(g,g)^{\alpha s}, C' = g^{\beta s}, C_i = g^{a\lambda_i} (g^{\beta})^{-r_i} H(\rho(i))^{-r_i v_{\rho(i)}},$$

$$D_{1,i} = H(\rho(i))^{v_{\rho(i)} r_i \gamma}, D_{2,i} = g^{\frac{r_i}{\beta}} (i = 1,2,\cdots,l)$$

最后，数据拥有者将加密后的数据按照图 8.4 的格式上传给云存储服务提供商。

CT_1	$E_{K_1}(m_1)$	…	…	CT_n	$E_{K_n}(m_n)$

图 8.4　云端数据格式

阶段 4：数据用户执行的解密阶段

在云存储服务提供商获得上传数据后，用户运行解密算法 *Decrypt* 来获取对应的内容密钥，并使用内容密钥进一步解密获取数据内容。只有该用户拥有的属性集满足与密文 CT 有关的访问策略时，用户才能够成功解密内容密钥。不同用户可能拥有不同的属性集合，其能够解密的数据组件的数量不同，因此，用户就能够从同一数据上获得不同粒度的信息。

解密算法 $Decrypt(CT, SK) \to k$ 的构建方法如下：它以密文 CT 和解密密钥 SK 为输入，若与解密密钥 SK 有关的属性集合 S 满足与密文 CT 有关的访问策略 $(\boldsymbol{A}, \rho)$，那么定义 $I \subset \{1, 2, \cdots, l\}$ 为 $I = \{i : \rho(i) \in S\}$，然后算法计算 $\{w_i \in \mathbb{Z}_p\}_{i \in I}$ 重构加密指数

$s=\sum_{i\in I}w_i\lambda_i$ ，其中$\{\lambda_i\}$表示秘密 s 的有效密钥分享。接下来，加密算法计算

$$\frac{e(C',K)}{\prod_{i\in I}(e(C_i,L)e(D_{2,i},K_{\rho(i)}))^{w_i}}=e(g,g)^{\alpha s}$$

算法解密内容密钥 $k=C/e(g,g)^{\alpha s}$ ，并用获得的内容密钥进一步解密数据。

8.2.3.5　属性撤销

当某个用户离开系统，那么该用户就不能再解密任何存储在云存储服务器上的数据，即该用户的访问权限应该被收回，这称为用户撤销。同样，当系统中某个用户的权限被降级了，那么该用户先前拥有的属性集合中的某些属性就要被取消，这称为属性撤销。

为了实现属性撤销，本小节的撤销过程包括 3 个阶段：更新密钥生成、为未撤销用户进行的解密密钥更新和密文更新。假设用户 u 的属性 x' 被撤销，那么属性 x' 被称为撤销属性，用户 u 被称为撤销用户。另外，我们将属性 x' 的未被撤销的用户集合称为未被撤销用户。

阶段 1：属性授权执行的版本更新密钥生成阶段

当某个属性被撤销时，属性授权执行版本密钥更新生成算法 $UKeyGen(MK,VK_{x'})\to(\tilde{VK}_{x'},UK_{x'})$ ，该算法以系统主密钥 MK 和撤销属性 x' 的版本密钥 $VK_{x'}$ 为输入，算法通过随机选择参数 $v_x'\in\mathbb{Z}_p(v_x'\neq v_x)$ 生成一个新的属性版本号密钥 $\tilde{VK}_{x'}$ ，然后属性授权计算版本更新密钥如下。

$$UK_{x'}=\left(UK_{1,x'}=\frac{\tilde{v}_{x'}}{v_{x'}},UK_{2,x'}=\frac{v_{x'}-\tilde{v}_{x'}}{v_{x'}\gamma}\right)$$

算法输出属性 x' 的新版本密钥 $\tilde{VK}_{x'}$ 和版本更新密钥 $UK_{x'}$ ，该密钥用来更新未被撤销用户的解密密钥以及与属性 x' 有关的密文。然后，属性授权将 $UK_{x'}$ 发送给被撤销用户进行解密密钥更新和云存储服务中心进行密文更新。

属性授权更新撤销属性 x' 的公开属性密钥如下。

$$\tilde{PK}_{x'}=(\tilde{PK}_{1,x'}=H(x')^{\tilde{v}_{x'}},\tilde{PK}_{2,x'}=H(x')^{\tilde{v}_{x'}\gamma})$$

阶段 2：为未撤销用户更新解密密钥

每个未被撤销用户向属性授权提交解密密钥 SK 中的两个参数（$L=g^t$ 和 $K_{x'}$ ）给属性授权。一旦收到用户提交的这些数据，属性授权将运行算法 $SKUpdate$ 来计算与撤销属性 x' 有关的新密钥组件 $\tilde{K}_{x'}$ ，如下。

$$\tilde{K}_{x'} = (K_{x'}/L^{\beta^2})^{UK_{1,x'}} \cdot L^{\beta^2} = g^{t\beta^2} \cdot H(x')^{\tilde{v}_{x'}t\beta}$$

然后，属性授权将新密钥组件 $\tilde{K}_{x'}$ 发送给未被撤销用户，用户使用 $\tilde{K}_{x'}$ 替代 $K_{x'}$ 实现解密密钥更新，计算过程如下。

$$\tilde{SK} = (K, L, \tilde{K}_{x'}, \forall x \in S \setminus \{x'\} : K_x)$$

阶段 3：由云存储服务中心执行的密文更新

本小节方案的密文更新采用代理重加密技术，这意味着云存储服务中心在进行更新前不需要解密密文。一旦收到属性授权的版本更新密钥 $UK_{x'}$，云存储服务中心运行密文更新算法 $CTUpdate(CT, UK_{x'}) \to \tilde{CT}$ 进行与撤销属性 x' 有关的密文更新。该算法以密文 CT 和撤销属性 x' 的更新密钥 $UK_{x'}$ 为输入，然后输出更新后的密文 $\tilde{CT}$，计算过程如下。

$$\tilde{CT} = (\tilde{C} = C, \tilde{C}' = C', \forall i = 1 \text{ to } l : \tilde{D}_{2,i} = D_{2,i},$$
$$若\rho(i) \neq x' : \tilde{C}_i = C_i, \tilde{D}_{1,i} = D_{1,i},$$
$$若\rho(i) = x' : \tilde{C}_i = C_i \cdot (D_{1,i})^{UK_{2,x'}}, \tilde{D}_{1,i} = (D_{1,i})^{UK_{1,x'}})$$

密文更新不仅能够保证属性撤销的前向安全，还能够减小用户的存储开销，即所有用户都只需要保存最新版本的解密密钥，而不需要保存所有的解密密钥。

8.2.3.6 安全性证明

本小节方案的安全性证明主要基于以下两个定理。

定理 8.2 若确定性的 q-parallel BDHE 假设成立，那么不存在多项式时间内的攻击者能够选择性地攻破本小节方案，其中挑战矩阵规模为 $l^* \times n^* (n^* \leqslant q)$。

证明 假定 $\mathcal{A}$ 是一个在选择性安全挑战场景下拥有优势 $\varepsilon = Adv_{\mathcal{A}}$ 的攻击者，他选择一个不超过 q 列的挑战矩阵 $\boldsymbol{A}^*$。在没有一个解密密钥 $\tilde{SK}$ 能够成功解密挑战密文的限制下，我们构建一个具有不可忽略优势的挑战者 $\mathcal{B}$ 来解决确定性的 q-parallel BDHE 问题。

定理 8.3 本小节方案的访问控制模式能够抵抗用户的非授权访问。

证明 非授权的用户访问主要包括两种情形：（1）拥有不满足访问控制策略属性集合的用户尝试访问并解密数据；（2）当用户的一个或多个属性被撤销后，其仍尝试用以前的解密密钥访问数据。

情形 1：拥有不满足访问控制策略属性集合的用户无法成功解密密文。同时，还要考虑到多用户的合谋攻击。在本小节方案中，每个用户的解密密钥都使用某个不同的随机数生成，这样就可以实现即使某些用户拥有相同的属性集合，他们的解密密钥仍然不同。因此，用户无法进行合谋来解密密文。

情形 2：假设用户的某个属性被撤销，属性授权将选另一个版本号密钥来生成版本更新密钥，然后将其发送给云存储服务中心来更新与被撤销属性有关的密文，这样，密文就和被撤销属性最新的版本号密钥相关。由于密文中版本号密钥值不同，所以被撤销用户无法使用以前的密钥解密密文。

8.2.4　Shiraishi-Nomura-Mohri 的支持属性级用户撤销的 CP-ABE 方案

Shiraishi 等[9]提出一种面向共享数据细粒度访问控制的前向安全可撤销属性基加密方案。该方案同时支持“AND”和“OR”的访问策略，且授权机构能够撤销唯一指定用户的属性。下面分别从方案定义、安全模型、方案构造和安全性证明 4 个方面介绍该方案。

8.2.4.1　方案定义

该方案[9]的 5 个多项式时间算法如下。

（1）*Auth.Setup*：该算法以安全参数 λ 和属性集合 U 为输入，输出系统公钥 PK、系统主私钥 MK 和重加密密钥 RK。

（2）*Auth.Ext*：该算法以系统主私钥 MK 和属性集合 S 为输入，输出用户私钥 SK。

（3）*DO.Enc*：该算法以系统公钥 PK、访问结构 $\mathbb{A}$ 和明文 M 为输入，输出中间密文 CT'。

（4）*C.ReEnc*：该算法以中间密文 CT'、属性集合 S 和重加密密钥 RK 为输入，输出重加密密文 CT。

（5）*U.Dec*：该算法以关联属性集合 S 的用户私钥 SK 和关联访问结构 $\mathbb{A}$ 的密文 CT 为输入。如果 $S \models \mathbb{A}$，则输出明文 M。

8.2.4.2　安全模型

1. 安全模型 1

该安全模型中定义攻击者的攻击为未授权用户和云服务商的合谋攻击。通过以下游戏交互过程描述该安全模型。

系统初始化：攻击者 $\mathcal{A}$ 选择挑战访问结构 $\mathbb{A}^*$ 并将它们传送给挑战者 $\mathcal{B}$ 。

参数设置阶段：挑战者 $\mathcal{B}$ 运行参数设置算法，并将系统公钥 PK 和重加密密钥 RK 发送给攻击者 $\mathcal{A}$ 。

密钥查询阶段 1：攻击者 $\mathcal{A}$ 进行下列私钥询问。

Ext 询问：攻击者 $\mathcal{A}$ 向挑战者 $\mathcal{B}$ 提交属性集合 S 进行询问，其中 $S \not\models \mathbb{A}^*$ ，挑战者 $\mathcal{B}$ 返回相应的私钥 SK 给攻击者 $\mathcal{A}$ 。

挑战阶段：攻击者 $\mathcal{A}$ 提交两个等长的消息 M_0 和 M_1。挑战者 $\mathcal{B}$ 随机选择 $b \in \{0,1\}$ ，并在访问结构 $\mathbb{A}^*$ 下加密 M_b 获得密文 CT'^* 。然后挑战者 $\mathcal{B}$ 运行重加密算法获得挑战密文 CT^* 。最后将挑战密文 CT^* 发送给攻击者 $\mathcal{A}$ 。

密钥查询阶段 2：该阶段询问与密钥查询阶段 1 类似。

猜测阶段：攻击者 $\mathcal{A}$ 输出值 $b' \in \{0,1\}$ 作为对 b 的猜测。如果 $b' = b$ ，称攻击者 $\mathcal{A}$ 赢了该游戏。攻击者 $\mathcal{A}$ 在该游戏中的优势定义为 $Adv_{\mathcal{A}} = |\Pr[b' = b] - \frac{1}{2}|$ 。

定义 8.2 若无多项式时间内的攻击者以不可忽略的优势来攻破上述安全模型，则称上述可撤销 CP-ABE 方案在该安全模型下是 IND-CPA 安全的。

2. 安全模型 2

该安全模型中定义攻击者的攻击为撤销用户的攻击。通过以下游戏交互过程描述该安全模型。

系统初始化：$\mathcal{A}$ 选择挑战访问结构 $\mathbb{A}^*$ 和一个撤销属性 $x^* \in \mathbb{A}^*$ 并将它们传送给挑战者 $\mathcal{B}$ 。

参数设置阶段：挑战者 $\mathcal{B}$ 运行参数设置算法，并将系统公钥 PK 发送给攻击者 $\mathcal{A}$ 。

密钥查询阶段 1：攻击者 $\mathcal{A}$ 进行下列私钥询问。

Ext 询问：攻击者 $\mathcal{A}$ 向挑战者 $\mathcal{B}$ 提交属性集合 S 和属性 $x^* \in S$ 进行询问，其中 $S \not\models \mathbb{A}^*$ 。挑战者 $\mathcal{B}$ 返回相应的私钥 SK 给攻击者 $\mathcal{A}$ 。

挑战阶段：攻击者 $\mathcal{A}$ 提交两个等长的消息 M_0 和 M_1。挑战者 $\mathcal{B}$ 随机选择 $b \in \{0,1\}$ ，并在访问结构 $\mathbb{A}^*$ 下加密 M_b 获得密文 CT'^* 。然后挑战者 $\mathcal{B}$ 运行重加密算法获得挑战密文 CT^* 。最后将挑战密文 CT^* 发送给攻击者 $\mathcal{A}$ 。

密钥查询阶段 2：该阶段询问与密钥查询阶段 1 类似。

猜测阶段：攻击者 $\mathcal{A}$ 输出值 $b' \in \{0,1\}$ 作为对 b 的猜测。如果 $b' = b$ ，称攻击者 $\mathcal{A}$ 赢了该游戏。攻击者 $\mathcal{A}$ 在该游戏中的优势定义为 $Adv_{\mathcal{A}} = |\Pr[b' = b] - \frac{1}{2}|$ 。

定义 8.3　若无多项式时间内的攻击者能以不可忽略的优势来攻破上述安全模型，则称上述可撤销 CP-ABE 方案在该安全模型下是 IND-CPA 安全的。

8.2.4.3　方案构造

（1）*Auth.Setup*：该算法以安全参数 λ 和属性集合 U 为输入。该算法选择一个阶为 p 的双线性群 $\mathbb{G}_1$，$g \in \mathbb{G}_1$ 是该群的生成元。然后随机选择 $\alpha, a, f_1, \cdots, f_U, d_1, \cdots, d_U \in \mathbb{Z}_P$。最后，输出系统公钥 $PK = (g, e(g,g)^{\alpha}, g^{a}, F_1 = g^{f_1}, \cdots, F_U = g^{F_U})$、系统主私钥 $MK = \alpha$ 和重加密密钥 $RK = (rk_1 = d_1 / f_1, \cdots, rk_U = d_U / f_U)$。

（2）*Auth.Ext*：该算法以系统主私钥 MK 和属性集合 S 为输入。该算法首先随机选择 $t \in \mathbb{Z}_P$。然后输出用户私钥 $SK = (K, L, \{K_x \mid x \in S\}) = (g^{\alpha}, g^{at}, g^{t}, \{g^{d_x t} \mid x \in S\})$。

（3）*DO.Enc*：该算法以系统公钥 PK、LSSS 访问结构 $(\boldsymbol{M}, \rho)$ 和明文 M 为输入，其中，函数 ρ 将 $\boldsymbol{M}$ 的行映射到属性，$\boldsymbol{M}$ 是一个 $l \times n$ 的矩阵。首先随机选择向量 $\boldsymbol{v} = (s, y_2, \cdots, y_n) = Z_P$。对于 i=1 到 l，计算 $\lambda_i = \boldsymbol{v} \cdot \boldsymbol{M}_i$。然后随机选择 $r_1, \cdots, r_l \in \mathbb{Z}_P$。最后输出中间密文。

$$CT' = (C, C', (C_1, D_1'), \cdots, (C_l, D_l')) = < Ke(g,g)^{\alpha s}, g^{s}, (g^{a\lambda_1} F_{\rho(1)}^{-r_1}, g^{r_1}), \cdots, (g^{a\lambda_l} F_{\rho(l)}^{-r_1}, g^{r_l}) >$$

（4）*C.ReEnc*：该算法以中间密文 CT'、属性集合 S 和重加密密钥 RK 为输入。$\boldsymbol{M}$ 是一个 $l \times n$ 的矩阵。对于 i=1 到 l，如果 $\rho(i) \in S$，该重加密算法计算 $D_i = (D_i')^{-rk_{\rho(i)}} = g^{f_i r_1 / d_i}$；如果 $\rho(i) \notin S, D_i = D_i'$。最后输出重加密密文。

$$CT = ((\boldsymbol{M}, \rho), C, C', (C_1, D_1), \cdots, (C_l, D_l))$$

（5）*U.Dec*：该算法以关联属性集合 S 的用户私钥 SK 和关联访问结构 $(\boldsymbol{M}, \rho)$ 的密文 CT 作为输入。设 S 满足访问结构 $(\boldsymbol{M}, \rho)$，参与者下标集合 $I \subset \{1, 2, \cdots, l\}$ 被定义为 $I = \{i : \rho(i) \in S\}$，那么可以在多项式时间内找到一组常数 $\{w_i \in \mathbb{Z}_p\}_{i \in I}$，如果 $\{\lambda_i\}$ 是对秘密 s 的有效共享份额，则等式 $\sum w_i \lambda_i = s$ 成立，其中 $i \in I$。然后数据用户计算

$$\frac{e(C', K)}{\prod_{i \in I} (e(C_i, L) e(D_i, K_{\rho(l)}))^{w_i}} = \frac{e(g,g)^{\alpha s} e(g,g)^{ast}}{\prod_{i \in I} e(g,g)^{ta\lambda_i w_i}} = e(g,g)^{\alpha s}$$

最后，解密获得明文 $M = C / e(g,g)^{\alpha s}$。

通过以下过程完成属性撤销：

① 授权机构将用户的撤销属性 $\theta \subseteq S$ 发送给云服务商；

② 云服务商基于撤销信息更新用户的属性集合；

③ 当用户访问云中的数据时，云服务商根据用户的更新属性集合运行重加密算法，将更新的密文发送给用户。

8.2.4.4 安全性证明

定理 8.4 若判定性 q-PBDHE 假设成立，那么没有 IND-CPA 攻击者在安全模型 1 下能够在多项式时间内以不可忽略的优势选择性地攻破本节所提方案，其中挑战矩阵为 $\boldsymbol{M}^*(l^* \times n^*)$。

证明 假设攻击者 $\mathcal{A}$ 在安全模型 1 下能以不可忽略的优势 $\varepsilon = Adv_{\mathcal{A}}$ 选择性地攻破本节方案，设其挑战矩阵为 $\boldsymbol{M}^*(l^* \times n^*)$，那么，我们能够构造挑战者 $\mathcal{B}$ 以不可忽略的优势攻破判定性 q-PBDHE 假设。挑战者 $\mathcal{B}$ 与攻击者 $\mathcal{A}$ 可以按如下步骤模拟游戏交互过程。

系统初始化：挑战者 $\mathcal{B}$ 输入随机判定性 q-PBDHE 挑战 $\boldsymbol{y}$，T。攻击者 $\mathcal{A}$ 选择一个要挑战的访问结构 $(\boldsymbol{M}^*, \rho^*)$，然后将它传送给挑战者 $\mathcal{B}$。

参数设置阶段：挑战者 $\mathcal{B}$ 按如下方式生成系统公钥 PK。挑战者 $\mathcal{B}$ 随机选择 $\alpha' \in \mathbb{Z}_p$ 并设置 $e(g,g)^\alpha = e(g^a, g^{a^q})e(g,g)^{\alpha'}$，其隐含设置 $\alpha = \alpha' + a^{q+1}$。对于每一个 $x(1 \leqslant x \leqslant U)$，随机选择 z_x。令 X 表示索引 i 的集合，且满足 $\rho^*(i) = x$。挑战者 $\mathcal{B}$ 按如下方式计算 F_x。

$$F_x = g^{z_x} \prod_{i \in X} g^{a\boldsymbol{M}^*_{i,1}/b_i} \cdot g^{a^2 \boldsymbol{M}^*_{i,2}/b_i} \cdot \cdots \cdot g^{a^{n^*} \boldsymbol{M}^*_{i,n^*}/b_i}$$

如果 $X = \varnothing$，则设置 $F_x = g^{z_x}$。最后，挑战者 $\mathcal{B}$ 将系统公钥 $PK = (g, e(g,g)^\alpha, g^a, F_1, \cdots, F_U)$ 传送给攻击者 $\mathcal{A}$。

密钥查询阶段 1：攻击者 $\mathcal{A}$ 进行下列私钥询问。

Ext 询问：假设挑战者 $\mathcal{B}$ 回答攻击者 $\mathcal{A}$ 关于属性集合 S 的私钥询问，并且 S 不能够满足 $\boldsymbol{M}^*(l^* \times n^*)$。

挑战者 $\mathcal{B}$ 随机选择 $r, rk_1, \cdots, rk_U \in \mathbb{Z}_p$，然后计算向量 $\boldsymbol{w} = (w_1, \cdots, w_{n^*}) \in \mathbb{Z}_p^{n^*}$，其中，$w_1 = -1$。对于所有的 i，$\rho(i) \in S$ 满足 $\boldsymbol{w}\boldsymbol{M}^*_i = 0$。通过 LSSS 的定义，这样的向量能在多项式时间内计算得到。挑战者 $\mathcal{B}$ 隐含定义

$$t = r + w_1 a^q + w_2 a^{q-1} + \cdots + w_{n^*} a^{q-n^*+1}$$

计算

$$L = g^r \prod_{i=1,\cdots,n^*} (g^{a^{q+1-i}})^{w_i} = g^t$$

然后挑战者 $\mathcal{B}$ 计算

$$K = g^{\alpha'} g^{ar} \prod_{i=2,\cdots,n^*} (g^{a^{q+2-i}})^{w_i}$$

挑战者 $\mathcal{B}$ 按如下过程计算 $\{K_x \mid x \in S\}$。如果不存在 i 使 $\rho^*(i) = x$，则挑战者 $\mathcal{B}$ 能够计算 $K_x = L^{z_x rk_x}$；如果存在 i 使 $\rho^*(i) = x$，令 X 表示索引 i 的集合，且满足 $\rho^*(i) = x$，挑战者 $\mathcal{B}$ 计算 K'_x。

$$K'_x = L^{z_x} \prod_{i \in X} \prod_{i=1,\cdots,n^*} \left(g^{(a^j/b_i)r} \prod_{\substack{k=1,\cdots,n^* \\ k \neq j}} (g^{a^{q+1+j-k}/b_i})^{w_k}\right)^{M^*_{i,j}}$$

然后计算 $K_x = (K'_x)^{rk_x}$。

最后，挑战者 $\mathcal{B}$ 将私钥 $SK = (K, L, \{K_x \mid x \in S\})$ 传送给攻击者 $\mathcal{A}$。

挑战阶段：攻击者 $\mathcal{A}$ 提交两个等长的消息 M_0 和 M_1，挑战者 $\mathcal{B}$ 随机选择参数 $b \in \{0,1\}$ 生成挑战密文 $C = M_b \cdot T \cdot e(g^s, g^{\alpha'})$ 和 $C = sP$。挑战者 $\mathcal{B}$ 随机选择 $y'_2, \cdots, y'_{n^*} \in \mathbb{Z}_p$，并隐含地通过向量 $\boldsymbol{v} = (s, sa + y'_2, sa^2 + y'_3, \cdots, sa^{n^*-1} + y'_{n^*}) \in \mathbb{Z}_p^{n^*}$ 来共享密钥 s。另外，挑战者 $\mathcal{B}$ 选择随机参数 $r'_1, \cdots, r'_l \in \mathbb{Z}_p$。对于 $i = 1, 2, \cdots, n^*$，定义 R_i 为所有满足 $\rho^*(i) = \rho^*(k)$ 这一条件的 $k \neq i$ 的集合。挑战密文可以按下式计算。

$$C_i = h_{\rho^*(i)}^{r'_i} \left(\prod_{j=2,\cdots,n^*} (g^a)^{M^*_{i,j} \cdot y'_j} \right) (g^{b_i \cdot s})^{-z_{\rho^*(i)}} \left(\prod_{k \in R_i} \prod_{j=1,\cdots,n^*} (g^{a^j \cdot s \cdot (b_i/b_k)})^{M^*_{k,j}} \right)$$

$$D'_i = g^{-r'_i} g^{-sb_i}$$

$$D_i = (D'_i)^{1/rk_{\rho(i)}}$$

最后，挑战者 $\mathcal{B}$ 将密文发送给攻击者 $\mathcal{A}$。

密钥查询阶段 2：类似密钥查询阶段 1，攻击者 $\mathcal{A}$ 继续向挑战者 $\mathcal{B}$ 提交一系列属性集合，其限制与密钥查询阶段 1 相同。

猜测阶段：攻击者 $\mathcal{A}$ 输出值 $b' \in \{0,1\}$ 作为对 b 的猜测。如果 $b' = b$，挑战者 $\mathcal{B}$ 输出 0，表示猜测 $T = e(g,g)^{a^{q+1}s}$；否则，输出 1，表示猜测 T 为群 $\mathbb{G}_T$ 中的随机元素。

（1）当 $T = e(g,g)^{a^{q+1}s}$ 时，挑战者 $\mathcal{B}$ 能够提供有效的仿真，因此得出

$$\Pr[\mathcal{B}(\boldsymbol{y}, T = e(g,g)^{a^{q+1}s}) = 0] = \frac{1}{2} + Adv_{\mathcal{A}}$$

（2）当 T 为群 $\mathbb{G}_T$ 中的随机元素时，M_b 对于攻击者来说是完全随机的，因此得出

$$\Pr[\mathcal{B}(\boldsymbol{y},T=R)=0]=\frac{1}{2}$$

进而得到

$$Adv_{\mathcal{B}}=\frac{1}{2}\Pr[\mathcal{B}(\boldsymbol{y},T=e(g,g)^{a^{q+1}s})=0]+\frac{1}{2}\Pr[\mathcal{B}(\boldsymbol{y},T=R)=0]-\frac{1}{2}=$$
$$\frac{1}{2}\left(\frac{1}{2}+Adv_{\mathcal{A}}\right)+\frac{1}{2}\cdot\frac{1}{2}-\frac{1}{2}=\frac{Adv_{\mathcal{A}}}{2}=\frac{\varepsilon}{2}$$

因此，挑战者$\mathcal{B}$能够攻破判定性 q-PBDHE 假设。这与最初假设相矛盾，所以没有攻击者能够攻破本小节方案。

定理 8.5 若判定性 q-PBDHE 假设成立，那么没有 IND-CPA 攻击者在安全模型 2 下能够在多项式时间内以不可忽略的优势选择性地攻破本小节方案，其中挑战矩阵为$\boldsymbol{M}^*(l^*\times n^*)$。

证明 假设攻击者$\mathcal{A}$在安全模型 2 下能以不可忽略的优势$\varepsilon=Adv_{\mathcal{A}}$选择性地攻破本小节方案，设其挑战矩阵为$\boldsymbol{M}^*(l^*\times n^*)$。那么，我们能够构造挑战者$\mathcal{B}$以不可忽略的优势攻破判定性 q-PBDHE 假设。挑战者$\mathcal{B}$与攻击者$\mathcal{A}$可以按如下步骤模拟游戏交互过程。

系统初始化：挑战者$\mathcal{B}$输入随机判定性 q-PBDHE 挑战$\boldsymbol{y}$，T。攻击者$\mathcal{A}$选择一个要挑战的访问结构$(\boldsymbol{M}^*,\rho^*)$和$x^*$，其中$\boldsymbol{M}^*$有$n^*$列且一定存在$i$使$\rho^*(i)=x^*$。然后将它传送给挑战者$\mathcal{B}$。

参数设置阶段：挑战者$\mathcal{B}$按如下方式生成系统公钥PK。挑战者$\mathcal{B}$随机选择$\alpha'\in\mathbb{Z}_p$并设置$e(g,g)^{\alpha}=e(g^a,g^{a^q})e(g,g)^{\alpha'}$，其隐含设置$\alpha=\alpha'+a^{q+1}$。对于$x\neq x^*(1\leqslant x\leqslant U)$，随机选择$z_x,rk_x\in\mathbb{Z}_p$。令$X$表示索引$i$的集合，且满足$\rho^*(i)=x$。挑战者$\mathcal{B}$按如下方式计算$F_x$。

$$F_x=g^{z_x}\prod_{i\in X}g^{aM^*_{i,1}/b_i}\cdot g^{a^2M^*_{i,2}/b_i}\cdot\cdots\cdot g^{a^{n^*}M^*_{i,n^*}/b_i}$$

如果$X=\varnothing$，则设置$F_x=g^{z_x}$。对于撤销属性x^*，随机选择$z_{x^*}\in\mathbb{Z}_p$。令X^*表示索引i的集合，且满足$\rho^*(i)=x^*$。挑战者$\mathcal{B}$按如下方式计算rk_{x^*}。

$$rk_{x^*}=z_{x^*}\Big/\left(z_{x^*}+(aM^*_{i,1}/b_i)+(a^2M^*_{i,2}/b_i)+\cdots+(a^{n^*}M^*_{i,n^*}/b_i)\right)$$

最后，挑战者$\mathcal{B}$将系统公钥$PK=(g,e(g,g)^{\alpha},g^a,F_1\cdots,F_U)$传送给攻击者$\mathcal{A}$。

密钥查询阶段 1：攻击者$\mathcal{A}$进行下列私钥询问。

Ext 询问：假设挑战者 $\mathcal{B}$ 回答攻击者 $\mathcal{A}$ 关于属性集合 S 和 $x^* \in S$ 的私钥询问，并且 $S-x^*$ 不能够满足 $\boldsymbol{M}^*(l^* \times n^*)$。挑战者 $\mathcal{B}$ 计算向量 $\boldsymbol{w}=(w_1,\cdots,w_{n^*}) \in \mathbb{Z}_p^{n^*}$，其中，$w_1=-1$。对于所有的 i，$\rho(i) \in S$ 满足 $\boldsymbol{w}\boldsymbol{M}_i^*=0$。通过 LSSS 的定义，这样的向量能在多项式时间内计算得到。挑战者 $\mathcal{B}$ 隐含定义

$$t=r+w_1a^q+w_2a^{q-1}+\cdots+w_{n^*}a^{q-n^*+1}$$

计算

$$L=g^r\prod_{i=1,\cdots,n^*}(g^{a^{q+1-i}})^{w_i}=g^t$$

然后挑战者 $\mathcal{B}$ 计算

$$K=g^{\alpha'}g^{ar}\prod_{i=2,\cdots,n^*}(g^{a^{q+2-i}})^{w_i}$$

挑战者 $\mathcal{B}$ 按如下过程计算 $\{K_x \mid x \in S\}$。如果不存在 i 使 $\rho^*(i)=x$，则挑战者 $\mathcal{B}$ 能够计算 $K_x=L^{z_x rk_x}$；如果存在 i 使 $\rho^*(i)=x$，令 X 表示索引 i 的集合，且满足 $\rho^*(i)=x$，挑战者 $\mathcal{B}$ 计算 K_x。

如果 $x=x^*$，计算 K'_x。

$$K'_x=L^{z_x}\prod_{i\in X}\prod_{j=1,\cdots,n^*}(g^{(a^j/b_i)r}\prod_{\substack{k=1,\cdots,n^*\\k\neq j}}(g^{a^{q+1+j-k}/b_i})^{w_k})^{\boldsymbol{M}_{i,j}^*}$$

然后计算 $K_x=L^{1/z_{x^*}}=L^{rk_{x^*}\cdot(z_{x^*}+(aM_{i,1}^*/b_i)+(a^2M_{i,2}^*/b_i)+\cdots+(a^{n^*}M_{i,n^*}^*/b_i))}=(K'_{x^*})^{rk_{x^*}}$。

如果 $x\neq x^*$，计算 K'_x。

$$K'_x=L^{z_x}\prod_{i\in X}\prod_{j=1,\cdots,n^*}(g^{(a^j/b_i)r}\prod_{\substack{k=1,\cdots,n^*\\k\neq j}}(g^{a^{q+1+j-k}/b_i})^{w_k})^{\boldsymbol{M}_{i,j}^*}$$

然后计算 $K_x=(K'_x)^{rk_x}$。

最后，挑战者 $\mathcal{B}$ 将私钥 $SK=(K,L\{K_x \mid x\in S\})$ 传送给攻击者 $\mathcal{A}$。

挑战阶段：攻击者 $\mathcal{A}$ 提交两个等长的消息 M_0 和 M_1，挑战者 $\mathcal{B}$ 随机选择参数 $b\in\{0,1\}$ 生成挑战密文 $C=M_b\cdot T\cdot e(g^s,g^{\alpha'})$ 和 $C=sP$。挑战者 $\mathcal{B}$ 随机选择 $y'_2,\cdots,y'_{n^*}\in Z_p$，并隐含地通过向量 $\boldsymbol{v}=(s,sa+y'_2,sa^2+y'_3,\cdots,sa^{n^*-1}+y'_{n^*})\in\mathbb{Z}_p^{n^*}$ 共享密钥 s。另外，挑战者 $\mathcal{B}$ 选择随机参数 $r'_1,\cdots,r'_l\in\mathbb{Z}_p$。对于 $i=1,2,\cdots,n^*$，定义 R_i 为所有满足 $\rho^*(i)=\rho^*(k)$ 这一条件的 $k\neq i$ 的集合。挑战密文可以按下式计算。

$$C_i=h_{\rho^*(i)}^{r'_i}\left(\prod_{j=2,\cdots,n^*}(g^a)^{\boldsymbol{M}_{i,j}^*\cdot y'_j}\right)(g^{b_i\cdot s})^{-z_{\rho^*(i)}}\left(\prod_{k\in R_i}\prod_{j=1,\cdots,n^*}(g^{a^j\cdot s\cdot(b_i/b_k)})^{\boldsymbol{M}_{k,j}^*}\right)$$

如果 $\rho^*(i)=x^*$，那么

$$D_i=-r_i'T_{\rho^*(i)}-sb_iT_{\rho^*(i)}$$

如果 $\rho^*(i)\neq x^*$，那么

$$D_i'=-r_i'T_{\rho^*(i)}-sb_iT_{\rho^*(i)}$$
$$D_i=1/rk_{\rho(i)}(D_i')$$

最后，挑战者 $\mathcal{B}$ 将密文发送给攻击者 $\mathcal{A}$。

密钥查询阶段 2：类似密钥查询阶段 1，攻击者 $\mathcal{A}$ 继续向挑战者 $\mathcal{B}$ 提交一系列属性集合，其限制与密钥查询阶段 1 相同。

猜测阶段：攻击者 $\mathcal{A}$ 输出值 $b'\in\{0,1\}$ 作为对 b 的猜测。如果 $b'=b$，挑战者 $\mathcal{B}$ 输出 0，表示猜测 $T=e(g,g)^{a^{q+1}s}$；否则，输出 1，表示猜测 T 为群 G_2 中的随机元素。

（1）当 $T=e(g,g)^{a^{q+1}s}$ 时，挑战者 $\mathcal{B}$ 能够提供有效的仿真，因此得出

$$\Pr[\mathcal{B}(\boldsymbol{y},T=e(g,g)^{a^{q+1}s})=0]=\frac{1}{2}+Adv_{\mathcal{A}}$$

（2）当 T 为群 $\mathbb{G}_T$ 中的随机元素时，M_b 对于攻击者来说是完全随机的，因此得出

$$\Pr[\mathcal{B}(\boldsymbol{y},T=R)=0]=\frac{1}{2}$$

进而得到

$$Adv_{\mathcal{B}}=\frac{1}{2}\Pr[\mathcal{B}(\boldsymbol{y},T=e(g,g)^{a^{q+1}s})=0]+\frac{1}{2}\Pr[\mathcal{B}(\boldsymbol{y},T=R)=0]-\frac{1}{2}=$$
$$\frac{1}{2}\left(\frac{1}{2}+Adv_{\mathcal{A}}\right)+\frac{1}{2}\cdot\frac{1}{2}-\frac{1}{2}=\frac{Adv_{\mathcal{A}}}{2}=\frac{\varepsilon}{2}$$

因此，挑战者 $\mathcal{B}$ 能够攻破判定性 q-PBDHE 假设。这与最初假设相矛盾，所以没有攻击者能够攻破本小节方案。

8.3 基于广播加密的支持属性级用户撤销的 CP-ABE 方案

第 7 章提出了一个弱假设下可证明安全的 RS-CP-ABE 方案，该方案不仅能够防止恶意用户访问密钥撤销之后的密文，而且能够防止其继续访问密钥撤销之前的密文，实现了较强的安全性。但是，该方案只实现了粗粒度的系统级的用户撤销，

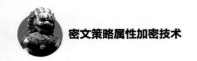

即一旦用户的某个属性被撤销，该用户就失去了系统中所有其他合法属性对应的访问权限，这在一定程度上限制了方案的某些应用。为了解决这一问题，本节分别针对小规模属性集合与大规模属性集合，提出了两个基于广播加密的支持属性级用户撤销的 CP-ABE 方案,并对方案进行了完整的安全性证明以及性能分析和实验验证。

8.3.1　模型定义

本节提出的小规模属性集合下基于广播加密的支持属性级用户撤销的 CP-ABE 方案和大规模属性集合下基于广播加密的支持属性级用户撤销的 CP-ABE 方案使用相同的系统模型和安全模型，其具体定义如下。

8.3.1.1　系统模型

图 8.5 为两个支持属性级用户撤销的 CP-ABE 方案的系统模型。

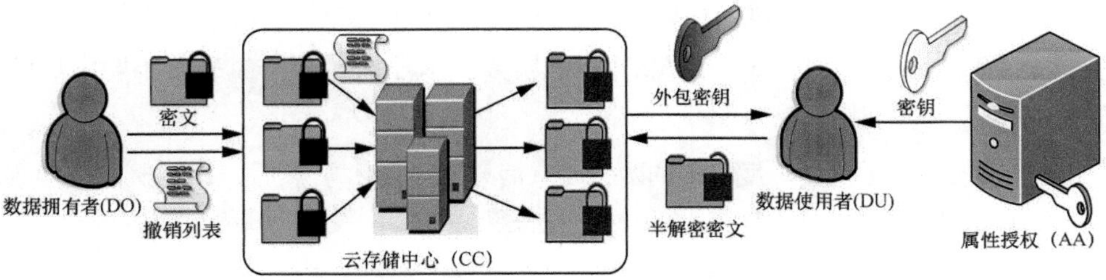

图 8.5　CP-ABE 方案的系统模型

从图 8.5 可以发现，该系统模型主要包括以下 4 个实体。

属性授权（Attribute Authority, AA）：负责实施系统的参数设置，生成系统的公开密钥和主密钥，并且负责为数据访问者生成解密密钥。

数据拥有者（Data Owner, DO）：负责数据的加密工作，在加密数据之前，根据自己的需求制定访问策略，然后使用该访问策略加密数据生成密文，并将密文托管给云存储中心。当 DO 决定需要对某些属性进行撤销时，制定相应的撤销列表，并将其发送给云存储中心。

数据使用者（Data User, DU）：数据的访问者，在其访问云存储中心的数据时，需要将外包解密密钥发送给云存储中心，由云存储中心进行部分解密，并得到相应的半解密密文。最后，DU 使用自己的私钥进行解密，得到明文消息。

云存储中心（Cloud Center, CC）：主要负责密文数据的存储工作，假设 CC 为诚实并好奇的，即它将诚实地执行其他实体分配的任务，然而又尽最大可能地去获取密文数据的敏感信息。另外，由于 CC 拥有大量的计算与存储资源，因此，CC 负责进行密文更新以及部分解密。

8.3.1.2 安全模型

本小节主要描述了两个基于广播加密的支持属性级用户撤销的 CP-ABE 方案所基于的选择性安全模型，即选择明文攻击下的密文不可区分性。该安全模型借鉴了 Tu 等在文献[12]中提出的技术，其具体定义如下。

选择阶段：攻击者 $\mathcal{A}$ 选择挑战访问策略 $(\boldsymbol{A}^*,\rho^*)$ 和属性 x^* 对应的撤销列表 RL_{x^*}。

参数设置阶段：挑战者 $\mathcal{B}$ 运行 *Setup* 算法，生成公开密钥 PK 和主密钥 MK，并把 PK 发送给攻击者 $\mathcal{A}$。

密钥查询阶段 1：$\mathcal{A}$ 适应性地提交一系列的身份–属性对密钥查询和撤销列表–密文对重加密查询，对于身份–属性对 $(ID_1,S_1),(ID_2,S_2),\cdots,(ID_{q_1},S_{q_1})$，若 $ID_i \notin RL_{x^*}$，设置 $S_i' = S_i$；否则，设置 $S_i' = S_i / \{x^*\}$。该阶段要求任何属性集合 S_i' 都不能满足访问策略 $(\boldsymbol{A}^*,\rho^*)$。

挑战阶段：$\mathcal{A}$ 提交长度相等的两个明文消息 M_0 和 M_1。然后，$\mathcal{B}$ 随机选择参数 $\beta \in \{0,1\}$，并在 $(\boldsymbol{A}^*,\rho^*)$ 下加密 M_β，生成挑战密文 CT^*。最后，$\mathcal{B}$ 将 CT^* 发送给 $\mathcal{A}$。

密钥查询阶段 2：如密钥查询阶段 1，$\mathcal{A}$ 继续适应性地提交一系列的身份–属性对密钥查询和撤销列表–密文对重加密查询。

猜测阶段：$\mathcal{A}$ 输出对 β 的猜测 $\beta' \in \{0,1\}$。若 $\beta' = \beta$，则称攻击者 $\mathcal{A}$ 赢了该游戏。定义攻击者 $\mathcal{A}$ 在该游戏中的优势为 $Adv_{\mathcal{A}} = |\Pr[\beta' = \beta] - \frac{1}{2}|$。

定义 8.4 若无多项式时间内的攻击者能以不可忽略的优势来攻破上述安全模型，那么可以得出本节提出的两个基于广播加密的支持属性集用户撤销的 CP-ABE 方案是安全的。

8.3.2 小规模属性集合下基于广播加密的支持属性级用户撤销的 CP-ABE 方案

本小节提出了一个小规模属性集合下基于广播加密的支持属性级用户撤销的

CP-ABE 方案，给出了算法定义并进行了算法构造，本小节在标准模型下基于 q-parallel 假设对方案进行了完整的安全性证明。最后，对方案进行了性能分析和实验验证。

8.3.2.1　算法定义

本小节提出的小规模属性集合下基于广播加密的支持属性级用户撤销的 CP-ABE 方案主要包括 6 个多项式时间算法，具体描述如下。

（1）$Setup(\lambda,U,n)\to(PK,MK)$：系统参数设置算法，以安全参数 λ、属性集合 U 和用户数量 n 为输入，由 AA 执行。最后，算法输出公开密钥 PK 和主密钥 MK。

（2）$Encrypt(PK,M,(\boldsymbol{A},\rho))\to CT$：数据加密算法，以系统公开密钥 PK、明文消息 M 和访问策略 $(\boldsymbol{A},\rho)$ 为输入，由 DO 执行。最后，算法输出密文 CT。

（3）$Re\text{-}encrypt(PK,CT,RL_x)\to CT''$：数据重新加密算法，以系统公开密钥 PK、密文 CT 和撤销用户集合 RL_x 为输入，由 CC 执行。最后，算法输出重加密后的密文 CT''。

（4）$KeyGen_{out}(PK,MK,ID,S)\to SK$：密钥生成算法，以系统公开密钥 PK、主密钥 MK、用户身份 ID 和属性集合 S 为输入，由 AA 执行。最后，算法输出用户的解密密钥 SK。DU 收到密钥后，通过计算将 SK 转变为两部分：可以外包的解密密钥 TK 和 DU 秘密保存的解密密钥 z。

（5）$Transform_{out}(TK,CT'')\to TCT$：部分解密算法，以外包解密密钥 TK 和密文 CT'' 为输入，由 CC 执行。若与 TK 有关的属性集合满足 CT'' 对应的访问策略，那么算法对 CT'' 进行解密，并输出部分解密后的密文 TCT。

（6）$Decrypt(TCT,SK)\to M$：解密算法，以部分解密后的密文 TCT 和解密密钥 SK 为输入，由 DU 执行。最后，算法输出解密后的明文消息 M。

8.3.2.2　方案构造

本小节给出了小规模属性集合下基于广播加密的支持属性级用户撤销的 CP-ABE 方案的具体构造，主要包括 6 个多项式时间算法。

系统参数设置：该阶段主要负责生成系统的相关参数，包括公开密钥和主密钥。

（1）参数设置算法：$Setup(\lambda,U,n)\to(PK,MK)$

参数设置算法由属性授权运行，算法首先运行群生成函数获得系统参数 $(\mathbb{G},\mathbb{G}_T,p,e)$，其中，$p$ 为素数，$\mathbb{G}$ 和 $\mathbb{G}_T$ 是两个 p 阶循环群，e 是一个双线性映射，

$g \in \mathbb{G}$ 为生成元。然后，算法随机选择参数 $\alpha, \beta \in \mathbb{Z}_p$，并设置 $g_i = g^{\alpha^i} \in \mathbb{G}$，其中 $i = 1, 2, \cdots, n, n+2, \cdots, 2n$。接着，算法随机选择参数 $\gamma \in \mathbb{Z}_p$，并设置 $v = g^{\gamma} \in \mathbb{G}$。另外，对于每一个属性 $i \in U$，算法随机选择参数 $h_1, h_2, \cdots, h_U \in \mathbb{G}$。最后，算法设置系统的公开密钥为 $PK = (p, g, g_1, \cdots, g_n, g_{n+2}, \cdots, g_{2n}, v, e(g,g)^{\beta}, h_1, \cdots, h_U)$，主密钥为 $MK = (\alpha, \gamma, g^{\beta})$。

数据加密：当数据拥有者想将数据 M 托管到云存储中心时，他首先定义一个访问策略 $(\boldsymbol{A}, \rho)$，其中 $\boldsymbol{A}$ 是一个 $l \times n$ 矩阵，映射函数 ρ 则把 $\boldsymbol{A}$ 的每一行 $\boldsymbol{A}_i$ 映射到某个属性 $\rho(i)$。然后，DO 运行加密算法 $Encrypt(PK, M, (\boldsymbol{A}, \rho))$ 对数据 M 进行加密。

（2）加密算法：$Encrypt(PK, M, (\boldsymbol{A}, \rho)) \to CT$

算法首先随机选择参数 $s, v_2, \cdots, v_n \in \mathbb{Z}_p$，并定义向量 $\vec{v}, = (s, v_2, \cdots, v_n)$，接着，对 $\boldsymbol{A}$ 的每一行 $\boldsymbol{A}_i$，算法计算内积 $\lambda_i = \boldsymbol{A}_i \cdot \vec{v}$，同时随机选择参数 $r_i \in \mathbb{Z}_p$。最后，算法输出密文

$$CT = ((\boldsymbol{A}, \rho), C = M \cdot e(g,g)^{\beta s}, C_0 = g^s,$$
$$\{C_{i,1} = g_1^{\lambda_i} h_{\rho(i)}^{-r_i}, C_{i,2} = g^{r_i}\}_{i=1}^{l})$$

数据重加密：当用户集合 RL_x 的属性 x 被撤销时，为了撤销该属性对应的访问权限，但不影响该用户集合其他合法属性的正常访问，需要对密文进行更新。因此，本小节设计了一个广播属性加密方案，并基于该方案对密文进行重加密，具体构造如下。

（3）重加密算法：$Re\text{-}encrypt(PK, CT, RL_x) \to CT''$

输入参数 $CT = (C, C_0, \{C_{i,1}, C_{i,2}\}_{i=1}^{l})$ 表示需要进行更新的密文，然后，算法随机选择参数 $v_x \in \mathbb{Z}_p^*$，并输出重加密密文如下。

$$CT' = ((\boldsymbol{A}, \rho), C' = C, C_0' = C_0)$$

对于属性 $\rho(i) \neq x$

$$C_{i,1}' = C_{i,1}, C_{i,2}' = C_{i,2}$$

对于属性 $\rho(i) = x$

$$C_{x,1}' = C_{x,1}, C_{x,2}' = (C_{x,2})^{1/v_x} = (g^{r_x})^{1/v_x}$$

接下来，算法随机选择参数 $\tilde{s} \in \mathbb{Z}_p$ 和 $\tilde{v}_2, \cdots, \tilde{v}_n \in \mathbb{Z}_p$，并定义向量 $\tilde{v} = (\tilde{s}, \tilde{v}_2, \cdots, \tilde{v}_n)$，对 $\boldsymbol{A}$ 的每一行 $\boldsymbol{A}_i$，算法计算内积 $\tilde{\lambda}_i = \boldsymbol{A}_i \cdot \tilde{v}$，同时随机选择参数 $\tilde{r}_i \in \mathbb{Z}_p$。然后，算法定义广播用户集合 $N = n \setminus \{RL_x\}$，并对 v_x 进行加密生成重加密密文头，如下。

$$Hdr_x = (RL_x, \tilde{C} = v_x \cdot e(g_n, g_1)^{\tilde{s}}, \tilde{C}_0 = g^{\tilde{s}},$$
$$\tilde{C}_1 = (v(\prod_{j \in N} g_{n+1-j})^{-1})^{\tilde{s}},$$
$$\{\tilde{C}_{i,1} = (g_1)^{\tilde{\lambda}_i} h_{\rho(i)}^{-\tilde{r}_i}, \tilde{C}_{i,2} = g^{\tilde{r}_i}\}_{i=1}^{l})$$

最后，算法输出密文 $CT'' = (CT', Hdr_x)$ 。

密钥生成：为了提高解密效率，该方案使用外包解密，因此，算法最后生成的密钥包括两部分：可以外包的解密密钥和用户秘密保存的解密密钥，其主要构造如下。

（4）密钥生成算法：$KeyGen_{\text{out}}(PK, MSK, ID, S) \rightarrow SK$

输入参数 ID 表示 DU 的身份标识，S 表示 DU 拥有的属性集合，然后，算法随机选择参数 $r' \in \mathbb{Z}_p$ ，并生成用户密钥 $SK' = (K', \tilde{K}', L', \{K_i'\}_{i \in S})$ ，其中

$$K' = g^{\alpha^{ID}\gamma} g^{\alpha r'}, \widetilde{K}' = g^{\beta} g^{\alpha r'}, L' = g^{r'}, \{K_i' = h_i^{r'}\}_{i \in S}$$

密钥生成后，算法将密钥 SK' 发送给 DU，然后，DU 随机选择参数 $z \in \mathbb{Z}_p^*$ ，并计算

$$K = (K')^{1/z} = (g^{\alpha^{ID}\gamma})^{1/z} (g^{\alpha r'})^{1/z}, \widetilde{K} = \widetilde{K}'^{1/z} = (g^{\beta})^{1/z} (g^{\alpha r'})^{1/z},$$
$$L = (L')^{1/z} = (g^{r'})^{1/z}, \{K_i = (K_i')^{1/z} = (h_i^{r'})^{1/z}\}_{i \in S}$$

令 $r = r'/z$ ，DU 设置外包解密密钥 TK 为

$$K = (g^{\alpha^{ID}\gamma})^{1/z} g^{\alpha r}, \widetilde{K} = (g^{\beta})^{1/z} g^{\alpha r}, L = g^{r}, \{K_i = h_i^{r}\}_{i \in S}$$

最后，DU 设置解密密钥 $SK=(TK, z)$。

部分解密：为了实现数据的外包解密，DU 需要将外包解密密钥 TK 发送给 CC，由 CC 进行部分解密如下。

（5）部分解密算法：$Transform_{\text{out}}(TK, CT'') \rightarrow TCT$

输入参数 $TK = (K, \widetilde{K}, L, \{K_i = h_i^r\}_{i \in S})$ 表示属性集合 S 下的外包解密密钥，$CT'' = (CT', Hdr_x)$ 表示重加密密文。

① 无属性被撤销时，即 $Hdr_x = \Phi$ 。

此时，$CT'' = ((\boldsymbol{A}, \rho), C, C_0, \{C_{i,1}, C_{i,2}\}_{i=1}^{l})$ ，若用户属性集合 S 满足访问策略 $(\boldsymbol{A}, \rho)$ ，则算法能在多项式时间内计算 $\{w_i \in \mathbb{Z}_p\}_{i \in I}$ 使等式 $\sum_{i \in I} w_i \boldsymbol{A}_i = (1, 0, \cdots, 0)$ 成立。然后，算法计算

$$B = \prod_{i \in I} e(C_{i,1}, L)^{w_i} e(C_{i,2}, K_{\rho(i)})^{w_i} =$$
$$\prod_{i \in I} e(g_1^{\lambda_i} h_{\rho(i)}^{-r_i}, g^{r})^{w_i} e(g^{r_i}, h_{\rho(i)}^{r_i})^{w_i} = e(g, g)^{\alpha r s}$$

$$D = e(C_0, \widetilde{K}) = e(g^s, g^{\beta/z} g^{\alpha r}) = e(g,g)^{\beta s/z} e(g,g)^{\alpha rs}$$
$$E = D / B = e(g,g)^{\beta s/z} e(g,g)^{\alpha rs} / e(g,g)^{\alpha rs} = e(g,g)^{\beta s/z}$$

最后，算法将部分解密后的密文 TCT=(C,E)发送给 DU 进行解密。

② 用户集 RL_x 的属性 x 被撤销时，即 $Hdr_x \neq \Phi$ 。

此时， $CT' = ((\boldsymbol{A},\rho), C', C'_0, \{C'_{i,1}, C'_{i,2}\}_{i=1}^l)$ 、 $Hdr_x = (RL_x, \widetilde{C}, \widetilde{C}_0, \widetilde{C}_1, \{\widetilde{C}_{i,1}, \widetilde{C}_{i,2}\}_{i=1}^l)$ ，若用户属性集合 S 满足访问策略 $(\boldsymbol{A},\rho)$ ，且 $ID \notin RL_x$ 时，那么算法对重加密密文头 Hdr_x 进行部分解密。同样，算法能在多项式时间内计算 $\{\widetilde{w}_i \in \mathbb{Z}_p\}_{i\in\bar{I}}$ ，使等式 $\sum_{i\in\bar{I}} \widetilde{w}_i \boldsymbol{A}_i = (1,0,\cdots,0)$ 成立。然后算法计算

$$B_x = \prod_{i\in\bar{I}} e(\widetilde{C}_{i,1}, L)^{\widetilde{w}_i} e(\widetilde{C}_{i,2}, K_{\rho(i)})^{\widetilde{w}_i} =$$
$$\prod_{i\in\bar{I}} e(g_1^{\tilde{\lambda}_i} h_{\rho(i)}^{-\tilde{r}_i}, g^r)^{\widetilde{w}_i} e(g^{-\tilde{r}_i}, h_{\rho(i)}^r)^{\widetilde{w}_i} = e(g,g)^{\alpha r\tilde{s}}$$
$$D_x = e(\widetilde{C}_0, K) = e(g,g)^{\alpha^{ID}\gamma\tilde{s}/z} e(g,g)^{\alpha r\tilde{s}}$$
$$E_x = D_x / B_x = e(g,g)^{\alpha^{ID}\gamma\tilde{s}/z}$$
$$F_x = \frac{e(g_{ID}, \widetilde{C}_1)}{e(\prod_{\substack{j\in N\\ j\neq ID}} g_{n+1-j+ID}, \widetilde{C}_0)^{-1}} = \frac{e(g_{ID}, (v(\prod_{j\in N} g_{n+1-j})^{-1})^{\tilde{s}})}{e(\prod_{\substack{j\in N\\ j\neq ID}} g_{n+1-j+ID}, g^{\tilde{s}})^{-1}}$$
$$= e(g_{ID}, v)^{\tilde{s}} \cdot e(g_{n+1}, g)^{-\tilde{s}}$$

因此，算法设置部分解密后的密文头为 $Hdr'_x = (\widetilde{C}, E_x, F_x)$ 。

接下来，算法对重加密密文 CT' 进行部分解密如下。

对于属性 $\rho(i) \neq x$

$$B_i = e(C'_{i,1}, L) e(C'_{i,2}, K_{\rho(i)}) = e(g,g)^{\alpha r\lambda_i}$$

对于属性 $\rho(i) = x$

$C'_{x,1}, C'_{x,2}$ 保持不变。

$$D = e(C'_0, \widetilde{K}) = e(g^s, g^{\beta/z} g^{\alpha r}) = g(g,g)^{\beta s/z} e(g,g)^{\alpha rs}$$

因此，算法设置部分解密后的密文为

$$TCT' = ((\boldsymbol{A},\rho), C' = M \cdot e(g,g)^{\beta s}, \{B_i\}_{\rho(i)\neq x}, C'_{x,1}, C'_{x,2}, D)$$

最后，CC 将 $TCT = (TCT', Hdr'_x)$ 发送给 DU 进行解密。

解密：DU 得到部分解密密文 TCT 后，进行最后的解密得到明文消息 M。

（6）解密算法： $Decrypt(TCT, SK) \to M$

算法以部分解密密文 TCT 和解密密钥 SK 为输入。

① 无属性被撤销时，即 $TCT=(C,E)$。

此时，用户计算

$$C/E^z = M\cdot e(g,g)^{\beta s}/(e(g,g)^{\beta s/z})^z = M$$

② 用户集合 RL_x 的属性 x 被撤销时，即 $TCT=(TCT',Hdr'_x)$。

此时，$TCT'=(C',\{B_i\}_{\rho(i)\neq x},C'_{x,1},C'_{x,2},D)$，$Hdr'_x=(\widetilde{C},E_x,F_x)$，用户计算

$$\widetilde{C}\cdot F_x/(E_x)^z = v_x\cdot e(g_n,g_1)^{\tilde{s}}\cdot e(g_{ID},v)^{\tilde{s}}\cdot$$
$$e(g_{n+1},g)^{-\tilde{s}}/(e(g,g)^{\alpha^{ID}\gamma\tilde{s}/z})^z = v_x$$

若用户属性集合 S 满足访问策略 $(\boldsymbol{A},\rho)$，则算法能在多项式时间内计算 $\{w_i\in\mathbb{Z}_p\}_{i\in I}$ 使等式 $\sum_{i\in I}w_i\boldsymbol{A}_i=(1,0,\cdots,0)$ 成立。然后，算法计算

$$B_x = e(C'_{x,1},L)e(C'_{x,2},(K_{\rho(x)})^{v_x}) = e(g_1^{\lambda_x}h_{\rho(x)}^{-r_x},g^r)\cdot$$
$$e((g^{r_x})^{1/v_x},(h_{\rho(x)}^r)^{v_x}) = e(g_1^{\lambda_x},g^r) = e(g,g)^{\alpha r\lambda_x}$$

$$B=\prod_{i\in I}(B_i)^{w_i}=\prod_{i\in I}(e(g,g)^{\alpha r\lambda_i})^{w_i}=e(g,g)^{\alpha rs}$$
$$E=D/B=e(g,g)^{\beta s/z}e(g,g)^{\alpha rs}/e(g,g)^{\alpha rs}=e(g,g)^{\beta s/z}$$
$$C/E^z=M\cdot e(g,g)^{\beta s}/(e(g,g)^{\beta s/z})^z=M$$

8.3.2.3　安全性证明

定理 8.6　若确定性的 q-parllel BDHE 假设在双线性群 $\mathbb{G}$ 与 $\mathbb{G}_T$ 中成立，那么不存在多项式时间内的攻击者 $\mathcal{A}$ 能以不可忽略的优势选择性地攻破本小节提出的小规模属性集合下基于广播加密的支持属性级用户撤销的 CP-ABE 方案，其中挑战矩阵为 $\boldsymbol{A}^*(l^*\times n^*)$，且 $l^*,n^*\leqslant q$。

证明　若存在攻击者 $\mathcal{A}$ 能以不可忽略的优势 $\varepsilon=Adv_{\mathcal{A}}$ 攻破本小节提出的小规模属性集合下基于广播加密的支持属性级用户撤销的 CP-ABE 方案，那么同样可以构造挑战者 $\mathcal{B}$ 来攻破群 $\mathbb{G}$ 与 $\mathbb{G}_T$ 下确定性的 q-parllel BDHE 假设。

选择阶段：挑战者 $\mathcal{B}$ 以 q-parllel BDHE 挑战 $\vec{y},Z$ 为输入。攻击者 $\mathcal{A}$ 给定挑战访问策略 $(\boldsymbol{A}^*,\rho^*)$ 与属性 x^* 的挑战撤销列表 RL_{x^*}，其中 $\boldsymbol{A}^*$ 有 n^* 列。

参数设置阶段：挑战者 $\mathcal{B}$ 随机选择参数 $\beta'\in\mathbb{Z}_p$，并通过计算 $e(g,g)^{\beta}=e(g,g)^{\beta'}\cdot e(g^{\alpha},g^{\alpha^q})$ 隐含地设置参数 $\beta=\beta'+\alpha^{q+1}$。另外，算法设置用户广播集合

$$\hat{N}=RL_{x^*}\cap\{1,2,\cdots,n\},N=\{1,2,\cdots,n\}\setminus\hat{N}$$

然后算法随机选择参数 $u\in\mathbb{Z}_p$，并设置 $v=g^u\prod_{k\in N}g_{q+1-k}$。

接下来，算法构造群元素 $h_1,h_2,\cdots,h_U$，对于每个属性 $x(1\leqslant x\leqslant U)$，算法随机选择参数 $z_x\in\mathbb{Z}_p$。令 X 表示 $\rho^*(i)=x$ 的索引 i 的集合，算法设置 h_x 如下。

$$h_x=g^{z_x}\prod_{i\in X}g^{\alpha A_{i,1}^*/b_i}\cdot g^{\alpha^2 A_{i,2}^*/b_i}\cdot\cdots\cdot g^{\alpha^{n^*}A_{i,n^*}^*/b_i}$$

需要注意的是，若 $X=\varnothing$，则设置 $h_x=g^{z_x}$。由于参数 z_x 是随机选择的，因此 h_x 是随机分布的。

最后，挑战者 $\mathcal{B}$ 发送给攻击者 $\mathcal{A}$ 公开密钥。

$$PK=(g,g_1=g^{\alpha},\cdots,g_q=g^{\alpha^q},g_{q+2}=g^{\alpha^{q+2}},\cdots,g_{2q}=g^{\alpha^{2q}},v,e(g,g)^{\beta},h_1,\cdots,h_U)$$

密钥查询阶段 1：攻击者 $\mathcal{A}$ 向挑战者 $\mathcal{B}$ 进行如下查询：密钥生成查询 $\mathcal{O}_{kg}$ 和密文重加密查询 $\mathcal{O}_{ree}$。

（1）$\mathcal{A}$ 向 $\mathcal{B}$ 进行用户身份 ID_j 和用户属性集合 S_j 的密钥生成查询 $\mathcal{O}_{kg}$，若 $ID_j\notin RL_{x^*}$，设置 $S_j'=S_j$；若 $ID_j\in RL_{x^*}$，则设置 $S_j'=S_j\setminus\{x^*\}$。根据规则，若 S_j' 满足挑战访问策略 $(\boldsymbol{A}^*,\rho^*)$，输出 $\perp$。否则，$\mathcal{B}$ 生成用户密钥如下。

挑战者 $\mathcal{B}$ 在多项式时间内计算向量 $\vec{w}=(w_1,\cdots,w_{n^*})\in\mathbb{Z}_p^{n^*}$，其中 $w_1=-1$，且对于所有的 $\rho^*(i)\in S_j'$，满足 $\boldsymbol{A}_i^*\vec{w}^{\mathrm{T}}=0$。然后，$\mathcal{B}$ 随机选择参数 $t\in\mathbb{Z}_p$，并设置参数 r。

$$r=t+w_1\alpha^q+w_2\alpha^{q-1}+\cdots+w_{n^*}\alpha$$

接下来，$\mathcal{B}$ 计算密钥组件 L'。

$$L'=g^t\cdot\prod_{i=1,\cdots,n^*}(g^{\alpha^{q+1-i}})^{w_i}=g^r$$

通过 r 的定义以及 $w_1=-1$，可以得出 $g^{\alpha r}$ 包含了 $g^{-\alpha^{q+1}}$ 项，而 $g^{-\alpha^{q+1}}$ 在假设中并没有给出，但是生成密钥 $\widetilde{K}'$ 时，隐含地设置 $\beta=\beta'+\alpha^{q+1}$，因此 $g^{-\alpha^{q+1}}$ 可以通过与 $g^{\beta}=g^{\beta'}g^{\alpha^{q+1}}$ 相乘而被取消。

$$\begin{aligned}\widetilde{K}'&=g^{\beta'}g^{\alpha^{q+1}}g^{\alpha t}g^{-\alpha^{q+1}}\prod_{i=2,\cdots,n^*}(g^{\alpha^{q+2-i}})^{w_i}\\&=g^{\beta'}g^{\alpha t}\prod_{i=2,\cdots,n^*}(g^{\alpha^{q+2-i}})^{w_i}\end{aligned}$$

接下来，挑战者 $\mathcal{B}$ 计算密钥组件 $K_i',\forall i\in S_j'$，对于所有的属性 $i\in S_j'$，若访问矩阵中不存在行 k 满足 $\rho^*(k)=i$，设置 $K_i'=(L')^{z_i}$。否则，若访问控制矩阵中存在行 k 满足 $\rho^*(k)=i$，则令 X 表示所有满足 $\rho^*(k)=i$ 的行 k 的集合，那么设置 K_i' 为

$$K_i' = (L')^{z_i} \prod_{i \in X} \prod_{j=1,\cdots,n^*} (g^{(\alpha^j/b_i)t} \cdot \prod_{\substack{k=1,\cdots,n^* \\ k \neq j}} (g^{(\alpha^{q+1+j-k}/b_i)w_k}))^{A_{i,j}^*}$$

接下来，挑战者 $\mathcal{B}$ 为用户 $ID_j \notin RL_{x^*}$ 设置密钥组件 K'。同样，$g^{\alpha r}$ 包含了 $g^{-\alpha^{q+1}}$ 项，但是 v 被设置为 $v = g^u \prod_{k \in N} g_{q+1-k}$，而 $g^{\alpha^{ID_j}\gamma} = (g^u \prod_{k \in \widehat{N}} g_{q+1-k})^{\alpha^{ID_j}}$，且由于 $ID_j \notin RL_{x^*}$，即 $ID_j \in N$，因此 $g^{\alpha^{ID}\gamma}$ 包含 $g^{\alpha^{q+1}}$ 项，$g^{\alpha r}$ 中的 $g^{-\alpha^{q+1}}$ 项能与 $g^{\alpha^{ID}\gamma}$ 中的 $g^{\alpha^{q+1}}$ 项相乘而被取消。

$$K' = g^{\alpha^{ID}\gamma} g^{\alpha r} = (g^u \prod_{k \in N} g_{q+1-k})^{\alpha^{ID}} \cdot g^{\alpha t} g^{-\alpha^{q+1}} \prod_{i=2,\cdots,n^*} (g^{\alpha^{q+2-i}})^{w_i} =$$

$$(g^{\alpha^{ID}})^u (\prod_{k \in N \setminus \{ID_j\}} g_{q+1-k+ID_j}) \cdot g_{q+1-ID_j+ID_j} \cdot g^{\alpha t} g^{-\alpha^{q+1}} \prod_{i=2,\cdots,n^*} (g^{\alpha^{q+2-i}})^{w_i} =$$

$$(g^{\alpha^{ID}})^u (\prod_{k \in N \setminus \{ID_j\}} g_{q+1-k+ID_j}) \cdot g^{\alpha t} \prod_{i=2,\cdots,n^*} (g^{\alpha^{q+2-i}})^{w_i}$$

密钥生成后，$\mathcal{B}$ 随机选择参数 $z \in \mathbb{Z}_p^*$，并设置外包解密密钥如下。

$$TK = (K = (K')^{1/z}, \tilde{K} = (\tilde{K}')^{1/z},$$
$$L = (L')^{1/z}, \{K_i\}_{i \in S_j'} = \{(K_i')^{1/z}\}_{i \in S_j'})$$

最后，$\mathcal{B}$ 设置解密密钥 $SK = (z, TK)$，并将 TK 发送给 $\mathcal{A}$。

（2）攻击者 $\mathcal{A}$ 向挑战者 $\mathcal{B}$ 进行属性 x' 的撤销列表 $RL_{x'}$ 与密文 $CT = (C, C_0, \{C_{i,1}, C_{i,2}\}_{i=1}^l)$ 的重加密查询 $\mathcal{O}_{ree}$。算法生成重加密密文如下。

$\mathcal{B}$ 随机选择参数 $v_{x'} \in \mathbb{Z}_p^*$，并计算如下。

$$CT' = \{C' = C, C_0' = C_0,$$

对于属性 $\rho(i) \neq x', C_{i,1}' = C_{i,1}, C_{i,2}' = C_{i,2}$

对于属性 $\rho(i) = x', C_{i,1}' = C_{i,1}, C_{i,2}' = (C_{i,2})^{1/v_{x'}}\}$

然后，$\mathcal{B}$ 随机选择参数 $\tilde{s}, \tilde{v}_2, \cdots, \tilde{v}_n \in \mathbb{Z}_p$，定义向量 $\tilde{v} = (\tilde{s}, \tilde{v}_2, \cdots, \tilde{v}_n)$，对 $\boldsymbol{A}$ 的每一行 $\boldsymbol{A}_i$，$\mathcal{B}$ 计算内积 $\tilde{\lambda}_i = \boldsymbol{A}_i \cdot \tilde{v}$，并随机选择参数 $\tilde{r}_i \in \mathbb{Z}_p$，接下来，$\mathcal{B}$ 定义广播用户集合 $N = q \setminus \{RL_{x^*}\}$。最后，$\mathcal{B}$ 对 $v_{x'}$ 进行加密生成重加密密文头，如下。

$$Hdr_{x'} = (RL_{x'}, \tilde{C} = v_{x'} \cdot e(g_n, g_1)^{\tilde{s}}, \tilde{C}_0 = g^{\tilde{s}},$$
$$\tilde{C}_1 = (g^u)^{\tilde{s}}, \{\tilde{C}_{i,1} = (g_1)^{\tilde{\lambda}_i} h_{\rho(i)}^{-\tilde{r}_i}, \tilde{C}_{i,2} = g^{\tilde{r}_i}\}_{i=1}^l)$$

其中，$\tilde{C}_1$ 为正确分布的密文，验证如下。

$$\tilde{C}_1 = (g^u)^{\tilde{s}} = (g^u \prod_{k \in N} g_{q+1-k} \cdot (\prod_{j \in N} g_{q+1-k})^{-1})^{\tilde{s}} = (v(\prod_{j \in N} g_{q+1-k})^{-1})^{\tilde{s}}$$

最后，$\mathcal{B}$ 生成重加密密文 $CT''=(CT',Hdr_{x'})$。

挑战阶段：攻击者 $\mathcal{A}$ 提交长度相等的两个明文消息 M_0 与 M_1。然后，$\mathcal{B}$ 随机选择参数 $\beta \in \{0,1\}$，生成挑战密文 $C^*=M_\beta \cdot Z \cdot e(g^s,g^{\beta'}),C_0^*=g^s$，接下来，$\mathcal{B}$ 随机选择参数 $y'_2,\cdots,y'_{n^*} \in \mathbb{Z}_p$，并隐含地设置向量 $\vec{v}=(s,sa+y'_2,sa^2+y'_3\cdots,sa^{n^*-1}+y'_{n^*}) \in \mathbb{Z}_p^{n^*}$ 共享秘密 s。另外，$\mathcal{B}$ 随机选择参数 $r'_1,r'_2,\cdots,r'_l \in \mathbb{Z}_p$。对于 $i=1,2,\cdots,n^*$，定义 R_i 为所有满足 $\rho^*(i)=\rho^*(k)$ 的 $k \neq i$ 的集合。因此，$\mathcal{B}$ 生成挑战密文 $C_{i,1}^*$ 与 $C_{i,2}^*$ 如下。

$$C_{i,1}^*=g^{-r'_i}g^{-sb_i}$$

$$C_{i,2}^*=h_{\rho^*(i)}^{r'}(\prod_{j=2,\cdots,n*}(g^{\alpha})^{A_{i,j}^* y'_j})\cdot(g^{sb_i})^{-z_{\rho^*(i)}}\cdot(\prod_{k\in R_i}\prod_{j=1,\cdots,n*}(g^{\alpha^j\cdot s\cdot(b_i/b_k)})^{A_{k,j}^*})$$

密钥查询阶段 2：如密钥查询阶段 1，$\mathcal{A}$ 继续进行一系列的密钥生成查询 $\mathcal{O}_{kg}$ 和密文重加密查询 $\mathcal{O}_{ree}$。

猜测阶段：攻击者 $\mathcal{A}$ 最终输出对 β 的猜测 β'。若 $\beta'=\beta$，$\mathcal{A}$ 输出 0，表示 $Z=e(g,g)^{\alpha^{q+1}s}$；否则，输出 1，表示 Z 为群 $\mathbb{G}_T$ 中的随机元素。

8.3.2.4 方案分析与实验验证

本小节主要对提出的小规模属性集合下支持属性级用户撤销的 CP-ABE 方案进行相关分析，并与现有的几个撤销方案进行对比，包括功能性、存储成本、通信成本和计算时间。其中所使用的描述符如下：$|C_1|$ 表示双线性群 $\mathbb{G}$ 中数据元素的长度；$|C_T|$ 表示双线性群 $\mathbb{G}_T$ 中数据元素的长度；$|C_p|$ 表示有限域 $\mathbb{Z}_p^*$ 中数据元素的长度；C_T 表示密文中访问结构的元素个数；$|C_k|$ 表示 Hur 方案[5]中密钥加密密钥的长度；t 表示与密文有关的属性个数；k 表示与密钥有关的属性个数；n_a 表示整个系统中属性的总个数；n_u 表示整个系统中用户的总个数；n_m 表示被撤销用户的个数。

1. **功能说明**

从表 8.1 可以看出，Liang 方案实现了系统级的用户撤销，一旦用户的某个属性被撤销，该用户就失去了系统内所有其他合法属性的访问权限，这不符合实际的环境应用。而本节方案、Hur 方案和 Yang 方案都实现了属性级的用户撤销，即若用户的某个属性被撤销，不会影响该用户其他合法属性的正常访问。但是，Hur 方案只实现了一般群模型下的可证明安全性，Yang 方案则只实现了随机预言模型下的可证明安全性，而很多一般群模型和随机预言模型下可证明安全的方案在实际应用中被发现并不安全。相对于 Hur 方案和 Yang 方案，本节方案在标准模型下基于 q-parallel

BDHE 假设对方案的安全性进行了完整的证明，实现了更高的安全性。

表 8.1　功能比较

方案	访问控制粒度	模型	假设
Liang 方案[4]	系统级的用户撤销	标准模型	DBDH
Hur 方案[5]	属性级的用户撤销	通用群模型	—
Yang 方案[6]	属性级的用户撤销	随机预言模型	q-parallel BDHE
本节方案	属性级的用户撤销	标准模型	q-parallel BDHE

2. **存储成本**

表 8.2 对本节提出的方案与现有方案进行了存储成本对比。属性授权（AA）的存储成本主要来自于主密钥，本节方案与 Hur 方案使用了较少的主密钥。而在 Liang 方案中，主密钥随着用户总数 n_u 呈线性增长，Yang 方案则随着属性总数 n_a 呈线性增长。数据拥有者（DO）的存储成本主要来自于公钥。Hur 方案使用了最少的公钥，Yang 方案的公钥随着属性总数 n_a 呈线性增长，Liang 方案的公钥则随着属性总数 n_a 和访问矩阵列向量 $C_\mathcal{T}/t$ 呈互为斜率的线性增长，而在本节提出的方案中，公钥随着属性总数 n_a 和用户总数 n_u 呈斜率为常数的线性增长。云存储中心（CC）的存储成本主要来自于密文及密文头。Liang 方案只实现了粗粒度的用户撤销，该方案基于子集覆盖技术进行密钥更新，不需要更新密文，因此，其存储成本主要来自于密文，随着访问结构 C_T 呈线性增长。Yang 方案利用 AA 与数据访问者（DU）之间的交互为用户更新密钥，并对撤销后的密文进行更新，但是密文长度不变，随着属性个数 t 呈线性增长。在 Hur 方案中，DO 将密文发送给 CC 后，CC 为每个属性组生成相应的密文头，因此其存储成本包括密文和密文头，其中，密文长度随着属性个数 t 呈斜率为常数的线性增长，密文头长度则随着属性个数 t 和用户总数 n_u 呈互为斜率的线性增长。在本节提出的方案中，密文长度为 $(2t+1)|C_1|+|C_T|$，若某个属性被撤销，CC 将随机选择参数对密文进行更新，并基于广播属性加密方案加密该参数，生成 $(2t+2)|C_1|+|C_T|$ 长度的密文头。因此，本节方案的存储成本包括密文和密文头，且密文和密文头都随着属性个数 t 呈线性增长。数据访问者（DU）的存储成本主要来自于解密密钥。本节方案和 Yang 方案的解密密钥长度较短，随着属性个数 k 呈线性增长，Liang 方案基于二叉结构生成用户的解密密钥，密钥长度与属性个数 k、访问矩阵列向量 $C_\mathcal{T}/t$ 和用户个数 n_u 都相关，另外，方案基于子集覆盖技术进行密钥更新，其更新密钥长度随着最小覆盖集合呈线性增长。而在 Hur 方

案中，为了实现密钥更新，每个 DU 都需要存储一定数量的密钥加密密钥，因此密钥长度不仅随着属性个数 k 呈线性增长，而且随着用户的总个数 n_u 呈对数增长。

表 8.2 存储成本比较

参与方	Liang 方案[4]	Hur 方案[5]	Yang 方案[6]	本节方案
AA	$\lvert C_1\rvert+(2^{(\log n_u+1)}+1)\lvert C_p\rvert$	$\lvert C_p\rvert+\lvert C_1\rvert$	$(4+n_a)\lvert C_p\rvert$	$2\lvert C_p\rvert+\lvert C_1\rvert$
DO	$(\frac{C_{\mathcal{T}}}{t}n_a+6)\lvert C_1\rvert+\lvert C_T\rvert+\lvert C_p\rvert$	$2\lvert C_1\rvert+\lvert C_T\rvert$	$(2n_a+4)\lvert C_1\rvert+\lvert C_T\rvert$	$(n_a+2n_u+1)\lvert C_1\rvert+\lvert C_T\rvert$
CC	$(C_{\mathcal{T}}+3)\lvert C_1\rvert+\lvert C_{\mathcal{T}}\rvert$	$(2t+1)\lvert C_1\rvert+\lvert C_T\rvert+\frac{t\cdot n_u}{2}\lvert C_p\rvert$	$(3t+1)\lvert C_1\rvert+\lvert C_T\rvert$	$(4t+3)\lvert C_1\rvert+2\lvert C_T\rvert$
DU	$(k+3+\frac{C_{\mathcal{T}}}{t})(\log n_u+1)\lvert C_1\rvert+2(n_u-n_m)\log\frac{n_u}{n_u-n_m}\lvert C_1\rvert$	$(2k+1)\lvert C_1\rvert+(\log n_u+1)C_k$	$(k+2)\lvert C_1\rvert$	$(k+3)\lvert C_1\rvert+\lvert C_p\rvert$

3. 通信成本

表 8.3 对本节提出的方案与现有方案进行了通信成本对比。通信成本主要是由密钥、密文和密文头产生的。属性授权与数据访问者之间的通信成本主要来自于解密密钥，在 Liang 方案中，对于属性的每次撤销，AA 需要为 DU 生成相应的更新密钥，额外产生了 $2(n_u-n_m)\log\frac{n_u}{n_u-n_m}|C_1|$ 长度的通信成本。而在 Yang 方案中，对于每个撤销的属性，AA 需要与 DU 进行交互，为 DU 更新密钥，额外产生了 $2|C_1|$ 长度的通信成本。本节方案使用了外包解密，通信成本不包含解密密钥中的 $|C_p|$ 元素。AA 与数据拥有者之间的通信成本主要来自于公钥，在 Yang 方案中，对于每个撤销的属性，AA 需要更新相应的公钥参数，然后发送给 DO，额外产生了 $2|C_1|$ 长度的通信成本。云存储中心与 DU 之间的通信成本主要来自于密文和密文头。在 Hur 方案中，CC 不仅需要为 DU 发送 $(2t+1)|C_1|+|C_T|$ 长度的密文和 $\frac{t\cdot n_u}{2}|C_p|$ 长度的密文头，还需要为 DU 生成密钥加密密钥而额外产生 $(\log n_u+1)|C_k|$ 长度的通信成本。本节方案使用了外包解密，因此 DU 需要将 $(k+3)|C_1|$ 长度的外包解密密钥发送给 CC，由 CC 进行部分解密，若无属性被撤销，那么 CC 只生成两个 $\mathbb{G}_T$ 中的元素，若存在属性被撤销，那么 CC 生成 $t+1$ 个密文对应的 $\mathbb{G}_T$ 中的元素和两个密文对应的 $\mathbb{G}$ 中的元素，同时生成三个密文头对应的 $\mathbb{G}_T$ 中的元素。CC 与 DO 之间的通信成本主要来自于密文。

表 8.3　通信成本比较

参与方	Liang 方案[4]	Hur 方案[5]	Yang 方案[6]	本节方案
AA & DU	$(k+3+\frac{C_{\mathcal{T}}}{t})(\log n_u+1)\|C_1\|+$ $2(n_u-n_m)\log\frac{n_u}{n_u-n_m}\|C_1\|$	$(2k+1)\|C_1\|$	$(k+4)\|C_1\|$	$(k+3)\|C_1\|$
AA & DO	$(\frac{C_{\mathcal{T}}}{t}n_a+6)\|C_1\|+$ $\|C_T\|+\|C_p\|$	$2\|C_1\|+\|C_T\|$	$(2n_a+6)\|C_1\|+$ $\|C_T\|$	(n_a+2n_u+1) $\|C_1\|+\|C_T\|$
CC & DU	$(C_{\mathcal{T}}+3)\|C_1\|+\|C_T\|$	$(2t+1)\|C_1\|+$ $\|C_T\|+\frac{t\cdot n_u}{2}\|C_p\|+$ $(\log n_u+1)\|C_k\|$	$(3t+1)\|C_1\|+$ $\|C_T\|$	$(k+3)\|C_1\|+2\|C_T\|$ $or(k+5)\|C_1\|+$ $(t+4)\|C_T\|$
CC & DO	$(C_{\mathcal{T}}+3)\|C_1\|+\|C_T\|$	$(2t+1)\|C_1\|+\|C_T\|$	$(3t+1)\|C_1\|+$ $\|C_T\|$	$(2t+1)\|C_1\|+\|C_T\|$

4. 计算时间

实验环境为 64 bit Ubuntu 14.04 操作系统、Intel Core i7-3770CPU （3.4 GHz）、内存 4 GB，实验代码基于 Pairing-based Cryptography Library (PBC-0.5.14)[13]与 cpabe-0.11[14]进行修改与编写，并且使用 512 bit 有限域上的超奇异曲线 $y^2=x^3+x$ 中的 160 bit 椭圆曲线群。实验数据取运行 20 次所得的平均值。在实验中，PBC 库进行一次双线性对运算的时间大约为 5.3 ms，进行一次群 $\mathbb{G}$ 中指数运算的时间大约为 6.2 ms，进行一次群 $\mathbb{G}_T$ 中指数运算的时间大约为 0.6 ms。另外，使用 Ubuntu 14.04 操作系统中的/dev/urandom 操作选择群 $\mathbb{G}$ 与 $\mathbb{G}_T$ 中随机元素的时间大约为 14 ms 与 1.4 ms。对本节方案和现有方案在密钥生成时间、加密时间、解密时间与重加密时间方面进行了比较，并取 $C_{\mathcal{T}}/t=6$， $n_u=8$。

如图 8.6(a)所示，密钥生成时间随着用户的属性个数呈线性增长，本节方案的密钥生成时间略高于 Yang 方案，但小于 Hur 方案和 Liang 方案。特别地，Liang 方案的密钥生成时间不仅与用户的属性个数有关，而且与密文访问结构的最大列向量 $C_{\mathcal{T}}/t$ 和用户个数 n_u 有关，因此，其密钥生成时间远远大于其他 3 个方案。如图 8.6(b)所示，方案的加密时间都随着访问结构中的属性个数呈线性增长。本节方案的加密时间略高于 Hur 方案，但小于 Yang 方案和 Liang 方案。特别地，Liang 方案的加密时间不仅与访问结构中的属性个数有关，而且与访问结构中的最大列向量 $C_{\mathcal{T}}/t$ 有关，因此，其加密时间远远大于其他 3 个方案。进行解密实验时，使用所有的属性进行解密，对于 Hur 方案，使用最简单的二叉结构，即所有的中间节点均设置为 (n,n)

门限。另外，分别在无属性被撤销和 50%的属性被撤销两种情况下对本节所提方案进行了解密实验。如图 8.6(c)所示，Liang 方案、Hur 方案、Yang 方案和本节 50%属性被撤销方案的解密时间都随着解密属性数量的增长而增长，本节无属性被撤销方案使用了外包解密，用户只需要计算 1 个 $\mathbb{G}_T$ 下的指数操作。本节 50%属性被撤销方案的解密时间为解密属性个数的二次函数，但是使用了外包解密，降低了用户的解密时间。从图 8.6(c)可以看出，当属性个数在某个范围内时，本节 50%属性被撤销方案的解密时间小于其他方案，但是，随着属性个数的增加，解密时间逐次超过 Yang 方案和 Hur 方案，但都在可接受的范围内。图 8.6(d)表示了重加密时间的对比。当用户的某个属性被撤销时，需要对相应的密钥或密文进行更新。Yang 方案和 Liang 方案主要对密钥进行更新，而 Hur 方案和本节方案主要对密文进行更新，因此，从图 8.6(d)可以发现 Hur 方案和本节方案需要的计算时间较长，随着属性个数的增加逐渐增加，但是所需的计算完全由云存储中心（CC）实施，而在实际应用环境下，CC 往往拥有大量的计算资源。Yang 方案和 Liang 方案虽然需要的计算时间较少，但是需要属性授权（AA）的参与，而 AA 的计算资源是有限的，容易造成系统瓶颈。

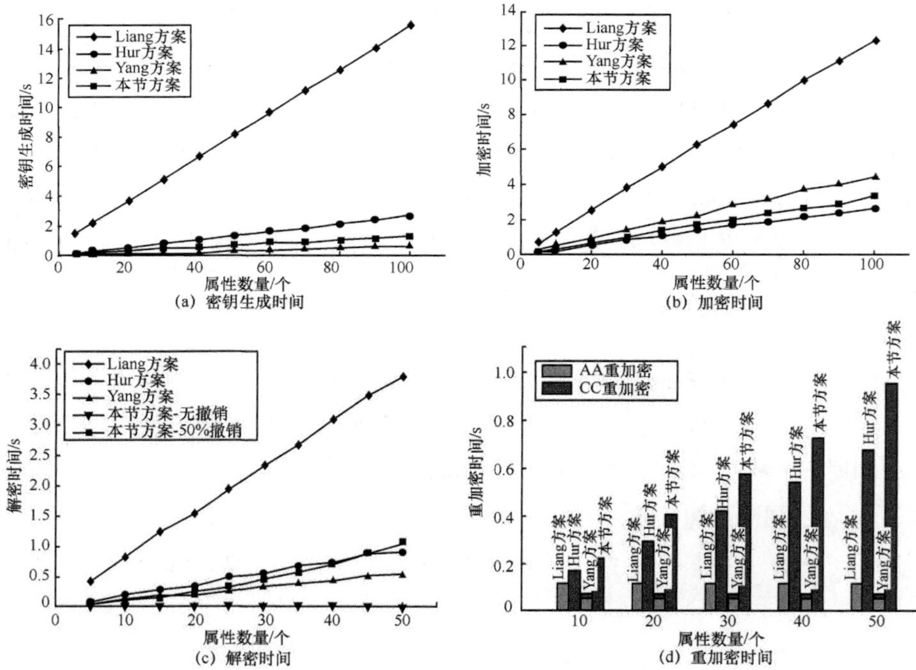

图 8.6　各阶段仿真时间对比

8.3.3　大规模属性集合下基于广播加密的支持属性级用户撤销的 CP-ABE 方案

8.3.2 节给出了一个实现属性级用户撤销的 CP-ABE 方案，但是该方案只支持小规模的属性集合，即属性规模受某个特定值的限制，需要在系统初始化时进行设定，且公钥参数随着属性集合的大小呈线性增长，这限制了该方案的广泛应用。本节针对这一问题展开研究，提出了一个大规模属性集合下基于广播加密的支持属性级用户撤销的 CP-ABE 方案。在该方案中，属性授权需要生成两部分密钥：为数据用户生成的解密密钥和为云存储中心生成的授权密钥。若用户的某个属性被撤销，那么该属性对应的密文将被更新，只有未被撤销的用户才能成功地进行密钥更新。

8.3.3.1　算法定义

本小节首先给出了大规模属性集合下基于广播加密的支持属性级用户撤销的 CP-ABE 方案的算法定义，主要包括 6 个多项式时间算法，具体描述如下。

（1）$Setup(\lambda) \rightarrow (PK, MK)$：系统参数设置算法，该算法以安全参数 λ 为输入，由属性授权（AA）执行。最后，算法输出公开密钥 PK 和主密钥 MK。

（2）$KeyGen_{out}(PK, MK, S) \rightarrow (SK_1, SK_2)$：密钥生成算法，该算法以公开密钥 PK、主密钥 MK 和属性集合 S 为输入，由 AA 执行。最后，算法输出为 DU 生成的解密密钥 SK_1 和为 CC 生成的授权密钥 SK_2，其中，SK_1 包括可以公开的外包解密密钥 TK 和 DU 秘密保存的解密密钥 z 这两部分。

（3）$Encrypt(PK, M, (\boldsymbol{A}, \rho)) \rightarrow CT$：数据加密算法，该算法以公开密钥 PK、明文消息 M 和访问策略 $(\boldsymbol{A}, \rho)$ 为输入，由数据拥有者（DO）执行。最后，算法输出密文 CT。

（4）$Re\text{-}Encrypt(PK, CT, SK_2, RL_x) \rightarrow (RCT, SK_2')$：数据重新加密算法，该算法以公开密钥 PK、密文 CT、授权密钥 SK_2 和撤销用户集合 RL_x 为输入，由 CC 执行。最后，算法输出重新加密后的密文 RCT 和更新后的授权密钥 SK_2'。

（5）$Transform_{out}(TK, SK_2', RCT) \rightarrow TCT$：部分解密算法，该算法以外包解密密钥 TK、授权密钥 SK' 和密文 RCT 为输入，由 CC 执行。最后，算法输出部分解密后的密文 TCT。

（6）$Decrypt(TCT, SK_1) \to M$：解密算法，该算法以部分解密后的密文 TCT 和解密密钥 SK_1 为输入，由 DU 执行。最后，算法输出解密后的明文消息 M。

8.3.3.2　方案构造

本小节对大规模属性集合下基于广播加密的支持属性级用户撤销的 CP-ABE 方案进行具体构造，主要包括 6 个多项式时间算法。

系统参数设置：该阶段主要负责生成系统的相关参数，包括公开密钥和主密钥。

（1）参数设置算法：$Setup(\lambda) \to (PK, MK)$

算法首先运行群生成函数获得系统参数 $D = (p, \mathbb{G}, \mathbb{G}_T, e)$，其中 p 为素数，$\mathbb{G}$ 和 $\mathbb{G}_T$ 是两个 p 阶循环群，e 是一个双线性映射，$g \in \mathbb{G}$ 为 $\mathbb{G}$ 的生成元，属性集合定义为 $\mathcal{U} \in \mathbb{Z}_p$。然后，算法随机选择参数 $g, u, h, w, v \in \mathbb{G}$ 和 $\alpha_1, \alpha_2 \in \mathbb{Z}_p$，并且满足 $\alpha_1 + \alpha_2 = \alpha \bmod p$。最后，算法设置公开密钥为 $PK = (D, g, u, h, w, v, e(g,g)^{\alpha})$，设置主密钥为 $MK = (\alpha_1, \alpha_2)$。

数据加密：当数据拥有者想将数据 M 托管到云存储中心时，他首先定义访问策略 $(\boldsymbol{A}, \rho)$，其中 $\boldsymbol{A}$ 是一个 $l \times n$ 矩阵，映射函数 ρ 则把 $\boldsymbol{A}$ 的每一行 $\boldsymbol{A}_i$ 映射到某个属性 $\rho(i)$。最后，DO 运行加密算法 $Encrypt(PK, M, (\boldsymbol{A}, \rho))$ 对数据 M 进行加密。

（2）加密算法：$Encrypt(PK, M, (\boldsymbol{A}, \rho)) \to CT$

算法首先随机选择参数 $t_1, t_2, \cdots, t_l \in \mathbb{Z}_p$ 和 $s, v_2, \cdots, v_n \in \mathbb{Z}_p$，并定义向量 $\vec{v} = (s, v_2, \cdots, v_n)$，对 $\boldsymbol{A}$ 的每一行 $\boldsymbol{A}_i$，算法计算内积 $\lambda_i = \boldsymbol{A}_i \cdot \vec{v}$，并随机选择参数 $r_i \in \mathbb{Z}_p$。最后，算法计算密文。

$$CT = ((\boldsymbol{A}, \rho), C = M \cdot e(g,g)^{\alpha s}, C_0 = g^s,$$
$$\{C_{i,1} = w^{\lambda_i} v^{t_i}, C_{i,2} = (u^{\rho(i)} h)^{-t_i}, C_{i,3} = g^{t_i}\}_{i=1}^{l})$$

数据重加密：当用户集合 RL_x 的属性 x 被撤销时，为了撤销该属性对应的访问权限，但不影响该用户集合其他合法属性的正常访问，基于广播加密方案对密文进行更新如下。

（3）重加密算法：$Re\text{-}Encrypt(PK, CT, SK_2, RL_x) \to (RCT, SK_2')$

算法以公开密钥 PK、密文 $CT = (C, C_0, \{C_{i,1}, C_{i,2}, C_{i,3}\}_{i=1}^{l})$、授权密钥 SK_2 和属性 x 的撤销用户集合 RL_x 为输入，令 ID_i 表示用户 i 的身份标识。

① 若无属性被撤销，即 $RL_x = \Phi$，那么，算法随机选择参数 $k \in \mathbb{Z}_p$ 并重新加密密文 CT 如下。

$$CT' = (C' = C = M \cdot e(g,g)^{\alpha s}, C_0' = C_0 = g^s, C_1' = g^{s/k}, \forall i = 1,2,\cdots,l$$
$$C_{i,1}' = w^{\lambda_i} v^{t_i} v^k, C_{i,2}' = (u^{\rho(i)} h)^{-t_i} (u^{\rho(i)} h)^{-k}, C_{i,3}' = g^{t_i} g^k)$$

最后，重加密算法设置重加密密文为 $RCT = CT'$，并更新授权密钥为 $SK_2' = (g^{\alpha_2})^k$。

② 若用户集合 RL_x 的属性 x 被撤销，即 $RL_x \neq \Phi$，那么算法首先选择参数 $v_x \in \mathbb{Z}_p$，并基于文献[15]提出的具有定长密文和密钥的广播加密方案对 v_x 进行加密生成密文头 CH_x。然后，算法随机选择参数 $k \in \mathbb{Z}_p$ 并重新加密密文 CT 如下。

$$CT' = (C' = C = M \cdot e(g,g)^{\alpha s}, C_0' = C_0 = g^s, C_1' = g^{s/k},$$
$$\forall i = 1,2,\cdots,l$$
$$C_{i,1}' = w^{\lambda_i} v^{t_i} v^k, C_{i,2}' = (u^{\rho(i)} h)^{-t_i} (u^{\rho(i)} h)^{-k}$$
$$\text{若 } \rho(i) \neq x : C_{i,3}' = g^{t_i} g^k$$
$$\text{若 } \rho(i) = x : C_{i,3}' = (g^{t_i} g^k)^{1/v_x})$$

最后，重加密算法设置重加密密文为 $RCT = (CH_x, CT')$，更新授权密钥为 $SK_2' = (g^{\alpha_2})^k$。

密钥生成：为了实现数据的外包解密，提高解密效率，该算法将生成两部分的密钥——可以外包的解密密钥和用户秘密保存的解密密钥。其主要构造如下。

（4）密钥生成算法：$KeyGen_{\text{out}}(PK, MK, S) \to (SK_1, SK_2)$

输入参数 $S \subset \mathcal{U}$ 表示用户的属性集合，然后，算法随机选择参数 $r', \{r_\sigma'\}_{\sigma \in S} \in \mathbb{Z}_p$，并生成用户密钥为 $SK_1' = (K_0', K_1', \{K_{\sigma,2}', K_{\sigma,3}'\}_{\sigma \in S})$，其中

$$K_0' = g^{\alpha_1} w^{r'}, K_1' = g^{r'}, \{K_{\sigma,2}' = g^{r_\sigma'}, K_{\sigma,3}' = (u^{s_\sigma} h)^{r_\sigma'} v^{-r'}\}_{\sigma \in S}$$

另外，算法基于主密钥 MK 中的参数 α_2 为云存储中心（CC）生成授权密钥 $SK_2 = g^{\alpha_2}$。

DU 收到密钥 SK_1' 后，随机选择参数 $z \in \mathbb{Z}_p^*$，并计算

$$K_0 = (K_0')^{1/z} = (g^{\alpha_1} w^{r'})^{1/z}, K_1' = (K_1')^{1/z} = (g^{r'})^{1/z}$$
$$\{K_{\sigma,2} = (K_{\sigma,2}')^{1/z} = (g^{r_\sigma'})^{1/z}, K_{\sigma,3} = (K_{\sigma,3}')^{1/z} = ((u^{s_\sigma} h)^{r_\sigma'} v^{-r'})^{1/z}\}_{\sigma \in S}$$

令 $r = r'/z, r_1 = r_1'/z, r_2 = r_2'/z, \cdots, r_k = r_k'/z$，DU 得到密钥

$$K_0 = g^{\alpha_1/z} w^r, K_1 = g^r, \{K_{\sigma,2} = g^{r_\sigma}, K_{\sigma,3} = (u^{s_\sigma} h)^{r_\sigma} v^{-r})\}_{\sigma \in S}$$

最后，DU 设置外包解密密钥为 $TK = (K_0, K_1, \{K_{\sigma,2}, K_{\sigma,3}\}_{\sigma \in S})$，用户密钥为 $SK_1 = (z, TK)$。

部分解密：为了实现数据的外包解密，DU 需要将外包解密密钥 TK 发送给第三方的 CC，由 CC 进行部分解密如下。

（5）部分解密算法：$Transform_{out}(TK, SK_2', RCT) \to TCT$

输入参数 $TK = (K_0, K_1, \{K_{\sigma,2}, K_{\sigma,3}\}_{\sigma \in S})$ 表示外包解密密钥，RCT 表示重加密密文。

① 无属性被撤销，即 $CH_x = \Phi$。

此时，$RCT = (C', C_0', C_1', \{C_{i,1}', C_{i,2}', C_{i,3}'\}_{i=1}^{l})$，若与外包解密密钥 TK 有关的属性集合 S 满足密文 RCT 中的访问策略 $(\boldsymbol{A}, \rho)$，那么算法能在多项式时间内计算参数 $\{w_i \in \mathbb{Z}_p\}_{i \in I}$ 使等式 $\sum_{i \in I} w_i \boldsymbol{A}_i = (1, 0, \cdots, 0)$ 成立。然后，算法计算

$$B = \prod_{i \in I} (e(C_{i,1}', K_1) e(C_{i,2}', K_{i,2}) e(C_{i,3}', K_{i,3}))^{w_i} =$$
$$\prod_{i \in I} (e(w^{\lambda_i} v^{t_i + k}, g^r) e((u^{\rho(i)} h)^{-t_i - k}, g^{r_i}) e(g^{t_i + k}, (u^{A_i} h)^{r_i} v^{-r}))^{w_i} = e(g, w)^{rs}$$
$$D = e(C_0', K_0) = e(g^s, g^{\alpha_1 / z} w^r) = e(g, g)^{\alpha_1 s / z} e(g, w)^{rs}$$
$$E = e(SK_2', C_1') = e((g^{\alpha_2})^k, g^{s/k}) = e(g, g)^{\alpha_2 s}$$
$$F = D / B = e(g, g)^{\alpha_1 s / z} e(g, w)^{rs} / e(g, w)^{rs} = e(g, g)^{\alpha_1 s / z}$$

部分解密完成后，算法将 $TCT = (C', E, F)$ 发送给用户进行最后的解密。

② 用户集合 RL_x 的属性 x 被撤销时，即 $CH_x \neq \Phi$。

此时，$RCT = (CH_x, CT')$、$CT' = (C', C_0', C_1', \{C_{i,1}', C_{i,2}', C_{i,3}'\}_{i=1}^{l})$，算法对密文 CT' 进行部分解密如下。

若 $\rho(i) \neq x$

$$B_i = e(C_{i,1}', K_1) e(C_{i,2}', K_{i,2}) e(C_{i,3}', K_{i,3}) = e(g, w)^{r\lambda_i}$$

若 $\rho(i) = x$

$$C_{i,1}', C_{i,2}', C_{i,3}' \text{保持不变}$$
$$D = e(C_0', K_0) = e(g^s, g^{\alpha_1 / z} w^r) = e(g, g)^{\alpha_1 s / z} = e(g, w)^{rs}$$
$$E = e(SK_2', C_1') = e((g^{\alpha_2})^k, g^{s/k}) = e(g, g)^{\alpha_2 / s}$$

最后，设置部分解密后的密文为 $TCT' = (C', \{B_i\}_{\rho(i) \neq x}, \{C_{i,1}', C_{i,2}', C_{i,3}'\}_{\rho(i) = x}, D, E)$，并将 $TCT = (CH_x, TCT')$ 发送给用户进行最后的解密。

解密：DU 收到部分解密密文 TCT 后，进行最后的解密得到明文消息 M。

（6）解密算法：$Decrypt(TCT, SK_1) \to M$

算法以部分解密密文 TCT 与用户解密密钥 SK_1 为输入，然后，算法进行如下解密。

① 无属性被撤销时，即 $TCT = (C', E, F)$。

此时，用户计算

$$C'/(E\cdot F^z)=M\cdot e(g,g)^{\alpha s}/(e(g,g)^{\alpha_2 s}\cdot\left(e(g,g)^{\alpha_1 s/z})^z\right)=$$
$$M\cdot e(g,g)^{\alpha s}/(e(g,g)^{\alpha_2 s}\cdot e(g,g)^{\alpha_1 s})=M\cdot e(g,g)^{\alpha s}/e(g,g)^{\alpha s}=M$$

② 集合 RL_x 的属性 x 被撤销时，即 $TCT=(CH_x,C',\{B_i\}_{\rho(i)\neq x},\{C'_{i,1},C'_{i,2},C'_{i,3}\}_{\rho(i)=x},D,E)$。

若该用户未被撤销，那么算法可以解密广播加密密文得到参数 v_x，并进行如下计算。

$$B_i=e(C'_{i,1},K_1)e(C'_{i,2},K_{i,2})e(C'_{i,3},(K_{i,3})^{v_x})=$$
$$e(w^{\lambda_i}v^{t_i}v^k,g^r)e((u^{\rho(i)}h)^{-t_i}(u^{\rho(i)}h)^{-k},g^{r_i})e((g^{t_i}g^k)^{1/v_x},((u^{A_i}h)^{r_i}v^{-r})^{v_x})=e(g,w)^{r\lambda_i}$$

若用户的属性集合满足访问策略 $(\boldsymbol{A},\rho)$，那么算法能在多项式时间内计算参数 $\{w_i\in\mathbb{Z}_p\}_{i\in I}$ 使等式 $\sum_{i\in I}w_i\boldsymbol{A}_i=(1,0,\cdots,0)$ 成立。最后，算法计算

$$B=\prod_{i\in I}(B_i)^{w_i}=\prod_{i\in I}(e(g,w)^{r\lambda_i})^{w_i}=e(g,w)^{rs}$$
$$F=(D/B)^z=(e(g,g)^{\alpha_1 s/z}e(g,w)^{rs}/e(g,w)^{rs})^z=(e(g,g)^{\alpha_1 s/z})^z=e(g,g)^{\alpha_1 s}$$
$$C'/(E\cdot F)=M\cdot e(g,g)^{\alpha s}/(e(g,g)^{\alpha_2 s}\cdot e(g,g)^{\alpha_1 s})=M\cdot e(g,g)^{\alpha s}/e(g,g)^{\alpha s}=M$$

8.3.3.3 安全证明

定理 8.7 若确定性的 q-type 假设在双线性群 $\mathbb{G}$ 与 $\mathbb{G}_T$ 中成立，那么不存在多项式时间内的攻击者 $\mathcal{A}$ 能以不可忽略的优势选择性地攻破本节提出的大规模属性集合下基于广播加密的支持属性级用户撤销的 CP-ABE 方案，其中挑战矩阵为 $\boldsymbol{A}^*(l^*\times n^*)$，且 $l^*,n^*\leqslant q$。

证明 假设攻击者 $\mathcal{A}$ 能以不可忽略的优势 $\varepsilon=Adv_{\mathcal{A}}$ 选择性地攻破本节提出的大规模属性集合下基于广播加密的支持属性级用户撤销的 CP-ABE 方案，而且假设挑战矩阵为 $\boldsymbol{A}^*(l^*\times n^*)$，且 $l^*,n^*\leqslant q$，那么同样可以构造挑战者 $\mathcal{B}$ 来攻破确定性的 q-type 假设。

选择阶段：挑战者 $\mathcal{B}$ 以 q-type 假设挑战 $\vec{y},Z$ 为输入，并且攻击者 $\mathcal{A}$ 给定挑战访问策略 $(\boldsymbol{A}^*,\rho^*)$ 和属性 x^* 的撤销列表 RL_{x^*}，其中 $\boldsymbol{A}^*$ 有 n^* 列。

参数设置阶段：挑战者 $\mathcal{B}$ 随机选择参数 $\alpha',\alpha''\in\mathbb{Z}_p$，并计算 $e(g,g)^{\alpha}=e(g^a,g^{a^q})\cdot e(g,g)^{\alpha'}\cdot e(g,g)^{\alpha''}$ 来隐含地设置 $\alpha_1=\alpha'+a^{q+1}$，$\alpha_2=\alpha''$，$\alpha=\alpha'+a^{q+1}+\alpha''$。然后，$\mathcal{B}$ 随机选择参数 $u',v',h'\in\mathbb{Z}_p$，并使用 q-type 假设实例构造参数。

$$u = g^{u'} \cdot \prod_{(j,k)\in[l,n]} (g^{a^k/b_j^2})^{A^*_{j,k}}$$

$$h = g^{h'} \cdot \prod_{(j,k)\in[l,n]} (g^{a^k/b_j^2})^{-\rho^*(j)A^*_{j,k}}$$

$$w = g^a$$

$$v = g^{v'} \cdot \prod_{(j,k)\in[l,n]} (g^{a^k/b_j})^{A^*_{j,k}}$$

$$e(g,g)^\alpha = e(g^a, g^{a^q}) \cdot e(g,g)^{\alpha'} \cdot e(g,g)^{\alpha^*}$$

最后，挑战者$\mathcal{B}$发送给攻击者$\mathcal{A}$公开密钥。

$$PK = (g, u, h, w, v, e(g,g)^\alpha)$$

密钥查询阶段 1：$\mathcal{A}$向$\mathcal{B}$进行密钥生成查询$\mathcal{O}_{kg}$和密文重加密查询$\mathcal{O}_{ree}$。

（1）$\mathcal{A}$向$\mathcal{B}$进行用户身份ID_j和用户属性集合S_j的密钥生成查询$\mathcal{O}_{kg}$，若$ID_j \notin RL_{x^*}$，设置$S'_j = S_j$；若$ID_j \in RL_{x^*}$，则设置$S'_j = S_j \setminus \{x^*\}$。根据规则，若$S'_j$满足访问策略$(A^*, \rho^*)$，输出$\perp$。否则，生成用户密钥如下。

挑战者$\mathcal{B}$首先计算向量$\vec{w} = (w_1, \cdots, w_{n^*}) \in \mathbb{Z}_p^{n^*}$，其中，$w_1 = -1$，且对于所有的$\rho^*(i) \in S'_j$满足$A^*_i \vec{w}^{\mathrm{T}} = 0$。然后，$\mathcal{B}$随机选择参数$t \in \mathbb{Z}_p$，并定义$r$。

$$r = t + w_1 a^q + w_2 a^{q-1} + \cdots + w_{n^*} a^{q+1-n^*} = r + \sum_{i\in[n^*]} w_i a^{q+1-i}$$

接下来，$\mathcal{B}$计算密钥组件K'_1。

$$K'_1 = g^r = g^{(t + w_1 a^q + w_2 a^{q-1} + \cdots + w_{n^*} a^{q+1-n^*})} = g^t \prod_{i=1,\cdots,n^*} (g^{a^{q+1-i}})^{w_i}$$

通过 r 的定义及$w_1 = -1$，可以得出w^r包含了$g^{-a^{q+1}}$项，而$g^{-a^{q+1}}$在假设中并没有给出，但是生成密钥K'_0时，隐含地设置主密钥$\alpha_1 = \alpha' + a^{q+1}$，因此可以与$g^{\alpha_1} = g^{\alpha'} g^{a^{q+1}}$相乘而被取消。

$$K'_0 = g^{\alpha_1} w^r = g^{\alpha'} g^{a^{q+1}} g^{at} \prod_{i\in[n^*]} (g^{a^{q+2-i}})^{w_i} = g^{\alpha'} (g^a)^t \prod_{i=2}^{n^*} (g^{a^{q+2-i}})^{w_i}$$

接下来，$\mathcal{B}$计算密钥组件$K'_{\sigma,2}, K'_{\sigma,3}, \forall \sigma \in S'_j$，为了构造密钥，$\mathcal{B}$首先设置通用项$v^{-r}$。

$$v^{-r} = v^{-t} (g^{v'} \prod_{(j,k)\in[l^*,n^*]} g^{a^k A^*_{j,k}/b_j})^{-\sum_{i\in[n^*]} w_i a^{q+1-i}} =$$

$$v^{-t} \prod_{i\in[n^*]} (g^{a^{q+1-i}})^{-v' w_i} \cdot \prod_{(i,j,k)\in[n^*,l^*,n^*]} g^{-w_i A^*_{j,k} a^{q+1+k-i}/b_j} =$$

$$v^{-t} \prod_{i\in[n^*]} (g^{a^{q+1-i}})^{-v' w_i} \cdot \prod_{(i,j,k)\in[n^*,l^*,n^*], i\neq k} (g^{a^{q+1+k-i}/b_j})^{-w_i A^*_{j,k}} \cdot \prod_{(i,j)\in[n^*,l^*]} (g^{a^{q+1}/b_j})^{-w_i A^*_{j,i}}$$

令 $v^{-t}\prod_{i\in[n^*]}(g^{a^{q+1-i}})^{-v'w_i}\cdot\prod_{(i,j,k)\in[n^*,l^*,n^*],i\neq k}(g^{a^{q+1+k-i}/b_j})^{-w_i A^*_{j,k}}=\varphi$，那么可以得出

$$v^{-r}=\varphi\cdot\prod_{(i,j)\in[n,l]}(g^{a^{q+1}/b_j})^{-w_i A^*_{j,i}}=\varphi\cdot\prod_{j\in[l]}(g^{-<w,A^*_j>})^{a^{q+1}/b_j}=\varphi\cdot\prod_{j\in[l],\rho^*(j)\notin S'_j}(g^{-<w,A^*_j>})^{a^{q+1}/b_j}$$

需要注意的是，$\mathcal{B}$ 可以基于给出的 q-type 假设实例计算 φ，而其他项可以与 $(u^{s_\sigma}h)^{r_\sigma}$ 项相乘而被取消。因此，对于每个属性 $s_\sigma\in S'_j$，$\mathcal{B}$ 随机选择参数 $r'_\sigma\in\mathbb{Z}_p$ 并隐含地设置

$$\begin{aligned}r_\sigma&=r'_\sigma+r\cdot\sum_{i'\in[l],\rho^*(i')\notin S'_j}b_{i'}/(s_\sigma-\rho^*(i'))=\\&r'_\sigma+t\cdot\sum_{i'\in[l],\rho^*(i')\notin S'_j}b_{i'}/(s_\sigma-\rho^*(i'))+\\&\sum_{(i,i')\in[n,l],\rho^*(i')\notin S'_j}w_i a^{q+1-i}b_{i'}/(s_\sigma-\rho^*(i'))\end{aligned}$$

接下来，$\mathcal{B}$ 计算密钥组件 $K'_{\sigma,3}$ 的 $(u^{s_\sigma}h)^{r_\sigma}$ 项。

$$\begin{aligned}&(u^{s_\sigma}h)^{r_\sigma}=(u^{s_\sigma}h)^{r'_\sigma}\cdot(K_{\sigma,2}/g^{r'_\sigma})^{u's_\sigma+h'}\cdot\prod_{(i',j,k)\in[n,l,n],\rho^*(i')\notin S'_j}(g^{t(s_\sigma-\rho^*(j))A^*_{j,k}b_{i'}a^k/(s_\sigma-\rho^*(i')b_j^2)})\cdot\\&\prod_{(i,i',j,k)\in[n,l,l,n],\rho^*(i')\notin S'_j}(g^{(s_\sigma-\rho^*(j))w_i A^*_{j,k}b_{i'}a^{q+1+k-i}/(s_\sigma-\rho^*(i')b_j^2)})=\\&\varphi\cdot\prod_{(i,j)\in[n,l],\rho^*(i')\notin S'_j}(g^{(s_\sigma-\rho^*(j))w_i A^*_{j,i}b_j a^{q+1+i-i}/(s_\sigma-\rho^*(j)b_j^2)})=\varphi\cdot\prod_{j\in[l],\rho^*(j)\notin S'_j}g^{<w,A^*_j>a^{q+1}/b_j}\end{aligned}$$

其中，φ 和 $K'_{\sigma,2}$ 可以基于给出的 q-type 假设实例进行计算得到。而 $(u^{s_\sigma}h)^{r_\sigma}$ 的第二项可以与 v^{-r} 相乘而被取消。因此，$\mathcal{B}$ 可以成功地计算密钥组件 $K'_{\sigma,2}$ 和 $K'_{\sigma,3}$。

密钥生成后，$\mathcal{B}$ 随机选择参数 $z\in\mathbb{Z}_p^*$，并设置外包密钥 TK 为

$$TK=(K_0=(K'_0)^{1/z},K_1=(K'_1)^{1/z},\{K_{\sigma,2}=(K'_{\sigma,2})^{1/z},K_{\sigma,3}=(K'_{\sigma,3})^{1/z}\}_{\sigma\in S'_j}$$

最后，$\mathcal{B}$ 设置解密密钥为 $SK_1=(z,TK)$，并将 TK 发送给 $\mathcal{A}$。

（2）$\mathcal{A}$ 向 $\mathcal{B}$ 进行属性 x 的撤销列表 RL_x 与密文 $CT=((\boldsymbol{M},\rho),C,C_0,\{C_{i,1},C_{i,2},C_{i,3}\}_{i\in[l]})$ 的重加密查询 $\mathcal{O}_{ree}$。$\mathcal{B}$ 生成重加密密文如下。

① 若无属性被撤销，即 $RL_x=\Phi$，那么 $\mathcal{B}$ 随机选择参数 $k\in\mathbb{Z}_p$，并重新加密密文 CT 如下。

$$\begin{aligned}&C'=C=M\cdot e(g,g)^{\alpha s},C'_0=C_0=g^s,C'_1=(C_0)^{1/k}=g^{s/k}\\&\forall i=1,2,\cdots,l:C'_{i,1}=C_{i,1}\cdot v^k=w^{\lambda_i}v^{t_i}v^k,C'_{i,2}=C_{i,2}\cdot(u^{\rho(i)}h)^{-k}=\\&(u^{\rho(i)}h)^{-t_i}(u^{\rho(i)}h)^{-k},C'_{i,3}=C_{i,3}\cdot g^k=g^{t_i}g^k\end{aligned}$$

因此，$\mathcal{B}$ 设置重加密密文为 $RCT=(C',C'_0,C'_1,\{C'_{i,1},C'_{i,2},C'_{i,3}\}_{i=1}^l)$ 和授权密钥为 $SK'_2=(g^{\alpha_2})^k$。

② 若用户集合 RL_x 的属性 x 被撤销，即 $RL_x \neq \Phi$，那么 $\mathcal{B}$ 首先随机选择参数 $v_x \in \mathbb{Z}_p$，并基于文献[15]提出的具有定长密文和密钥的广播加密方案对 v_x 进行加密生成密文头 CH_x。然后，$\mathcal{B}$ 随机选择参数 $k \in \mathbb{Z}_p$，并重新加密密文 CT 如下。

$$C' = C = M \cdot e(g,g)^{\alpha s}, C_0' = C_0 = g^s, C_1' = g^{s/k},$$
$$\forall i = 1,2,\cdots,l$$
$$C_{i,1}' = w^{\lambda_i} v^{t_i} v^k, C_{i,2}' = (u^{\rho(i)}h)^{-t_i}(u^{\rho(i)}h)^{-k}$$
$$\text{若 } \rho(i) \neq x : C_{i,3}' = g^{t_i} g^k$$
$$\text{若 } \rho(i) = x : C_{i,3}' = (g^{t_i} g^k)^{1/v_x}$$

因此，$\mathcal{B}$ 设置重加密密文为 $RCT = (CH_x, C', C_0', C_1', \{C_{i,1}', C_{i,2}', C_{i,3}'\}_{i=1}^l)$ 和授权密钥为 $SK_2' = (g^{\alpha_2})^k$。

挑战阶段：攻击者 $\mathcal{A}$ 提交长度相等的两个明文消息 M_0 与 M_1。$\mathcal{B}$ 首先随机选择参数 $\beta \in \{0,1\}$，并生成挑战密文 $C^* = M_\beta \cdot Z \cdot e(g^s, g^{\alpha'}) \cdot e(g^s, g^{\alpha''}), C_0^* = g^s$。然后，$\mathcal{B}$ 随机选择参数 $y_2', \cdots, y_{n^*}' \in \mathbb{Z}_p$，并隐含地设置向量 $\vec{v} = (s, sa + y_2', sa^2 + y_3' \cdots, sa^{n^*-1} + y_{n^*}') \in \mathbb{Z}_p^{n^*}$ 共享秘密 s。由于 $\vec{\lambda} = \boldsymbol{A}^* \vec{v}$，因此可以得出

$$\lambda_\tau = \sum\nolimits_{i \in [n]} \boldsymbol{A}_{\tau,i}^* s a^{i-1} + \sum\nolimits_{i=2}^n \boldsymbol{A}_{\tau,i}^* y_i'$$

令 $\lambda_\tau' = \sum_{i=2}^n \boldsymbol{A}_{\tau,i}^* y_i'$，并且 $\mathcal{B}$ 已知 λ_τ'。对于矩阵的每一行，$\mathcal{B}$ 隐含地设置 $t_\tau = -sb_\tau$。接下来，$\mathcal{B}$ 继续进行如下计算。

$$C_{\tau,1} = w^{\lambda_\tau} v^{t_\tau} = w^{\lambda_\tau'} \cdot \prod\nolimits_{i \in [n]} g^{\boldsymbol{A}_{\tau,i}^* s a^{i-1}} \cdot (g^{sb_\tau})^{-v'} \cdot \prod\nolimits_{(j,k) \in [l,n]} g^{-\boldsymbol{A}_{j,k}^* a^k sb_\tau / b_j} =$$
$$w^{\lambda_\tau'} \cdot (g^{sb_\tau})^{-v'} \cdot \prod\nolimits_{(j,k) \in [l,n], j \neq \tau} (g^{a^k sb_\tau / b_j})^{-\boldsymbol{A}_{j,k}^*}$$
$$C_{\tau,2} = (u^{\rho^*(\tau)}h)^{-t_\tau} = (g^{sb_\tau})^{-(u'\rho^*(\tau)+h')} \cdot (\prod\nolimits_{(j,k) \in [l,n]} g^{(\rho^*(\tau)-\rho^*(j))\boldsymbol{A}_{j,k}^* a^k / b_j^2})^{-sb_\tau} =$$
$$(g^{sb_\tau})^{-(u'\rho^*(\tau)+h')} \cdot \prod\nolimits_{(j,k) \in [l,n], j \neq \tau} (g^{sb_\tau a^k / b_j^2})^{-(\rho^*(\tau)-\rho^*(j))\boldsymbol{A}_{j,k}^*}$$
$$C_{\tau,3} = g^{t_\tau} = (g^{sb_\tau})^{-1}$$

最后，$\mathcal{B}$ 设置挑战密文 $CT^* = ((\boldsymbol{A}^*, \rho), C, C_0, \{C_{\tau,1}, C_{\tau,2}, C_{\tau,3}\}_{\tau \in [l^*]})$，并将其发送给攻击者 $\mathcal{A}$。

密钥查询阶段 2：如密钥查询阶段 1，$\mathcal{A}$ 向 $\mathcal{B}$ 进行密钥生成查询 $\mathcal{O}_{kg}$ 与密文重加密查询 $\mathcal{O}_{ree}$。

猜测阶段：攻击者 $\mathcal{A}$ 最终输出对 β 的猜测 β'。若 $\beta = \beta'$，$\mathcal{A}$ 输出 0，表示 $Z = e(g,g)^{a^{q+1}s}$；否则，输出 1，表示 Z 为群 $\mathbb{G}_T$ 中的随机元素。

8.3.3.4　方案分析与实验验证

本小节主要对提出的大规模属性集合下基于广播加密的支持属性级用户撤销的 CP-ABE 方案进行相关分析，并与 8.3.2 节提出的小规模属性集合下基于广播加密的支持属性级用户撤销的 CP-ABE 方案进行对比，包括功能性、存储成本、通信成本和计算时间。其中，所使用的描述符如下：$|C_1|$表示双线性群 $\mathbb{G}$ 中数据元素的长度；$|C_T|$表示双线性群 $\mathbb{G}_T$ 中数据元素的长度；$|C_p|$表示有限域 $\mathbb{Z}_p^*$ 中数据元素的长度；t 表示与密文有关的属性个数；k 表示与密钥有关的属性个数；n_a 表示整个系统中属性的总个数；n_u 表示整个系统中用户的总个数。

另外，本小节首先对方案基于的具有定长密文和密钥的广播加密方案进行具体分析，该方案的公钥大小为 $(2n_u+1)|C_1|$，主密钥大小为 $|C_p|$，解密密钥大小为 $|C_1|$，密文大小为 $2|C_1|$。

1. 功能说明

从表 8.4 中可以看出，本节提出的 CP-ABE 方案与 8.3.2 节提出的 CP-ABE 方案都实现了属性级的用户撤销，8.3.2 节方案基于 q-parallel BDHE 假设实现了标准模型下的安全性，而本节方案基于 q-type 假设实现了标准模型下的安全性，由于 q-parallel BDHE 假设的安全强度高于 q-type 假设，因此 8.3.2 节方案的安全性较高。但是本节方案支持大规模属性集合，属性规模不受某个特定值的限制，也不需要在系统初始化时进行设定，并且公钥参数与属性集合的大小无关，灵活性强，具有更高的实际应用价值。

表 8.4　功能比较

方案	访问控制粒度	模型	假设	属性集
8.3.2 节方案	属性级的用户撤销	标准模型	q-parallel BDHE	小规模
本节方案	属性级的用户撤销	标准模型	q-type	大规模

2. 存储成本

表 8.5 将本节提出的方案与 8.3.2 节方案进行了存储成本对比。属性授权的存储成本主要来自于主密钥，两个方案的主密钥长度大致相同。数据拥有者的存储成本主要来自于公钥。由于本节提出的方案支持大规模属性集合，因此公钥大小与系统属性个数 n_a 无关，只与系统中用户的个数 n_u 有关，随着 n_u 呈线性增长；而 8.3.2 节方案的公钥大小，不仅与系统中用户的个数 n_u 有关，而且与系统中属性的个数 n_a 有关，随着 n_a 与 n_u 呈线性增长。云存储中心的存储成本主要来自于密文及相应的密文

头，从表 8.5 可以看出，本节方案的密文及密文头大小略小于 8.3.2 节方案，都随着与密文有关的属性个数 t 呈线性增长。数据访问者的存储成本主要来自于解密密钥，本节方案的解密密钥大于 8.3.2 节方案，都随着与密钥有关的属性个数 k 呈线性增长。

表 8.5　存储成本比较

参与方	8.3.2 节方案	本节方案
AA	$2\|C_p\|+\|C_1\|$	$3\|C_p\|$
DO	$(n_a+2n_u+1)\|C_1\|+\|C_T\|$	$(2n_u+6)\|C_1\|+\|C_T\|$
CC	$(4t+3)\|C_1\|+2\|C_T\|$	$(3t+5)\|C_1\|+\|C_T\|$
DU	$(k+3)\|C_1\|+\|C_p\|$	$(2k+3)\|C_1\|+\|C_p\|$

3. 通信成本

表 8.6 将本节提出的方案与 8.3.2 节方案进行了通信成本对比。通信成本主要是由密钥和密文产生的。属性授权与数据访问者之间的通信成本主要来自于解密密钥，但是两个方案都使用了外包解密，因此通信成本不包含解密密钥中的 $|C_p|$ 元素。AA 与数据拥有者之间的通信成本主要来自于公钥。云存储中心与 DU 之间的通信成本主要来自于密文。8.3.2 节提出的方案使用了外包解密，因此 DU 需要将 $(k+3)|C_1|$ 长度的外包解密密钥发送给 CC，由 CC 进行部分解密，若无属性被撤销，那么 CC 只生成 2 个 $\mathbb{G}_T$ 中的元素；若存在属性被撤销，那么 CC 生成 $t+1$ 个密文对应的 $\mathbb{G}_T$ 中的元素和 2 个密文对应的 $\mathbb{G}$ 中的元素，并生成 3 个密文头对应的 $\mathbb{G}_T$ 中的元素。而本节提出的方案同样使用了外包解密，因此若无属性被撤销，那么 CC 只生成 3 个 $\mathbb{G}_T$ 中的元素；若存在属性被撤销，那么 CC 生成 $t+2$ 个密文对应的 $\mathbb{G}_T$ 中的元素和 3 个密文对应的 $\mathbb{G}$ 中的元素，另外，CC 还需要发送 $2|C_1|$ 长度的广播加密密文。CC 与 DO 之间的通信成本主要来自于密文。

表 8.6　通信成本比较

参与方	8.3.2 节方案	本节方案
AA & DU	$(k+3)\|C_1\|$	$(2k+3)\|C_1\|$
AA & DO	$(2n_a+n_u+1)\|C_1\|+\|C_T\|$	$(2n_u+6)\|C_1\|+\|C_T\|$
CC & DU	$(k+3)\|C_1\|+2\|C_T\|$ 或 $(k+5)\|C_1\|+(t+4)\|C_T\|$	$(2k+2)\|C_1\|+3\|C_T\|$ 或 $(2k+7)\|C_1\|+(t+2)\|C_T\|$
CC & DO	$(2t+1)\|C_1\|+\|C_T\|$	$(3t+2)\|C_1\|+\|C_T\|$

4. 计算时间

本节实验环境与 8.3.2 节的实验环境相同，对两个方案的密钥生成时间、加密时间和解密时间进行实验比较，并取 $C_{\mathcal{T}}/t=6$，$n_u=8$。

如图 8.7(a)和图 8.7(b)所示，本节方案为了支持大规模的属性集合，密钥生成时间和加密时间略大于 8.3.2 节方案，并且两个方案的密钥生成时间都随着用户的属性个数呈线性增长，密文则随着访问策略中的属性个数呈线性增长。另外，进行解密实验时，使用所有的属性进行解密，对两个方案分别在无属性被撤销和 50%的属性被撤销两种情况下进行了解密实验。如图 8.7(c)所示，在 50%的属性被撤销时，两个方案的解密时间非常接近，都随着解密属性数量呈线性增长；而无属性被撤销时，两个方案都只需要进行 1 个 $\mathbb{G}_T$ 下的指数操作。

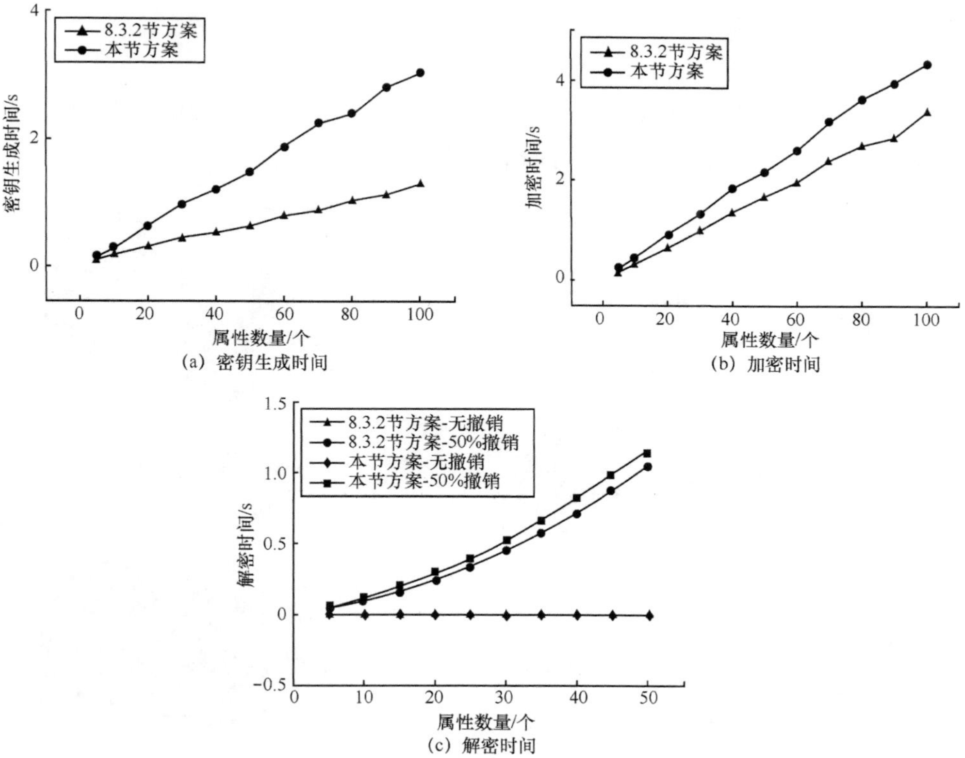

(a) 密钥生成时间　　(b) 加密时间

(c) 解密时间

图 8.7　8.3.2 节方案与本节方案各阶段仿真时间对比

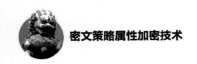

8.4 基于 KEK 树的支持属性级用户撤销的 CP-ABE 方案

本节基于 KEK 树提出一种强表达性的可撤销 CP-ABE 方案。该方案由云服务商实现属性级用户撤销而有效地减少了数据拥有者和属性机构的计算负担，基于 LSSS 访问结构而具有强表达力，基于简单假设在标准模型下完成安全证明而具有更高的安全性。最后，实验表明，所提方案具有更强的表达力和更高的安全性，适用于属性复杂和高安全需求的应用环境。

8.4.1 系统模型

基于 KEK 树的可撤销 CP-ABE 系统模型如图 8.8 所示，其主要由属性机构、云服务商、数据拥有者和数据用户 4 类实体组成。

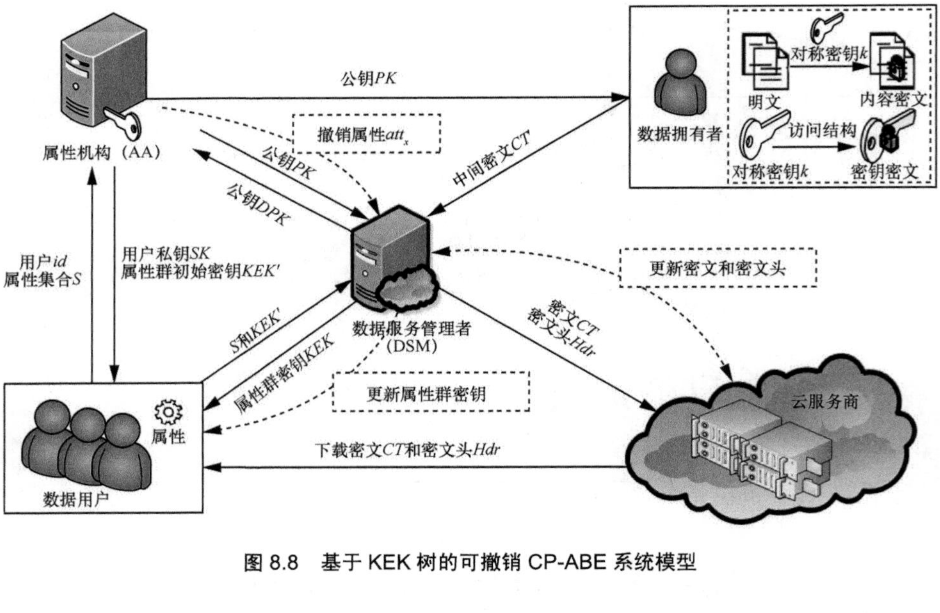

图 8.8　基于 KEK 树的可撤销 CP-ABE 系统模型

属性机构、数据拥有者和数据用户的定义与前文相同。

云服务商：云服务商主要是指第三方云存储提供商，本节定义云服务商包括存储和数据管理服务。其存储服务主要是存储用户的密文以便减少用户的数据存储负担；其数据管理服务是指云服务商内部数据服务管理者（DSM）存储 KEK 树，以及发生属性撤销时更新相关内容。另外，这里假设云服务商是诚实并好奇的（Honest but Curious），即云服务商会诚实地执行其所承诺的服务且不与恶意用户合谋，但出于好奇心和相关利益，其会在服务过程中窥探数据隐私。

8.4.2 相关定义

8.4.2.1 密钥加密密钥树

KEK 树[5]是指数据服务管理者基于用户集合建立的完全二叉树，为未撤销用户提供密钥更新能力，从而实现属性撤销，如图 8.9 所示。假设系统用户集合 $U=\{u_1,u_2,\cdots,u_N\}$，系统属性集合 $W=\{att_1,att_2,\cdots,att_n\}$。设 $G_i\subset U$ 是拥有属性 att_i 的用户集合，被称为属性群。G_i 将被看作能够访问属性 att_i 的访问列表。设 $\mathcal{G}=\{G_1,G_2,\cdots,G_n\}$ 是属性群集合。例如，若用户 u_1,u_2,u_3 分别拥有属性集合 $\{att_1,att_2\}$，$\{att_1,att_2,att_3\}$ 和 $\{att_2,att_3\}$，那么属性群为 $G_1=\{u_1,u_2\}$，$G_2=\{u_1,u_2,u_3\}$ 和 $G_3=\{u_2,u_3\}$。

DSM 按如下过程构建 KEK 树为用户生成属性群密钥相关参数。

（1）用户集合 U 中每一个用户被指定在二叉树的叶子节点中，每个节点 v_j 存储一个随机值 θ_j。

（2）路径节点生成算法 $Path(u_k)$：对于每一个用户 u_k，从叶子节点到根节点上所有节点被定义为用户 u_k 的路径节点，如 $Path(u_5)=\{v_{12},v_6,v_3,v_1\}$，$Path(u_6)=\{v_{13},v_6,v_3,v_1\}$。

（3）最小覆盖集算法 $Mincs(G_i)$：对于拥有属性 att_i 的属性群 G_i，KEK 树中能够覆盖 G_i 的所有用户的最小节点集合为最小覆盖集。例如，$G_i=\{u_1,u_2,u_4,u_6,u_7,u_8\}$，可得最小覆盖集为 $Mincs(G_i)=\{v_4,v_{11},v_{13},v_7\}$。

（4）求 $Path(u_k)$ 与 $Mincs(G_i)$ 的交集：若用户拥有属性 att_i，即 $u_k\in G_i$，则交集有且只有一个节点 v_j 存储的随机值 θ_j，如（2）和（3）中的 u_6 只拥有节点 v_{13} 存储的随机值 θ_{13}；若用户没有属性 att_i，即 $u_k\notin G_i$，则交集为空，如（2）和（3）中的 u_5 不能获取相关值。

当某一个用户 u_k 进行私钥申请时，需要完成上述 4 个计算过程，且只针对用户

u_k 拥有的属性进行多次求交集，而不需要计算其他用户的交集情况。

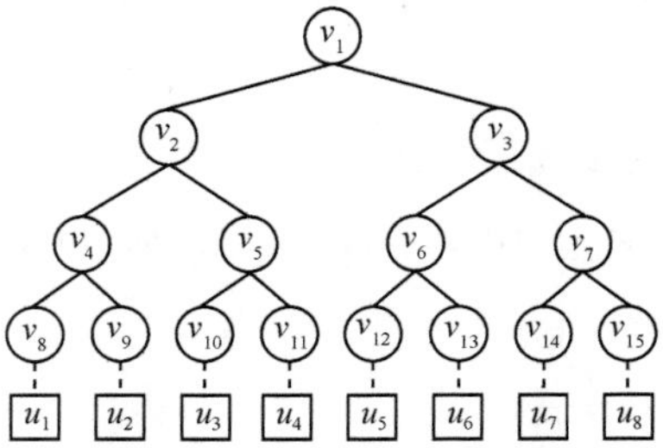

图 8.9　KEK 树示意

注：本节方案在构建 KEK 树的过程中具体到每一个属性值 att_{i,b_i} 。

8.4.2.2　算法定义

基于 KEK 树的可撤销 CP-ABE 方案包含以下 5 个阶段。

（1）系统初始化阶段。该阶段包含 *AASetup* 和 *DSMSetup* 两个算法。

$AASetup(\lambda) \to (PK, MSK)$：属性机构执行该算法，其以隐含安全参数 λ 作为输入，输出系统公钥 *PK* 和系统主私钥 *MSK*。

$DSMSetup(PK) \to (DPK, DSK)$：数据服务管理者运行该算法，其以系统公钥 *PK* 为输入，输出数据服务管理者的公钥 *DPK* 和主私钥 *DSK*。当系统发生属性撤销时，数据服务管理者的公私钥对将被更新。

（2）私钥生成阶段。该阶段包含 *AAKeyGen* 和 *DSMKeyGen* 两个算法。

$AAKeyGen(id, PK, DPK, MSK, S) \to (SK, KEK')$：属性机构执行该算法，其以系统公钥 *PK*、数据服务管理者公钥 *DPK*、系统主私钥 *MSK* 和数据用户属性集合 *S* 为输入，输出用户私钥 *SK* 和属性群初始密钥 KEK' 。

$DSMKeyGen(KEK', S) \to KEK$：数据服务管理者执行该算法，其以属性群初始密钥 KEK' 和用户属性集合 *S* 为输入，输出用户属性群密钥 KEK 。

（3）数据加密阶段。该阶段包含 *Encrypt* 和 *DSMEncrypt* 两个算法。

$Encrypt(PK, \mathbb{A}, M) \to CT'$：数据拥有者执行该算法，其以系统公钥 *PK*、访问结构 $\mathbb{A}$ 和明文 *M* 为输入，输出中间密文 CT' 。

注：为提高计算效率，数据拥有者可以先用对称密钥 *k* 加密数据 *M*，然后数据拥有者指定一个访问结构 $\mathbb{A}$ 加密对称密钥 *k*。

$DSMEncrypt(PK, DSK, CT') \rightarrow (Hdr, CT)$：数据服务管理者执行该算法，其以系统公钥 PK、数据服务管理者公钥 DPK 和中间密文 CT' 为输入，输出密文头 Hdr 和密文 CT 。

（4）数据解密阶段。当 $S \models \mathbb{A}$ 时，且数据用户必要属性未被撤销，可以通过以下过程计算获得明文。

$Decrypt(PK, Hdr, CT, SK, KEK) \rightarrow M$：数据用户运行该算法，其以系统公钥 PK、密文头 Hdr、密文 CT、用户私钥 SK 和 KEK 为输入，输出明文数据 M。

（5）用户属性撤销阶段。该阶段包含 $UpKEK$ 和 $ReEncryption$ 两个算法。

$UpKEK(DSK, KEK, att_x) \rightarrow \overline{KEK}$：数据服务管理者执行该算法，其以数据服务管理者私钥 DSK、用户属性群密钥 KEK 和被撤销属性 att_x 为输入，输出新的属性群密钥 $\overline{KEK}$ 。

$ReEncryption(Hdr, CT, att_x) \rightarrow (\overline{Hdr}, \overline{CT})$：数据服务管理者执行该算法，其以密文头 Hdr、密文 CT 和被撤销属性 att_x 为输入，输出新密文头 $\overline{Hdr}$ 和新密文 $\overline{CT}$ 。

8.4.2.3　安全模型

可撤销 CP-ABE 方案能够抵抗撤销用户与未撤销用户的合谋攻击是最基本的要求。因此，本节攻击者可以询问两种类型的密钥：（1）被撤销用户的私钥询问，该用户拥有满足访问结构的属性集合，但挑战属性一定被撤销；（2）未被撤销用户的私钥询问，该用户的属性集合不满足访问结构，但其属性集合包含挑战属性。

本节给出该方案的 IND-CPA 安全模型，其通过挑战者 $\mathcal{B}$ 和攻击者 $\mathcal{A}$ 之间的博弈游戏进行刻画，具体过程如下。

系统初始化：$\mathcal{A}$ 选择挑战访问结构 $\mathbb{A}^*$ 和挑战属性 att_x^*，然后将它们传送给挑战者 $\mathcal{B}$。其中，att_x^* 是一个满足 $\mathbb{A}^*$ 的必要属性。

参数设置阶段：首先，挑战者 $\mathcal{B}$ 运行 $AASetup$ 和 $DSMSetup$ 算法获得系统公钥 PK、系统主私钥 MSK、数据服务管理者的公钥 DPK 和主私钥 DSK；然后，挑战者 $\mathcal{B}$ 更新关联属性 att_x^* 的密钥对 $\overline{DPK}$ 和 $\overline{DSK}$ ；最后，挑战者 $\mathcal{B}$ 将 PK、DPK 和 $\overline{DPK}$ 发送给攻击者 $\mathcal{A}$，自己保留 MSK、DSK 和 $\overline{DSK}$ 。

密钥查询阶段 1：攻击者 $\mathcal{A}$ 可以询问两种类型密钥。

（1）Type-I 私钥询问 $\langle u_{\mathrm{I}}, S_{\mathrm{I}} \rangle$：用户 u_{I} 的属性集合 S_{I} 满足访问结构 $\mathbb{A}^*$，但是 u_{I} 的属性 att_x^* 已经被撤销。挑战者 $\mathcal{B}$ 运行 $AAKeyGen$ 和 $DSMKeyGen$ 算法获得 SK_{I} 和

KEK_{I}，然后将它们发送给攻击者 $\mathcal{A}$。

（2）Type-II私钥询问 $\langle u_{\mathrm{II}}, S_{\mathrm{II}}\rangle$：用户 u_{II} 的属性集合 S_{II} 不满足访问结构 $\mathbb{A}^*$，但是 u_{II} 拥有属性 att_x^*。挑战者 $\mathcal{B}$ 运行 *AAKeyGen* 和 *DSMKeyGen* 算法获得 SK_{II} 和 KEK_{II}，然后将它们发送给攻击者 $\mathcal{A}$。

挑战阶段：攻击者 $\mathcal{A}$ 提交两个等长的消息 M_0 和 M_1。挑战者 $\mathcal{B}$ 随机选择 $b \in \{0,1\}$，运行 *Encrypt* 和 *DSMEncrypt* 算法产生密文头 Hdr^* 和密文 CT_b^*，并将其发送给攻击者 $\mathcal{A}$。

密钥查询阶段 2：类似密钥查询阶段 1，攻击者 $\mathcal{A}$ 继续向挑战者 $\mathcal{B}$ 询问私钥。

猜测阶段：攻击者 $\mathcal{A}$ 输出值 $b' \in \{0,1\}$ 作为对 b 的猜测。如果 $b' = b$，称攻击者 $\mathcal{A}$ 赢得了该游戏。攻击者 $\mathcal{A}$ 在该游戏中的优势定义为 $Adv_{\mathcal{A}} = |\Pr[b' = b] - \frac{1}{2}|$。

定义 8.5 若无多项式时间内的攻击者以不可忽略的优势来攻破上述安全模型，则称本节所提出的可撤销 CP-ABE 方案在 CPA 下是选择安全的。

8.4.3 Hur 等方案安全性分析

8.2.2 节安全性分析中指明 Hur 方案[5]不能抵抗撤销用户与未撤销用户合谋攻击的根本原因是属性集合关联的密钥和基于 KEK 树分发的属性群密钥相互独立，且属性群密钥与用户无关，方案中拥有相同属性的用户可以共享该属性的属性群密钥。针对上述问题，本节提出基于 KEK 的支持属性级用户撤销的 CP-ABE 方案。该方案在属性群密钥中嵌入与用户关联的独一无二的随机值，采用这种方式使每一个用户的属性群密钥各不相同，无法共用相同属性群密钥发起合谋攻击。

8.4.4 方案设计

（1）系统初始化阶段。属性机构和数据服务管理者分别进行初始化建立系统。

$AASetup(\lambda) \to (PK, MSK)$：该算法选择两个阶为素数 p 的循环群 $\mathbb{G}$ 和 $\mathbb{G}_T$，g 是循环群 $\mathbb{G}$ 的生成元，并且存在有效的双线性映射 $e: \mathbb{G} \times \mathbb{G} \to \mathbb{G}_T$。然后该算法随机选取 $\alpha, a \in \mathbb{Z}_p^*$ 和 $h_1, h_2, \cdots, h_n, \in \mathbb{G}$。输出系统公钥 $PK = (g, e(g,g)^{\alpha}, g^a, h_1, h_2, \cdots, h_n)$ 和系统主私钥 $MSK = g^{\alpha}$。

$DSMSetup(PK) \to (DPK, DSK)$：数据服务管理者为每一个属性 $att_i (1 \leqslant i \leqslant n)$

选择一个随机指数 $t_i \in \mathbb{Z}_p$ 并计算 $T_i = g^{t_i}$，输出数据服务管理者的公钥 $DPK = \{T_i \mid 1 \leqslant i \leqslant n\}$ 和主私钥 $DPK = \{t_i \mid 1 \leqslant i \leqslant n\}$。

（2）私钥生成阶段。首先属性机构产生与属性集合相关联的私钥，然后数据服务管理者产生属性群密钥 KEK。

$AAKeyGen(id, PK, DPK, MSK, S) \rightarrow (SK, KEK')$：该算法随机选择 $r_{id} \in \mathbb{Z}_p^*$，然后计算 $K = g^{\alpha + a r_{id}}$ 和 $L = g^{r_{id}}$。对于任意属性 $att_i \in S$，计算 $K_i = h_i^{r_{id}}$ 和 $kek_i = T_i^{r_{id}}$。最后输出用户私钥 $SK = \{K, L, \{K_i\}_{att_i \in S}\}$ 和属性群初始密钥 $KEK' = \{att_i, kek_i\}_{att_i \in S}$。

$DSMKeyGen(KEK', S) \rightarrow KEK$：该算法按 8.4.2 节中 KEK 树计算过程为用户生成属性群密钥。对于每一个属性 $att_i \in S$，数据服务管理者计算 $\varphi_i \in Path(u_{id}) \cap Mincs(G_i)$，然后，判断 φ_i 是否为空。若 $\varphi_i = \varnothing$，数据服务管理者停止计算；若 $\varphi_i \neq \varnothing$，数据服务管理者计算 $KEK_i = (kek_i)^{1/\theta_j} = g^{t_i r_{id} / \theta_j}$，其中，随机值 θ_j 所对应节点 $v_j \in \varphi_i$。最后，数据服务管理者输出 $KEK = \{att_i, v_j, kek_i, KEK_i\}_{att_i \in S}$。

（3）数据加密阶段。该阶段分两步执行，第一步数据拥有者指定访问结构加密明文，第二步数据服务管理者重新加密密文并产生密文头。

$Encrypt(PK, (\boldsymbol{M}, \rho), M) \rightarrow CT'$：该算法随机选择向量 $\boldsymbol{v} = (s, y_2, y_3, \cdots, y_n) \in \mathbb{Z}_p^n$ 用于共享加密指数 s。对于 $1 \leqslant i \leqslant l$，计算 $\lambda_i = \boldsymbol{v} \cdot \boldsymbol{M}_i$，其中 $\boldsymbol{M}_i$ 是 $\boldsymbol{M}$ 的第 i 行。然后计算 $C = M \cdot e(g,g)^{\alpha s}$ 和 $C' = g^s$，对于 $\forall i = 1, 2, \cdots, l$，计算 $C_i = g^{a\lambda_i} h_{\rho(i)}^{-s}$。最后，输出中间密文 $CT' = (C, C', \{C_i\}_{1 \leqslant i \leqslant l})$。

$DSMEncrypt(PK, DSK, CT') \rightarrow (Hdr, CT)$：对于访问结构 $(\boldsymbol{M}, \rho)$ 中每一个属性 att_i，数据服务管理者随机选择 $k_i \in \mathbb{Z}_p$ 并调用 $Mincs(G_i)$ 算法，然后其重新加密中间密文 CT' 获得密文 $CT = (C, C', \{C_i \cdot g^{k_i}\}_{1 \leqslant i \leqslant l})$。另外，其计算密文头 $Hdr = \{v_j, E(k_i) = g^{k_i \theta_j / t_i}\}_{v_j \in Mincs(G_i), 1 \leqslant i \leqslant l}$。最后，数据服务管理者将$(CT, Hdr)$上传到云服务商进行存储。

（4）数据解密阶段。当数据用户的属性满足密文的访问结构且用户必要属性未被撤销时，可以通过以下过程计算获得明文。

$Decrypt(PK, Hdr, CT, SK, KEK) \rightarrow M$：数据用户根据私钥 SK 和属性群密钥 KEK 计算。

$$M = \frac{C \cdot \prod_{i \in I} \left(\frac{e(L, C_i \cdot g^{k_i}) e(K_i, C')}{e(KEK_i, E(k_i))} \right)^{w_i}}{e(K, C')}$$

（5）用户属性撤销阶段。当发生用户属性撤销时，数据服务管理者更新用户的属性群密钥，以确保被撤销用户关联属性集合的私钥失效。同时重加密相关密文，确保前向和后向安全。

$UpKEK(DSK, KEK, att_x) \to \overline{KEK}$：当用户 u_z 的属性 att_x 被撤销时，数据服务管理者随机选择 σ_x 并计算 $\overline{T}_x = T_x^{\sigma_x}$ 和 $\overline{t}_x = t_x \cdot \sigma_x$，然后用 $\overline{T}_x$ 和 $\overline{t}_x$ 替代 DPK 和 DSK 中的 T_x 和 t_x，获得新的数据服务管理者公钥 $\overline{DPK}$ 和主私钥 $\overline{DSK}$。

数据服务管理者更新用户属性群 $\overline{G_x}$ 并重新计算最小覆盖集 $Mincs(\overline{G_x})$。例如，若一个用户属性群为 $G_x = \{u_1, u_2, u_5, u_6, u_7, u_8\}$，则 $Mincs(G_x) = \{v_4, v_3\}$，当用户 u_6 的属性 att_x 被撤销时，新的属性群为 $\overline{G_x} = \{u_1, u_2, u_5, u_7, u_8\}$，则 $Mincs(\overline{G}_x) = \{v_4, v_{12}, v_7\}$。

对于每一个数据用户 $u_k \in \overline{G_x}$，数据服务管理者计算 $\overline{\varphi_x} = Path(u_k) \cap Mincs(\overline{G_x})$，然后计算 $\overline{kek_x} = (kek_x)^{\sigma_x}$ 和 $\overline{KEK_x} = \overline{(kek_x)}^{1/\overline{\theta_{j'}}}$，其中，随机值 $\overline{\theta_{j'}}$ 所对应节点 $\overline{v_{j'}} \in \overline{\varphi_x}$。最后，数据服务管理者用 $\{att_x, \overline{v_{j'}}, \overline{kek_x}, \overline{KEK_x}\}$ 替换 KEK 中的 $\{att_x, v_{j'}, kek_x, KEK_x\}$。

$ReEncryption(Hdr, CT, att_x) \to (\overline{Hdr}, \overline{CT})$：数据服务管理者随机选择 $s', \overline{k_x} \in \mathbb{Z}_p^*$，重新加密密文 $\overline{C} = C \cdot e(g,g)^{\alpha s'}$、$\overline{C'} = C' \cdot g^{s'}$，$\overline{C}_x = C_x \cdot h_{\rho(x)}^{-s'} \cdot g^{\overline{k_x} - k_x}$ 和 $\{C_i \cdot g^{k_i} \cdot h_{\rho(i)}^{-s'}\}_{1 \leqslant i \leqslant l, i \neq x}$。最后，数据服务管理者输出重加密密文 $\overline{CT} = (\overline{C}, \overline{C'}, \overline{C_x}, \{C_i \cdot g^{k_i} \cdot h_{\rho(i)}^{-s'}\}_{1 \leqslant i \leqslant l, i \neq x})$。

更新密文头

$$\overline{Hdr} = \begin{Bmatrix} \{\overline{v_j'}, E(\overline{k_x}) = g^{\overline{k_x \overline{\theta_{j'}}/\overline{t_x}}}\}_{\overline{v_j'} \in Mincs(\overline{G}_x)} \\ \{v_j', E(k_i) = g^{k_x \theta_{j'}/t_i}\}_{v_j \in Mincs(G_i), 1 \leqslant i \leqslant l, i \neq x} \end{Bmatrix}$$

正确性分析：当 $S \models (\boldsymbol{M}, \rho)$ 时，且用户必要属性未被撤销时，可以通过以下过程计算获得明文。

首先按下式计算 T' 和 T''。

$$T' = \prod_{i \in I} \left(\frac{e(L, C_i \cdot g^{k_i}) e(K_i, C')}{e(KEK_i, E(k_i))} \right)^{w_i} =$$

$$\prod_{i \in I} \left(\frac{e(g^{r_{id}}, g^{a\lambda_i} h_{\rho(i)}^{-s} \cdot g^{k_i}) e(h_i^{r_{id}}, g^s)}{e(g^{t_i r_{id}/\theta_j}, g^{k_i \theta_j / t_i})} \right)^{w_i} =$$

$$\prod_{i \in I} \left(\frac{e(g^{r_{id}}, g^{a\lambda_i}) e(g^{r_{id}}, g^{k_i})}{e(g^{r_{id}}, g^{k_i})} \right)^{w_i} =$$

$$\prod_{i \in I} (e(g^{r_{id}}, g^{a\lambda_i}))^{w_i} = e(g,g)^{r_{id} as}$$

$$T'' = e(K, C') = e(g^{(\alpha + ar_{id})}, g^s) = e(g,g)^{\alpha s} e(g,g)^{ar_{id}s}$$

然后根据 T' 和 T'' 按下式计算获得明文。

$$\frac{C \cdot T'}{T''} = \frac{M \cdot e(g,g)^{\alpha s} \cdot e(g,g)^{r_{id}as}}{e(g,g)^{\alpha s} e(g,g)^{ar_{id}s}} = M$$

当发生属性撤销时，若 $S \models (\boldsymbol{M}, \rho)$ 依然成立，则正确性分析与上式计算过程类似。

8.4.5　安全性证明

下面基于 CDH 假设在标准模型下给出本节所提方案的 IND-CPA 安全证明。

定理 8.8　若 CDH 假设在群 $\mathbb{G}$ 中成立，那么没有 CPA 攻击者能够在多项式时间内以不可忽略的优势选择性地攻破本节所提方案，其中挑战矩阵 $\boldsymbol{M}^*(l^* \times n^*)$。

证明　假设攻击者 $\mathcal{A}$ 在进行 q_{I} 次 Type-Ⅰ询问和 q_{II} 次 Type-Ⅱ询问后，能以不可忽略的优势 $\varepsilon = Adv_{\mathcal{A}}$ 选择性地攻破本节所提方案，设其挑战矩阵为 $\boldsymbol{M}^*(l^* \times n^*)$。那么，我们能够构造挑战者 $\mathcal{B}$ 以不可忽略的优势 $Adv_{\mathcal{B}} = \varepsilon / (q_{\mathrm{I}} \cdot q_{\mathrm{II}})$ 攻破 CDH 假设。挑战者 $\mathcal{B}$ 与攻击者 $\mathcal{A}$ 可以按如下步骤模拟游戏交互过程。

系统初始化：挑战者 $\mathcal{B}$ 输入随机 CDH 挑战 $A = g^{z_1}$ 和 $B = g^{z_2}$。攻击者 $\mathcal{A}$ 选择一个要挑战的访问结构 $(\boldsymbol{M}^*, \rho^*)$ 和挑战属性 att_x^*，然后将它们传送给挑战者 $\mathcal{B}$。其中，att_x^* 是一个满足 $(\boldsymbol{M}^*, \rho^*)$ 的必要属性。

参数设置阶段：挑战者 $\mathcal{B}$ 随机选取 $\alpha, a, e_1, e_2, \cdots, e_n \in \mathbb{Z}_p$，然后计算 $h_i = g^{e_i}$，最后输出系统公钥 $PK = (g, e(g,g)^\alpha, g^a, h_1, \cdots, h_n)$ 和主私钥 $MSK = g^\alpha$。对于每一个属性 att_i $(1 \leqslant i \leqslant n, i \neq x)$，挑战者 $\mathcal{B}$ 选择一个随机指数 $t_i \in \mathbb{Z}_p$ 并计算 $T_i = g^{t_i}$。对于 att_x^*，挑战者 $\mathcal{B}$ 随机选取 $t_x^* \in \mathbb{Z}_p$ 计算 $T_x^* = g^{t_x^*}$，输出公钥 $DPK = \{T_i \mid 1 \leqslant i \leqslant n, i \neq x\} \cup \{T_x^*\}$ 和主私钥 $DSK = \{t_i \mid 1 \leqslant i \leqslant n, i \neq x\} \cup \{t_x^*\}$。然后挑战者 $\mathcal{B}$ 更新 att_x^* 的密钥对 $\overline{T_x^*} = (T_x^*)^{z_1} = A^{t_x^*}$，设置 $\overline{t_x^*} = z_1 \cdot t_x^*$。挑战者 $\mathcal{B}$ 更新数据服务管理者公钥 $\overline{DPK} = \{T_i \mid 1 \leqslant i \leqslant n, i \neq x\} \cup \{\overline{T_x^*}\}$ 和主私钥 $\overline{DSK} = \{t_i \mid 1 \leqslant i \leqslant n, i \neq x\} \cup \{\overline{t_x^*}\}$。注意：$\overline{t_x^*}$ 为理论值，实际情况下挑战者 $\mathcal{B}$ 不知道 z_1，所以也不能计算 $\overline{t_x^*}$。

密钥查询阶段 1：攻击者 $\mathcal{A}$ 可以询问两种类型密钥。挑战者 $\mathcal{B}$ 设置两个列表 L_{I} 和 L_{II}，并初始化两个列表为空。

（1）Type-Ⅰ私钥询问 $\langle u_{\mathrm{I}}, S_{\mathrm{I}} \rangle$：用户 u_{I} 的属性集合 S_{I} 满足访问结构 $(\boldsymbol{M}^*, \rho^*)$，但是 u_{I} 的属性 att_x^* 已被撤销。挑战者 $\mathcal{B}$ 首先查看 $L_{\mathrm{I}} = \{u_{\mathrm{I}}, r_{\mathrm{I}}, KEK_{S_{\mathrm{I}}}, SK_{\mathrm{I}}\}$ 中是否存在 u_{I}。

若存在，挑战者$\mathcal{B}$将$\{KEK_{S_{\text{I}}}, SK_{\text{I}}\}$发送给攻击者$\mathcal{A}$；否则，其随机选择$r_{\text{I}} \in \mathbb{Z}_p$并计算$K = g^{\alpha}B^{\alpha r_1} = g^{(\alpha + az_2 r_1)}$和$L = B^{r_1} = g^{z_2 r_1}$，这里隐含设置$r_{\text{I}}^* = z_2 r_{\text{I}}$。对于$i \neq x$且$att_i \in S_{\text{I}}$，挑战者$\mathcal{B}$计算$K_i = h_i^{r_1}$和$kek_i = T_i^{r_1}$，然后求交集$\varphi_i = Path(u_{\text{I}}) \cap Mincs(G_i)$并计算$KEK_i = (kek_i)^{1/\theta_j} = g^{t_i r_1/\theta_j}$，其中随机值$\theta_j$所对应节点$v_j \in \varphi_i$；对于$att_x^* \in S_{\text{I}}$，挑战者$\mathcal{B}$计算$K_x^* = h_x^{z_2 r_1} = B^{e_x r_1}$和$kek_x^* = (T_x^*)^{z_2 r_1} = B^{t_x^* r_1}$。然后随机选择$\theta^* \in Path(u_{\text{I}})$并计算$KEK_x^* = (kek_x^*)^{1/\theta^*} = B^{t_x^* r_1/\theta^*}$，设置$SK_{\text{I}} = (K, L, K_x^*, \{K_i\}_{att_i \in S_{\text{I}}, i \neq x})$、$KEK_{S_{\text{I}}} = (\{att_x^*, v_j^*, kek_x^*, KEK_x^*\}, \{att_i, v_j, kek_i, KEK_i\}_{i \neq x})$。最后，挑战者$\mathcal{B}$在列表$L_{\text{I}}$中增加元组$\{u_{\text{I}}, r_{\text{I}}, KEK_{S_{\text{I}}}, SK_{\text{I}}\}$，并将$\{KEK_{S_{\text{I}}}, SK_{\text{I}}\}$发送给攻击者$\mathcal{A}$。

（2）Type-II 私钥询问$\langle u_{\text{II}}, S_{\text{II}} \rangle$：用户$u_{\text{II}}$的属性集合$S_{\text{II}}$不满足访问结构$(\boldsymbol{M}^*, \rho^*)$，但是$u_{\text{II}}$拥有属性$att_x^*$。挑战者$\mathcal{B}$首先查看$L_{\text{II}} = \{u_{\text{II}}, r_{\text{II}}, KEK_{S_{\text{II}}}, SK_{\text{II}}\}$中是否存在$u_{\text{II}}$。若存在，则挑战者$\mathcal{B}$将$\{KEK_{S_{\text{II}}}, SK_{\text{II}}\}$发送给攻击者$\mathcal{A}$；否则，挑战者$\mathcal{B}$随机选择$r_{\text{II}} \in \mathbb{Z}_p$，计算$K = g^{(\alpha + ar_{\text{II}})}$和$L = g^{r_{\text{II}}}$。对于$i \neq x$且$att_i \in S_{\text{II}}$，挑战者$\mathcal{B}$计算$K_i = h_i^{r_{\text{II}}}$和$kek_i = T_i^{r_{\text{II}}}$，然后挑战者$\mathcal{B}$求交集$\varphi_i \in Path(u_{\text{II}}) \cap Mincs(G_i)$。挑战者$\mathcal{B}$根据交集结果计算$KEK_i = (kek_i)^{1/\theta_j} = g^{t_i r_{\text{II}}/\theta_j}$，其中随机值$\theta_j$所对应节点$v_j \in \varphi_i$。对于$att_x^* \in S_{\text{II}}$，挑战者$\mathcal{B}$计算$K_x^* = h_x^{r_{\text{II}}}$、$kek_x^* = (\overline{T_x^*})^{r_{\text{II}}} = A^{t_x^* r_{\text{II}}}$、$\varphi_x^* \in Path(u_{\text{II}}) \cap Mincs(G_x)$和$KEK_i^* = (kek_i^*)^{1/\theta_j^*} = A^{t_x^* r_{\text{II}}/\theta_j^*}$，其中，随机值$\theta_j^*$所对应节点$v_j^* \in \varphi_x^*$。挑战者设置$SK_{\text{II}} = (K, L, \{K_i\}_{att_i \in S_{\text{II}}})$和$KEK_{S_{\text{II}}} = (\{att_x^*, v_j^*, kek_x^*, KEK_x^*\}, \{att_i, v_j, kek_i, KEK_i\}_{i \neq x})$。最后，挑战者$\mathcal{B}$在$L_{\text{II}}$中增加元组$\{u_{\text{II}}, r_{\text{II}}, KEK_{S_{\text{II}}}, SK_{\text{II}}\}$，并将$\{KEK_{S_{\text{II}}}, SK_{\text{II}}\}$发送给攻击者$\mathcal{A}$。

挑战阶段：攻击者$\mathcal{A}$提交两个等长的消息M_0和M_1。挑战者$\mathcal{B}$随机选择$b \in \{0,1\}$和向量$\boldsymbol{v} = (s, y_2, y_3, \cdots, y_n) \in \mathbb{Z}_p^n$，其用于共享加密指数$s$。对于$1 \leqslant i \leqslant l$，计算$\lambda_i = \boldsymbol{v} \cdot \boldsymbol{M}_i^*$，其中$\boldsymbol{M}_i^*$是$\boldsymbol{M}^*$的第$i$行。然后，挑战者$\mathcal{B}$计算$C = \boldsymbol{M}_b e(g,g)^{\alpha s}$、$C' = g^s$和$\{C_i = g^{a\lambda_i} h_{\rho(i)}^{-s}\}_{\forall i=1,2,\cdots,l}$。

对于$i \neq x$且$att_i \in (\boldsymbol{M}^*, \rho^*)$，挑战者$\mathcal{B}$随机选择$k_i \in \mathbb{Z}_p$，并计算$\{C_i^* = g^{a\lambda_i} h_{\rho(i)}^{-s} g^{k_i}\}_{1 \leqslant i \leqslant l^*, i \neq x}$；对于$att_x^* \in (\boldsymbol{M}^*, \rho^*)$，挑战者$\mathcal{B}$计算$C_x^* = g^{a\lambda_x} h_{\rho(x)}^{-s} g^{k_x^*} = g^{a\lambda_x} h_{\rho(x)}^{-s} \boldsymbol{A}^{k_x}$，其意味着$k_x^* = z_1 k_x$。

挑战者$\mathcal{B}$最终计算密文为$CT_b^* = (C, C', C_x^*, \{C_i^*\}_{1 \leqslant i \leqslant l, i \neq x})$。对于$att_i \in (\boldsymbol{M}^*, \rho^*)$，挑战者$\mathcal{B}$调用$Mincs(G_i)$算法，并计算密文头。

$$Hdr^* = \left\{ \begin{array}{l} \{v_j, E(k_i) = g^{k_i \theta_j / t_i}\}_{v_j \in Mincs(G_i), 1 \leqslant i \leqslant l, i \neq x} \\ \{v_j^*, E(k_x^*) = g^{z_1 k_x \theta_j^* / z_1 t_x^*} = g^{k_x \theta_j^* / t_x^*}\}_{v_j^* \in Mincs(G_x)} \end{array} \right\}$$

最后，挑战者 $\mathcal{B}$ 将 (CT_b^*, Hdr^*) 发送给攻击者 $\mathcal{A}$。

密钥查询阶段 2：类似密钥查询阶段 1，攻击者 $\mathcal{A}$ 继续向挑战者 $\mathcal{B}$ 询问私钥。

猜测阶段：攻击者 $\mathcal{A}$ 输出值 $b' \in \{0,1\}$ 作为对 b 的猜测。假设攻击者 $\mathcal{A}$ 猜测 $b' \in b$，且 $Adv_{\mathcal{A}} = |\Pr[b' = b] - \frac{1}{2}| = \varepsilon$。然后挑战者 $\mathcal{B}$ 分别从 L_{I} 和 L_{II} 中选择一个 $\{u_{\mathrm{I}}, r_{\mathrm{I}}, KEK_{S_{\mathrm{I}}}, SK_{\mathrm{I}}\}$ 和一个 $\{u_{\mathrm{II}}, r_{\mathrm{II}}, KEK_{S_{\mathrm{II}}}, SK_{\mathrm{II}}\}$。对于 att_x^*，存在 L_{I} 中的 SK_{I} 和 L_{II} 中的 $KEK_{S_{\mathrm{II}}}$ 相结合，使下述等式成立。

$$\frac{e(L, C_x^*)e(K_x^*, C')}{e(KEK_x^*, E(k_x^*))} = \frac{e(B^{r_{\mathrm{I}}}, g^{a\lambda_x} h_{\rho(x)}^{-s} A^{k_x})e(B^{e_x r_{\mathrm{I}}}, g^s)}{e(A^{t_x^* r_{\mathrm{II}}/\theta_j^*}, g^{k_x \theta_j^*/t_x^*})} =$$

$$\frac{e(B^{r_{\mathrm{I}}}, g^{a\lambda_x} A^{k_x})e(B^{r_{\mathrm{I}}}, g^{-e_x s})e(B^{e_x r_{\mathrm{I}}}, g^s)}{e(A^{r_{\mathrm{II}}}, g^{k_x})} = \frac{e(B^{r_{\mathrm{I}}}, g^{a\lambda_x})e(B^{r_{\mathrm{I}}}, A^{k_x})}{e(A^{r_{\mathrm{II}}}, g^{k_x})} \cdot e(B^{r_{\mathrm{I}}}, g^{a\lambda_x})$$

当且仅当 $A^{r_{\mathrm{II}}} = g^{z_1 z_2 r_{\mathrm{I}}}$ 时，上述等式成立。挑战者 $\mathcal{B}$ 计算 $g^{z_1 z_2} = A^{r_{\mathrm{II}}/r_{\mathrm{I}}} = (KEK_x^*)^{\theta_j^*/(r_{\mathrm{I}} t_x^*)}$，其中 $KEK_x^* \in KEK_{S_{\mathrm{II}}}$。

若挑战者 $\mathcal{B}$ 没有中止游戏，那么攻击者 $\mathcal{A}$ 的视觉和真实的攻击视觉相同。假设攻击者 $\mathcal{A}$ 进行了 q_{I} 次 Type-I 询问和 q_{II} 次 Type-II 询问后，挑战者 $\mathcal{B}$ 从列表 L_{I} 和 L_{II} 中正确选中 $\{u_{\mathrm{I}}, r_{\mathrm{I}}, KEK_{S_{\mathrm{I}}}, SK_{\mathrm{I}}\}$ 和 $\{u_{\mathrm{II}}, r_{\mathrm{II}}, KEK_{S_{\mathrm{II}}}, SK_{\mathrm{II}}\}$ 的概率是 $\frac{1}{q_{\mathrm{I}} \cdot q_{\mathrm{II}}}$。因此，挑战者 $\mathcal{B}$ 攻破 CDH 假设的优势为 $Adv_{\mathcal{B}} = \frac{\varepsilon}{q_{\mathrm{I}} \cdot q_{\mathrm{II}}}$。

8.4.6　方案分析及实验验证

本节主要在功能性、计算效率、存储成本和通信成本方面将本节方案与已有几种属性可撤销方案进行对比。对比过程中所使用描述符定义如下：$|p|$ 表示 $\mathbb{Z}_p$ 中数据元素的长度；$|g|$ 表示 $\mathbb{G}$ 中数据元素的长度；$|g_T|$ 表示 $\mathbb{G}_T$ 中数据元素的长度；$|C_k|$ 表示密文头长度；$|K_k|$ 表示属性群密钥长度；l 表示访问结构 W（包括 LSSS）中属性的数量，Y 表示访问树 $\mathcal{T}$ 的叶子节点数，为简单起见，l 和 Y 统一用 n_c 表示；n_k 代表关联用户私钥的属性集合中属性总数；n_a 代表系统属性总数；n_u 代表系统用户总数。在计算成本对比中，模指数和双线性对的计算量相对于其他计算需要更多的计算时间，因此本节忽略了其他次要因素。

8.4.6.1 理论分析

（1）功能对比

表 8.7 描述了本节方案与其他方案在功能性方面的对比分析。

表 8.7 可撤销方案功能对比

方案	双线性群	访问结构	安全假设	安全模型	撤销机制
Hur 方案[5]	素数阶	Tree	DBDH 假设	—	间接撤销
Yang 方案[6]	素数阶	LSSS	q-PBDHE 假设	随机预言机	间接撤销
Shiraishi 方案[9]	素数阶	LSSS	q-PBDHE 假设	标准模型	间接撤销
本节方案	素数阶	LSSS	CDH	标准模型	间接撤销

从表 8.7 可以看出，所有方案基于素数阶双线性群构造。文献[5]方案基于访问树结构构造，文献[6]、文献[9]和本节方案基于 LSSS 访问结构构造，所有方案都具有灵活的表达能力。文献[9]和本节方案基于简单假设在标准模型下完成方案的安全性证明，具有较高的安全性。其他方案基于复杂假设或在 ROM 下完成安全证明。文献[5]方案虽然提及基于简单假设证明，但实际没有给出方案的形式化证明。另外，文献[5]方案不能够抵抗撤销用户与未撤销用户的合谋攻击。综合分析，本节所提方案具有较高的安全性。

（2）存储成本对比

表 8.8 描述了本节方案与其他相关方案在存储成本方面的对比。

表 8.8 可撤销方案存储成本对比

方案	属性机构	数据拥有者	云服务商	数据用户
Hur 方案[5]	$\|p\|+\|g\|$	$2\|g\|+\|g_T\|$	$(2n_c+1)\|g\|+\|g_T\|+\|C_k\|$	$(2n_k+1)\|g\|+\|K_k\|$
Yang 方案[6]	$(n_a+4)\|p\|$	$(2n_a+4)\|g\|+\|g_T\|$	$(3n_c+1)\|g\|+\|g_T\|$	$(n_k+2)\|g\|$
Shiraishi 方案[9]	$\|p\|$	$(n_a+2)\|g\|+\|g_T\|$	$n_a\|p\|+(2n_c+1)\|g\|+\|g_T\|$	$(n_k+2)\|g\|$
本节方案	$(n_a+1)\|g\|$	$(n_a+2)\|g\|+\|g_T\|$	$n_c\|g\|+\|g_T\|+\|C_k\|$	$(n_k+2)\|g\|+\|K_k\|$

属性机构的存储成本主要来自于系统主密钥。文献[5]和文献[9]方案的系统主密钥为恒定值，而其他对比方案与属性总数 n_a 呈线性正相关。数据拥有者的存储成本主要来自于公钥。文献[5]方案使用了最少的公钥，为恒定值。而其他对比方案中数据拥有者的存储成本与属性总数 n_a 呈线性增长关系。云服务商的存储成本主要来自

于密文和密文头。而文献[5]和本节方案不仅要存储密文，还要存储密文头。数据用户的存储成本主要来自于其拥有的私钥。文献[5]和本节方案中，每个用户都要存储属性群密钥和用户属性相关的私钥进行解密操作。综合分析，本节方案在存储成本上与其他方案相当。

（3）通信成本对比

通信成本主要由密钥、数据密文和密文头产生，本节方案与其他相关可撤销方案在通信成本方面的对比情况如表 8.9 所示。注意，为使表格显示方便且美观，在表 8.9 中用 $|gCK|$ 表示 $|g_T|+|C_k|+|K_k|$。

表 8.9　可撤销方案通信成本对比

方案	AA&DU	AA&DO	CSP&DU	CSP&DO
Hur 方案[5]	$(2n_k+1)\|g\|$	$2\|g\|+\|g_T\|$	$(2n_c+1)\|g\|+\|gCK\|$	$(2n_c+1)\|g\|+\|g_T\|$
Yang 方案[6]	$(n_a+4)\|p\|$	$(2n_a+4)\|g\|+\|g_T\|$	$(3n_c+1)\|g\|+\|g_T\|$	$(3n_c+1)\|g\|+\|g_T\|$
Shiraishi 方案[9]	$(n_k+2)\|g\|$	$(n_a+2)\|g\|+\|g_T\|$	$(2n_c+1)\|g\|+\|g_T\|$	$(2n_c+1)\|g\|+\|g_T\|$
本节方案	$(2n_k+2)\|g\|+\|p\|$	$(n_a+2)\|g\|+\|g_T\|$	$(n_c+n_k)\|g\|+\|gCK\|$	$(n_c+1)\|g\|+\|g_T\|$

属性机构与数据用户之间的通信成本主要是由密钥产生的。本节方案需要属性机构传输 $n_k|g|$ 个 *kek* 密钥给数据用户，用于后续生成属性群密钥。属性机构与数据拥有者之间的通信成本主要是由公钥产生的。属性机构只需将公钥发送给数据拥有者，然后数据拥有者使用公钥加密明文消息。云服务商与数据用户之间的通信成本主要是由密文产生的。文献[5]和本节方案采用了 KEK 树技术，所以云服务商不仅要发送密文，还需要额外发送大小为 $|C_k|$ 的密文头和大小为 $|K_k|$ 的属性群密钥。另外，本节方案还需要传输 $n_k|g|$ 个 *kek* 密钥。云服务商与数据拥有者之间的通信成本主要由数据拥有者生成的密文产生。

8.4.6.2　实验分析

为了进一步评估本节方案的实际性能，本小节通过以下实验环境测试相关方案的计算效率。为清晰显示实验对比结果，选择具有代表性的 Yang 方案[6]、Shiraishi 方案[9]与本节方案进行实验对比分析。本节方案中，属性撤销导致的属性群密钥更新和密文更新操作都由具有强大计算能力的云服务商完成，因此，本小节重点对比由用户完成计算的加密和解密操作实验。

实验环境为 64 bit Ubuntu 14.04 操作系统，Intel Core i5-6200U(2.3 GHz)，内存 8 GB，实验代码基于 pbc-0.5.14[13]与 cpabe-0.11[14]进行修改与编写，并且使用基于 512 bit 有限域上的超奇异曲线 $y^2 = x^3 + x$ 中的 160 bit 椭圆曲线群。本节中属性数量以 5 为递增量，从 5 递增到 50 产生 10 种不同情况。对于每种情况，重复 30 次实验且每次实验完全独立，最后取平均值作为实验结果。最终加解密实验结果如图 8.10 所示。

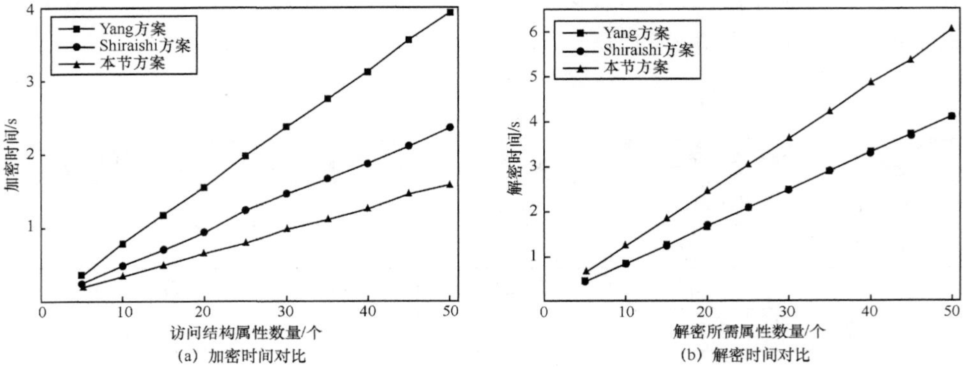

图 8.10 可撤销方案加解密时间对比

图 8.10 展示了属性数量对方案加解密时间的影响。如图 8.10(a)所示，Yang 方案、Shiraishi 方案和本节方案支持强表达能力，加密时间与访问结构属性数量呈线性正相关，但本节方案加密曲线的斜率小于其他两种方案。如图 8.10(b)所示，解密时间与解密所需属性数量呈线性增长关系。Yang 方案、Shiraishi 方案和本节方案的解密计算量与解密所需的属性数量呈线性关系，本节方案解密曲线的斜率大于其他两种方案。

综合分析，本节方案中由于属性撤销导致的计算全部由云服务商中的 DSM 完成，极大减轻了属性机构和用户的计算负担，在存储成本、通信成本和计算效率方面与其他方案相当，但本节方案具有更高的安全性。

参考文献

[1] BETHENCOURT J, SAHAI A, WATERS B. Ciphertext-policy attribute-based encryption[C]// IEEE Symposium on Secutiy and Privacy. 2007: 321-334.

[2] PIRRETTI M, TRAYNOR P, MCDANIEL P, et al. Secure attribute-based systems[C]// ACM Conference on Computer and Communications Security. 2006: 99-112.

[3] RAFAELI S, HUTCHISON D. A survey of key management for secure group communication[J]. ACM Computing Surveys, 2003, 35(3): 309-329.

[4] LIANG X, LU R, LIN X. Ciphertext policy attribute based encryption with efficient revocation[J]. IEEE Symposium on Security & Privacy, 2008: 321-334.

[5] HUR J, NOH D K. Attribute-based access control with efficient revocation in data outsourcing systems[J]. IEEE Transactions on Parallel & Distributed Systems, 2011, 22(7):1214-1221.

[6] YANG K, JIA X, REN K. Attribute-based fine-grained access control with efficient revocation in cloud storage systems[C]//ACM Sigsac Symposium on Information, Computer and Communications Security. 2013: 523-528.

[7] YU S, REN K, LOU W. Fdac: toward fine-grained distributed data access control in wireless sensor networks[C]// IEEE INFOCOM. 2009.

[8] LEWKO A, SAHAI A, WATERS B. Revocation systems with very small private keys[R]. 2008.

[9] SHIRAISHI Y, NOMURA K, MOHRI M, et al. Attribute revocable attribute-based encryption with forward secrecy for fine-grained access control of shared data[J]. IEICE Transactions on Information and Systems, 2017, 100(10): 2432-2439.

[10] YU S, WANG C, REN K, et al. Attribute based data sharing with attribute revocation[C]// ACM Symp on Information, Computer and Comm. Security (ASIACCS '10). 2010.

[11] VIMERCATI S D C, FORESTI S, JAJODIA S, et al. Over-encryption: management of access control evolution on outsourced data[C]//The International Conference on Very Large Data Bases (VLDB '07). 2007.

[12] TU S S, NIU S Z, LI H. A fine-grained access control and revocation scheme on clouds[J]. Concurrency & Computation Practice & Experience, 2012, 28(6).

[13] LYNN B. The pairing-based cryptography (PBC) library[EB]. 2006.

[14] BETHENCOURT J, SAHAI A, WATERS B. Advanced crypto software collection: the cpabetoolkit[EB]. 2011.

[15] VASUNDHARA S, DURGAPRASAD D K V. Elliptic curve cryptosystems[J]. Mathematics of Computation, 1987, 48(48): 203-209.

第9章 多授权机构的 CP-ABE 方案

多授权机构意味着在系统中存在多个权威的属性管理机构，用户属性被多个属性机构共同管理，既解决了单个属性管理机构存在的密钥托管问题，提高了系统安全性，又提高了系统性能。本章首先介绍 3 个经典的多授权机构的 CP-ABE 方案，然后基于经典方案的研究分析，对其进行功能扩展，提出单中央机构多属性机构的 CP-ABE 方案和多中央机构多属性机构的 CP-ABE 方案。

传统的 CP-ABE 方案中只有一个权威的属性机构，即整个系统公共参数生成、属性管理工作及用户私钥生成均由该属性机构承担。这种方案中属性机构具有解密任何密文的能力，所以要求其必须完全可信，同时容易出现密钥托管等问题[1]；该属性机构负责管理系统所有属性及为用户分发私钥，所以其承担了繁重的计算工作任务，成为系统运行效率的瓶颈。另外，单属性机构管理系统所有属性，而分布式应用中实际属性可能被不同的机构所管理，二者属性管理模式相冲突。例如，一名大学生的学籍信息由所在学校管理，而身份证信息由公安局管理，单一机构很难为用户认证属性分发私钥。本章首先详细介绍了几个经典的多授权机构的 CP-ABE 方案；然后分别提出两种不同类型的多授权机构属性基加密方案，并通过理论分析与实验验证表明本章方案与已有相关方案相比，安全性略有下降，但是本章方案具有固定密文长度和快速解密的能力，大大减少了存储负担并提高了系统效率。

9.1 引言

多授权机构 CP-ABE 系统中，属性被多个属性机构管理，多个属性机构合谋也不能破坏整个系统的安全性。一般而言，多授权机构 CP-ABE 方案中的每个属性机构都独自拥有一个主密钥，为了确保能够正确完成密文的解密工作，系统主私钥应该被设定为全部属性机构的主密钥之和。但该方法中每个属性机构的主私钥为固定值，根据该值为用户生成私钥，因此拥有一定数量属性的用户可以通过其自身的私钥组件恢复出属性机构的主私钥。进一步，多个用户通过合谋就能够重构出系统的主私钥，系统主私钥的泄露将导致方案不再安全。因此，CP-ABE 方案的正确性和安全性之间存在一个突出的矛盾，这正是多授权机构 CP-ABE 方案的研究难点。

Sahai 和 Waters[2]在 2005 年欧洲密码年会上首次提出 ABE 概念时，他们就把如何建立多授权机构 ABE 方案作为急需解决的问题。Chase[3]在 2007 年首次实现了多授权机构 CP-ABE 方案，其授权机构由一个中央机构和多个属性机构组成。中央机构负责为用户分发身份相关的密钥，属性机构负责为用户分发属性相关的密钥。该方案中每个数据用户通过全局唯一身份标识（Global Unique Identifier, GID）表示其唯一性，这样可以通过用户私钥与 GID 关联防止多个非法用户合谋攻击。但该系统中，中央机构负责为其他属性机构生成公钥和私钥，中央机构依然具有很强的解密能力。Muller 等[4]、Li 等[5]和 Yang 等[6]分别提出的多授权机构 CP-ABE 方案都存在中央机构解密权限过大的问题。

为解决中央机构解密权限过大给系统带来安全威胁的问题，林煌等[7]基于密钥分发和联合零秘密共享技术构造了一个无中央机构的多授权机构 CP-ABE 方案。但该方案只支持门限访问结构且系统所有属性机构必须在线并且通过交互来建立系统。Chase 和 Chow[8]在 2009 年构造了一种无中心的多授权机构 CP-ABE 方案。该方案通过一个分布式伪随机函数移除可信中央机构。但该方案需要所有属性机构必须在线且通过交互才能建立系统，且只支持门限访问结构。Lewko 和 Waters[9]在 2011 年提出一种无中心的多授权机构 CP-ABE 方案。该方案的中央机构在系统建立后即可退出，属性机构互相独立地为用户分发私钥。但该方案是基于合数阶双线性群在随机预言机模型（Random Oracle Model，ROM）下构建的，导致其安全性差且效率较低。随后，Okamoto 和 Takashima[10]在素数阶双线性群下构造了适应性安全的分散式多授权机构 CP-ABE 方案，该方案的安全性证明中仍然需要借助 ROM。

Liu 等[11]于 2011 年首次在标准模型下基于合数阶双线性群构造了无中心的多授权机构 CP-ABE 方案。该方案中多个中央机构联合为用户分发只与身份相关联的密钥，多个属性机构联合为用户分发只与属性相关联的密钥，采用该方式可以防止任何单独的机构独立解密密文。但该方案初始化阶段需要多个机构一起合作，且方案基于合数阶双线性群构建而具有较低的效率。针对此问题，李琦等[12]在素数阶群上提出一种改进的多授权机构 CP-ABE 方案。该方案在达到适应性安全的基础上，较文献[11]方案在计算效率方面有一定提高。

Rouselakis 和 Waters[13]于 2015 年构造了一种支持大属性集合的无中心多授权机构 CP-ABE 方案。该方案基于素数阶双线性群构建而使效率有所提高，但其依然是在随机预言机模型下完成安全证明。Zhong 等[14]在 2016 年构建了一种无中心多授权机构 CP-ABE 方案，其基于 Lewko 和 Waters[9]方案完成安全证明，安全性依然有待提升。Wang 等[15]在 2016 年针对移动社交网络提出一个分布式多授权机构 CP-ABE 方案。该方案能够实现细粒度、灵活的访问控制。但该方案基于合数阶双线性群构建，效率较低而导致无法实际应用。Yang 等[16]在 2018 年基于合数阶双线性群构造了一个无中心的多授权机构 CP-ABE 方案。该方案加强了用户全局唯一身份标识的隐私性，且基于双系统加密技术完成安全证明。但该方案依然基于合数阶双线性群构造而具有较低的效率。

综上所述，目前基于合数阶群构建的多授权机构 CP-ABE 方案效率较低，即使基于素数阶群完成方案构建，其密文长度一般与访问结构复杂度呈线性正相关，也需要较繁重的计算任务。因此，提升多授权机构 CP-ABE 方案的计算效率、实现密文长度恒定依然是目前需要解决的关键问题。

9.2 几个经典的多授权机构的 CP-ABE 方案

9.2.1 Chase 的多授权机构 CP-ABE 方案

多授权机构属性密码系统可由一个中央机构和多个分管不同属性的属性机构组成，并共同为每个用户颁发密钥。在考虑安全性时，需要考虑属性机构被腐化（Corrput），以及不同用户间合谋恢复 AA 的密钥问题，这是多授权机构属性密码系统的研究难点。Chase 等[3]考虑了如何通过多个中央机构来防止单个中央机构被腐化的问题，采用用户全局唯一标识的方法，防止了用户间的合谋。下面分别从方案定义、安全模型、方案设计和安全性证明 4 个方面介绍该方案。

9.2.1.1 方案定义

（1）*Setup*：中央机构执行该算法。该算法以安全参数为输入，输出每一个属性授权机构的公私钥对，同时输出中央机构的公私钥对。

（2）*Attribute Key Generation*：属性机构执行该算法。该算法以该属性机构的私钥、该属性机构的陷门值 d_k、用户标识 *GID*、该属性机构管理的属性域中的属性集合 $\mathcal{A}_C^k$ 为输入，输出用户私钥。

（3）*Centeal Key Generation*：中央机构执行该算法。该算法以主私钥、用户标识 *GID* 为输入，输出用户私钥。

（4）*Encryption*：数据拥有者执行该算法。该算法以每一个属性机构的属性集合、明文消息和系统公钥为输入，输出密文。

（5）*Decryption*：数据用户执行该算法。该算法以关联属性集合 $\mathcal{A}_C$ 的密文和关联属性集合 $\mathcal{A}_u$ 的解密私钥为输入。对于所有的属性机构 *k*，若 $\left|\mathcal{A}_C^k \cap \mathcal{A}_u^k\right| > d_k$，则输出明文。

9.2.1.2　安全模型

参数设置阶段：攻击者提交一个属性集合列表 $\mathcal{A}_C = \mathcal{A}_C^1 \cdots \mathcal{A}_C^K$，每一项对应于一个属性机构。同时攻击者提交一个不包含中央机构的腐化的属性机构的列表。挑战者生成系统参数并将它们发送给攻击者。这些参数包含系统公钥、正常属性机构的公钥和腐化的属性机构的私钥。

密钥查询阶段 1：攻击者可以向中央机构和属性机构进行私钥询问，但是必须存在以下限制：（1）对于每一个 *GID*，至少存在一个正常的属性机构 *k*，攻击者询问的属性集合 $\mathcal{A}_C^k$ 中的属性少于 d_k 个；（2）攻击者不可以用相同的 *GID* 向同一个属性机构询问两次私钥。

挑战阶段：攻击者提交两个等长的消息 M_0 和 M_1。然后挑战者选择 $b \in \{0,1\}$，并在访问结构 $\mathcal{A}_C$ 下加密 M_b 生成密文。最后将挑战密文发送给攻击者。

密钥查询阶段 2：攻击者可以继续按照密钥查询阶段 1 进行私钥询问。

猜测阶段：攻击者输出值 $b' \in \{0,1\}$ 作为对 b 的猜测。如果 $b' = b$，我们称攻击者赢了该游戏。攻击者在该游戏中的优势定义为 $Adv = \left|\Pr[b' = b] - \frac{1}{2}\right|$。

定义 9.1　若无多项式时间内的攻击者以不可忽略的优势来攻破上述安全模型，则称上述多授权机构 CP-ABE 方案在 CPA 下是安全的。

9.2.1.3　方案设计

系统初始化：假设系统有 *K* 个属性机构，有 *n* 个属性。该过程选择素数阶群 *G* 和 G_1，生成元为 $g \in G$，双线性映射 $e: G \to G_1$。然后，每一个属性机构选择种子

$s_1,\cdots,s_K$，接着选择 $y_0,\{t_{k,i}\}_{k=1,\cdots,K,i=1,\cdots,n} \leftarrow Z_q$。对于每一个属性机构，计算 $\{T_{k,i}=g^{t_{k,i}}\}_{i=1,\cdots,n}$。最后，输出系统公共参数 $Y_0=e(g,g)^{y_0}$，属性机构 k 的私钥为 $\{s_k,t_{k,1},\cdots,t_{k,n}\}$，属性机构 k 的公钥为 $\{T_{k,i}=g^{t_{k,i}}\}_{i=1,\cdots,n}$，中央机构的私钥为 $\{s_1,\cdots,s_K,y_0\}$。

私钥生成阶段：中央机构为用户 u 生成身份相关私钥，其首先对于所有 k，设置 $y_{k,u}=F_{s_k}(u)$，输出身份私钥为 $D_{CA}=g^{(y_0-\sum_{k=0}^{K}y_{k,u})}$；属性机构为用户 u 生成属性相关私钥：其首先设置 $y_{k,u}=F_{s_k}(u)$，然后随机选择 d–1 维多项式 p 且 $p(0)=y_{k,u}$，输出属性私钥为 $\{D_{k,i}=g^{p(i)/t_{k,i}}\}_{i\in\mathcal{A}_u}$，最终用户私钥为 $D_{CA},\{D_{k,i}\}_{i\in\mathcal{A}_u}$。

数据加密：基于属性集合 $\mathcal{A}_C$ 加密明文数据，随机选择 $s\leftarrow Z_q$。计算 $E=Y_0^s m$，$E_{CA}=g^s$ 和 $\{E_{k,i}=T_{k,i}^s\}_{i\in\mathcal{A}_C^k,\forall k}$。

数据解密：每一个属性授权 k，对于 d 个属性 $i\in\mathcal{A}_C^u\cap\mathcal{A}_u$，计算 $e(E_{k,i},D_{k,i})=e(g,g)^{p(i)s}$，然后通过插值法计算 $Y_{k,u}^s=e(g,g)^{p(0)s}=e(g,g)^{y_{k,u}s}$，计算 $Y_{CA}^s=e(E_{CA},D_{CA})$。通过上述值可以获得 $Y_{CA}^s\cdot\prod_{k=1}^{K}Y_k^s=Y_0^s$，最后计算获得明文 $m=E/Y_0^s$。

9.2.1.4 安全性证明

定理 9.1 若 DBDH 假设在群 $\mathbb{G}$ 和 $\mathbb{G}_T$ 中成立，那么没有选择明文攻击的攻击者能够在多项式时间内以不可忽略的优势攻破上述方案。

证明 若攻击者 $\mathcal{A}$ 能以优势 $\varepsilon=Adv_{\mathcal{A}}$ 攻破本节方案，那么挑战者 $\mathcal{B}$ 能够以不可忽略的优势 $\frac{\varepsilon}{2}$ 攻破 DBDH 假设。挑战者 $\mathcal{B}$ 输入随机 DBDH 挑战 (g,g^a,g^b,g^c,Z)，其中，Z 是 $\mathbb{G}_T$ 中的随机元素或者是 $e(g,g)^{abc}$。不失一般性，我们假定 $v\in\{0,1\}$，如果 v=0，那么 Z=$e(g,g)^{abc}$；如果 v=1，那么 Z 是随机值。挑战者 $\mathcal{B}$ 与攻击者 $\mathcal{A}$ 可以按如下步骤模拟交互游戏过程。

系统初始化：攻击者 $\mathcal{A}$ 选择将要挑战的访问结构 $\mathcal{A}_C$ 和腐化的属性授权机构 $Corr$。

参数设置阶段：挑战者 $\mathcal{B}$ 设置 $Y_0=e(A,B)$ 作为系统公钥 PK，其中隐含设置 $y_0=ab$。随机选择 $\beta_{k,i}$，输出正常属性机构的公钥 $\{T_{k,i}=g^{\beta_{k,i}}\}_{i\in\mathcal{A}_C^k\cap\mathcal{A}_u}$，

$\{T_{k,i}=B^{\beta_{k,i}}\}_{i\in\mathcal{A}_u-\mathcal{A}_C^k}$。随机选择 $t_{k,i}\leftarrow Z_q$ 和一个随机的伪随机函数(PRF)种子 s_k，输出腐化属性授权机构的私钥 $\{s_k,t_{k,1},\cdots,t_{k,n}\}$。

密钥查询阶段 1：令 $\hat{k}(u)$ 是第一次向属性机构 k 进行私钥询问，且 $\left|\mathcal{A}_C^k\cap\mathcal{A}_u^k\right|<d$。

用户 u 向正常的属性授权机构 $k\neq\hat{k}(u)$ 进行私钥询问：重新调用这些授权机构，我们隐含设置 $p(0)=F_{s_k}(u)=z_{k,u}b$。随机选择 $z_{k,u}$，随机选择多项式 ρ 并使 $\rho(0)=z_{k,u}$ 成立，我们隐含设置 $p(i)=b\rho(i)$。现在对于 $i\in\mathcal{A}_C^k$，$t_{k,i}=\beta_{k,i}$，可得 $D_{k,i}=g^{p(i)/t_{k,i}}=g^{b\rho(i)/\beta_{k,i}}=B^{\rho(i)/\beta_{k,i}}$。对于 $i\notin\mathcal{A}_C^k$，$t_{k,i}=b\beta_{k,i}$，可得 $D_{k,i}=g^{p(i)/t_{k,i}}=g^{b\rho(i)/b\beta_{k,i}}=g^{\rho(i)/\beta_{k,i}}$。最后私钥为

$$\{D_{k,i}=B^{\rho(i)/\beta_{k,i}}\}_{i\in\mathcal{A}_C^k\cap\mathcal{A}_u^k},\quad \{D_{k,i}=g^{\rho(i)/\beta_{k,i}}\}_{i\in\mathcal{A}_u^k-\mathcal{A}_C^k}$$

用户 u 向正常的属性机构 $k=\hat{k}(u)$ 进行私钥询问：重新调用这个属性机构 $\hat{k}$，随机选择 $r_{k,u}$ 并隐含设置 $p(0)=F_{s_k}(u)=ab+z_{k,u}b$。选择 $d-1$ 个随机值 v_i。对于 $i\in\mathcal{A}_C^k$，我们隐含设置 $p(i)=v_ib$。对于这些属性，$t_{k,i}=\beta_{k,i}$，可得 $D_{k,i}=g^{p(i)/t_{k,i}}=g^{bv_i/\beta_{k,i}}=B^{v_i/\beta_{k,i}}$。重新调用 $p(0)=F_{s_k}(u)=ab+z_{k,u}b$，然后对于 $d-1$ 个其他的值，设置 $p(i)=v_ib$，因此 p 是完全确定的。对于任何其他属性 i，通过插值法我们能够定义 $\Delta_0(i)(ab+z_{k,u}b)+\sum\Delta_j(i)v_ib$。对于这些属性，$t_{k,i}=b\beta_{k,i}$，可以得到

$$D_{k,i}=g^{p(i)/t_{k,i}}=g^{\frac{\Delta_0(i)(ab+z_{k,u}b)+\sum\Delta_j(i)v_ib}{b\beta_{k,i}}}=g^{\Delta_0(i)a}*g^{\frac{\Delta_0(i)z_{k,u}+\sum\Delta_j(i)v_i}{\beta_{k,i}}}=A^{\Delta_0(i)}*g^{\frac{\Delta_0(i)z_{k,u}+\sum\Delta_j(i)v_i}{\beta_{k,i}}}$$

最后私钥为

$$\{D_{k,i}=B^{v_i/\beta_{k,i}}\}_{i\in\mathcal{A}_C^k\cap\mathcal{A}_u^k},\quad \{D_{k,i}=A^{\Delta_0(i)}*g^{\frac{\Delta_0(i)z_{k,u}+\sum\Delta_j(i)v_i}{\beta_{k,i}}}\}_{i\in\mathcal{A}_u^k-\mathcal{A}_C^k}$$

用户 u 向正常的中央机构进行私钥询问。

$$D_{CA}=g^{(\sum_{k\notin Corr}z_{k,u}-\sum_{k\in Corr}F_{sk}(u))}$$

挑战阶段：攻击者 $\mathcal{A}$ 提交两个等长的消息 M_0 和 M_1，挑战者$\mathcal{B}$随机选择参数 $b\in\{0,1\}$ 生成挑战密文 ZM_b，$E=g^s=C$ 和 $\{C^{\beta_{k,i}}\}_{i\in\mathcal{A}_C}$。最后，挑战者$\mathcal{B}$将挑战密文 CT^* 发送给攻击者 $\mathcal{A}$。

密钥查询阶段 2：与密钥查询阶段 1 情况相同。

猜测阶段：攻击者 $\mathcal{A}$ 输出值 $b'\in\{0,1\}$ 作为对 b 的猜测。如果 $b'=b$，挑战者$\mathcal{B}$

输出 0，表示猜测 $Z=e(g,g)^{abc}$；否则，输出 1，表示猜测 Z 为群 G_T 中的随机元素。这两种情况如下所述。

（1）当 $Z=e(g,g)^{abc}$ 时，即 $v=0$。CT^* 是一个可用的密文，也就是说，挑战者 $\mathcal{B}$ 能够提供一个有效的仿真。攻击者 $\mathcal{A}$ 的优势为 $\varepsilon=Adv_{\mathcal{A}}$。因此得出

$$\Pr[\mathcal{B}(g,g^a,g^b,g^c,e(g,g)^{abc})=0]=\frac{1}{2}+Adv_{\mathcal{A}}$$

（2）当 Z 为群 G_T 中的随机元素时，即 $v=1$。这时 M_b 对于攻击者来说是完全随机的，可以得出

$$\Pr[\mathcal{B}(g,g^a,g^b,g^c,Z)=0]=\frac{1}{2}$$

因此，能够得到

$$Adv_{\mathcal{B}}=\frac{1}{2}\Pr[\mathcal{B}(g,g^a,g^b,g^c,e(g,g)^{abc})=0]+\frac{1}{2}\Pr[\mathcal{B}(g,g^a,g^b,g^c,Z)=0]-\frac{1}{2}=$$
$$\frac{1}{2}(\frac{1}{2}+Adv_{\mathcal{A}})+\frac{1}{2}\cdot\frac{1}{2}-\frac{1}{2}=\frac{Adv_{\mathcal{A}}}{2}=\frac{\varepsilon}{2}$$

也就是说，挑战者 $\mathcal{B}$ 能够以不可忽略的优势 $\frac{\varepsilon}{2}$ 攻破 DBDH 假设。基于上述过程，完成了本章方案的选择明文攻击的安全性证明。

9.2.2 Lewko-Waters 的多授权机构 CP-ABE 方案

Chase[3]首次实现的多授权机构 CP-ABE 方案中依然存在一个解密能力极强的中央机构，其无法实现真正的无中心化。为解决该问题，其中一种解决思路是文献[7-9]等通过一些技术巧妙地移除可信的中央机构。

为了避免使用中央机构带来的安全脆弱性，Lin 等[7]采用密钥分发和联合零秘密共享技术，最早提出了一种无中央机构的多授权机构属性加密体制。此外，Chase 和 Chow[3]在该方案基础上，也构造了一个隐私性保护且不需中央机构的多授权机构密钥策略属性加密体制[8]。但是，上述两个系统所有属性机构必须在线并且通过交互来建立系统。

2011 年，Lewko 和 Waters[9]提出了一种新型的称之为“去中心”的多授权机构属性加密体制（Decentralizing Attribute-based Encryption）。该方案同样不需要中央机构，任何实体不需要全局合作就能成为属性机构，并且独立地运行密钥分发，用

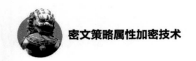

户可以根据实际情况选择相信某些 AA，并用这些 AA 颁发的属性进行加密或使用他们所颁发的密钥，因此十分适合实际应用的场景。该方案能够支持任意的单调访问结构，并且是第一个达到适应性安全的多授权机构属性加密体制。下面分别从方案定义、安全模型、方案设计和安全性证明等方面介绍该方案。

9.2.2.1　方案定义

（1）$GlobalSetup(\lambda) \to GP$：该算法由只参与系统建立阶段的可信第三方执行，其以隐含安全参数 λ 为输入，输出系统全局公共参数 GP。

（2）$Authority\ Setup(GP) \to (PK, SK)$：每一个属性机构运行该算法进行初始化。该算法以全局公共参数 GP 为输入，输出该属性机构的公钥 PK 和私钥 MSK。

（3）$Encrypt(M, (\boldsymbol{A}, \rho), GP, \{PK\}) \to CT$：该算法以明文 M、访问结构 $(\boldsymbol{A}, \rho)$、全局公共参数和相关属性机构的公钥为输入，输出密文 CT。

（4）$KeyGen(GID, i, MSK, GP) \to K_{i,GID}$：该算法以身份 GID、全局公共参数 GP、属性 i 和相关属性机构的私钥 MSK 为输入，输出该用户的属性 i 的私钥 $K_{i,GID}$。

（5）$Decrypt(CT, \{K_{i,GID}\}, GP) \to M$：该算法以全局公共参数 GP、密文 CT 和用户 GID 的私钥集合 $\{K_{i,GID}\}$ 为输入。若用户的属性集合满足访问结构，则解密成功，输出明文 M；否则，解密失败，输出 $\perp$。

9.2.2.2　安全模型

本小节给出该方案的 IND-CPA 安全模型，其通过挑战者 $\mathcal{B}$ 和攻击者 $\mathcal{A}$ 之间的博弈游戏进行刻画，具体过程如下。

参数设置阶段：挑战者 $\mathcal{B}$ 执行 $GlobalSetup$ 算法。攻击者 $\mathcal{A}$ 指定其腐化的属性机构 $S' \subseteq S$。对于正常的属性机构 $S - S'$，挑战者 $\mathcal{B}$ 通过运行 $Authority\ Setup$ 算法获得公钥 PK 和私钥 MSK，最后挑战者 $\mathcal{B}$ 将相应公钥 PK 发送给攻击者 $\mathcal{A}$。

密钥查询阶段 1：攻击者 $\mathcal{A}$ 提交 (i,GID) 进行私钥询问，其中，i 属于未腐化的属性机构且 GID 是一个用户身份。挑战者 $\mathcal{B}$ 返回相应的私钥 $K_{i,GID}$ 给攻击者 $\mathcal{A}$。

挑战阶段：攻击者 $\mathcal{A}$ 提交两个等长的消息 M_0 和 M_1，一个挑战访问结构 $(\boldsymbol{A}, \rho)$。该访问结构必须满足以下限制。我们用 V 表示矩阵 $\boldsymbol{A}$ 中腐化属性机构控制的属性的相对应行的集合。对于每一个用户身份 GID，我们用 V_{GID} 表示属性 i 对应的矩阵 $\boldsymbol{A}$ 的行的子集，其中攻击者 $\mathcal{A}$ 已经询问 (i,GID)。对于每一个用户身份 GID，我们需要设定 $V \cup V_{GID}$ 的张成子空间不能包含 $(1,0,\cdots,0)$。攻击者 $\mathcal{A}$ 需要将映射 ρ 中出现的腐化属性机构的属性所对应的公钥传递给挑战者$\mathcal{B}$。挑战者$\mathcal{B}$选择$\beta \in \{0,1\}$，并在访问结构$(\boldsymbol{A},\rho)$下加密M_β，将生成的密文发送给攻击者$\mathcal{A}$。

密钥查询阶段2：攻击者$\mathcal{A}$继续提交额外的(i,GID)进行私钥询问，但是它们不能违反挑战访问结构$(\boldsymbol{A},\rho)$的限制条件。

猜测阶段：攻击者$\mathcal{A}$输出值$\beta' \in \{0,1\}$作为对β的猜测。如果$\beta'=\beta$，我们称攻击者$\mathcal{A}$赢了该游戏。攻击者$\mathcal{A}$在该游戏中的优势定义为$Adv_{\mathcal{A}} = \left|\Pr[\beta'=\beta]-\frac{1}{2}\right|$。

定义 9.2 若无多项式时间内的攻击者以不可忽略的优势来攻破上述安全模型，则称上述多授权机构 CP-ABE 方案在 CPA 下是安全的。

9.2.2.3 安全假设

静态假设1[9]：令N表示合数阶群$\mathbb{G}$和$\mathbb{G}_T$的阶，ψ表示群生成算法，给定如下分布。

$$\begin{gathered}(N=p_1p_2p_3,\ \mathbb{G},\ \mathbb{G}_T,e)\xleftarrow{R}\psi(\lambda),\\ g_1\xleftarrow{R}\mathbb{G}_{p_1},\ D=(\ \mathbb{G},g_1),\\ T_1\xleftarrow{R}\mathbb{G},\ T_2\xleftarrow{R}\mathbb{G}_{p_1}\end{gathered}$$

定义攻击者$\mathcal{A}$攻破假设1的优势为

$$Adv1_{\psi,\mathcal{A}}(\lambda):=|\Pr[\mathcal{A}(D,T_1)=1]-\Pr[\mathcal{A}(D,T_2)=1]|$$

静态假设2[9]：令N表示合数阶群$\mathbb{G}$和$\mathbb{G}_T$的阶，ψ表示群生成算法，给定如下分布。

$$\begin{gathered}(N=p_1p_2p_3,\ \mathbb{G},\ \mathbb{G}_T,e)\xleftarrow{R}\psi(\lambda),\\ g,X_1\xleftarrow{R}\mathbb{G}_{p_1},X_2\xleftarrow{R}\mathbb{G}_{p_2},\quad g_3\xleftarrow{R}\mathbb{G}_{p_3},\\ D=(\ \mathbb{G},g_1,g_3,X_1X_2),\\ T_1\xleftarrow{R}\mathbb{G}_{p_1}\ ,T_2\xleftarrow{R}\mathbb{G}_{p_1p_2}\end{gathered}$$

定义攻击者$\mathcal{A}$攻破假设2的优势为

$$Adv2_{\psi,\mathcal{A}}(\lambda):=|\Pr[\mathcal{A}(D,T_1)=1]-\Pr[\mathcal{A}(D,T_2)=1]|$$

静态假设3[9]：令N表示合数阶群$\mathbb{G}$和$\mathbb{G}_T$的阶，ψ表示群生成算法，给定如下分布。

$$(N = p_1 p_2 p_3,\ \mathbb{G},\ \mathbb{G}_T,\ e) \xleftarrow{R} \psi(\lambda),$$
$$g_1, X_1 \xleftarrow{R} \mathbb{G}_{p_1},\ Y_2 \xleftarrow{R} \mathbb{G}_{p_2}, X_3, Y_3 \xleftarrow{R} \mathbb{G}_{p_3},$$
$$D = (\mathbb{G}, g_1, X_1X_3, Y_2Y_3),$$
$$T_1 \xleftarrow{R} \mathbb{G}_{p_1p_2},\ T_2 \xleftarrow{R} \mathbb{G}_{p_1p_3}$$

定义攻击者$\mathcal{A}$ 攻破假设 3 的优势为

$$Adv3_{\psi,\mathcal{A}}(\lambda) := |\Pr[\mathcal{A}(D,T_1)=1] - \Pr[\mathcal{A}(D,T_2)=1]|$$

静态假设 4[9]：令 N 表示合数阶群 $\mathbb{G}$ 和 $\mathbb{G}_T$ 的阶，ψ 表示群生成算法，给定如下分布。

$$(N = p_1 p_2 p_3,\ \mathbb{G},\ \mathbb{G}_T,\ e) \xleftarrow{R} \psi(\lambda),$$
$$a,b,c,d \xleftarrow{R} \mathbb{Z}_N,\ g_1 \xleftarrow{R} \mathbb{G}_{p_1},\ g_2 \xleftarrow{R} \mathbb{G}_{p_2}, g_3 \xleftarrow{R} \mathbb{G}_{p_3},$$
$$D = (\mathbb{G}, g_1, g_2, g_3, g_1^a, g_1^b g_3^b, g_1^c, g_1^{ac} g_3^d),$$
$$T_1 \xleftarrow{R} e(g_1, g_1)^{abc},\ T_2 \xleftarrow{R} \mathbb{G}_T$$

定义攻击者$\mathcal{A}$ 攻破假设 4 的优势为

$$Adv4_{\psi,\mathcal{A}}(\lambda) := |\Pr[\mathcal{A}(D,T_1)=1] - \Pr[\mathcal{A}(D,T_2)=1]|$$

9.2.2.4　方案设计

（1）$GlobalSetup(\lambda) \to GP$：该算法选择一个阶为 $N=p_1p_2p_3$ 的双线性群 $\mathbb{G}$，选择一个将全局身份 GID 映射到群 $\mathbb{G}$ 中的哈希函数 $H:\{0,1\}^* \to \mathbb{G}$，输出全局公共参数 $GP = \{N, g_1, \mathbb{G}_{p_1}, H\}$，其中 H 为一个随机语言模式。

（2）$Authority\ Setup(GP) \to (PK, SK)$：对于每一个属性 i，授权中心随机选择两个指数 $\alpha_i, y_i \in \mathbb{Z}_N$，输出该授权中心的公钥 $PK = \{e(g_1,g_1)^{\alpha_i}, g_1^{y_i} \forall i\}$ 和私钥 $SK = \{\alpha_i, y_i \forall i\}$。

（3）$Encrypt(M, (\boldsymbol{A}, \rho), GP, \{PK\}) \to CT$：该算法以明文 M、访问结构 $(\boldsymbol{A}, \rho)$、全局公共参数和相关属性机构的公钥为输入，其中 $\boldsymbol{A}$ 为 $n \times l$ 的矩阵，ρ 将矩阵的每一行映射到一个属性。该算法随机选择指数 $s \in \mathbb{Z}_N$ 和第一个元素为 s 的向量 $\boldsymbol{v} \in \mathbb{Z}_N^l$。定义 λ_x 为 $\boldsymbol{A}_x \cdot v$，其中 $\boldsymbol{A}_x$ 为矩阵 $\boldsymbol{A}$ 的第 x 行。同时选择第一个元素为 0 的向量 $\boldsymbol{w} \in \mathbb{Z}_N^l$。定义 w_x 为 $\boldsymbol{A}_x \cdot \boldsymbol{w}$。对于矩阵 $\boldsymbol{A}$ 的每一行 $\boldsymbol{A}_x$，随机选择 $r_x \in \mathbb{Z}_N$，输出密文为

$$C_0 = Me(g_1,g_1)^s, C_{1,x} = e(g_1,g_1)^{\lambda_x} e(g_1,g_1)^{\alpha_{\rho(x)} r_x}, C_{2,x} = g_1^{r_x}, C_{3,x} = g_1^{y_{\rho(x)} r_x} g_1^{w_x} \forall x$$

（4）$KeyGen(GID, i, MSK, GP) \to K_{i,GID}$：为创建 GID 关于属性 i 的私钥，相关

属性机构计算

$$K_{i,GID} = g_1^{\alpha_i} H(GID)^{y_i}$$

（5）$Decrypt(CT, \{K_{i,GID}\}, GP) \rightarrow M$：假设密文是基于$(\boldsymbol{A}, \rho)$完成加密的。为完成解密，数据用户首先计算 $H(GID)$。若用户的属性集合满足访问结构，则其可以按如下过程计算。对于每一个属性，其计算

$$C_{1,x} \cdot e(H(GID), C_{3,x}) / e(K_{\rho(x),GID}, C_{2,x}) = e(g_1, g_1)^{\lambda_x} e(H(GID), g_1)^{w_x}$$

数据用户选择满足$\sum_x c_x \boldsymbol{A}_x = (1,0,\cdots,0)$的常数$c_x \in \mathbb{Z}_N$，然后计算

$$\prod_x (e(g_1, g_1)^{\lambda_x} e(H(GID), g_1)^{w_x})^{c_x} = e(g_1, g_1)^s$$

这里$\lambda_x = \boldsymbol{A}_x \cdot v$，$w_x = \boldsymbol{A}_x \cdot w$。

最后，解密获得明文消息$M = C_0 / e(g_1, g_1)^s$。

9.2.2.5 安全性证明

混合组织：形式化定义我们的序列游戏。在整个证明中我们假定对属性的一个使用限制：挑战访问结构$(\boldsymbol{A}, \rho)$中的映射ρ是一个单射。

第一个游戏 $\text{Game}_{\text{Real}}$ 为真实的安全游戏。$\text{Game}_{\text{Real}'}$ 中通过随机预言机将用户身份 GID 映射到$\mathbb{G}_{p_1}$中的随机元素，其余与 $\text{Game}_{\text{Real}}$ 完全相同。接下来，我们定义半功能性的密文和半功能性的密钥，它们只用于安全证明，不会出现在实际的方案构造中。

半功能性的密文包含子群$\mathbb{G}_{p_2}$和$\mathbb{G}_{p_3}$形式的组件。半功能性的密钥有两种形式：类型 1 的半功能性密钥为$\mathbb{G}_{p_2}$中的组件；类型 2 的半功能性密钥为$\mathbb{G}_{p_3}$中的组件。当用类型 1 的半功能性密钥解密半功能性密文时，私钥中来自于$\mathbb{G}_{p_2}$的额外组件将与密文中额外的$\mathbb{G}_{p_2}$组件匹配导致解密失败；当用类型 2 的半功能性密钥解密半功能性密文时，私钥中来自于$\mathbb{G}_{p_3}$的额外组件将与密文中额外的$\mathbb{G}_{p_3}$组件匹配导致解密失败。

为了更加精确地表述半功能性的密文和半功能性的密钥，我们首先对于每一个属性 i 固定随机值$z_i, t_i \in \mathbb{Z}_N$，这些值不随着不同用户发生变化。

半功能性的密文：为了创建半功能性密文，首先运行加密算法获得正常的密文

$$C'_0, C'_{1,x}, C'_{2,x}, C'_{3,x} \forall x$$

我们分别用g_2, g_3表示子群$\mathbb{G}_{p_2}$和$\mathbb{G}_{p_3}$的生成元。对于访问矩阵$\boldsymbol{A}$的每一行$\boldsymbol{A}_x$，

选择两个随机向量 $\boldsymbol{u}_2,\boldsymbol{u}_3\in\mathbb{Z}_N^l$ 并设置 $\delta_x=\boldsymbol{A}_x\cdot\boldsymbol{u}_2$，$\sigma_x=\boldsymbol{A}_x\cdot\boldsymbol{u}_3$。我们用 B 表示访问矩阵 $\boldsymbol{A}$ 中腐化属性机构管理属性所对应行的子集；用 $\overline{B}$ 表示访问矩阵 $\boldsymbol{A}$ 中正常属性机构管理属性所对应行的子集。对于每一行 $\boldsymbol{A}_x\in\overline{B}$，选择随机值 $\gamma_x,\psi_x\in\mathbb{Z}_N$。半功能性密文形式如下。

$$C_0=C_0',C_{1,x}=C_{1,x}',C_{2,x}=C_{2,x}'g_2^{\gamma_x}g_3^{\psi_x},C_{3,x}=C_{3,x}'g_2^{\delta_x+\gamma_x z_{\rho(x)}}g_3^{\sigma_x+\psi_x t_{\rho(x)}}\forall x\text{ s.t. }\boldsymbol{A}_x\in\overline{B}$$

$$C_{1,x}=C_{1,x}',C_{2,x}=C_{2,x}',C_{3,x}=C_{3,x}'g_2^{\delta_x}g_3^{\sigma_x}\forall x\text{ s.t. }\boldsymbol{A}_x\in B$$

当 δ_x 是 0 的份额时，上述半功能性密文是名义上的半功能性密文。

半功能性的密钥：我们定义用户身份 GID 的私钥，计算 $H(GID)$的集合；$K_{i,GID}$ 为攻击者 $\mathcal{A}$ 请求的正常属性机构管理的属性 i 所对应的私钥。半功能性的密钥包括类型 1 的半功能性密钥和类型 2 的半功能性密钥。为创建用户 GID 的半功能性密钥，定义 $H'(GID)$为 $\mathbb{G}_{p_1}$ 中的随机元素，选择随机指数 $c\in\mathbb{Z}_N$。

为创建类型 1 的半功能性密钥，定义一个随机预言机关于 GID 的输出为

$$H(GID)=H'(GID)g_2^c$$

首先通过创建正常的密钥 $K_{i,GID}'$ 来创建 $K_{i,GID}$（正常的属性机构管理属性 i），然后设置

$$K_{i,GID}=K_{i,GID}'g_2^c$$

为创建类型 2 的半功能性密钥，定义一个随机预言机关于 GID 的输出为

$$H(GID)=H'(GID)g_3^c$$

首先通过创建正常的密钥 $K_{i,GID}'$ 来创建 $K_{i,GID}$（正常的属性机构管理属性 i），然后设置

$$K_{i,GID}=K_{i,GID}'g_3^{ct_i}$$

当用类型 1 的半功能性密钥解密半功能性密文时，除了 δ_x 是 0 的份额时，额外组件 $e(g_2,g_2)^{c\delta_x}$ 将阻止成功解密；当用类型 2 的半功能性密钥解密半功能性密文时，额外组件 $e(g_3,g_3)^{c\sigma_x}$ 将阻止成功解密。

接下来，我们定义安全游戏 Game_0，除了提交给攻击者 $\mathcal{A}$ 的密文为半功能性密文外，其余设置与 $\text{Game}_{\text{Real'}}$相同。令 q 表示攻击者进行密钥查询的次数，对于 j=1 到 q，定义安全游戏如下。

$\text{Game}_{j,1}$：在该游戏中，前 j–1 个密钥为类型 2 的半功能性密钥，第 j 个密钥为

类型 1 的半功能性密钥，而剩余密钥则都为普通类型的密钥。挑战密文为半功能性的密文。

$\text{Game}_{j,2}$：在该游戏中，前 j 个密钥为类型 2 的半功能性密钥，而剩余的密钥则都为普通类型的密钥。挑战密文为半功能性的密文。由此可见，在安全游戏 $\text{Game}_{q,2}$ 中，所有的密钥都为类型 2 的半功能性密钥，挑战密文则为半功能性的密文。

$\text{Game}_{\text{Final}}$：所有的密钥都为类型 2 的半功能性密钥，而挑战密文则变为对某个随机消息的半功能性的加密，即不依赖于攻击者 $\mathcal{A}$ 在挑战阶段给出的两个明文消息 M_0 和 M_1。因此，攻击者$\mathcal{A}$在安全游戏 $\text{Game}_{\text{Final}}$ 中的优势为 0。下面，本节通过 4 个引理来证明安全游戏的不可区分性。

引理 9.1 若存在一个多项式时间内的攻击者$\mathcal{A}$满足 $Adv_{\text{Game}_{\text{Real}}}^{\mathcal{A}} - Adv_{\text{Game}_{\text{Real}'}}^{\mathcal{A}} = \varepsilon$，那么可以构造一个挑战者$\mathcal{B}$ 以同样的优势 ε 来攻破合数阶双线性群下的静态假设 1。

证明 我们构造挑战者$\mathcal{B}$，而且$\mathcal{B}$ 以静态假设 1 给出的参数 N，g_1,T 为输入，然后依赖于 T 的分布，$\mathcal{B}$ 将给出对安全游戏 $\text{Game}_{\text{Real}}$ 或安全游戏 $\text{Game}_{\text{Real}'}$的仿真。$\mathcal{A}$指定一个腐化属性机构的集合 $S' \subseteq S$，其中 S 是系统所有属性机构的集合。对于每一个属于正常属性机构的属性 i，$\mathcal{B}$ 随机选择指数 $\alpha_i, y_i \in \mathbb{Z}_N$，然后将公共参数 $e(g_1, g_1)^{\alpha_i}, g_1^{y_i}$ 发送给$\mathcal{A}$。

当$\mathcal{A}$为获得 $H(GID)$而首次请求随机预言机时，因为$\mathcal{B}$ 知道 α_i, y_i，所以其能够通过私钥生成算法计算获得相关密钥。在某一时刻，$\mathcal{A}$给$\mathcal{B}$ 两个等长的消息 M_0 和 M_1，一个访问结构 $(\boldsymbol{A}, \rho)$。$\mathcal{A}$向$\mathcal{B}$ 额外请求访问矩阵中包含腐化属性的公共参数。$\mathcal{B}$ 随机选择 $\beta \in \{0,1\}$，并基于加密算法获得 M_β 的密文。

如果 T 是$\mathbb{G}$的生成元，则$\mathcal{B}$仿真的是安全游戏 $\text{Game}_{\text{Real}}$；如果 T 是$\mathbb{G}_{p_1}$ 的生成元，则$\mathcal{B}$仿真的是安全游戏 $\text{Game}_{\text{Real}'}$。这样，$\mathcal{B}$能够通过攻击者$\mathcal{A}$以 ε 优势攻破假设 1。

引理 9.2 若存在一个多项式时间内的攻击者$\mathcal{A}$ 满足 $Adv_{\text{Game}_{\text{Real}'}}^{\mathcal{A}} - Adv_{\text{Game}_0}^{\mathcal{A}} = \varepsilon$，那么可以构造一个挑战者$\mathcal{B}$ 以同样的优势 ε 来攻破合数阶双线性群下的静态假设 1。

证明 我们构造挑战者$\mathcal{B}$，而且$\mathcal{B}$ 以静态假设 1 给出的参数 N,g_1,T 为输入，然后依赖于 T 的分布，$\mathcal{B}$ 将给出对安全游戏 $\text{Game}_{\text{Real}'}$或安全游戏 Game_0 的仿真。$\mathcal{A}$指定一个腐化属性机构的集合 $S' \subseteq S$，其中 S 是系统所有属性机构的集合。对于每一个属于正常属性机构的属性 i，$\mathcal{B}$ 随机选择指数 $\alpha_i, y_i \in \mathbb{Z}_N$，然后将公共参数 $e(g_1, g_1)^{\alpha_i}, g_1^{y_i}$ 发送给$\mathcal{A}$。

当 $\mathcal{A}$ 为获得 $H(GID)$而首次请求随机预言机时，$\mathcal{B}$随机选择 $h_{GID} \in \mathbb{Z}_N$ 并设置 $H(GID)= g_1^{h_{GID}}$ 。$\mathcal{B}$存储该值，以便下次请求该值时，能够以相同值进行回复。当$\mathcal{A}$进行(GID,i)私钥询问时，因为$\mathcal{B}$知道 α_i, y_i ，所以其能够通过私钥生成算法计算获得相关密钥。

在某一时刻，$\mathcal{A}$给$\mathcal{B}$两个等长的消息 M_0 和 M_1 ，一个访问结构 $(\boldsymbol{A},\rho)$ 。$\mathcal{B}$随机选择 $\beta \in \{0,1\}$ ，并基于加密算法获得 M_β 的密文。首先，$\mathcal{B}$随机选择 $s \in \mathbb{Z}_N$ 并计算 $C_0 = Me(g_1,g_1)^s$ 。$\mathcal{B}$同时随机选择两个向量 $\boldsymbol{v} = (s,v_2,\cdots,v_\ell)$ 和 $\boldsymbol{w} = (0,w_2,\cdots,w_\ell)$ ，其中， $v_2,\cdots,v_\ell,w_2,\cdots,w_\ell$ 是在 $\mathbb{Z}_N$ 中进行随机选择的。然后设置 $\lambda_x = \boldsymbol{A}_x \cdot \boldsymbol{v}$ 和 $\omega_x = \boldsymbol{A}_x \cdot \boldsymbol{w}$ 。

$\mathcal{A}$向$\mathcal{B}$额外请求访问矩阵中包含腐化属性的公共参数 $g_1^{y_i}, e(g_1,g_1)^{\alpha_i}$ 。令 B 为 A 中包含腐化属性机构管理属性的行的集合，令 $\overline{B}$ 为 A 中包含正常属性机构管理属性的行的集合。对于 B 中的每一行 $\boldsymbol{A}_x$ ，$\mathcal{B}$随机选择 $r_x \in \mathbb{Z}_N$ 。对于每一行 $\boldsymbol{A}_x \in \overline{B}$ ，$\mathcal{B}$随机选择 $r'_x \in \mathbb{Z}_N$ ，隐含设置 $r_x = rr'_x$ ，其中 g_1^r 是 T 的 $\mathbb{G}_{p_1}$ 部分。同时将 T 嵌入共享份额 w_x 的组件中。

对于每一行 $\boldsymbol{A}_x \in B$ ，密文形式如下。

$$C_{1,x} = e(g_1,g_1)^{\lambda_x}(e(g_1,g_1)^{\alpha_{\rho(x)}})^{r_x}$$

$$C_{2,x} = g_1^{r_x}, C_{3,x} = (g_1^{y_{\rho(x)}})^{r_x} T^{w_x}$$

对于每一行 $\boldsymbol{A}_x \in \overline{B}$ ，密文形式如下。

$$C_{1,x} = e(g_1,g_1)^{\lambda_x} e(g_1,T)^{\alpha_{\rho(x)} r'_x}$$

$$C_{2,x} = T^{r'_x}, C_{3,x} = T^{y_{\rho(x)} r'_x} T^{w_x}$$

我们标注 T^{w_x} 的 $\mathbb{G}_{p_1}$ 部分是 $g_1^{\boldsymbol{A}_x r\boldsymbol{w}}$ ， $r\boldsymbol{w}$ 是随机向量且第一个值为 0。如果 $T \in \mathbb{G}_{p_1}$ ，其是正常密文的合理分布。如果 $T \in \mathbb{G}$ ，其是半功能性密文，参数设置为：$\delta_x = A_x \cdot cw \bmod p_2$ ，其中 g_2^c 是 T 的 $\mathbb{G}_{p_2}$ 部分；$\sigma_x = \boldsymbol{A}_x \cdot dw \bmod p_3$ ，其中 g_3^d 是 T 的 $\mathbb{G}_{p_3}$ 部分；$g_2^{\gamma_x}$ 等于 $T^{r'_x}$ 的 $\mathbb{G}_{p_2}$ 部分；$g_3^{\psi_x}$ 等于 $T^{r'_x}$ 的 $\mathbb{G}_{p_3}$ 部分；$z_{\rho(x)} = y_{\rho(x)} \bmod p_2$ ；$t_{\rho(x)} = y_{\rho(x)} \bmod p_3$ 。

为了证明其是合理的分布，我们注意到：因为 r'_x ，$y_{\rho(x)}$ 是在 $\mathbb{Z}_N$ 中随机选择的，通过中国剩余定理可知， r'_x ， $y_{\rho(x)} \bmod p_1$ 、$\bmod p_2$ 和 $\bmod p_3$ 的值是不相关的。这意味着，$\gamma_x,\psi_x,z_{\rho(x)},t_{\rho(x)}$ 部分是随机分布的；w 的实体部分 $w_2,\cdots,w_\ell \bmod p_2$ ， p_3 也

是随机分布的。无论如何，从挑战者的视角，δ_x和σ_x都是 0 的共享份额。下面讨论这些随机指数的共享份额在攻击者$\mathcal{A}$的视角情况。

我们注意到：$A_x \in B$的共享份额δ_x, σ_x对于$\mathcal{A}$是信息原理揭露的。但是通常这些行的空间R的共轭是不能包含向量（$1,0,\cdots,0$）的。这意味着有一些向量$\boldsymbol{u}$，其与$R \bmod p_2$是正交的，但其与（$1,0,\cdots,0$）不是正交的。我们固定一个包含向量$\boldsymbol{u}$的基，对于一些$a \bmod p_2$设置为$cw = w' + au$且w'在其他基元素的共轭空间中。我们发现w'在该空间中是一致分布的，且没有揭露任何a的信息。$cw \bmod p_2$的第一个元素依赖a的值，每一行$A_x \in B$的份额δ_x不包含a的信息。$\mathcal{A}$能够获得唯一关于a的消息是出现在指数$\delta_x + \gamma_x z_{\rho(x)}$中，其中$z_{\rho(x)}$是一个随机值，且每次不会出现在其他地方。只要$\gamma_x$不包含不等于 0 $\bmod p_2$，就意味着δ_x能被$z_{\rho(x)}$的一些特殊值表示。因为$z_{\rho(x)}$是完全随机的，这意味着没有关于a的值被揭露。然后，共享的是信息原理隐藏的，在攻击者$\mathcal{A}$的视角中，共享份额δ_x是合理分布的。

如果$T \in \mathbb{G}_{p_1}$，则$\mathcal{B}$仿真的是安全游戏$\text{Game}_{\text{Real}'}$；如果$T \in \mathbb{G}$，则$\mathcal{B}$仿真的是安全游戏$\text{Game}_0$。这样，$\mathcal{B}$能够通过$\mathcal{A}$以$\varepsilon$优势攻破假设 1。

引理 9.3 若存在一个多项式时间内的攻击者$\mathcal{A}$满足$Adv^{\mathcal{A}}_{\text{Game}_{j-1,2}} - Adv^{\mathcal{A}}_{\text{Game}_{j-1}} = \varepsilon$，那么可以构造一个挑战者$\mathcal{B}$以同样的优势$\varepsilon$来攻破合数阶双线性群下的静态假设 2。

证明 我们构造挑战者$\mathcal{B}$，而且$\mathcal{B}$以静态假设 2 给出的参数g_1, g_3, X_1X_2, T为输入，然后依赖于T的分布，$\mathcal{B}$将给出对安全游戏$\text{Game}_{j-1,2}$或安全游戏Game_{j-1}的仿真。$\mathcal{A}$指定一个腐化属性机构的集合$S' \subseteq S$，其中，S是系统所有属性机构的集合。对于每一个属于正常属性机构的属性i，$\mathcal{B}$随机选择指数$\alpha_i, y_i \in \mathbb{Z}_N$，然后将公共参数$e(g_1, g_1)^{\alpha_i}, g_1^{y_i}$发送给$\mathcal{A}$。

令GID_k为攻击者$\mathcal{A}$询问的第k^{th}个身份。当$\mathcal{A}$为获得$H(GID_k)$而首次请求随机预言机时：如果$k > j$，则$\mathcal{B}$选择随机指数$h_{GID_k} \in \mathbb{Z}_N$并设置$H(GID_k) = g_1^{h_{GID_k}}$；如果$k < j$，则$\mathcal{B}$选择随机指数$h_{GID_k} \in \mathbb{Z}_N$并设置$H(GID_k) = (g_1 g_3)^{h_{GID_k}}$；当$k = j$时，$\mathcal{B}$选择随机指数$h_{GID_j} \in \mathbb{Z}_N$并设置$H(GID_j) = T^{h_{GID_j}}$。在所有情况中，$\mathcal{B}$存储该值，以便下次请求$H(GID_k)$时能够以相同值进行回复。

当$\mathcal{A}$进行(i, GID_k)私钥询问时，$\mathcal{B}$按如下过程响应。若$H(GID_k)$已经被固定，则$\mathcal{B}$返回存储值；否则，$\mathcal{B}$按上述方式根据k创建$H(GID_k)$。$\mathcal{B}$形成密钥为

$$K_{i,GID_k} = g_1^{\alpha_i} H(GID_k)^{y^i}$$

注意：对于 $k < j$ ，$\mathcal{B}$生成合理分布的类型 2 的半功能密钥，其中 t_i 与 $y_i \bmod p_3$ 是一致的，同时每一个属性的值 t_i 是固定的，不随着不同的密钥而变化；对于 $k > j$ ，$\mathcal{B}$生成合理分布的正常密钥；对于 $k = j$ ，如果 $T \in \mathbb{G}_{p_1}$ ，则生成正常密钥，如果 $T \in \mathbb{G}_{p_1 p_2}$ ，则生成类型 1 的半功能密钥。

在某一时刻，$\mathcal{A}$给$\mathcal{B}$两个等长的消息 M_0 和 M_1 ，一个访问结构 $(\boldsymbol{A}, \rho)$。$\mathcal{B}$随机选择 $\beta \in \{0,1\}$ ，并基于加密算法获得 M_β 的密文。首先，$\mathcal{B}$随机选择 $S \in \mathbb{Z}_N$ 并计算 $C_0 = Me(g_1, g_1)^s$ 。$\mathcal{B}$同时随机选择 3 个向量 $\boldsymbol{v} = (s, v_2, \cdots, v_\ell)$ ， $\boldsymbol{w} = (0, w_2, \cdots, w_\ell)$ 和 $\boldsymbol{u} = (u_1, \cdots, u_\ell)$ ，其中， $v_2, \cdots, v_\ell, w_2, \cdots, w_\ell, u_1, \cdots, u_\ell$ 是在 $\mathbb{Z}_N$ 中进行随机选择的。然后设置 $\lambda_x = \boldsymbol{A}_x \cdot \boldsymbol{v}$ ， $w_x = \boldsymbol{A}_x \cdot \boldsymbol{w}$ 和 $\delta_x = \boldsymbol{A}_x \cdot \boldsymbol{u}$ 。

$\mathcal{A}$向$\mathcal{B}$额外请求访问矩阵中包含腐化属性的公共参数 $g_1^{y_i}, e(g_1, g_1)^{\alpha_i}$ 。令 B 为 A 中包含腐化授权机构管理属性的行的集合，令 $\overline{B}$ 为 A 中包含正常授权机构管理属性的行的集合。对于 B 中的每一行 $\boldsymbol{A}_x$ ，$\mathcal{B}$随机选择 $r_x \in \mathbb{Z}_N$ 。对于每一行 $\boldsymbol{A}_x \in \overline{B}$ ，$\mathcal{B}$随机选择 $\psi'_x, r'_x \in \mathbb{Z}_N$ ，隐含设置 $r_x = r r'_x$ ，其中 g_1^r 是 X_1 。

对于每一行 $\boldsymbol{A}_x \in B$ ，密文形式如下。

$$C_{1,x} = e(g_1, g_1)^{\lambda_x} (e(g_1, g_1)^{\alpha_{\rho(x)}})^{r_x}$$

$$C_{2,x} = g_1^{r_x}, C_{3,x} = (g_1^{y_{\rho(x)}})^{r_x} (X_1 X_2)^{w_x} g_3^{\sigma_x}$$

对于每一行 $\boldsymbol{A}_x \in \overline{B}$ ，密文形式如下。

$$C_{1,x} = e(g_1, g_1)^{\lambda_x} e(g_1, X_1 X_2)^{\alpha_{\rho(x)} r'_x}$$

$$C_{2,x} = (X_1 X_2)^{r'_x} g_3^{\psi_x}, C_{3,x} = (X_1 X_2)^{y_{\rho(x)} r'_x} g_3^{y_{\rho(x)} \psi_x} (X_1 X_2)^{w_x} g_3^{\sigma_x}$$

我们标注 $X_1^{w_x}$ 是 $g_1^{A_x \cdot rw}$ ， $\boldsymbol{rw}$ 是随机向量且第一个值为 0。这个是半功能性密文，参数设置为 $\delta_x = \boldsymbol{A}_x \cdot c\boldsymbol{w} \bmod p_2$ ，其中 g_2^c 是 X_2 ； $g_2^{\gamma_x}$ 等于 $X_2^{r'_x}$ ； $z_{\rho(x)} = y_{\rho(x)} \bmod p_2$ ； $t_{\rho(x)} = y_{\rho(x)} \bmod p_3$ 。

为了证明其是合理的分布，我们注意到：因为 r'_x ， $y_{\rho(x)}$ 是在 $\mathbb{Z}_N$ 中随机选择的，通过中国剩余定理可知，r'_x ， $y_{\rho(x)}$ 它们 $\bmod p_1$ 、$\bmod p_2$ 和 $\bmod p_3$ 的值是不相关的。这意味着，$\gamma_x, \psi_x, z_{\rho(x)}, t_{\rho(x)}$ 部分是随机分布的， $\boldsymbol{w}$ 的实体部分 $w_2, \cdots, w_\ell \bmod p_2$ ， p_3 也是随机分布的。无论如何，从挑战者的视角， δ_x 和 σ_x 都是 0 的共享份额。下面讨论这些随机指数的共享份额在攻击者$\mathcal{A}$的视角情况。

令 R 表示 $\boldsymbol{A}_x \in B$ 的行和攻击者基于 GID_j 询问的属性 $\rho(x)$ 所对应行的共轭空

间。该空间不能包含向量(1,0,⋯,0)。这意味着，有一些向量$\boldsymbol{u}'$，其与$R \bmod p_2$是正交的，但其与(1,0,⋯,0)不是正交的。对于一些$a \bmod p_2$和其他基向量的共轭空间中的$\boldsymbol{w}'$，设置$c\boldsymbol{w}=\boldsymbol{w}'+a\boldsymbol{u}'$。我们发现$\boldsymbol{w}'$在该空间中是一致分布的，且没有揭露任何$a$的信息。$c\boldsymbol{w} \bmod p_2$的第一个元素依赖$a$的值，每一行$\boldsymbol{A}_x \in B$的份额$\delta_x$不包含$a$的信息。$\mathcal{A}$能够获得唯一关于$a$的消息出现在指数$\delta_x+\gamma_x z_{\rho(x)}$中，其中$z_{\rho(x)}$是一个随机值，且每次不会出现在其他地方。只要$\gamma_x$不包含不等于$0 \bmod p_2$，就意味着$\delta_x$能被$z_{\rho(x)}$的一些特殊值表示。因为$z_{\rho(x)}$是完全随机的，这意味着没有关于$a \bmod p_2$的值被揭露。然后，共享的值是信息原理隐藏的，在攻击者$\mathcal{A}$的视角中，共享份额δ_x是合理分布的。

虽然上述随机指数对于攻击者$\mathcal{A}$是信息隐藏的，但事实上我们能够获得0的δ_x份额。如果$\mathcal{B}$自己产生一个挑战密文，然后测试第j^{th}个密钥的半功能性，该密钥能够解密。无论$\mathbb{G}_{p_2}$组件是否存在，都可以解密成功，因为δ_x是0的共享份额。然后，挑战者不能够区分第j^{th}个密钥是类型1的半功能密钥，还是正常的密钥。

如果$T \in \mathbb{G}_{p_1}$，则$\mathcal{B}$仿真的是安全游戏$\mathrm{Game}_{j-1,2}$；如果$T \in \mathbb{G}_{p_1 p_2}$，则$\mathcal{B}$仿真的是安全游戏$\mathrm{Game}_{j,1}$。这样，$\mathcal{B}$能够通过$\mathcal{A}$以$\varepsilon$优势攻破假设2。

引理 9.4 若存在一个多项式时间内的攻击者$\mathcal{A}$满足$Adv^{\mathcal{A}}_{\mathrm{Game}_{j,1}}-Adv^{\mathcal{A}}_{\mathrm{Game}_{j,2}}=\varepsilon$，那么可以构造一个挑战者$\mathcal{B}$以同样的优势$\varepsilon$来攻破合数阶双线性群下的静态假设3。

证明 我们构造挑战者$\mathcal{B}$，而且$\mathcal{B}$以静态假设3给出的参数N,g_1,X_1X_3,Y_2Y_3,T为输入，然后依赖于T的分布，$\mathcal{B}$给出对安全游戏$\mathrm{Game}_{j,1}$或安全游戏$\mathrm{Game}_{j,2}$的仿真。$\mathcal{A}$指定一个腐化属性机构的集合$S' \subseteq S$，其中S是系统所有属性机构的集合。对于每一个属于正常属性机构的属性i，$\mathcal{B}$随机选择指数$a_i, y_i \in \mathbb{Z}_N$，然后将公共参数$e(g_1,g_1)^{\alpha_i}, g_1^{y_i}$发送给$\mathcal{A}$。

令GID_k为攻击者$\mathcal{A}$询问的第k^{th}个身份。当$\mathcal{A}$为获得$H(GID_k)$而首次请求随机预言机时：如果$k>j$，则$\mathcal{B}$选择随机指数$h_{GID_k} \in \mathbb{Z}_N$并设置$H(GID_k)=g_1^{h_{GID_k}}$；如果$k<j$，则$\mathcal{B}$选择随机指数$h_{GID_k} \in \mathbb{Z}_N$并设置$H(GID_k)=(X_1X_3)^{h_{GID_k}}$；当$k=j$时，$\mathcal{B}$选择随机指数$h_{GID_j} \in \mathbb{Z}_N$并设置$H(GID_j)=T^{h_{GID_j}}$。在所有情况中，$\mathcal{B}$存储该值，以便下次请求$H(GID_k)$时能够以相同值进行回复。

当$\mathcal{A}$进行(i,GID_k)私钥询问时，$\mathcal{B}$按如下过程响应。若$H(GID_k)$已经被固定，则$\mathcal{B}$返回存储值；否则，$\mathcal{B}$按上述方式根据k创建$H(GID_k)$。$\mathcal{B}$形成密钥为

$$K_{i,GID_k} = g_1^{\alpha_i} H(GID_k)^{y^i}$$

注意：对于$k < j$，$\mathcal{B}$生成合理分布的类型 2 的半功能密钥，其中t_i与$y_i \bmod p_3$是一致的；对于$k > j$，$\mathcal{B}$生成合理分布的正常密钥；对于$k = j$，如果$T \in \mathbb{G}_{p_1p_2}$，则生成类型 1 的半功能密钥，如果$T \in \mathbb{G}_{p_1p_3}$，则生成类型 2 的半功能密钥。

在某一时刻，$\mathcal{A}$给$\mathcal{B}$两个等长的消息M_0和M_1，一个访问结构$(\boldsymbol{A},\rho)$。$\mathcal{B}$随机选择$\beta \in \{0,1\}$，并基于加密算法获得M_β的密文。首先，$\mathcal{B}$随机选择$s \in \mathbb{Z}_N$并计算$C_0 = Me(g_1,g_1)^s$。$\mathcal{B}$同时随机选择 3 个向量$\boldsymbol{v} = (s,v_2,\cdots,v_\ell)$，$\boldsymbol{w} = (0,w_2,\cdots,w_\ell)$和$\boldsymbol{u} = (u_1,\cdots,u_\ell)$，其中，$v_2,\cdots,v_\ell,w_2,\cdots,w_\ell,u_1,\cdots,u_\ell$是在$\mathbb{Z}_N$中进行随机选择的。然后设置$\lambda_x = \boldsymbol{A}_x \cdot \boldsymbol{v}$，$\omega_x = \boldsymbol{A}_x \cdot \boldsymbol{w}$和$\delta_x = \boldsymbol{A}_x \cdot \boldsymbol{u}$。

$\mathcal{A}$向$\mathcal{B}$额外请求访问矩阵中包含腐化属性的公共参数$g_1^{y_i}, e(g_1,g_1)^{\alpha_i}$。令$B$为$A$中包含腐化属性机构管理属性的行的集合，令$\overline{B}$为$A$中包含正常属性机构管理属性的行的集合，对于每一行$\boldsymbol{A}_x$，$\mathcal{B}$随机选择$r_x \in \mathbb{Z}_N$。

对于每一行$\boldsymbol{A}_x \in B$，密文形式如下。

$$C_{1,x} = e(g_1,g_1)^{\lambda_x} (e(g_1,g_1)^{\alpha_{\rho(x)}})^{r_x}$$

$$C_{2,x} = g_1^{r_x}, C_{3,x} = (g_1^{y_{\rho(x)}})^{r_x} g_1^{\omega_x} (Y_2Y_3)^{\delta_x}$$

对于每一行$\boldsymbol{A}_x \in \overline{B}$，密文形式如下。

$$C_{1,x} = e(g_1,g_1)^{\lambda_x} e(g_1,g_1)^{\alpha_{\rho(x)} r_x}$$

$$C_{2,x} = g_1^{r_x} (Y_2Y_3)^{r_x}, C_{3,x} = g_1^{y_{\rho(x)} r_x} g_1^{\omega_x} (Y_2Y_3)^{y_{\rho(x)} r_x} (Y_2Y_3)^{\delta_x}$$

这意味着$z_{\rho(x)} \equiv y_{\rho(x)} \bmod p_2$和$t_{\rho(x)} \equiv y_{\rho(x)} \bmod p_3$，且这些值是不相关的，同时共享向量$\boldsymbol{u}$是随机数$\bmod p_2$和$\bmod p_3$，因此这是一个分布合理的半功能性密文。

如果$T \in \mathbb{G}_{p_1p_2}$，则$\mathcal{B}$仿真的是安全游戏 $\text{Game}_{j,1}$；如果$T \in \mathbb{G}_{p_1p_3}$，则$\mathcal{B}$仿真的是安全游戏 $\text{Game}_{j,2}$。这样，$\mathcal{B}$能够通过$\mathcal{A}$以ε优势攻破假设 3。

引理 9.5 若存在一个多项式时间内的攻击者$\mathcal{A}$满足$Adv_{\text{Game}_{q,2}}^{\mathcal{A}} - Adv_{\text{Game}_{\text{Final}}}^{\mathcal{A}} = \varepsilon$，那么可以构造一个挑战者$\mathcal{B}$以同样的优势$\varepsilon$攻破合数阶双线性群下的静态假设 4。

证明 我们构造挑战者$\mathcal{B}$，而且$\mathcal{B}$以静态假设 4 给出的参数$g_1,g_2,g_3,g_1^a,g_1^b,g_3^b,g_1^c,g_1^{ac},g_3^d,T$为输入，然后依赖于$T$的分布，$\mathcal{B}$将给出对安全游戏 $\text{Game}_{q,2}$ 或安全游戏 $\text{Game}_{\text{Final}}$ 的仿真。$\mathcal{A}$指定一个腐化授权机构的集合$S' \subseteq S$，其中S是系统所有授权机构的集合。对于每一个属于正常授权机构的属性i，$\mathcal{B}$随机选择指数

$\alpha_i', y_i' \subseteq \mathbb{Z}_N$，然后将下述公共参数发送给$\mathcal{A}$。

$$e(g_1, g_1)^{\alpha_i} = e(g_1^a, g_1^b g_3^b) e(g_1, g_1)^{\alpha_i'}, g_1^{y_i} = g_1^a g_1^{y_i'}$$

其中，$\alpha_i = ab + \alpha_i'$ 和 $y_i = a + y_i'$。

当$\mathcal{A}$为获得 $H(GID)$而首次请求随机预言机时，$\mathcal{B}$随机选择 $f, h \subseteq \mathbb{Z}_N$ 并设置

$$H(GID) = (g_1^b g_3^b)^{-1} g_1^f g_3^h$$

$\mathcal{B}$存储该值，以便下次请求该值时，能够以相同值进行回复。

当$\mathcal{A}$进行(GID,i)私钥询问时，$\mathcal{B}$按如下方式响应。如果 $H(GID)$已经被询问过，则将存储值返回给攻击者；否则，$\mathcal{B}$按上述方式创建 $H(GID)$。如果仅考虑子群 1 部分，则$\mathcal{B}$需要计算

$$K_{i,GID} = g_1^{\alpha_i} (g_1^{-b+f})^{y_i} = g_1^{ab+\alpha_i'} g_1^{-ab+fa-by_i'+fy_i'} = g_1^{\alpha_i'+fy_i'} (g_1^a)^f g_1^{-by_i'}$$

注意，其中 g_1^{ab} 和 g_1^{-ab} 可以互相消除。仅有最后一项 $g_1^{-by_i'}$，$\mathcal{B}$不知道，其余项很容易计算。为了获得 $g_1^{-by_i'}$，$\mathcal{B}$将增加 $g_1^b g_3^b$ 以便平衡 $-y_i'$。该完全密文能够按如下形式计算。

$$g_1^{\alpha_i'+fy_i'} (g_1^a)^f (g_1^b g_3^b)^{-y_i'} g_3^{hy_i'}$$

注意到 t_i 与 $y_i' \bmod p_3$ 是相等的，且该值与 $y_i' \bmod p_1$ 是不相关的。

在某一时刻，$\mathcal{A}$给$\mathcal{B}$两个等长的消息 M_0 和 M_1，一个访问结构 $(\boldsymbol{A}, \rho)$。$\mathcal{A}$向$\mathcal{B}$额外请求访问矩阵中包含腐化属性的公共参数 $g_1^{y_i}, e(g_1, g_1)^{\alpha_i}$。令 B 为 A 中包含腐化属性机构管理属性的行的集合，令 $\overline{B}$ 为 A 中包含正常属性机构管理属性的行的集合，$\mathcal{B}$随机选择 $\beta \in \{0,1\}$，并基于加密算法获得 M_β 的密文。$\mathcal{B}$设置

$$C_0 = M_\beta T$$

我们假设 $s=abc$。如果 $T = e(g_1, g_1)^{abc}$，则该密文是基于 M_β 获得的；如果 T 是随机值，上述密文是随机消息的密文。

$\mathcal{B}$在 $\mathbb{Z}_N$ 中选择随机向量 $\boldsymbol{u}_1$，满足第一项为 1，且 $\boldsymbol{u}_1$ 与 B 中的所有行正交。我们额外在 $\mathbb{Z}_N$ 中选择随机向量 $\boldsymbol{u}_2$，满足第一项为 0，其余项为随机选择。我们定义向量 $\boldsymbol{v} = abcu_1 + u_2$，设置 $\lambda_x = \boldsymbol{A}_x \cdot \boldsymbol{v} = abc\boldsymbol{A}_x \cdot \boldsymbol{u}_1 + \boldsymbol{A}_x \cdot \boldsymbol{u}_2$。

对于行 $\boldsymbol{A}_x \in \overline{B}$，$\mathcal{B}$不能形成 $e(g_1, g_1)^{abc\boldsymbol{A}_x \cdot \boldsymbol{u}_1}$，因此其设置 $r_x = -c\boldsymbol{A}_x \cdot \boldsymbol{u}_1 + r_x'$。其中，$r_x'$ 为 $\mathbb{Z}_N$ 中随机选择的元素。然后可以计算

$$\begin{aligned}\lambda_x + \alpha_{\rho(x)} &= abc\boldsymbol{A}_x \cdot \boldsymbol{u}_1 + \boldsymbol{A}_x \cdot \boldsymbol{u}_2 + (ab + \alpha'_{\rho(x)})(-c\boldsymbol{A}_x \cdot \boldsymbol{u}_1 + r'_x) \\ &= \boldsymbol{A}_x \cdot \boldsymbol{u}_2 - c\alpha'_{\rho(x)}\boldsymbol{A}_x \cdot \boldsymbol{u}_1 + abr'_x + \alpha'_{\rho(x)}r'_x\end{aligned}$$

对于 $\boldsymbol{A}_x \in \bar{B}$，$\mathcal{B}$能够计算 $C_{1,x}$。

$$C_{1,x} = e(g_1, g_1^c)^{-\alpha'_{\rho(x)}\boldsymbol{A}_x \cdot \boldsymbol{u}_1} e(g_1^a, g_1^b g_3^b)^{r'_x} e(g_1, g_1)^{\boldsymbol{A}_x \cdot \boldsymbol{u}_2 + \alpha'_{\rho(x)}r'_x}$$

腐化属性机构中的行 $\boldsymbol{A}_x \in \bar{B}$，$\mathcal{B}$随机选择 $r_x \in \mathbb{Z}_N$ 并计算

$$C_{1,x} = e(g_1, g_1)^{\boldsymbol{A}_x \cdot \boldsymbol{u}_2} (e(g_1, g_1)^{\alpha_{\rho(x)}})^{r_x}$$

因为 $\boldsymbol{u}_1$ 与 $\boldsymbol{A}_x$ 是正交的，所以 $\lambda_x = \boldsymbol{A}_x \cdot \boldsymbol{u}_2$。

对于 $\boldsymbol{A}_x \in \bar{B}$，$\mathcal{B}$随机选择 $\gamma_x \in \mathbb{Z}_N$ 并计算获得 $C_{2,x}$。

$$C_{2,x} = (g_1^c)^{-\boldsymbol{A}_x \cdot \boldsymbol{u}_1 + r'_x} (g_2 g_3)^{\gamma_x}$$

$\gamma_x \bmod p_2$ 和 $\gamma_x \bmod p_3$ 的值是不相关的，因此其分布是合理的。对于 $\boldsymbol{A}_x \in B$，$\mathcal{B}$能够很容易地计算获得 $C_{2,x} = g_1^{r_x}$。

$\mathcal{B}$选择随机向量 $\boldsymbol{w}$，其第一项为 0，其余项随机选择。$\mathcal{B}$选择随机向量 $\boldsymbol{u}_3$，其所有项随机选择。令 $w_x = \boldsymbol{A}_x \cdot \boldsymbol{w}$ 和 $\delta_x = \boldsymbol{A}_x \cdot \boldsymbol{u}_3$。对于行 $\boldsymbol{A}_x \in \bar{B}$，设置

$$y_{\rho(x)}r_x = (a + y'_{\rho(x)})(-c\boldsymbol{A}_x \cdot \boldsymbol{u}_1 + r'_x) = -ac\boldsymbol{A}_x \cdot \boldsymbol{u}_1 - cy'_{\rho(x)}\boldsymbol{A}_x \cdot \boldsymbol{u}_1 + r'_x a + y'_{\rho(x)}r'_x$$

因此$\mathcal{B}$能够计算 $C_{3,x}$ 为

$$C_{3,x} = g_1^{w_x} (g_1^c)^{-y'_{\rho(x)}\boldsymbol{A}_x \cdot \boldsymbol{u}_1} (g_1^a)^{r'_x} g_1^{y'_{\rho(x)}r'_x} (g_1^{ac} g_3^d)^{-\boldsymbol{A}_x \cdot \boldsymbol{u}_1} (g_2 g_3)^{\delta_x + \gamma_x y'_{\rho(x)}}$$

在子群 C_{p_2} 和子群 C_{p_3} 中的共享向量为 $-d\boldsymbol{u}_1 + \boldsymbol{u}_3$，其是随机数 $\bmod p_2$ 和 $\bmod p_3$。

对于行 $\boldsymbol{A}_x \in B$，$\mathcal{B}$计算

$$C_{3,x} = (g_1^{y_{\rho(x)}})^{r_x} g_1^{w_x} (g_2 g_3)^{\boldsymbol{A}_x \cdot \boldsymbol{u}_3}$$

因为 $\boldsymbol{u}_1$ 与所有行 $\boldsymbol{A}_x$ 是正交的，所有共享向量是一致的。对于 $s=abc$，其是一个合理分布的半功能性密文。如果 $T = e(g_1 g_1)^{abc}$，其是 M_β 的半功能性密文，$\mathcal{B}$仿真的是安全游戏 $\text{Game}_{q,2}$；如果 T 是随机值，其是随机值的半功能性密文，则$\mathcal{B}$仿真的是安全游戏 $\text{Game}_{\text{Final}}$。这样，$\mathcal{B}$能够通过$\mathcal{A}$以 ε 优势攻破假设 4。

定理 9.2　若静态假设 1、静态假设 2、静态假设 3 和静态假设 4 成立，那么本节提出的 CP-ABE 方案为标准模型下适应性安全的。

证明　若静态假设 1、静态假设 2、静态假设 3 和静态假设 4 成立，那么根据以上 5 个引理，可以得出真实的安全游戏 $\text{Game}_{\text{Real}}$ 与最后一个安全游戏 $\text{Game}_{\text{Final}}$ 是不可区分的。而在安全游戏 $\text{Game}_{\text{Final}}$ 中，挑战消息 M_β 被群 $\mathbb{G}_T$ 中的随机元素隐藏，即 β 对攻击

者$\mathcal{A}$来说是信息隐藏的。因此，可以得出$\mathcal{A}$ 攻破本节方案的优势是可忽略的。

9.2.3 Liu-Cao-Huang 的多授权机构 CP-ABE 方案

为解决中央机构的问题，另一种解决思路是文献[11-12]等将单中央机构扩展成多中央机构联合为用户分发身份私钥，以确保任何一个中央机构都无法解密密文。

Liu 等[11]于2011年首次在标准模型下基于合数阶双线性群构造了无中心的多授权机构 CP-ABE 方案。该方案中多个中央机构联合为用户分发只与身份相关联的密钥，多个属性机构联合为用户分发只与属性相关联的密钥，采用该方式可以防止任何单独的机构独立解密密文。但该方案初始化阶段需要多个机构一起合作，且方案基于合数阶双线性群构建而具有较低的效率。针对此问题，李琦等[12]在素数阶群上提出一种改进的多授权机构 CP-ABE 方案。该方案在达到适应性安全的基础上，较文献[11]方案在计算效率方面有一定提高。

但 Liu 等[11]的方案是更加经典的方案，下面分别从方案定义、安全模型、方案设计和安全性证明等方面介绍该方案。

9.2.3.1 方案定义

（1）$GlobalSetup(\lambda) \rightarrow GPK$：该算法由只参与系统建立阶段的可信第三方执行，其以隐含安全参数λ为输入，输出系统全局公共参数GPK。

（2）$CASetup(GPK,d) \rightarrow (CPK_d, CAPK_d, CMSK_d)$：每一个中央机构$\text{CA}_d$运行该算法进行初始化，该算法以全局公共参数$GPK$和下标索引$d$为输入，输出$\text{CA}_d$的公钥$(CPK_d, CAPK_d)$和主私钥$CMSK_d$。其中，$CAPK_d$只被 AA 使用，而在加解密过程中不被使用。

（3）$AASetup(GPK,k,U_k) \rightarrow (APK_k, ACPK_k, AMSK_k)$：每一个属性机构$\text{AA}_k$运行该算法进行初始化，该算法以全局公共参数$GPK$和下标索引为$k$的$\text{AA}_k$管理的属性域$U_k$为输入，输出$\text{AA}_k$的公钥$(APK_k, ACPK_k)$和主私钥$AMSK_k$。其中，$ACPK_k$只被 CA 使用，而在加解密过程中不被使用。

（4）$Encrypt(GPK, \{APK_k\}, \{CPK_d \mid d \in \mathbb{D}\}, M, \mathbb{A}) \rightarrow CT$：数据拥有者执行该算法，其以全局公共参数$GPK$、相关 AA 的公钥$\{APK_k\}$、CAs 的公钥$\{CPK_d \mid d \in \mathbb{D}\}$、明文$M$和访问结构$\mathbb{A}$为输入，输出密文$CT$。

（5）$CKeyGen(gid, GPK, CMSK_d, \{ACPK_k \mid k \in \mathbb{K}\}) \rightarrow (ucpk_{gid,d}, ucsk_{gid,d})$：当一

个用户 *gid* 为获得用户中心密钥（User-Central-Key）访问 CA_d 时，CA_d 运行该算法。其以用户全局唯一身份标识 gid、全局公共参数 GPK、CA_d 的主私钥 $CMSK_d$ 和 AAs 的公钥 $\{ACPK_k \mid k \in \mathbb{K}\}$ 为输入，输出用户中心密钥 $(ucpk_{gid,d}, ucsk_{gid,d})$，其中，$ucpk_{gid,d}$ 被称作 User-Central-Public-Key。

（6）$AKeyGen(GPK, \{CAPK_d \mid d \in \mathbb{D}\}, AMSK_k, \{ucpk_{gid,d} \mid d \in \mathbb{D}\}, att) \to uask_{att,gid}$ or $\perp$：用户 gid 向 AA_k 提交属性 att 请求属性密钥时，AA_k 运行该算法。该算法以全局公共参数 GPK、CAs 的公钥 $\{CAPK_d \mid d \in \mathbb{D}\}$、$AA_k$ 的主私钥 $AMSK_k$、用户 gid 的身份密钥 $ucpk_{gid,d}$ 和属性 att 为输入。如果所有的 $ucpk_{gid,d}$ 可用，则输出用户属性密钥（User-Attribute-Key）$uask_{att,gid}$；否则，输出终止符 $\perp$。对于拥有属性集合 S_{gid} 的用户 gid，用户解密私钥（Decryption-Key）定义为

$$DK_{gid} = (\{ucsk_{gid,d}, ucpk_{gid,d} \mid d \in \mathbb{D}\}, \{uask_{att,gid} \mid att \in S_{gid}\})$$

（7）$Decrypt(GPK, CT, \{APK_k\}, DK_{gid}) \to M$：数据用户运行该算法，其以全局公共参数 GPK、密文 CT_W、相关属性机构的公钥 $\{APK_k\}$ 和解密私钥 DK_{gid} 为输入，如果用户的属性集合 S_{gid} 满足访问结构 $\mathbb{A}$，则解密成功，输出明文 M；否则，解密失败，输出 $\perp$。

9.2.3.2　安全模型

通过挑战者 $\mathcal{B}$ 和攻击者 $\mathcal{A}$ 之间的博弈游戏进行刻画该方案的安全定义。本节用 $\mathbb{D}_c \subset \mathbb{D}$ 和 $\mathbb{K}_c \subset \mathbb{K}$ 表示攻击者 $\mathcal{A}$ 能够腐化的 CAs 和 AAs 集合，并且 $\mathbb{D} \backslash \mathbb{D}_c \neq \varnothing$，$\mathbb{K} \backslash \mathbb{K}_c \neq \varnothing$。不失一般性，假设只有一个中央机构不能被腐化，其余的中央机构都可以被攻击者 $\mathcal{A}$ 腐化，即 $|\mathbb{D} \backslash \mathbb{D}_c| = 1$。

参数设置阶段：挑战者 $\mathcal{B}$ 执行 $GlobalSetup$、$CASetup(GPK, d)(d = 1, \cdots, D)$ 和 $AASetup(GPK, k, U_k)(k = 1, \cdots, K)$ 3 个多项式时间算法。将 GPK、$\{CPK_d, CAPK_d \mid d \subset \mathbb{D}\}$ 和 $\{APK_k, ACPK_k \mid k \in \mathbb{K}\}$ 传送给攻击者 $\mathcal{A}$。

攻击者 $\mathcal{A}$ 指定唯一未腐化的 CA 索引为 $d^* \in \mathbb{D}$，指定腐化的 AA 集合 $\mathbb{K}_c \subset \mathbb{K}$，其中，$\mathbb{K} \backslash \mathbb{K}_c \neq \varnothing$。将 $\mathbb{D}_c = \mathbb{D} \backslash \{d^*\}$、$\{CMSK_d \mid d \in \mathbb{D}_c\}$ 和 $\{AMSK_k \mid k \in \mathbb{K}_c\}$ 传送给攻击者 $\mathcal{A}$。

密钥查询阶段 1：可以通过下述预言机进行询问用户中心私钥和用户属性私钥。

$CKQ(gid, d)$（其中 $d = d^*$）：攻击者 $\mathcal{A}$ 能够询问 (gid, d)，其中 gid 是全局身份标识且 $d = d^*$，获得相一致的用户中心私钥 $(ucpk_{gid,d^*}, ucsk_{gid,d^*})$。

$AKQ(att,\{ucpk_{gid,d} \mid d \in \mathbb{D}\},k)$（其中 $k \in \mathbb{K} \setminus \mathbb{K}_c$）：攻击者 $\mathcal{A}$ 能够询问 $(att,\{ucpk_{gid,d} \mid d \in \mathbb{D}\},k)$，其中 $k \in \mathbb{K} \setminus \mathbb{K}_c$ 是未腐化属性机构的索引，$\{ucpk_{gid,d} \mid d \in \mathbb{D}\}$ 是 gid 的用户中心公钥，att 是 U_k 中的属性。如果 $ucpk_{gid,d}$ 不可用，则该预言机返回用户属性密钥 $uask_{att,gid}$ 或终止符 $\perp$。

挑战阶段：攻击者 $\mathcal{A}$ 提交两个等长的消息 M_0 和 M_1，一个挑战访问策略 $\mathbb{A}$。然后挑战者 $\mathcal{B}$ 随机选择 $\beta \in \{0,1\}$，并在访问结构 $\mathbb{A}$ 下加密 M_b。最后将密文发送给攻击者 $\mathcal{A}$。

密钥查询阶段 2：类似密钥查询阶段 1，攻击者 $\mathcal{A}$ 继续向挑战者 $\mathcal{B}$ 提交一系列属性列表。

猜测阶段：攻击者 $\mathcal{A}$ 输出值 $\beta' \in \{0,1\}$ 作为对 β 的猜测。

对于一个用户身份 gid，攻击者 $\mathcal{A}$ 提交的相关属性集合定义如下。

$$S_{gid} = \{att \mid AKQ(att,\{ucpk_{gid,d} \mid d \in \mathbb{D}\},k)$$

如果 $\beta' = \beta$ 且 $S_{gid} \cup (U_{k_c \in \mathbb{K}_c} U_{k_c})$ 不能满足访问策略 $\mathbb{A}$，我们称攻击者 $\mathcal{A}$ 赢了该游戏。攻击者 $\mathcal{A}$ 在该游戏中的优势定义为 $Adv_{\mathcal{A}} = \left| \Pr[\beta' = \beta] - \frac{1}{2} \right|$。

定义 9.3 若无多项式时间内的攻击者以不可忽略的优势来攻破上述安全模型，则称上述多授权机构 CP-ABE 方案是安全的。

9.2.3.3 安全假设

静态假设 5[17]：令 N 表示合数阶群 $\mathbb{G}$ 和 $\mathbb{G}_T$ 的阶，ψ 表示群生成算法，给定如下分布。

$$\begin{gathered}(N = p_1 p_2 p_3, \mathbb{G}, \mathbb{G}_T, e) \xleftarrow{R} \psi(\lambda), \\ g \xleftarrow{R} \mathbb{G}_{p_1}, X_3 \xleftarrow{R} \mathbb{G}_{p_3}, \\ D = ((N, \mathbb{G}, \mathbb{G}_T, e), g, X_3), \\ T_1 \xleftarrow{R} \mathbb{G}_{p_1 p_2}, T_2 \xleftarrow{R} \mathbb{G}_{p_1}\end{gathered}$$

定义攻击者 $\mathcal{A}$ 攻破假设 5 的优势为

$$Adv1_{\psi,\mathcal{A}}(\lambda) := \left| \Pr[\mathcal{A}(D,T_1) = 1] - \Pr[\mathcal{A}(D,T_2) = 1] \right|$$

静态假设 6[17]：令 N 表示合数阶群 $\mathbb{G}$ 和 $\mathbb{G}_T$ 的阶，ψ 表示群生成算法，给定如下分布。

$$(N=p_1p_2p_3,\ \mathbb{G},\ \mathbb{G}_T,e)\xleftarrow{R}\psi(\lambda),$$
$$g,X_1\xleftarrow{R}\mathbb{G}_{p_1},X_2,Y_2\xleftarrow{R}\mathbb{G}_{p_2},X_3,Y_3\xleftarrow{R}\mathbb{G}_{p_3},$$
$$D=((N,\mathbb{G},\mathbb{G}_T,e),g,X_1X_2,X_3,Y_2Y_3),$$
$$T_1\xleftarrow{R}\mathbb{G},\ T_2\xleftarrow{R}\mathbb{G}_{p_1p_3}$$

定义攻击者$\mathcal{A}$ 攻破假设 6 的优势为

$$Adv2_{\psi,\mathcal{A}}(\lambda):=|\Pr[\mathcal{A}(D,T_1)=1]-\Pr[\mathcal{A}(D,T_2)=1]|$$

静态假设 7[17]：令 N 表示合数阶群$\mathbb{G}$和$\mathbb{G}_T$的阶，ψ 表示群生成算法，给定如下分布。

$$(N=p_1p_2p_3,\ \mathbb{G},\ \mathbb{G}_T,e)\xleftarrow{R}\psi(\lambda),$$
$$\alpha,s\xleftarrow{R}\mathbb{Z}_N,\ g\xleftarrow{R}\mathbb{G}_{p_1},\ X_2,Y_2,Z_2\xleftarrow{R}\mathbb{G}_{p_2},X_3\xleftarrow{R}\mathbb{G}_{p_3},$$
$$D=((N,\mathbb{G},\mathbb{G}_T,e),g,g^{\alpha}X_2,X_3,g^{s}Y_2,Z_2),$$
$$T_1\xleftarrow{R}e(g,g)^{\alpha s},\ T_2\xleftarrow{R}\mathbb{G}_T$$

定义攻击者$\mathcal{A}$ 攻破假设 7 的优势为

$$Adv3_{\psi,\mathcal{A}}(\lambda):=|\Pr[\mathcal{A}(D,T_1)=1]-\Pr[\mathcal{A}(D,T_2)=1]|$$

9.2.3.4　方案设计

（1）$GlobalSetup(\lambda)\to GPK$：令$\mathbb{G}$是阶为 $N=p_1p_2p_3$ 的双线性群，$\mathbb{G}_{p_i}$ 是$\mathbb{G}$的阶为 p_i 的子群。该算法随机选择 $g,h\in\mathbb{G}_{p_1}$，令 X_3 是$\mathbb{G}_{p_3}$ 的生成元，选择一个存在性不可伪造的签名方案 $\Sigma_{\text{sign}}=(KeyGen,Sign,Verify)$。输出系统的全局公共参数 $GPK=(N,g,h,X_3,\Sigma_{\text{sign}})$。

（2）$CASetup(GPK,d)\to(CPK_d,CAPK_d,CMSK_d)$：每一个 CA$_d$ 运行 Σ_{sign} 中的 $KeyGen$ 算法得到签名密钥对($SignKey_d,VerifyKey_d$)，随机选择 $\alpha_d\in\mathbb{Z}_N$。输出 CA$_d$ 的公钥 $CPK_d=e(g,g)^{\alpha_d}$，$CAPK_d=VerifyKey_d$。输出 CA$_d$ 的主私钥 $CMSK_d=(\alpha_d,SignKey_d)$。

（3）$AASetup(GPK,k,U_k)\to(APK_k,ACPK_k,AMSK_k)$：对于每个 $att\in U_k$，AA$_k$ 随机选择 $s_{att}\in\mathbb{Z}_N$ 并计算 $T_{att}\in g^{s_{att}}$。对于 $d\in\mathbb{D}$，AA$_k$ 随机选择 $v_{k,d}\in\mathbb{Z}_N$ 并计算 $V_{k,d}\in g^{v_{k,d}}$。输出 AA$_k$ 公钥 $APK_k=\{T_{att}\mid att\in U_k\}$，$ACPK_k=\{V_{k,d}\mid d\in\mathbb{D}\}$。输出 AA$_k$ 设定其主私钥 $AMSK_k=(\{s_{att}\mid att\in U_k\},\{V_{k,d}\mid d\in\mathbb{D}\})$。

（4）$Encrypt(GPK,\{APK_k\},\{CPK_d\mid d\in\mathbb{D}\},M,\mathbb{A}=(A,\rho))\to CT$：该算法随机选

择向量 $\boldsymbol{v}=(s,v_2,\cdots,v_n)\in\mathbb{Z}_N^n$。对于每一个 $x\in\{1,2,\cdots,l\}$，随机选择 $r_x\in\mathbb{Z}_N$。令 $\boldsymbol{A}_x\cdot\boldsymbol{v}$ 是 A 的第 x 行和向量 $\boldsymbol{v}$ 的内积。输出密文为

$$C=M\cdot\prod_{d=1}^{D}e(g,g)^{\alpha_d\cdot s},C'=g^s,$$

$$\{C_x=h^{A_x\cdot v}T_{\rho(x)}^{-r_x},C_x'=g^{r_x}\mid x\in\{1,2,\cdots,l\}\}$$

（5）$CKeyGen(gid,GPK,CMSK_d,\{ACPK_k\mid k\in\mathbb{K}\})\rightarrow(ucpk_{gid,d},ucsk_{gid,d})$：当一个用户 gid 为获得用户中心密钥访问 CA_d 时，CA_d 首先随机选择 $r_{gid,d}\in\mathbb{Z}_N$ 和 $R_{gid,d},R'_{gid,d}\in\mathbb{G}_{p_3}$，然后设置

$$ucsk_{gid,d}=g^{\alpha_d}h^{r_{gid,d}}R_{gid,d}，\quad L_{gid,d}=g^{r_{gid,d}}R'_{gid,d}$$

对于 k=1～K，CA_d 随机选择 $R_{gid,d,k}\in\mathbb{G}_{p_3}$ 并计算

$$\Gamma_{gid,d,k}=V_{k,d}^{r_{gid,d}}R_{gid,d,k}$$

CA_d 计算 $\sigma_{gid,d}=Sign(SignKey_d,gid\,\|\,d\,\|\,L_{gid,d}\,\|\,\Gamma_{gid,d,1}\,\|\cdots\|\,\Gamma_{gid,d,K})$。令 $ucpk_{gid,d}=(gid,d,L_{gid,d},\sigma_{gid,d},\{\Gamma_{gid,d,k}\mid k\in\mathbb{K}\})$。

（6）$AKeyGen(GPK,\{CAPK_d\mid d\in\mathbb{D}\},AMSK_k,\{ucpk_{gid,d}\mid d\in\mathbb{D}\},att)\rightarrow uask_{att,gid}$ or $\perp$：用户 gid 向相关属性机构 AA_k 提交属性 $att\in U_k$ 和 $\{ucpk_{gid,d}\mid d\in\mathbb{D}\}$ 请求用户属性密钥时，则

（1）对于 d=1~D，AA_k 首先把 $ucpk_{gid,d}$ 拆分为 $(gid,d,L_{gid,d},\sigma_{gid,d},\{\Gamma_{gid,d,k}\mid k\in\mathbb{K}\})$，然后验证

$$valid\leftarrow Verify(VerifyKey_d,gid\,\|\,d\,\|\,L_{gid,d}\,\|\,\Gamma_{gid,d,1}\,\|\cdots\|\,\Gamma_{gid,d,K},\sigma_{gid,d})$$

$$e(g,\Gamma_{gid,d,k})=e(V_{k,d},L_{gid,d})\neq1$$

若任何一个验证失败，则输出终止符 $\perp$，意味着提交的 $\{ucpk_{gid,d}\mid d\in\mathbb{D}\}$ 不可用。

（2）对于 d=1～D，AA_k 随机选择 $R'_{att,gid,d}\in\mathbb{G}_{p_3}$，然后设置

$$uask_{att,gid,d}=(\Gamma_{gid,d,k})^{\frac{s_{att}}{v_{k,d}}}R'_{att,gid,d}$$

注意

$$uask_{att,gid,d}=(\Gamma_{gid,d,k})^{\frac{s_{att}}{v_{k,d}}}R'_{att,gid,d}=$$

$$(V_{k,d}^{r_{gid,d}}R_{gid,d,k})^{\frac{s_{att}}{v_{k,d}}}R'_{att,gid,d}=$$

$$(g^{v_{k,d}\cdot r_{gid,d}}R_{gid,d,k})^{\frac{s_{att}}{v_{k,d}}}R'_{att,gid,d}=$$

$$T_{att}^{r_{gid,d}}(R_{gid,d,k})^{\frac{s_{att}}{v_{k,d}}}R'_{att,gid,d}$$

因为 $(R_{gid,d,k})^{\frac{s_{att}}{v_{k,d}}}R'_{att,gid,d}$ 是 $\mathbb{G}_{p_3}$ 中的元素，$R'_{att,gid,d}$ 被随机选择，所以可以改写为

$$uask_{att,gid,d}=T_{att}^{r_{gid,d}}R_{att,gid,d}$$

在不知道 $r_{gid,d}$ 情况下，AA_k 通过执行 $uask_{att,gid,d}=(\Gamma_{gid,d,k})^{\frac{s_{att}}{v_{k,d}}}R'_{att,gid,d}$ 可以获得 $uask_{att,gid,d}=T_{att}^{r_{gid,d}}R_{att,gid,d}$ 的值。

（3）AA_k 输出用户属性私钥 $uask_{att,gid}$，其中

$$uask_{gid,att}=\prod_{d=1}^{D}uask_{att,gid,d}=\prod_{d=1}^{D}T_{att}^{r_{gid,d}}R_{att,gid,d}=T_{att}^{\sum_{d=1}^{D}r_{gid,d}}\prod_{d=1}^{D}R_{att,gid,d}=T_{att}^{\sum_{d=1}^{D}r_{gid,d}}R_{att,gid}$$

$Decrypt(GPK,CT,\{APK_k\},DK_{gid})\to M$：密文 CT 为 $\langle C,C,\{C_x,C'_x\mid x\in\{1,2,\cdots,l\}\},\mathbb{A}=(\boldsymbol{A},\rho)\rangle$，解密密钥 DK_{gid} 为 $(\{ucsk_{gid,d},ucpk_{gid,d}\mid d\in\mathbb{D}\},\{uask_{att,gid}\mid att\in S_{gid}\})$。该算法计算

$$ucsk_{gid}=\prod_{d=1}^{D}ucsk_{gid,d}=g^{\sum_{d=1}^{D}\alpha_d}h^{\sum_{d=1}^{D}r_{gid,d}}\prod_{d=1}^{D}R_{gid,d}=g^{\alpha}h^{r_{gid}}R_{gid}$$

其中 $\alpha=\sum_{d=1}^{D}\alpha_d$，$r_{gid}=\sum_{d=1}^{D}r_{gid,d}$ 和 $R_{gid}=\prod_{d=1}^{D}R_{gid,d}$。

$$L_{gid}=\prod_{d=1}^{D}L_{gid,d}=g^{\sum_{d=1}^{D}r_{gid,d}}\prod_{d=1}^{D}R'_{gid,d}=g^{r_{gid}}R'_{gid}$$

其中 $R'_{gid}=\prod_{d=1}^{D}R'_{gid,d}$。

注意 $\forall att\in S_{gid}$，$uask_{att,gid}=T_{att}^{\sum_{d=1}^{D}r_{gid,d}}R_{att,gid}=T_{att}^{r_{gid}}R_{att,gid}$。

若 S_{gid} 满足访问策略 $\mathbb{A}=(\boldsymbol{A},\rho)$，该算法能够计算常数 $w_x\in\mathbb{Z}_N$ 使

$$\sum_{\rho(x)\in S_{gid}} w_x \boldsymbol{A}_x = (1,0,\cdots,0)$$

然后计算

$$e(C',ucsk_{gid})/\prod_{\rho(x)\in S_{gid}}(e(C_x,L_{gid})\cdot e(C'_x,uask_{\rho(x),gid}))^{w_x}=e(g,g)^{\alpha s}$$

同时 $C=M\cdot\prod_{d=1}^{D}e(g,g)^{\alpha_d s}=M\cdot e(g,g)^{s\sum_{d=1}^{D}\alpha_d}=M\cdot e(g,g)^{\alpha_d s}$，最终计算获得明文消息。

$$M=\frac{C}{e(g,g)^{\alpha s}}$$

9.2.3.5 安全性证明

令 Π 表示原始方案，我们将按下述方式将方案 Π 修改为 Π'。

在 *AKeyGen* 算法中，该算法输出 $uask_{att,gid}=\{uask_{att,gid,d}\mid d\in\mathbb{D}\}$，而不是 $uask_{att,gid}=\prod_{d=1}^{D}uask_{att,gid,d}$。例如，用户 gid 密钥为

$$\begin{aligned}DK_{gid}&=(\{ucsk_{gid,d},ucpk_{gid,d}\mid d\in\mathbb{D}\},\{uask_{att,gid}\mid att\in S_{gid}\})=\\&\{(ucsk_{gid,d},ucpk_{gid,d},\{uask_{att,gid,d}\mid att\in S_{gid}\})\mid d\in\mathbb{D}\}=\\&\{usk_{gid,d}\mid d\in\mathbb{D}\}\end{aligned}$$

其中，$usk_{gid,d}=(ucsk_{gid,d},ucpk_{gid,d},\{uask_{att,gid,d}\mid att\in S_{gid}\})$ 被称为 gid 关于 d 的用户密钥。

在 *Decrypt* 算法中

（1）对于 d=1～D，该算法用 $usk_{gid,d}$ 去重构 $e(g,g)^{\alpha_d s}$。

$$e(C',ucsk_{gid,d})/\prod_{\rho(x)\in S_{gid}}(e(C_x,L_{gid,d})\cdot e(C'_x,uask_{\rho(x),gid,d}))^{w_x}=e(g,g)^{\alpha_d s}$$

（2）通过下式计算 M。

$$M=\frac{C}{\prod_{d=1}^{D}e(g,g)^{\alpha_d s}}$$

注意，用户和攻击者可以在方案 Π' 中获得更多的信息，因此方案 Π' 的安全即意味着方案 Π 的安全。

在进行本小节方案的安全证明前，我们首先定义两个额外构造：半功能性的密文和半功能性的密钥，这两个构造只用于安全证明，不会出现在实际的方案构造中。对于每一个属性，随机选择 $z_{att}\in\mathbb{Z}_N$。

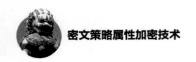

半功能性的密文：可以按照下述方式生成半功能性密文。令 g_2 表示子群$\mathbb{G}_{p_2}$的生成元，c 表示一个模 N 的随机参数。另外选择随机向量 $\boldsymbol{v}=(s,v_2,\cdots,v_n)$ 和随机值 $\{r_x \mid x\in\{1,2,\cdots,l\}\}$，同时选择随机向量 $\boldsymbol{u}=(u_1,u_2,\cdots,u_n)\in\mathbb{Z}_N^n$ 和随机值 $\{\gamma_x\in\mathbb{Z}_N \mid x\in\{1,2,\cdots,l\}\}$，然后计算

$$C'=g^s g_2^c,\{C_x=h^{A_x\cdot\boldsymbol{v}}T_{\rho(x)}^{-r_x}g_2^{A_x\cdot\boldsymbol{u}+\gamma_x z_{\rho(x)}},C'_x=g^{r_x}g_2^{-\gamma_x} \mid x\in\{1,2,\cdots,l\}$$

半功能性的密钥：对于一个身份标识 gid，半功能性的密钥包括类型 1 的半功能性密钥和类型 2 的半功能性密钥。随机选择指数 $r_{gid,d^*},\delta,b\in\mathbb{Z}_N,\{\omega_{k,d^*}\in\mathbb{Z}_N \mid k\in\mathbb{K}\}$ 和群元素 $R_{gid,d^*},R'_{gid,d^*}\in\mathbb{G}_{p_3},\{R_{att,gid,d^*}\in\mathbb{G}_{p_3} \mid att\in S_{gid}\},\{R_{gid,d^*,k}\in\mathbb{G}_{p_3} \mid k\in\mathbb{K}\}$。

类型 1 的半功能性密钥构造如下。

用户中心密钥 $(ucpk_{gid,d^*},ucsk_{gid,d^*})$ 按如下方式构造。

$$ucsk_{gid,d^*}=g^{\alpha_{d^*}}h^{r_{gid,d^*}}R_{gid,d^*}g_2^{\delta}，\quad L_{gid,d^*}=g^{r_{gid,d^*}}R'_{gid,d^*}g_2^{b}，$$

$$\Gamma_{gid,d^*,k}=V_{k,d^*}^{r_{gid,d^*}}R_{gid,d^*,k}g_2^{bw_{k,d^*}}\ (k=1,2,\cdots,K),$$

$$\sigma_{gid,d^*}=Sign(SignKey_{d^*},gid\,\|\,d^*\,\|\,L_{gid,d^*}\,\|\,\Gamma_{gid,d^*,1}\,\|\cdots\|\,\Gamma_{gid,d^*,K})$$

$$ucpk_{gid,d^*}=(gid,d^*,L_{gid,d^*},\sigma_{gid,d^*},\{\Gamma_{gid,d^*,k} \mid k\in\mathbb{K}\})$$

$\forall att\in S_{gid}$，衍生的 $uask_{att,gid,d^*}$ 可以按下述公式计算。

$$uask_{att,gid,d^*}=T_{att}^{r_{gid,d^*}}R_{att,gid,d^*}g_2^{bz_{att}}$$

类型 2 的半功能性密钥构造如下。

用户中心密钥 $(ucpk_{gid,d^*},ucsk_{gid,d^*})$ 按如下方式构造。

$$ucsk_{gid,d^*}=g^{\alpha_{d^*}}h^{r_{gid,d^*}}R_{gid,d^*}g_2^{\delta}，\quad L_{gid,d^*}=g^{r_{gid,d^*}}R'_{gid,d^*}，$$

$$\Gamma_{gid,d^*,k}=V_{k,d^*}^{r_{gid,d^*}}R_{gid,d^*,k}\ (k=1,2,\cdots,K)，$$

$$\sigma_{gid,d^*}=Sign(SignKey_{d^*},gid\,\|\,d^*\,\|\,L_{gid,d^*}\,\|\,\Gamma_{gid,d^*,1}\,\|\cdots\|\,\Gamma_{gid,d^*,K})$$

$$ucpk_{gid,d^*}=(gid,d^*,L_{gid,d^*},\sigma_{gid,d^*},\{\Gamma_{gid,d^*,k} \mid k\in\mathbb{K}\})$$

$\forall att\in S_{gid}$，衍生的 $uask_{att,gid,d^*}$ 可以按下述公式计算。

$$uask_{att,gid,d^*}=T_{att}^{r_{gid,d^*}}R_{att,gid,d^*}$$

注意类型 1 和类型 2 的半功能性密钥满足以下两个公式。

$$valid \leftarrow Verify(VerifyKey_d, gid \| d \| L_{gid,d} \| \Gamma_{gid,d,1} \| \cdots \| \Gamma_{gid,d,K}, \sigma_{gid,d})$$

$$e(g, \Gamma_{gid,d,k}) = e(V_{k,d}, L_{gid,d}) \neq 1$$

同时，类型 2 是类型 1 的一种特殊情况，即 b=0。

当 $e(C', ucsk_{gid,d}) / \prod_{\rho(x)\in S_{gid}} (e(C_x, L_{gid,d}) \cdot e(C'_x, uask_{\rho(x),gid,d}))^{w_x} = e(g,g)^{\alpha_d s}$ 使用一个正常的 usk_{gid,d^*} 和一个半功能性密文或者一个半功能性 usk_{gid,d^*} 和一个正常的密文时，可以获得 $e(g,g)^{\alpha_d^* s}$，并且该值可以用于 $M = \frac{C}{\prod_{d=1}^{D} e(g,g)^{\alpha_d s}}$。

当 $e(C', ucsk_{gid,d}) / \prod_{\rho(x)\in S_{gid}} (e(C_x, L_{gid,d}) \cdot e(C'_x, uask_{\rho(x),gid,d}))^{w_x} = e(g,g)^{\alpha_d s}$ 使用一个半功能性 usk_{gid,d^*} 和一个半功能性密文时，可以获得 $e(g,g)^{\alpha_d^* s} \cdot e(g_2,g_2)^{c\delta - bu_1}$。这个额外的组件 $e(g_2,g_2)^{c\delta - bu_1}$ 将隐藏于 $M = \frac{C}{\prod_{d=1}^{D} e(g,g)^{\alpha_d s}}$。若 $c\delta - bu_1 = 0$，则称类型 1 的半功能性密钥为名义上的半功能密钥。

接下来，我们将使用一系列的安全游戏来证明本节所提方案的安全性。

$\text{Game}_{\text{Real}}$ 为第一个游戏，为真实的安全游戏，即密文和所有的密钥都为普通类型。

Game_0 为第二个游戏，在该游戏中，所有的密钥都为普通类型的密钥，而密文则为半功能性的密文。

令 q 表示攻击者进行密钥查询的次数，对于 j=1～q，定义安全游戏如下。

$\text{Game}_{j,1}$：在该游戏中，前 j–1 个密钥为类型 2 的半功能性密钥，第 j 个密钥为类型 1 的半功能性密钥，而剩余密钥则为普通类型的密钥。挑战密文为半功能性的密文。

$\text{Game}_{j,2}$：在该游戏中，前 j 个密钥为类型 2 的半功能性密钥，而剩余的密钥则为普通类型的密钥。挑战密文为半功能性的密文。由此可见，在安全游戏 $\text{Game}_{q,2}$ 中，所有的密钥都为类型 2 的半功能性密钥，挑战密文则为半功能性的密文。

$\text{Game}_{\text{Final}}$ 作为最后一个游戏，所有的密钥都为类型 2 的半功能性密钥，而挑战密文则变为对某个随机消息的半功能性的加密，即不依赖于攻击者$\mathcal{A}$在挑战阶段给出的两个明文消息 M_0 和 M_1。因此，攻击者$\mathcal{A}$在安全游戏 $\text{Game}_{\text{Final}}$ 中的优势为 0。下面，本节通过 4 个引理来证明安全游戏的不可区分性。

引理 9.6　假设 Σ_{sign} 是一个存在性不可伪造的签名方案。若存在一个多项式时间内的攻击者 $\mathcal{A}$ 满足 $Adv_{\text{Game}_{\text{Real}}}^{\mathcal{A}} - Adv_{\text{Game}_0}^{\mathcal{A}} = \varepsilon$，那么可以构造一个挑战者 $\mathcal{B}$ 以同样的优势 ε 来攻破合数阶双线性群下的静态假设 5。

引理 9.7　假设 Σ_{sign} 是一个存在性不可伪造的签名方案。若存在一个多项式时间内的攻击者 $\mathcal{A}$ 满足 $Adv_{\text{Game}_{j-1,2}}^{\mathcal{A}} - Adv_{\text{Game}_{j,1}}^{\mathcal{A}} = \varepsilon$，那么可以构造一个挑战者 $\mathcal{B}$ 以同样的优势 ε 来攻破合数阶双线性群下的静态假设 6。

引理 9.8　假设 Σ_{sign} 是一个存在性不可伪造的签名方案。若存在一个多项式时间内的攻击者 $\mathcal{A}$ 满足 $Adv_{\text{Game}_{j,1}}^{\mathcal{A}} - Adv_{\text{Game}_{j,2}}^{\mathcal{A}} = \varepsilon$，那么可以构造一个挑战者 $\mathcal{B}$ 以同样的优势 ε 来攻破合数阶双线性群下的静态假设 6。

引理 9.9　假设 Σ_{sign} 是一个存在性不可伪造的签名方案。若存在一个多项式时间内的攻击者 $\mathcal{A}$ 满足 $Adv_{\text{Game}_{q,2}}^{\mathcal{A}} - Adv_{\text{Game}_{\text{Final}}}^{\mathcal{A}} = \varepsilon$，那么可以构造一个挑战者 $\mathcal{B}$ 以同样的优势 $\dfrac{\varepsilon}{D}$ 攻破合数阶双线性群下的静态假设 7。

定理 9.3　若 Σ_{sign} 是一个存在性不可伪造的签名方案，静态假设 5、静态假设 6 和静态假设 7 成立，那么提出的 CP-ABE 方案为标准模型下适应性安全的。

证明　若静态假设 5、静态假设 6 和静态假设 7 成立，Σ_{sign} 是一个存在性不可伪造的签名方案。那么，根据以上 4 个引理，可以得出真实的安全游戏 $\text{Game}_{\text{Real}}$ 与最后一个安全游戏 $\text{Game}_{\text{Final}}$ 是不可区分的。而在安全游戏 $\text{Game}_{\text{Final}}$ 中，挑战消息 M_β 被群 $\mathbb{G}_T$ 中的随机元素隐藏，即 β 对攻击者 $\mathcal{A}$ 来说是信息隐藏的。因此，可以得出 $\mathcal{A}$ 攻破方案 Π' 的优势是可忽略的，这意味着 $\mathcal{A}$ 攻破方案 Π 的优势是可忽略的。

9.3　单中央机构多授权机构的 CP-ABE 方案

本节基于素数阶双线性群构造了一种多授权机构属性基加密方案，方案中授权机构由单个中央机构和多个属性机构组成。中央机构负责系统建立及用户身份相关密钥生成；属性机构负责不同的属性域，相互独立甚至不需要知道其他属性机构的存在。同时，该方案的密文长度与属性数量无关，为一个常值；在解密运算过程中需要的对运算与属性数量也无关，为两个对运算。本节基于 q-Bilinear Diffie-Hellman Exponent 假设在随机预言机模型下对方案进行了选择明文攻击的安全性证明。最后从理论和实验两方面对方案的功能与效率进行了分析与验证。

9.3.1 系统模型

单 CA 多 AA 的 CP-ABE 系统模型如图 9.1 所示，其包括中央机构、属性机构、云服务商、数据拥有者和数据用户 5 类实体。

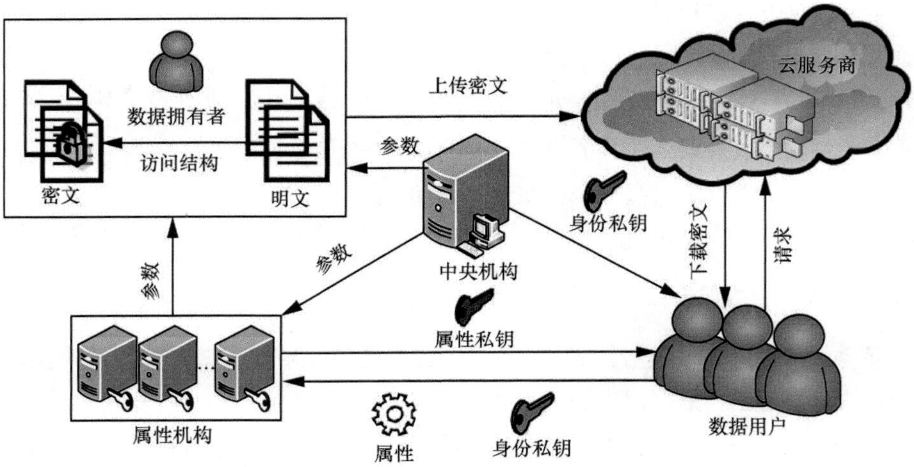

图 9.1 单 CA 多 AA 的 CP-ABE 系统模型

中央机构：其主要负责生成系统全局参数 *GPK*，并为用户 *GID* 分发身份密钥。

属性机构：属性机构需要为相关用户 *GID* 分发属性密钥。所有属性机构中可以有不可信赖的机构，但是当用户申请属性密钥时，该系统模型要求必须有某一个属性机构管控解密所需必要属性且可信。

云服务商：CSP 主要是指第三方机构，其主要作用是为用户提供数据存储服务，以便减轻用户的本地存储负担。同时该系统模型假设 CSP 是诚实并好奇的（Honest but Curious），即 CSP 会诚实地执行其所承诺的服务且不与恶意用户合谋，但出于好奇心和相关利益，其会在服务过程中窥探数据隐私。

数据拥有者：数据拥有者是指数据实际属主，其为节省本地存储资源且实现数据的安全共享而加密数据，使数据以密文的形式存储在云服务商中。

数据用户：数据用户是指数据的消费者，其能够下载云服务商中的密文数据资源。

该系统模型中，每个数据用户拥有一个 *GID*。中央机构根据用户 *GID* 分发其身份密钥，而属性机构为该用户分发其属性密钥。假设系统模型中属性机构集合为 $AAs=\{AA_1,AA_2,\cdots,AA_K\}$，每个 AA_k 管理不同的属性域 U_k，即 $U=\bigcup_{k=1}^{K}U_k$ 表示系统属性全集。对于任意的 $i\neq j\in\{1,2,\cdots,K\}$，该系统模型假设 $U_i\bigcap U_j=\varnothing$。

9.3.2 相关定义

9.3.2.1 方案定义

单 CA 多 AA 的 CP-ABE 方案包含以下 4 个阶段。

（1）系统初始化。该阶段包含 *GlobalSetup*、*CASetup* 和 *AAStup* 这 3 个多项式时间算法。

$GlobalSetup(\lambda)\rightarrow GPK$：该算法由只参与系统建立阶段的可信第三方执行，其以隐含安全参数 λ 为输入，输出系统全局公共参数 *GPK*。

$CASetup(GPK)\rightarrow(CAPK,CASK)$：中央机构执行该算法。该算法以系统全局公共参数 *GPK* 为输入，输出中央机构的公钥 *CAPK* 和主私钥 *CASK*。其中，*CAPK* 只被属性机构使用，而在加解密过程中不被使用。

$AASetup(GPK,U_k)\rightarrow(AAPK_k,AASK_k)$：每一个属性机构 AA_k 运行该算法进行初始化。该算法以全局公共参数 *GPK* 和下标索引为 k 的属性机构 AA_k 管理的属性域 U_k 为输入，输出属性机构 k 的公钥 $AAPK_k$ 和主私钥 $AASK_k$。

考虑简洁因素，以下算法输入中省略全局公共参数 *GPK*。

（2）私钥生成。该阶段主要包括 *CAKeyGen* 和 *AAKeyGen* 两个多项式时间算法。

$CAKeyGen(GID,CASK,L)\rightarrow IK_{GID,L}$：中央机构执行该算法。该算法以用户全局唯一身份标识 *GID*、中央机构的主私钥 *CASK* 和用户属性列表 L 为输入，输出用户的身份密钥 $IK_{GID,L}$。

$AAKeyGen(CAPK,AASK_k,IK_{GID,L},L_i)\rightarrow AK_{GID,i}$：用户 *GID* 向属性机构 AA_k 提交属性 $L_i\in L$ 请求属性密钥时，AA_k 运行该算法。该算法以中央机构的公钥 *CAPK*、AA_k 的主私钥 $AASK_k$、身份密钥 $IK_{GID,L}$ 和属性 L_i 为输入，输出属性密钥 $AK_{GID,i}$。

该形式化定义中用 L 表示属性列表，则用户私钥为 $SK_{GID}=(IK_{GID,L},\{AK_{GID,i}\}_{L_i\in L})$。

（3）数据加密。该阶段可能涉及多个属性机构。

$Encrypt(\{AAPK_k\},M,W)\rightarrow CT_W$：数据拥有者执行该算法，其以相关属性机构

的公钥$\{AASK_k\}$、明文 M 和访问结构 W 为输入，输出密文 CT_W。

（4）数据解密。当 $L|=W$ 时，可以正确解密密文而获得明文数据。

$Decrypt(CT_W, SK_{GID}) \to M$：数据用户运行该算法，其以密文 CT_W 和私钥 SK_{GID} 为输入，如果用户的属性列表 L 满足访问结构 W，则解密成功，输出明文 M；否则，解密失败，输出 $\perp$。

9.3.2.2 安全模型

本小节给出单 CA 多 AA 的 CP-ABE 方案的 IND-CPA 安全模型，其通过挑战者 $\mathcal{B}$ 和攻击者 $\mathcal{A}$ 之间的博弈游戏进行刻画，具体过程如下。

系统初始化：攻击者 $\mathcal{A}$ 将要挑战的访问结构 W^* 传送给挑战者 $\mathcal{B}$。

参数设置阶段：挑战者 $\mathcal{B}$ 执行系统初始化阶段的 3 个多项式算法，将全局公共参数 GPK、$CAPK$ 和 $\{AAPK_k \mid k = 1, 2, \cdots, K\}$ 发送给攻击者 $\mathcal{A}$。然后，攻击者 $\mathcal{A}$ 提交下标集合 $K' \subset \{1, 2, \cdots, K\}$ 指定其腐化的属性机构，挑战者 $\mathcal{B}$ 将相应私钥 $\{AAPK_k \mid k \in K'\}$ 发送给攻击者 $\mathcal{A}$。

密钥查询阶段 1：攻击者 $\mathcal{A}$ 能够询问一系列属性列表的私钥并且 $L \cup (\bigcup_{k \in K'} U_k\}$ 不满足 W^*，具体过程如下。

（1）身份密钥询问：攻击者 $\mathcal{A}$ 提交(GID, L)进行询问，挑战者 $\mathcal{B}$ 返回相应的身份密钥 $IK_{GID,L}$。

（2）属性密钥询问：攻击者 $\mathcal{A}$ 提交 $(IK_{GID,L}, L_i \in L)$ 进行询问，其中 L_i 属于一个忠实的属性机构，挑战者 $\mathcal{B}$ 返回相应的属性密钥 $AK_{GID,i}$。

挑战阶段：攻击者 $\mathcal{A}$ 提交两个等长的消息 M_0 和 M_1。然后挑战者 $\mathcal{B}$ 选择 $b \in \{0,1\}$，并在访问结构 W^* 下加密 M_b，生成挑战密文 CT_{W^*}。最后将其发送给攻击者 $\mathcal{A}$。

密钥查询阶段 2：类似密钥查询阶段 1，攻击者 $\mathcal{A}$ 继续向挑战者 $\mathcal{B}$ 提交一系列属性列表，其限制与密钥查询阶段 1 相同。

猜测阶段：攻击者 $\mathcal{A}$ 输出值 $b' \in \{0,1\}$ 作为对 b 的猜测。如果 $b' = b$，我们称攻击者 $\mathcal{A}$ 赢了该游戏。攻击者 $\mathcal{A}$ 在该游戏中的优势定义为 $Adv_{\mathcal{A}} = |\Pr[b' = b] - \frac{1}{2}|$。

定义 9.4 若无多项式时间内的攻击者以不可忽略的优势来攻破上述安全模型，则称单 CA 多 AA 的 CP-ABE 方案在 CPA 下是选择安全的。

9.3.3 方案设计

（1）系统初始化

$GlobalSetup(1^{\lambda}) \rightarrow GPK$：该算法首先选择两个阶为素数 p 的循环群 $\mathbb{G}$ 和 $\mathbb{G}_T$，其中 g 是循环群 $\mathbb{G}$ 的生成元且存在有效的双线性映射 $e{:}\mathbb{G}\times\mathbb{G}\rightarrow\mathbb{G}_T$。然后，选择两个抵制合谋的杂凑函数 $H_0{:}\mathbb{Z}_p^*\times\{0,1\}^{\log_2 n}\times\{0,1\}^{\log_2 N}\rightarrow\mathbb{Z}_p^*$ 和 $H_1{:}\mathbb{Z}_p^*\rightarrow\mathbb{G}$，其中 $N=\max_{i=1}^{n} n_i$。接下来，选择一个存在性不可伪造的签名方案 $\Sigma_{\text{sign}}=(KeyGen, Sign, Verify)$。最后，输出系统的全局公共参数 $GPK=(p,g,\mathbb{G},\mathbb{G}_T,e,H_0,H_1,\Sigma_{\text{sign}})$。

$CASetup(GPK)\rightarrow(CAPK,CASK)$：中央机构执行 Σ_{sign} 中的 $KeyGen$ 算法得到签名密钥对 $(SignKey,VerifyKey)$，CA 设置其公钥 $CAPK=VerifyKey$ 和主私钥 $CASK=SignKey$。

$AASetup(GPK,U_k)\rightarrow(AAPK_k,AASK_k)$：对于系统中的每一个属性 $att_i\in U_k$，AA_k 首先随机选择 $x_i,y_i\in\mathbb{Z}_p^*$，并计算 $X_{i,b_i}=g^{-H_0(x_i\|i\|b_i)}$ 和 $Y_{i,b_i}=e(g,g)^{H_0(y_i\|i\|b_i)}$。最后，$AA_k$ 设定主私钥 $AASK_k=(x_i,y_i\mid att_i\in U_k)$ 并发布其公钥 $AAPK_k=(X_{i,b_i},Y_{i,b_i}\mid att_i\in U_k)$。

考虑简洁因素，以下算法输入中省略全局公共参数 GPK。

（2）私钥生成

$CAKeyGen(GID,CASK,L)\rightarrow IK_{GID,L}$：数据用户将全局唯一身份标识 GID 和属性列表 L 发送给 CA 进行身份密钥申请。CA 接收到申请后，选择随机数 $sk\in\mathbb{Z}_p^*$，并计算 $H_1(sk)$ 和 $\psi_{GID,L}=Sign(SignKey,GID\|L\|H_1(sk))$。最后，将 $IK_{GID,L}=(GID,L,H_1(sk),\psi_{GID,L})$ 返回给用户。

$AAKeyGen(CAPK,AASK_k,IK_{GID,L},L_i)\rightarrow AK_{GID,i}$：用户 GID 向相关属性机构 AA_k 提交属性 $L_i\in L$ 和 $IK_{GID,L}$ 请求属性密钥时，AA_k 拆分 $IK_{GID,L}$ 并验证签名 $\psi_{GID,L}$ 的合法性。假设 $L_i=v_{i,b_i}$，若验证成功，则计算 $AK_{GID,i}=AK'_{GID,i,b_i}=g^{H_0(y_i\|i\|b_i)}H_1(sk)^{H_0(x_i\|i\|b_i)}$。最后，$AA_k$ 将 $AK_{GID,i}$ 返回给用户。

数据用户 GID 的解密私钥为 $SK_{GID}=(IK_{GID,L},\{AK_{GID,i}\}_{L_i\in L})$。

（3）数据加密

$Encrypt(\{AAPK_k\},M,W)\rightarrow CT_W$：假设 $W_i=v_{i,b_i}$，DO 基于访问结构 $W=\Lambda_{i\in I_W}W_i$ 加密明文 $M\in\mathbb{G}_T$。数据拥有者首先计算 $\langle X_W,Y_W\rangle=\langle\prod_{i\in I_W}X_{i,b_i},\prod_{i\in I_W}Y_{i,b_i}\rangle$。然后选择随机指数 $s\in\mathbb{Z}_p^*$，并计算 $C_0=M\cdot Y_W^s$、$C_1=g^s$ 和 $C_2=X_W^s$。最后，输出密文

$CT_W=(W,C_0,C_1,C_2)$。

（4）数据解密

$Decrypt(CT_W, SK_{GID}) \to M$：数据用户用私钥 SK_{GID} 解密密文 CT_W。其首先判断 $L|=W$ 是否成立，若不成立，则解密失败，输出⊥。若成立，数据用户计算 $AK = \Pi_{i\in I_W} AK_{GID,i}$。最终明文消息 M 按如下公式计算。

$$M = \frac{C_0}{e(AK, C_1)\cdot e(H_1(sk), C_2)}$$

正确性分析：若 $L|=W$，则明文消息 M 能够正确获得。假设 $L_i = v_{i,b_i}$，正确性验证过程如下。

$$M = \frac{C_0}{e(AK, C_1)\cdot e(H_1(sk), C_2)} =$$

$$\frac{M\cdot Y_W^S}{e(\prod_{i\in I_W} AK_{GID,i}, g^s)\cdot e(H_1(sk), X_W^S)} =$$

$$\frac{M\cdot (\prod_{i\in I_W} e(g,g)^{H_0(y_i\|i\|b_i)})^s}{e(\prod_{i\in I_W} g^{H_0(y_i\|i\|b_i)} H_1(sk)^{H_0(x_i\|i\|b_i)}, g^s)\cdot e(H_1(sk), (\prod_{i\in I_W} g^{-H_0(x_i\|i\|b_i)})^s)} =$$

$$\frac{M\cdot (\prod_{i\in I_W} e(g,g)^{H_0(y_i\|i\|b_i)})^s}{e(\prod_{i\in I_W} g^{H_0(y_i\|i\|b_i)}, g^s)\cdot e(\prod_{i\in I_W} H_1(sk)^{H_0(x_i\|i\|b_i)}, g^s)\cdot e(H_1(sk), (\prod_{i\in I_W} g^{-H_0(x_i\|i\|b_i)})^s)} =$$

$$\frac{M\cdot (\prod_{i\in I_W} e(g,g)^{H_0(y_i\|i\|b_i)})^s}{e(\prod_{i\in I_W} g^{H_0(y_i\|i\|b_i)}, g^s)} = M$$

9.3.4 安全性证明

本小节基于判定性 q-BDHE 假设在 ROM 下给出所提方案的 IND-CPA 安全证明。

定理 9.4 若判定性 q-BDHE 假设在群 $\mathbb{G}$ 和 $\mathbb{G}_T$ 中成立，签名方案 Σ_{sign} 是存在性不可伪造的，则没有 CPA 攻击者能够攻破本节单中央机构方案。

证明 在本节方案中，为防止恶意用户间合谋攻击，CA 承担了私钥生成阶段中 $sk \in \mathbb{Z}_p^*$ 的选择和 $H_1(sk)$ 的计算工作，且 $H_1(sk)$ 与用户 GID 和属性列表 L 相关联。并且通过一个存在性不可伪造签名算法将其签名传递给用户，防止用户共享相同的 sk 和 $H_1(sk)$ 而通过属性机构的验证。

若攻击者 $\mathcal{A}$ 能够以优势 $\varepsilon = Adv_{\mathcal{A}}$ 攻破本节方案，那么挑战者 $\mathcal{B}$ 能够以不可忽略的优势 $\frac{\varepsilon}{2}$ 攻破判定性 q-BDHE 假设。挑战者 $\mathcal{B}$ 输入随机判定性 q-BDHE 挑战 $(g, h, \boldsymbol{y}_{g,\alpha,q}, Z)$，其中 $\boldsymbol{y}_{g,\alpha,q} = (g_1, g_2, \cdots, g_q, g_{q+2}, \cdots, g_{2q}) \in \mathbb{G}^{2q-1}$、$g_i = g^{a^i}$、$h = g^s$，$Z$ 是 $\mathbb{G}_T$ 中的随机元素或者是 $e(g_{q+1},h)$。不失一般性，我们假定 $v \in \{0,1\}$。如果 v=0，那么 Z=$e(g_{q+1},h)$；如果 v=1，那么 Z 是随机值。在游戏交互过程中，挑战者 $\mathcal{B}$ 为攻击者 $\mathcal{A}$ 提供随机预言机 H_0 和 H_1 询问，为保持一致性且抵抗合谋攻击，挑战者 $\mathcal{B}$ 保持两个列表 $\mathcal{L}_0$ 和 $\mathcal{L}_1$ 存储先前的询问结果。挑战者 $\mathcal{B}$ 与攻击者 $\mathcal{A}$ 可以按如下步骤模拟交互游戏过程。

初始化阶段：攻击者 $\mathcal{A}$ 选择将要挑战的访问结构 $W^* = \Lambda_{i \in I_{W^*}} W_i$，其中指定的下标索引集合为 $I_{W^*} = \{i_1, i_2, \cdots, i_w\}$ 且 $w \leqslant n$，然后将其传送给挑战者 $\mathcal{B}$。不失一般性，本节假设只有属性中心 AA_1 是忠实的，不会泄露属性相关密钥。同时设定 AA_1 管理属性域 U_1 的下标集合为 I_{AA_1}，需满足 $I^* = I_{\mathrm{AA}_1} \cap I_{W^*} \neq \varnothing$。

参数设置阶段：挑战者 $\mathcal{B}$ 随机选择 $j^* \in I^*$ 和 $x_i, x_i', y_i, y_i' \in \mathbb{Z}_p^*$。

（1）对于 i_{j^*}，假设 $W_{i_{j^*}} = v_{i_{j^*}}, b_{i_{j^*}}$，挑战者 $\mathcal{B}$ 计算

$$(X_{i_{j^*}, b_{i_{j^*}}}, Y_{i_{j^*}, b_{i_{j^*}}}) = (g^{-H_0(x_{i_{j^*}} \| i_{j^*} \| b_{i_{j^*}})} \prod_{t \in I^* - \{i_{j^*}\}} g_{q+1-t}, e(g,g)^{H_0(y_{i_{j^*}} \| i_{j^*} \| b_{i_{j^*}})} e(g,g)^{a^{q+1}})$$

若 $b \neq b_{i_{j^*}}$，挑战者 $\mathcal{B}$ 计算

$$(X_{i_{j^*}, b}, Y_{i_{j^*}, b}) = (g^{-H_0(x'_{i_{j^*}} \| i_{j^*} \| b)}, e(g,g)^{H_0(y'_{i_{j^*}} \| i_{j^*} \| b)})$$

（2）若 $i_j \in I^* - \{i_{j^*}\}$，假设 $W_{i_j} = v_{i_j, b_{i_j}}$，挑战者 $\mathcal{B}$ 计算

$$(X_{i_j, b_{i_j}}, Y_{i_j, b_{i_j}}) = (g^{-H_0(x_{i_j} \| i_j \| b_{i_j})} g_{q+1-t}^{-1}, e(g,g)^{H_0(y_{i_j} \| i_j \| b_{i_j})})$$

若 $b \neq b_{i_j}$，挑战者 $\mathcal{B}$ 计算

$$(X_{i_j, b}, Y_{i_j, b}) = (g^{-H_0(x'_{i_j} \| i_j \| b)}, e(g,g)^{H_0(y'_{i_j} \| i_j \| b)})$$

（3）若 $i_j \notin I^*$，对于 $1 \leqslant b_{i_j} \leqslant n_{i_j}$，挑战者 $\mathcal{B}$ 计算

$$(X_{i_j, b_{i_j}}, Y_{i_j, b_{i_j}}) = (g^{-H_0(x_{i_j} \| i_j \| b_{i_j})}, e(g,g)^{H_0(y_{i_j} \| i_j \| b_{i_j})})$$

挑战者 $\mathcal{B}$ 首先选取一个签名算法 $\Sigma_{\mathrm{sign}} = (KeyGen, Sign, Verify)$，然后依据该算法

生成签名密钥对($SignKey, VerifyKey$)。最后挑战者将 $(p, g, \mathbb{G}, \mathbb{G}_T, e, \Sigma_{\text{sign}}, VerifyKey)$ 、 $(X_{i,b_i}, Y_{i,b_i} | att_i \in U)$ 和 $(x_i, y_i \mid att_i \in U - U_1)$ 一起发送给攻击者 $\mathcal{A}$ 。

密钥查询阶段 1：攻击者 $\mathcal{A}$ 在满足 $L \cup (\cup_{k \in K'} U_k) | \neq W^*$ 的条件下可以进行下列询问。

（1） $\mathcal{O}_{\text{H}_0}(\cdot)$ 询问：当输入“·”询问 H_0 时，挑战者 $\mathcal{B}$ 首先查询“·”是否已经存在于列表 $\mathcal{L}_0$ 中。若是，则将先前存放的值返回；否则随机选择 $r \in \mathbb{Z}_p^*$ 并在列表 $\mathcal{L}_0$ 中增加实体 $\langle \cdot, r \rangle$ ，然后返回 r。

（2） $\mathcal{O}_{H_1}(sk)$ 询问：当输入 sk 询问 H_1 时，挑战者 $\mathcal{B}$ 首先查看 sk 是否已经存在于列表 L_1 中。若是，则将先前存放的值返回；否则按如下过程计算。

① 若 sk 与在身份密钥询问过程中的 L 相匹配，挑战者 $\mathcal{B}$ 在列表 $\mathcal{L}_1$ 中增加 $\left\langle sk, g_{i_j} g^z \right\rangle$ 并返回 $g_{i_j} g^z$ 。其中 $z \in \mathbb{Z}_p^*$ ， i_j 是 L 的下标，且 $i_j \notin I^*$ 。

② 否则，挑战者 $\mathcal{B}$ 选择随机值 $i_j \in (1, 2, \cdots, n)$ 和 $z \in \mathbb{Z}_p^*$ ，在列表 $\mathcal{L}_1$ 中增加 $\left\langle sk, g_{i_j} g^z \right\rangle$ 并返回 $g_{i_j} g^z$ 。

（3）身份密钥询问：攻击者 $\mathcal{A}$ 提交(GID,L)进行询问，其中 L 下标集合为 I_L ，且 $I^* \not\subset I_L$ ，所以一定存在 $i_j \in I^* - I_L$ 。不失一般性，假设 $L_{i_j} = v_{i_j, \hat{b}_{i_j}}$ 和 $W_{i_j} = v_{i_j, b_{i_j}}$ 。挑战者 $\mathcal{B}$ 随机选取 $sk \in \mathbb{Z}_p^*$ ，然后通过 $\mathcal{O}_{H_1}(sk)$ 询问规则获得 $g_{i_j} g^z$ ，计算 $\psi_{GID,L} = Sign(SignKey, GID \| L \| g_{i_j} g^z)$ 。最后将 $IK_{GID,L} = (GID, L, g_{i_j} g^z, \psi_{GID,L})$ 返回给攻击者 $\mathcal{A}$ 。

（4）属性密钥询问：攻击者 $\mathcal{A}$ 提交 $(IK, L_i \in L)$ 进行询问，其中 L_i 被 AA_1 管理。挑战者 $\mathcal{B}$ 首先拆分 $IK_{GID,L}$ 并验证签名的合法性，然后按照如下规则进行密钥回复。

对于 $L_{i_j} = v_{i_j, \hat{b}_{i_j}}$ ，挑战者 $\mathcal{B}$ 计算

$$AK_{GID,i_j} = AK'_{GID,i_j,\hat{b}_{i_j}} = g^{H_0(y'_{i_j} \| i_j \| \hat{b}_{i_j})} (g_{i_j}, g^z)^{H_0(x'_{i_j} \| i_j \| \hat{b}_{i_j})}$$

对于 $t \neq i_j$ ，挑战者 $\mathcal{B}$ 选择 $z \in \mathbb{Z}_p^*$ ，按照如下方法计算 $AK_{GID,t}$ 。

① 对于 $t = i_{j^*}$ ，假设 $L_{i_{j^*}} = v_{i_{j^*}, b_{i_{j^*}}}$ ，挑战者 $\mathcal{B}$ 计算

$$AK_{GID,i_{j^*}} = AK'_{GID,i_{j^*},b_{i_{j^*}}} = g^{H_0(y_{i_{j^*}} \| i_{j^*} \| b_{i_{j^*}})} (g_{i_j})^{H_0(x_{i_{j^*}} \| i_{j^*} \| b_{i_{j^*}})} \Big(\prod_{k \in I^* - \{i_{j^*}, i_j\}} g_{q+1-k+i_j}^{-1} \Big) (X_{i_{j^*}}, b_{i_{j^*}})^{-z}$$

② 若 $t \in I^* - \{i_{j^*}\}$ ，假设 $L_t = v_{t,b_t}$ ，挑战者 $\mathcal{B}$ 计算

$$AK_{GID,t}=AK'_{GID,t,b_t}=g^{H_0(y_t\|t\|b_t)}(g_{i_j})^{H_0(x_t\|t\|b_t)}g_{q+1-t+i_j}(X_{t,b_t})^{-z}$$

③ 若 $t\notin I^*$，假设 $L_t=v_{t,b_t}$，挑战者$\mathcal{B}$计算

$$AK_{GID,t}=AK'_{GID,t,b_t}=g^{H_0(y_t\|t\|b_t)}(g_{i_j}g^z)^{H_0(x_t\|t\|b_t)}$$

最后，挑战者$\mathcal{B}$返回 $AK_{GID,i}$。

挑战阶段：攻击者 $\mathcal{A}$ 提交两个等长的消息 M_0 和 M_1，挑战者$\mathcal{B}$随机选择参数 $b\in\{0,1\}$ 生成挑战密文 $C_1^*=h$、$C_2^*=h^{-x_{W^*}}$ 和 $C_0^*=M_b\cdot Y_{W^*}^S=M_bZe(g,h)^{y_{W^*}}$。其中

$$\left.\begin{aligned}x_{W^*}&=\sum_{t\in I^*}H_0(x_t\|t\|b_t)=\sum_{j=1}^{w}H_0(x_{i_j}\|i_j\|b_{i_j})\\ y_{w^*}&=\sum_{j=1}^{w}H_0(y_{i_j}\|i_j\|b_{i_j})\end{aligned}\right\}$$

$$\left.\begin{aligned}&X_{W^*}=X_{i_{j^*},b_{i_{j^*}}}\prod_{t\in I^*-\{i_{j^*}\}}X_{t,b_t}=(g^{-H_0(x_{i_{j^*}}\|i_{j^*}\|b_{i_{j^*}})}\prod_{t\in I^*-\{i_{j^*}\}}g_{q+1-t})\cdot\prod_{t\in I^*-\{i_{j^*}\}}g^{-H_0(x_t\|t\|b_t)}g_{q+1-t}^{-1}=g^{-x_{W^*}}\\ &Y_{W^*}=Y_{i_{j^*},b_{i_{j^*}}}\prod_{t\in I^*-\{i_{j^*}\}}Y_{t,b_t}=e(g,g)^{H_0(y_{i_{j^*}}\|i_{j^*}\|b_{i_{j^*}})}e(g,g)^{a^{q+1}}\cdot\prod_{t\in I^*-\{i_{j^*}\}}e(g,g)^{H_0(y_t\|t\|b_t)}=\\ &e(g,g)^{\sum_{j=1}^{w}H_0(y_{i_j}\|i_j\|b_{i_j})+a^{q+1}}\end{aligned}\right\}$$

当 $Z=e(g_{q+1},h)$ 时，密文 $CT_{W^*}=(W^*,C_0^*,C_1^*,C_2^*)$ 是明文消息 M_b 的合法密文；当 Z 是 $\mathbb{G}_T$ 中随机元素时，在攻击者 $\mathcal{A}$ 眼中 CT_{W^*} 是随机消息的密文。

密钥查询阶段 2：依照密钥查询阶段 1 方式继续询问。

猜测阶段：$\mathcal{A}$ 输出 $b'\in\{0,1\}$ 作为对 b 的猜测。如果 $b'=b$，挑战者$\mathcal{B}$将输出 0，表示猜测 $Z=e(g_{q+1},h)$；否则，输出 1，表示猜测 Z 为群 $\mathbb{G}_T$ 中的随机元素。两种情况如下所述。

（1）当 $Z=e(g_{q+1},h)$ 时，即 $v=0$。$CT_{W^*}=(W^*,C_0^*,C_1^*,C_2^*)$ 是一个可用的密文，也就是说，挑战者$\mathcal{B}$能够提供一个有效的仿真。攻击者$\mathcal{A}$的优势为 $\varepsilon=Adv_{\mathcal{A}}$。因此得出

$$\Pr[\mathcal{B}(g,h,\boldsymbol{y}_{g,\alpha,q},e(g_{q+1},h))=0]=\frac{1}{2}+Adv_{\mathcal{A}}$$

（2）当 Z 为群 $\mathbb{G}_T$ 中的随机元素时，即 $v=1$。这时 M_b 对于攻击者来说是完全

随机的。可以得出

$$\Pr[\mathcal{B}(g,h,\boldsymbol{y}_{g,\alpha,q},Z)=0]=\frac{1}{2}$$

因此，能够得到

$$Adv_{\mathcal{B}}=\frac{1}{2}\Pr[\mathcal{B}(g,h,\boldsymbol{y}_{g,\alpha,q},e(g_{q+1},h))=0]+\frac{1}{2}\Pr[\mathcal{B}(g,h,\boldsymbol{y}_{g,\alpha,q},Z)=0]-\frac{1}{2}=$$

$$\frac{1}{2}(\frac{1}{2}+Adv_{\mathcal{A}})+\frac{1}{2}\cdot\frac{1}{2}-\frac{1}{2}=\frac{Adv_{\mathcal{A}}}{2}=\frac{\varepsilon}{2}$$

也就是说，挑战者$\mathcal{B}$能够以优势$\frac{\varepsilon}{2}$攻破判定性 q-BDHE 假设。基于上述过程，完成本节所提方案的 IND-CPA 安全性证明。

9.3.5 方案分析及实验验证

本小节主要在功能性、存储成本和计算效率方面将本节方案与已有几种多授权机构方案进行对比。对比过程中所使用描述符定义如下：$|g|$ 表示 $\mathbb{G}$ 中数据元素的长度；$|g_T|$ 表示 $\mathbb{G}_T$ 中数据元素的长度；$|I|$ 表示 LSSS 矩阵用于解密的行数；l 表示 LSSS 的总行数和门限集合中的属性数量；n_k 和 n_a 分别表示私钥和系统中属性数量。

9.3.5.1 理论分析

（1）功能对比

表 9.1 描述了本节方案与其他方案在功能性方面的对比分析。其中，AND_m^* 表示支持通配符的多值与门访问结构。

表 9.1 多授权机构方案功能对比

方案	双线性群	访问结构	安全假设	安全性	定长密文	解密对运算
Chase[3]	素数阶	门限	DBDH	选择性	否	$\|I\|+1$
Lewko[9]	合数阶	LSSS	静态假设	适应性	是	$2\|I\|$
本节方案	素数阶	AND_m^*	q-BDHE 假设	选择性	是	2

从表 9.1 中可以看出，文献[9]方案使用了合数阶双线性群，达到了适应性安全，但方案效率较低；文献[3]和本节方案使用了素数阶双线性群，方案是选择性安全的，但效率高于合数阶方案。这种选择是安全与效率的一个平衡选择关系，冯登国研究

员指出："在目前属性密码构造中，由于访问结构的复杂性，方案的计算代价和通信代价往往都比较高。可以通过适当降低原有安全需求来提高效率，并且这种情况在实际应用中是可以接受的[18]。"所以，本节方案适当降低安全需求，选择高效的素数阶双线性群。

为了提高方案效率，本节方案选择了 AND_m^* 访问结构，使本节方案具有固定密文长度和快速解密的能力，密文长度和解密计算量与属性数量无关，在解密阶段只需要两个双线性对操作。AND_m^* 访问结构相对于 LSSS 访问结构和门限访问结构在表达能力上稍有欠缺，但是在一般应用场景下，这种访问结构已经足够满足实际需求。

（2）存储成本对比

表 9.2 描述了本节方案与其他相关方案在存储成本方面的对比。数据拥有者的存储成本主要来自于系统公钥。本节方案和其他方案的系统公钥都随着属性的总数 n_a 呈线性增长关系。云存储提供商的存储成本主要来自于数据拥有者上传的密文。在其他两种方案中，密文长度与访问结构中属性数量呈斜率为常数的线性增长关系。而本节方案的密文长度与加密者指定的属性数量无关，其长度为 $2|g|+|g_T|$。数据用户的存储成本主要来自于其拥有的密钥。本节方案与其他两种方案的密钥长度与用户申请私钥所需的属性个数 n_k 呈线性增长关系。另外，在计算存储成本的过程中，没有计算签名公私钥和对称加密密文的大小。总体分析，本节所提方案的密文长度为恒定值，具有一定优势。

表 9.2 多授权机构方案存储成本对比

方案	数据拥有者	云服务商	数据用户
Chase[3]	$n_a\|g\|+\|g_T\|$	$(l+1)\|g\|+\|g_T\|$	$(n_k+1)\|g\|$
Lewko[9]	$n_a\|g\|+n_a\|g_T\|$	$3l\|g\|+(l+1)\|g_T\|$	$n_k\|g\|$
本节方案	$(2n_a+1)\|g\|$	$2\|g\|+\|g_T\|$	$(n_k+1)\|g\|$

9.3.5.2 实验分析

通过理论分析，本节方案在功能和存储成本方面具有一定优势。为了进一步评估本节方案的实际性能，本小节通过以下实验环境测试相关方案的计算效率。由于素数阶群的计算量远小于合数阶群，所以本小节只将本节方案与 Chase[3]方案进行加解密时间的对比分析。

实验环境为 64 bit Ubuntu 14.04 操作系统，Intel Core i5-6200U(2.3 GHz)，内存 8 GB，实验代码基于 pbc-0.5.14[19]与 cpabe-0.11[20]进行修改与编写，并且使用基于 512 bit 有限域上的超奇异曲线 $y^2 = x^3 + x$ 中的 160 bit 椭圆曲线群。本小节实验中属性机构数量选为 5 个。属性数量以 5 为递增量，从 5 递增到 50 产生 10 种不同情况。对于每种情况，重复 30 次实验且每次实验完全独立，最后取平均值作为实验结果。最终加解密实验结果如图 9.2 所示。

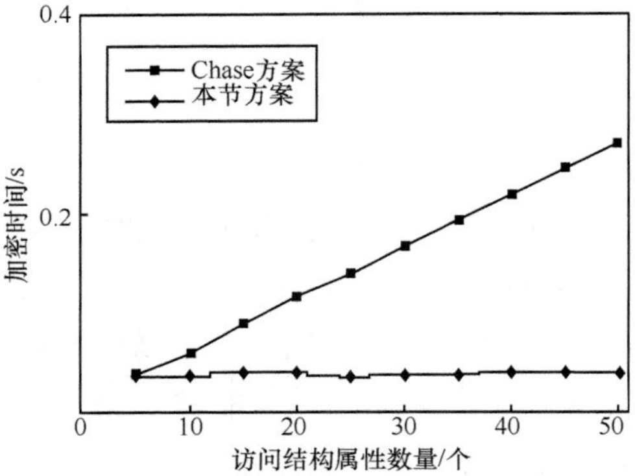

(a) 加密时间对比

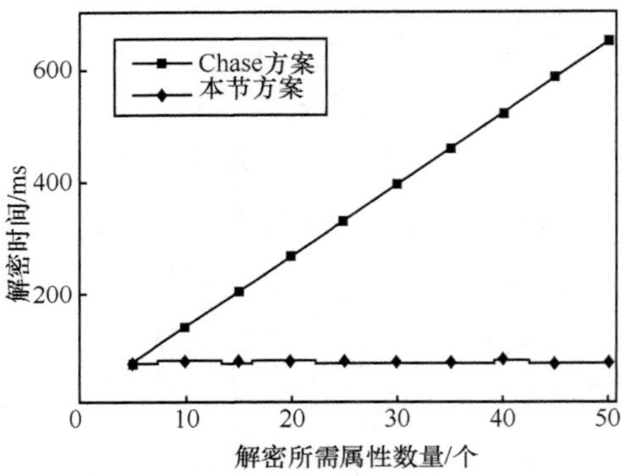

(b) 解密时间对比

图 9.2 多授权机构方案加解密时间对比

图 9.2 展示了属性数量对方案加解密时间的影响。如图 9.2(a)所示，Chase 方案的加密时间与属性数量呈线性正相关，这种情况下当属性数量较多时，数据拥有者的加密时间急剧增长，尤其是对持有移动设备的数据拥有者不可容忍。而本节方案中属性数量的变化对加密时间的影响微乎其微，加密时间几乎没有变化。如图 9.2(b)所示，Chase 方案的解密时间与属性数量呈线性正相关。而本节方案在解密过程中只需要两个对运算，与属性数量无关。方案在解密过程中的利弊同加密阶段类似。综上所述，本节方案在加解密时间上具有优势，尤其是对移动云存储有更大的优势。

综合分析，本节所提方案实现了密文长度恒定且解密只需两个双线性对操作，具有更高的效率和更小的存储负担，因此其适用于分布式、计算能力弱的应用场景。

9.4　多中央机构多授权机构的 CP-ABE 方案

本节基于素数阶双线性群构造了一个多 CA 多 AA 的属性加密方案。该方案由多个中央机构和多个属性机构组成。中央机构负责系统建立及用户身份密钥生成；属性机构负责不同的属性域，相互独立且不需要知道其他属性机构的存在。同时，该方案的密文长度恒定与属性数量无关；在解密运算过程中需要两个双线性对运算。基于判定双线性 Diffie-Hellman 假设在标准模型下对所提方案进行了选择明文攻击的安全性证明。最后，理论和实验分析表明所提方案是高效实用的。

9.4.1　系统模型

多 CA 多 AA 的 CP-ABE 系统架构如图 9.3 所示。其主要由中央机构、属性机构、云服务商、数据拥有者和数据用户 5 类实体组成。各实体含义与 9.3 节中含义一致，唯一区别是本节系统有多个中央机构，部分中央机构可以被攻击者腐化。

令 $\text{CAs}=\{\text{CA}_1,\text{CA}_2,\cdots,\text{CA}_D\}$ 表示系统中中央机构集合，$\mathbb{D}=\{1,\cdots,D\}$ 表示 CAs 的下标索引集合。令 $\text{AAs}=\{\text{AA}_1,\text{AA}_2,\cdots,\text{AA}_K\}$ 表示系统中属性机构集合，$\mathbb{K}=\{1,\cdots,K\}$ 表示 AAs 的下标索引集合。

该系统中，每个数据用户拥有一个全局唯一标识 *GID*。中央机构根据用户 *GID* 分发身份密钥，每个 CA_d 单独工作，不需要相互通信。属性机构根据用户属性集合分发属性密钥。每个 AA_k 管理不同的属性域 U_k，$U=\bigcup_{k=1}^{K}U_k$ 表示整个系统属性集合。对于任意 $i\neq j\in\{1,2,\cdots,K\}$，本节设定 $U_i\cap U_j=\varnothing$。

9.4.2　相关定义

9.4.2.1　方案定义

多 CA 多 AA 的 CP-ABE 方案包含以下 4 个阶段。

（1）系统初始化。该阶段包含 *GlobalSetup*、*CASetup* 和 *AASetup* 三个多项式时间算法。

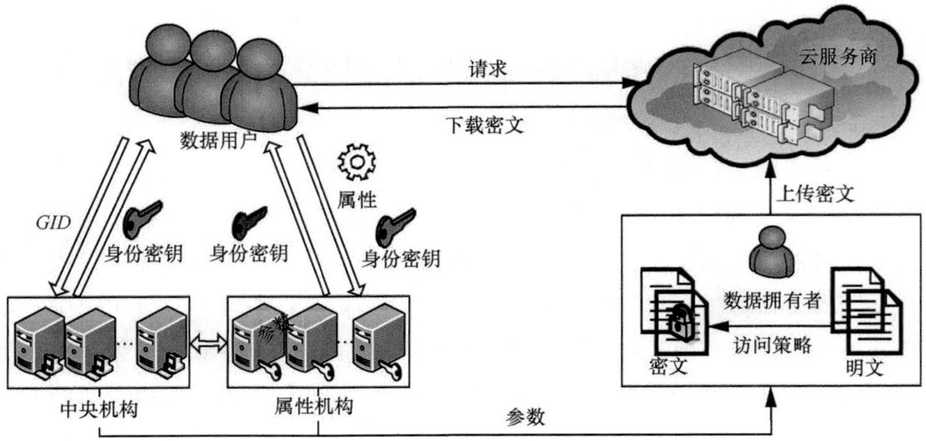

图 9.3 多 CA 多 AA 的 CP-ABE 系统模型

$GlobalSetup(\lambda) \to GPK$：该算法由只参与系统建立阶段的可信第三方执行，其以隐含安全参数 λ 为输入，输出系统全局公共参数 GPK。

$CASetup(GPK,d) \to (CA\text{-}PK_d, CA\text{-}V\text{-}PK_d, CA\text{-}MSK_d)$：每一个中央机构 CA_d 运行该算法进行初始化，该算法以全局公共参数 GPK 和下标索引 d 为输入，输出 CA_d 的公钥 $(CA\text{-}PK_d, CA\text{-}V\text{-}PK_d)$ 和主私钥 $CA\text{-}MSK_d$。其中，$CA\text{-}V\text{-}PK_d$ 只被 AA 使用，而在加解密过程中不被使用。

$AASetup(GPK,k,U_k) \to (AA\text{-}PK_k, AA\text{-}V\text{-}PK_k, AA\text{-}MSK_k)$：每一个属性机构 AA_k 运行该算法进行初始化，该算法以全局公共参数 GPK 和下标索引为 k 的 AA_k 管理的属性域 U_k 为输入，输出 AA_k 的公钥 $(AA\text{-}PK_k, AA\text{-}V\text{-}PK_k)$ 和主私钥 $AA-MSK_k$。其中，$AA\text{-}V\text{-}PK_k$ 只被 CA 使用，而在加解密过程中不被使用。

（2）私钥生成。该阶段主要包括 $CAKeyGen$ 和 $AAkeyGen$ 两个多项式时间算法。

$CAKeyGen(GID, GPK, CA\text{-}MSK_d, \{AA\text{-}V\text{-}PK_k \mid k \in \mathbb{K}\}) \to (u\text{-}CA\text{-}pk_{GID,d}, u\text{-}CA\text{-}sk_{GID,d})$：当一个用户 GID 为获得身份密钥访问 CA_d 时，CA_d 运行该算法。其以用户全局唯一身份标识 GID、全局公共参数 GPK、CA_d 的主私钥 $CA\text{-}MSK_d$ 和 AAs 的公钥 $\{AA\text{-}V\text{-}PK_k \mid k \in \mathbb{K}\}$ 为输入，输出用户身份密钥 $u\text{-}CA\text{-}pk_{GID,d}$ 和 $u\text{-}CA\text{-}sk_{GID,d}$。

$AAKeyGen(GPK, \{CA\text{-}V\text{-}PK_d \mid d \in \mathbb{D}\}), AA\text{-}MSK_k, \{u\text{-}CA\text{-}pk_{GID,d} \mid d \in \mathbb{D}\}, L_{i,j}) \to u\text{-}AA\text{-}sk_{GID,L_{i,j}}$：用户 GID 向 AA_k 提交属性 $L_{i,j} \in L$ 请求属性密钥时，AA_k 运行该算法。该算法以全局公共参数 GPK、CAs 的公钥 $\{CA\text{-}V\text{-}PK_d \mid d \in \mathbb{D}\}$、$\mathrm{AA}_k$ 的主私钥 $AA\text{-}MSK_k$、用户 GID 的身份密钥 $u\text{-}CA\text{-}pk_{GID,d}$ 和属性 $L_{i,j}$ 为输入，输出用户属性密

钥 $u\text{-}AA\text{-}sk_{GID,L_{i,j}}$。

用户 GID 的解密私钥定义为

$$\mathrm{SK}_{GID}=(\{u\text{-}CA\text{-}sk_{GID,d},u\text{-}CA\text{-}pk_{GID,d}\mid d\in\mathbb{D}\},\{u\text{-}AA\text{-}sk_{GID,L_{i,j}}\mid L_{i,j}\in L\})$$

其中，L 表示用户 GID 的属性列表。

（3）数据加密。该阶段涉及多个属性机构和全部中央机构。

$Encrypt(GPK,\{AA\text{-}PK_k\},\{CA\text{-}PK_d\mid d\in D\},M,W)\to CT_W$：数据拥有者执行该算法，其以全局公共参数 GPK、相关 AA 的公钥 $\{AA\text{-}PK_k\}$、CAs 的公钥 $\{CA\text{-}PK_d\mid d\in D\}$、明文 M 和访问结构 W 为输入，输出密文 CT_W。

（4）数据解密。当用户的属性满足密文的访问结构时，可以获得明文。

$Decrypt(GPK,CT_W,SK_{GID})\to M$：数据用户运行该算法，其以全局公共参数 GPK、密文 CT_W 和解密私钥 SK_{GID} 为输入，如果用户的属性列表 L 满足访问结构 W，则解密成功，输出明文 M；否则，解密失败，输出 $\perp$。

9.4.2.2　安全模型

本节用 $\mathbb{D}_c\subset\mathbb{D}$ 和 $\mathbb{K}_c\subset\mathbb{K}$ 表示攻击者 $\mathcal{A}$ 能够腐化的 CAs 和 AAs 集合，并且 $\mathbb{D}\backslash\mathbb{D}_c\neq\varnothing$，$\mathbb{K}\backslash\mathbb{K}_c\neq\varnothing$。不失一般性，本节假设只有中央授权机构 CA_1 和属性授权机构 AA_1 是忠实的，不会泄露身份密钥和属性密钥。同时设定 AA_1 管理属性域 U_1 的下标集合为 I_{AA_1}，并且需满足 $I^*=I_{\mathrm{AA}_1}\cap I_{W^*}\neq\varnothing$。

本小节给出该方案的选择明文攻击下的不可区分性安全模型，其通过挑战者 $\mathcal{B}$ 和攻击者 $\mathcal{A}$ 之间的博弈游戏进行刻画，具体过程如下。

系统初始化：攻击者 $\mathcal{A}$ 将要挑战的访问结构 W^* 传送给挑战者 $\mathcal{B}$。

参数设置阶段：挑战者 $\mathcal{B}$ 执行系统初始化阶段的 3 个算法，将 $\{AA\text{-}PK_k,AA\text{-}V\text{-}PK_k\mid k\in\mathbb{K}\}$、$\{CA\text{-}PK_d,CA\text{-}V\text{-}PK_d\mid d\subset\mathbb{D}\}$ 和 GPK 传递给攻击者 $\mathcal{A}$。因为只有 CA_1 和 AA_1 未被腐化，所以挑战者 $\mathcal{B}$ 将 $\{CA\text{-}MSK_d\mid d\subset\mathbb{D},d\neq 1\}$ 和 $\{AA\text{-}MSK_k\mid k\in\mathbb{K},k\neq 1\}$ 发送给攻击者 $\mathcal{A}$。

密钥查询阶段 1：攻击者 $\mathcal{A}$ 能够询问用户身份密钥 $u\text{-}CA\text{-}pk_{GID,d}$、$u\text{-}CA\text{-}sk_{GID,d}$ 和用户属性密钥 $u\text{-}AA\text{-}sk_{GID,L_{i,j}}$，并且 $L\cup(\bigcup_{k\in\mathbb{K},k\neq 1}U_k)$ 不满足 W^*，具体过程如下。

（1）身份密钥询问：攻击者 $\mathcal{A}$ 提交$(GID,d\text{=}1)$进行询问，挑战者 $\mathcal{B}$ 返回相应的身份密钥 $u\text{-}CA\text{-}pk_{GID,d}$，$u\text{-}CA\text{-}sk_{GID,d}$。

（2）属性密钥询问：攻击者 $\mathcal{A}$ 提交 $(\{u\text{-}CA\text{-}pk_{GID,d}\mid d\in\mathbb{D}\},L_{i,j},k=1)$ 进行询问，

挑战者$\mathcal{B}$返回相应的属性密钥$u\text{-}AA\text{-}sk_{GID,L_{i,j}}$。若$u\text{-}CA\text{-}pk_{GID,d}$不可用，则终止。

挑战阶段：攻击者$\mathcal{A}$提交两个等长的消息M_0和M_1，然后挑战者$\mathcal{B}$随机选择$b \in \{0,1\}$，并在访问结构W^*下加密M_b，生成密文CT_{W^*}，并将其发送给攻击者$\mathcal{A}$。

密钥查询阶段 2：类似密钥查询阶段 1，攻击者$\mathcal{A}$继续向挑战者$\mathcal{B}$提交一系列属性列表，其限制与密钥查询阶段 1 相同。

猜测阶段：攻击者$\mathcal{A}$输出值$b' \in \{0,1\}$作为对 b 的猜测。如果$b' = b$，我们称攻击者$\mathcal{A}$赢了该游戏。攻击者$\mathcal{A}$在该游戏中的优势定义为$Adv_{\mathcal{A}} = |\Pr[b' = b] - \frac{1}{2}|$。

定义 9.5 若无多项式时间内的攻击者以不可忽略的优势来攻破上述安全模型，则称本节所提出的多 CA 多 AA 的属性基加密方案在选择明文攻击下是选择安全的。

9.4.3 方案设计

（1）系统初始化

$GlobalSetup(\lambda) \to GPK$：该算法选择两个阶为素数 p 的循环群$\mathbb{G}$和$\mathbb{G}_T$，g是循环群$\mathbb{G}$的生成元，并且存在有效的双线性映射$e{:}\mathbb{G} \times \mathbb{G} \to \mathbb{G}_T$。随机选择$h \in \mathbb{G}$，然后选择一个存在性不可伪造的签名方案$\Sigma_{\text{sign}} = (KeyGen, Sign, Verify)$，输出系统的全局公共参数$GPK = (p, g, h, \mathbb{G}, \mathbb{G}_T, e, \Sigma_{\text{sign}})$。考虑简洁因素，以下算法输入中省略全局公共参数 GPK。

$CASetup(d) \to (CA\text{-}PK_d, CA\text{-}V\text{-}PK_d, CA\text{-}MSK_d)$：每一个 CA_d 运行 Σ_{sign} 中的 $KeyGen$ 算法得到签名密钥对$(SignKey_d, VerifyKey_d)$，随机选择 $y_d \in \mathbb{Z}_p^*$ 并计算 $Y = e(g,h)^{y_d}$。CA_d 设置其公钥 $CA\text{-}PK_d = Y = e(g,h)^{y_d}$，$CA\text{-}V\text{-}PK_d = VerifyKey_d$ 和主私钥 $CA\text{-}MSK_d = (y_d, SignKey_d)$。

$AASetup(k, U_k) \to (AA\text{-}PK_k, AA\text{-}V\text{-}PK_k, AA\text{-}MSK_k)$：对于每个 $att_i \in U_k$，AA_k 随机选择$\{t_{i,j} \in \mathbb{Z}_p^*\}_{1 \leqslant j \leqslant n_i}$，并计算$T_{i,j} = g^{t_{i,j}}$；然后随机选择$\{\tau_{k,d} \in \mathbb{Z}_p^* \mid d \in \mathbb{D}\}$，并计算$V_{k,d} = g^{\tau_{k,d}}$。$\text{AA}_k$ 设定其主私钥 $AA\text{-}MSK_k = (\{t_{i,j} \mid att_i \in U_k\}, \{\tau_{k,d} \mid d \in \mathbb{D}\})$ 和公钥 $AA\text{-}PK_k = \{T_{i,j} \mid att_i \in U_k\}$，$AA\text{-}V\text{-}PK_k = \{V_{k,d} \mid d \in \mathbb{D}\}$，其中$1 \leqslant j \leqslant n_i$。

（2）私钥生成

$CAKeyGen(GID, CA\text{-}MSK_d, \{AA\text{-}V\text{-}PK_k \mid k \in \mathbb{K}\}) \to (u\text{-}CA\text{-}pk_{GID,d}, u\text{-}CA\text{-}sk_{GID,d})$：数据用户将全局唯一身份标识 GID 发送给 CA_d 进行身份密钥申请。CA_d 首先随机选择

$r_{GID,d} \in \mathbb{Z}_p^*$ 并计算 $u\text{-}CA\text{-}sk_{GID,d} = K_{GID,d} = h^{y_d + r_{GID,d}}$，$L_{GID,d} = g^{r_{GID,d}}$ 和 $\{\Delta_{GID,d,k} = V_{k,d}^{r_{GID,d}} \mid k \in \mathbb{K}\}$，然后通过签名算法计算获得 $\psi_{GID,d} = Sign(SignKey_d, GID \| d \| L_{GID,d} \| \Delta_{GID,d,1} \| \cdots \| \Delta_{GID,d,K})$，最后输出 $u\text{-}CA\text{-}sk_{GID,d} = K_{GID,d}$ 和 $u\text{-}CA\text{-}pk_{GID,d} = (GID, d, L_{GID,d}, \psi_{GID,d}, \{\Delta_{GID,d,k} \mid k \in \mathbb{K}\})$。

$AAKeyGen(\{CA\text{-}V\text{-}PK_d \mid d \in \mathbb{D}\}), AA\text{-}MSK_k, \{u\text{-}CA\text{-}pk_{GID,d} \mid d \in \mathbb{D}\}, L_{i,j}) \rightarrow u\text{-}AA\text{-}sk_{GID,L_{i,j}}$：用户 GID 向相关属性机构 AA_k 提交属性 $L_{i,j} \in L$ 和 $\{u\text{-}CA\text{-}pk_{GID,d} \mid d \in \mathbb{D}\}$ 请求属性密钥时，AA_k 首先拆分 $\{u\text{-}CA\text{-}pk_{GID,d} \mid d \in \mathbb{D}\}$ 并验证签名 $\psi_{GID,d}$ 的合法性，同时验证 $e(g, \Delta_{GID,d,k}) = e(V_{k,d}, L_{GID,d}) \neq 1$ 是否成立。假设 $L_{i,j} = v_{i,j}$，若验证成功，则计算

$$u\text{-}AA\text{-}sk_{GID,d,L_{i,j}} = (\Delta_{GID,d,k})^{\frac{t_{i,j}}{\tau_{k,d}}} = (V_{k,d}^{r_{GID,d}})^{\frac{t_{i,j}}{\tau_{k,d}}} = ((g^{\tau_{k,d}})^{r_{GID,d}})^{\frac{t_{i,j}}{\tau_{k,d}}} = (g^{t_{i,j}})^{r_{GID,d}} = T_{i,j}^{r_{GID,d}}$$

然后 AA_k 输出属性密钥。

$$u\text{-}AA\text{-}sk_{GID,L_{i,j}} = \prod_{d=1}^{D} u\text{-}AA\text{-}sk_{GID,d,L_{i,j}} = \prod_{d=1}^{D} T_{i,j}^{r_{GID,d}} = T_{i,j}^{\sum_{d=1}^{D} r_{GID,d}}$$

最后，用户 GID 的解密密钥定义为

$$SK_{GID} = (\{u\text{-}CA\text{-}sk_{GID,d}, u\text{-}CA\text{-}pk_{GID,d} \mid d \in \mathbb{D}\}, \{u\text{-}AA\text{-}sk_{GID,L_{i,j}} \mid L_{i,j} \in L\})$$

（3）数据加密

$Encrypt(\{AA\text{-}PK_k\}, \{CA\text{-}PK_d \mid d \in D\}, M, W) \rightarrow CT_W$：假设 $W_i = v_{i,j}$，数据拥有者基于访问结构 $W = \wedge_{i \in I_W} W_i$ 加密明文 $M \in \mathbb{G}_T$，其随机选择 $s \in \mathbb{Z}_p^*$ 并计算 $C_0 = M \cdot (\prod_{d=1}^{D} e(g,h)^{y_d})^s$，$C_1 = g^s$ 和 $C_2 = h^s(\prod_{i \in I_W} T_{i,j})^s$，输出密文 $CT_W = (W, C_0, C_1, C_2)$。

（4）数据解密

$Decrypt(CT_W, SK_{GID}) \rightarrow M$：数据用户用解密私钥 SK_{GID} 解密密文 CT_W，其首先判断 $L \models W$ 是否成立，若不成立，则解密失败，输出 $\perp$。若成立，数据用户计算

$$u\text{-}CA\text{-}sk_{GID} = \prod_{d=1}^{D} u\text{-}CA\text{-}sk_{GID,d} = h^{\sum_{d=1}^{D} y_d + r_{GID,d}} = h^{y + r_{GID}}$$

$$L_{GID} = \prod_{d=1}^{D} L_{GID,d} = g^{\sum_{d=1}^{D} r_{GID,d}} = g^{r_{GID}}$$

其中，$y = \sum_{d=1}^{D} y_d$，$r_{GID} = \sum_{d=1}^{D} r_{GID,d}$。

所以，$u\text{-}AA\text{-}sk_{GID,L_{i,j}} = T_{i,j}^{\sum_{d=1}^{D} r_{GID,d}} = T_{i,j}^{r_{GID}}$。

然后数据用户计算

$$AK = u\text{-}CA\text{-}sk_{GID} \cdot \prod_{i \in I_W} u\text{-}AA\text{-}sk_{GID,L_{i,j}} = h^{y+r_{GID}} \cdot \prod_{i \in I_W} T_{i,j}^{r_{GID}}$$

最终计算获得明文消息。

$$M = \frac{C_0 \cdot e(L_{GID}, C_2)}{e(AK, C_1)}$$

正确性分析：若 $L|=W$，则明文消息 M 能够正确获得。假设 $L_i=v_{i,j}$，正确性验证过程如下。

$$M = \frac{C_0 \cdot e(L_{GID}, C_2)}{e(AK, C_1)} = \frac{C_0 \cdot e(g^{r_{GID}}, h^s(\prod_{i \in I_W} T_{i,j})^s)}{e(h^{y+r_{GID}} \cdot \prod_{i \in I_W} T_{i,j}^{r_{GID}}, g^s)} =$$

$$\frac{M \cdot (\prod_{d=1}^{D} e(g,h)^{y_d})^s \cdot e(g^{r_{GID}}, h^s) \cdot e(g^{r_{GID}}, (\prod_{i \in I_W} T_{i,j})^s)}{e(h^y, g^s) \cdot e(h^{r_{GID}}, g^s) \cdot e(\prod_{i \in I_W} T_{i,j}^{r_{GID}}, g^s)} =$$

$$\frac{M \cdot (\prod_{d=1}^{D} e(g,h)^{y_d})^s}{e(h^y, g^s)} = \frac{M \cdot e(g,h)^{s \cdot \sum_{d=1}^{D} y_d}}{e(h,g)^{ys}} = M$$

9.4.4 安全性证明

本小节基于 DBDH 假设在标准模型下给出所提方案的选择明文攻击安全性证明。

定理 9.5 若 DBDH 假设在群 $\mathbb{G}$ 和 $\mathbb{G}_T$ 中成立且签名方案 Σ_{sign} 是存在性不可伪造的，那么没有选择明文攻击的攻击者能够在多项式时间内以不可忽略的优势攻破本节所提方案。

证明 在本节方案中，为防止恶意用户间共用 $L_{GID,d} = g^{r_{GID,d}}$ 合谋攻击，同时防止恶意用户与腐化的 CA_d 合谋滥用 $L_{GID,d} = g^{r_{GID,d}}$，首先 CA_d 计算 $L_{GID,d} = g^{r_{GID,d}}$，然后给出 $\{\Delta_{GID,d,k} = V_{k,d}^{r_{GID,d}} \mid k \in \mathbb{K}\}$ 以展示自己知道 $r_{GID,d}$，最后通过一个存在性不可伪造签名算法将其签名 $\psi_{GID,d}$ 传递给数据用户，防止了上述合谋攻击的发生。

若攻击者 $\mathcal{A}$ 能以优势 $\varepsilon = Adv_{\mathcal{A}}$ 攻破本节方案，那么挑战者 $\mathcal{B}$ 能够以不可忽略的优势 $\frac{\varepsilon}{2}$ 攻破 DBDH 假设。挑战者 $\mathcal{B}$ 输入随机 DBDH 挑战 (g, g^a, g^b, g^c, Z)，其中 Z 是 $\mathbb{G}_T$ 中的随机元素或者是 $e(g,g)^{abc}$。不失一般性，我们假定 $v \in \{0,1\}$，如果 $v=0$，那么 $Z = e(g,g)^{abc}$；如果 $v=1$，那么 Z 是随机值。挑战者 $\mathcal{B}$ 与攻击者 $\mathcal{A}$ 可以按如下

步骤模拟交互游戏过程。

系统初始化：攻击者 $\mathcal{A}$ 选择将要挑战的访问结构 $W^* = \Lambda_{i\in I_{W^*}} W_i$，其中，指定的下标索引集合为 I_{W^*}，然后将其传送给挑战者 $\mathcal{B}$。不失一般性，假设只有中央授权机构 CA_1 和属性授权机构 AA_1 是忠实的，不会泄露身份密钥和属性密钥。同时设定 AA_1 管理属性域 U_1 的下标集合为 I_{AA_1}，并且需满足 $I^* = I_{AA_1} \cap I_{W^*} \neq \varnothing$。

参数设置阶段：挑战者 $\mathcal{B}$ 选取 $u \in \mathbb{Z}_p^*$ 并计算 $h=g^u$ 和 $CA\text{-}PK_1 = Y = e(g^a,(g^b)^u) = e(g,h)^{ab}$，这里隐含设置 $y_1=ab$。对于 $2 \leqslant d \leqslant K$，随机选择 $y_d \in \mathbb{Z}_p^*$ 并计算 $CA\text{-}PK_d = Y = e(g,h)^{y_d}$。然后挑战者 $\mathcal{B}$ 选取存在性不可伪造的签名算法 $\sum_{\text{sign}}=(KeyGen,Sign,Verify)$，根据该签名算法生成签名密钥对 $\{SignKey_d, VerifyKey_d \mid d \in \mathbb{D}\}$，并设置公钥 $CA\text{-}V\text{-}PK_d = VerifyKey_d$ 和主私钥 $CA\text{-}MSK_d = \{y_d, SignKey_d \mid 2 \leqslant d \leqslant D\}$。对于 $CA\text{-}MSK_1$，挑战者 $\mathcal{B}$ 只知道 $SignKey_1$，而不知道 $y_1 = ab$。对于每个 $att_i \in U$，挑战者 $\mathcal{B}$ 随机选择 $\{t'_{i,j} \in \mathbb{Z}_p^*\}_{1\leqslant i\leqslant n, 1\leqslant j\leqslant n_i}$。如果 $i \in I^*$，假设 $W_i = v_{i,j}$，令 $t_{i,j} = t'_{i,j}$ 并计算 $T_{i,j} = g^{t'_{i,j}}$；如果 $i \notin I^*$，令 $t_{i,j} = bt'_{i,j}$ 并计算 $T_{i,j} = (g^b)^{t'_{i,j}}$。挑战者 $\mathcal{B}$ 随机选择 $\{\tau_{k,d} \in \mathbb{Z}_p^* \mid d \in \mathbb{D}\}$ 并计算 $V_{k,d} = g^{\tau_{k,d}}$。设定其主私钥 $AA\text{-}MSK_k = (\{t_{i,j} \mid att_i \in U_k\}, \{\tau_{k,d} \mid d \in \mathbb{D}\})$ 和公钥 $AA\text{-}PK_k = \{T_{i,j} \mid att_i \in U_k\}$，$AA\text{-}V\text{-}PK_k = \{V_{k,d} \mid d \in \mathbb{D}\}$，其中 $1 \leqslant i \leqslant n$，$1 \leqslant j \leqslant n_i$。最后，挑战者 $\mathcal{B}$ 将相关公钥参数 $\{CA\text{-}PK_d, CA\text{-}V\text{-}PK_d \mid d \subset \mathbb{D}\}$、$\{AA\text{-}PK_k, AA\text{-}V\text{-}PK_k \mid k \in \mathbb{K}\}$ 和腐化的私钥参数 $\{CA\text{-}MSK_d \mid d \subset \mathbb{D}, d \neq 1\}$、$\{AA-MSK_k \mid k \in \mathbb{K}, k \neq 1\}$ 发送给攻击者 $\mathcal{A}$。

密钥查询阶段 1：攻击者 $\mathcal{A}$ 在满足 $L \cup (\cup_{k\in\mathbb{K},k\neq 1} U_k) |\neq W^*$ 的条件下提供全局唯一标识符 GID 进行私钥询问。因为 $I^* = I_{AA_1} \cap I_{W^*} \neq \varnothing$，所以 $I^* \not\subset I_L$，其中 L 下标集合为 I_L。根据上述条件所知，一定存在 $\{v_{i,j} = L_i \mid i \in I^*\}$ 且 $\{v_{i,j} \neq W_i \mid i \in I^*\}$。

（1）身份密钥询问：当 $d=1$ 时，设置 $\sum_{v_{i,j\in L}} t_{i,j} = X_1 + bX_2$，其中 $X_1, X_2 \in \mathbb{Z}_p$。这里，$X_1, X_2$ 可以通过 $t'_{i,j}$ 值的和计算获得。然后挑战者 $\mathcal{B}$ 随机选择 $\beta \in \mathbb{Z}_p$ 并设置 $r_{GID,1} = \dfrac{\beta - ua}{X_2}$，按下述方式询问私钥。

$$u\text{-}CA\text{-}sk_{GID,1} = K_{GID,1} = h^{ab+r_{GID,1}} = (g^u)^{ab}(g^u)^{\frac{\beta-ua}{X_2}} = (g^{ab})^u g^{\frac{\beta u}{X_2}} (g^a)^{\frac{-u^2}{X_2}}$$

$$L_{GID,1} = g^{r_{GID,1}} = g^{\frac{\beta-ua}{X_2}} = g^{\frac{\beta}{X_2}} (g^a)^{\frac{-u}{X_2}}$$

$$\{\Delta_{GID,1,k} = V_{k,1}^{r_{GID,1}} = (g^{\tau_{k,1}})^{\frac{\beta-ua}{X_2}} = (g^{\tau_{k,1}})^{\frac{\beta}{X_2}} (g^a)^{\frac{-u\tau_{k,1}}{X_2}} \mid k \in \mathbb{K}\}$$

接着挑战者$\mathcal{B}$计算签名$\psi_{GID,1} = Sign(SignKey_1, GID\|1\|L_{GID,1}\|\Delta_{GID,1,1}\|\cdots\|\Delta_{GID,1,K})$。最后令$u\text{-}CA\text{-}pk_{GID,1} = (GID, 1, L_{GID,1}, \psi_{GID,1}, \{\Delta_{GID,1,k} \mid k \in \mathbb{K}\})$。

当$2 \leqslant d \leqslant D$时，攻击者$\mathcal{A}$腐化了相应的中央机构，所以其可以随意获取身份密钥。此时，挑战者$\mathcal{B}$只需随机选择$r_{GID,d}$并计算相应身份密钥。

（2）属性密钥询问：攻击者$\mathcal{A}$向挑战者$\mathcal{B}$提交属性$L_{i,j} \in L$和$\{u\text{-}CA\text{-}pk_{GID,d} \mid d \in \mathbb{D}\}$请求属性密钥时，挑战者$\mathcal{B}$首先拆分$\{u\text{-}CA\text{-}pk_{GID,d} \mid d \in \mathbb{D}\}$并验证签名$\psi_{GID,d}$的合法性，然后验证$e(g, \Delta_{GID,d,k}) = e(V_{k,d}, L_{GID,d}) \neq 1$是否成立。假设$L_{i,j} = v_{i,j}$，若验证成功，则挑战者$\mathcal{B}$计算

$$u\text{-}AA\text{-}sk_{GID,1,L_{i,j}} = T_{i,j}^{r_{GID,1}} = T_{i,j}^{\frac{\beta - ua}{X_2}} = (g^{t_{i,j}})^{\frac{\beta - ua}{X_2}} = (g^{t_{i,j}})^{\frac{\beta}{X_2}}((g^a)^{t_{i,j}})^{\frac{-u}{X_2}}$$

$$\{u\text{-}AA\text{-}sk_{GID,d,L_{i,j}} = (\Delta_{GID,d,k})^{\frac{t_{i,j}}{\tau_{k,d}}} = (V_{k,d}^{r_{GID,d}})^{\frac{t_{i,j}}{\tau_{k,d}}} = ((g^{\tau_{k,d}})^{r_{GID,d}})^{\frac{t_{i,j}}{\tau_{k,d}}} = (g^{t_{i,j}})^{r_{GID,d}} = T_{i,j}^{r_{GID,d}} \mid 2 \leqslant d \leqslant D\}$$

然后，挑战者$\mathcal{B}$输出属性密钥。

$$u\text{-}AA\text{-}sk_{GID,L_{i,j}} = (g^{t_{i,j}})^{\frac{\beta}{X_2}}((g^a)^{t_{i,j}})^{\frac{-u}{X_2}}\prod_{d=2}^{D} T_{i,j}^{r_{GID,d}} = (g^{t_{i,j}})^{\frac{\beta}{X_2}}((g^a)^{t_{i,j}})^{\frac{-u}{X_2}}(g^{t_{i,j}})^{\sum_{d=2}^{D} r_{GID,d}}$$

挑战阶段：攻击者$\mathcal{A}$提交两个等长的消息M_0和M_1，挑战者$\mathcal{B}$随机选择参数$b \in \{0,1\}$生成挑战密文$C_0^* = M_b \cdot Z^u \prod_{d=2}^{D} e(g^c, h)^{y_d}$，$C_2^* = (g^c)^u (g^c)^{\sum_{i \in I_W} t_{i,j}}$和$C_1^* = g^c$。最后，挑战者$\mathcal{B}$将$CT_W^* = (W^*, C_0^*, C_1^*, C_2^*)$发送给攻击者$\mathcal{A}$。

当$Z = e(g,g)^{abc}$时，密文$CT_{W^*} = (W^*, C_0^*, C_1^*, C_2^*)$是明文消息$M_b$的合法密文；当$Z$是$\mathbb{G}_T$中随机元素时，在攻击者眼中$CT_{W^*}$是随机消息的密文。

密钥查询阶段2：与密钥查询阶段1情况相同。

猜测阶段：攻击者$\mathcal{A}$输出值$b' \in \{0,1\}$作为对b的猜测。如果$b' = b$，挑战者$\mathcal{B}$输出0，表示猜测$Z = e(g,g)^{abc}$；否则，输出1，表示猜测Z为群$\mathbb{G}_T$中的随机元素。这两种情况如下所述。

（1）当$Z = e(g,g)^{abc}$时，即$v = 0$。$CT_{W^*} = (W^*, C_0^*, C_1^*, C_2^*)$是一个可用的密文，也就是说，挑战者$\mathcal{B}$能够提供一个有效的仿真。攻击者$\mathcal{A}$的优势为$\varepsilon = Adv_{\mathcal{A}}$。因此得出

$$\Pr[\mathcal{B}(g, g^a, g^b, g^c, e(g,g)^{abc}) = 0] = \frac{1}{2} + Adv_{\mathcal{A}}$$

（2）当Z为群$\mathbb{G}_T$中的随机元素时，即v=1。这时，M_b对于攻击者来说是完全

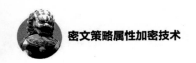

随机的，可以得出

$$\Pr[\mathcal{B}(g,g^a,g^b,g^c,Z)=0]=\frac{1}{2}$$

因此，能够得到

$$Adv_{\mathcal{B}}=\frac{1}{2}\Pr[\mathcal{B}(g,g^a,g^b,g^c,e(g,g)^{abc})=0]+\frac{1}{2}\Pr[\mathcal{B}(g,g^a,g^b,g^c,Z)=0]-\frac{1}{2}=$$
$$\frac{1}{2}(\frac{1}{2}+Adv_{\mathcal{A}})+\frac{1}{2}\cdot\frac{1}{2}-\frac{1}{2}=\frac{Adv_{\mathcal{A}}}{2}=\frac{\varepsilon}{2}$$

也就是说，挑战者$\mathcal{B}$能够以不可忽略的优势$\frac{\varepsilon}{2}$攻破 DBDH 假设。基于上述过程，完成了本节方案的选择明文攻击的安全性证明。

注：本节在计算最后优势的时候没有考虑仿真过程终止情况的概率和，即没有考虑$\sum_{v_{i,j}\in L}t_{i,j}=\sum_{v_{i,j}\in L'}t_{i,j}$的概率。但这并不影响安全证明的正确性。

9.4.5　方案分析

本节主要在功能性、存储成本和计算效率方面将本节方案与 Liu[11]方案进行对比。对比过程中所使用描述符定义如下：$|g|$表示$\mathbb{G}$中数据元素的长度；$|g_T|$表示$\mathbb{G}_T$中数据元素的长度；$|I|$表示 LSSS 矩阵用于解密的行数；l 表示 LSSS 的总行数；n_k和n_a分别表示私钥和系统中属性数量；D 和 K 分别表示 CA 和 AA 的数量。

（1）功能比较

从表 9.3 中可以看出，Liu 方案使用了合数阶双线性群，达到了适应性安全；本节方案使用了素数阶双线性群，达到选择性安全。这种选择是安全与效率的一个平衡选择关系，冯登国研究员指出：“在目前属性密码构造中，方案的计算代价和通信代价往往都比较高。可以通过适当降低原有安全需求来提高效率，并且这种情况在实际应用中是可以接受的[18]”。所以，本节适当降低安全需求，选择高效的素数阶双线性群。本节基于简单假设 DBDH 完成方案的安全性证明，Liu 方案基于静态假设完成安全性证明。

为了提高方案效率，本节选择了 AND_m^* 访问结构，使本节方案具有固定密文长度和快速解密的能力，密文长度和解密计算量与属性数量无关，在解密阶段只需要两个对操作。AND_m^* 访问结构相对于 Liu 方案的 LSSS 访问结构在表达能力上稍有欠缺，但是在一般应用场景下，这种访问结构已经足够满足实际需求。

本节方案较 9.3 节方案基于简单假设完成安全证明，且方案由多个 CA 完成身份相关密钥的生成，所以本节方案具有更高的安全性，其他方面与 9.3 节方案类似。

表 9.3　多授权机构 ABE 方案功能对比

对比方案	双线性群	访问结构	安全假设	安全性	定长密文	解密对运算
Liu[11]	合数阶	LSSS	静态假设	适应性	否	$2\|I\|+1$
9.3 节方案	素数阶	AND_m^*	q-BDHE 假设	选择性	是	2
本节方案	素数阶	AND_m^*	DBDH	选择性	是	2

（2）存储成本

表 9.4 将本节方案与 Liu 方案进行了存储成本的对比。数据拥有者的存储成本主要来自于公钥。9.3 节方案、本节方案和 Liu 方案的公钥都随着属性总数 n_a、CA 总数 D 和(或)AA 总数 K 呈正相关增长。云存储服务提供商的存储成本主要来自于密文。Liu 方案中，密文长度与访问控制矩阵 LSSS 的行数 l 呈斜率为常数的线性增长关系。而 9.3 节方案和本节方案的密文长度与加密者指定的属性数量无关，其长度为 $2|g|+|g_T|$。数据用户的存储成本主要来自于其拥有的密钥。9.3 节方案、本节方案与 Liu 方案的密钥长度与用户申请私钥所需的属性个数 n_k、CA 总数 D 和(或)AA 总数 K 呈正相关增长。另外，在计算存储成本的过程中，没有计算签名公私钥和对称加密的密文大小。

表 9.4　存储成本对比

对比方案	数据拥有者	云服务商	数据用户
Liu[11]	$(n_a+3)\|g\|+D\|g_T\|$	$(2l+1)\|g\|+\|g_T\|$	$(n_k+D(K+2))\|g\|$
9.3 节方案	$(2n_a+1)\|g\|$	$2\|g\|+\|g_T\|$	$(n_k+1)\|g\|$
本节方案	$(n_a+3)\|g\|+D\|g_T\|$	$2\|g\|+\|g_T\|$	$(n_k+D(K+2))\|g\|$

（3）计算效率

本节选择了 AND_m^* 访问结构，使本节方案具有固定密文长度和快速解密的能力，在加解密过程中只需要恒定的计算量就可完成相应操作，计算量与属性数量无关。其实验仿真过程与 9.3 节类似，这里不再赘述。

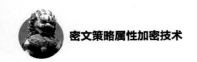

参考文献

[1] 唐强,姬东耀. 多授权中心可验证的基于属性的加密方案[J]. 武汉大学学报(理学版),2008,54(5):607-610.

[2] SAHAI A, WATERS B. Fuzzy identity-based encryption[C]//The International Conference on the Theory and Applications of Cryptographic Techniques. 2005: 457-473.

[3] CHASE M. Multi-authority attribute based encryption[C]//The International Conference on Theory of Cryptography Conference. 2007: 515-534.

[4] MÜLLER S, KATZENBEISSER R, ECKERT C, et al. Distributed attribute-based encryption[C]//The International Conference on Information Security and Cryptology. 2009:20-36.

[5] LI J, HUANG Q, CHEN X, et al. Multi-authority ciphertext-policy attribute-based encryption with accountability[C]//ACM Symposium on Information, Computer and Communications Security. 2011: 386-390.

[6] YANG K, JIA X, REN K, et al. DAC-MACS: effective data access control for multi-authority cloud storage systems[J]. IEEE Transactions on Information Forensics and Security, 2013, 8(11): 1790-1801.

[7] LIN H, CAO Z, LIANG X, et al. Secure threshold multi authority attribute based encryption without a central authority[C]//The International Conference on Cryptology. 2008: 426-436.

[8] CHASE M, CHOW S S M. Improving privacy and security in multi-authority attribute-based encryption[C]// ACM Conference on Computer and Communications Security. 2009: 121-130.

[9] LEWKO A, WATERS B. Decentralizing attribute-based encryption[C]//The Annual International Conference on Theory and Applications of Cryptographic Techniques. 2011: 568-588.

[10] OKAMOTO T, TAKASHIMA K. Decentralized attribute-based signature[C]//The International Conference on Public Key Cryptology. 2013: 125-142.

[11] LIU Z, CAO Z, HUANG Q, et al. Fully secure multi-authority ciphertext-policy attribute-based encryption without random oracles[C]//European Symposium on Research in Computer Security. 2011: 278-297.

[12] 李琦, 马建峰, 熊金波, 等. 一种素数阶群上构造的自适应安全的多机构 CP-ABE 方案[J]. 电子学报, 2014, 42(4): 696-702.

[13] ROUSELAKIS Y, WATERS B. Efficient statically-secure large-universe multi-authority attribute-based encryption[C]//The International Conference on Financial Cryptography and Data Security. 2015: 315-332.

[14] ZHONG H, ZHU W, XU Y, et al. Multi-authority attribute-based encryption access control scheme with policy hidden for cloud storage[J]. Soft Computing, 2016: 1-9.

[15] WANG W, QI F, WU X, et al. Distributed multi-authority attribute-based encryption scheme for

friend discovery in mobile social networks[J]. Procedia Computer Science, 2016, 80(C): 617-626.

[16] YANG Y, CHEN X, CHEN H, et al. Improving privacy and security in decentralizing multi-authority attribute-based encryption in cloud computing[J]. IEEE Access, 2018, 6: 18009-18021.

[17] LEWKO A, WATERS B. New techniques for dual system encryption and fully secure HIBE with short ciphertexts[C]//TCC 2010. 2010: 455-479.

[18] 冯登国, 陈成. 属性密码学研究[J]. 密码学报, 2014, 1(1): 1-12.

[19] LYNN B. The pairing-based cryptography (PBC) library[EB].

[20] BETHENCOURT J, SAHAI A, WATERS B. Advanced crypto software collection: the cpabetoolkit[EB].

第10章
支持计算外包的 CP-ABE 方案

计算外包即将 CP-ABE 方案中的密钥生成、加密和解密等计算进行外包，节省系统的计算和通信资源，提高系统性能。本章首先介绍 4 个经典的支持计算外包的 CP-ABE 方案，然后基于经典方案的研究分析，对其进行功能扩展，提出支持加解密外包的 CP-ABE 方案和支持完全外包的 CP-ABE 方案。

CP-ABE 方案能够有效地解决数据机密性和密文访问控制灵活性之间的冲突，使其在云存储环境中得到了广泛应用。但 CP-ABE 的加解密过程需要大量的群指数运算和双线性对操作，随着移动互联网和移动智能终端的快速发展，使用移动终端访问云存储系统中的数据成为一种趋势，而移动智能终端受限的计算资源和电量资源致使其不能承载过大的计算负担和通信负担。因此，研究支持计算外包的 CP-ABE 方案具有重要的意义。本章首先详细介绍了几个经典的支持计算外包的 CP-ABE 方案；然后，提出一种可验证的加解密外包 CP-ABE 方案，并给出该方案的安全性证明；其次，为进一步实现完全外包，提出一种可验证的完全外包 CP-ABE 方案，并给出方案的正确性分析和安全性证明；最后理论分析与实验表明本章方案实现了密钥生成、加密和解密的外包计算功能，并且支持外包结果的正确性验证，在移动云存储中有着广泛的应用前景。

10.1 引言

计算外包技术可以有效减少属性机构和用户的计算负担。其基本思想是利用外部计算资源承担一定的计算量以减少本地的计算量。该技术虽然提高了计算效率，但导致 CP-ABE 方案变得更加复杂。一方面，用户在计算外包过程中不希望云服务器知道用户数据的隐私；另一方面，云服务器可能是“懒惰”的，为了节省计算或带宽资源，其只计算部分操作并返回错误的结果，而错误的解密结果可能会导致严重后果，如医疗事故。因此，解决以下问题至关重要：如何防止云服务商获得用户数据隐私；如何验证云服务商返回结果的正确性。依据 CP-ABE 方案中哪些计算工作需要外包，可以将其外包工作分为私钥生成计算外包、加密计算外包和解密计算外包。

针对解密计算外包技术，Green 等[1]于 2011 年构造一种解密运算外包的 CP-ABE 方案，该方案在解密过程中首先将密文传送给解密外包服务器，解密外包服务器对密文进行一次密文转换获得中间密文再传送给用户，达到降低本地解密计算量的目的。自从 Green 等[1]提出支持解密计算外包的 CP-ABE 方案后，一些改进的 CP-ABE 方案相继被提出。例如，Lai 等[2]于 2013 年提出可验证外包解密的 CP-ABE 方案；Asim 等[3]提出同时支持加密和解密计算外包的 CP-ABE 方案；以及基于文献[1]的其他方案[4-7]等都已经提出解密外包。Li 等[8]在 2017 年提出一种新奇的可验证外包解密的 CP-ABE 方案。该方案的密文长度恒定与访问结构复杂度无关，但其表达能力有限。这些方案的解密外包思想为：在保证不泄露任何数据隐私的前提下，解密用户或授权机构通过用户私钥 SK 构造转换密钥 TK 和取回密钥 RK ，然后解密云服务商通过 TK 解密原始密文获得一个 ElGamal 密文，完成部分解密工作；接下来，相应的用户通过取回密钥 RK 仅仅需要简单的计算就可以获取明文数据。上述方案中，只有文献[2]和文献[6]方案支持外包解密结果的可验证性，它们通过在需要加密信息后面增加一系列冗余信息，并使用这些冗余信息检查解密结果的正确性。

针对私钥生成计算外包和加密外包，相关的研究方案较少。Li 等[9]于 2012 年通过 MapReduce 实现了 CP-ABE 方案中数据加密的外包计算，且支持树形访问结构，具有丰富的表达能力。同年，Zhou 等[4]提出一种同时支持加密和解密计算外包的 CP-ABE 方案。这两种方案加密外包的思想是：将关联密文的访问结构分成“AND”门连接的两部分子访问结构，然后将一部分访问结构的加密任务外包给加密服务提供商，用户只需完成一个属性的加密任务，通过该方法隐藏随机盲化因子 s 完成加密外包。但是，上述方案的访问结构只能支持根节点为与门的访问树，与实际应用情况不符。Li 等[5]于 2013 年提出一种支持私钥生成和解密外包的 CP-ABE 方案，但其无法实现外包计算结果的可验证性。Li 等[6]于 2014 年构造了一个支持可验证性的安全外包 CP-ABE 方案，密钥生成服务提供商与属性机构联合为用户分发私钥。Asim 等[3]构建了一个外包加密和外包解密的 CP-ABE 方案。该方案的数据拥有者和数据用户都包含两个独立的代理方为他们执行相关的计算工作。Fan 等[10]在 2017 年构造了一个支持验证外包的多授权机构 CP-ABE 方案。该方案将大部分加密和解密计算任务外包给雾节点，以减轻用户的计算负担。

上述方案都没有实现完全外包，即将私钥生成、加密和解密计算同时外包给第三方。Zhang 等[11]在 2017 年提出一种完全外包 CP-ABE 方案，即将密钥生成、加密和解密都外包给云服务商，并且完成了方案的安全性证明。但该方案没有提出如何验证转换密文的正确性，即无法完成外包计算正确性的验证，而可验证性对于正确计算至关重要。

10.2 几个经典的支持计算外包的 CP-ABE 方案

10.2.1 Green-Hohenberger-Waters 的计算外包 CP-ABE 方案

CP-ABE 方案能够有效地解决数据机密性和密文访问控制灵活性之间的冲突，使其在云存储环境中得到了广泛应用。但 CP-ABE 方案在各阶段需要大量的双线性对操作和模指数运算。目前，移动云存储、大数据、物联网等技术的高速发展导致移动设备和数据量急剧增长，而移动设备的计算能力和电池技术发展较慢，所以持有移动设备的用户难以承担强表达性 CP-ABE 方案的繁重计算任务，致使 CP-ABE 方案难以在移动云存储环境得到广泛应用。为解决该问题，相关学者提出一系列基于计算外包的 CP-ABE 方案。

Green 等[1]构造一种解密外包的 CP-ABE 方案。该方案在保证不泄露任何数据隐私的前提下，授权机构通过用户私钥 SK 构造转换密钥 TK 和取回密钥 RK ，然后解密云服务商通过 TK 解密原始密文获得一个 ElGamal 密文，完成部分解密工作；接下来，相应的用户通过取回密钥 RK 仅仅需要简单的计算就可以获取明文数据。下面分别从方案定义、安全模型、方案设计和安全性证明 4 个方面介绍该方案。

10.2.1.1 方案定义

（1）$Setup(\lambda,U)$：属性机构执行该算法，其以安全参数 λ 和属性集合 U 为输入，输出系统公钥 PK 和主私钥 MK 。

（2）$Encrypt(PK,M,\mathbb{A})$：数据拥有者执行该算法，其以属性机构的公钥 PK 、明文 M 和访问结构 $\mathbb{A}$ 为输入，输出密文 CT 。

（3）$KeyGen_{out}(MK,S)$：属性机构执行该算法，其以系统主私钥 MK 和属性集合 S 为输入，输出用户私钥 SK 和转换密钥 TK 。

（4）$Transform(TK,CT)$：该算法以转换密钥 TK 和密文 CT 为输入，若 S 满足 $\mathbb{A}$，输出部分解密密文 CT' ；否则输出终止符 $\perp$ 。

（5）$Decrypt_{out}(CT',SK)$：数据用户执行该算法，其以部分解密密文 CT' 和用户私钥为输入，输出明文消息 M 或者终止符 $\perp$ 。

10.2.1.2　安全模型

系统初始化：攻击者 $\mathcal{A}$ 将要挑战的访问结构 $\mathbb{A}^*$ 传送给挑战者 $\mathcal{C}$ 。

参数设置阶段：挑战者 $\mathcal{C}$ 执行 $Setup$ 算法，而后将系统公钥 PK 发送给攻击者 $\mathcal{A}$ 。

密钥查询阶段 1：挑战者 $\mathcal{C}$ 初始化空表 T 、空集合 D 和整数 $j=0$ 。攻击者 $\mathcal{A}$ 可以对属性集合 S 重复进行以下任何查询。

（1）$Create(S)$：挑战者 $\mathcal{C}$ 接收到属性集合 S 后，首先设置 $j:=j+1$，然后运行 $KenGen$ 算法获得关联属性集合 S 的私钥 SK 和转换密钥 TK ，最后将 (j,S,SK,TK) 存储在表 T 中。然后将转换密钥 TK 返回给攻击者。

注意：攻击者可以重复询问相同的属性集合 S ，其中 $f(\mathbb{A}^*,S)\neq 1$ 。

（2）$Corrupt(i)$：挑战者 $\mathcal{C}$ 验证第 i 个实体 (j,S,SK,TK) 是否已经存在于表 T 中。如果存在，设置 $D:=D\cup\{S\}$ 并且返回 SK ；否则返回终止符 $\perp$ 。

（3）$Decrypt(i,CT)$：挑战者 $\mathcal{C}$ 验证第 i 个实体 (j,S,SK,TK) 是否已经存在于表 T_0 中。如果存在，返回关于 (SK,CT) 的解密输出；否则返回终止符 $\perp$ 。

挑战阶段：攻击者 $\mathcal{A}$ 提交两个等长的明文信息 M_0 和 M_1，然后挑战者 $\mathcal{C}$ 选择 $b\in\{0,1\}$ 并基于挑战访问结构 $\mathbb{A}^*$ 和明文信息 M_b 。最后，挑战者 $\mathcal{C}$ 将密文 CT^* 发送给攻击者 $\mathcal{A}$ 。

密钥查询阶段 2：类似密钥查询阶段 1，攻击者 $\mathcal{A}$ 继续向挑战者 $\mathcal{C}$ 提交一系列属性列表。但依然要满足下列限制条件：$f(\mathbb{A}^*,S)\neq 1$ ，不能进行关于 M_0 和 M_1 的解密询问。

猜测阶段：攻击者 $\mathcal{A}$ 输出值 $b'\in\{0,1\}$ 作为对 b 的猜测。如果 $b'=b$ ，我们称攻击者 $\mathcal{A}$ 赢得了该游戏。攻击者 $\mathcal{A}$ 在该游戏中的优势定义为 $Adv_{\mathcal{A}}^{\text{CPA}}(\lambda)=\left|\Pr[b=b']-\frac{1}{2}\right|$ 。

定义 10.1　若无多项式时间内的攻击者能够以不可忽略的优势来攻破上述安全模型，则上述解密外包 CP-ABE 方案是 RCCA 安全。

10.2.1.3　方案设计

（1）$Setup(\lambda,U)$：该算法以安全参数λ和属性集合U为输入。为使方案更加具有普）适性，假设属性集合为$U=\{0,1\}^*$。该算法选择阶为素数p、生成元为g的群$\mathbb{G}$，哈希函数$F:\{0,1\}^*\to\mathbb{G}$，$H_1:\{0,1\}^*\to\mathbb{Z}_p$，$H_2:\{0,1\}^*\to\{0,1\}^k$，另外，选择随机指数$\alpha,a\in Z_p$。输出系统公钥$PK=\{g,g^a,e(g,g)^\alpha,F\}$和主私钥$MSK=\{g^\alpha,PK\}$。

（2）$Encryption(PK,m\in\{0,1\}^k,(\boldsymbol{M},\rho))$：该算法以系统公钥$PK$、明文消息$m$和访问结构$(\boldsymbol{M},\rho)$为输入。其中，$\boldsymbol{M}$是一个$l\times n$的矩阵，函数$\rho$将属性映射到矩阵$\boldsymbol{M}$的每一行。该算法随机选择$R\in\mathbb{G}_T$，然后计算$s=H_1(R,m)$和$r=H_2(R)$。该算法选择随机向量$\vec{v}=(s,v_2,\cdots,v_n)\in\mathbb{Z}_p^n$，其用于共享加密指数$s$。对于$i\in[1,l]$，计算$\lambda_i=\vec{v}\cdot\boldsymbol{M}_i$，其中，$\boldsymbol{M}_i$是矩阵$\boldsymbol{M}$的第$i$行。另外，该算法随机选择$r_1,\cdots,r_l\in Z_p$。最后，输出密文。

$$CT=\{(\boldsymbol{M},\rho),C=R\cdot e(g,g)^{\alpha s},C'=g^s,C''=m\oplus r,\{C_i=g^{a\lambda_i}\cdot F(\rho(i))^{-r_i},D_i=g^{r_i}\}_{i\in[1,l]}\}$$

（3）$KeyGen_{\text{out}}(MSK,S)$：该算法运行$KeyGen(MSK,S)$[12]获得

$$SK'=\{PK,K'=g^\alpha g^{at'},L'=g^{t'},\{K'_x=F(x)^{t'}\}_{x\in S}\}$$

然后，选择一个随机值$z\in\mathbb{Z}_p^*$；最后，计算转换密钥为$TK=\{PK,K=K'^{1/z}$，$L=L'^{1/z},\{K_x=K_x'^{1/z}\}_{x\in S}\}$，取回密钥为$SK=\{TK,z\}$。

（4）$Transform_{\text{out}}(TK,CT)$：该算法以关联属性集合$S$的转换密钥$TK=\{PK,K,L,\{K_x\}_{x\in S}\}$和关联访问结构$(\boldsymbol{M},\rho)$的密文$CT=\{C,C',C'',\{C_i,D_i\}_{i\in[1,l]}\}$为输入。若$S$不满足$(\boldsymbol{M},\rho)$，则算法输出终止符$\perp$。假设$S$满足$(\boldsymbol{M},\rho)$，定义$I\subset\{1,2,\cdots,l\}$为$I=\{i:\rho(i)\in S\}$。然后，令$\{w_i\in\mathbb{Z}_p\}_{i\in I}$是一个常数集合，若$\{\lambda_i\}$是基于$\boldsymbol{M}$的秘密值$s$的有效共享，那么满足$\sum_{i\in I}w_i\lambda_i=s$。该转换算法计算

$$\frac{e(C',K)}{(e(\prod_{i\in I}C_i^{w_i},L)\cdot\prod_{i\in I}e(D_i^{w_i},K_{\rho(i)}))}=\frac{e(g,g)^{s\alpha/z}e(g,g)^{ast}}{\prod_{i\in I}e(g,g)^{ta\lambda_i w_i}}=e(g,g)^{s\alpha/z}$$

最后，该算法输出部分解密密文$CT'=\{T_0=C,T_1=C'',T_2=e(g,g)^{s\alpha/z}\}$。

（5）$Decrypt_{\text{out}}(SK,CT)$：该算法以取回密钥$SK=\{TK,z\}$和密文$CT$为输入。若密文不是部分解密密文格式，则运行$Transform_{\text{out}}(TK,CT)$算法，若其输出终止符$\perp$，则该算法也输出终止符$\perp$。否则，计算$R=T_0/T_2^z$，$m=T_1\oplus H_2(R)$和$s=H_1(R,m)$。若$T_0=R.e(g,g)^{\alpha s}$，$T_2=e(g,g)^{\alpha s/z}$，输出$m$；否则，输出终止符$\perp$。

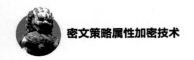

10.2.1.4　安全性证明

本小节基于文献[12]的 CP-ABE 方案给出上述方案的 RCCA 安全证明。

定理 10.1　假设文献[12]方案是 CPA 安全的，那么没有 RCCA 攻击者能够在多项式时间内以不可忽略的优势攻破上述方案。

证明　假设存在一个攻击者 $\mathcal{A}$ 能够以不可忽略的优势 ε 在选择性 RCCA 下攻破本小节方案，那么我们能够构建一个挑战者以不可忽略的优势攻破文献[12]的 CP-ABE 方案。文献[12]的 CP-ABE 方案基于判定性 q-PBDHE 假设完成安全性证明。

系统初始化：攻击者 $\mathcal{A}$ 选择一个需要挑战的访问结构 $(\boldsymbol{M}^*,\rho^*)$ 并发送给挑战者，然后挑战者将该访问结构发送给 Waters 方案的挑战者。

参数设置阶段：挑战者获得 Waters 方案的公钥 $PK=(g,e(g,g)^{\alpha},g^{a})$，并选择一个哈希函数 F。挑战者将这些参数发送给攻击者作为公钥参数。

密钥查询阶段 1：挑战者初始化空表 T,T_1,T_2，空集合 D 和一个整数 $j=0$。然后按下述方式回答攻击者的询问。

Random Oracle Hash $H_1(R,m)$：若表 T_1 中存在实体 (R,m,s)，则返回 s。否则，随机选择 $s\in Z_p$，在表 T_1 中记录 (R,m,s) 并返回 s。

Random Oracle Hash $H_2(R)$：若表 T_2 中存在实体 (R,r)，则返回 r。否则，随机选择 $r\in\{0,1\}^k$，在表 T_2 中记录 (R,r) 并返回 r。

$Creat(S)$：挑战者设置 $j:=j+1$。然后执行下述两种方式中的一种。

（1）若 S 满足 $(\boldsymbol{M}^*,\rho^*)$，则按如下方式选择一个"假"的转换密钥：随机选择 $d\in Z_p$ 并运行 $KenGen((d,PK),S)$ 获得 SK'。设置 $TK=SK'$，$SK=(d,TK)$。注意，(d,TK) 不是正常形式的，但是如果 d 被未知的值 $\delta=d/\alpha$ 代替，那么 TK 是合适的分布。

（2）否则，调用 Waters 的私钥询问预言机询问属性集合 S，获得私钥 $SK'=(PK,K',L',\{K'_x\}_{x\in S})$。该算法选择 $z\in\mathbb{Z}_p$ 并设置转换密钥 TK 为 $TK=(PK,K=K'^{1/z},L=L'^{1/z},\{K'_x\}_{x\in S}=\{K'^{1/z}_x\}_{x\in S})$，用户私钥为 (z,TK)。

最后，在表 T 中存储 (j,S,SK,TK) 并将 TK 返回给攻击者 $\mathcal{A}$。

$Corrupt(i)$：攻击者不能询问任何满足挑战访问结构 $(\boldsymbol{M}^*,\rho^*)$ 的私钥。挑战者验证第 i 个实体 (j,S,SK,TK) 是否已经存在于表 T 中。如果存在，设置 $D:=D\cup\{S\}$ 并且返回 SK；否则返回终止符 $\perp$。

$Decrypt(i,CT)$：不失一般性，假设该解密预言机的输入已经是部分解密密文。重新调用挑战者和攻击者访问所有创建私钥的转换密钥 TK，因此挑战者和攻击者都可以执行转换操作。令 $CT=(C_0,C_1,C_2)$ 是关联访问结构 $(\boldsymbol{M},\rho)$ 的密文，从表 T 中获得实体 (j,S,SK,TK)。如果不存在或者 S 不满足 $(\boldsymbol{M},\rho)$，返回终止符 $\perp$。如果值 i 不满足挑战访问结构 $(\boldsymbol{M}^*,\rho^*)$，按如下过程计算。

（1）解析 $SK=(z,TK)$，计算 $R=C_0/C_2^z$。

（2）从表 T_1 中获得实体 (R,m_i,s_i)。如果不存在，则将 $\perp$ 返回给攻击者 $\mathcal{A}$。

（3）若该集合中存在索引 $y\neq x$ 使在表 T_1 中存在 (R,m_y,s_y) 和 (R,m_x,s_x)，并且 $m_y\neq m_x$ 和 $s_y=s_x$，那么挑战者终止该仿真。

（4）否则，从表 T_2 中获得实体 (R,r)。若不存在，则挑战者输出终止符 $\perp$。

（5）对于每一个 i，测试 $C_0=R\cdot e(g,g)^{\alpha s_i}$，$C_1=m_i\oplus r$ 和 $C_2=e(g,g)^{\alpha s_i/z}$ 是否成立。

（6）如果存在一个 i 通过上述测试，输出明文 m_i；否则，输出终止符 $\perp$。（注意，最多存在一个索引 i 及相关值 s_i 能够通过上述测试。）

如果值 i 满足挑战访问结构 $(\boldsymbol{M}^*,\rho^*)$，按如下过程计算。

（1）解析 $SK=(d,TK)$，计算 $\beta=C_2^{1/d}$。

（2）对于表 T_1 中每一个实体 (R_i,m_i,s_i)，测试 $\beta=e(g,g)^{s_i}$ 是否成立。

（3）若没有匹配项，则挑战者输出终止符 $\perp$。

（4）若多于一个匹配项，则挑战者终止仿真。

（5）否则，令 (R,m,s) 是唯一的匹配项。在表 T_2 中获得实体 (R,r)。若不存在，则挑战者输出终止符 $\perp$。

（6）测试 $C_0=R\cdot e(g,g)^{\alpha s}$，$C_1=m\oplus r$ 和 $C_2=e(g,g)^{ds}$ 是否成立。

（7）若所有测试通过，则输出消息 m；否则输出终止符 $\perp$。

挑战阶段：攻击者 $\mathcal{A}$ 提交两个等长的消息 $m_0^*,m_1^*\in\{0,1\}^{2\times k}$。挑战者按如下过程计算。

（1）挑战者随机选择“消息” $(R_0,R_1)\in\mathbb{G}_T^2$ 并将它们传送给 Waters 挑战者获得关联 $(\boldsymbol{M}^*,\rho^*)$ 的密文 $CT=(C,C',\{C_i\}_{i\in[1,l]})$。

（2）挑战者随机选择 $C''\in\{0,1\}^k$。

（3）挑战者将挑战密文 $CT=(C,C',C'',\{C_i\}_{i\in[1,l]})$ 发送给攻击者 $\mathcal{A}$。

密钥查询阶段 2：挑战者继续按密钥查询阶段 1 进行响应询问，但满足下列限制条件：解密询问过程中不能响应 m_0^* 和 m_1^* 的询问。

猜测阶段：最后，攻击者 $\mathcal{A}$ 必须输出一个猜测或者终止，无论如何挑战者将忽视它。接下来，挑战者在表 T_1 和 T_2 查找是否 R_0 或 R_1 作为第一个元素出现在任何实体中。如果两者都出现或两者都没有出现，则挑战者输出一个随机位作为猜测。如果单个元素 R_b 出现，则挑战者输出 b 作为猜测。

10.2.2 Lai-Deng-Guan 的计算外包 CP-ABE 方案

自从 Green 等[1]提出支持解密外包的 CP-ABE 方案后，一些改进的解密外包 CP-ABE 方案相继被提出，但是该方案没有考虑外包解密的安全验证问题。为解决该问题，Lai 等[2]在文献[1]的基础上考虑外包解密的安全验证问题，提出一种支持可验证的解密外包 CP-ABE 方案。

另外，文献[1]的安全性证明是基于随机预言机模型完成的，而基于随机预言机模型完成的安全证明在现实应用环境中可能是不安全的，因此，Lai 等[2]修改了文献[1]的方案模型，使修改后的模型具有可验证性，同时对于所提方案的安全性证明不再依赖随机预言机模型。下面分别从方案定义、安全模型、方案设计和安全性证明 4 个方面介绍该方案。

10.2.2.1 方案定义

该算法包含以下 7 个多项式时间算法。

（1）$Setup(\lambda,U)$：该算法以安全参数 λ 和属性集合 U 为输入，输出系统公钥 PK 和主私钥 MSK。

（2）$KeyGen(PK,MSK,S)$：该算法以系统公钥 PK、系统主私钥 MSK 和属性集合 S 为输入，输出用户私钥 SK_S。

（3）$Encrypt(PK,M,\mathbb{A})$：该算法以属性机构的公钥 PK、明文 M 和访问结构 $\mathbb{A}$ 为输入，输出密文 CT。

（4）$Decrypt(PK,SK_S,CT)$：该算法以系统公钥 PK、用户私钥 SK_S 和密文 CT 为输入。如果 S 满足 $\mathbb{A}$，则输出明文 M。

（5）$GenTK_{out}(PK,SK_S)$：该算法以系统公钥 PK 和私钥 SK_S 为输入，输出转换密钥 TK_S 和取回密钥 RK_S。

（6）$Transform_{out}(PK,TK_S,CT)$：该算法以系统公钥 PK、基于属性集合 S 的转

换密）钥 TK_S 和基于访问结构 $\mathbb{A}$ 的密文 CT 为输入，输出部分解密密文 CT' 。

（7）$Decrypt_{\text{out}}(PK,CT,CT',RK_S)$：该算法以系统公钥 PK 、密文 CT 、转换密文 CT' 和取回密钥 RK_S 为输入，输出明文消息 M 或终止符 $\perp$ 。

10.2.2.2 安全模型

通过挑战者 $\mathcal{C}$ 和攻击者 $\mathcal{A}$ 之间的博弈游戏刻画上述计算外包 CP-ABE 方案的 RCCA 安全模型，具体过程如下。

参数设置阶段：挑战者 $\mathcal{C}$ 执行 $Setup$ 算法获得系统公钥 PK 和主私钥 MSK ，而后将系统公钥 PK 发送给攻击者 $\mathcal{A}$ ，自己保留主私钥 MSK 。

密钥查询阶段 1：挑战者 $\mathcal{C}$ 初始化空表 T 和空集合 D 。攻击者 $\mathcal{A}$ 适应性地进行以下任何查询。

（1）$Create(S)$：挑战者 $\mathcal{C}$ 运行 $KeyGen(PK,MSK,S)$ 并设置 $D:=D\cup\{S\}$ 。然后将私钥 SK_S 发送给攻击者。

（2）$Corrupt.TK(S)$：挑战者 $\mathcal{C}$ 查询 (S,SK_S,TK_S,RK_S) 是否已经存在表 T 中。如果存在，返回 TK_S ；否则运行 $KeyGen(PK,MSK,S)$ 和 $GenTK_{\text{out}}(PK,SK_S)$ ，将结果存储在表 T 中，然后将 TK_S 返回给攻击者。

不失一般性，如果攻击者进行了属性集合 S 的私钥询问，则其不能进行属性集合 S 的转换密钥询问。因为任何人都可以通过用户私钥和 $GenTK_{\text{out}}$ 算法自己产生转换密钥。因此，这个限制是合理的。

（3）$Decrypt(S,CT)$：挑战者 $\mathcal{C}$ 运行 $KeyGen(PK,MSK,S)$ 和 $Decrypt(\mathrm{PK},\ SK_S,\ CT)$ 算法，将明文 M 返回给攻击者。

（4）$Decrypt_{\text{out}}(S,CT,CT')$：挑战者 $\mathcal{C}$ 在表 T 中查找是否存在 (S,SK_S,TK_S,RK_S)。如果存在，运行 $Decrypt_{\text{out}}(PK,CT,CT',RK_S)$ ，并将明文 M 返回给攻击者；否则输出终止符 $\perp$ 。

挑战阶段：攻击者 $\mathcal{A}$ 提交两个等长的明文 M_0,M_1 和一个挑战访问结构 $\mathbb{A}^*$ ，其限制条件为：对于所有 $S\in D$ ，需要满足 $f(\mathbb{A}^*,S)\neq 1$ 。然后挑战者 $\mathcal{C}$ 选择 $\beta\in\{0,1\}$ 并运行 $CT^*=Encrypt(PK,M_\beta,\mathbb{A})$ 。最后挑战者 $\mathcal{C}$ 将 CT^* 返回给攻击者。

密钥查询阶段 2：类似密钥查询阶段 1，攻击者 $\mathcal{A}$ 继续向挑战者 $\mathcal{C}$ 提交一系列属性列表。但其需要满足下述限制：（1）攻击者在进行 $Corrupt.SK$ 询问时，不能询问满足 $f(\mathbb{A}^*,S)=1$ 的属性集合 S ；（2）攻击者不能进行对 M_0 或者 M_1 的解密询问。

猜测阶段：攻击者 $\mathcal{A}$ 输出值 $\beta' \in \{0,1\}$ 作为对 β 的猜测。如果 $\beta' = \beta$，我们称攻击者 $\mathcal{A}$ 赢得了该游戏。攻击者 $\mathcal{A}$ 在该游戏中的优势定义为 $Adv_{\mathcal{A}}^{\mathrm{CPA}}(\lambda) = \left|\Pr[\beta' = \beta] - \frac{1}{2}\right|$。

定义 10.2　若无多项式时间内的攻击者能够以不可忽略的优势来攻破上述安全模型，则本节外包解密 CP-ABE 方案是 RCCA 安全的。

CPA 安全：若上述安全模型在密钥查询阶段 1 和密钥查询阶段 2 中移除解密预言机，则其为 CPA 安全。

选择安全：如果在参数设置阶段前增加系统初始化阶段，且攻击者 $\mathcal{A}$ 在系统初始化阶段将要挑战的访问结构 $\mathbb{A}^*$ 传送给挑战者 $\mathcal{C}$，则其为选择安全的。

可验证性：通过挑战者 $\mathcal{C}$ 和攻击者 $\mathcal{A}$ 之间的博弈游戏描述所提方案的可验证性。可验证性游戏具体过程如下。

参数设置阶段：挑战者 $\mathcal{C}$ 执行 $Setup$ 算法获得系统公钥 PK 和主私钥 MSK，而后将系统公钥 PK 发送给攻击者 $\mathcal{A}$，自己保留主私钥 MSK。

密钥查询阶段 1：挑战者 $\mathcal{C}$ 初始化空表 T。攻击者 $\mathcal{A}$ 可以进行以下任何查询。

（1）$Create(S)$：挑战者 $\mathcal{C}$ 运行 $KeyGen(PK, MSK, S)$，然后将私钥 SK_S 发送给攻击者。

（2）$Corrupt.TK(S)$：挑战者 $\mathcal{C}$ 运行 $KeyGen(PK, MSK, S)$ 和 $GenTK_{\mathrm{out}}(PK, SK_S)$，将 (S, SK_S, TK_S, RK_S) 存储在表 T 中。最后将 TK_S 返回给攻击者。

不失一般性，如果攻击者进行了属性集合 S 的私钥询问，则其不能进行属性集合 S 的转换密钥询问。因为任何人都可以通过用户私钥和 $GenTK_{\mathrm{out}}$ 算法自己产生转换密钥。因此这个限制是合理的。

（3）$Decrypt(S, CT)$：挑战者 $\mathcal{C}$ 运行 $KeyGen(PK, MSK, S)$ 和 $Decrypt(\mathrm{PK}, \mathrm{SK}_S, CT)$ 算法，将明文 M 返回给攻击者。

（4）$Decrypt_{\mathrm{out}}(S, CT, CT')$：挑战者 $\mathcal{C}$ 在表 T 中查找是否存在 (S, SK_S, TK_S, RK_S)。如果存在，运行 $Decrypt_{\mathrm{out}}(PK, CT, CT', RK_S)$，并将明文 M 返回给攻击者；否则输出终止符 $\perp$。

挑战阶段：攻击者 $\mathcal{A}$ 提交一个明文 M^* 和一个访问结构 $\mathbb{A}^*$。挑战者 $\mathcal{C}$ 计算 $Encrypt(PK, M^*, \mathbb{A}^*)$ 并将密文 CT^* 返回给攻击者 $\mathcal{A}$ 作为挑战密文。

密钥查询阶段 2：挑战者 $\mathcal{C}$ 按照密钥查询阶段 1 方式回答攻击者 $\mathcal{A}$ 的询问。

猜测阶段：攻击者 $\mathcal{A}$ 输出属性集合 S^* 和转换密文 $CT^{*\prime}$。我们假设表 T 中存在实体$(S^*, SK_{S^*}, TK_{S^*}, RK_{S^*})$，否则，挑战者生成该实体作为对转换密钥询问的回答。若$Decrypt_{\text{out}}(PK, CT^*, CT^{*\prime}, RK_{S^*}) \notin \{M^*, \perp\}$，则攻击者$\mathcal{A}$赢得了上述游戏。攻击者$\mathcal{A}$在该游戏中的优势定义为$Adv_{\mathcal{A}}^{\text{Ver}}(\lambda) = \Pr[\mathcal{A} \text{ Wins}]$。

定义 10.3 若无多项式时间内的攻击者以不可忽略的优势来攻破上述安全模型，则上述方案具有可验证性。

10.2.2.3 方案设计

（1）$Setup(\lambda, U)$：该算法以安全参数λ和属性集合$U=\{1,2,\cdots,l\}$为输入。其首先运行$\mathcal{G}(\lambda)$获得$(p, \mathbb{G}, \mathbb{G}_T, e)$，其中$\mathbb{G}$和$\mathbb{G}_T$是阶为素数$p$的循环群。然后，该算法随机选择$g,u,v,d \in \mathbb{G}$和$\alpha, a \in \mathbb{Z}_p$，对于每一个属性$i \in U$，随机选择$s_i \in \mathbb{Z}_p^*$，选择抵制合谋哈希函数$H: \mathbb{G} \to \mathbb{Z}_p^*$。最后输出系统主私钥$MSK = \{\alpha\}$和系统公钥$PK = \{\mathbb{G}, \mathbb{G}_T, e, g, u, v, d, g^a, e(g,g)^\alpha, T_i = g^{s_i} \forall i, H\}$。

（2）$KeyGen(PK, MSK, S)$：该算法随机选择$t \in \mathbb{Z}_p^*$，然后计算$K = g^\alpha g^{at}$，$K_0 = g^t$和$\{K_i = T_i^t\}_{i \in S}$。最后，输出私钥$SK_S = \{S, K, K_0, \{K_i\}_{i \in S}\}$。

（3）$Encryption(PK, M, (\boldsymbol{A}, \rho))$：该算法以系统公钥$PK$、明文消息$M \in \mathbb{G}_T$和访问结构$(\boldsymbol{A}, \rho)$为输入。其中，$\boldsymbol{A}$是一个$l \times n$的矩阵，函数$\rho$将属性映射到矩阵$\boldsymbol{A}$的每一行。该算法首先选择随机向量$\vec{v} = (s, v_2, \cdots, v_n) \in \mathbb{Z}_p^n$和$\vec{v}' = (s', v_2', \cdots, v_n') \in \mathbb{Z}_p^n$。对于$i \in [1, l]$，随机选择$r_{1,i}, r_{2,i} \in \mathbb{Z}_p^*$。然后，随机选择$\tilde{M} \in \mathbb{G}_T$。最后，输出密文为$CT = \{(\boldsymbol{A}, \rho), \hat{C}, C_1, C_1', C_{1,i}, D_{1,i}, C_2, C_2', C_{2,i}, D_{2,i}\}$。其中，$\hat{C} = u^{H(M)} v^{H(\tilde{M})} d$，$C_1 = M \cdot e(g,g)^{\alpha s}$，$C_1' = g^s$，$C_{1,i} = g^{aA_i \cdot v} T_{\rho(i)}^{-r_{1,i}}$，$D_{1,i} = g^{r_{1,i}} \forall i \in \{1,2,\cdots,l\}$，$C_2 = \tilde{M} \cdot e(g,g)^{\alpha s'}$，$C_2' = g^{s'}$，$C_{2,i} = g^{aA_i \cdot v'} T_{\rho(i)}^{-r_{2,i}}, D_{2,i} = g^{r_{2,i}} \forall i \in \{1,2,\cdots,l\}$。

（4）$Decrypt(PK, SK_S, CT)$：该算法以系统公钥PK、私钥SK_S和密文CT为输入。若S不满足$(\boldsymbol{A}, \rho)$，则算法输出终止符$\perp$。假设S满足$(\boldsymbol{A}, \rho)$，并定义$I \subset \{1,2,\cdots,l\}$为$I = \{i : \rho(i) \in S\}$。然后，令$\{w_i \in \mathbb{Z}_p\}_{i \in I}$是一个常数集合，若$\{\lambda_i\}$是基于$\boldsymbol{A}$的秘密值$s$的有效共享，那么满足$\sum_{i \in I} w_i \lambda_i = s$。该算法计算

$$C_1 \cdot \frac{(\prod_{i \in I}(e(C_{1,i}, K_0) e(D_{1,i}, K_{\rho(i)}))^{w_i})}{e(C_1', K)} = M \cdot e(g,g)^{\alpha s} \frac{\prod_{i \in I} e(g,g)^{taA_i \cdot v \cdot w_i}}{e(g,g)^{s\alpha} e(g,g)^{ast}} = M$$

$$C_2 \cdot \frac{(\prod_{i \in I}(e(C_{2,i}, K_0) e(D_{2,i}, K_{\rho(i)}))^{w_i})}{e(C_2', K)} = \tilde{M} \cdot e(g,g)^{\alpha s'} \frac{\prod_{i \in I} e(g,g)^{taA_i \cdot v' \cdot w_i}}{e(g,g)^{s'\alpha} e(g,g)^{as't}} = \tilde{M}$$

若$\hat{C} = u^{H(M)} v^{H(\tilde{M})} d$，输出明文消息$M$；否则输出终止符$\perp$。

（5）$GenTK_{\text{out}}(PK,SK_S)$：该算法以系统公钥 PK 和私钥 SK_S 为输入。该算法选择一个随机值 $z\in Z_p^*$，然后计算转换密钥 $TK_S=\{S,K'=K^{1/z},K_0'=K_0^{1/z},K_i'=K_i^{1/z}\}$ 和取回密钥 $RK_S=\{z\}$。

（6）$Transform_{\text{out}}(PK,TK_S,CT)$：该算法以系统公钥 PK、基于属性集合 S 的转换密钥 TK_S 和基于访问结构 $(\boldsymbol{A},\rho)$ 的密文 CT 为输入。然后该算法计算

$$T_1'=\frac{e(C_1',K')}{(\prod_{i\in I}(e(C_{1,i},K_0')e(D_{1,i},K_{\rho(i)}'))^{w_i})}=\frac{e(g,g)^{s\alpha/z}e(g,g)^{ast/z}}{\prod_{i\in I}e(g,g)^{taA_i\cdot v\cdot w_i/z}}=e(g,g)^{s\alpha/z}$$

$$T_2'=\frac{e(C_2',K')}{(\prod_{i\in I}(e(C_{2,i},K_0')e(D_{2,i},K_{\rho(i)}'))^{w_i})}=\frac{e(g,g)^{s'\alpha/z}e(g,g)^{as't/z}}{\prod_{i\in I}e(g,g)^{taA_i\cdot v'\cdot w_i/z}}=e(g,g)^{s'\alpha/z}$$

最后，输出转换密文 $CT'=\{\hat{T}=\hat{C},T_1=C_1,T_1',T_2=C_2,T_2'\}$。

（7）$Decrypt_{\text{out}}(PK,CT,CT',RK_S)$：该算法以系统公钥 PK、密文 CT、转换密文 CT' 和取回密钥 $RK_S=\{z\}$ 为输入。若 $\hat{T}\neq\hat{C}$ 或 $T_1\neq C_1$ 或 $T_2\neq C_2$，该算法输出终止符 $\perp$；否则，计算 $T_1/T_1'^z=M$ 和 $T_2/T_2'^z=\tilde{M}$。若 $\hat{T}=u^{H(M)}v^{H(\tilde{M})}d$，输出明文消息 M；否则输出终止符 $\perp$。

10.2.2.4 安全性证明

在本节方案中，密文包含 $(C_1,C_1',C_{1,i},D_{1,i})$、$(C_2,C_2',C_{2,i},D_{2,i})$ 和 $\hat{C}$ 这 3 部分。根据文献[12]，前两项分别是明文 M 和 $\tilde{M}$ 的密文。本质上，第二项和第三项是冗余的信息。而冗余的信息主要是为了基于文献[12]方案构建可验证性解密外包 CP-ABE 方案。

假定前 4 个算法是基本的 CP-ABE 方案。为了证明本节方案的安全性，我们首先证明：若文献[12]方案是选择性 CPA 安全的，则基本的 CP-ABE 方案是选择性 CPA 安全的。

定理 10.2 假设文献[12]方案是选择性 CPA 安全的，则基本的 CP-ABE 方案是选择性 CPA 安全的。

证明 通过以下两个游戏证明基本的 CP-ABE 方案是选择性 CPA 安全的。

Game0：Game0 是原始的选择性 CPA 安全游戏。

Game1：Game1 中挑战者随机选择 $\hat{C}\in\mathbb{G}$ 并按 Game0 的方式产生挑战密文的剩余部分 $CT=((\boldsymbol{A},\rho),\hat{C},C_1,C_1',C_{1,i},D_{1,i},C_2,C_2',C_{2,i},D_{2,i})$。

通过以下两个引理完成定理 10.2 的证明。其中，引理 10.1 展示了 Game0 和 Game1 的不可区分性；引理 10.2 展示了攻击者在 Game1 中的优势是可忽略的。因此，我们能够证明攻击者在 Game0 中的优势是可忽略的。

引理 10.1 假设文献[12]方案是选择性 CPA 安全的，则 Game0 和 Game1 是计算不可区分的。

证明 如果攻击者能够以不可忽略的优势区分 Game0 和 Game1，那么我们能够构建一个仿真者 $\mathcal{B}$ 以不可忽略的优势攻破文献[12]方案的选择 CPA 安全性。

令 $\mathcal{C}$ 是文献[12]方案的挑战者。仿真者 $\mathcal{B}$ 和攻击者 $\mathcal{A}$ 的交互过程如下。

系统初始化：攻击者 $\mathcal{A}$ 将挑战访问结构 $\mathbb{A}^*$ 传送给仿真者 $\mathcal{B}$。仿真者 $\mathcal{B}$ 将访问结构 $\mathbb{A}^*$ 传送给 $\mathcal{C}$。最后，$\mathcal{C}$ 将文献[12]方案的公共参数 $PK'=\{p,\mathbb{G},\mathbb{G}_T,e,g,g^a,e(g,g)^\alpha,T_i=g^{s_i}\forall i\}$ 传送给仿真者 $\mathcal{B}$。

参数设置阶段：仿真者 $\mathcal{B}$ 选择 $x,y,z\in\mathbb{Z}_p$ 并计算 $u=g^x$，$v=g^y$ 和 $d=g^z$。仿真者 $\mathcal{B}$ 选择哈希函数 $H:\mathbb{G}_T\to\mathbb{Z}_p^*$。最后，仿真者 $\mathcal{B}$ 将 $PK=\{\mathbb{G},\mathbb{G}_T,e,g,u,v,d,g^a,e(g,g)^\alpha,T_i=g^{s_i}\forall i,H\}$ 发送给攻击者 $\mathcal{A}$。

密钥查询阶段 1：攻击者 $\mathcal{A}$ 适应性地发起关于属性集合 S_i 的私钥询问；然后仿真者 $\mathcal{B}$ 通过调用 $\mathcal{C}$ 的私钥生成预言机获得私钥 SK_{S_i}，并将其发送给攻击者 $\mathcal{A}$。

挑战阶段：攻击者 $\mathcal{A}$ 提交两个等长的挑战明文 M_0,M_1。然后仿真者 $\mathcal{B}$ 随机选择 $\beta\in\{0,1\}$ 和随机消息 $\tilde{M}_0,\tilde{M}_1\in\mathbb{G}_T$。仿真者 $\mathcal{B}$ 将随机消息 $\tilde{M}_0,\tilde{M}_1\in\mathbb{G}_T$ 和挑战访问结构 $\mathbb{A}^*$ 传送给 $\mathcal{C}$。$\mathcal{C}$ 随机选择 $\gamma\in\{0,1\}$，然后基于 PK' 和 $\mathbb{A}^*$，在文献[12]的加密算法下加密 $\tilde{M}_\gamma$，并将密文 $CT^{*\prime}$ 发送给仿真者 $\mathcal{B}$。仿真者 $\mathcal{B}$ 标志 $CT^{*\prime}$ 为 $CT^{*\prime}=(\mathbb{A}^*=(\boldsymbol{A},\rho),C_2,C_2',C_{2,i},D_{2,i})$。仿真者 $\mathcal{B}$ 随机选择向量 $\vec{v}=(s,v_2,\cdots,v_n)\in\mathbb{Z}_p^n$。对于 $\boldsymbol{A}$ 的每一行 $\boldsymbol{A}_i$，仿真者 $\mathcal{B}$ 随机选择 $r_{1,i}\in\mathbb{Z}_p$。最后，仿真者 $\mathcal{B}$ 计算 $\hat{C}=u^{H(M_\beta)}v^{H(\tilde{M}_\beta)}d$，$C_1=M_\beta\cdot e(g,g)^{\alpha s}$，$C_1'=g^s$，$C_{1,i}$=$g^{aA_i\cdot v}T_{\rho(i)}^{-r_{1,i}}$，$D_{1,i}$=$g^{r_{1,i}}\forall i\in\{1,2,\cdots,l\}$。最后将挑战密文 $CT^*=\{(\boldsymbol{A},\rho),\hat{C},C_1,C_1',C_{1,i},D_{1,i},C_2,C_2',C_{2,i},D_{2,i}\}$ 发送给攻击者 $\mathcal{A}$。

密钥查询阶段 2：攻击者 $\mathcal{A}$ 继续向仿真者 $\mathcal{B}$ 提交一系列属性列表，类似密钥查询阶段 1 进行响应。

猜测阶段：攻击者 $\mathcal{A}$ 输出值 $\beta'\in\{0,1\}$ 作为对 β 的猜测。仿真者 $\mathcal{B}$ 输出 β' 作为对 γ 的猜测。

注意：如果 $\beta=\gamma$，仿真者 $\mathcal{B}$ 仿真的是 Game0；否则，仿真者 $\mathcal{B}$ 仿真的是 Game1。因此，如果攻击者 $\mathcal{A}$ 能够以不可忽略的优势区分 Game0 和 Game1，那么我们能够

构建一个仿真者 $\mathcal{B}$ 以不可忽略的优势攻破文献[12]方案的选择 CPA 安全性。

引理 10.2　假设文献[12]方案是选择性 CPA 安全，则攻击者 $\mathcal{A}$ 在 Game1 中的优势是可忽略的。

证明　如果攻击者 $\mathcal{A}$ 在 Game1 中的优势是不可忽略的，那么我们能够构建一个仿真者 $\mathcal{B}$ 以不可忽略的优势攻破文献[12]方案的选择 CPA 安全性。

令 $\mathcal{C}$ 是文献[12]方案的挑战者。仿真者 $\mathcal{B}$ 和攻击者 $\mathcal{A}$ 的交互过程如下。

系统初始化：攻击者 $\mathcal{A}$ 将挑战访问结构 $\mathbb{A}^*$ 传送给仿真者 $\mathcal{B}$。仿真者 $\mathcal{B}$ 将访问结构 $\mathbb{A}^*$ 传送给 $\mathcal{C}$。最后，$\mathcal{C}$ 将文献[12]方案的公共参数 $PK' = \{p, \mathbb{G}, \mathbb{G}_T, e, g, g^a, e(g,g)^{\alpha}, T_i = g^{s_i} \forall i\}$ 传送给仿真者 $\mathcal{B}$。

参数设置阶段：仿真者 $\mathcal{B}$ 选择 $x, y, z \in \mathbb{Z}_p$ 并计算 $u = g^x$， $v = g^y$ 和 $d = g^z$。仿真者 $\mathcal{B}$ 选择哈希函数 $H: \mathbb{G} \to \mathbb{Z}_p^*$。最后，仿真者 $\mathcal{B}$ 将 $PK = \{\mathbb{G}, \mathbb{G}_T, e, g, u, v, d, g^a, e(g,g)^{\alpha}, T_i = g^{s_i} \forall i, H\}$ 发送给攻击者 $\mathcal{A}$。

密钥查询阶段 1：攻击者 $\mathcal{A}$ 适应性地发起关于属性集合 S_i 的私钥询问；然后仿真者 $\mathcal{B}$ 通过调用 $\mathcal{C}$ 的私钥生成预言机获得私钥 SK_{S_i}，并将其发送给攻击者 $\mathcal{A}$。

挑战阶段：攻击者 $\mathcal{A}$ 提交两个等长的挑战明文 M_0, M_1。然后仿真者 $\mathcal{B}$ 将 M_0, M_1 和挑战访问结构 $\mathbb{A}^*$ 传送给 $\mathcal{C}$。$\mathcal{C}$ 随机选择 $\gamma \in \{0,1\}$，然后基于 PK' 和 $\mathbb{A}^*$，在文献[12]的加密算法下加密 M_{γ}，并将密文 $CT^{*\prime}$ 发送给仿真者 $\mathcal{B}$。仿真者 $\mathcal{B}$ 标志 $CT^{*\prime}$ 为 $CT^{*\prime} = (\mathbb{A}^* = (\boldsymbol{A}, \rho), C_1, C_1', C_{1,i}, D_{1,i})$。

仿真者 $\mathcal{B}$ 随机选择明文 $M \in \mathbb{G}_T$ 和向量 $\vec{v}' = (s', v_2', \cdots, v_n')$。对于 $\boldsymbol{A}$ 的每一行 $\boldsymbol{A}_i$，仿真者 $\mathcal{B}$ 随机选择 $r_{2,i} \in Z_p$。最后，仿真者 $\mathcal{B}$ 在 $\mathbb{G}_{p_1}$ 中选择随机元素 $\hat{C}$。

$$C_2 = M_{\beta} \cdot e(g,g)^{\alpha s'}，\ C_2' = g^{s'}，\ C_{2,i} = g^{aA_i \cdot v'} T_{\rho(i)}^{-r_{2,i}}，\ D_{2,i} = g^{r_{2,i}}\ \ \forall i \in \{1, 2, \cdots, l\}$$

最后将挑战密文 $CT^* = \{(\boldsymbol{A}, \rho), \hat{C}, C_1, C_1', C_{1,i}, D_{1,i}, C_2, C_2', C_{2,i}, D_{2,i}\}$ 发送给攻击者 $\mathcal{A}$。

密钥查询阶段 2：攻击者 $\mathcal{A}$ 继续向仿真者 $\mathcal{B}$ 提交一系列属性列表，类似密钥查询阶段 1 进行响应。

猜测阶段：攻击者 $\mathcal{A}$ 输出值 $\beta' \in \{0,1\}$ 作为对 β 的猜测。仿真者 $\mathcal{B}$ 输出 β' 作为对 γ 的猜测。显然，仿真者 $\mathcal{B}$ 仿真的是 Game1。如果攻击者 $\mathcal{A}$ 在 Game1 中的优势是不可忽略的，那么仿真者 $\mathcal{B}$ 能够以不可忽略的优势攻破文献[12]方案的选择 CPA 安全性。

现在我们已经证明基本的 CP-ABE 方案是选择 CPA 安全的。然后证明：如果基本的 CP-ABE 方案是选择 CPA 安全的，那么提出的 CP-ABE 方案是选择 CPA 安全的。

定理 10.3 假设基本的 CP-ABE 方案是选择 CPA 安全的,那么提出的 CP-ABE 方案是选择 CPA 安全的。

证明 如果攻击者 $\mathcal{A}$ 能够以不可忽略的优势攻破本节方案，那么我们能够构建仿真者 $\mathcal{B}$ 以不可忽略的优势攻破基本的 CP-ABE 方案。令 $\mathcal{C}$ 是基本 CP-ABE 方案的挑战者。仿真者 $\mathcal{B}$ 和攻击者 $\mathcal{A}$ 的交互过程如下。

系统初始化：攻击者 $\mathcal{A}$ 将挑战访问结构 $\mathbb{A}^*$ 传送给仿真者 $\mathcal{B}$。仿真者 $\mathcal{B}$ 将访问结构 $\mathbb{A}^*$ 传送给 $\mathcal{C}$。最后，$\mathcal{C}$ 将公共参数 $PK=\{N,\mathbb{G},\mathbb{G}_T,e,g,u,v,d,g^a,e(g,g)^\alpha, T_i=g^{s_i}\forall i,H\}$ 传送给仿真者 $\mathcal{B}$。

参数设置阶段：仿真者 $\mathcal{B}$ 将 PK 发送给攻击者 $\mathcal{A}$。

密钥查询阶段 1：仿真者 $\mathcal{B}$ 初始化空表 T 和空集合 D。攻击者 $\mathcal{A}$ 可以对属性集合 S 重复进行以下任何查询。

（1）$Create(S)$：仿真者 $\mathcal{B}$ 通过调用 $\mathcal{C}$ 的私钥生成预言机获得关于属性集合 S 的私钥 SK_S，然后设置 $D:=D\cup\{S\}$，最后将私钥 SK_S 发送给攻击者 $\mathcal{A}$。

（2）$Corrupt.TK(S)$：仿真者 $\mathcal{B}$ 查询 (S,SK_S,TK_S,RK_S) 是否已经存在表 T 中。如果存在，返回 TK_S；否则仿真者 $\mathcal{B}$ 随机选择 $z,t\in\mathbb{Z}_p$，然后仿真者 $\mathcal{B}$ 计算 $K'=g^z g^{at}$，$K'_0=g^t$，$\{K'_i=T_i^t\}_{i\in S}$。

最后，仿真者 $\mathcal{B}$ 将实体 $(S,*,TK_S=(S,K',K'_0,K'_i),z)$ 存储在表 T 中，将 TK_S 返回给攻击者。显然，仿真者 $\mathcal{B}$ 不知道实际的取回密钥 $TK_S=\dfrac{\alpha}{z}$。

挑战阶段：攻击者 $\mathcal{A}$ 提交两个等长的挑战明文 M_0,M_1 和挑战访问结构 $\mathbb{A}^*$。然后仿真者 $\mathcal{B}$ 将 M_0,M_1 和 $\mathbb{A}^*$ 传送给 $\mathcal{C}$ 获得挑战密文 CT^*。最后仿真者将 CT^* 发送给攻击者 $\mathcal{A}$ 作为挑战密文。

密钥查询阶段 2：类似密钥查询阶段 1，攻击者 $\mathcal{A}$ 继续向仿真者 $\mathcal{B}$ 提交一系列属性列表。

猜测阶段：攻击者 $\mathcal{A}$ 输出值 β'，仿真者 $\mathcal{B}$ 也输出 β'。

如果攻击者 $\mathcal{A}$ 针对本节方案的猜测 β' 是正确的，那么仿真者 $\mathcal{B}$ 针对基本 CP-ABE 方案的猜测 β' 也是正确的。因此，如果攻击者 $\mathcal{A}$ 能够以不可忽略的优势攻破本节方案，那么我们能够构建仿真者 $\mathcal{B}$ 以不可忽略的优势攻破基本的 CP-ABE 方案。

定理 10.4 如果离散对数假设成立，则本节方案具有可验证性。

证明 假设存在一个攻击者 $\mathcal{A}$ 能够以不可忽略的优势攻破本节方案的可验证性，那么我们能够构建一个仿真者 $\mathcal{B}$ 以不可忽略的优势解决离散对数问题。

将 $p,\mathbb{G},\mathbb{G}_T,e,g,g^x$ 发送给仿真者 $\mathcal{B}$，然后仿真者 $\mathcal{B}$ 与攻击者 $\mathcal{A}$ 按如下过程交互。

参数设置阶段：仿真者 $\mathcal{B}$ 选择 $\alpha,a,y,z\in\mathbb{Z}_p$，对于每一个属性 $i\in U$，随机选择 $s_i\in\mathbb{Z}_p^*$。然后，选择抵制合谋哈希函数 $H:\mathbb{G}\to\mathbb{Z}_p^*$。最后输出系统主私钥 $MSK=\alpha$ 和系统公钥 $PK=\{p,\mathbb{G},\mathbb{G}_T,e,g,u=g^x,v=g^y,d=g^z,g^a,e(g,g)^\alpha,T_i=g^{s_i}\forall i,H\}$，仿真者 $\mathcal{B}$ 将 PK 返回给攻击者 $\mathcal{A}$。

密钥查询阶段 1：攻击者 $\mathcal{A}$ 适应性地发起转换密钥、私钥、解密和外包解密询问。因为仿真者 $\mathcal{B}$ 知道主私钥，所以其能够正确地回答询问。

挑战阶段：攻击者 $\mathcal{A}$ 提交一个明文 M^* 和一个访问结构 $\mathbb{A}^*$。仿真者 $\mathcal{B}$ 设置 $CT^*=Encryption(PK,M^*,\mathbb{A}^*)$，并将 CT^* 返回给攻击者 $\mathcal{A}$。

$$CT^*=\{\mathbb{A}^*=(A,\rho),vk,\tilde{C}=(\hat{C},C_1,C_1',C_{1,i},D_{1,i},C_2,C_2',C_{2,i},D_{2,i}),\sigma\}$$

其中，$\hat{C}=u^{H(M^*)}v^{H(\tilde{M}^*)}d$，仿真者 $\mathcal{B}$ 随机选择 $\tilde{M}^*\in\mathbb{G}_T$。

密钥查询阶段 2：仿真者 $\mathcal{B}$ 按照密钥查询阶段 1 方式回答攻击者 $\mathcal{A}$ 的询问。

猜测阶段：攻击者 $\mathcal{A}$ 输出属性集合 S^* 和转换密文 $CT^{*\prime}=(\hat{T},T_1,T_1',T_2,T_2')$。

仿真者 $\mathcal{B}$ 计算 $T_1/T'^{z_{S^*}}=M$ 和 $T_2/T_2'^{z_{S^*}}=\tilde{M}$，其中，$z_{S^*}$ 是关联属性集合 S^* 的取回密钥。如果攻击者 $\mathcal{A}$ 赢得了上述游戏，仿真者 $\mathcal{B}$ 能够获得

$$g^{xH(M^*)+yH(\tilde{M}^*)+z}=u^{H(M^*)}v^{H(\tilde{M}^*)}d=\hat{C}=\hat{T}=u^{H(M)}v^{H(\tilde{M})}d=g^{xH(M^*)+yH(\tilde{M}^*)+z}$$

其中，仿真者 $\mathcal{B}$ 获得 $M^*,\tilde{M}^*,M,\tilde{M},y,z$，且 $M\neq M^*$。因为 H 是抵制合谋的哈希函数，所以不能够以不可忽略的优势得到 $H(M^*)=H(M)$。因此，仿真者 $\mathcal{B}$ 能够获得 $x=y(H(\tilde{M}^*)-H(\tilde{M}))/(H(M)-H(M^*))$，这将攻破离散对数问题。上述分析是矛盾的，因此本节 CP-ABE 方案具有可验证性。

10.2.3 Li-Sha-Zhang 的计算外包 CP-ABE 方案

上述方案具有解密外包功能，且 Lai 等[2]方案支持解密外包结果的可验证性。毫无疑问，可验证性为计算外包 CP-ABE 方案带来了长足进步。但是无论如何，上述方案的密文长度和解密所需双线对计算都与属性数量呈线性正相关，导致系统中

的通信开销和技术开销较大，阻碍了 CP-ABE 方案在资源受限设备上的应用。

目前，国内外单纯研究密文长度恒定的方案有一定突破。Ling 等[15]首次提出基于与门访问结构的密文定长 CP-ABE 方案。但该方案只在一般群模型下讨论了方案的安全性。Emura 等[16]第一次提出基于支持多值属性与门访问结构的密文定长 CP-ABE 方案。随后，Herranz 等[17]第一次提出基于陷门访问结构的密文定长 CP-ABE 方案。该方案访问结构的表达能力强于文献[16]方案。Chen 等[18]提出一种支持非单调与门访问结构的 CP-ABE 方案。该方案能够实现密文长度恒定且仅需要定量计算完成解密。Zhang 等[19]提出一种密文长度恒定的属性基加密方案。该方案基于支持多值属性和通配符的与门访问结构，并且在随机预言机模型下基于判定性 q-BDHE 假设完成安全性证明。Odelu 等[20]提出一种基于素数阶双线性群的 CP-ABE 方案。该方案能够同时实现密文和用户私钥长度恒定。

Li 等[8]在 2017 年基于密文定长技术提出一种新奇的可验证外包解密的 CP-ABE 方案。该方案的密文长度恒定，与访问结构复杂度无关，其有效地节约了系统的通信开销。下面分别从方案定义、安全模型、方案设计和安全性证明 4 个方面介绍该方案。

10.2.3.1 方案定义

（1）$Setup(\lambda, U)$：该算法以安全参数 λ 和属性集合 U 为输入，输出系统公钥 PK 和主私钥 MK。

（2）$KeyGen(PK, MK, S)$：该算法以系统公钥 PK、系统主私钥 MK 和属性集合 S 为输入，输出用户私钥 SK_S。

（3）$Encrypt(PK, M, \mathbb{A})$：该算法以属性机构的公钥 PK、明文 M 和访问结构 $\mathbb{A}$ 为输入，输出密文 CT。

（4）$Decrypt(PK, SK_S, CT)$：该算法以系统公钥 PK、用户私钥 SK_S 和密文 CT 为输入。如果 S 满足 $\mathbb{A}$，则输出明文 M。

（5）$GenTK_{out}(PK, SK_S)$：该算法以系统公钥 PK 和私钥 SK_S 为输入，输出转换密钥 TK_S 和取回密钥 RK_S。

（6）$Transform_{out}(PK, TK_S, CT)$：该算法以系统公钥 PK、基于属性集合 S 的转换密钥 TK_S 和基于访问结构 $\mathbb{A}$ 的密文 CT 为输入，输出部分解密密文 CT'。

（7）$Decrypt_{out}(PK, CT, CT', RK_S)$：该算法以系统公钥 PK、密文 CT、转换密

文 CT' 和取回密钥 RK_S 为输入，输出明文消息 M 或终止符 $\perp$ 。

10.2.3.2　安全模型

通过挑战者 $\mathcal{C}$ 和攻击者 $\mathcal{A}$ 之间的博弈游戏刻画上述计算外包 CP-ABE 方案的 RCCA 安全模型，具体过程如下。

参数设置阶段：挑战者 $\mathcal{C}$ 执行 $Setup$ 算法获得系统公钥 PK 和主私钥 MK ，而后将系统公钥 PK 发送给攻击者 $\mathcal{A}$ ，自己保留主私钥 MK 。

密钥查询阶段 1：挑战者 $\mathcal{C}$ 初始化空表 Tb 和空集合 D 。攻击者 $\mathcal{A}$ 可以对属性集合 S 重复进行以下任何查询。

（1） $Create(S)$ ：挑战者 $\mathcal{C}$ 运行 $KeyGen(PK, MK, S)$ 并设置 $D := D \cup \{S\}$ 。然后将私钥 SK_S 发送给攻击者。

（2） $Corrupt.TK(S)$ ：挑战者 $\mathcal{C}$ 查询 (S, SK_S, TK_S, RK_S) 是否已经存在表 Tb 中。如果存在，返回 TK_S ；否则运行 $KeyGen(PK, MK, S)$ 和 $GenTK_{out}(PK, SK_S)$ ，将结果存储在表 Tb 中，然后将 TK_S 返回给攻击者。

不失一般性，如果攻击者进行了属性集合 S 的私钥询问，则其不能进行属性集合 S 的转换密钥询问。因为任何人都可以通过用户私钥和 $GenTK_{out}$ 算法自己产生转换密钥。因此这个限制是合理的。

（3） $Decrypt(S, CT)$ ：挑战者 $\mathcal{C}$ 运行 $KeyGen(PK, MK, S)$ 和 $Decrypt(PK, SK_S, CT)$ 算法，将明文 M 返回给攻击者。

（4） $Decrypt_{out}(S, CT, CT')$ ：挑战者 $\mathcal{C}$ 在表 Tb 中查找是否存在 (S, SK_S, TK_S, RK_S) 。如果存在，运行 $Decrypt_{out}(PK, CT, CT', RK_S)$ ，并将明文 M 返回给攻击者；否则输出终止符 $\perp$ 。

挑战阶段：攻击者 $\mathcal{A}$ 提交两个等长的明文 M_0, M_1 和一个挑战访问结构 $\mathbb{A}^*$ ，其限制条件为：对于所有 $S \in D$ ，需要满足 $f(\mathbb{A}^*, S) \neq 1$ 。然后挑战者 $\mathcal{C}$ 选择 $b \in \{0,1\}$ 并运行 $Encrypt(PK, M_b, \mathbb{A})$ 。最后挑战者 $\mathcal{C}$ 将 CT^* 返回给攻击者。

密钥查询阶段 2：类似密钥查询阶段 1，攻击者 $\mathcal{A}$ 继续向挑战者 $\mathcal{C}$ 提交一系列属性列表。但其需要满足下述限制：（1）攻击者在进行 $Corrupt.SK$ 询问时，不能询问满足 $f(\mathbb{A}^*, S) = 1$ 的属性集合 S ；（2）攻击者不能进行对 M_0 或者 M_1 的解密询问。

猜测阶段：攻击者 $\mathcal{A}$ 输出值 $b' \in \{0,1\}$ 作为对 b 的猜测。如果 $b' = b$ ，我们称攻击者 $\mathcal{A}$ 赢得了该游戏。攻击者 $\mathcal{A}$ 在该游戏中的优势定义为 $Adv_{\mathcal{A}}^{\text{CPA}}(\lambda) = \left|\Pr[b = b'] - \frac{1}{2}\right|$ 。

定义 10.4 若无多项式时间内的攻击者能够以不可忽略的优势来攻破上述安全模型，则本节外包解密 CP-ABE 方案是 RCCA 安全的。

CPA 安全：若上述安全模型在密钥查询阶段 1 和密钥查询阶段 2 中移除解密预言机，则其为 CPA 安全。

选择安全：如果在参数设置阶段前增加系统初始化阶段，且攻击者 $\mathcal{A}$ 在系统初始化阶段将要挑战的访问结构 $\mathbb{A}^*$ 传送给挑战者 $\mathcal{C}$，则其为选择安全。

可验证性：通过挑战者 $\mathcal{C}$ 和攻击者 $\mathcal{A}$ 之间的博弈游戏描述所提方案的可验证性。可验证性游戏具体过程如下。

参数设置阶段：挑战者 $\mathcal{C}$ 执行 $Setup$ 算法获得系统公钥 PK 和主私钥 MK，而后将系统公钥 PK 发送给攻击者 $\mathcal{A}$，自己保留主私钥 MK。

密钥查询阶段 1：挑战者 $\mathcal{C}$ 初始化空表 T。攻击者 $\mathcal{A}$ 可以进行以下任何查询。

（1）$Create(S)$：挑战者 $\mathcal{C}$ 运行 $KeyGen(PK,MK,S)$，然后将私钥 SK_S 发送给攻击者。

（2）$Corrupt.TK(S)$：挑战者 $\mathcal{C}$ 运行 $KeyGen(PK,MK,S)$ 和 $GenTK_{out}(PK,SK_S)$，将 (S,SK_S,TK_S,RK_S) 存储在表 T 中。最后将 TK_S 返回给攻击者。

不失一般性，如果攻击者进行了属性集合 S 的私钥询问，则其不能进行属性集合 S 的转换密钥询问。因为任何人都可以通过用户私钥和 $GenTK_{out}$ 算法，自己产生转换密钥。因此这个限制是合理的。

（3）$Decrypt(S,CT)$：挑战者 $\mathcal{C}$ 运行 $KeyGen(PK,MK,S)$ 和 $Decrypt(PK,SK_S,CT)$ 算法，将明文 M 返回给攻击者。

（4）$Decrypt_{out}(S,CT,CT')$：挑战者 $\mathcal{C}$ 在表 T 中查找是否存在 (S,SK_S,TK_S,RK_S)。如果存在，运行 $Decrypt_{out}(PK,CT,CT',RK_S)$，并将明文 M 返回给攻击者；否则输出终止符 $\perp$。

挑战阶段：攻击者 $\mathcal{A}$ 提交一个明文 M^* 和一个访问结构 $\mathbb{A}^*$。挑战者 $\mathcal{C}$ 计算 $Encrypt(PK,M^*,\mathbb{A}^*)$ 并将密文 CT^* 返回给攻击者 $\mathcal{A}$ 作为挑战密文。

密钥查询阶段 2：挑战者 $\mathcal{C}$ 按照密钥查询阶段 1 方式回答攻击者 $\mathcal{A}$ 的询问。

猜测阶段：攻击者 $\mathcal{A}$ 输出属性集合 S^* 和转换密文 $CT^{*\prime}$。我们假设表 T 中存在实体 $(S^*,SK_{S^*},TK_{S^*},RK_{S^*})$，否则，挑战者生成该实体作为对转换密钥询问的回答。若 $Decrypt_{out}(PK,CT^*,CT^{*\prime},RK_{S^*})\notin\{M^*,\perp\}$，则攻击者 $\mathcal{A}$ 赢得了上述游戏。攻击者 $\mathcal{A}$ 在该游戏中的优势定义为 $Adv_{\mathcal{A}}^{\text{Ver}}(\lambda)=\Pr[\mathcal{A}\text{ Wins}]$。

定义 10.5 若无多项式时间内的攻击者以不可忽略的优势来攻破上述安全模

型，则上述方案具有可验证性。

10.2.3.3 方案设计

（1）$Setup(\lambda)$：该算法以安全参数 λ 为输入。其首先运行 $\mathcal{G}(\lambda)$ 获得 $(p,\mathbb{G}_1,\mathbb{G}_T,e)$，其中，$\mathbb{G}_1$ 和 $\mathbb{G}_T$ 是阶为素数 p 的循环群。然后，该算法随机选择 $g_1,h,u,v,d \in \mathbb{G}_1$，$y \in \mathbb{Z}_p$ 和 $t_{i,j} \in \mathbb{Z}_p$（$i \in [1,n], j \in [1,n_i]$），选择抵制合谋哈希函数 $H:\mathbb{G}_T \to \mathbb{Z}_p^*$。接下来，计算 $Y = e(g_1,h)^y$ 和 $T_{i,j} = g_1^{t_{i,j}} (i \in [1,n], j \in [1,n_i])$。最后，输出系统公钥 $PK = \{e,g_1,h,u,v,d,Y,\{T_{i,j}\}_{i\in[1,n],j\in[1,n_i]},H\}$ 和主私钥 $MSK = \{y,\{t_{i,j}\}_{i\in[1,n],j\in[1,n_i]}\}$。注意，对于 $\forall S,S'(S \neq S')$，假设 $\sum_{v_{i,j}\in S} t_{i,j} \neq \sum_{v_{i,j}\in S'} t_{i,j}$。

（2）$KeyGen(PK,MSK,S)$：该算法随机选择 $r \in \mathbb{Z}_p^*$，然后计算 $K_1 = h^y (g_1^{\sum_{v_{i,j}\in S} t_{i,j}})^r$，$K_2 = g_1^r$，最后，输出 $SK_S = \{K_1,K_2\}$。

（3）$Encrypt(PK,M,\mathbb{A})$：该算法以系统公钥 PK、明文消息 $M \in \mathbb{G}_T$ 和访问结构 $\mathbb{A}$ 为输入。该算法首先选择 $s,s' \in \mathbb{Z}_p$，$\tilde{M} \in \mathbb{G}_T$。然后计算 $\hat{C} = u^{H(M)} v^{H(\tilde{M})} d$，$C_1 = M \cdot Y^s$，$C_2 = g_1^s$，$C_3 = (\prod_{v_{i,j}\in\mathbb{A}} T_{i,j})^s$，$C_1' = \tilde{M} \cdot Y^{s'}$，$C_2' = g_1^{s'}$，$C_3' = (\prod_{v_{i,j}\in\mathbb{A}} T_{i,j})^{s'}$。最后，输出密文 $CT = \{\mathbb{A},\hat{C},C_1,C_2,C_3,C_1',C_2',C_3'\}$。

（4）$Decrypt(PK,SK_S CT)$：该算法以系统公钥 PK、私钥 SK_S 和密文 CT 为输入。若 S 不满足 $\mathbb{A}$，则输出终止符 $\perp$。假设 S 满足 $\mathbb{A}$，则该算法计算

$$\frac{C_1 \cdot e(C_3,K_2)}{e(C_2,K_1)} = \frac{M \cdot e(g_1,h)^{sy} e((g_1^{\sum_{v_{i,j}\in\mathbb{A}} t_{i,j}})^s, g_1^r)}{e(g_1^s, h^y (g_1^{\sum_{v_{i,j}\in S} t_{i,j}})^r)} = \frac{M \cdot e(g_1,h)^{sy} e(g_1,g_1)^{sr\sum_{v_{i,j}\in\mathbb{A}} t_{i,j}}}{e(g_1,h)^{sy} e(g_1,g_1)^{sr\sum_{v_{i,j}\in S} t_{i,j}}} = M$$

$$\frac{C_1' \cdot e(C_3',K_2)}{e(C_2',K_1)} = \frac{\tilde{M} \cdot e(g_1,h)^{s'y} e((g_1^{\sum_{v_{i,j}\in\mathbb{A}} t_{i,j}})^{s'}, g_1^r)}{e(g_1^{s'}, h^y (g_1^{\sum_{v_{i,j}\in S} t_{i,j}})^r)} = \frac{\tilde{M} \cdot e(g_1,h)^{s'y} e(g_1,g_1)^{s'r\sum_{v_{i,j}\in\mathbb{A}} t_{i,j}}}{e(g_1,h)^{s'y} e(g_1,g_1)^{s'r\sum_{v_{i,j}\in S} t_{i,j}}} = \tilde{M}$$

若 $\hat{C} = u^{H(M)} v^{H(\tilde{M})} d$，输出明文消息 M；否则输出终止符 $\perp$。

（5）$GenTK_{\text{out}}(PK,SK_S)$：该算法以系统公钥 PK 和私钥 SK_S 为输入。然后，选择一个随机值 $z \in \mathbb{Z}_p^*$，计算转换密钥 $TK_S = \{K_1' = K_1^{1/z}, K_2' = K_2^{1/z}\}$ 和取回密钥 $RK_S = \{z\}$。

（6）$Transform_{\text{out}}(PK,TK_S,CT)$：该算法以系统公钥 PK、基于属性集合 S 的转换密钥 TK_S 和基于访问结构 $\mathbb{A}$ 的密文 CT 为输入。然后，该算法计算

$$\frac{e(C_2,K_1')}{e(C_3,K_2')}=\frac{e(g_1^s,h^{\frac{y}{z}}(g_1^{\sum_{v_{i,j}\in S}t_{i,j}})^{\frac{r}{z}})}{e((g_1^{\sum_{v_{i,j}\in A}t_{i,j}})^s,g_1^{\frac{r}{z}})}=\frac{e(g_1,h)^{s\frac{y}{z}}e(g_1,g_1)^{s\frac{r}{z}\sum_{v_{i,j}\in S}t_{i,j}}}{e(g_1,g_1)^{s\frac{r}{z}\sum_{v_{i,j}\in A}t_{i,j}}}=e(g_1,h)^{s\frac{y}{z}}=T'$$

$$\frac{e(C_2',K_1')}{e(C_3',K_2')}=\frac{e(g_1^{s'},h^{\frac{y}{z}}(g_1^{\sum_{v_{i,j}\in S}t_{i,j}})^{\frac{r}{z}})}{e((g_1^{\sum_{v_{i,j}\in A}t_{i,j}})^{s'},g_1^{\frac{r}{z}})}=\frac{e(g_1,h)^{s'\frac{y}{z}}e(g_1,g_1)^{s'\frac{r}{z}\sum_{v_{i,j}\in S}t_{i,j}}}{e(g_1,g_1)^{s'\frac{r}{z}\sum_{v_{i,j}\in A}t_{i,j}}}=e(g_1,h)^{s'\frac{y}{z}}=T''$$

最后，输出转换密文 $CT'=\{\hat{T}=\hat{C},T_1=C_1,T_1'=C_1',T',T''\}$。

（7）$Decrypt_{\text{out}}(PK,CT,CT',RK_S)$：该算法以系统公钥 PK、密文 CT、转换密文 CT' 和取回密钥 $RK_S=\{z\}$ 为输入。若 $\hat{T}\neq\hat{C}$ 或 $T_1\neq C_1$ 或 $T_1'\neq C_1'$，该算法输出终止符 $\perp$；否则，计算 $C_1/T'^z=M$ 和 $C_1'/T''^z=\tilde{M}$。若 $\hat{T}=u^{H(M)}v^{H(\tilde{M})}d$，输出明文消息 M；否则输出终止符 $\perp$。

10.2.3.4 安全性证明

在本节方案中，密文包含 (C_1,C_2,C_3)、(C_1',C_2',C_3') 和 $\hat{C}$ 这 3 部分。根据文献[16]，前两项分别是明文 M 和 $\tilde{M}$ 的密文。本质上，第二项和第三项是冗余的信息。而冗余的信息主要是为了基于选择性 CPA 安全的 CP-ABE 方案构建可验证性解密外包 CP-ABE 方案。假定前 4 个算法是基本的 CP-ABE 方案，为了证明本节方案的安全性，我们首先证明：若文献[16]方案是选择性 CPA 安全的，则基本的 CP-ABE 方案是选择性 CPA 安全的。

定理 10.5 假设文献[16]方案是选择性 CPA 安全的，则基本的 CP-ABE 方案是选择性 CPA 安全的。

证明 通过以下两个游戏证明基本的 CP-ABE 方案是选择性 CPA 安全的。

Game0：Game0 是原始的选择性 CPA 安全游戏。

Game1：Game1 中挑战者随机选择 $\hat{C}\in G_1$ 并按 Game0 的方式产生挑战密文的剩余部分 $CT=(\mathbb{A},\hat{C},C_1,C_2,C_3,C_1',C_2',C_3')$。

通过以下两个引理完成定理 10.5 的证明。其中，引理 10.3 展示了 Game0 和 Game1 的不可区分性；引理 10.4 展示了攻击者在 Game1 中的优势是可忽略的。因此，我们能够证明攻击者在 Game0 中的优势是可忽略的。

引理 10.3 假设文献[16]方案是选择性 CPA 安全的，则 Game0 和 Game1 是计算不可区分的。

证明　如果攻击者能够以不可忽略的优势区分 Game0 和 Game1，那么我们能够构建一个仿真者 $\mathcal{B}$ 以不可忽略的优势攻破文献[16]方案的选择 CPA 安全性。

令 $\mathcal{C}$ 是文献[16]方案的挑战者。仿真者 $\mathcal{B}$ 和攻击者 $\mathcal{A}$ 的交互过程如下。

系统初始化：攻击者 $\mathcal{A}$ 将挑战访问结构 $\mathbb{A}^*$ 传送给仿真者 $\mathcal{B}$。仿真者 $\mathcal{B}$ 将访问结构 $\mathbb{A}^*$ 传送给 $\mathcal{C}$。最后，$\mathcal{C}$ 将文献[16]方案的公共参数 $PK'=\{e,g_1,h,Y,\{T_{i,j}\}_{i\in[1,n],j\in[1,n_i]}\}$ 传送给仿真者 $\mathcal{B}$。

参数设置阶段：仿真者 $\mathcal{B}$ 选择 $x,y,z\in\mathbb{Z}_p$ 并计算 $u=g_1^x$，$v=g_1^y$ 和 $d=g_1^z$。仿真者 $\mathcal{B}$ 选择哈希函数 $H:\mathbb{G}_T\rightarrow\mathbb{Z}_p^*$。最后，仿真者 $\mathcal{B}$ 将 $PK=\{e,g_1,h,u,v,d,Y,\{T_{i,j}\}_{i\in[1,n],j\in[1,n_i]},H\}$ 发送给攻击者 $\mathcal{A}$。

密钥查询阶段 1：攻击者 $\mathcal{A}$ 适应性地发起关于属性集合 S_i 的私钥询问；然后仿真者 $\mathcal{B}$ 通过调用 $\mathcal{C}$ 的私钥生成预言机获得私钥 SK_{S_i}，并将其发送给攻击者 $\mathcal{A}$。

挑战阶段：攻击者 $\mathcal{A}$ 提交两个等长的挑战明文 M_0,M_1。然后仿真者 $\mathcal{B}$ 随机选择 β 和随机消息 $\tilde{M}_0,\tilde{M}_1\in\mathbb{G}_T$。仿真者 $\mathcal{B}$ 将随机消息 $\tilde{M}_0,\tilde{M}_1\in\mathbb{G}_T$ 和挑战访问结构 $\mathbb{A}^*$ 传送给 $\mathcal{C}$。$\mathcal{C}$ 随机选择 $\gamma\in\{0,1\}$，然后基于 PK' 和 $\mathbb{A}^*$，在文献[16]的加密算法下加密 $\tilde{M}_\gamma$，并将密文 $CT^{*\prime}$ 发送给仿真者 $\mathcal{B}$。仿真者 $\mathcal{B}$ 标志 $CT^{*\prime}$ 为 $CT^{*\prime}=(\mathbb{A}^*,C_1',C_2',C_3')$。仿真者 $\mathcal{B}$ 随机选择 $s\in\mathbb{Z}_p$ 并计算 $\hat{C}=u^{H(M_\beta)}v^{H(\tilde{M}_\beta)}d$，$C_1=M_\beta\cdot Y^s$，$C_2=g_1^s$ 和 $C_3=(\prod_{v_{i,j}\in\mathbb{A}}T_{i,j})^s$。最后将挑战密文 $CT^*=\{\mathbb{A}^*,\hat{C},C_1,C_2,C_3,C_1',C_2',C_3'\}$ 发送给攻击者 $\mathcal{A}$。

密钥查询阶段 2：攻击者 $\mathcal{A}$ 继续向仿真者 $\mathcal{C}$ 提交一系列属性列表，类似密钥查询阶段 1 进行响应。

猜测阶段：攻击者 $\mathcal{A}$ 输出值 $\beta'\in\{0,1\}$ 作为对 β 的猜测。仿真者 $\mathcal{B}$ 输出 β' 作为对 γ 的猜测。

注意：如果 $\beta=\gamma$，仿真者 $\mathcal{B}$ 仿真的是 Game0；否则，仿真者 $\mathcal{B}$ 仿真的是 Game1。因此，如果攻击者 $\mathcal{A}$ 能够以不可忽略的优势区分 Game0 和 Game1，那么我们能够构建一个仿真者 $\mathcal{B}$ 以不可忽略的优势攻破文献[16]方案的选择 CPA 安全性。

引理 10.4　假设文献[16]方案是选择性 CPA 安全的，则攻击者 $\mathcal{A}$ 在 Game1 中的优势是可忽略的。

证明　如果攻击者 $\mathcal{A}$ 在 Game1 中的优势是不可忽略的，那么我们能够构建一个仿真者 $\mathcal{B}$ 以不可忽略的优势攻破文献[16]方案的选择 CPA 安全性。

令$\mathcal{C}$是文献[16]方案的挑战者。仿真者$\mathcal{B}$和攻击者$\mathcal{A}$的交互过程如下。

系统初始化：攻击者$\mathcal{A}$将挑战访问结构$\mathbb{A}^*$传送给仿真者$\mathcal{B}$。仿真者$\mathcal{B}$将访问结构$\mathbb{A}^*$传送给$\mathcal{C}$。最后，$\mathcal{C}$将文献[16]方案的公共参数$PK'=\{e,g_1,h,Y,\{T_{i,j}\}_{i\in[1,n],j\in[1,n_i]}\}$传送给仿真者$\mathcal{B}$。

参数设置阶段：仿真者$\mathcal{B}$选择$x,y,z\in\mathbb{Z}_p$并计算$u=g_1^x$，$v=g_1^y$和$d=g_1^z$。仿真者$\mathcal{B}$选择哈希函数$H:\mathbb{G}_T\to\mathbb{Z}_p^*$。最后，仿真者$\mathcal{B}$将$PK=\{e,g_1,h,u,v,d,Y,\{T_{i,j}\}_{i\in[1,n],j\in[1,n_i]},H\}$发送给攻击者$\mathcal{A}$。

密钥查询阶段 1：攻击者$\mathcal{A}$适应性地发起关于属性集合S_i的私钥询问；然后仿真者$\mathcal{B}$通过调用$\mathcal{C}$的私钥生成预言机获得私钥SK_{S_i}，并将其发送给攻击者$\mathcal{A}$。

挑战阶段：攻击者$\mathcal{A}$提交两个等长的挑战明文M_0,M_1。然后仿真者$\mathcal{B}$将M_0,M_1和挑战访问结构$\mathbb{A}^*$传送给$\mathcal{C}$。$\mathcal{C}$随机选择$\gamma\in\{0,1\}$，然后基于PK'和$\mathbb{A}^*$，在文献[16]的加密算法下加密M_γ，并将密文$CT^{*\prime}$发送给仿真者$\mathcal{B}$。仿真者$\mathcal{B}$标志$CT^{*\prime}$为$CT^{*\prime}=(\mathbb{A}^*,C_1',C_2',C_3')$。仿真者$\mathcal{B}$随机选择$s'\in\mathbb{Z}_p$，$\tilde{M}\in\mathbb{G}_T$和$\hat{C}\in\mathbb{G}_1$，然后计算$C_1'=\tilde{M}\cdot Y^{s'}$，$C_2'=g_1^{s'}$和$C_3'=(\prod_{v_{i,j}\in\mathbb{A}}T_{i,j})^{s'}$。最后将挑战密文$CT^*=\{\mathbb{A}^*,\hat{C},C_1,C_2,C_3,C_1',C_2',C_3'\}$发送给攻击者$\mathcal{A}$。

密钥查询阶段 2：攻击者$\mathcal{A}$继续向仿真者$\mathcal{B}$提交一系列属性列表，类似密钥查询阶段 1 进行响应。

猜测阶段：攻击者$\mathcal{A}$输出值$\beta'\in\{0,1\}$作为对β的猜测。仿真者$\mathcal{B}$输出β'作为对γ的猜测。显然，仿真者$\mathcal{B}$仿真的是 Game1。如果攻击者$\mathcal{A}$在 Game1 中的优势是不可忽略的，那么仿真者$\mathcal{B}$能够以不可忽略的优势攻破文献[16]方案的选择 CPA 安全性。

现在我们已经证明基本的 CP-ABE 方案是选择 CPA 安全的，然后证明：如果基本的 CP-ABE 方案是选择 CPA 安全的，那么提出的 CP-ABE 方案是选择 CPA 安全的。

定理 10.6 假设基本的 CP-ABE 方案是选择 CPA 安全的，那么提出的 CP-ABE 方案是选择 CPA 安全的。

证明 如果攻击者$\mathcal{A}$能够以不可忽略的优势攻破本节方案，那么我们能够构建仿真者$\mathcal{B}$以不可忽略的优势攻破基本的 CP-ABE 方案。令$\mathcal{C}$是基本 CP-ABE 方案的挑战者。仿真者$\mathcal{B}$和攻击者$\mathcal{A}$的交互过程如下。

系统初始化：攻击者 $\mathcal{A}$ 将挑战访问结构 $\mathbb{A}^*$ 传送给仿真者 $\mathcal{B}$。仿真者 $\mathcal{B}$ 将访问结构 $\mathbb{A}^*$ 传送给 $\mathcal{C}$。最后，$\mathcal{C}$ 将公共参数 $PK=\{e,g_1,h,u,v,d,Y,\{T_{i,j}\}_{i\in[1,n],j\in[1,n_i]},H\}$ 传送给仿真者 $\mathcal{B}$。

参数设置阶段：仿真者 $\mathcal{B}$ 将 $PK=\{e,g_1,h,u,v,d,Y,\{T_{i,j}\}_{i\in[1,n],j\in[1,n_i]},H\}$ 发送给攻击者 $\mathcal{A}$。

密钥查询阶段 1：仿真者 $\mathcal{B}$ 初始化空表 Tb 和空集合 D。攻击者 $\mathcal{A}$ 可以对属性集合 S 重复进行以下任何查询。

（1）$Create(S)$：仿真者 $\mathcal{B}$ 通过调用 $\mathcal{C}$ 的私钥生成预言机获得关于属性集合 S 的私钥 SK_S，然后设置 $D:=D\cup\{S\}$，最后将私钥 SK_S 发送给攻击者 $\mathcal{A}$。

（2）$Corrupt.TK(S)$：仿真者 $\mathcal{B}$ 查询 (S,SK_S,TK_S,RK_S) 是否已经存在表 Tb 中。如果存在，返回 TK_S；否则仿真者 $\mathcal{B}$ 随机选择 $z,r\in\mathbb{Z}_p$，计算 $K_1'=h^z(g_1^{\sum_{v_{i,j}\in S}t_{i,j}})^r$ 和 $K_2'=g_1^r$，然后将实体 $(S,*,TK_S=(S,K_1',K_2'),z)$ 存储在表 Tb 中，将 TK_S 返回给攻击者。显然，仿真者 $\mathcal{B}$ 不知道实际的取回密钥 $TK_S=y/z$，按如下方式计算。

$$\frac{e(C_2,K_1')}{e(C_3,K_2')}=\frac{e(g_1^s,h^z(g_1^{\sum_{v_{i,j}\in S}t_{i,j}})^r)}{e((g_1^{\sum_{v_{i,j}\in\mathbb{A}}t_{i,j}})^s,g_1^r)}=\frac{e(g_1,h)^{sz}e(g_1,g_1)^{sr\sum_{v_{i,j}\in S}t_{i,j}}}{e(g_1,g_1)^{sr\sum_{v_{i,j}\in\mathbb{A}}t_{i,j}}}=e(g_1,h)^{sz}=T'$$

$$\frac{C_1}{T'^{RK_S}}=M\frac{e(g_1,h)^{sy}}{e(g_1,h)^{sy\cdot y/z}}=M$$

挑战阶段：攻击者 $\mathcal{A}$ 提交两个等长的挑战明文 M_0,M_1 和挑战访问结构 $\mathbb{A}^*$。然后仿真者 $\mathcal{B}$ 将 M_0,M_1 和 $\mathbb{A}^*$ 传送给 $\mathcal{C}$ 获得挑战密文 CT^*。最后仿真者将 CT^* 发送给攻击者 $\mathcal{A}$ 作为挑战密文。

密钥查询阶段 2：类似密钥查询阶段 1，攻击者 $\mathcal{A}$ 继续向仿真者 $\mathcal{B}$ 提交一系列属性列表。

猜测阶段：攻击者 $\mathcal{A}$ 输出值 μ'，仿真者 $\mathcal{B}$ 也输出 μ'。

如果攻击者 $\mathcal{A}$ 针对本节方案的猜测 μ' 是正确的，那么仿真者 $\mathcal{B}$ 针对基本 CP-ABE 方案的猜测 μ' 也是正确的。因此，如果攻击者 $\mathcal{A}$ 能够以不可忽略的优势攻破本节方案，那么能够构建仿真者 $\mathcal{B}$ 以不可忽略的优势攻破基本的 CP-ABE 方案。

定理 10.7 如果离散对数假设成立，则本节方案具有可验证性。

证明 假设存在一个攻击者 $\mathcal{A}$ 能够以不可忽略的优势攻破本节方案的可验证性，那么能够构建一个仿真者 $\mathcal{B}$ 以不可忽略的优势解决离散对数问题。

参数设置阶段：仿真者$\mathcal{B}$选择$x,y,m,l\in\mathbb{Z}_p$，$h\in\mathbb{G}_1$和$t_{i,j}\in\mathbb{Z}_p$（$i\in[1,n]$，$j\in[1,n_i]$），选择抵制合谋哈希函数$H:\mathbb{G}_T\to\mathbb{Z}_p^*$。计算公共参数为

$$PK=\{e,g_1,h,u=g_1^x,v=g_1^m,d=g_1^l,Y=e(g_1,h)^y,\{T_{i,j}\}_{i\in[1,n],j\in[1,n_i]},H\}$$

主私钥为$MSK=\{y,\{t_{i,j}\}_{i\in[1,n],j\in[1,n_i]}\}$。最后仿真者$\mathcal{B}$将$PK$返回给攻击者$\mathcal{A}$。

密钥查询阶段 1：攻击者$\mathcal{A}$适应性地发起转换密钥、私钥、解密和外包解密询问。因为仿真者$\mathcal{B}$知道主私钥，所以其能够正确回答询问。

挑战阶段：攻击者$\mathcal{A}$提交一个明文M^*和一个访问结构$\mathbb{A}^*$。仿真者$\mathcal{B}$基于文献[16]方案的加密算法加密M^*获得密文CT^*，将密文$CT^*=\{\mathbb{A}^*,\hat{C},C_1,C_2,C_3,C_1',C_2',C_3'\}$返回给攻击者$\mathcal{A}$。其中，$\hat{C}=u^{H(M^*)}v^{H(\tilde{M}^*)}d$，仿真者$\mathcal{B}$随机选择$\tilde{M}^*\in\mathbb{G}_T$。

密钥查询阶段 2：仿真者$\mathcal{B}$按照密钥查询阶段 1 方式回答攻击者$\mathcal{A}$的询问。

猜测阶段：攻击者$\mathcal{A}$输出属性集合S^*和转换密文$CT^{*\prime}=(\hat{T}=\hat{C},T_1=C_1,T_1'=C_1',T',T'')$。

仿真者$\mathcal{B}$计算$T_1/T'^{z_{S^*}}=M$和$T_1'/T''^{z_{S^*}}=\tilde{M}$，其中，$z_{S^*}$是关联属性集合$S^*$的取回密钥。如果攻击者$\mathcal{A}$赢得了上述游戏，仿真者$\mathcal{B}$能够获得

$$g_1^{xH(M^*)+mH(\tilde{M}^*)+l}=u^{H(M^*)}v^{H(\tilde{M}^*)}d=\hat{C}=\hat{T}=u^{H(M)}v^{H(\tilde{M})}d=g_1^{xH(M)+mH(\tilde{M})+l}$$

其中，仿真者$\mathcal{B}$获得$M^*,\tilde{M}^*,M,\tilde{M},m,l$，且$M\neq M^*$。因为$H$是抵制合谋的哈希函数，所以不能以不可忽略的优势得到$H(M^*)=H(M)$。因此，仿真者$\mathcal{B}$能够获得$x=m(H(\tilde{M}^*)-H(\tilde{M}))/(H(M)-H(M^*))$，这将攻破离散对数问题。上述分析是矛盾的，因此本节 CP-ABE 方案具有可验证性。

10.2.4 Zhang-Ma-Lu 的计算外包 CP-ABE 方案

依据 CP-ABE 方案中哪些计算工作需要外包，可以将其外包工作分为私钥生成计算外包、加密计算外包和解密计算外包。Green 等[1]构造一种解密外包的 CP-ABE 方案。自从 Green 等[1]提出支持解密外包的 CP-ABE 方案后，一些改进的解密外包 CP-ABE 方案相继被提出[2,7-8]。文献[4]和文献[9]分别设计了一种加密外包的 CP-ABE 方案。这两种方案加密外包的思想是将关联密文的访问结构分成“AND”门连接的两部分子访问结构，然后将一部分访问结构的加密任务外包给加密服务提供商，用

户只需完成一个属性的加密任务，通过该方法隐藏随机盲化因子 s 完成加密外包。文献[5]和文献[6]分别设计私钥生成外包的 CP-ABE 方案。这两种方案私钥生成外包的思想是属性机构将关联每个用户的随机值 x 拆分为 x_1 和 x_2，然后雇佣一个私钥生成代理基于用户属性集合隐藏 x_1，属性机构基于缺省属性隐藏 x_2，二者联合为用户生成私钥。

上述方案只实现了部分阶段的外包能力，即不能将私钥生成、加密和解密计算同时外包给第三方。Zhang 等[11]在 2017 年提出一种完全外包 CP-ABE 方案，该方案可以将私钥生成、加密和解密计算同时外包给第三方。下面分别从方案定义、安全模型、方案设计和安全性证明 4 个方面介绍该方案。

10.2.4.1　方案定义

（1）$Setup(\lambda,U)\to(PK,MSK)$：该算法以安全参数 λ 和属性集合 U 为输入，输出系统公钥 PK 和主私钥 MSK。

（2）$KeyGen.out(PK,N)\to ISK$：该算法以系统公钥 PK 和系统属性数量 N 为输入，输出中间私钥 ISK。

（3）$KeyGen.pkg(MSK,S,ISK1,ISK2)\to SK$：该算法以系统主私钥 MSK、属性集合 S 和中间私钥 $ISK1,ISK2$ 为输入，输出用户私钥 SK。

（4）$KeyGen.rand(SK)\to(TK,RK)$：该算法以用户私钥 SK 为输入，输出转换密钥 TK 和取回密钥 RK。

（5）$Encrypt.out(PK,N)\to IT$：该算法以系统公钥 PK 和 LSSS 访问结构最大行数 N 为输入，输出中间密文 IT。

（6）$Encrypt.user(PK,IT1,IT2,(M,\rho))\to(CT,key)$：该算法以系统公钥 PK、两个中间密文 $IT1,IT2$ 和一个访问结构 (M,ρ) 为输入，输出密文 CT 和一个封装密钥 key。

（7）$Decrypt.out(TK,CT)\to CT'$：该算法以转换密钥 TK 和密文 CT 为输入，输出转换密文 CT'。

（8）$Decrypt.user(CT',RK)\to key$：该算法以转换密文 CT' 和取回密钥 RK 为输入，输出封装密钥 key。

10.2.4.2　安全模型

本小节定义两类攻击者。

Type-1 攻击者：该类攻击者可以腐化 KGSP1、ESP1 和 SSP。

Type-2 攻击者：该类攻击者可以腐化 KGSP2、ESP2、DSP 和 SSP。

针对 Type-1 攻击者的 RCCA 安全游戏如下。

参数设置阶段：挑战者 $\mathcal{C}$ 执行 *Setup* 算法，而后将系统公钥 *PK* 发送给攻击者 $\mathcal{A}$ 。

密钥查询阶段 1：挑战者 $\mathcal{C}$ 初始化空表 T 、空集合 D 和整数 $j=0$ 。攻击者 $\mathcal{A}$ 可以对属性集合 S 重复进行以下任何查询。

（1）$Create(S)$ ：挑战者 $\mathcal{C}$ 设置 $j:=j+1$ ，运行两次 *KenGen.out* 算法获得中间私钥 $ISK1$ 和 $ISK2$ ，运行 *KenGen.pkg* 获得关联属性集合 S 的私钥 SK ，运行 *Encrypt.out* 算法获得 $IT1$ 。最后将 $(j,S,SK,ISK1,IT1)$ 存储在表 T 中。

（2）$Corrupt.SK(i)$ ：挑战者 $\mathcal{C}$ 验证第 i 个实体 (i,S,SK) 是否已经存在表 T 中。如果存在，设置 $D:=D\cup\{S\}$ 并且返回 SK ；否则返回终止符 $\perp$ 。

（3）$Corrupt.IT1(i)$ ：挑战者 $\mathcal{C}$ 验证第 i 个实体 $(i,S,IT1)$ 是否已经存在表 T 中。如果存在，返回 $IT1$ ；否则返回终止符 $\perp$ 。

（4）$Corrupt.ISK1(i,SK)$ ：挑战者 $\mathcal{C}$ 验证第 i 个实体 $(i,S,SK,ISK1)$ 是否已经存在表 T 中。如果存在，返回 $ISK1$ ；否则返回终止符 $\perp$ 。

（5）$Decrypt(i,CT)$ ：挑战者 $\mathcal{C}$ 验证第 i 个实体 (i,S,SK) 是否已经存在表 T 中。如果存在，返回密文 CT 的解密结果；否则返回终止符 $\perp$ 。

挑战阶段：攻击者 $\mathcal{A}$ 提交挑战访问结构 $\mathbb{A}^*$ ，其限制条件为：对于所有 $S\in D$ ，需要满足 $f(\mathbb{A}^*,S)\neq 1$ 。挑战者 $\mathcal{C}$ 运行两次 *Encrypt.out* 算法获得 $IT1^*,IT2^*$ ，运行 *Encrypt.user* 算法获得 (CT^*,key^*) 。然后挑战者 $\mathcal{C}$ 选择 $b\in\{0,1\}$ ，如果 $b=0$ ，则返回 $(CT^*,key^*,IT1^*)$ ；如果 $b=1$ ，挑战者 $\mathcal{C}$ 在封装密钥空间随机选择 R^* ，返回 $(R^*,CT^*,IT1^*)$ 。

密钥查询阶段 2：类似密钥查询阶段 1，攻击者 $\mathcal{A}$ 继续向挑战者 $\mathcal{C}$ 提交一系列属性列表，但其需要满足下述限制。（1）攻击者在进行 *Corrupt.SK* 询问时，不能询问满足 $f(\mathbb{A}^*,S)=1$ 的属性集合 S ；但攻击者 $\mathcal{A}$ 能够提交满足 $\mathbb{A}^*$ 的属性集合 S' 进行 $Corrupt.ISK1$ 询问。（2）攻击者不能进行对 key^* 或者 R^* 的解密询问。

猜测阶段：攻击者 $\mathcal{A}$ 输出值 $b'\in\{0,1\}$ 作为对 b 的猜测。如果 $b'=b$ ，我们称攻击者 $\mathcal{A}$ 赢得了该游戏。攻击者 $\mathcal{A}$ 在该游戏中的优势定义为 $Adv_{\mathcal{A}}^{\text{CPA}}(\lambda)=\left|\Pr[b=b']-\frac{1}{2}\right|$ 。

定义 10.6　若无多项式时间内的 Type-1 攻击者能够以不可忽略的优势来攻破上述安全模型，则本节计算外包 CP-ABE 方案是 RCCA 安全的。

针对 Type-2 攻击者的 RCCA 安全游戏如下。

参数设置阶段和猜测阶段与上述定义相同。密钥查询阶段 1、密钥查询阶段 2 和挑战阶段如下所述。

密钥查询阶段 1：挑战者 $\mathcal{C}$ 初始化空表 T、空集合 D 和整数 $j=0$。攻击者 $\mathcal{A}$ 可以对属性集合 S 重复进行以下任何查询。

（1）$Create(S)$：挑战者 $\mathcal{C}$ 设置 $j:=j+1$，运行两次 $KenGen.out$ 算法获得中间私钥 $ISK1$ 和 $ISK2$，运行 $KenGen.pkg$ 获得关联属性集合 S 的私钥 SK，运行 $KeyGen.rand$ 算法获得转换密钥 TK 和取回密钥 RK，运行 $Encrypt.out$ 算法获得 $IT2$。最后将 $(j,S,SK,TK,RK,ISK2,IT2)$ 存储在表 T 中。

（2）$Corrupt.SK(i)$：挑战者 $\mathcal{C}$ 验证第 i 个实体 (i,S,SK) 是否已经存在表 T 中。如果存在，设置 $D:=D\cup\{S\}$ 并且返回 SK；否则返回终止符 $\perp$。

（3）$Corrupt.TK(i)$：挑战者 $\mathcal{C}$ 验证第 i 个实体 (i,S,TK) 是否已经存在表 T 中。如果存在，返回 TK；否则返回终止符 $\perp$。

（4）$Corrupt.IT2(i)$：挑战者 $\mathcal{C}$ 验证第 i 个实体 $(i,S,IT2)$ 是否已经存在表 T 中。如果存在，返回 $IT2$；否则返回终止符 $\perp$。

（5）$Corrupt.ISK2(i,SK)$：挑战者 $\mathcal{C}$ 验证第 i 个实体 $(i,S,SK,ISK2)$ 是否已经存在表 T 中。如果存在，返回 $ISK2$；否则返回终止符 $\perp$。

（6）$Decrypt(i,CT)$：挑战者 $\mathcal{C}$ 验证第 i 个实体 (i,S,SK) 是否已经存在表 T 中。如果存在，返回密文 CT 的解密结果；否则返回终止符 $\perp$。

挑战阶段：攻击者 $\mathcal{A}$ 提交挑战访问结构 $\mathbb{A}^*$，其限制条件为：对于所有 $S\in D$，需要满足 $f(\mathbb{A}^*,S)\neq 1$。挑战者 $\mathcal{C}$ 运行两次 $Encrypt.out$ 算法获得 $IT1^*,IT2^*$，运行 $Encrypt.user$ 算法获得 (CT^*,key^*)。然后，挑战者 $\mathcal{C}$ 选择 $b\in\{0,1\}$，如果 $b=0$，则返回 $(CT^*,key^*,IT2^*)$；如果 $b=1$，挑战者 $\mathcal{C}$ 在封装密钥空间随机选择 R^*，返回 $(R^*,CT^*,IT2^*)$。

密钥查询阶段 2：类似密钥查询阶段 1，攻击者 $\mathcal{A}$ 继续向挑战者 $\mathcal{C}$ 提交一系列属性列表，但其需要满足下述限制。（1）攻击者在进行 $Corrupt.SK$ 询问时，不能询问满足 $f(\mathbb{A}^*,S)=1$ 的属性集合 S；但攻击者 $\mathcal{A}$ 能够提交满足 $\mathbb{A}^*$ 的属性集合 S' 进行 $Corrupt.ISK2$ 询问。（2）攻击者不能进行对 key^* 或者 R^* 的解密询问。

定义 10.7 若无多项式时间内的 Type-2 攻击者能够以不可忽略的优势来攻破上述安全模型，则本节计算外包 CP-ABE 方案是 RCCA 安全的。

CPA 安全：若上述安全模型在密钥查询阶段 1 和密钥查询阶段 2 中移除解密预言机，则其为 CPA 安全。

选择安全：如果在参数设置阶段前增加系统初始化阶段，且攻击者 $\mathcal{A}$ 在系统初始化阶段将要挑战的访问结构 $\mathbb{A}^*$ 传送给挑战者 $\mathcal{C}$，则其为选择安全。

10.2.4.3 方案设计

（1）$Setup(\lambda,U)\to(PK,MSK)$：该算法选择双线性映射 $D=(\mathbb{G},\mathbb{G}_T,e,p)$，其中 $p\in\Theta(2^\lambda)$ 是素数阶群 $\mathbb{G},\mathbb{G}_T$ 的阶。属性集合是 $\mathbb{Z}_p$ 中的元素。该算法随机选择 $g,h,u,v,w\in\mathbb{G}$ 和随机指数 $\alpha\in\mathbb{Z}_p$。最后，输出系统公钥 PK 和主私钥 MSK 为

$$PK=(D,g,h,u,v,w,e(g,g)^\alpha)\text{,}\quad MSK=(PK,\alpha)$$

（2）$KeyGen.out(PK,N)\to ISK$：该算法以系统公钥 PK 和系统属性数量 N 为输入，该算法随机选择 2N+2 个随机值 $\alpha',r',r_1',r_2',\cdots,r_N',a_1',a_2',\cdots,a_N'\in\mathbb{Z}_p$ 并计算 $K_0=g^{\alpha'}w^{r'}$，$K_1=g^{r'}$。对于 $i=1$ 到 N，该算法计算 $K_{i,2}=g^{r_i'}$，$K_{i,3}=(u^{a_i'}h)^{r_i'}v^{-r'}$，然后设置

$$ISK=(PK,\alpha',r',K_0,K_1,\{r_i',a_i',K_{i,2},K_{i,3}\}_{i\in[1,N]})$$

（3）$KeyGen.pkg(MSK,S,ISK1,ISK2)\to SK$：该算法以系统主私钥 MSK、属性集合 $S=\{A_1,A_2,\cdots,A_k\}\subseteq\mathbb{Z}_p$ 和中间私钥为输入。

$$ISK1=(\alpha',r',K_0',K_1',\{r_i',a_i',K_{i,2}',K_{i,3}'\}_{i\in[1,k]})$$

$$ISK2=(\alpha'',r'',K_0'',K_1'',\{r_i'',a_i'',K_{i,2}'',K_{i,3}''\}_{i\in[1,k]})$$

该算法首先计算 $\tilde{\alpha}$、r、K_0 和 K_1。

$\tilde{\alpha}=\alpha'+\alpha''$，$r=r'+r''$，$K_0=K_0'\cdot K_0''=g^{\alpha'}w^{r'}\cdot g^{\alpha''}w^{r''}=g^{\tilde{\alpha}}w^{r}$，$K_1=K_1'\cdot K_1''=g^{r'}\cdot g^{r''}=g^{r}$

对于 $j=1\sim k$，计算下列公式。

$r_i=r_i'+r_i''$，$a_i=\dfrac{a_i'r_i'+a_i''r_i''}{r_i}$，$K_{i,2}=K_{i,2}'\cdot K_{i,2}''=g^{r_i}$，$K_{i,3}=K_{i,3}'\cdot K_{i,3}''=(u^{a_i}h)^{r_i}v^{-r}$

获得结合的 $ISK=(\tilde{\alpha},r,K_0,K_1,\{r_i,a_i,K_{i,2},K_{i,3}\}_{i\in[1,k]})$。

然后计算 $K_4=\alpha-\tilde{\alpha}$。对于 $j=1\sim k$，计算 $K_{i,5}=r_i(A_i-a_i)$。

最后设置用户私钥 SK 为

$$SK=(S,PK,K_0,K_1,K_4,\{K_{i,2},K_{i,3},K_{i,5}\}_{i\in[1,k]})$$

（4）$KeyGen.rand(SK)\to(TK,RK)$：该算法以用户私钥 SK 为输入，随机选择 $\tau\in\mathbb{Z}_p^*$，然后计算

$$K_0'=K_0^{1/\tau}=g^{\tilde{\alpha}/\tau}w^{r/\tau}，\quad K_1'=K_1^{1/\tau}=g^{r/\tau}，\quad K_4'=K_4/\tau=(\alpha-\tilde{\alpha})/\tau$$

对于 $j=1\sim k$，计算

$$K_{i,2}'=K_{i,2}^{1/\tau}=g^{r_i/\tau},\quad K_{i,3}'=K_{i,3}^{1/\tau}=(u^{a_i}h)^{r_i/\tau}v^{-r/\tau},\quad K_{i,5}'=K_{i,5}/\tau=r_i(A_i-a_i)/\tau$$

输出转换密钥 TK 和取回密钥 RK。

$$TK=(S,PK,K_0',K_1',K_4',\{K_{i,2}',K_{i,3}',K_{i,5}'\}_{i\in[1,k]})，\quad RK=(PK,\tau)$$

（5）$Encrypt.out(PK,N)\to IT$：该算法以系统公钥 PK 和 LSSS 访问结构最大行数 N 为输入，随机选择 $s'\in\mathbb{Z}_p$ 并计算 $C_0=g^{s'}$。对于 $j=1\sim N$，随机选择 $\lambda_j',x_j',t_j'\in\mathbb{Z}_p$ 并计算

$$C_{j,1}=w^{\lambda_j'}v^{t_j'},\quad C_{j,2}=(u^{x_j'}h)^{-t_j'},\quad C_{j,3}=g^{t_j'}$$

输出中间密文 IT 为

$$IT=(s',C_0,\{\lambda_j',x_j',t_j',C_{j,1},C_{j,2},C_{j,3}\}_{j\in[1,N]})$$

（6）$Encrypt.user(PK,IT1,IT2,(\boldsymbol{M},\rho))\to(CT,key)$：该算法输入系统公钥 PK、两个中间密文 $IT1,IT2$ 和一个访问结构 $(\boldsymbol{M},\rho)$，其中 $\boldsymbol{M}$ 是一个 $l\times n$ 的矩阵且 $l\leqslant N$。

$$IT1=(s',C_0',\{\lambda_j',x_j',t_j',C_{j,1}',C_{j,2}',C_{j,3}'\}_{j\in[1,N]})$$
$$IT2=(s'',C_0'',\{\lambda_j'',x_j'',t_j'',C_{j,1}'',C_{j,2}'',C_{j,3}''\}_{j\in[1,N]})$$

该算法重新计算 s 和 C_0。

$$s=s'+s''，\quad C_0=C_0'\cdot C_0''=g^{s'}\cdot g^{s''}=g^{s'+s''}$$

对于 $j=1\sim N$，重新计算下述公式。

$$\lambda_j=\lambda_j'+\lambda_j''，\quad t_j=t_j'+t_j''，\quad x_j=\frac{x_j't_j'+x_j''t_j''}{t_j'+t_j''}$$

$$C_{j,1}=C_{j,1}'\cdot C_{j,1}''=w^{\lambda_j'}v^{t_j'}\cdot w^{\lambda_j''}v^{t_j''}=w^{\lambda_j}v^{t_j},$$

$$C_{j,2}=C_{j,2}'\cdot C_{j,2}''=(u^{x_j}h)^{-t_j},\quad C_{j,3}=C_{j,3}'\cdot C_{j,3}''=g^{t_j'}\cdot g^{t_j''}=g^{t_j}$$

该用户获得结合的中间密文。

$$IT = (s, C_0, \{\lambda_j, x_j, t_j, C_{j,1}, C_{j,2}, C_{j,3}\}_{j\in[1,N]})$$

计算 $key = e(g,g)^{\alpha s}$，然后随机选择 $y_2,\cdots,y_n \in \mathbb{Z}_p$，设置向量 $\vec{y} = (s, y_2, \cdots, y_n)^{\mathrm{T}}$ 并计算 s 的共享向量 $(\hat{\lambda}_1,\cdots,\hat{\lambda}_l)^{\mathrm{T}} = \boldsymbol{M}\vec{y}$。对于 $j=1 \sim l$，计算 $C_{j,4} = \hat{\lambda}_j - \lambda_j$，$C_{j,5} = t_j(x_j - \rho(j))$。最后，输出密文为

$$CT = ((M,\rho), C_0, \{C_{j,1}, C_{j,2}, C_{j,3}, C_{j,4}, C_{j,5}\}_{j\in[1,l]})$$

封装密钥为 key。

$Decrypt.out(TK, CT) \to CT'$：该算法以转换密钥 TK 和密文 CT 为输入，其中

$$CT = ((\boldsymbol{M},\rho), C_0, \{C_{j,1}, C_{j,2}, C_{j,3}, C_{j,4}, C_{j,5}\}_{j\in[1,l]})$$

$$TK = (S, PK, K_0', K_1', K_4', \{K_{i,2}', K_{i,3}', K_{i,5}'\}_{i\in[1,k]})$$

如果 S 不满足 $(\boldsymbol{M},\rho)$，该算法输出终止符 $\perp$。否则，该算法计算 $I = \{i : \rho(i) \in S\}$ 和 $\{w_i \in \mathbb{Z}_p\}_{i\in I}$，使 $\sum_{i\in I} w_i \boldsymbol{M}_i = (1,0,\cdots,0)$，其中，$\boldsymbol{M}_i$ 是矩阵 $\boldsymbol{M}$ 的第 i 行。然后，通过下式计算封装密钥。

$$A = \prod_{i\in I} \left(e(C_{j,1}, K_1') \cdot e(C_{j,2} \cdot u^{C_{j,5}}, K_{i,2}') \cdot e(C_{j,3}, K_{i,3}' \cdot u^{K_{i,5}'})\right)^{w_i}$$

$$key' = \frac{e(C_0, K_0' \cdot g^{K_4'})}{e(w^{\sum_{i\in I} C_{j,4} w_i}, C_{j,4}) \cdot A} = e(g,g)^{\alpha s/\tau}$$

其中，j 是 S 中属性 $\rho(i)$ 的索引。转换密文为 $CT' = ((\boldsymbol{M},\rho), key')$。

$Decrypt.user(CT', RK) \to key$：该算法以转换密文 CT' 和取回密钥 RK 为输入，然后该算法计算

$$key = key'^{\tau} = e(g,g)^{(\alpha s/\tau)\cdot\tau} = e(g,g)^{\alpha s}$$

10.2.4.4 安全性证明

定理 10.8 若文献[21]是选择性 CPA 安全的，那么在定义 10.6 和定义 10.7 中，本节方案是选择性 CPA 安全的。

证明 对于 Type-1 攻击者和 Type-2 攻击者，$Corrupt.ISK1$ 和 $Corrupt.ISK2$ 不影响安全。Type-1 攻击者和 Type-2 攻击者能够询问满足 $f(\mathbb{A}^*, S) = 1$ 的属性集合获得 $ISK1$ 或者 $ISK2$，但是它们不能获得关于最后结合的 ISK 的任何信息。因为最后

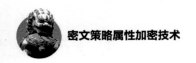

的 ISK 是基于 $ISK1$ 和 $ISK2$ 构建的，所以 ISK 对于 Type-1 攻击者和 Type-2 攻击者是信息隐藏的。$Corrupt.IT1$ 和 $Corrupt.IT2$ 不影响安全。因为最后的 IT^* 是基于 $IT1^*$ 和 $IT2^*$ 构建的。Type-1 攻击者和 Type-2 攻击者只能够获得 $IT1^*$ 和 $IT2^*$ 中的一个，不能获得另外一个，因此，最后的 IT^* 对于 Type-1 攻击者和 Type-2 攻击者是信息隐藏的。

为了完成针对 Type-2 攻击者的安全证明，假设存在一个 Type-2 型 PPT 攻击者 $\mathcal{A}_2$ 能够以不可忽略的优势赢得 CPA 安全游戏，我们构建一个仿真者 $\mathcal{B}$ 以不可忽略的优势攻破文献[21]方案的安全性。

仿真者 $\mathcal{B}$ 与攻击者 $\mathcal{A}_2$ 基于安全参数 λ 和属性集合 $U=\mathbb{Z}_p$ 在 CPA 安全游戏中进行交互。

系统初始化：$\mathcal{A}_2$ 将挑战访问结构 $(\boldsymbol{M}^*,\rho^*)$ ($\boldsymbol{M}^*$ 是一个 $l^*\times n^*$ 的矩阵)传递给仿真者 $\mathcal{B}$ ，然后仿真者 $\mathcal{B}$ 将 $(\boldsymbol{M}^*,\rho^*)$ 传递给文献[21]的挑战者。

参数设置阶段：$\mathcal{B}$ 从文献[21]的挑战者处接收到公共参数 $PK=(D,g,h,u,v,w,e(g,g)^\alpha)$ ，并将其发送给攻击者 $\mathcal{A}_2$ 。

密钥查询阶段 1：$\mathcal{B}$ 初始化空表 T 和整数 $j=0$ 。攻击者 $\mathcal{A}_2$ 可以对属性集合 S 重复进行以下任何查询。

（1）$Create(S)$ ：$\mathcal{B}$ 从 $\mathcal{A}_2$ 处获得私钥请求后设置 $j:=j+1$ ，将其发送给文献[21]的挑战者，获得 $SK=(S,K_0'=g^\alpha w^r,K_1'=g^r,\{K_{i,2}'=g^{r_i},K_{i,3}'=(u^{A_i}h)^{r_i}v^{-r}\}_{i\in[1,k]})$ 。然后，$\mathcal{B}$ 随机选择盲化值 $z,z_1',z_2',\cdots,z_k'\in Z_p$ 并按如下方式计算私钥。

$$K_0=K_0'\cdot g^{-z}=g^{\alpha-z}w^r\text{ ,}\quad K_1=K_1'=g^r\text{ ,}\quad K_4=z\text{ ,}$$
$$K_{i,2}=K_{i,2}'=g^{r_i}\text{ ,}\quad K_{i,3}=K_{i,3}'\cdot u^{-z_i}=(u^{A_i}h)^{r_i}v^{-r}\cdot u^{-z_i'}\text{ ,}\quad K_{i,5}=z_i'$$

接着，运行 $KenGen.out$ 算法获得中间私钥 $ISK2$ ，运行 $KenGen.rand$ 获得 TK 和 RK ，运行 $Encrypt.out$ 算法获得 $IT2$ 。最后，将 $(j,S,SK,TK,RK,ISK2,IT2)$ 存储在表 T 中。

（2）$Corrupt.SK(i)$ ：$\mathcal{B}$ 验证第 i 个实体 (i,S,SK) 是否已经存在表 T 中。如果存在，设置 $D:=D\cup\{S\}$ 并且返回 SK ；否则返回终止符 $\perp$ 。

（3）$Corrupt.TK(i)$ ：$\mathcal{B}$ 验证第 i 个实体 (i,S,TK) 是否已经存在表 T 中。如果存在，返回 TK ；否则返回终止符 $\perp$ 。

（4）$Corrupt.IT2(i)$ ：$\mathcal{B}$ 验证第 i 个实体 $(i,S,IT2)$ 是否已经存在表 T 中。如果存在，返回 $IT2$ ；否则返回终止符 $\perp$ 。

（5）$Corrupt.ISK2(i,SK)$：$\mathcal{B}$ 验证第 i 个实体 $(i,S,SK,ISK2)$ 是否已经存在表 T 中。如果存在，返回 $ISK2$；否则返回终止符 $\perp$。

挑战阶段：$\mathcal{B}$ 选择文献[21]明文空间中的两个随机消息 M_0,M_1，并将它们发送给文献[21]的挑战者，接收到挑战密文 $CT_{RW}^* = ((\boldsymbol{M}^*,\rho^*),C,C_0,\{C_{j,1},C_{j,2},C_{j,3}\}_{j\in[1,l]})$，其中 C 是被加密的消息乘以 $e(g,g)^{\alpha s}$，$C_0 = g^s$，对于 $\boldsymbol{M}^*$ 的每一行，$C_{j,1} = w^{\lambda_j} v^{t_j}$，$C_{j,2} = (u^{x_j} h)^{-t_j}$，$C_{j,3} = g^{t_j}$。随机选择 $z_{1,1},z_{1,2},\cdots,z_{1,l},z_{2,1},z_{2,2},\cdots,z_{2,l} \in Z_p$，然后按下式计算并和 $((\boldsymbol{M}^*,\rho^*),C_0)$ 一起作为密文 $CT_{\text{type-2}}$。

$C_{j,1}^* = C_{j,1} \cdot w^{-z_{1,j}} = w^{\lambda_j - z_{1,j}} v^{t_j}$，$C_{j,2}^* = C_{j,2} \cdot u^{-z_{2,j}} = (u^{\rho^*} h)^{t_j} \cdot u^{-z_{2,j}}$，$C_{j,3}^* = C_{j,3} = g^{t_j}$

$C_{j,4}^* = z_{1,j}$，$C_{j,5}^* = z_{2,j}$

$\mathcal{B}$ 运行 $Encrypt.out$ 算法获得 IT^*，然后选择随机位 $b_{\mathcal{B}} \in \{0,1\}$，计算 $key_{\text{guess}} = C / M_{b_{\mathcal{B}}}$，最后将 $(key_{\text{guess}}, CT_{\text{type-2}}, IT^*)$ 发送给 $\mathcal{A}_2$。

密钥查询阶段 2：类似密钥查询阶段 1，攻击者 $\mathcal{A}_2$ 继续向 $\mathcal{B}$ 提交一系列属性列表。除满足上述限制条件外，不能够再请求关于满足 $f(\mathbb{A}^*,S)=1$ 的属性集合 S 的 $KeyGen.out$ 询问。

猜测阶段：攻击者 $\mathcal{A}_2$ 输出值 $b_{\mathcal{A}_2}$。如果 $b_{\mathcal{A}_2}=0$，意味着 $\mathcal{A}_2$ 猜测 key_{guess} 是通过 $CT_{\text{type-2}}$ 封装的密钥，然后 $\mathcal{B}$ 输出 $b_{\mathcal{B}}$；如果 $b_{\mathcal{A}_2}=1$，意味着 $\mathcal{A}_2$ 猜测 key_{guess} 是一个随机值，然后 $\mathcal{B}$ 输出 $1-b_{\mathcal{B}}$。该分布对于攻击者 $\mathcal{A}_2$ 是均匀的。因此，若攻击者 $\mathcal{A}_2$ 以不可忽略的优势赢得了该 CPA 安全游戏，那么 $\mathcal{B}$ 能够以相同的优势攻破文献[21]方案的安全。

对于 $\mathcal{A}_1$，除了移除 $Corrupt.TK()$，用 $IT1$ 代替 $IT2$，用 $ISK1$ 代替 $IST2$ 外，其余与上述证明过程相同。

10.3 支持加解密外包的 CP-ABE 方案

本节首先描述了加解密外包的 CP-ABE 方案的系统模型、相关定义以及安全模型。然后基于访问树构建了一种可验证的加解密外包 CP-ABE 方案，并给出所提方案的 IND-CPA 安全证明和可验证性证明。最后给出本节方案与相关方案的实验对比分析。

10.3.1 系统模型

支持加解密外包的 CP-ABE 方案的系统模型如图 10.1 所示，其包括属性机构、云服务商、加密代理、解密代理、数据拥有者和数据用户 6 类实体。

AA 是一个完全可信的属性权威管理机构，其主要负责生成系统公钥和系统主私钥，同时管控用户私钥分发等工作。

CSP 主要是指第三方机构，其主要作用是为用户提供数据存储服务，以便减轻用户的本地存储负担。同时该系统模型假设 CSP 是诚实并好奇的（Honest but Curious），即 CSP 会诚实地执行其所承诺的服务且不与恶意用户合谋，但出于好奇心和相关利益，其会在服务过程中窥探数据隐私。

EA 和 DA 分别提供数据加密和数据解密服务。但在服务过程中，它们不能通过获得的信息推导出用户私钥和数据明文。因为 EA 和 DA 承担了大部分计算任务，所以本节方案中的用户可以使用移动计算终端处理相关信息。

DO 是指数据实际属主，其可以使用移动终端加密密文，为节省本地存储资源，将数据加密后上传至云服务商并进行安全共享。

DU 是指数据的消费者，其能够下载云服务商中的密文数据资源，可以使用移动终端解密密文。

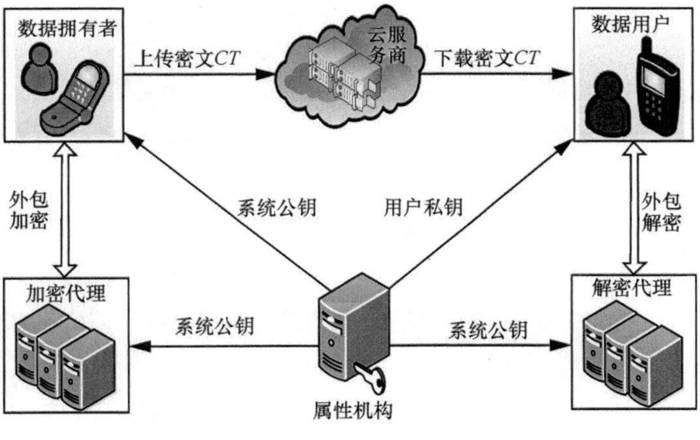

图 10.1　加解密安全外包的 CP-ABE 系统模型

10.3.2　相关定义

10.3.2.1　基于访问树的混合访问结构

文献[4]方案为了保护数据隐私，同时减少加密阶段的计算量，将原始访问树拆分成T_{EA}和T_{DO}。但是在该方案中，原始访问树结构的根节点必须是与门。根据文献[4]方案的思想，本节提出一种新的混合访问树T，如图 10.2 所示。本节所提混合访问树中，首先定义一个缺省属性ξ，T_{EA}表示外包给加密代理的原始访问树，然后混合访问树T可以表示为$T = T_{\text{EA}} \wedge \{\xi\}$。其优点是原始访问树的根节点可以为任意形式，如与门、或门、门限。本节所提访问树T中，att_i代表属性。

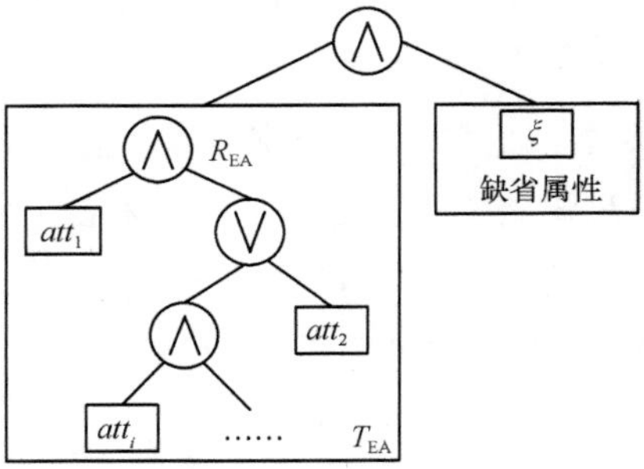

图 10.2　混合访问树结构示意

10.3.2.2　方案定义

本节所提方案包含以下 8 个多项式时间算法，具体含义如下。

（1）$Setup(\lambda)$：属性机构执行该算法，其以安全参数λ为输入，输出系统公钥PK和主私钥MSK。

（2）$KeyGen(MSK, S)$：属性机构执行该算法，其以系统主私钥MSK和属性集合S为输入，输出用户私钥SK。

（3）$Encrypt_{\text{init}}(PK, M)$：数据拥有者执行该算法，其以系统公钥$PK$和明文$M$为输入，输出加密所需密钥对$EK_{\text{EA}}$和$EK_{\text{DO}}$。

（4）$Encrypt_{\text{EA}}(PK, \mathbb{A}, EK_{\text{EA}})$：EA 执行该算法，其以系统公钥$PK$、访问结构$\mathbb{A}$和加密密钥$EK_{\text{EA}}$为输入，输出中间密文$CT_{\text{EA}}$。

（5）$Encrypt_{\text{DO}}(PK, \mathbb{A}, EK_{\text{DO}}, CT_{\text{EA}}, M)$：数据拥有者执行该算法，其以系统公钥$PK$、访问结构$\mathbb{A}$、加密密钥$EK_{\text{DO}}$、中间密文$CT_{\text{EA}}$和明文消息$M$为输入，输出密文$CT$和验证标志$VK_M$。最后，将密文$CT$和验证标志$VK_M$存储在云服务商中。

（6）$KeyBlind(SK)$：数据用户执行该算法，其以用户私钥SK为输入，输出转换密钥TK和取回密钥RK。

（7）$Decrypt_{DA}(TK,CT)$：DA 执行该算法，其以转换密钥 TK 和密文 CT 为输入，输出转换密文 TC。

（8）$Decrypt_{DU}(TC,CT,RK,VK_M)$：数据用户执行该算法，其以转换密钥 TC、密文 CT、取回密钥 RK 和验证标志 VK_M 为输入，输出明文消息 M 或者中止符 $\perp$。

10.3.2.3　安全模型

针对加解密外包 CP-ABE 方案，考虑这样一个攻击者：攻击者 $\mathcal{A}$ 是一些恶意用户并且能够与 EA、DA 和 CSP 进行合谋，然后攻击者 $\mathcal{A}$ 根据获得的相关信息试图解密其他正常用户的密文。其通过挑战者 $\mathcal{C}$ 和攻击者 $\mathcal{A}$ 之间的博弈游戏刻画所提加解密外包 CP-ABE 方案的 IND-CPA 安全模型，具体过程如下。

系统初始化：攻击者 $\mathcal{A}$ 将要挑战的访问结构 $\mathbb{A}^*$ 传送给挑战者 $\mathcal{C}$。

参数设置阶段：挑战者 $\mathcal{C}$ 执行 $Setup$ 算法，而后将系统公钥 PK 发送给攻击者 $\mathcal{A}$。

密钥查询阶段 1：挑战者 $\mathcal{C}$ 初始化空表 T_0、空集合 E 和整数 $j=0$。攻击者 $\mathcal{A}$ 可以对属性集合 S 重复进行以下任何查询。

（1）$Create(S)$：挑战者 $\mathcal{C}$ 接收到属性集合 S 后，首先设置 $j:=j+1$，然后运行 $KenGen$ 算法获得关联属性集合 S 的私钥 SK，再运行 $KeyBlind$ 算法获得转换密钥 TK 和取回密钥 RK，最后将 (j,S,SK,TK,RK) 存储在表 T_0 中。

（2）$Corrupt\ SK(i)$：挑战者 $\mathcal{C}$ 验证第 i 个实体 (i,S,SK) 是否已经存在表 T_0 中。如果存在，设置 $E:=E\cup\{S\}$ 并且返回 SK；否则返回终止符 $\perp$。

（3）$Corrupt\ TK(i)$：挑战者 $\mathcal{C}$ 验证第 i 个实体 (i,S,TK) 是否已经存在表 T_0 中。如果存在，返回 TK；否则返回终止符 $\perp$。

注意：攻击者可以重复询问相同的属性集合 S，其中 $f(\mathbb{A}^*,S)\neq 1$。

挑战阶段：攻击者 $\mathcal{A}$ 提交两个等长的明文信息 M_0 和 M_1，然后挑战者 $\mathcal{C}$ 选择 $b\in\{0,1\}$ 并基于挑战访问结构 $\mathbb{A}^*$ 和明文信息 M_b 运行 $Encrypt_{init}$ 获得加密所需密钥对 EK_{EA}^* 和 EK_{DO}^*，运行 $Encrypt_{EA}$ 获得中间密文 CT_{EA}^*，运行 $Encrypt_{DO}$ 获得明文信息 M_b 的密文 CT^* 和验证标志 VK_M^*。最后，挑战者 $\mathcal{C}$ 将密钥 EK_{EA}^*、密文 CT^* 和验证标志 VK_M^* 发送给攻击者 $\mathcal{A}$。

密钥查询阶段 2：类似密钥查询阶段 1，攻击者 $\mathcal{A}$ 继续向挑战者 $\mathcal{C}$ 提交一系列属性列表。

猜测阶段：攻击者 $\mathcal{A}$ 输出值 $b'\in\{0,1\}$ 作为对 b 的猜测。如果 $b'=b$，我们称攻击

者 $\mathcal{A}$ 赢得了该游戏。攻击者 $\mathcal{A}$ 在该游戏中的优势定义为 $Adv_{\mathcal{A}}^{\mathrm{CPA}}(\lambda)=\left|\Pr[b=b']-\frac{1}{2}\right|$。

定义 10.8 若无多项式时间内的攻击者能够以不可忽略的优势来攻破上述安全模型，则本节所提出的加解密外包 CP-ABE 方案是 CPA 安全的。

可验证性确保转换阶段是否被正确执行，通过挑战者 $\mathcal{C}$ 和攻击者 $\mathcal{A}$ 之间的博弈游戏描述所提方案的可验证性。可验证性游戏具体过程如下。

参数设置阶段：挑战者 $\mathcal{C}$ 执行 $Setup$ 算法后，将输出的系统公钥 PK 发送给攻击者 $\mathcal{A}$，自己保留系统主私钥 MSK。

密钥查询阶段 1：挑战者 $\mathcal{C}$ 依照方案私钥生成方式回答攻击者 $\mathcal{A}$ 的询问。因为挑战者 $\mathcal{C}$ 知道 MSK，所以其能回答所有私钥询问。

挑战阶段：攻击者 $\mathcal{A}$ 提交一个明文 M^* 和一个访问结构 $\mathbb{A}^*$。挑战者 $\mathcal{C}$ 运行 $Encrypt_{\mathrm{init}}$ 获得加密所需密钥 EK_{EA}^*，执行 $Encrypt_{\mathrm{EA}}$ 获得中间密文 CT_{EA}^*，执行 $Encrypt_{\mathrm{DO}}$ 获得 $(CT^*,VK_{M^*}^*)$。最后，挑战者 $\mathcal{C}$ 将它们发送给攻击者 $\mathcal{A}$。

密钥查询阶段 2：挑战者 $\mathcal{C}$ 按照密钥查询阶段 1 方式回答攻击者 $\mathcal{A}$ 的询问，但是攻击者 $\mathcal{A}$ 不能询问满足访问结构 $\mathbb{A}^*$ 的属性集合 S。

猜测阶段：攻击者 $\mathcal{A}$ 输出满足条件 $f(\mathbb{A}^*,S^*)=1$ 的属性集合 S^* 和转换密文 TC^*。若 $Decrypt_{\mathrm{DU}}(TC^*,RK_{S^*},VK_{M^*}^*)\notin\{M^*,\perp\}$，则攻击者 $\mathcal{A}$ 赢得了上述游戏。攻击者 $\mathcal{A}$ 在该游戏中的优势定义为 $Adv_{\mathcal{A}}^{\mathrm{Ver}}(\lambda)=\Pr[\mathcal{A}\ \mathrm{Wins}]$。

定义 10.9 若无多项式时间内的攻击者以不可忽略的优势来攻破上述安全模型，则本节所提方案具有可验证性。

10.3.3 方案设计

首先给出本节方案设计所涉及的密码工具如下。

（1）两个抵抗合谋攻击的杂凑函数 $H_0:\mathbb{G}_T\to\{0,1\}^{l_{H_0}}$ 和 $H_1:\mathbb{G}_T\to\{0,1\}^{l_{H_1}}$。

（2）一个具有密钥空间 $\{0,1\}^{l_{SE}}$ 的对称加密方案 $SE=(SE.Enc,SE.Dec)$。

（3）一个两两独立哈希函数族 $\mathcal{H}$：$\mathbb{G}_T\to\{0,1\}^{l_{\mathrm{SE}}}$。

（4）上述组件所涉及参数满足 $0<l_{SE}\leqslant(\log|\mathcal{K}|-l_{H_0})-2\log(1/\varepsilon_H)$，其中，$\varepsilon_H$ 是一个可忽略的值。

本节方案详细设计过程如下。

（1）$Setup(\lambda)$：该算法选择一个阶为素数 p 的循环群 $\mathbb{G}$ 和 $\mathbb{G}_T$，其中 g 为群 $\mathbb{G}$

的生成元且存在有效的双线性映射 $e:\mathbb{G}\times\mathbb{G}\to\mathbb{G}_T$。随机选择指数 $\alpha,\beta\in\mathbb{Z}_p^*$ 并计算 $h=g^{\beta}$。然后选择一个提取器 $\mathbb{H}\in\mathcal{H}$，3 个杂凑函数 H_0、H_1和 $H:\{0,1\}^*\to\mathbb{G}$，一个对称加密算法 SE。最后，输出公钥 $PK=(\mathbb{G},\mathbb{G}_T,g,h,e(g,g)^{\alpha},H,H_0,H_1,\mathbb{H},SE)$ 和主私钥 $MSK=(\beta,g^{\alpha})$。

（2）$KeyGen(MSK,S)$：该算法随机选择 $r\in\mathbb{Z}_p^*$ 并计算 $D=g^{(\alpha+r)/\beta}$。对于每一个属性 $j\in S\cup\{Att(\xi)\}$，随机选择 $r_j\in\mathbb{Z}_p^*$ 并计算 $D_{j0}=g^rH(j)^{r_j}$ 和 $D_{j1}=g^{r_j}$。最后，输出用户私钥为 $SK=(D,\{D_{j0},D_{j1}\}_{j\in S\cup\{Att(\xi)\}})$。

（3）$Encrypt_{\text{init}}(PK,M)$：该算法首先随机选择 $s\in\mathbb{Z}_p^*$。然后随机指定一个一次多项式 $q_R(x)$，其中 $q_R(0)=s$，进一步设置 $s_1=q_R(1)$ 和 $s_2=q_R(2)$。最后，输出加密密钥对 $EK_{\text{EA}}=(s_1)$ 和 $EK_{\text{DO}}=(s,s_2)$。

（4）$Encrypt_{\text{EA}}(PK,T_{\text{EA}},EK_{\text{EA}})$：对于 $\forall x\in T_{\text{EA}}$，以从上到下的方式随机选择一个 (k_x-1) 次多项式 $q(x)$。若 x 是 T_{EA} 的根节点，则 $q(0)=s_1$；否则 $q(0)=q_{parent(x)}(index(x))$。对于 $\forall y\in Y_{\text{EA}}$，计算 $C_{y0}=g^{q_y(0)}$ 和 $C_{y1}=H(Att(y))^{q_y(0)}$。最后，输出中间密文 $CT_{\text{EA}}=(\{C_{y0},C_{y1}\}_{y\in Y_{\text{EA}}})$，其中，$Y_{\text{EA}}$ 是 T_{EA} 的叶子节点集合。

（5）$Encrypt_{\text{DO}}(PK,T,EK_{\text{DO}},CT_{\text{EA}},M)$：该算法随机选择消息 $R\in\mathbb{G}_T$ 并计算 $C=Re(g,g)^{\alpha s}$ 和 $C'=h^s$。对于缺省属性 ξ，计算 $C_{\xi0}=g^{s_2}$ 和 $C_{\xi1}=H(Att(\xi))^{s_2}$。然后，该算法计算 $Mark'=H_0(R)$、对称密钥 $K_{SE}=\mathbb{H}(R)$、$C_{SE}=SE.Enc(K_{SE},M)$ 和 $Mark=H_1(Mark'\|C_{SE})$。最后，输出密文 $CT=(T,C,C',C_{\xi0},C_{\xi1},\{C_{y0},C_{y1}\}_{y\in Y_{\text{EA}}},C_{SE})$ 和验证标志 $VK_M=Mark$。

（6）$KeyBlind(SK)$：该算法选择一个随机值 $\delta\in\mathbb{Z}_p^*$，然后计算 $D'=D^{\delta}$、D_{j0}^{δ} 和 D_{j1}^{δ}。输出取回密钥 $RK=\delta$ 和转换密钥 $TK=(D',\{D_{j0}^{\delta},D_{j1}^{\delta}\}_{j\in S\cup\{Att(\xi)\}})$。

（7）$Decrypt_{\text{DA}}(TK,CT)$：假设用户属性集合 $S\cup\{Att(\xi)\}$ 满足密文 CT 关联的混合访问树 T。DA 接收到转换密钥 TK 和密文 CT 后进行预解密。

首先，其定义一个递归算法 $DecryptNode(CT,TK,x)$，其中 $i=Att(x)$。

对于 ξ

$$DecryptNode(CT,TK,\xi)=\frac{e(C_{\xi0},D_{\xi0}^{\delta})}{e(C_{\xi1},D_{\xi1}^{\delta})}=\frac{e(g^{s_2},g^rH(Att(\xi))^{r_\xi})^{\delta}}{e(H(Att(\xi))^{s_2},g^{r_\xi})^{\delta}}=e(g,g)^{\delta rs_2}$$

对于 $\forall y\in Y_{\text{EA}}$

$$DecryptNode(CT,TK,y)=\frac{\prod e(C_{y0},D_{j0}^{\delta})}{\prod e(C_{y1},D_{j1}^{\delta})}=\frac{e(g^{q_y(0)},g^rH(Att(\xi))^{r_j})^{\delta}}{e(H(Att(\xi))^{q_y(0)},g^{r_j})^{\delta}}=e(g,g)^{\delta rq_y(0)}=F_y$$

对于访问树T_{EA}的非叶子节点x及其所有孩子节点y，调用$DecryptNode(CT,TK,y)$并存储其输出F_y。S_x是k_x个孩子节点y的集合。DA 计算

$$F_x=\prod_{y\in S_x}F_y^{\Delta_{i,S_x'}(0)}=\prod_{y\in S_x}(e(g,g)^{\delta r.q_y(0)})^{\Delta_{i,S_x'}(0)}=$$
$$\prod_{y\in S_x}(e(g,g)^{\delta r.q_{parent(y)}(index(y))})^{\Delta_{i,S_x'}(0)}=$$
$$\prod_{y\in S_x}(e(g,g)^{\delta r.q_x(i)})^{\Delta_{i,S_x'}(0)}=e(g,g)^{\delta r.q_x(0)}$$

其中，$i=index(y)$、$S_x'=\{index(y):y\in S_x\}$。

可以获得$e(g,g)^{\delta rs_2}$和$e(g,g)^{\delta rq_{\mathrm{REA}}(0)}=e(g,g)^{\delta rs_1}$，通过二者可以计算$\varphi=e(g,g)^{\delta rs}$。随后计算$\psi=e(C',D')=e(h^s,g^{\delta(\alpha+r)/\beta})=e(g,g)^{\delta s(\alpha+r)}$。通过$\varphi$和$\psi$可以计算获得转换密文$TC=e(g,g)^{\delta\alpha s}$。最后，DA 将转换密文$TC$发送给 DU。

（8）$Decrypt_{\mathrm{DU}}(TC,CT,RK,VK_M)$：DU 接收到$TC$和$CT$后计算

$$\frac{C}{(TC)^{1/RK}}=\frac{Re(g,g)^{s\alpha}}{e(g,g)^{\alpha s}}=R$$

然后，计算$Mark'=H_0(R)$。若$H(Mark'\|C_{SE})\neq VK_M$，立即终止并返回终止符$\perp$；否则，计算$K_{SE}=\mathbb{H}(R)$并返回$M=SE.Dec(K_{SE},C_{SE})$。

10.3.4 安全性证明

本节基于文献[22]的 CP-ABE 方案给出所提方案的 IND-CPA 安全证明。

定理 10.9 假设文献[22]方案是安全的，$\mathcal{H}$是一个两两独立哈希函数族，SE是一个语义安全的一次对称加密方案，并且所涉及参数满足$0<l_{SE}<(\log|\mathcal{K}|-l_{H_0})-2\log(1/\varepsilon_H)$，那么，没有 CPA 攻击者能够在多项式时间内以不可忽略的优势攻破本节所提方案。

证明 首先，定义以下 3 个游戏。

Game0：原始 CPA 安全游戏。攻击者$\mathcal{A}$选择一个挑战访问树T^*，然后根据该访问树生成挑战密文和验证标志$(CT^*,VK_M^*)=((CM^*,C_{SE}^*),Mark^*)$。$R^*\in\mathbb{G}_T$表示密文$CT_{\mathrm{BSW}}^*$所对应的明文消息，$K_{SE}^*=\mathbb{H}^*(R^*)$表示密文$C_{\mathrm{SE}}^*$所对应的对称密钥。

Game1：在 Game0 中，通过执行$Encrypt_{\mathrm{BSW}}(PK_{\mathrm{BSW}}^*,R^*,T^*)$获得密文$CT_{\mathrm{BSW}}^*$，其中，$R^*\in\mathbb{G}_T$是明文消息，然后设置$Mark'^*=H_0^*(R^*)$并计算$K_{SE}^*=\mathbb{H}^*(R^*)$；在

Game1 中，CT^*_{BSW} 是另外一个随机值 $K^* \in \mathbb{G}_T$ 对应的密文，但是基于相同的随机值 $R^* \in \mathbb{G}_T$ 计算 $Mark'^* = H_0^*(R^*)$ 和 $K^*_{SE} = \mathbb{H}^*(R^*)$，其中 K^* 完全独立于 R^*。此外，两个游戏完全相同。

Game2：在 Game2 中用随机串 $Ra^*_{\mathrm{SE}} \in \{0,1\}^{l_{\mathrm{SE}}}$ 代替 K^*_{SE}，其余与 Game1 完全相同。

然后，通过引理 10.5 证明 Game0 与 Game1 不可区分；通过引理 10.6 证明 Game1 与 Game2 不可区分；通过引理 10.7 证明攻击者 $\mathcal{A}$ 在 Game2 中的优势可以忽略不计。可以推导出，攻击者 $\mathcal{A}$ 在原始游戏 Game0 中的优势可以忽略不计。

注：挑战者 $\mathcal{C}$ 在计算密文 CT^*_{BSW} 时，需要额外计算 $C_{\xi 0}, C_{\xi 1}$ 并包含在 CT^*_{BSW} 内。

引理 10.5　假设文献[22]方案是安全的，那么攻击者 $\mathcal{A}$ 区分 Game0 和 Game1 的优势可以忽略不计。

证明　假设存在攻击者 $\mathcal{A}$ 能够以不可忽略的优势 ε 区分 Game0 和 Game1，那么可以构建一个多项式时间的仿真者 $\mathcal{B}$ 以不可忽略的优势 ε 攻破文献[22]方案的安全。$\mathcal{C}$ 是文献[22]方案的挑战者。仿真者 $\mathcal{B}$ 基于挑战密文模拟攻击者 $\mathcal{A}$ 在 Game0 和 Game1 的视角。仿真者 $\mathcal{B}$ 同时扮演文献[22]方案的攻击者，与本节攻击者 $\mathcal{A}$ 交互过程如下。

系统初始化：攻击者 $\mathcal{A}$ 选择一个将要挑战的访问树 T^*，并将其发送给仿真者 $\mathcal{B}$，然后仿真者 $\mathcal{B}$ 将 T^* 发送给挑战者 $\mathcal{C}$。

参数设置阶段：仿真者 $\mathcal{B}$ 与挑战者 $\mathcal{C}$ 交互，从挑战者 $\mathcal{C}$ 处获得挑战公共参数 PK^*_{BSW}，然后选择两个抵抗合谋攻击的杂凑函数 H_0^* 和 H_1^*，一个随机提取器 $\mathbb{H}^* \in \mathcal{H}$ 和一个语义安全的一次对称加密方案 SE^*。最后，将 $(PK^*_{\mathrm{BSW}}, H_0^*, H_1^*, \mathbb{H}^*, SE^*)$ 发送给攻击者 $\mathcal{A}$ 作为最终的挑战公钥 PK。

密钥查询阶段 1：攻击者 $\mathcal{A}$ 可以适应性地重复询问 $Create(S)$，$Corrupt\ SK(i)$，$Corrupt\ TK(i)$。

挑战阶段：攻击者 $\mathcal{A}$ 提交两个等长的消息 M_0 和 M_1。仿真者 $\mathcal{B}$ 随机选择两个独立的值 $R^*, K^* \in \mathbb{G}_T$，然后向挑战者 $\mathcal{C}$ 请求加密 $((R^*, K^*), T^*)$，挑战者 $\mathcal{C}$ 将挑战密文 CT^*_{BSW} 返回给仿真者 $\mathcal{B}$。仿真者 $\mathcal{B}$ 计算 $K^*_{SE} = \mathbb{H}^*(R^*)$ 和 $Mark'^* = H_0^*(R^*)$，仿真者 $\mathcal{B}$ 随机选择 $b \in \{0,1\}$ 并计算 $C^*_{SE} = SE^*.Enc(K^*_{SE}, M_b)$ 和 $Mark^* = H_1^*(Mark'^* \parallel C^*_{SE})$。最后，仿真者 $\mathcal{B}$ 将 $CT^* = \{CT^*_{\mathrm{BSW}}, C^*_{SE}\}$ 和 $VK^*_M = Mark^*$ 发送给攻击者 $\mathcal{A}$。若 CT^*_{BSW} 是 R^* 的密文，则 CT^* 是 Game0 中的挑战密文；若 CT^*_{BSW} 是 K^* 的密文，则 CT^* 是 Game1 中的挑战密文。

密钥查询阶段 2：类似密钥查询阶段 1，攻击者 $\mathcal{A}$ 继续向仿真者 $\mathcal{B}$ 提交一系列属性列表，其限制与密钥查询阶段 1 相同。

猜测阶段：攻击者 $\mathcal{A}$ 输出值 $b' \in \{0,1\}$ 作为对 b 的猜测。如果 $b'=b$，仿真者 $\mathcal{B}$ 输出 0，即 CT_{BSW}^* 是 R^* 的密文；如果 $b' \neq b$，仿真者 $\mathcal{B}$ 输出 1，即 CT_{BSW}^* 是 K^* 的密文。

从上述游戏分析，仿真者 $\mathcal{B}$ 能够完美模拟攻击者 $\mathcal{A}$ 在 Game0 和 Game1 的视角。通过本节假设，攻击者 $\mathcal{A}$ 在 Game0 中正确猜测出 b 的概率与攻击者 $\mathcal{A}$ 在 Game1 中正确猜测出 b 的概率相差一个不可忽略的值 ε，因此攻击者 $\mathcal{A}$ 能够以不可忽略的优势 ε 区分 Game0 和 Game1。当攻击者 $\mathcal{A}$ 在 Game0 中，CT_{BSW}^* 是 R^* 的密文；当攻击者 $\mathcal{A}$ 在 Game1 中，CT_{BSW}^* 是 K^* 的密文。因此，仿真者 $\mathcal{B}$ 能够以不可忽略的优势 ε 攻破文献[22]方案的安全性。

引理 10.6 假设 $\mathcal{H}$ 是一个两两独立哈希函数族，那么攻击者 $\mathcal{A}$ 在 Game1 和 Game2 中的视角是静态不可区分的。

证明 在 Game1 和 Game2 中，R^* 完全独立于 CT_{BSW}^*，$\mathbb{H}^*$ 和 PK_{BSW}^*。另外，$Mark'^* = H_0^*(R^*)$ 至多有 $2^{l_{H_0}}$ 种可能的值。然后可以导出

$$\tilde{H}_\infty(K^* \mid (PK, CT_{\mathrm{BSW}}^*, \mathbb{H}^*, Mark'^*)) \geqslant \tilde{H}_\infty(K^* \mid (PK, CT_{\mathrm{BSW}}^*, \mathbb{H}^*)) - l_{H_0} = \log|\mathcal{K}| - l_{H_0}$$

注：X,Y,Z 是随机值，若 Y 至多有 2^r 种可能的值，那么可以得出 $\tilde{H}_\infty(X \mid (Y,Z)) \geqslant \tilde{H}_\infty(X \mid Z) - r$。

因为 $0 < l_{\mathrm{SE}} \leqslant (\log|\mathcal{K}| - l_{H_0}) - 2\log(1/\varepsilon_H)$，所以从攻击者 $\mathcal{A}$ 的视角（除去 C_{SE}^*）观察，Game1 中的对称密钥 $K_{\mathrm{SE}}^* = \mathbb{H}^*(R^*)$ 与 Game2 中真实随机的对称密钥 $Ra_{\mathrm{SE}}^* \in \{0,1\}^{l_{\mathrm{SE}}}$ 有 ε_H 静态不可区分的概率。即 K_{SE}^* 与 Ra_{SE}^* 是不可区分的。另外，C_{SE}^* 是 K_{SE}^* 的函数，$Mark^*$ 是 $Mark'^*$ 和 C_{SE}^* 的函数。因此，它们不会增加上述两个分布之间的距离。也就是说，Game1 和 Game2 中一系列的变化不能改变上述两个分布之间的距离。因此，Game1 和 Game2 之间的不可区分性与 K_{SE}^* 和 Ra_{SE}^* 之间的不可区分性相同。即在攻击者 $\mathcal{A}$ 的视角中，Game1 和 Game2 是不可区分的。

引理 10.7 假设对称加密方案 SE^* 是语义安全的，那么攻击者 $\mathcal{A}$ 在 Game2 中的优势可以忽略不计。

证明 在 Game2 中，对称密钥 Ra_{SE}^* 是一个随机串，攻击者 $\mathcal{A}$ 完全不知道该值。因此，可以根据攻击者 $\mathcal{A}$ 直接构建一个仿真者 $\mathcal{B}$ 去攻击 SE^* 的语义安全，得出 $|\Pr[\mathrm{Game2}] - \frac{1}{2}| \leqslant Adv_{\mathcal{B}}^{SE^*}(\lambda)$。因为对称加密方案 SE^* 是语义安全的，因此攻击者 $\mathcal{A}$

在 Game2 中的优势可以忽略不计。

通过引理 10.5、引理 10.6 和引理 10.7 可以联合推导出本节所提方案是 IND-CPA 安全的。

定理 10.10 假设 H_0 和 H_1 是抵抗合谋攻击的杂凑函数，那么本节所提方案具有可验证性。

证明 假设攻击者 $\mathcal{A}$ 可以攻破可验证性，那么可以构建一个仿真者 $\mathcal{B}$ 打破底层杂凑函数 H_0 和 H_1 的抗合谋攻击能力。攻击者 $\mathcal{A}$ 提交两个挑战杂凑函数 (H_0^*, H_1^*)，然后仿真者 $\mathcal{B}$ 与攻击者 $\mathcal{A}$ 交互过程如下。

参数设置阶段：仿真者 $\mathcal{B}$ 执行 $Setup$ 算法获得公钥 PK 和主私钥 MSK，并用 H_0^* 和 H_1^* 替换公钥 PK 中的杂凑函数。注意：仿真者 $\mathcal{B}$ 知道主私钥 MSK。

密钥查询阶段 1：仿真者 $\mathcal{B}$ 按照上述密钥查询阶段 1 方式适应性地回答攻击者 $\mathcal{A}$ 的询问。

挑战阶段：攻击者 $\mathcal{A}$ 提交一个挑战明文 M^* 和一个访问结构 T^*。仿真者 $\mathcal{B}$ 调用 $Encrypt_{\mathrm{BSW}}$ 获得 $R^* \in \mathbb{G}_T$ 的挑战密文 CT_{BSW}^*（包含 $C_{\xi 0}, C_{\xi 1}$）。然后，仿真者 $\mathcal{B}$ 计算 $K_{SE}^* = \mathbb{H}^*(R^*)$、$Mark'^* = H_0^*(R^*)$、$C_{SE}^* = SE.Enc(K_{SE}^*, M^*)$ 和 $Mark^* = H_1^*(Mark'^* \| C_{SE}^*)$。最后，仿真者 $\mathcal{B}$ 将 $CT^* = \{CT_{\mathrm{BSW}}^*, C_{SE}^*\}$ 和 $VK_M^* = Mark^*$ 发送给攻击者 $\mathcal{A}$。仿真者 $\mathcal{B}$ 同时自己保留 VK_M^* 和 $\{R^*, C_{\mathrm{SE}}^*\}$。

密钥查询阶段 2：仿真者 $\mathcal{B}$ 按照上述密钥查询阶段 2 方式适应性地回答攻击者 $\mathcal{A}$ 的询问。

猜测阶段：攻击者 $\mathcal{A}$ 输出一个属性集合 S^*（$f(T^*, S^*) = 1$）、中间解密密文 TC 和 C_{SE}。

若攻击者 $\mathcal{A}$ 攻破可验证性，那么仿真者 $\mathcal{B}$ 将通过 $Decrypt_{\mathrm{DU}}(TC, CT, RK, VK_M^*)$ 恢复出明文 $M \notin \{M^*, \perp\}$。现在分析攻击者 $\mathcal{A}$ 成功的可能性。若 $H(Mark' \| C_{SE}) \neq Mark^*$，则解密算法输出终止符 $\perp$，其中，$Mark' = H_0^*(R)$、$R = Decrypt_{\mathrm{BSW}}(CT, SK)$。因此，只需考虑以下两种情况。

情况 1：$(Mark', C_{SE}) \neq (Mark'^*, C_{SE}^*)$。因为仿真者 $\mathcal{B}$ 知道 $(Mark'^*, C_{SE}^*)$，若这种情况发生，则仿真者 $\mathcal{B}$ 立即得到杂凑函数 H_1^* 的碰撞。

情况 2：$(Mark', C_{SE}) = (Mark'^*, C_{SE}^*)$，但 $R \neq R^*$。因为 $H_0^*(R) = Mark' = Mark'^* = H_0^*(R^*)$，所以这将打破 H_0^* 的抗合谋攻击能力。

通过上述两种情况分析，完成了定理 10.10 的安全证明。

10.3.5 方案分析及实验验证

10.3.5.1 理论分析

为评估本节方案的计算效率，本小节从理论层面分析了加密和解密阶段的计算开销，将本节方案与文献[1-2,8]方案在效率方面进行对比分析。选择对比方案的原因是：文献[1]和文献[2]方案属于经典的外包方案，文献[8]方案代表了最新外包方案研究现状。

对比过程中，$|U|$代表系统属性总数，$|S|$代表关联数据用户的属性集合中属性的总数，s 和 l 分别代表满足解密需求的属性集合和 LSSS 中矩阵 $\boldsymbol{M}$ 的行数，y 表示访问树的叶子节点数。另外，$E_{\mathbb{G}}$ 和 $E_{\mathbb{G}_T}$ 分别表示 $\mathbb{G}$ 和 $\mathbb{G}_T$ 中的模指数运算；P 表示双线性对运算。模指数和双线性对的计算量相对于其他计算需要更大的计算量，因此本节忽略了次要因素。表 10.1 给出了原理方面的效率对比。

表 10.1　计算效率对比分析

方案	群阶	加密		解密		验证性
		E-CSP	DO	D-CSP	DU	
Green[1]	素数	—	$(3l+1)E_{\mathbb{G}}+1E_{\mathbb{G}_T}$	$2\|s\|E_{\mathbb{G}_T}+(\|s\|+2)P$	$E_{\mathbb{G}_T}$	无
Lai[2]	素数	—	$(6l+4)E_{\mathbb{G}}+2E_{\mathbb{G}_T}$	$2\|s\|E_{\mathbb{G}_T}+(4\|s\|+2)P$	$2E_{\mathbb{G}}+2E_{\mathbb{G}_T}$	有
Li[8]	素数	—	$(2l+6)E_{\mathbb{G}}+4E_{\mathbb{G}_T}$	$2E_{\mathbb{G}_T}+4P$	$4E_{\mathbb{G}_T}$	有
本节方案	素数	$2yE_{\mathbb{G}}$	$3E_{\mathbb{G}}+1E_{\mathbb{G}_T}$	$(2+\|s\|)E_{\mathbb{G}_T}+(2\|s\|+3)P$	$2E_{\mathbb{G}_T}$	有

如表 10.1 所示，本节方案实现了可验证的加解密外包计算，资源有限的用户只需较少的计算就能够完成加解密计算过程。而文献[1-2,8]方案只将解密计算外包给云服务商。另外，文献[1]方案不具备可验证性，而可验证性对于获得正确的计算结果至关重要。本节方案在加密阶段只需 4 个指数计算，与访问结构无关；而文献[1-2,8]方案加密阶段所需计算量与访问结构复杂度呈线性正相关。所有对比方案在解密阶段都只需常数级的计算量。在解密阶段，文献[8]方案只需要将 $2E_{\mathbb{G}_T}+4P$ 个计算外包给云服务商，然而云服务商往往具有强大的计算资源，因此，该优点对于用户来说并不明显。而且文献[8]方案没有实现加密外包功能。综合分析，本节方案具有高

效性，将复杂的加密和解密计算外包给云服务商，并且能够验证云服务商是否正确地执行了外包解密计算。

10.3.5.2　实验分析

为了评估本节方案的实际性能，我们基于以下实验环境完成文献[1-2,8]方案和本节方案的仿真验证。实验环境为 64 bit Ubuntu 14.04 操作系统，Intel® CoreTM i5-6200U(2.3 GHz)，内存 8 GB；Android 操作系统、ARM-Based Samsung Exynos 7420(2.1GHz)、内存 4 GB。我们使用 Intel 平台来模拟云服务提供商，使用 ARM 平台来模拟用户终端。实验代码基于 pbc-0.5.14[13]与 cpabe-0.11[14]进行修改与编写，并且使用 224 bit MNT 的椭圆曲线。

对于 $\lambda = 80$ 比特安全参数，本节选择 $l_{H_0} = l_{H_1} = 160$，并封装了一个随机 128 bit 对称密钥 l_{SE}。在本节方案中，首先将群 $\mathbb{G}_T$ 中的元素 C_T 哈希成一个随机的“种子”，然后用一个伪随机数生成器（如 AES 方案）将其扩展到 512 bit 密钥 R，这足以保证 $\log|\mathcal{K}| - l_{H_1} \geqslant l_{\text{SE}} + 2\log 2^{\lambda}$。为更好地说明外包计算对于方案效率提升的重要性，本小节实验中属性数量以 10 为递增量，从 10 递增到 100 产生 10 种不同情况。对于每种情况，重复 30 次实验且每次实验完全独立，最后取平均值作为实验结果。最终实验结果如图 10.3 所示。

众所周知，Intel 平台的计算能力远远大于 ARM 平台的计算能力。所以本节分别用 Intel 平台和 ARM 平台模拟云服务商和移动终端。图 10.3(a)和图 10.3(c)是在 Intel 平台仿真的实验结果，图 10.3(b)和图 10.3(d)是在 ARM 平台仿真的实验结果。图 10.3(a)和图 10.3(b)表明，本节方案中 E-CSP 承担了大部分加密工作，数据拥有者只需较少的计算负担；而其他方案中数据拥有者需要承担全部的加密工作。由于移动终端的计算资源有限，其需要花费大量的时间来完成加密工作。图 10.3(c)和图 10.3(d)表明，所有方案中，D-CSP 承担了大部分解密工作，数据用户只需较少的计算负担。

由于其他方案没有实现加密外包功能，所以图 10.3(a)中没有其他方案的外包加密曲线。在图 10.3(b)中，其他方案需要在移动终端上花费大量的计算时间完成加密操作，而本节方案的加密时间是常值。如图 10.3(c)所示，Li 方案的外包解密时间是恒定的，优于其他方案。然而，解密阶段的大量计算被外包给具有强大计算能力的云服务商，因此，Li 方案的优势对用户来说并不明显。

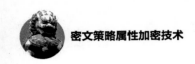

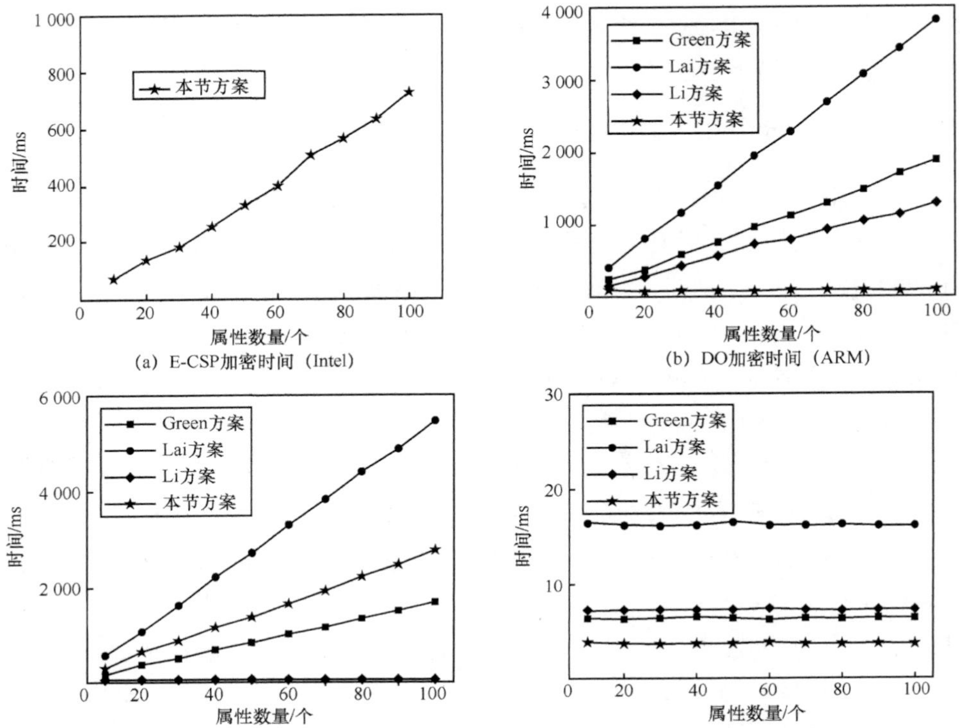

(a) E-CSP加密时间（Intel）

(b) DO加密时间（ARM）

(c) D-CSP解密时间（Intel）

(d) DU解密时间（ARM）

图 10.3 各阶段运行时间对比

综合分析，本节方案在功能和效率方面具有较大优势。所提方案将加密和解密过程的大部分计算外包给云服务商，用户可以在较短的时间内完成加密和解密的计算，且用户可以验证外包解密的正确性。

10.4 支持完全外包的 CP-ABE 方案

本节首先描述了完全外包的 CP-ABE 方案的系统模型、相关定义以及安全模型；然后基于 LSSS 访问结构提出一种可验证的完全外包 CP-ABE 方案，给出所提方案的正确性分析和安全性证明；最后给出本节所提方案与相关方案的实验对比分析。

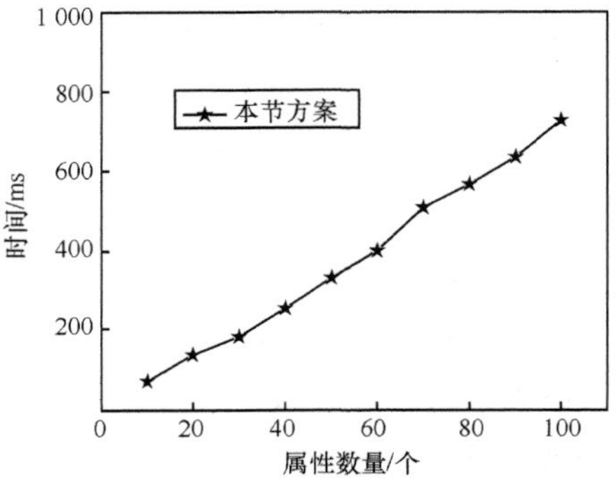

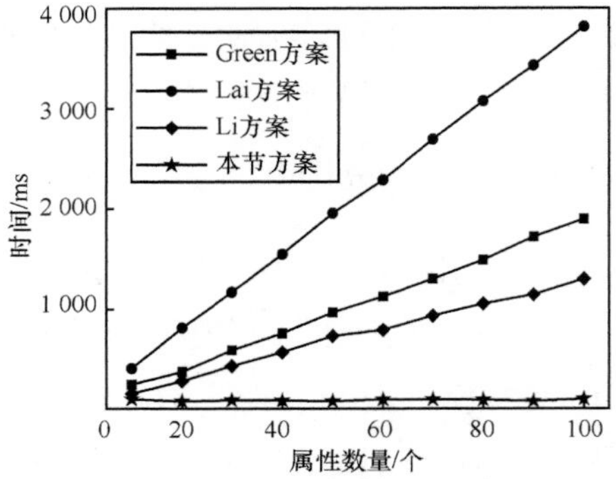

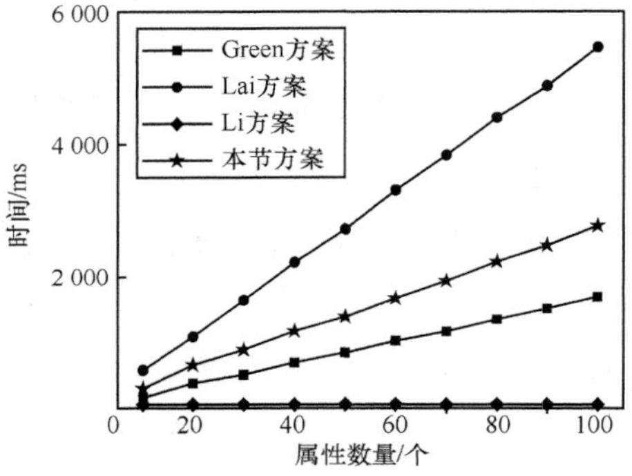

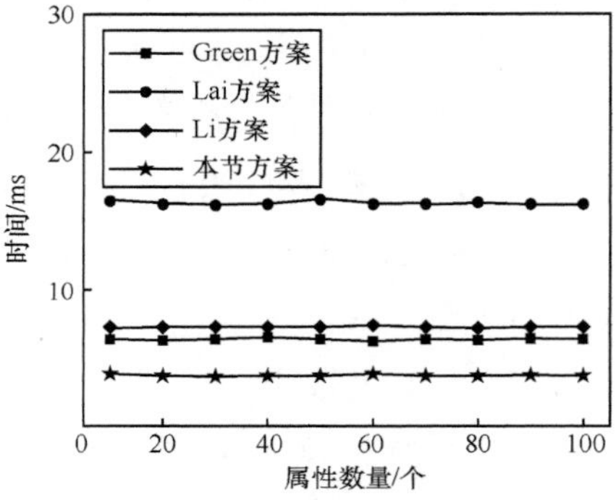

10.4.1　系统模型

支持完全外包 CP-ABE 方案的系统模型如图 10.4 所示。其包括属性机构（Attribute Authority, AA）、云服务商（Cloud Service Provider, CSP）、密钥生成代理（Key Generate Agent, KGA）、加密代理（Encrypt Agent, EA）、解密代理（Decrypt Agent, DA）、数据拥有者（Data Owner, DO）和数据用户（Data User, DU） 7 类实体。

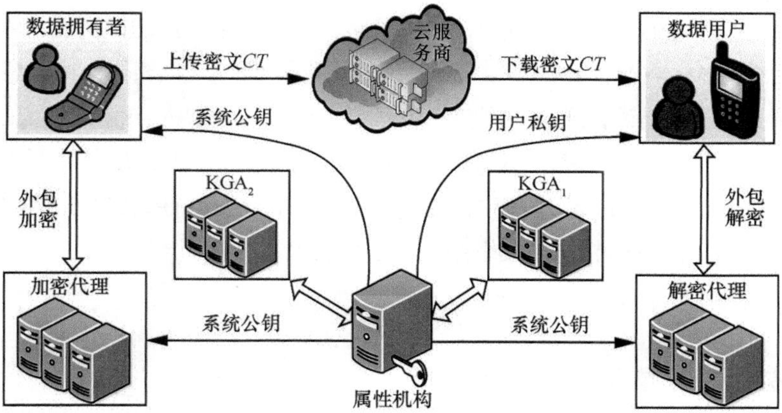

图 10.4　完全外包的 CP-ABE 系统模型

属性机构：AA 是一个完全可信的属性权威管理机构，其主要负责生成系统公钥和系统主私钥，同时管控用户私钥分发等工作。

云服务商：CSP 主要是指第三方机构，其主要作用是为用户提供数据存储服务，以便减轻用户的本地存储负担。同时该系统模型假设 CSP 是诚实并好奇的（Honest but Curious），即 CSP 会诚实地执行其所承诺的服务且不与恶意用户合谋，但出于好奇心和相关利益，其会在服务过程中窥探数据隐私。

KGA、EA 和 DA 分别提供私钥生成、数据加密和数据解密服务。但在服务过程中，它们不能通过获得的信息推导出用户私钥和数据明文。本节雇佣两个 KGA 进行私钥预处理，且假设两个 KGA 不能互相合谋共享数据，因此最终获得的中间私钥 *ISK* 对于两个 KGA 是信息隐藏的。因为 KGA、EA 和 DA 承担了大部分计算任务，所以本节方案中的用户可以使用移动计算终端处理相关信息。

数据拥有者：DO 是指数据实际属主，其可以使用移动终端加密密文，为节省本地存储资源，将数据加密后上传至云服务商并进行安全共享。

数据用户：DU 是指数据的消费者，其能够下载云服务商中的密文数据资源，可以使用移动终端解密密文。

10.4.2 相关定义

10.4.2.1 基于 LSSS 的混合访问结构

为了完成加密计算外包，同时确保在外包加密过程中数据的机密性，建立一种混合访问结构 $Str=(\boldsymbol{M},\rho)\wedge\{\xi\}$，其中 $\wedge$ 代表与门，$(\boldsymbol{M},\rho)$ 代表原访问结构，ξ 代表缺省属性。也就是说，通过与门在原访问结构 $(\boldsymbol{M},\rho)$ 中引入一个缺省属性 ξ 来构造出混合访问结构 $Str=(\boldsymbol{M},\rho)\wedge\{\xi\}$。本小节通过这种巧妙的构造，使原访问结构可以是任意形式的。在加密过程中，数据拥有者计算缺省属性 ξ 的密文组件，加密代理计算访问结构 $(\boldsymbol{M},\rho)$ 的密文组件，且不会泄露明文信息。

10.4.2.2 方案定义

本节所提方案包含以下 8 个多项式时间算法。

（1）$Setup(\lambda,U)$：属性机构执行该算法，其以安全参数 λ 和系统属性集合 U 为输入，输出系统公钥 PK 和主私钥 MSK。

（2）$KeyGen_{\text{init}}(PK,U)$：$\text{KGA}_x$ 执行该算法，其以系统公钥 PK 和系统属性集合 U 为输入，输出中间私钥 ISK_x，其中 $x\in[1,2]$。

（3）$KeyGen_{\text{package}}(MSK,S,ISK_1,ISK_2)$：属性机构执行该算法，其以系统主私钥 MSK、属性集合 S 和中间私钥 $\{ISK_x\mid x\in[1,2]\}$ 为输入，输出用户私钥 SK。

（4）$Encrypt_{\text{init}}(PK,M)$：数据拥有者执行该算法，其以系统公钥 PK 和明文 M 为输入，输出加密所需密钥对 EK_{EA} 和 EK_{DO}。

（5）$Encrypt_{\text{EA}}(PK,\mathbb{A},EK_{\text{EA}})$：EA 执行该算法，其以系统公钥 PK、访问结构 $\mathbb{A}$ 和加密密钥 EK_{EA} 为输入，输出中间密文 CT_{EA}。

（6）$Encrypt_{\text{DO}}(PK,\mathbb{A},EK_{\text{DO}},CT_{\text{EA}},M)$：数据拥有者执行该算法，其以系统公钥 PK、访问结构 $\mathbb{A}$、加密密钥 EK_{DO}、中间密文 CT_{EA} 和明文消息 M 为输入，输出密文 CT 和验证标志 VK_M。最后，将密文 CT 和验证标志 VK_M 存储在云服务商中。

（7）$KeyBlind(SK)$：数据用户执行该算法，其以用户私钥 SK 为输入，输出转

换密钥 TK 和取回密钥 RK 。

（8）$Decrypt_{DA}(TK,CT)$：DA 执行该算法，其以转换密钥 TK 和密文 CT 为输入，输出转换密文 TC 。

（9）$Decrypt_{DU}(TC,CT,RK,VK_M)$：数据用户执行该算法，其以转换密钥 TC 、密文 CT 、取回密钥 RK 和验证标志 VK_M 为输入，输出明文消息 M 或者中止符 $\perp$ 。

10.4.2.3 安全模型

针对完全外包 CP-ABE 方案，本小节考虑这样一个攻击者：攻击者 $\mathcal{A}$ 是一些恶意用户并且能够与 KGA_x（ x 只能为 1 或者只能为 2）、EA、DA、CSP 进行合谋，然后攻击者 $\mathcal{A}$ 根据获得的相关信息试图解密其他正常用户的密文。其通过挑战者 $\mathcal{C}$ 和攻击者 $\mathcal{A}$ 之间的博弈游戏刻画完全外包 CP-ABE 方案的 IND-CPA 安全模型，具体过程如下。

系统初始化：攻击者 $\mathcal{A}$ 将要挑战的访问结构 $\mathbb{A}^*$ 传送给挑战者 $\mathcal{C}$ 。

参数设置阶段：挑战者 $\mathcal{C}$ 执行 $Setup$ 算法，而后将系统公钥 PK 发送给攻击者 $\mathcal{A}$ 。

密钥查询阶段 1：挑战者 $\mathcal{C}$ 初始化空表 T_0 、空集合 E 和整数 $j=0$ 。攻击者 $\mathcal{A}$ 可以对属性集合 S 重复进行以下任何查询。

（1）$Create(S)$：挑战者 $\mathcal{C}$ 设置 $j:=j+1$ ，运行两次 $KenGen_{init}$ 算法获得中间私钥 ISK_1 和 ISK_2 ，运行 $KenGen_{package}$ 获得关联属性集合 S 的私钥 SK ，运行 $KeyBlind$ 算法获得转换密钥 TK 和取回密钥 RK 。最后将 (j,S,SK,TK,RK,ISK_1) 存储在表 T_0 中。

（2）$Corrupt\ SK(i)$：挑战者 $\mathcal{C}$ 验证第 i 个实体 (i,S,SK) 是否已经存在表 T_0 中。如果存在，设置 $E:=E\cup\{S\}$ 并且返回 SK ；否则返回终止符 $\perp$ 。

（3）$Corrupt\ ISK_1(i)$：挑战者 $\mathcal{C}$ 验证第 i 个实体 (i,S,ISK_1) 是否已经存在表 T_0 中。如果存在，返回 ISK_1 ；否则返回终止符 $\perp$ 。

（4）$Corrupt\ TK(i)$：挑战者 $\mathcal{C}$ 验证第 i 个实体 (i,S,TK) 是否已经存在表 T_0 中。如果存在，返回 TK ；否则返回终止符 $\perp$ 。

注意：攻击者可以重复询问相同的属性集合 S ，其中 $f(\mathbb{A}^*,S)\neq 1$ 。但攻击者 $\mathcal{A}$ 能够提交满足 $\mathbb{A}^*$ 的属性集合 S' 进行 $Corrupt\ ISK_1$ 询问。

挑战阶段：攻击者 $\mathcal{A}$ 提交两个等长的明文信息 M_0 和 M_1 ，然后挑战者 $\mathcal{C}$ 选择 $b\in\{0,1\}$ 并基于挑战访问结构 $\mathbb{A}^*$ 和明文信息 M_b 运行 $Encrypt_{init}$ 获得加密所需密钥对 EK_{EA}^* 和 EK_{DO}^* ，运行 $Encrypt_{EA}$ 获得中间密文 CT_{EA}^* ，运行 $Encrypt_{DO}$ 获得明文信息

M_b 的密文 CT^* 和验证标志 VK_M^*。最后，挑战者 $\mathcal{C}$ 将密钥 EK_{EA}^*、密文 CT^* 和验证标志 VK_M^* 发送给攻击者 $\mathcal{A}$。

密钥查询阶段 2：类似密钥查询阶段 1，攻击者 $\mathcal{A}$ 继续向挑战者 $\mathcal{C}$ 提交一系列属性列表。

猜测阶段：攻击者 $\mathcal{A}$ 输出值 $b' \in \{0,1\}$ 作为对 b 的猜测。如果 $b' = b$，我们称攻击者 $\mathcal{A}$ 赢得了该游戏。攻击者 $\mathcal{A}$ 在该游戏中的优势定义为 $Adv_{\mathcal{A}}^{\text{CPA}}(\lambda) = |\Pr[b = b'] - \frac{1}{2}|$。

定义 10.10 若无多项式时间内的攻击者能够以不可忽略的优势来攻破上述安全模型，则本节所提出的支持完全外包 CP-ABE 方案是 IND-CPA 安全的。

可验证性可以确保转换阶段是否被正确执行，通过挑战者 $\mathcal{C}$ 和攻击者 $\mathcal{A}$ 之间的博弈游戏描述本节所提方案的可验证性。可验证性游戏具体过程如下。

参数设置阶段：挑战者 $\mathcal{C}$ 执行 $Setup$ 算法后，将输出的系统公钥 PK 发送给攻击者 $\mathcal{A}$，自己保留系统主私钥 MSK。

密钥查询阶段 1：挑战者 $\mathcal{C}$ 依照方案私钥生成方式回答攻击者 $\mathcal{A}$ 的询问。因为挑战者 $\mathcal{C}$ 知道 MSK，所以其能回答所有私钥询问。

挑战阶段：攻击者 $\mathcal{A}$ 提交一个明文 M^* 和一个访问结构 $\mathbb{A}^*$。挑战者 $\mathcal{C}$ 运行 $Encrypt_{\text{init}}$ 获得加密所需密钥 EK_{EA}^*，执行 $Encrypt_{\text{EA}}$ 获得中间密文 CT_{EA}^*，执行 $Encrypt_{\text{DO}}$ 获得 $(CT^*, VK_{M^*}^*)$。最后，挑战者 $\mathcal{C}$ 将它们发送给攻击者 $\mathcal{A}$。

密钥查询阶段 2：挑战者 $\mathcal{C}$ 按照密钥查询阶段 1 方式回答攻击者 $\mathcal{A}$ 的询问，但是攻击者 $\mathcal{A}$ 不能询问满足访问结构 $\mathbb{A}^*$ 的属性集合 S。

猜测阶段：攻击者 $\mathcal{A}$ 输出满足条件 $f(\mathbb{A}^*, S^*)=1$ 的属性集合 S^* 和转换密文 TC^*。若 $Decrypt_{\text{DU}}(TC^*, RK_{S^*}, VK_{M^*}^*) \notin \{M^*, \perp\}$，则攻击者 $\mathcal{A}$ 赢得了上述游戏。攻击者 $\mathcal{A}$ 在该游戏中的优势定义为 $Adv_{\mathcal{A}}^{\text{Ver}}(\lambda) = \Pr[\mathcal{A} \text{ Wins}]$。

定义 10.11 若无多项式时间内的攻击者以不可忽略的优势来攻破上述安全模型，则本节所提方案具有可验证性。

10.4.3 方案设计

（1）$Setup(\lambda, U)$：该算法选择一个阶为素数 p 的循环群 $\mathbb{G}$ 和 $\mathbb{G}_T$，其中 g 为群 $\mathbb{G}$ 的生成元且存在有效的双线性映射 $e: \mathbb{G} \times \mathbb{G} \to \mathbb{G}_T$。然后，随机选择群元素 $h_\xi, h_1, \cdots, h_U \in \mathbb{G}$，随机选择指数 $\alpha, \beta \in \mathbb{Z}_p^*$ 并计算 $g_1 = g^\beta$，选择杂凑函数

$H_0:\{0,1\}^{2\lambda}\to\{0,1\}^*$、$H_1:\{0,1\}^*\to\mathbb{Z}_p$ 和 $H_2:\{0,1\}^*\to\{0,1\}^\lambda$。最后，输出系统公钥 $PK=(\mathbb{G},\mathbb{G}_T,g,g_1,e(g,g)^\alpha,h_\xi,h_1,\cdots,h_U,H_0,H_1,H_2)$ 和系统主私钥 $MSK=(g^\alpha)$。

（2）$KeyGen_{\text{init}}(PK,U)$：该算法随机选择指数 $r'\in\mathbb{Z}_p^*$ 并计算 $D'=g^{\beta r'}$ 和 $L'=g^{r'}$。然后，对于 $j=1$ 到 U，该算法计算 $D_j'=h_j^{r'}$；对于 $j=\xi$，该算法计算 $D_\xi'=h_\xi^{r'}$。最后，输出中间密钥 $ISK_x=(D',L',\{D_j'\}_{j\in[1,U]\cup\{\xi\}})$，其中 $x\in[1,2]$。

（3）$KeyGen_{\text{package}}(MSK,S,ISK_1,ISK_2)$：该算法以属性集合 $S=\{att_1,att_2,\cdots,att_k\}$、系统主私钥 MSK、两个独立的 $ISK_1=(D',L',\{D_j'\}_{j\in[1,k]\cup\{\xi\}})$ 和 $ISK_2=(D'',L'',\{D_j''\}_{j\in[1,k]\cup\{\xi\}})$ 为输入。该算法首先计算 $\bar{D}=D'\cdot D''=g^{\beta(r'+r'')}=g^{\beta r}$、$L=L'\cdot L''=g^{(r'+r'')}=g^r$ 和 $D_j=D_j'\cdot D_j''=h_j^{(r'+r'')}=h_j^r$，获得 $ISK=(\bar{D},L,\{D_j\}_{j\in[1,k]\cup\{\xi\}})$，这里隐含设置 $r=r'+r''$。然后，该算法计算 $D=\bar{D}\cdot g^\alpha=g^\alpha g^{\beta r}$。最后，输出属性集合 S 关联的私钥 $SK=(D,L,\{D_j\}_{j\in S\cup\{\xi\}})$。

（4）$KeyBlind(SK)$：该算法首先选择一个随机值 $\delta\in\mathbb{Z}_p^*$ 并计算 $\hat{D}=D^\delta$ 和 $\hat{L}=L^\delta$。对于属性 $j\in S\cup\{\xi\}$，计算 $\hat{D}_j=D_j^\delta$。最后，输出取回密钥 $RK=\delta$ 和转换密钥 $TK=(\hat{D},\hat{L},\{\hat{D}_j\}_{j\in S\cup\{\xi\}})$。

（5）$Encrypt_{\text{init}}(PK,M)$：该算法首先随机选择 $R\in\mathbb{G}_T$ 并计算 $s=H_1(R,M)$。然后，随机指定一个一次多项式 $q(\cdot)$，其中 $q(0)=s$，进一步设置 $s_1=q(1)$、$s_2=q(2)$。最后，输出加密密钥对 $EK_{\text{EA}}=\{s_1\}$ 和 $EK_{\text{DO}}=\{s,s_2,R\}$。

（6）$Encrypt_{\text{EA}}(PK,(\boldsymbol{M},\rho),EK_{\text{EA}})$：该算法输入的访问结构 $(\boldsymbol{M},\rho)$ 中，$\boldsymbol{M}$ 是一个 $l\times n$ 矩阵，函数 ρ 是一个单射函数，其将 $\boldsymbol{M}$ 的每一行映射到一个属性。该算法随机选择向量 $\boldsymbol{v}=(s_1,y_2,\cdots,y_n)\in\mathbb{Z}_p$，用于共享加密指数 s_1。对于 $i=1$ 到 l，计算 $\lambda_i=(\boldsymbol{vM})_i$，其中 $\boldsymbol{M}_i$ 是矩阵 $\boldsymbol{M}$ 的第 i 行。最后，输出中间密文为 $CT_{\text{EA}}=(C'=g^{s_1},\{C_i=g^{\beta\lambda_i}h_{\rho(i)}^{-s_1}\}_{1\leqslant i\leqslant l})$。

（7）$Encrypt_{\text{DO}}(PK,(\boldsymbol{M},\rho),EK_{\text{DO}},CT_{\text{EA}},M)$：该算法通过计算 $t=H_2(R)$、$C=R\cdot e(g,g)^{\alpha s}$、$C''=M\oplus t$、$C_\xi'=g^{s_2}$、$C_\xi=g^{\beta s_2}h_\xi^{-s_2}$ 和 $VK_M=H_0(t\,\|\,C'')$ 获得 $CT_{\text{DO}}=(C,C'',C_\xi',C_\xi)$ 和验证标志 $VK_M=H_0(t\,\|\,C'')$。最后，数据拥有者输出密文 $CT=(CT_{\text{DO}},CT_{\text{EA}})$，并将 VK_M 和 CT 存储在云服务商中。

（8）$Decrypt_{\text{DA}}(TK,CT)$：假设属性集合 $S\cup\{\xi\}$ 满足混合访问结构 $Str=(\boldsymbol{M},\rho)\wedge\{\xi\}$。参与者下标集合 $I\subseteq\{1,2,\cdots,l\}$ 被定义为 $I=\{i:\rho(i)\in S\}$，如果 $\{\lambda_i\}$ 是对秘密 s_1 的有效共享份额，那么可以在多项式时间内找到一组常数 $\{w_i\in\mathbb{Z}_p\}_{i\in I}$ 使 $\sum_{i\in I}w_i\lambda_i=s_1$，可能有几种不同的方法选择 w_i 来满足上述公式。另外，解密算法只需要知道 $\boldsymbol{M}$ 和 I 就

能确定这些常数。数据用户将TK发送到解密代理，然后解密代理按下列公式计算。

$$T' = \frac{e(C',\hat{D})}{\prod_{i\in I}(e(C_i,\hat{L})e(C',\hat{D}_{\rho(i)}))^{w_i}} = e(g,g)^{\alpha s_1\delta}$$

$$T'' = \frac{e(C'_\xi,\hat{D})}{(e(C_\xi,\hat{L})e(C'_\xi,\hat{D}_\xi)} = e(g,g)^{\alpha s_2\delta}$$

通过T'和T''能够计算获得$T = e(g,g)^{\alpha s\delta}$。最后，解密代理将转换密文$TC = \langle C, C'', T\rangle$发送给数据用户。

（9）$Decrypt_{\text{DU}}(TC,CT,RK,VK_M)$：数据用户接收到$TC$和$CT$后，开始计算$R = C/(T)^{1/\delta}$和$t = H_2(R)$。若$H_0(t\,\|\,C'') \neq VK_M$，则输出终止符⊥；否则计算$M = C''\oplus t$和$s = H_1(R,M)$。若$C = R\cdot e(g,g)^{\alpha s}$且$T = e(g,g)^{\alpha s\delta}$，输出$M$；否则输出终止符⊥。

正确性分析：若用户属性集合S满足密文关联的访问结构$(\boldsymbol{M},\rho)$，则明文消息M能够正确获得。正确性验证过程如下。

首先按下述等式计算T'和T''，并通过T'和T''计算获得$T = e(g,g)^{\alpha s\delta}$。然后计算$R = C/(T)^{1/\delta}$和$t = H_2(R)$。若$H_0(t\,\|\,C'') \neq VK_M$，则输出终止符⊥；否则计算$M = C''\oplus t$和$s = H_1(R,M)$。若$C = R\cdot e(g,g)^{\alpha s}$且$T = e(g,g)^{\alpha s\delta}$，则输出$M$；否则输出终止符⊥。

$$T' = \frac{e(C',\hat{D})}{\prod_{i\in I}(e(C_i,\hat{L})e(C',\hat{D}_{\rho(i)}))^{w_i}} = \frac{e(g^{s_1},(g^{\alpha}g^{\beta r})^{\delta})}{\prod_{i\in I}(e(g^{\beta\lambda_i}h_{\rho(i)}^{-s_1},g^{r\delta})e(g^{s_1},h_{\rho(i)}^{r\delta}))^{w_i}} =$$

$$\frac{e(g,g)^{\alpha s_1\delta}e(g,g)^{\beta r s_1\delta}}{\prod_{i\in I}e(g,g)^{\beta r\delta\lambda_i w_i}} = e(g,g)^{\alpha s_1\delta}$$

$$T'' = \frac{e(C'_\xi,\hat{D})}{(e(C_\xi,\hat{L})e(C'_\xi,\hat{D}_\xi)} = \frac{e(g^{s_2},(g^{\alpha}g^{\beta r})^{\delta})}{e(g^{\beta s_2}h_\xi^{-s_2},g^{r\delta})e(g^{s_2},h_\xi^{r\delta})} = e(g,g)^{\alpha s_2\delta}$$

10.4.4 安全性证明

本小节基于判定性 q-BDHE 假设在随机预言机模型下给出本节所提方案的 IND-CPA 安全证明，基于杂凑函数的抗碰撞性给出方案的可验证性安全证明。

定理 10.11 假设判定性 q-BDHE 假设在群$\mathbb{G}$和$\mathbb{G}_T$中成立，则没有选择明文

攻击的攻击者能够在多项式时间内以不可忽略的优势攻破本节所提方案。

证明　假设存在一个攻击者 $\mathcal{A}$ 能够以不可忽略的优势 ε 在 IND-CPA 模型下选择性地攻破本节方案，那么能够构建一个挑战者 $\mathcal{C}$ 以不可忽略的优势解决判定性 q-BDHE 困难问题。攻击者 $\mathcal{A}$ 是一些恶意用户并且能够与 KGA_x（x 只能为 1 或者只能为 2)、EA、DA 进行合谋。假设两个 KGA 不能互相合谋共享数据，那么最终获得的中间私钥 ISK 对于两个 KGA 是信息隐藏的。不失一般性，假设 $x=1$，然后攻击者 $\mathcal{A}$ 根据获得的相关信息试图解密其他正常用户的密文。因此，攻击者 $\mathcal{A}$ 能够提交满足 $(\boldsymbol{M}^*,\rho^*)$ 的属性集合 S' 进行 ISK_1 询问，而其不能获取任何关于 ISK 的有用的信息。挑战者 $\mathcal{C}$ 输入判定性 q-BDHE 挑战元组 $(g,h=g^s,\boldsymbol{y}_{g,\alpha,l},Z)$，其中 $\boldsymbol{y}_{g,\alpha,l}=(g_1,g_2,\cdots,g_l,g_{l+2},\cdots,g_{2l})\in\mathbb{G}^{2l-1}$，$g_i=g^{a^i}$，$Z$ 是群 G_T 中的随机元素或是 $e(g_{l+1},h)$。不失一般性，我们假定 $v\in\{0,1\}$。如果 $v=0$，那么 $Z=e(g_{l+1},h)$；如果 $v=1$，那么 Z 是随机值。挑战者 $\mathcal{C}$ 与攻击者 $\mathcal{A}$ 可以按如下步骤模拟交互游戏过程。

系统初始化：攻击者 $\mathcal{A}$ 选择一个需要挑战的访问结构 $T^*=(\boldsymbol{M}^*,\rho^*)$ 并发送给挑战者 $\mathcal{C}$。

参数设置阶段：挑战者 $\mathcal{C}$ 基于 $T^*=(\boldsymbol{M}^*,\rho^*)$ 构建混合访问结构 $Str^*=(\boldsymbol{M}^*,\rho^*)\wedge\{\xi\}$，然后按照 Waters 方案[12]中挑战者 $\mathcal{C}'$ 的方式计算 $PK=(\mathbb{G},\mathbb{G}_T,g,g_1=g^a,e(g,g)^\alpha,h_1,\cdots,h_U,h_\xi)$，最后挑战者 $\mathcal{C}$ 将公钥 PK 发送给攻击者 $\mathcal{A}$。

密钥查询阶段 1：挑战者 $\mathcal{C}$ 初始化空表 T_0,T_1,T_2、空集合 E 和整数 $j=0$。攻击者 $\mathcal{A}$ 可以对属性集合重复进行以下任何查询。

（1）*Random Oracle Hash* $H_1(R,M)$：若表 T_1 中存在实体 (R,M,s)，则返回 s；否则，选择一个随机值 $s\in\mathbb{Z}_p^*$，并在表 T_1 中记录 (R,M,s)，返回 s。

（2）*Random Oracle Hash* $H_2(R)$：若表 T_2 中存在实体 (R,t)，则返回 t；否则，选择一个随机值 $t\in\{0,1\}^\lambda$，在表 T_2 中记录 (R,t)，返回 t。

（3）$Creat(S)$：挑战者 $\mathcal{C}$ 从攻击者 $\mathcal{A}$ 处接收到属性集合 S 后，在属性集合中增加缺省属性 ξ，即私钥询问的属性集合为 $S\cup\{\xi\}$。然后，挑战者 $\mathcal{C}$ 设置 $j:=j+1$，并按照 Waters 方案[12]中挑战者 $\mathcal{C}'$ 的方式计算获得 $SK=(D,L,\{D_j\}_{j\in S\cup\{\xi\}})$。挑战者 $\mathcal{C}$ 运行 $KenGen_{\text{init}}$ 获得 ISK_1，运行 $KeyBlind$ 获得转换密钥 TK 和取回密钥 RK。最后将 (j,S,SK,TK,RK,ISK_1) 存储在表 T_0 中。

（4）$Corrupt\ SK(i)$：挑战者 $\mathcal{C}$ 验证第 i 个实体 (i,S,SK) 是否已经存在表 T_0 中。

如果存在，设置 $E := E \cup \{S\}$ 并且返回 SK；否则返回终止符 $\perp$。

（5）$Corrupt\ ISK_1(i)$：挑战者 $\mathcal{C}$ 验证第 i 个实体 (i,S,ISK_1) 是否已经存在表 T_0 中。如果存在，返回 ISK_1；否则返回终止符 $\perp$。

（6）$Corrupt\ TK(i)$：挑战者 $\mathcal{C}$ 验证第 i 个实体 (i,S,TK) 是否已经存在表 T_0 中。如果存在，返回 TK；否则返回终止符 $\perp$。

注意：攻击者 $\mathcal{A}$ 可以重复询问相同的属性集合 S，其中 S 满足 $f((\boldsymbol{M}^*,\rho^*),S) \neq 1$。但攻击者 $\mathcal{A}$ 能够提交满足 $(\boldsymbol{M}^*,\rho^*)$ 的属性集合 S' 进行 ISK_1 询问。

挑战阶段：攻击者 $\mathcal{A}$ 提交两个等长的明文消息 M_0 和 M_1。挑战者 $\mathcal{C}$ 随机选择"消息"$(R_0,R_1) \in \mathbb{G}_T$，随机选择 $b \in \{0,1\}$，然后按照 Waters 方案[12]中挑战者 $\mathcal{C}'$ 的方式获得明文 R_b 关联 $(\boldsymbol{M}^*,\rho^*)$ 的密文 $CT_W = (\overline{C}, C', \{C_i\}_{i\in[1,l]})$（将 Waters 方案中 s 改变为 s_1，$\overline{C}$ 等同于 Waters 方案中 C）。然后挑战者 $\mathcal{C}$ 计算 $s = H_1(R_b, M_b)$ 和 $t = H_2(R_b)$，并设置 $s_2 = s - s_1$，随后计算 $C'_\xi = g^{s_2}$、$C_\xi = g^{\beta s_2} h_\xi^{-s_2}$ 和 $e(g^{s_2}, g^{\alpha'})$。接下来，挑战者 $\mathcal{C}$ 计算 $C'' = M_b \oplus t$、$VK^*_{M_b} = H_0(t \| C'')$ 和 $C = \overline{C} \cdot e(g^{s_2}, g^{\alpha'})$。最后，挑战者 $\mathcal{C}$ 将 $CT^* = (C, C'', C'_\xi, C_\xi, C', \{C_i\}_{i\in[1,l]})$、$EK^*_{\text{EA}} = \{s_1\}$ 和 $VK^*_{M_b} = H_0(t \| C'')$ 发送给攻击者 $\mathcal{A}$。

密钥查询阶段 2：类似密钥查询阶段 1，攻击者 $\mathcal{A}$ 继续向挑战者 $\mathcal{C}$ 提交一系列属性集合。

猜测阶段：攻击者 $\mathcal{A}$ 输出值 $b' \in \{0,1\}$ 作为对 b 的猜测。如果 $b' = b$，挑战者 $\mathcal{C}$ 输出 0，表示猜测 $Z = e(g_{n+1}, h)$；否则，输出 1，表示猜测 Z 为群 $\mathbb{G}_T$ 中的随机元素。

（1）当 $Z = e(g_{n+1}, h)$ 时，挑战者 $\mathcal{C}$ 能够提供一个有效的仿真。因此得出

$$\Pr[\mathcal{C}(g,h,\boldsymbol{y}_{g,\alpha,l}, e(g_{l+1},h)) = 0] = \frac{1}{2} + Adv_{\mathcal{A}}$$

（2）当 Z 为 $\mathbb{G}_T$ 中的随机元素时，M_b 对于攻击者 $\mathcal{A}$ 来说是完全随机的。因此得出

$$\Pr[\mathcal{C}(g,h,\boldsymbol{y}_{g,\alpha,l}, Z) = 0] = \frac{1}{2}$$

也就是说，挑战者 $\mathcal{C}$ 能够以不可忽略的优势 $\frac{\varepsilon}{2}$ 攻破判定性 q-BDHE 假设。基于上述过程，完成本节所提方案的 IND-CPA 安全性证明。

定理 10.12 假设 H_0 和 H_2 是抵抗合谋攻击的杂凑函数，那么本节所提方案具有可验证性。

证明 假设攻击者 $\mathcal{A}$ 可以攻破可验证性，那么可以构建一个挑战者 $\mathcal{C}$ 打破底层杂凑函数 H_0 和 H_2 的抗碰撞性。攻击者 $\mathcal{A}$ 提交两个挑战杂凑函数 (H_0^*, H_2^*)，然后挑

战者 $\mathcal{C}$ 仿真实验过程如下。

参数设置阶段：挑战者 $\mathcal{C}$ 执行 *Setup* 算法获得公钥 PK 和主私钥 MSK，并用 H_0^* 和 H_2^* 替换公钥 PK 中的杂凑函数。注意：挑战者 $\mathcal{C}$ 知道主私钥 MSK。

密钥查询阶段 1：挑战者 $\mathcal{C}$ 按照方案算法适应性地回答攻击者 $\mathcal{A}$ 的询问。

挑战阶段：攻击者 $\mathcal{A}$ 提交一个挑战明文 M^* 和一个访问结构 $(\boldsymbol{M}^*,\rho^*)$。挑战者 $\mathcal{C}$ 首先计算获得随机值 R^* 的密文 $CT^{R^*}=\{C,C',C_i,C'_\xi,C_\xi\}$，然后计算 $t^*=H_2^*(R^*)$、$C'''^*=M^*\oplus t^*$ 和 $VK_{M^*}^*=H_0^*(t^*\parallel C'''^*)$。最后，挑战者 $\mathcal{C}$ 将 $CT^*=(CT^{R^*},C'''^*)$ 和 $VK_{M^*}^*$ 发送给攻击者 $\mathcal{A}$，自己保留 $VK_{M^*}^*$ 和 (R^*,C'''^*)。

密钥查询阶段 2：挑战者 $\mathcal{C}$ 按照密钥查询阶段 1 方式响应攻击者 $\mathcal{A}$ 的询问，但是攻击者 $\mathcal{A}$ 不能询问满足访问结构 $(\boldsymbol{M}^*,\rho^*)$ 的属性集合 S。

猜测阶段：攻击者 $\mathcal{A}$ 输出属性集合 S^*（$f((\boldsymbol{M}^*,\rho^*),S)=1$）和转换密文 $TC=(C,C'',T)$。

若攻击者 $\mathcal{A}$ 攻破可验证性，那么挑战者 $\mathcal{C}$ 将通过 $Decrypt_{\mathrm{DU}}(TC^*,RK_{S^*},VK_{M^*}^*)$ 恢复出明文 $M\notin\{M^*,\perp\}$。现在分析攻击者 $\mathcal{A}$ 成功的可能性。若 $H_0^*(t\parallel C'')\neq VK_{M^*}^*$，则解密算法输出终止符 $\perp$，其中，$t=H_2^*(R)$ 且 $R=C\big/(T)^{1/RK_{S^*}}$。因此，我们只需考虑以下两种情况。

情况 1：$(t,C'')\neq(t^*,C'''^*)$。因为挑战者 $\mathcal{C}$ 知道 (t^*,C'''^*)，若这种情况发生，则挑战者 $\mathcal{C}$ 立即得到杂凑函数 H_0^* 的碰撞。

情况 2：$(t,C'')=(t^*,C'''^*)$，但 $R\neq R^*$。因为 $H_2^*(R)=t=t^*=H_2^*(R^*)$，所以这将打破 H_2^* 的抗碰撞性。

通过上述分析完成定理 10.12 的安全证明。

10.4.5 方案分析及实验验证

10.4.5.1 理论分析

为评估本节方案的计算效率，本小节从理论层面分析了私钥生成、加密和解密阶段的计算开销，将 10.3 节方案、本节方案与文献[11]方案在效率方面进行对比分析。对比过程中，$|U|$ 代表系统属性总数，$|S|$ 代表关联数据用户的属性集合中属性的总数，s 和 l 分别代表满足解密需求的属性集合和 LSSS 中矩阵 $\boldsymbol{M}$ 的行数，y 表示访问树的叶子节点数。另外，$E_{\mathbb{G}}$ 和 $E_{\mathbb{G}_T}$ 分别表示 $\mathbb{G}$ 和 $\mathbb{G}_T$ 中的模指数运算；P 表示双线性对运算。

各方案效率及外包能力对比如表 10.2 所示。本节方案基于文献[12]方案完成构造，该方案实现了可验证的完全外包功能。这种方法能够减少属性机构、数据拥有者和数据用户的计算量，极大缓解计算资源受限终端的计算负担。在原始文献[12]方案中，属性机构、数据用户和数据拥有者都需要计算大量的双线性对操作和指数运算。文献[11]和本节所提方案同时实现了密钥生成、加密和解密计算外包功能。但文献[11]方案不支持可验证性，不能保证计算结果的正确性。

综合分析，只有本节所提方案实现了密钥生成阶段、加密阶段和解密阶段的外包计算功能，有效地减少了终端和属性机构的计算量，支持可验证性。外包计算对于电量和计算资源有限的移动设备具有非常重要的意义。本节所提方案对于移动云存储具有重要的实际应用价值。

表 10.2　计算效率对比分析

方案	私钥外包		加密外包		解密外包		可验证性
	KGA	AA	EA	DO	DA	DU	
Zhang[11]	$(4\|S\|+3)E_G$	0	$(5l+1)E_G$	$1E_{G_T}$	$(2s+2)E_G+sE_{G_T}+(3s+2)P$	$1E_{G_T}$	否
10.3 节方案	—	$(4+2\|S\|)E_G$	$2yE_G$	$3E_G+1E_{G_T}$	$(2+s)E_{G_T}+(2s+3)P$	$2E_{G_T}$	是
本节方案	$(2\|S\|+6)E_G$	0	$(2l+1)E_G$	$3E_G+1E_{G_T}$	$sE_{G_T}+(2s+4)P$	$3E_{G_T}$	是

10.4.5.2　实验分析

通过理论分析，本节所提方案在功能和效率方面具有优势。为了进一步评估本节方案的实际性能，本小节通过以下实验环境测试了文献[11]方案、10.3 节方案和本节方案在私钥生成、数据加密和数据解密方面的计算时间。

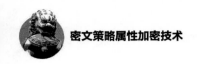

实验环境为 64 bit Ubuntu 14.04 操作系统，Intel Core i5-6200U(2.3 GHz)，内存 8 GB，实验代码基于 pbc-0.5.14[13]与 cpabe-0.11[14]进行修改与编写，并且使用基于 512 bit 有限域上的超奇异曲线 $y^2=x^3+x$ 中的 160 bit 椭圆曲线群。为更好地说明外包计算对于方案效率提升的重要性，本小节实验中属性数量以 10 为递增量，从 10 递增到 100 产生 10 种不同情况。对于每种情况，重复 30 次实验且每次实验完全独立，最后取平均值作为实验结果。CP-ABE 方案一般与对称加密相互配合实现明文数据的加密，即首先用对称密钥加密明文，然后用 CP-ABE 封装对称密钥。本小节为获得基准结果，基于上述访问结构封装了一个 128 bit 对称密钥。最终实验结果如图 10.5 所示。

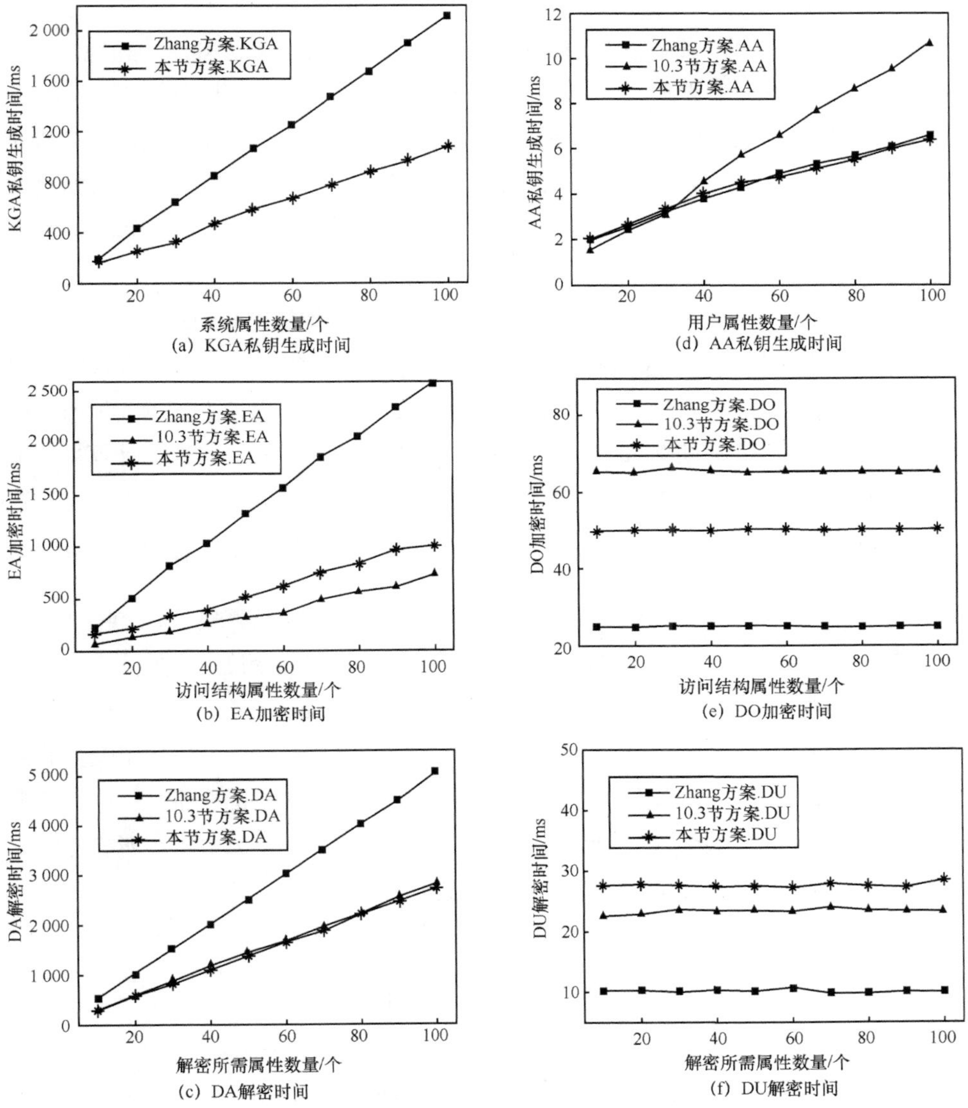

图 10.5　各阶段运行时间对比

图 10.5 描述了 Zhang 方案、10.3 节方案与本节方案各阶段运行时间对比。

图 10.5(a)和图 10.5(d)说明 KGA 承担大部分密钥生成工作，且密钥生成时间与

属性数量呈线性增长关系。属性机构只需承担少量计算即可完成密钥生成工作。而10.3 节所提方案不支持私钥生成外包，所以图中没有相应线段。在理论分析中，分析属性机构的计算量为零，这是因为其忽略了乘法运算、杂凑运算等计算量小的运算操作，它们是次要的因素。图 10.5(b)和图 10.5(e)说明 EA 承担大部分的加密工作，且加密时间与访问结构的复杂度呈线性增长关系。数据拥有者只需恒定的计算量即可完成加密工作。图 10.5(c)和图 10.5(f)说明 DA 承担大部分的解密工作，解密代理解密时间与所需属性数量呈线性增长关系。用户解密只需要常量计算即可完成解密工作，与属性数量无关。

图 10.5(a)、图 10.5(b)和图 10.5(c)说明密钥生成和加解密时间随属性集合或访问结构复杂度的增加而增加。同时，通过 3 种方案对比发现，本节方案在代理端的计算时间小于 Zhang 方案，这种优势随着属性数量或访问结构复杂度的增加而变得更加明显。图 10.5(d)说明 Zhang 方案和本节方案的属性机构都只需较少计算量即可完成密钥生成工作，且效率相当。为表示清晰，图 10.5(d)中 10.3 节方案的 AA 私钥生成时间缩短 $\frac{1}{100}$ ，即图中所示时间乘以 100 才是其实际私钥生成时间。图 10.5(e)和图 10.5(f)说明 Zhang 方案的数据拥有者和数据用户较本节方案需要更少的计算，但这种差距是非常小的，且不会随着属性数量或访问结构复杂度的增加而变化。

综上所述，本节所提方案在云端的计算时间小于 Zhang 方案，且随着属性数量或访问结构复杂度的增加而变得更加明显，这有助于属性机构和用户租用较少的云计算资源，节约成本。本节所提方案在本地计算量略高于 Zhang 方案，但这种差距非常小且不随着属性数量或访问结构复杂度的增加而变化。另外，本节所提方案支持解密外包可验证性，而 Zhang 方案不具备该能力。

参考文献

[1] GREEN M, HOHENBERGER S, WATERS B. Outsourcing the decryption of ABE ciphertexts[C]//20th USENIX Conference on Security. 2011: 34-34.

[2] LAI J, DENG R H, GUAN C, et al. Attribute-based encryption with verifiable outsourced decryption[J]. IEEE Trans on Information Forensics and Security, 2013, 8(8): 1343-1354.

[3] ASIM M, PETKOVIC M, IGNATENKO T. Attribute-based encryption with encryption and decryption outsourcing[C]//The 19th Conference on Innovations in Clouds, Internet and

Networks. 2014: 21-28.

[4] ZHOU Z, HUANG D. Efficient and secure data storage operations for mobile cloud computing[C]//The 8th International Conference on Network and Service Management. 2012: 37-45.

[5] LI J, CHEN X, LI J, et al. Fine-grained access control system based on outsourced attribute-based encryption[C]//European Symp on Research in Computer Security. 2013: 592-609.

[6] LI J, HUANG X, LI J, et al. Securely outsourcing attribute-based encryption with checkability[J]. IEEE Transactions on Parallel and Distributed Systems, 2014, 25(8): 2201-2210.

[7] 王皓,郑志华,吴磊,等. 自适应安全的外包 CP-ABE 方案研究[J]. 计算机研究与发展,2015, 52(10): 2270-2280.

[8] LI J, SHA F, ZHANG Y, et al. Verifiable outsourced decryption of attribute-based encryption with constant ciphertext length[J]. Security and Communication Networks, 2017.

[9] LI J, JIA C, LI J, et al. Outsourcing encryption of attribute-based encryption with mapreduce[C]//International Conference on Information and Communications Security. 2012: 191-201.

[10] FAN K, WANG J, WANG X, et al. A secure and verifiable outsourced access control scheme in fog-cloud computing[J]. Sensors, 2017, 17(7): 1695-1710.

[11] ZHANG R, MA H, LU Y. Fine-grained access control system based on fully outsourced attribute-based encryption[J]. Journal of Systems and Software, 2017, 125(C): 344-353.

[12] WATERS B. Ciphertext-policy attribute-based encryption: An expressive, efficient, and provably secure realization[C]//The International Workshop on Public Key Cryptography. 2011: 53-70.

[13] LYNN B. The pairing-based cryptography (PBC) library[EB]. 2006.

[14] BETHENCOURT J, SAHAI A, WATERS B. Advanced crypto software collection: the cpabetoolkit[EB]. 2011.

[15] LING C, NEWPORT C. Provably secure ciphertext policy ABE[C]//ACM Conference on Computer and Communications Security. 2007: 456-465.

[16] EMURA K, MIYAJI A, OMOTE K, et al. A ciphertext-policy attribute-based encryption scheme with constant ciphertext length[J]. International Journal of Applied Cryptography, 2010, 2(1): 46-59.

[17] HERRANZ J, LAGUILLAUMIE F, RÀFOLS C. Constant size ciphertexts in threshold attribute-based encryption[C]//International Conference on Practice and Theory in Public Key Cryptography. 2010: 19-34.

[18] CHEN C, ZHANG Z, FENG D. Efficient ciphertext policy attribute-based encryption with constant-size ciphertext and constant computation-cost[C]//5th International Conference on Provable Security. 2011: 84-101.

[19] ZHANG Y, ZHENG D, CHEN X, et al. Computationally efficient ciphertext-policy attribute-based encryption with constant-size ciphertexts[C]//International Conference on Provable Security. 2014: 259-273.

[20] ODELU V, DAS A K, RAO Y S, et al. Pairing-based CP-ABE with constant-size ciphertexts and secret keys for cloud environment[J]. Computer Standards and Interfaces, 2016, 54(P1): 3-9.

[21] ROUSELAKIS Y, WATERS B. Practical constructions and new proof methods for large universe attribute-based encryption[C]//2013 ACM SIGSAC Conference on Computer & Communications Security. 2013: 463-474.

[22] BETHENCOURT J, SAHAI A, WATERS B. Ciphertext-policy attribute-based encryption[C]// IEEE Symposium on Security and Privacy. 2007: 321-334.

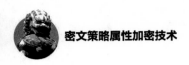